Fertigungstechnisches Kolloquium Stuttgart 1994

Zukunftssicherung durch Innovation

Gesellschaft für Fertigungstechnik in Stuttgart in Verbindung mit den Fertigungstechnischen Instituten der Universität Stuttgart, der Wissenschaftlichen Gesellschaft für Produktionstechnik (WGP), der VDI-Gesellschaft Produktionstechnik (ADB) und dem Verband Deutscher Maschinen- und Anlagenbauer (VDMA)

FTK '94

Fertigungstechnisches Kolloquium

Schriftliche Fassung der Vorträge
zum Fertigungstechnischen Kolloquium
am 8./9. November 1994 in Stuttgart

Springer-Verlag Berlin Heidelberg GmbH

Gesellschafter

Prof. Dr.-Ing. habil. Prof. e.h. Dr. h.c. H.-J. Bullinger
Prof. Dr.-Ing. Dr. h.c. U. Heisel
Prof. Dr.-Ing. Dr. h.c. G. Pritschow
Prof. Dr.-Ing. Dr. h.c. mult. H. J. Warnecke

ISBN 978-3-540-58509-1 ISBN 978-3-662-07316-2 (eBook)
DOI 10.1007/978-3-662-07316-2

Die Deutsche Bibliothek - CIP-Einheitsaufnahme
Cip-Eintrag beantragt

Diskettenkonvertierung: Satztechnik Neuruppin, Neuruppin
Buchbinderische Verarbeitung: Lüderitz & Bauer, Berlin
Produktion: PRODUserv Springer Produktions-Gesellschaft, Berlin

SPIN: 10478629 62/3020-5 4 3 2 1 0 - Gedruckt auf säurefreiem Papier

Veranstalter

Gesellschaft für Fertigungstechnik in Stuttgart in Verbindung mit den Fertigungstechnischen Instituten der Universität Stuttgart, der Wissenschaftlichen Gesellschaft für Produktionstechnik (WGP), der VDI-Gesellschaft Produktionstechnik (ADB) und dem Verband Deutscher Maschinen- und Anlagenbauer (VDMA)

Institut für Arbeitswissenschaft und Technologiemanagement (IAT)

Fraunhofer Institut für Arbeitswirtschaft und Organisation (IAO)

Prof. Dr.-Ing. habil. Prof. e.h. Dr. h.c. *H.-J. Bullinger*

- Strategisches und operatives Technologiemanagement
- Unternehmensführung: Geschäftsprozeßmanagement, Business Reengineering, Organisationskonzepte, Verteilte Informationssysteme, Telekooperation, Beratungszentrum Informationstechnik (BIT)
- Informationssysteme: Software-Engineering, Software-Architekturen, Objektorientierung, Software-Ergonomie, Interaktive Benutzerschnittstellen, Multimedia-Systeme, Fertigungsinformationssysteme, Werkstattprogrammierung, Zentrum für Werkstattorientierte Produktionsunterstützung (WOP)
- Software-Management: Dokumentationsmanagement, Software-Qualitätsmanagement, Telecomputing, Expertensysteme
- Arbeitsgestaltung: Integrierte Produktgestaltung, Büro- und Büromöbelgestaltung, Arbeitsplatzgestaltung, Design interaktiver Produkte, Präventiver Gesundheitsschutz, Ergonomie-Labors, Kompetenz- und Demonstrationszentrum für Virtuelle Realität (VR)
- Produktionsplanung: Produktivitätsmanagement, Produktionsstrukturierung, Arbeitssystemplanung, Integrationskonzepte, Zuliefer-Management, Fertigungssimulationen, Modellfabrik für Montage und Logistik
- F&E-Management: Entwicklungsplanung, Life-Cycle-Engineering, Simultaneous Engineering, Projektmanagement, Rapid Prototyping, Total Quality Management, Technische Informationssysteme, Lean-Management-Zentrum, CAD-Labor
- Personalmanagement: Personalentwicklung, Qualifizierung, Führungskräftetraining, Evaluations- und Trendstudien, Integrierte Organisations- und Qualifizierungskonzepte für Kleinbetriebe
- Technologiefolgenabschätzung für neue Informations- und Kommunikationstechnologien

Institut für Industrielle Fertigung und Fabrikbetrieb (IFF)
Fraunhofer Institut für Produktionstechnik und Automatisierung (IPA)

Prof. Dr.-Ing. Dr. h.c. mult. *H.J. Warnecke*
Prof. Dr.-Ing. *R.D. Schraft*

- Organisations- und Informationsmanagement: Organisationsentwicklung, Navigationssysteme zur Unternehmenssteuerung, Produktionsplanung und -steuerung, Prozeßmanagement und -controlling
- Unternehmensentwicklung und Logistik: Strategische Planung, Produktion der Zukunft, Fabrikplanung - Fraktale Fabrik, Logistikplanung - Materialflußsysteme für die ganzheitliche Erfüllung logistischer Aufgaben, Integrierte Informations- und Planungssysteme, Simulationsunterstützung der Produktionssteuerung und Terminierung
- Produktionssysteme: Unternehmensassessment und -strukturplanung, Produkt- und Technologiemanagement, Produktion, Logistik und Informationssysteme, Umweltmanagement, Recycling
- Produktionsmanagement und Informationssysteme: Unternehmensstrukturierung, Auftragslogistik, Planung und Steuerung der Produktion, Produktionsorganisation, Personalnavigation, Produktionssicherung/ Instandhaltung, After-Sales-Service/ Kundendienst
- Industrieroboter- und Montagesysteme: Montageautomatisierung, Rechnerunterstützte Systemplanung, Montage- und Demontagesystemkomponenten, Cooperative Engineering, Füge- und Trennverfahren, Elektronikmontage - Verdrahtungstechnik, Hochflexible Handhabungssysteme, Entwicklung flexibler Handhabungssysteme
- Handhabungs- und Industrierobotersysteme: Kostensenkung in der Produktion, Planung automatisierter Produktionssysteme, Zuführtechnik, Arbeitsschutz und Arbeitsgestaltung bei automatisierten Fertigungsanlagen und Dienstleistungssystemen, Demonstrationszentrum Virtual Reality (VR), STEP-Datenaustausch für CAD-Systeme, Transputertechnologie, Neue Märkte, Technologietransfer
- Fertigungstechnik im Reinraum: Fertigung im Reinraum, Informationsverarbeitung, Prüfzentrum für Fertigungsgeräte im Reinraum, Medienver- und entsorgung, Fertigungstechnik im Reinraum für neue Technologien
- Robotersysteme und Sensortechnik: Bearbeiten, Schneiden und Schweißen mit Industrierobotern, Innovationsmanagement, mobile und autonome Roboter, Sensortechnik
- Quality Management: Operatives Qualitätsmanagement, Strategisches Qualitätsmanagement, Quality Engineering, Prozeß-Management, Rechnerunterstützte QS
- Muster- und Informationsverarbeitung: Automatisierung visueller Prüfvorgänge, Bildverarbeitung, Industrielle Meß- und Prüfeinrichtungen, Musterverarbeitung, Signalverarbeitung, Geräuschanalyse, Koordinatenmeßtechnik, Generative Fertigung, Informationsketten, QS und Produktion

- Meß- und Prüfverfahren: Fertigungstechnik, Untersuchung von Meß- und Prüfgeräten, Prüfung von geometrischen Normalen und Präzisionswerkstücken, Prüfmittelüberwachung
- Schichttechnik: Galvanotechnik, Plasmaschichttechnik, Schicht- und Prozeßentwicklung, Systementwicklung und Anlagentechnik, Prozeß-Management in der Schichttechnik, Integrierte Umwelttechnik, Begleittechnologien
- Lackiertechnik: Verfahrens- und Simulationstechnik, ganzheitliche Lakkiersysteme, Spritz- und Sprühsysteme für Lacke und Pulvermaterialien, Prüftechnik, Techniken für Entwicklungen unter realen Fertigungsbedingungen

Institut für Steuerungstechnik der Werkzeugmaschinen und Fertigungseinrichtungen (ISW)

Prof. Dr.-Ing. Dr. h.c. *G. Pritschow*
Prof. Dr.-Ing. *A. Storr*

- Numerische Anlagentechnik: Modulares und offenes Steuerungssystem auf Basis von Funktionsbausteinen für numerisch gesteuerte Werkzeugmaschinen, graphische, dynamische Simulation des Bearbeitungsvorgangs an der Maschine, graphisch orientierte Bedienoberfläche
- NC-Programmiersysteme: NC-Programmiersystem für die Bearbeitungsaufgaben Drehen, 5achsiges Schleifen, Programmiersysteme für roboterbestückte Fertigungs- und Montagezellen. CAD/NC-Programmmiersystem-Kopplung
- Kommunikationstechnik: Vernetzungs- und Kommunikationstechnik mit unterschiedlichen LAN's
- Flexible Fertigungstechnik: Adaptierbare Leitsysteme für Fertigungs- und Montagesysteme, Rechnerunterstütztes Werkzeugwesen, Simulation zur Planung von Fertigungssystemen, Prozeßüberwachung
- Softwareerstellung: Entwicklungswerkzeuge und Methoden zur ingenieurmäßigen Erstellung von Steuerungssoftware (insbesondere SPS)
- Diagnosetechnik: SPS-Programmierung mit integrierter Diagnose und überwachungsgerechten Signalgebern, expertensystemgestützte Diagnose für Fertigungseinrichtungen
- Qualitätssicherung: Integrierte Qualitätssicherung in Fertigungs- und Montagezellen
- Maschinen- und Regelungstechnik: Komponenten für ein Roboter-Baukastensystem, Getriebeuntersuchungen für Roboterantriebe, Antriebs- und Strahlführungskomponenten für die Laserbearbeitung, Untersuchung kinematischer Strukturen zur Robotergestaltung und für Lasermaschinen, Strukturintegrierte Antriebe mit Formgedächtniswerkstoffen
- Robotertechnik: Anwendungen mit Industrie- und Servicerobotern, Integration von Steuerungs- und Sensorsystemen, Mobiler Mauerroboter mit elektrohydraulischen Servoantrieben

- Antriebs- und Regelungstechnik: Regelung elektrohydraulischer und elektromechanischer Antriebssysteme, Automatisierte Inbetriebnahme, Elektrische Direktantriebe, Antriebsanalyse
- Sensortechnik: Konturverfolgungssysteme, moderne Strategien zur Signalverarbeitung, Schleifbearbeitung mit IR, Kombination Sensorik und Aktorik, Navigation von FTF

Institut für Umformtechnik (IFU)

Prof. Dr.-Ing. *K. Siegert*

- Maschinen der Umformtechnik: Maschinenverhalten der Umformmaschinen, Antriebssysteme, Zusatzeinrichtungen (steuerbare hydraulische Ziehkissen), Mechanisierungs- und Automatisierungseinrichtungen für automatisierten Pressenbetrieb
- Werkzeugentwicklung und -fertigung: Entwicklung, Konstruktion und Herstellung von Werkzeugen, Vorrichtungen und Prüfeinrichtungen für die Blech- und Massivumformung, Erprobung mit Erfassung der Prozeßparameter und Maßabweichungen, Automatisierte Generierung von Stadienplänen
- Blechumformung: Verfahrensentwicklung in der Blechumformung, Superplastische Blechumformung, CAD/CAM-Blechumformung, Qualitätssicherung in der Blechumformung
- Massivumformung: Fließpressen, Verjüngen, Schneiden, Draht- und Rohrziehen mit Schwingungsüberlagerung, Umformung pulvermetallischer Werkstoffe, Temperaturkontrollierte Prozeßführung, CAD/CAM-Massivumformung
- Tribologie und Werkstoffprüfung: Auswirkung von Reibung und Schmierung auf Umformvorgänge, Prüfung des Reibungs-, Schmierungs- und Verschleißverhaltens, Ermittlung von Werkstoffkennwerten
- CA-Technik und Prozeßsimulation: Rechnerunterstützte Ermittlung von Zustandsgrößen beim Umformen, Simulation des Umformprozesses mit der Finite-Elemente-Methode, CAD/CAM-Systeme, DNC-Kopplung mit Werkzeugmaschinen, Expertensysteme, Meßdatenrückführung

Institut für Werkzeugmaschinen (IfW)

Prof. Dr.-Ing. Dr. h.c. *U. Heisel*

- Automatisierungstechnik: Strategien zum automatisierten Fügen von Verzahnungen, Systematische Konstruktion von flexiblen Greif- und Montagewerkzeugen, Automatisiertes Wechseln von Wendeschneidplatten an Zerspanungswerkzeugen, Thermisches Verhalten von Industrierobotern, Standardisierte Roboter-Boden-Schnittstelle, Mechanische Schnitt- und Trennstellen
- Zerspanungstechnologie: Einlippenbohren mit kleinsten Durchmessern (Werkzeugoptimierung, Prozeßanalyse und Werkzeugüberwachung),

Optimierung von schnellaufenden Bohrwerkzeugen mit asymmetrischer Hartmetall-Wendeschneidplatten-Anordnung, Ermittlung von Verfahrensgrundlagen bei der Bohrbearbeitung mit Fräsbohrwerkzeugen, umweltgerechte Zerspanung, Reduzierung des Kühlschmierstoffeinsatzes durch Minimalmengenkühlschmierung, Honen mit Schwingungsüberlagerung, Zwei-Scheiben-Planparallel-Läppen, Entwicklung einer Kraft-Wege-Steuerung
- Maschinendynamik und Baugruppen: Maschinenauslegung hochdynamischer Bearbeitungsmaschinen, Blechleichtbau, Modalanalyse, Betriebsschwingungsanalyse, Oberflächenverfahren zur Bestimmung von Schwingungen beim Umfangsplanfräsen, FEM-unterstützte Maschinenkonstruktion, Verhalten von Werkzeugmaschinen unter Einwirkung statischer und thermischer Einflüsse, Lärmminderung an Hydraulikpumpen
- Holzbearbeitung: Präzisionsbohren von Holzwerkstoffen, Erhöhung der Bearbeitungsqualität durch Stirnplanfräsen, Herstellung von faserstoffartigen Schneidplänen aus Dünn- und Abfallholz für Wärmedämm- und Verpackungszwecke, Fräsen mit kegelstumpfförmigen Werkzeugen, Späneentsorgung an Holzbearbeitungsmaschinen

Institut für Strahlwerkzeuge (IFSW)

Prof. Dr.-Ing. habil. H. Hügel

Laserentwicklung:
- Entladungstechniken für CO_2- und Excimer-Laser
- Resonatorkonzepte für Hochleistungslaser
- Entwicklung von diodengepumpten Festkörperlasern und Diodenlasern
- Diagnostikverfahren zur Bestimmung der Laserstrahleigenschaften

Laseroptik:
- Konzepte und Komponenten zur Strahlführung und -formung (Spiegel, Teleskope, adaptive Bearbeitungsoptiken)
- Vermessung optischer Elemente und Komponenten unter praxisrelevanten Bedingungen

Fluid- und Thermodynamik:
- Aerodynamische Fenster für Hochleistungslaser
- Düsen zum Trennen, Abtragen und Schweißen
- Konzeption und Optimierung von Gaskreisläufen

Materialbearbeitung mit Lasern:
- Theoretische Modelle und Simulationsrechnungen zur Wechselwirkung Laserstrahl/Werkstück
- Untersuchungen zur optimalen Energiekopplung in das Werkstück und Effizienzsteigerung der Verfahren
- Abtragen und Bohren mit Nd:YAG- und Excimer-Laser
- Trennen metallischer Werkstoffe mit Nd:YAG- und CO_2-Laser

- Schweißen mit cw- und gepulsten Nd:YAG- und CO_2-Lasern unter besonderer Berücksichtigung von Aluminiumwerkstoffen
- 3-D-Schweißen und Schneiden mit Industrierobotern
- Härten mit flexibler Strahlumformung
- Umschmelzen, Legieren und Beschichten in Ein- und Zweistrahltechnik
- Rapid-Prototyping-Verfahren mit metallischen Werkstoffen
- Laserintegrierte Komplettbearbeitung
- Mikrobearbeitung mit Excimer- und Festkörperlasern (auch frequenzvervielfacht)

Vorwort

Das Fertigungstechnische Kolloquium in Stuttgart findet in dreijährigem Turnus statt, in diesem Jahr zum 9. Male. Es führt die Tradition des von Prof. Dolezalek 1959 ins Leben gerufenen Automatisierungs-Kolloquiums fort. Die Fertigungstechnischen Institute der Universität Stuttgart befassen sich mit allen Fragen der Produktionstechnik, wie der Technologie spanender und umformender Verfahren sowie der Lasertechnik, mit der Planung und Organisation von Fertigungsanlagen, mit der Konstruktion und Steuerung von Werkzeugmaschinen und Fertigungseinrichtungen.

In diesen Instituten, zu denen noch die Fraunhofer Institute für Produktionstechnik und Automatisierung (IPA) und für Arbeitswirtschaft und Organisation (IAO) sowie das Zentrum Fertigungstechnik Stuttgart (ZFS) gehören, sind derzeit mehr als 400 wissenschaftliche Mitarbeiter im Bereich der Forschung tätig, die hinter dem diesjährigen Kolloquium stehen.

Das Fertigungstechnische Kolloquium '94 steht unter dem Motto „Zukunftssicherung durch Innovation".

Die tiefgreifende Rezession der letzten Jahre hat kaum ein Unternehmen der Metallindustrie verschont und zu Auftragseinbrüchen geführt, die beispiellos in der Nachkriegsgeschichte gewesen sind. Die Unternehmen reagieren darauf mit Anpassungs- und Wandlungsprozessen, wie sie offensichtlich nur in solchen Krisenzeiten denkbar sind.

Mit organisatorischen Maßnahmen wie lean-production, lean-management und just-in-time-Anlieferungen mußten die Kostenstrukturen verbessert werden. Die Wettbewerbsfähigkeit wird allerdings nachhaltig nur dann gesichert, wenn zudem die Fähigkeit zur Innovation und zur schnellen Umsetzung von der Idee zum Produkt gestärkt wird.

Diesem Thema ist das FTK '94 speziell gewidmet, und hierfür bietet es das Forum zur Zusammenführung von Industrie und Forschung sowohl für eine Bestandsaufnahme als auch zur Bestimmung neuer Zielsetzungen.

Berater-Kreis

H. Goldschmid, Esslingen; W. v. Zeppelin, Reichenbach; B. Heller, Nürtingen; H.-P. Waibel, Stuttgart; B. Erdenmüller, Ottobrunn-Riemerling; P. Seiler, Schramberg; H. Laidig, Böblingen

Arbeitskreise zu den Themen

Die Wende in der Steuerungstechnik

K. Wucherer, Erlangen; C. Daniel, Stuttgart

Auf dem Weg zur herstellerübergreifenden „offenen Steuerung“ - eine Bestandsaufnahme

Prof. Dr.-Ing. Dr. h.c. G. Pritschow, Stuttgart; C. Daniel, Stuttgart; W. Sperling, Stuttgart; Robert Bosch GmbH, Erbach; Gebr. Heller, Nürtingen; NUM-Güttinger, Nellingen; Grundig-Numeric, Hannover; Fa. R & S Keller GmbH, Wuppertal; Siemens AG, Erlangen

Modulare und integrale Bauweisen - Neue Konzepte im Maschinenbau

W. v. Zeppelin, Reichenbach; M. Lutz, Stuttgart; Dr.-Ing. P. Klemm, Göppingen; W. Erlenmaier, Ditzingen; Dr.-Ing. C.-P. Neumann, Weingarten; Dr.-Ing. A. Horn, Ludwigsburg; H. Link, Erlangen; W. Sonnek, Reichenbach

Fortschritte im CAD/CAM-Bereich durch neuartige Schnittstellen

E. Bühler, Stuttgart; Prof. Dr.-Ing. A. Storr, Stuttgart; Dr.-Ing. D. Haban, Ulm; T. Reibetanz, Stuttgart

Direktantriebe im Werkzeugmaschinenbau

Dr.-Ing. J. Jenrich, Eislingen; Dr.-Ing. H. Fritz, Eislingen; Dr.-Ing. H. Rudloff, Stuttgart; Dr.-Ing. W. Philipp, Lohr am Main; Ch. Fahrbach, Stuttgart

Entwicklungstrends bei Zerspanwerkzeugen

Dr.-Ing. J. Kurth, Fürth; R. Beuchler, Tübingen; Dr.-Ing. R. Durst, Stuttgart; R. Eichler, Stuttgart; Prof. Dr.-Ing. Dr. h.c. U. Heisel, Stuttgart; G. Müller, Fürth; H. Steidle, Aalen; H. Neigel, Besigheim; B. Spors, Stuttgart

Inhalt

Autoren

Politischer Staatssekretär R. Brechtken
Wirtschaftsministerium Baden-Württemberg, Stuttgart

Prof. Dr. rer.nat. Dr. h.c. mult. H. Haken
Direktor des Instituts für Theoretische Physik und Synergetik der Universität Stuttgart

Prof. Dr.-Ing. Dr. h.c. mult. H.J. Warnecke
Präsident der Fraunhofer-Gesellschaft, München, und Direktor des Instituts für Industrielle Fertigung und Fabrikbetrieb der Universität Stuttgart

Prof. Dr.-Ing. K. Lederer
Vorsitzender der Geschäftsführung der ITT Automotive Europe GmbH, Frankfurt

Dipl.-Ing. K. Wucherer
Direktor, Siemens AG, Erlangen

Prof. Dr.-Ing. Dr. h.c. G. Pritschow
Direktor des Instituts für Steuerungstechnik der Werkzeugmaschinen und Fertigungseinrichtungen der Universität Stuttgart

Dipl.-Ing. (FH) Senator E.h. W. v. Zeppelin
Traub AG, Reichenbach

Prof. Dr.-Ing. habil. Prof. e.h. Dr. h.c. H.-J. Bullinger
Leiter des Fraunhofer Instituts für Arbeitswirtschaft und Organisation, Stuttgart, und Direktor des Instituts für Arbeitswissenschaft und Technologiemanagement der Universität Stuttgart

Dipl.-Ing. E. Bühler
Computerintegrierte Produktionstechnik in der Verfahrensentwicklung, Mercedes-Benz AG, Stuttgart

Dr.-Ing. J. Jenrich
Vorsitzender des Vorstandes der Ex-Cell-O Holding AG, Eislingen

Dr.-Ing. J. Kurth
Vorstandsmitglied KENNAMETAL HERTEL AG, Fürth

Prof. Dr. rer.nat. Dr. h.c. G. Petzow
am Pulvermetallurgischen Laboratorium des Max-Planck-Instituts für Metallforschung, Stuttgart

Prof. Dr.-Ing. habil. H. Hügel
Direktor des Instituts für Strahlwerkzeuge der Universität Stuttgart

Prof. Dr. rer.nat W. Menz
Direktor des Instituts für Mikrostrukturtechnik der Universität Karlsruhe und des Kernforschungszentrums, Karlsruhe

Prof. Dr.-Ing. K. Siegert
Direktor des Instituts für Umformtechnik der Universität Stuttgart

Prof. Dr.-Ing. R.D. Schraft
Leiter des Fraunhofer Instituts für Produktionstechnik und Automatisierung, Stuttgart

Dr.-Ing. W. Keller
am Fraunhofer Institut für Produktionstechnik und Automatisierung, Stuttgart

Dipl.-Ing. M. Recknagel
am Fraunhofer Institut für Produktionstechnik und Automatisierung, Stuttgart

Dr.-Ing. W. Sihn
am Fraunhofer Institut für Produktionstechnik und Automatisierung, Stuttgart

Dr.-Ing. K. Thaler
am Fraunhofer Institut für Arbeitswirtschaft und Organisation, Stuttgart

Dipl.-Inform. T. Bassler
am Fraunhofer Institut für Arbeitswirtschaft und Organisation, Stuttgart

Dipl.-Ing. W. Bauer
am Fraunhofer Institut für Arbeitswirtschaft und Organisation, Stuttgart

Dr. rer.pol. J. Niemaier
am Fraunhofer Institut für Arbeitswirtschaft und Organisation, Stuttgart

Dipl.-Ing. R. Hack
am Institut für Strahlwerkzeuge, Universität Stuttgart

Dipl.-Ing. M. Wiedmaier
am Institut für Strahlwerkzeuge, Universität Stuttgart

Dipl.-Ing. W. Bloehs
am Institut für Strahlwerkzeuge, Universität Stuttgart

Dipl.-Ing. C. Glumann
am Institut für Strahlwerkzeuge, Universität Stuttgart

Dipl.-Ing. W. Sperling
am Institut für Steuerungstechnik der Werkzeugmaschinen und Fertigungseinrichtungen, Universität Stuttgart

Dr.-Ing. U. Siewert
am Institut für Steuerungstechnik der Werkzeugmaschinen und Fertigungseinrichtungen, Universität Stuttgart

Dipl.-Ing. T. Reibetanz
am Institut für Steuerungstechnik der Werkzeugmaschinen und Fertigungseinrichtungen, Universität Stuttgart

Dr.-Ing. J. Heller
am Institut für Steuerungstechnik der Werkzeugmaschinen und Fertigungseinrichtungen, Universität Stuttgart

Dipl.-Ing. M. Gringel
am Institut für Werkzeugmaschinen, Universität Stuttgart

Dipl.-Ing. M. Lutz
am Institut für Werkzeugmaschinen, Universität Stuttgart

Dipl.-Ing. J. Walz
am Institut für Werkzeugmaschinen, Universität Stuttgart

Dipl.-Ing. M.Sc. F. Richter
am Institut für Werkzeugmaschinen, Universität Stuttgart

Dipl.-Ing. M. Meidert
am Institut für Umformtechnik, Universität Stuttgart

Dipl.-Ing. A. Möck
am Institut für Umformtechnik, Universität Stuttgart

Dipl.-Ing. A. Malek
am Institut für Umformtechnik, Universität Stuttgart

Dipl.-Ing. K.-J. Fann
am Institut für Umformtechnik, Universität Stuttgart

Dr.-Ing. H. Rudloff
am Zentrum Fertigungstechnik, Stuttgart

Dr.-Ing. T. Rudlaff
am Zentrum Fertigungstechnik, Stuttgart

Dipl.-Ing. M. Grab
am Zentrum Fertigungstechnik, Stuttgart

Dipl.-Ing. J. Mnif
am Zentrum Fertigungstechnik, Stuttgart

Politische Rahmenbedingungen zur industriellen Standortsicherung Deutschland

R. Brechtken

1 Einleitung

Die übereinstimmende Einschätzung der großen Bedeutung technologischer Innovationen für den Standort Baden-Württemberg ebenso wie für den Standort Deutschland hat uns zum Fertigungstechnischen Kolloquium in Stuttgart zusammengeführt. Sie begreifen dabei sicherlich genau wie ich diese Innovationen in erster Linie als Herausforderung und Aufgabe der Unternehmen. Am Innovationsprozeß spielen aber auch der Staat mit allen ihn bildenden gesellschaftlichen Kräften sowie die öffentlichen Forschungseinrichtungen außerordentlich bedeutsame Rollen. Nur im Dialog und im bewußten Zusammenwirken aller Beteiligten lassen sich dem Innovationsprozeß die notwendigen Impulse geben. Diese Erkenntnis - in der baden-württembergischen Praxis seit längerem ein Markenzeichen der Wirtschaftspolitik - beginnt sich inzwischen weitgehend durchzusetzen.

Ich freue mich daher, auf diesem Kolloquium, das einen so wichtigen Beitrag zum notwendigen Dialog leistet, zu Ihnen sprechen zu können.

Die Komplexität der zukünftigen Innovationsfelder der Fertigungstechnik, bei Produktionsstrategien, betrieblicher- und technischer Organisation sowie bei vielen technologischen Detailfragen ergibt sich aus Ihrem anspruchsvollen Tagungsprogramm. Lassen Sie mich diesen Themenfeldern als Vertreter der Landesregierung einige Betrachtungen hinzufügen und Ihnen schildern, von welchen Grundüberlegungen die Wirtschaftspolitik und hier besonders die Technologiepolitik in Baden-Württemberg ausgeht, sowie ihren Beitrag zur Verbesserung der für die Wettbewerbsfähigkeit unseres Industriestandortes notwendigen Rahmenbedingungen bisher geleistet hat und weiter leistet.

2 Konjunkturelle und strukturelle Lage der deutschen Wirtschaft

2.1 Die konjunkturelle Situation

Nach dem Auslaufen der einigungsbedingten Sonderkonjunktur geriet die Bundesrepublik - und damit auch Baden-Württemberg - 1992 zunehmend in den Sog der weltweiten Konjunkturabschwächung. 1993 durchlief

Deutschland die schärfste Rezession der Nachkriegszeit mit einem Rückgang des Bruttoinlandprodukts im westlichen Bundesgebiet um 1,9% (Baden-Württemberg -2,8%). Dieser Rückgang hatte den Abbau von Arbeitsplätzen - der auch derzeit noch nicht beendet ist - und die damit verbundene Zunahme der Arbeitslosigkeit zur Folge.

Wenn wir uns die aktuellen Konjunkturdaten ansehen, so ist festzustellen, daß nach einer stagnierenden Phase auf sehr niedrigem Niveau in der zweiten Jahreshälfte 1993 eine sichtbare Besserung der Lage etwa seit der ersten Hälfte des Jahres 1994 eintrat. So sind z.B. die Auftragseingänge im verarbeitenden Gewerbe im Vergleich zum entsprechenden Vorjahreszeitraum um 7% höher ausgefallen. Die Auslandsnachfrage stieg um 17,3%, die des Inlands um 1,3%. Die Produktion erholte sich in dieser Zeit in Baden-Württemberg um 3%, im Bundesgebiet (West) demgegenüber nur um 2%.

Angesichts dieser beachtlichen Erholungstendenzen liegen die Schätzungen für das Wirtschaftswachstum im Gesamtjahr, die zu Jahresanfang für das westliche Bundesgebiet noch rund 1% betrugen, inzwischen bei mindestens 1,5%. Da das Tempo der Erholung im Land sichtlich stärker ist als im Bund, ist in Baden-Württemberg ein Wirtschaftswachstum von rund 2% möglich.

Trotz dieser Erholungstendenzen steigt die Arbeitslosigkeit 1994 im Jahresdurchschnitt gegenüber dem Vorjahr im Bundesgebiet nochmals um 300 000 Personen. Ich rechne mit einer jahresdurchschnittlichen Arbeitslosigkeit von etwa 2,5 Mio. in den westlichen und 1,1 Mio. in den östlichen Bundesländern. Die Bekämpfung der Massenarbeitslosigkeit bleibt deshalb die größte Herausforderung für Wirtschaft und Politik in den neunziger Jahren.

Das Phänomen der steigenden Sockelarbeitslosigkeit trotz eines konjunkturellen Aufschwungs, das wir auch nach den Rezessionen zu Beginn der siebziger Jahre und am Anfang der achtziger Jahre beobachten konnten, ist ein Indiz für eine weitere, eventuell sogar gewichtigere Ursache der jüngsten Krise: Die Struktur- und Innovationskrise.

2.2 Die Struktur- und Technologiekrise

Die Anstrengungen, die seitens der Tarifpartner unternommen wurden, die Kostenstrukturen in den Griff zu bekommen, sind beachtlich. Dennoch darf man es dabei nicht belassen. Die Tarifpartner dürfen das Beschäftigungsziel auch in den nächsten Jahren nicht aus dem Auge verlieren.

Die Kostenvorteile unserer internationalen Mitbewerber beruhen zu zwei Dritteln auf dem Ergebnis besserer Betriebsorganisation und Fertigungsverfahren. In diesen Bereichen sind unsere Unternehmen, vielleicht unterstützt durch den Wiedervereinigungsboom, offensichtlich zu spät daran gegangen, ihre internen Strukturen unter dem Gesichtspunkt der Kosteneinsparung zu prüfen. Hier müssen durchgreifende Umstrukturierungen stattfinden. Sowohl im Fertigungs- als auch im Verwaltungsbereich gab es und gibt es in dieser Hinsicht einiges zu tun. Daß diese Prozesse z.Z. im Gang sind und auf großes Interesse stoßen, zeigt auch die Veranstaltungsreihe des FTK.

Schließlich klagen unsere Unternehmen über Belastungen, die ihnen aus dem staatlich-administrativen Bereich auferlegt werden, z.B. im Bereich der Genehmigungsverfahren. Hier muß der Staat noch nachhaltiger als bisher eine Bringschuld einlösen.

Neben den Kostenproblemen hat die deutsche Wirtschaft aber auch mit einer Innovationskrise zu kämpfen. Darunter verstehen wir, daß sich die Unternehmen wohl einerseits nicht hinreichend auf zukunftsträchtige Produkte und Märkte konzentriert haben und andererseits die Politik die Weichen nicht rechtzeitig in diese Richtung gestellt hat. Wir verfügen über hervorragend ausgestattete Forschungseinrichtungen mit sicherlich auch weltweit vorzeigbaren Ergebnissen. Klar erkennbar sind aber auch - ich will es bei diesem Hinweis belassen - die Defizite bei der schnellen und zielgerichteten Umsetzung der Forschungsergebnisse in vermarktbare Produkte.

2.3 Geänderte Rahmenbedingungen für die deutsche Wirtschaft

Durch die Globalisierung der Märkte haben die Produkte „Made in Germany" internationale Konkurrenz erhalten. Dies nicht nur im Bereich der Massengüter, sondern auch im Bereich hochwertiger Investitionsgüter, z.B. im Maschinenbau, der Fahrzeugtechnik und der Informations- und Kommunikationstechnik.

Dabei hat sich die Vernachlässigung der Absatzmärkte in den Staaten mit einer hohen Wachstumsdynamik als strategisches Defizit erwiesen. Nur 14,6% unserer Exporte gehen in den asiatischen Raum. Mit ein Grund für dieses Defizit ist die mangelnde politische Flankierung von Auslandsgeschäften. Während sich unsere Außenpolitiker zurückhalten, wenn es um Schützenhilfe für den deutschen Export geht (ein Beispiel ist das geplatzte ICE-Geschäft mit Südkorea), erfahren die Unternehmen aus den USA oder Frankreich eine deutlich bessere Unterstützung duch die Politik.

Veränderte ökonomische und politische Rahmenbedingungen ergeben sich für den Wirtschaftsstandort durch die Integration der europäischen Staaten in die Europäische Gemeinschaft. Zum eine befinden wir uns in einem riesigen Binnenmarkt mit über 300 Mio. Einwohnern. Zum anderen sind die Zeiten vorüber, in denen die Wirtschaftspolitik ohne Abstimmung und Zusammenarbeit mit den Mitgliedsstaaten der EU wirken kann. Gerade im Bereich der Fertigungstechnik sind wir z.B. auf umfangreiche Normierungen im europäischen Raum angewiesen.

Wenn wir die Faktoren betrachten, die unsere Wirtschaft in die bekannte Streßsituation gebracht haben, so dürfen wir die Probleme der wirtschaftlichen und politischen Wiedervereinigung nicht übersehen, deren Kosten von den Verantwortlichen völlig unterschätzt wurden. Nach dem ersten Boom nach der Währungsumstellung in den neuen Ländern konnte sich auch Deutschland dem Sog der internationalen Konjunkturschwäche nicht mehr entziehen. Dies ging einher mit den einheitsbedingten zusätzlichen Belastungen der öffentlichen Haushalte und der Sozialversicherungsträger sowie der Steuer- und Beitragszahler und des Kapitalmarktes. Noch in den nächsten Jahren müssen wir mit jährlichen Finanztransfers von etwa 150 Mrd. DM in die neuen Bundesländer rechnen.

Diese Belastungen führten zu einer Einschränkung des Handlungsspielraums der öffentlichen Hand im Bereich seiner Investitionen. Den aus dem Finanzbereich resultierenden Inflationstendenzen mußte die Geldpolitik mit einem restriktiven Kurs entgegensteuern. Dies wiederum bremste sowohl die binnenländische Investitionsnachfrage wie - über den internationalen Zins- und Wechselkursmechanismus - auch die kunjunkturellen Antriebskräfte bei den europäischen Handelspartnern.

2.4 Politische Schwerpunkte richtig setzen

Für die Teilnehmer am Wirtschaftsleben ist eine langfristig berechenbare und klare Linie in der Wirtschaftspolitik wichtig. Es gibt Anzeichen dafür, daß diese klare Linie in den vergangenen Jahren nicht zu erkennen war und deshalb das Vertrauen in die Politik sehr gelitten hat.

Hier ist die Politik gefordert, schnell die notwendigen Akzente zu setzen. Für die Wirtschaftspolitik gilt es besonders, die Inverstitionsdynamik der Wirtschaft zu stimulieren und den Boden für den Vorstoß in neue Technologien, neue Produktfelder und neue Märkte vorzubereiten.

Ein wichtiger Beitrag hierzu ist eine innovationsfördernde Steuerpolitik. Viele Unternehmer und Manager sind heute eher geneigt, das Geschäftsergebnis durch Finanzanlagen zu verbessern als durch unternehmerisches Wirken. Unser Steuersystem muß so umgestaltet werden, daß es die Unternehmen entlastet, die aktiv an der Gestaltung unserer Zukunft mitarbeiten, d.h. diejenigen, die forschen, entwickeln, investieren und damit für mehr Beschäftigung sorgen.

Entlastungen durch das Steuersystem müssen auch alle die erfahren, die den Mut haben, durch Existenzgründungen für sich selbst und andere neue Arbeitsplätze zu schaffen. Besonders in der Anfangszeit benötigen Existenzgründer Liquidität und sollten deshalb steuerlich geschont werden. Auch zusätzliches Risikokapital, das z.B. mit Hilfe staatlicher Bürgschaften erworben werden könnte, hilft den jungen Unternehmen über die Anfangsschwierigkeiten hinweg.

Erfindungen müssen sich auch für den Erfinder lohnen. Deshalb ist es wichtig, die Erträge aus Patenten zumindest zeitweise steuerlich zu entlasten. Kontraproduktiv waren hier die Forderungen nach einer Erhöhung der Gebühren für Patentanmeldungen.

3 Strategien zur Sicherung des industriellen Standorts

3.1 Strukturmängel dürfen trotz Konjunkturaufschwung nicht vernachlässigt werden

Es wäre sträflich, den jetzigen Aufwärtstrend in der Konjunktur zum Anlaß zu nehmen, um die nach wie vor vorhandenen Strukturprobleme unserer Wirtschaft herunterzuspielen. Diese Strukturprobleme sind noch nicht einmal zur Hälfte gelöst. Trotz der konjunkturellen Besserung darf der Druck nicht nachlassen, Verkrustungen und starre Verhaltensmuster aufzubrechen und die notwendigen, tiefgreifenden Änderungen in den Betrieben und im Staat umzusetzen. Ansonsten verpassen wir eine wichtige Chance, denn noch ist die Akzeptanz vorhanden, auch schmerzhafte Maßnahmen mitzutragen.

3.2 Verbesserung der Kostensituation

Die Strategie zur Erhaltung und Verbesserung des Wirtschafts- und Lebensstandorts muß zum einen die weitere Verbesserung der Kostensituation der Unternehmen und zum anderen die Erschließung neuer Produkt- und Marktfelder umfassen.

Zur Verbesserung der Kostensituation bedarf es einer beschäftigungsorientierten Tarifpolitik. Die Politik kann einen Beitrag zur Kostensenkung leisten, indem sie versicherungsfremde Leistungen aus den Sozialversicherungen herausnimmt und so die Unternehmen bei den Lohnnebenkosten entlastet. Vor allem müssen jedoch die Unternehmen selbst ihre Anstrengungen entschlossen fortsetzen, um durch eine Modernisierung der betrieblichen Organisationsstrukturen und Arbeitsabläufe sowie durch flexiblere Arbeitszeitmodelle vorhandene Kostensenkungspotentiale auszuschöpfen.

3.3 Innovationspolitik

Die Bundesrepublik ist im internationalen Vergleich ein Hochlohnland. Sie wird diesen Standard allerdings nur halten können, wenn es gelingt, Deutschland dauerhaft als Hochtechnologiestandort zu etablieren. Gegenwärtig gibt es in Deutschland und auch in Baden-Württemberg jedoch das Problem, daß wir vor allem bei den Produktgruppen auf dem Weltmarkt führend sind, deren Basisinnovationen bis in das 19. Jahrhundert zurückreichen. Notwendig ist es dagegen, daß wir in den Branchen des 21. Jahrhunderts entscheidend vorankommen.

Vor diesem Hintergrund ist die Technologie- und Industriepolitik noch mehr als zuvor in das Zentrum der baden-württembergischen Wirtschaftpolitik gerückt. Schwerpunkte der baden-württembergischen Technologieförderung sind die Bereitstellung einer leistungsfähigen Forschungsinfrastruktur, vor allem im Bereich der wirtschaftsnahen Forschung, und die Gewährleistung eines funktionierenden Technologietransfers. Kooperativen Ansätzen, besonders in Form der Verbundprojekte zur Bearbeitung vorwettbewerblicher Themenstellungen, wird ein großes Gewicht beigemessen.

Das Land verfügt in Universtitäten und Fachhochschulen über eine große Zahl anwendungsorientierter Institute. Die fertigungstechnischen Institute der Universtität Stuttgart haben einen exzellenten Ruf. Die heutige Veranstaltung bestätigt das. Das Land verfügt daneben über zahlreiche leistungsfähige außeruniversitäre Institute und Einrichtungen. Hierzu gehören

- 7 Vertragsforschungseinrichtungen an Universitäten,
- 14 Institute und Einrichtungen der Fraunhofer-Gesellschaft,
- 10 sektorell orientierte Institute der industriellen Gemeinschaftsforschung sowie
- 2 Großforschungseinrichtungen (Kernforschungszentrum Karlsruhe GmbH - KfK - und Deutsche Forschungsanstalt für Luft- und Raumfahrt e.V. - DLR -).

Wenn auch die Phase der Gründung neuer Institute, vor allem der Vertragsforschung an Universitäten, als vorläufig abgeschlossen zu betrachten ist, wird gleichwohl der Aufbau jüngerer Institute planmäßig fortgesetzt.

Trotz beschränkter Haushaltsmittel setzt das Land alles daran, bestehende Forschungseinrichtungen in ihrem Technologieangebot aktuell und somit leistungsfähig zu erhalten. Beispiele hierfür sind:

- Die weitere Umstrukturierung beim Kernforschungszentrum Karlsruhe hin zu einem interdisziplinären Forschungszentrum unter besonderer Betonung der Umwelt- und der Mikrosystemtechnik und
- die Neustrukturierung des Fraunhofer-Instituts für Chemische Technologie in Pfinztal (bei Karlsruhe). Hier wird ein Teilinstitut für die Vertragsforschung mit der Wirtschaft auf dem Gebiet der Polymertechnik gegründet. Das Land unterstützt dies in den nächsten vier Jahren mit etwa 19 Mio. DM.

Neben der Erhaltung und dem Ausbau der bestehenden guten Forschungsinfrastruktur ist ein funktionierender Technologietransfer zentraler Faktor der Technologiepolitik.

Das im Land aufgebaute flächendeckende System für die Technologieberatung und -vermittlung umfaßt 40 ortsnahe Kontaktberatungsstellen bei Wirtschaftsorganisationen und Fachhochschulen, die ratsuchenden Unternehmen bei der Vorabklärung der jeweiligen Problemstellungen behilflich sind und sie an den jeweils kompetenten Wissenschaftler bzw. die in Frage kommende Forschungseinrichtung weiter vermitteln.

Als außerordentlich effiziente Einrichtung für den Technologietransfer haben sich die über 150 Transferzentren der Steinbeis-Stiftung erwiesen, die vorwiegend an den Fachhochschulen des Landes beheimatet sind und deren Schwerpunkt weniger in der Forschung als in der Entwicklung liegen.

Letzteres macht sie zu einem interessanten Partner mittelständischer Unternehmen.

Noch verbesserungsfähig ist der Technologietransfer aus den Universitäten hinein in mittelständische Unternehmen. Es genügt nicht, wenn einige aktive Institute z.B. der Fertigungstechnik von sich aus auf die Unternehmen zugehen und dort auch gefragt sind. Die Ressourcen der Universitäten insgesamt müssen mehr zur Verbesserung der Wettbewerbsfähigkeit der Wirtschaft genutzt werden. Es sind deshalb Maßnahmen verabschiedet worden, um die unmittelbare Zusammenarbeit der Universitäten mit der Wirtschaft zu verbessern. So wird die Steinbeis-Stiftung auch Transferzentren an den Universitäten errichten. Daneben ist ein Ausbau der Technologieberatungssstellen an den Universitäten und die Einrichtung einer zentralen Patent- und Lizenzberatungsstelle für die Universitäten vorgesehen. Der Personalaustausch zwischen den Universitäten und Unternehmen wird besonders gefördert.

Zu den Instrumenten des Technologietransfers zählen auch die Technologiezentren des Landes, in denen Starthilfen für technologieorientierte Unternehmensgründer angeboten werden, aber auch wegen der Nähe zu den Hochschulen Technologietransfer „über Köpfe“ stattfindet.

Der kooperative Ansatz in der Technologieförderung des Landes kommt in der verstärkten Förderung von Verbundprojekten zum Ausdruck. Verbundprojekte dienen der gemeinsamen Bearbeitung vorwettbewerblicher Problemstellungen, die für eine Branche oder einen ganzen Wirtschaftszweig von Bedeutung sind. Federführend ist in jedem Fall ein Institut der wirtschaftsnahen Forschung. Voraussetzung für eine Förderung durch das Land ist, daß sich mindestens drei mittelständische Unternehmen aus Baden-Württemberg an dem Projekt beteiligen. Weitere Unternehmen, auch große und solche von außerhalb Baden-Württembergs, können zusätzlich mitwirken. Ziel der Projekte ist, daß ihre Ergebnisse über die beteiligten Unternehmen hinaus einer Branche oder der Wirtschaft insgesamt zum Vorteil gereichen. Insofern kommt den Instituten nicht nur eine zentrale Rolle als Mobilisator beim Zustandekommen des Projekts sowie in der Durchführung, sondern auch als Multiplikator bei der Verbreitung des Ergebnisse zu.

Im Hinblick auf die zunehmende Zahl abgeschlossener Verbundprojekte wird das Wirtschaftsministerium besonderes Augenmerk auf die Verbreitung der Ergebnisse richten. Hier bietet sich eine engere Zusammenarbeit zwischen den beteiligten Instituten und den Kammern an.

Wir verfügen über eine ausgezeichnete Forschungsstruktur und stellen hier weiterhin hohe, öffentliche Mittel zur Verfügung. Unser Technologietransfersystem, um das wir bereits heute von vielen beneidet werden, wird weiter verbessert. Es gibt unzählige leistungsfähige Unternehmen. Wir wissen aber gleichzeitig, daß selbst verbesserte Strukturen nur dann zu positiven Ergebnissen führen, wenn die Menschen in diesen Strukturen, etwa der Wissenschaftler und der Unternehmer, erfolgreich miteinander kommunizieren. Der Präsident der Fraunhofer-Gesellschaft, Professor Warnecke, hat kürzlich in einem Beitrag sehr eindringlich dazu aufgerufen und dabei die

Begriffe vom „unternehmerischen Forscher" und vom „forscherischen Unternehmer" geprägt. Ich will diesen Akteuren den „dialogorientierten Politiker" hinzufügen und werde gleich noch etwas dazu sagen.

Unverzichtbare Beteiligte sind jedoch auch die „motivierten Mitarbeiterinnen und Mitarbeiter". Letzten Endes bleiben alle Innovationsbemühungen auf der „hohen" Ebene Stückwerk und ohne Wirkung, wenn wir nicht in großem Maß und erfolgreich Investitionen in die Qualifikation und Motivation der Mitarbeiter in unseren Unternehmen und Forschungseinrichtungen tätigen und den notwendigen Dialog auch mit ihnen führen.

3.4 Erschließung der Auslandsmärkte

Bevor ich mich dem „dialogorientierten Politiker" zuwende noch einige Bemerkungen zu einem Feld, in dem wir in Baden-Württemberg ebenfalls in die Offensive gegangen sind: der Erschließung neuer Absatzmärkte.

Neben der Erschließung neuer Produktfelder sowie der verstärkten Anwendung neuer Erkenntnisse der Fertigungstechnik und der Unternehmensorganisation müssen wir gemeinsam neue Märkte für unsere Produkte suchen. Ziel dieser Anstrengungen müssen dabei die zukünftigen Wachstumsmärkte der Welt, sowohl in Mittel- und Osteuropa, in Südamerika und besonders auch in Süd-Ost-Asien sein. Die Außenpolitiker dürfen sich nicht zu schade sein, den Unternehmen hierbei flankierende Hilfestellung zu geben. In Deutschland wird noch immer vielfach verkannt, daß wir auf den Weltmärkten nicht nur einen Wettbewerb der Unternehmen, sondern eben auch einen Wettbewerb der Nationen haben. Deshalb müssen wir in Deutschland alles dafür tun, um zu verhindern, daß unsere Unternehmen mit ihren qualitativ hochwertigen Produkten allein wegen fehlender politischer Unterstützung auf den Exportmärkten das Nachsehen haben. Auch in der Wirtschaft wird die Notwendigkeit „politischer Dienstleistungen" im Bereich der Außenwirtschaft zunehmend gesehen. Wir brauchen deshalb eine völlige Neuorientierung der Außenwirtschaftspolitik in Deutschland, die diese Zusammenhänge berücksichtigt.

Ein zentraler Baustein einer neuen Außenwirtschaftspolitik ist die Schaffung einer externen Infrastruktur in den Wachstumsmärkten der Welt. Die Einrichtung des German Center in Singapur ist das erste Projekt einer solchen externen Infrastruktur und soll gewissermaßen als „Basislager" für die Exportaktivitäten unserer Wirtschaft im südostasiatischen Raum dienen. Diesem Modellprojekt sollen vergleichbare Einrichtungen in anderen Ländern folgen.

4 Neues Politikmodell: Die Dialogorientierte Wirtschaftspolitik

4.1 Konzeption der Dialogorientierten Wirtschaftspolitik

Auch in der Vergangenheit mußten Wirtschaft und Politik immer wieder auf Struktureinbrüche reagieren, um Wohlstand und Beschäftigung für die Bevölkerung zu schaffen und zu sichern. Die Wirtschaftspolitik war in der Zeit des Wiederaufbaus bis hin zu den sechziger und siebziger Jahren viel stärker auf einen wirtschaftlichen Grundkonsens der gesellschaftlichen Gruppen ausgerichtet. In den letzten Jahren dagegen, unter dem Zwang eines steigenden Anpassungsdrucks, hat die Wirtschaftspolitik eher eine Polarisierung in Wirtschaft und Gesellschaft bewirkt. Eine solche Wirtschaftspolitik, die einseitig auf bestimmte Ziele fixiert ist, ohne sich um den wirtschafts- und gesellschaftpolitischen Prozeß zur Durchsetzung dieser Ziele zu kümmern, wird den erhöhten Forderungen an die Anpassungsfähigkeit der Volkswirtschaft an sich verändernde Rahmenbedingungen nicht gerecht.

Die Erkenntnis, daß polarisierte Wirtschaftsgesellschaften in der Vergangenheit bei der Krisenbewältigung gescheitert sind, war Ausgangspunkt für die Einführung der dialogorientierten Wirtschaftspolitik in Baden-Württemberg. Diese Politik verschafft den notwendigen strukturellen Änderungen eine realistische Durchsetzungschance.

Mit diesem neuen Politikmodell bekennt sich die Wirtschaftpolitik im Land zu der Aufgabe, einen wirtschaftspolitischen Grundkonsens zwischen Politik, Unternehmen und Gewerkschaften zu organisieren. Damit sollen keinesfalls die Verantwortungsbereiche der einzelnen wirtschaftlich relevanten Gruppen verwischt werden. Vielmehr geht es darum, einen Rahmen zu setzen, der einerseits die Grundlage für die Sicherung bestehender und die Schaffung neuer Arbeitsplätze bildet und andererseits Raum für die Austragung kontroverser Interessensgegensätze beläßt.

Entscheidendes Merkmal dieses Politikmodells ist es, daß über den Dialog hinaus konkrete Handlungskonzepte entwickelt werden, um die bestehenden Strukturprobleme im Bereich der Kosten und bei der Erschließung neuer Markt- und Produktfelder anzugehen. Ihre Konkretisierung findet die dialogorientierte marktwirtschaftliche Industriepolitik in Baden-Württemberg in der „Gemeinschaftsinitiative Wirtschaft und Politik".

4.2 Gemeinschaftsinitiativen und Zukunftskommission Wirtschaft 2000

Im Rahmen der Gemeinschaftsinitiative „Wirtschaft und Politik" werden zentrale Fragen unserer Wirtschaft aufgegriffen und, aufbauend auf Studien oder der Vorarbeit auf Expertenebene, gemeinsame und konkrete Lösungsansätze mit dem Ziel entwickelt, die in unseren Leitbranchen bestehenden Kostenstrukturen zu verbessern, vorhandene Produktionsreserven zu mobilisieren und neue Produkt- und Marktfelder zu erschließen. Damit wird die Grundlage geschaffen, um im Land bestehende Arbeitsplätze zu sichern und zusätzliche Arbeitsplätze einzurichten. Gleichzeitig ist dieses Vorgehen eine vertrauensbildende Maßnahme im Dreieck Wirtschaft, Gewerkschaften und Politik. Im Rahmen dieses bundesweit ersten Politikmodells für einen „neuen wirtschaftlichen Grundkonsens" zwischen Staat, Unternehmen und Gewerkschaften, wurden bisher konkrete Handlungskonzepte für die folgenden Bereiche vereinbart:

- Qualifizierungsoffensive im Metallbereich,
- Kooperation von Zulieferern und Abnehmern im Automobilsektor,
- Maßnahmen zur Sicherung der Wettbewerbsfähigkeit des baden-württembergischen Maschinenbaus,
- aktive Bewältigung des Strukturwandels der baden-württembergischen Textil- und Bekleidungsindustrie,
- Stärkung der beruflichen Aus- und Weiterbildung im Handwerk,
- Stärkung der baden-württembergischen Wirtschaft auf dem „Zukunftsmarkt Umwelttechnologien",
- Medienwirtschaft und
- Wachstumsmarkt Software.

Die Gemeinschaftsinitiative ist gleichzeitig die operative Umsetzung der langfristig angelegten wirtschaftspolitischen Leitlinien des Landes, die von der „Zukunftskommission Wirtschaft 2000" unter dem Vorsitz von Berthold Leibinger und Konrad Seitz in ihrem Bericht vom August 1993 dargelegt wurden.

Die „Zukunftskommission Wirtschaft 2000" hat in ihrem Bericht die veränderte internationale Wettbewerbsposition der klassischen Industrien Baden-Württembergs und die Schwächen in den neuen Technologien analysiert und zur Überwindung der gegenwärtigen Krise eine Doppelstrategie empfohlen:

- Sicherung der Wettbewerbsfähigkeit u.a. über Infrastrukturmaßnahmen im Bereich Verkehr, Kommunikation, Energie und Umwelt, aber auch z.B. mit der Wiedereinführung der steuerlichen FuE-Förderung als Forderung auf Bundesebene,
- Aufholstrategie in neuen Technologien und industriellen Feldern: Schwerpunkte wurden hier besonders gesetzt im Bereich Kommunikationsinfrastruktur (u.a. Multimedia-Anwendung), Umwelttechnik, Bio-/Gentechnik, Softwaretechnologie, Mikrosystemtechnik, Servicesysteme im alltäglichen Umfeld.

Die Landesregierung hat die Vorschläge geprüft und die Umsetzung verschiedener Maßnahmen in einer Innovationsoffensive in die Wege geleitet. Zu den Maßnahmen gehören der Aufbau der technologischen Infrastruktur durch

- Gründung von Biotechnikparks,
- Einrichtung eines Softwarezentrums in Böblingen,

- Beschaffung einer Synchrotron-Strahlungsquelle für den Bereich Mikrosystemtechnik am Kernforschungszentrum Karlsruhe sowie durch den
- weiteren Aufbau des Instituts für Mikro- und Informationstechnik in Villingen-Schwenningen

sowie die Durchführung von Verbund- bzw. Pilotprojekten im Bereich von Zukunftstechnologien, wie der Lasertechnologie, der Mikrosystemtechnik, in der Multimedia-Anwendung und zur Förderung des Bereichs umweltverträglicher Produktions- und Verfahrenstechniken.

Die in den Gemeinschaftsinitiativen vereinbarten Projekte sind mittlerweile erfolgreich angelaufen; auch die Umsetzung der von der „Zukunftskommission Wirtschaft 2000“ vorgeschlagenen Maßnahmen wird zügig vorangetrieben.

Im Hinblick auf die bereits bisher erreichten Ergebnisse ist die Tatsache besonders erfreulich, daß inzwischen viele Maßnahmen, die von der Gemeinschaftsinitiative angestoßen wurden, von selbst laufen. So waren die vereinbarten Modellprojekte über verlängerte Maschinenlaufzeiten und eine Flexibilisierung der Arbeitszeiten Auslöser dafür, daß bei anderen Unternehmen im Land Vereinbarungen auf betrieblicher Ebene zustande kamen, die positive Standortentscheidungen ermöglichten. Damit zeigte sich, daß die Gemeinschaftsinitiative zusammen mit dem Liquiditätshilfe-Programm und den Existenzgründungsförderungen Kräfte freisetzt, die positive Entscheidungen für den Wirtschaftsstandort Baden-Württemberg ermöglichen.

Vorschläge zur strategischen Ausrichtung der Forschungs-, Technologie- und Wirtschaftspolitik sowie zur Weiterentwicklung der staatlichen Förderpolitik, Empfehlungen zur Verbesserung der innovationsrelevanten Rahmenbedingungen und zur schnelleren Umsetzung der Forschungsergebnisse in Produkte und Verfahren erwartet die Landesregierung vom Innovationsbeirat, dem Beratungsgremium der Landesregierung, bestehend aus 18 Vertretern aus Wirtschaft, Wissenschaft und Gewerkschaften, der auf Vorschlag der Zukunftskommission im Juni dieses Jahres einberufen wurde.

5 Orientierung an ökonomischen Zukunftsvisionen

5.1 Ökologisch oriertierte soziale Marktwirtschaft

Alle Maßnahmen zur Bewältigung des Strukturwandels müssen sich an Visionen über das langfristige Zukunftsbild der Wirtschaft orientieren. Die wichtigsten Leitbilder, denen wir folgen müssen, sind: Die ökologisch orientierte soziale Marktwirtschaft, die Entwicklung zur Dienstleistungsgesellschaft und der Übergang zur Informationsgesellschaft.

Für die Ausrichtung am Leitbild der ökologisch orientierten sozialen Marktwirtschaft gibt es zwei wesentliche Gründe. Erstens: Die Bewahrung unserer Umwelt und der schonende Umgang mit den natürlichen Ressourcen ist die Voraussetzung für die Erhaltung unserer Lebensqualität. Damit erhalten wir uns übrigens auch einen wichtigen positiven Standortfaktor. Zweitens: Es besteht die Chance, den Wettbewerbsvorsprung im Bereich der Umwelttechnologien zu halten und auszubauen. Bereits heute hat Deutschland einen Weltmarktanteil von etwa 20% und ist damit der größte Exporteur für Umwelttechnik. In Deutschland rechnen wir mit etwa 800 000 neuen Arbeitsplätzen in diesem Bereich bis zur Jahrtausendwende. Für Baden-Württemberg dürfte der Zuwachs bei etwa 250 000 Arbeitsplätzen in der Umwelttechnik liegen.

Die zweite bedeutende Vision ist der Strukturwandel in unserer Volkswirtschaft hin zu einer Dienstleistungsgesellschaft. Tertiäre Aktivitäten durchdringen immer stärker auch die produzierenden Bereiche. So liegt in der Industrie (verarbeitendes Gewerbe) der Anteil von Diestleistungsarbeitsplätzen sowohl im Land als auch im Bund bei über 60%.

Innerhalb des großen heterogenen Bereichs der Dienstleistungsunternehmen sind die Unternehmen, die überwiegend unternehmensoriente Dienstleistungen anbieten, die mit weitem Abstand dynamischste Sparte. Im westlichen Bundesgebiet konnten die produktionsorientierten Dienstleistungen ihre Wertschöpfung zwischen 1980 und 1993 um 75% steigern, in Baden-Württemberg sogar im 116%.

Die Bedeutung der unternehmensbezogenen Dienstleistungen an der gesamten Wertschöpfung unserer Wirtschaft zeigt allerdings auch, wie wichtig die industrielle Basis ist, für die solche Dienstleistungen erbracht werden. So sind die Marktchancen von Dienstleistungsunternehmen aufgrund von Outsourcing-Aktivitäten von Industrieunternehmen tendenziell um so besser, je erfolgreicher die industrielle Entwicklung läuft.

Es gibt jedoch auch einen umgekehrten standortpolitischen Zusammenhang: So erhöht ein starker Dienstleistungssektor, besonders die dynamischen unternehmensbezogenen Dienstleistungen, die Standortattraktivität für Industrieunternehmen. Darüber hinaus haben unternehmensnahe Dienstleistungen wie Forschung und Beratung innovative Funktionen, und sind somit ein Antrieb für Wachstum und Beschäftigung.

Als dritte wichtige Vision für die zukünftige Entwicklung unseres Wirtschaftsstandortes sehen wir den Übergang in die Informationsgesellschaft. Gerade auch im Fertigungsbereich spielt der Einsatz moderner und leistungsfähiger Systeme zur Datenverwaltung und Datenverarbeitung, zur Kommunikation und zur Steuerung eine wichtige Rolle. Nur mit ihrer Hilfe können die Produktion und die Verwaltung schlanker organisiert werden, was zu deutlichen Kostenvorteilen führt.

6 Die Krise als Chance nutzen

Wenn wir - Politik, Wirtschaft und Wissenschaft - gemeinsam diese Zukunftsvisionen aufgreifen und sie in dem uns jeweils gegebenen Rahmen mit Inhalten erfüllen, werden wir die ökonomische und ökologische Qualität unseres Wirtschafts- und Lebensstandortes erhalten können. Deshalb besteht auch kein Anlaß für weinerliche Niedergangsarien. Doch darf die begonnene Dynamik nicht verflachen. Durch die Krise ist uns hoffentlich allen klar geworden, wie notwendig es ist, verkrustete Strukturen aufzubrechen. Deshalb sollten wir die Krise als Chance ansehen und uns durch den sich abzeichnenden Aufschwung nicht blind machen lassen für weitere Maßnahmen zur Standortstärkung.

Ich möchte meine Ausführungen abschließen und nochmals - wie schon zu Beginn meiner Ausführungen - auf die große Bedeutung dieses Kolloquiums und der damit verbundenen Demonstration der Vielfalt technischer und organisatorischer Innovationen in den Betrieben hinweisen. Wir Politiker sind gefordert, die Rahmenbedingungen zu verbessern, die Ihnen das Investieren in die Zukunft erleichtert. Für mein Haus kann ich Ihnen die Zusicherung geben, daß wir das Mögliche hierfür tun werden.

In diesem Sinn wünsche ich dieser Veranstaltung einen guten Verlauf und hoffe, daß die hier gezeigten Erkenntnisse möglichst schnell in die betriebliche Praxis umgesetzt werden.

Synergetik - Selbstorganisiertes Zusammenwirken der Systeme

H. Haken

Inhalt: Was will die Synergetik? - Grundkonzepte der Synergetik - Einige Anwendungen und Ausblick

1 Was will die Synergetik?

In den verschiedensten Bereichen der Naturwissenschaften, aber auch in den Sozialwissenschaften ist zu erkennen, daß augenblicklich eine Zeit des Umdenkens herrscht. Dasselbe gilt aber auch für Managementtheorien, Produktionsverfahren oder Wirtschaftssysteme. Hier wird immer deutlicher, daß in den meisten Fällen hochkomplexe Systeme wirken, bei denen oft das Prinzip von Descartes versagt. Nach diesem Prinzip lassen sich komplexe Systeme durchschauen, wenn sie in immer einfachere Teilsysteme zerlegt werden.

Funktionsabläufe in komplexen Systemen kommen oft erst aufgrund der Wechselwirkungen zwischen den einzelnen Teilsystemen zustande. Und obwohl die einzelnen Teile einfach sein können, ist das resultierende Gesamtverhalten komplex. Oft entstehen beim Zusammenwirken der Teile ganz neuartige Eigenschaften: Das ist die Emergenz neuer Qualitäten auf makroskopischer Ebene.

Früher stand das kybernetische Prinzip - das der Steuerung durch Steuerungsorgane - im Mittelpunkt der wissenschaftlichen Betrachtungen, wobei nach Norbert Wiener die Analogien zwischen Mensch und Maschine in den Vordergrund gestellt wurden. Dagegen bezieht sich das neue Denken auf Selbstorganisationsprozesse. Hierbei wird den einzelnen Teilen eines Systems nicht von außen her ihr Verhalten vorgeschrieben, sondern diese Teile müssen ihre Verhaltensweise von alleine finden. Dabei können neuartige Strukturen und Funktionsabläufe entstehen. Solches selbstorganisiertes Verhalten findet sich in den verschiedensten Gebieten, sowohl der Wissenschaft als auch des täglichen Lebens. Zur Illustration dienen einige Beispiele.

Obwohl Wolken gewissermaßen aus der gleichen Ursubstanz - Wasserdampf - bestehen, können sie die verschiedenartigsten Formationen bilden. Ähnliches gibt es bei Flüssigkeitsbewegungen. Auch großräumige meteorologische Phänomene, wie etwa Wirbelsysteme, gehören hierzu. Die Biologie ist voll von Selbstorganisationsphänomenen. In der Ontogenese sind die selbstorganisierte Gestaltbildung und die Ausbildung einer Fülle von Funktionen wie Fortbewegung aber auch Wahrnehmung usw. zu beobachten.

In der Phylogenese ist die Ausbildung der einzelnen Arten im Sinne der Darwinistischen Evolutionstheorie zu erkennen. In der menschlichen Gesellschaft ist zum Beispiel das spontane Entstehen öffentlicher Meinungen, deren Konkurrenz und schließlich das Vorherrschen einiger Meinungen während bestimmter Perioden zu beobachten. In all diesen Beispielen liegt das Zusammenwirken vieler einzelner Teile vor. Dabei entstehen makroskopisch neuartige Strukturen oder Funktionsabläufe, die oft, etwa in der Biologie, als sinnvoll erscheinen: Hier ist an die Stelle der gesteuerten Organisation die spontane Selbstorganisation getreten. Wie weiter unten zu sehen ist, tritt an die Stelle einer linearen Kausalitätskette das Konzept der zirkulären Kausalität. Die Wechselwirkungen sind nicht mehr linear, sondern müssen als nichtlinear angesehen werden.

Die Synergetik hat es sich zum Ziel gesetzt, die der Selbstorganisation zugrunde liegenden Prinzipien auf den verschiedensten Gebieten aufzudekken und somit eine Ordnung in die Fülle der Selbstorganisationsphänomene zu bringen. Im folgenden wird an einfachen Beispielen gezeigt, worin diese allgemeingültigen Prinzipien bestehen. Ferner bieten sich für die Synergetik neue Anwendungen an, zum Beispiel beim Management und bei der Fertigungstechnik. Hierauf soll im letzten Teil dieses Beitrags andeutungsweise eingegangen werden.

2 Grundkonzepte der Synergetik

In der Synergetik werden Systeme betrachtet, die aus vielen miteinander in Wechselwirkung stehenden Teilen bestehen. Ein Beispiel ist etwa eine Flüssigkeit, die aus einzelnen Molekülen zusammengesetzt ist. Oder ein Produktionsbetrieb, der aus einer Reihe von Werkzeugmaschinen besteht. Eine Gesellschaft mit ihren verschiedenen Mitgliedern ist ebenfalls ein System. Solche Systeme stehen mit ihrer Umwelt in Wechselwirkung, indem sie Energie, Materie und/oder Information mit ihr austauschen. Energie-, Materie- oder Informationsflüsse können oft von außen her vorgegeben werden. Sie kontrollieren dann das Verhalten des Systems auf ihre Art und werden Kontrollparameter genannt.

Unter dem Einfluß solcher Kontrollparameter nehmen Systeme bestimmte Zustände ein. Werden ein oder mehrere Kontrollparameter geändert, so gibt es zwei typische Verhaltensweisen: Im einen Falle adaptiert das System seine Verhaltensweise, so daß qualitativ nichts wesentlich Neues geschieht. Im anderen Falle ändert das System seine Verhaltensweise qualitativ. Ein simples Beispiel ist die Abkühlung von Wasser. Im Allgemeinen, d.h. oberhalb des Gefrierpunkts, wird das Wasser seinen Aggregatszustand „flüssig“ beibehalten. Hingegen gibt es eine kritische Temperatur - den Gefrierpunkt -, unterhalb der Wasser zu Eis gefriert. Hier ändert sich das

Systemverhalten qualitativ. Obwohl Wasser und Eis aus der gleichen Grundsubstanz H_2O bestehen, sind deren makroskopische Eigenschaften grundverschieden.

Der Anwendungsbereich der Synergetik ist allerdings viel weiter gefaßt, als dieses Beispiel - hier handelte es sich um ein abgeschlossenes System - aus der Thermodynamik erkennen läßt. Im Vordergrund des Interesses der Synergetik stehen vielmehr offene Systeme mit ihren oben genannten Austauschvorgängen. Die Synergetik fokussiert ihr Augenmerk auf solche Kontrollparameterbereiche, bei denen sich das Systemverhalten schlagartig ändert: Wo also die Emergenz neuer Qualitäten feststellbar ist.

Wie die Synergetik nachwies, verhalten sich sehr viele Systeme aus den verschiedensten Gebieten in der Nähe solcher Umschlagpunkte sehr ähnlich. Obwohl es sich um komplexe Systeme mit sehr vielen einzelnen Teilsystemen handelt, wird in der Nähe von Umschlagpunkten deren Verhalten nur von ganz wenigen Größen, den sogenannten Ordnungsparametern, bestimmt. Diese Ordnungsparameter wirken gewissermaßen wie Marionettenspieler, die das Verhalten der einzelnen Marionetten vorschreiben. Allerdings besteht gegenüber dem Beispiel des Marionettenspielers ein grundlegender Unterschied insofern, als die einzelnen Teile eines synergetischen Systems auf die Ordnungsparameter wieder zurück wirken. Hier gilt das Prinzip der zirkulären Kausalität. In der Fachsprache der Synergetik versklaven die Ordnungsparameter das Verhalten der einzelnen Teile.

Bei den Ordnungsparametern kann es sich um materielle Größen handeln. Oft aber sind es auch ideelle Größen, die mathematisch erfaßbar sind und als eine Art Steuerungsgröße auftreten. Im Gegensatz zum kybernetischen System sind aber diese Steuerungsgrößen nicht von vornherein vorgegeben, sondern werden vom System mit seinen einzelnen Teilen selbst geschaffen.

Wird bei der Änderung von Kontrollparametern ein Umschlagpunkt erreicht, so kann meist jenseits dieses Umschlagpunkts das System verschiedenartige Zustände annehmen. Welcher Zustand tatsächlich angenommen wird, hängt dabei von zusätzlich vorgegebenen Anfangsbedingungen oder auch von zufälligen Schwankungen innerhalb des Systems ab.

Zum Beispiel können in von unten erhitzten Flüssigkeiten spezielle Rollenbewegungen auftreten. Ob eine Rolle aber jenseits des Instabilitätspunkts nach rechts oder nach links umläuft, hängt von einer zufälligen Schwankung in der Geschwindigkeitsverteilung der einzelnen Moleküle ab. In den nichtlinearen Systemen der Synergetik können also kleine Ursachen große Wirkungen haben.

Die Konzepte der Synergetik lassen sich streng mathematisch fassen, worauf hier nicht eingegangen werden kann. Sie gestatten es aber, viele Vorgänge nicht nur in der Natur, sondern auch in den Geisteswissenschaften und in der Technik als Modell zu erfassen und die Selbststeuerungsvorgänge zu behandeln. Die Ergebnisse der Synergetik lassen sich unter anderem auf Wahrnehmungs- und Bewegungssteuerungsvorgänge im menschlichen Gehirn anwenden. Hierbei stellte sich heraus, daß unser Gehirn als ein selbstorganisierendes System aufgefaßt werden kann, das nahe an Instabilitätspunkten operiert. Dies gestattet es ihm, sich stets schnell auf neue Situationen einzustellen.

Hiermit wird aber ein ganz neuartiges Paradigma, auch für Wirtschaftsvorgänge, deutlich: Während bisher die Idee im Vordergrund stand, daß eine Wirtschaft im stabilen Bereich gehalten werden muß (wobei der Ruf nach staatlichen Eingriffen immer lauter wird), bietet sich hier als neuartiges Konzept an, die Wirtschaft nahe an Instabilitätspunkten operieren zu lassen, um stets flexibel zu sein. Dies gilt sowohl für den einzelnen Betrieb als auch für das ganze Wirtschaftssystem. Vielleicht ist es nicht zufällig, daß beim Entwurf neuer Flugzeugtypen gerade im Hochleistungsbereich instabile Flugzustände angestrebt werden, weil hier eine viel höhere Manövrierfähigkeit gegeben ist. Neuere Überlegungen in der Elektronik weisen ebenfalls auf diesen Trend: Hier werden anstelle von bi- oder multistabilen Bauelementen instabil arbeitende Bauelemente angestrebt. Die Fülle der Anwendungsmöglichkeiten läßt sich zur Zeit nur erahnen.

3 Einige Anwendungen und Ausblick

Ganz zweifellos hieße es, das Kind mit dem Bade auszuschütten, wenn man in der Fertigungstechnik überall Organisation durch Selbstorganisation ersetzen wollte. Andererseits ist nicht zu übersehen, daß heute zum Teil überalterte, verkrustete Strukturen herrschen. Es ist deshalb dringend nötig, über neue Organisationsformen nachzudenken und diese - wenn sie als richtig erscheinen - in die Praxis umzusetzen. Wenn von einer systemischen Theorie wie der Synergetik ausgegangen wird, ist hierbei nicht zu übersehen, daß in der Produktion menschliche Faktoren eine wesentliche Rolle spielen. Um es konkreter auszudrücken: Bei der Umwandlung von Organisationsformen von mehr hierarchischen zu mehr horizontalen Strukturen spielen menschliche Verhaltensweisen wie etwa das Konkurrenz- oder Kooperationsverhalten von Führungskräften und ähnliches eine nicht zu unterschätzende Rolle.

Das psychologische Moment, wozu besonders auch die adäquate Motivierung von Führungskräften und Mitarbeitern gehört, ist sicher nicht zu unterschätzen. Es kann aber, wie gerade die freie Wirtschaft zeigt, in nutzbringender Weise für das Gesamtverhalten eingebracht werden. Dazu gehört aber ganz entscheidend der richtige Einsatz von Kontrollparametern. Das Werkzeug solcher Parameter wird etwa in der Finanz- und Steuerpolitik, wenn auch sicher nicht immer, adäquat gehandhabt: Beispiel sind die speziellen Steuervergünstigungen im Wohnungsbau.

Wie schon vorn zu sehen war, reagieren selbstorganisierende Systeme bei Kontrollparameteränderungen in bestimmter Weise. Dabei stellen sich hochkomplexe Vorgänge von allein ein, wenn zunächst nur relativ unspezifische Kontrollparameter adäquat fixiert werden. Für das Beispiel des

Wohnungsbaus gilt: Hier kann der Staat entweder jeweils einzelne Bauvorhaben durchführen, was einen enormen Informationsfluß erfordert, oder er kann mit pauschalen Steuervergünstigungen die Eigeninitiative fördern.

Das Gleiche gilt für die innerbetriebliche Führung: Die Kunst besteht darin, die einzelnen Kontrollparameter entsprechend zu fixieren, wobei eine Harmonisierung zwischen dem Gesamtgewinn und dem persönlichen Verhältnis von Nutzen und Einsatz anzustreben ist. Hier ist nicht der Raum, um auf konkrete Beispiele aus der Produktionstechnik einzugehen. Aber es ist zu hoffen, daß der Leser davon eine Vorstellung bekommen hat, wie an die Stelle der direkten Steuerung die indirekte Steuerung der Synergetik tritt: Sie läßt genügend Freiraum für Eigeninitiative und Selbstorganisation.

Literatur

1. Haken, H.: Synergetik. Eine Einführung. 3. erw. Aufl. Berlin: Springer 1990
2. Haken, H.: Erfolgsgeheimnisse der Natur. Berlin: Ullstein 1990
3. Haken, H. (Hrsg.): Springer Series in Synergetics, Vols. 1-63. Berlin: Springer

Selbstorganisation im Produktionsbetrieb

H.J. Warnecke

Inhalt: Begriffsbildung - Anwendungsfelder: Produktentstehung, Arbeitsplanung, Produktionssteuerung, Materialwirtschaft, weitere Aspekte der Selbststeuerung, Selbstgestaltung - Die Rolle des Organisators - Schlußfolgerungen

1 Begriffsbildung

Wie muß ein System - sei es das Unternehmen als Ganzes oder eines seiner Bestandteile - organisiert sein, damit es sich selbst organisiert? Dieses in der Verknüpfung von funktionaler und instrumentaler Sicht („Welche Organisation ‚hat' das Unternehmen?" bzw. „Wie ‚wird' das Unternehmen organisiert?") zum Ausdruck kommende Paradoxon deutet nicht nur auf die Vielschichtigkeit des Organisationsbegriffes als solchen hin, sondern auch auf die Schwierigkeit, den Aspekt des Selbstbezugs begrifflich zu fassen. Speziell die im deutschen Sprachraum vorherrschende Sichtweise, welche die Organisation eher als künstliches System auffaßt, läßt wenig Raum für die neue Gestaltungsdimension, die hier mit dem Begriff der Selbstorganisation verbunden wird [1].

Gleichwohl ist der Begriffsinhalt kein Kind unserer Zeit. Bereits Adam Smiths „unsichtbare Hand" impliziert verdeckte Ordnungsprozesse, und Hayeks Konzept der „spontanen Ordnung" betrachtet Verhaltensregeln als Ausdruck einer unbewußten, allmählichen Anpassung an die Umwelt [2, 3]. Die Naturwissenschaften als Quelle menschlicher Erkenntnis erforderten spätestens seit Darwin die Betrachtung von Systemen, deren Weg „logisch und einleuchtend ist, aber nicht vorherbestimmt - und daher auch nicht vorhersehbar" [4]. Physikalische Phänomene schließlich führten zur Begründung der Synergetik als Forschungsgebiet, das eine Theorie der Selbstorganisation bereitstellt [5].

Dem Konzept der Selbstorganisation wird, da es sich in beinahe allen Wissensdisziplinen Bahn bricht, paradigmatische Wirkung zugeschrieben: Abkehr vom Grundmuster der Fremd- und Hinwendung zur Selbstorganisation [6]. Ob diese Einschätzung auch für den Bereich der Ingenieurwissenschaften Bestand haben kann, wird noch zu diskutieren sein. Auffällig ist immerhin, daß sich Selbstorganisation als Gestaltungsansatz dort weniger als Folge interdisziplinären Erkenntniszuwachses verbreitet hat (und sich auch nicht „selbst" vorangetrieben hat), sondern zurückgeht auf die Er-

---

Dieser Beitrag entstand unter intensiver Mitwirkung von M. Hüser.

kenntnis zunehmender Unzulänglichkeit alter Lösungsmuster. Damit wäre die Kuhnsche Bedingung einer „Krise" als auslösendes Moment für einen Paradigmenwechsel erfüllt [7].

In der Tat ist nicht zu übersehen, daß die Produktionstechnik gegenwärtig an Grenzen stößt, die mit bisherigen Methoden nicht zu überwinden sind. Ursache dieser Entwicklung ist die rasch zunehmende Komplexität von Produkten, Prozessen und Strukturen. Offen diskutiert wird die Frage, ob der Lösungsansatz in

- der Verringerung oder Vermeidung von Komplexität [8] oder
- besseren Methoden zu ihrer Handhabung und Beherrschung [9]

zu suchen ist (Bild 1).

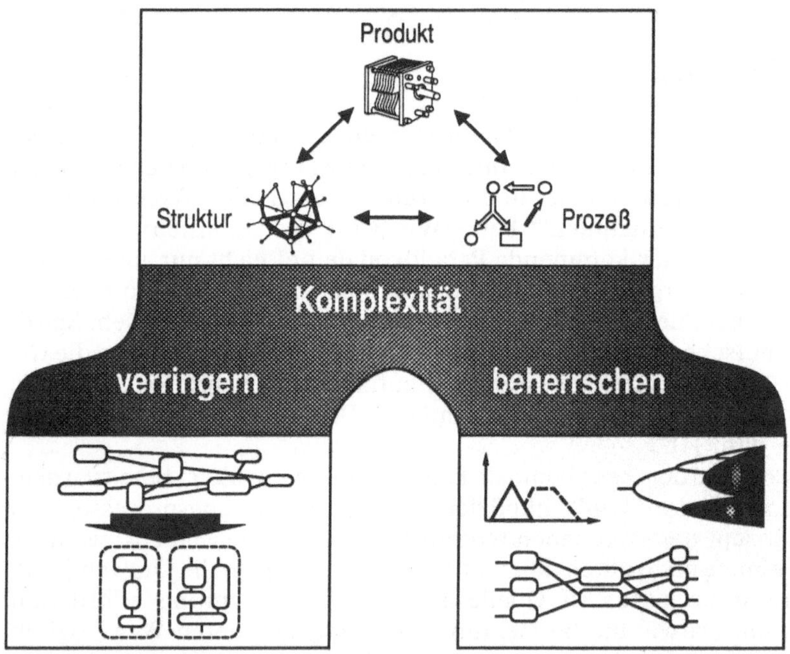

Bild 1. Komplexität im Produktionsbetrieb

Um zu klären, ob und inwiefern selbstorganisierte Systeme hier einen Lösungsbeitrag liefern, sind deren Charakteristika zu hinterfragen. Probst nennt vier signifikante Merkmale (wobei sich seine Betrachtungen auf soziale Systeme beschränken): Autonomie, Komplexität, Redundanz und Selbstreferenz [10].

Autonomie bedeutet hier die Zumessung von Spielräumen, innerhalb derer ein System sich selbst gestaltet und seine Handlungen lenkt. Dieses System gewinnt damit eine eigene Identität, nicht jedoch Unabhängigkeit.

Zu erkennen ist, daß der Organisationsbegriff hier sowohl die instrumentale als auch die funktionale Sichtweise umfaßt. Nicht nur die internen Abläufe, sondern auch die innere Gestalt des Systems werden von diesem selbst bestimmt. Damit geht der Ansatz über Teamkonzepte hinaus, in denen lediglich operative Befugnisse dezentralisiert werden. Offen bleibt in dieser allgemeinen Darstellung, wo die Grenzen zulässiger Gestaltungsräume liegen, wie diese beschrieben werden und ihre Einhaltung sicherzustellen ist.

Komplexität sieht Probst allgemein als Merkmal selbstorganisierter Systeme. Eine große Zahl an Systemelementen mit entsprechenden Handlungsspielräumen sowie ihre hohe Interaktivität führen zu einer Nichtvorhersagbarkeit der Ordnungsmuster.

Der Komplexitätsbegriff bezieht sich also ausschließlich auf die interne Gestaltung, deren Logik sich einem externen Beobachter entzieht. Dies bedeutet auch, daß die Beziehungen nach außen nicht komplex sein müssen. Letzteres wäre im Industriebetrieb auch nicht akzeptabel, weil das Arbeitsergebnis und auch die Definition von Handlungsräumen weder zufällig noch unüberschaubar sein dürfen.

Redundanz ist insofern vorhanden, als jedes Systemelement, beispielsweise jedes Mitglied der Gruppe, als Organisator auftritt. Diese Kompetenz, vorher zentralisiert, ist nunmehr breit gestreut. Damit verbunden ist dann der Aufbau von Mehrfachqualifikationen.

Hier findet sich ein erster Hinweis darauf, daß selbstorganisierte Systeme - im Vergleich zu konventionellen, streng arbeitsteiligen - nicht unbedingt die aufwandsminimalen sind. Dahinter steht die Erwartung, letztlich durch intelligentere Ressourcennutzung doch effektiver zu arbeiten.

Selbstreferenz bedeutet, daß alle Handlungen auf das System zurückwirken und zum Ausgangspunkt des weiteren Geschehens werden. Nur so ist ein innerer Antrieb für kooperatives Verhalten erreichbar. Verbunden damit ist allerdings auch die Gefahr der Abschottung gegen alles nicht zum System gehörige.

Wie bereits bei dem Stichwort Autonomie stellt sich die Frage, wie kooperatives Verhalten zwischen den betrachteten Einheiten und auch gegenüber dem Unternehmen als Ganzem gewährleistet werden kann. Eine inhärente Eigenschaft eines nach den Grundsätzen der Selbstorganisation arbeitenden Unternehmens scheint sie zumindest nicht zu sein.

Die vier diskutierten Merkmale spiegeln die Sichtweise der Organisationswissenschaft wider; auch wenn vorrangig die „Eigenschaften“ selbstorganisierter Systeme beschrieben werden: Deutlich spürbar wird das Bemühen, das System zu „gestalten“ (man könnte auch sagen - wie eingangs formuliert - die Organisation zu organisieren). Einen völlig anderen Blickwinkel verkörpert demgegenüber die Synergetik: Sie liefert keine Aussagen über geeignete Organisationsformen, sondern setzt das Vorhandensein von Selbstorganisation voraus und fragt nach den bestimmenden Parametern und ihren Wirkungen. Von außen veränderliche Parameter, die Kontrollparameter, beeinflussen zwar das System, bestimmen jedoch nicht die Ausbildung von Ordnungsmustern. Diese werden determiniert von den Ordnungsparametern. Für viele physikalische Phänomene konnte die Leistungsfähigkeit dieses Modells aufgezeigt werden. Eine Übertragbarkeit auf die uns hier interessierenden Fragestellungen liegt auf der Hand [5]. Gleichwohl steht die praktische Anwendung in der Unternehmensgestaltung und -führung noch am Anfang.

Obschon die Synergetik den breiteren und auch mächtigeren Ansatz bietet, hat man sich den Fragen des betrieblichen Praktikers zu stellen, und diese zielen in erster Linie auf die Systemgestaltung. Dem ist auch bei der Begriffsbildung Rechnung zu tragen:

> Selbstorganisation im Unternehmen: Die selbstinitiierte und eigenverantwortlich durchgeführte strukturelle Gestaltung („Selbstgestaltung") und/oder Steuerung der internen Abläufe einer Struktureinheit („Selbststeuerung") unter Berücksichtigung von Austauschbeziehungen mit der Umgebung und übergeordneten Zielen.

Diese Definition ist nicht so eng angelegt wie das Begriffsverständnis von Probst (Kompetenzen des Systems zur Strukturentwicklung werden nicht zwingend gefordert) und verzichtet auf nicht erforderliche Eingrenzungen (hinsichtlich der inneren Komplexität). Damit sind einerseits schon heute eine Reihe von Anwendungen identifizierbar und andererseits ist der Rahmen für die weitere Fortentwicklung des Konzepts abgesteckt.

2 Anwendungsfelder

Im folgenden lautet die Frage: Welche betrieblichen Aufgaben lassen ein Potential im Sinne obiger Definition erkennen? Dazu ist jeweils ein Spannungsfeld zu betrachten. Ein Eckpunkt ist die umfassende Verwirklichung des Prinzips der Selbstorganisation. Den Gegenpol bildet die Fremdorganisation, in der

- ein umfangreiches System von Regelungen und Plänen alle Aktivitäten kontrolliert und koordiniert,
- in einer straffen Führung die Aufgabe der Systemgestaltung allein von der Führungsebene wahrgenommen wird [1].

Im Rahmen der Begriffsbildung wurde die Abgrenzung zwischen Selbststeuerung und -gestaltung bereits herausgearbeitet. Während Prinzipien und Mechanismen der Systemgestaltung weitgehend unabhängig vom jeweiligen Objekt sind, hat eine Analyse von Selbststeuerungspotentialen die jeweilige operative Aufgabe zu berücksichtigen. Aus diesem Grunde werden zunächst betriebliche Aufgaben hinsichtlich der operativen Dimension dieses Themas betrachtet und anschließend der Aspekt der Strukturentwicklung getrennt aufgegriffen.

2.1 Produktentstehung

Planung, Entwicklung und Gestaltung neuer Produkte erfordern ein hohes Maß an Kreativität der mit diesen Aufgaben betrauten Mitarbeiter. Je weniger sich die Tätigkeiten in ein Ablaufschema einfügen lassen, desto höher sind im allgemeinen die Kreativitätsanforderungen. Andererseits finden sich im Produktentstehungsprozeß eine Reihe von Routineaufgaben, die sich im Sinne eines Entwicklungscontrollings recht gut planen lassen. In den Entwicklungsabteilungen sind die Schritte zur Erstellung einer Variantenkonstruktion hinsichtlich Methodenbedarf und -anwendung, insbesondere aber auch bezüglich des zu erwartenden Aufwands (in Stunden) meist recht genau bekannt. Solche Entwicklungsprojekte eignen sich daher für eine zentralisierte Projektsteuerung, also zu einer Fremdsteuerung. In diesen Fällen kann von einer hohen Entwicklungseffizienz ausgegangen werden.

Bei sehr komplexen Entwicklungsvorhaben, die zusätzlich noch in sehr kurzer Zeit durchzuführen sind, erweist es sich demgegenüber als sehr viel erfolgversprechender, den Arbeitsablauf nicht detailliert vorzugeben. Netzpläne mit der Darstellung gegenseitiger Abhängigkeiten erweisen sich regelmäßig schon nach kurzer Zeit als überholt. Sinnvoller ist eine Beschränkung auf die Festlegung wesentlicher Eckwerte des Entwicklungsvorhabens. Wege zur Bewältigung der ohnehin unvorhersehbaren Schwierigkeiten sind vom Entwicklungsteam selbst zu finden. Es versteht sich von selbst, daß eine (möglichst auch räumlich) enge Zusammenarbeit im Team dabei von essentieller Bedeutung ist. Spontane, informelle Kontakte dienen einer sofortigen Problemlösung.

Als sehr erfolgreich erweist sich auch die Einräumung eines Zeit- und Kostenbudgets, über das der Mitarbeiter - losgelöst von der gerade bearbeiteten Entwicklungsaufgabe - frei verfügen kann. Damit hat er die Möglichkeit, ohne Erfolgsdruck innovative Ideen auf ihre Realisierbarkeit zu prüfen. Auch wenn hier der Zufall eine große Rolle spielen mag, auf diese Weise entstanden bereits Weltprodukte. Bekannt ist in diesem Zusammenhang auch das Forschungslabor der IBM in der Schweiz, in dem Spitzenforschern völlig freie Hand gelassen wird. Das Ergebnis hat sich bereits in Nobelpreisen niedergeschlagen.

Es sind aber weder die Aufgaben im Produktentstehungsprozeß noch die Befähigung der dort tätigen Mitarbeiter zu pauschalisieren. Tatsache ist, daß beides gebraucht wird: Zügiges, zielgerichtetes Voranschreiten bei überschaubaren Aufgaben mit Routinecharakter einerseits, höchste Kreativität andererseits. Weil eine Vermischung dieser Anforderungen nicht zu optimalen Lösungen führt, haben manche Unternehmen bereits eine strukturelle Trennung vorgenommen: Technologieentwicklungsteams arbeiten ausschließlich an neuen Technologien, die sie für die technische Anwendung verfügbar machen, während Produktentwicklungsteams auf der Basis der verfügbaren Technologien in kurzer Zeit neue Produkte zur Marktreife bringen (Bild 2) [11]. Es liegt auf der Hand, daß sich beide Teamkategorien deutlich voneinander unterscheiden und dementsprechend auch ihre Arbeitsabläufe unterschiedlich organisieren.

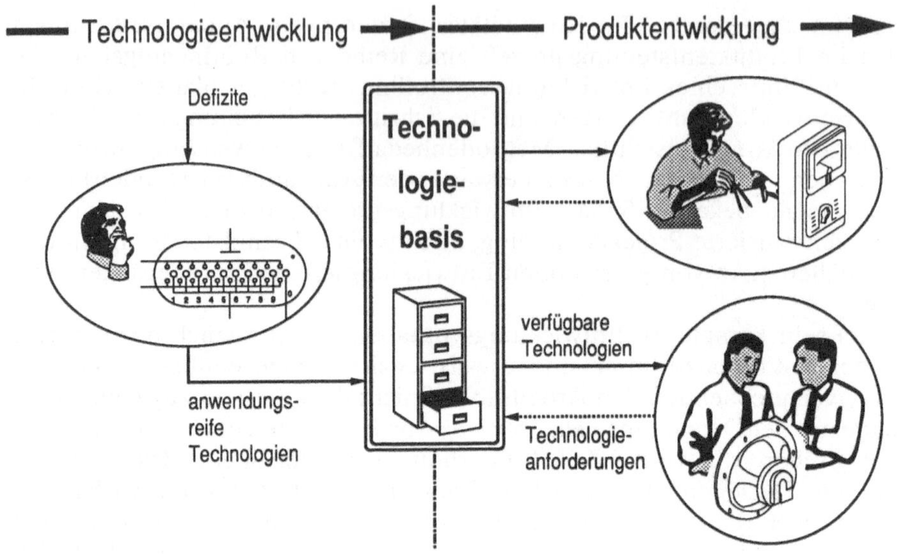

Bild 2. Trennung von Technologie- und Produktentwicklung

2.2 Arbeitsplanung

An dieser Stelle wird nicht die betriebliche Funktion „Arbeitsplanung" betrachtet, sondern deren Aufgaben. Damit soll dem Eindruck entgegengewirkt werden, der üblicherweise zentralisierten Funktion solle das Wort geredet werden. Die eigentlichen Potentiale liegen nämlich nicht in einer besseren, z.B. selbstgesteuerten Organisation solcher Zentralbereiche, sondern in ihrer Integration in die Wertschöpfungsebene. Ausgeklammert bleiben deshalb hierfür weniger geeignete Teilaufgaben, und der Betrachtungsschwerpunkt liegt auf

- Ablaufplanung und
- Bedarfsplanung.

Nicht besonders hervorgehoben werden muß der bestimmende Einfluß des Produktspektrums, insbesondere dessen Wiederholcharakter. Je stabiler sich dieses im Zeitablauf verhält, desto weniger sinnvoll ist die Dezentralisierung von Kompetenzen hinsichtlich Ablauf- und Bedarfsplanung. Bei hoher Varietät hingegen eröffnet sich ein großes Potential für Verbesserungen.

Arbeitsabläufe der Produktion sind sehr stark geprägt von dessen Konstruktion. In der Vergangenheit wurde deshalb die Forderung erhoben, daß Konstrukteur und Arbeitsvorbereiter in Dialog zu treten haben, um so die Bedürfnisse beider Seiten zu harmonisieren. Konsequenterweise ist diese Forderung dahingehend fortzuschreiben, daß Konstrukteur und Facharbeiter zusammenkommen.

Die Bestimmung von Arbeitsvorgangsfolgen sowie die Auswahl technologischer Verfahren kann unter Umständen sehr effektiv an die Ausführenden delegiert werden. Bei kritischen Prozessen haben diese meist das feinere Gespür für die technische Machbarkeit bzw. für rationellere Alternativen. Es macht in diesem Falle Sinn, alternative Fertigungstechnologien vorzuhalten und die Auswahl der Selbststeuerung des Mitarbeiters bzw. des Arbeitsteams zu überantworten. Weil selbiges in Versuchsabteilungen eigentlich schon immer die Regel war, findet hier das Bild von der „Fabrik als Labor“ seine Berechtigung.

Der Aspekt der Bedarfsplanung spielt hier insofern eine Rolle, als die Wahl des geeigneten Ausgangsmaterials, insbesondere hinsichtlich seiner äußeren Gestalt, auf operativer Ebene erfolgen kann. In Analogie zur Technologieauswahl wird auch hier auf die Kompetenz des Ausführenden gesetzt, wobei dieser nicht nur Material und Technologie einzeln, sondern auch in ihrer Kombination optimiert.

Nun mag man behaupten, solche Entscheidungen könnten vom Arbeitsplaner sachgerechter getroffen werden. Dieser Einwand kann pauschal nicht ausgeräumt werden. Unumstritten aber ist, daß zusätzliche Restriktionen aus der nachfolgend betrachteten Auftragssteuerung eine flexible, dezentrale Anpassung auch von Technologie und Material sinnvoll machen, weil sich damit das Spektrum möglicher Problemlösungen erheblich ausweitet.

2.3 Produktionssteuerung

Wie bei der Arbeitsplanung gilt hier nur der Fall großer Varietät bei Produkten und Mengen. Das Prinzip der Fremdsteuerung als Grundlage aller Algorithmen rechnergestützter Verfahren hat sich unter diesen Randbedingungen als nur sehr bedingt geeignet erwiesen. Die vielen kurzfristig auftretenden Abweichungen gegenüber einem Erwartungswert - und insbesondere die sich aus deren Interaktion ergebenden Effekte - führen sehr schnell zur Entwertung jeglicher Planung. Dabei ist weniger die kurzfristige Neuplanung unter den sich ständig ändernden Umständen das Problem (da eine Frage der Rechenkapazität), sondern die sachgerechte Modellierung und Verarbeitung aller Einflußfaktoren.

Neue Konzepte für Fertigungssteuerungssysteme tragen dem insofern Rechnung, als sie eine variable Planungstiefe ermöglichen, die sich jederzeit den jeweiligen Erfordernissen anpassen kann [12]. Damit entstehen hybride Systeme, die für eine Produktart auch die parallele Anwendung unterschiedlicher Steuerungsstrategien ermöglichen (Bild 3). Diese Anforderung gewinnt an Bedeutung, weil auch die Produktionssysteme selbst hinsichtlich Layout und Ressourcenzuordnung diesen hybriden Charakter annehmen (beispielsweise eine starr ausgelegte Fertigungslinie zur Bewältigung der Grundlast, ergänzt um flexible Anlagen zum Ausgleich der Bedarfsschwankungen).

Selbststeuerung innerhalb von Arbeitsgruppen kann weitgehend auf Planungsunterstützung verzichten, wie vielfältige jüngere Erfahrungen mit dem „down-grading“ von PPS-Systemen zeigen [13]. Ausreichend ist viel-

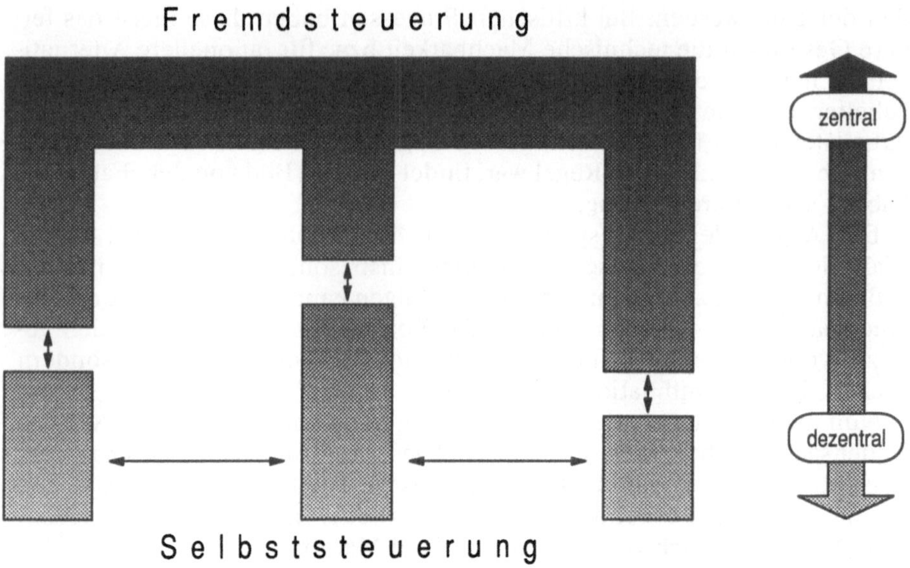

Bild 3. Variable Planungstiefe in der Fertigungssteuerung

fach die Vorgabe von Eckwerten, z.B. eines Auftragsvorrats für einen Tag bis eine Woche. Die Mitarbeiter optimieren dann selbst

- die Auftragsreihenfolge,
- die Zuordnung des Personals, gegebenenfalls deren Zusammenarbeit,
- die Zuordnung von Fertigungseinrichtungen, wobei fallweise auch Produktivitätseinbußen hingenommen werden, wenn andere Faktoren diesen Nachteil kompensieren.

Die Optimierungsmöglichkeiten sind ebenso vielfältig wie unüberschaubar. Beispielsweise können aufeinander aufbauende Rüstzustände so gewählt sein, daß der jeweilige Änderungsaufwand durch Weiterverwendung von Bestandteilen des alten Zustands gering bleibt. Dieser Umstand wird bei einer Fremdsteuerung in aller Regel überhaupt nicht in Betracht gezogen.

Auch die Personalkapazität paßt sich über das Instrument flexibler Arbeitszeiten, zumindest in gewissen Grenzen, kurzfristig dem Bedarf an. Um hierfür einen geeigneten Anreiz zu schaffen, orientieren sich Prämiensysteme an der Erfüllung der oben genannten Eckwerte.

Oft wird gegen das Konzept der dezentralen, autonomen Produktionssteuerung in kleinen Einheiten das Argument ins Feld geführt, daß die interne Optimierung zu Lasten der Abstimmung mit vor- und nachgelagerten Bereichen erfolgt und somit das Gesamtoptimum wiederum verfehlt wird. Verallgemeinert ist dies auch das zentrale Argument gegen das Konzept der Selbststeuerung an sich: Wie erfolgt die Koordination der Subsysteme? Daß hierfür sehr wohl elegante Lösungen möglich sind, soll nachfolgend am Beispiel einer Büromöbelfertigung erläutert werden [14].

Die Aufgabe besteht darin, bei der kundenspezifischen Verladung verschiedenste Einrichtungsgegenstände, die zum Großteil erst unmittelbar vorher die Endfertigung durchlaufen, minutengenau zusammenzuführen. Die Endfertigung selbst ist in zehn spezialisierte Arbeitsteams gegliedert, die sich intern optimieren. Die Frage ist, wie die Koordination dieser Einheiten ohne eine zentrale Feinsteuerung gelingt. In diesem Fall liegt die Antwort in der Kombination eines Materialflußsystems, definierter Übergabevereinbarungen und der dezentralen Bereitstellung vergleichsweise weniger Informationen.

Jedes Arbeitsteam kennt die Reihenfolge der vom Gesamtsystem abzuwickelnden Aufträge sowie den Anteil, den es selbst an diesen Aufträgen hat. Die bereitzustellenden Einrichtungsgegenstände werden angefertigt und, nach Aufträgen sortiert sowie in der richtigen Reihenfolge, auf einer Rollenbahn bereitgestellt. Diese Rollenbahn mündet in eine weitere Rollenbahn, die alle Einheiten mit der Verladezone verknüpft (Bild 4). Jedes Arbeitsteam arbeitet unter drei unverrückbaren Prämissen:

- Die Bereitstellung der Waren am Ende der internen Rollenbahn muß genau der Auftragsreihenfolge des Gesamtsystems entsprechen.
- Fehlmengen sind unzulässig.
- Das interne Band darf am Übergabepunkt nie leer sein.

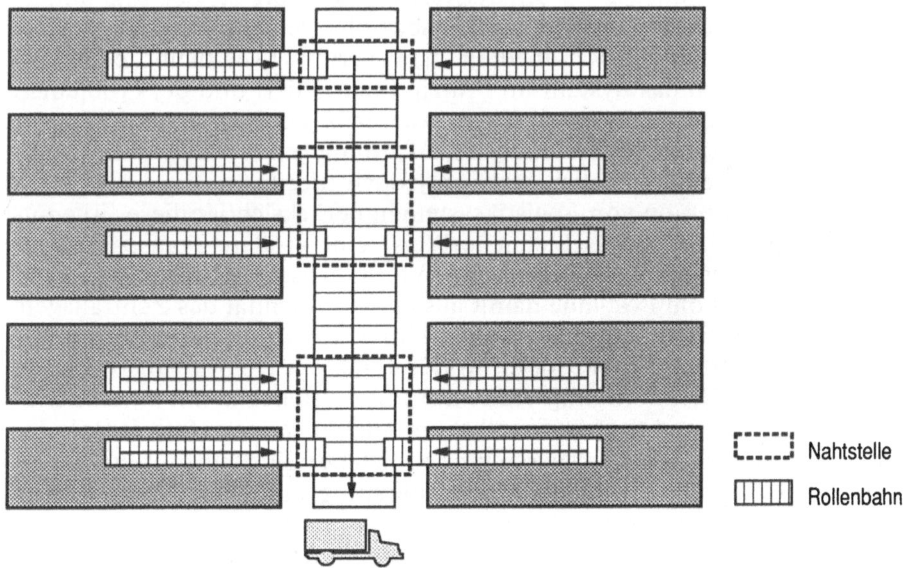

Bild 4. Koordination autonomer Produktionseinheiten

Wenn diese Bedingungen erfüllt sind, kann jeder auf der Zentralachse durchlaufende Kundenauftrag durch Hinzufügung der von den einzelnen Teams bereitgestellten Produkte ergänzt werden. Er erreicht dann vollständig den Verladeort. Auf der Zentralachse gelangt ein Auftrag erst dann in eine Übergabezone, wenn der vorhergehende vollständig beliefert ist. Die

Erfüllung der drei angeführten Prämissen ist notwendig und hinreichend für die Erfüllung der Gesamtaufgabe.

Jedes Arbeitsteam hat somit eine vollkommen transparente und lokal lösbare Aufgabe. Ob eines der zehn Bereitstellbänder am Übergabepunkt leer ist, läßt sich mit einem Blick feststellen, so daß kritische Situationen sofort erkannt werden. Bemerkenswert ist noch, daß innerhalb der einzelnen Arbeitsteams eine weitgehende EDV-Unterstützung bei der Kapazitätsplanung realisiert ist. Den Übergabezonen kommt in dem gesamten Konzept, auch bei der rückwärtigen Verbindung mit der Vorfertigung, eine Schlüsselfunktion zu. Die Übergabekonditionen zwischen den beiden jeweils beteiligten Teams sind in einer Vereinbarung festgehalten. Die Übergabezone selbst heißt nicht „Schnittstelle", sondern „Nahtstelle". Darin kommt zum Ausdruck, daß sie kein trennendes, sondern verbindendes Element ist.

2.4 Materialwirtschaft

Die Bereitstellung von Material als zentral zu organisierende Servicefunktion aufzufassen, stößt - darin zeigt sich eine Parallele zur Produktionssteuerung - an die Grenzen noch beherrschbarer Komplexität. Eine Analyse eingesetzter Materialwirtschaftssysteme führt oft zu der Erkenntnis, daß die aktuelle Einstellung der bestandsbeeinflussenden Systemparameter auf nicht mehr gültigen Randbedingungen beruht. Dies bleibt jedoch im Verborgenen, weil das System im Prinzip funktioniert und bei Problemen entsprechend angepaßt werden kann. Allenfalls Globalanalysen, z.B. zur Umschlagshäufigkeit, liefern Hinweise auf grundlegende Mängel. Im Tagesgeschäft unterbleiben solche Analysen jedoch meist.

Die Neukonzeption von Logistiksystemen berücksichtigt diese Erkenntnis insofern, als auf unterschiedliche Weise eine größere Transparenz geschaffen wird. Dezentrale Lagerung am Verbrauchsort beispielsweise kann dies leisten, weil die Bestände damit aus der Anonymität des Zentrallagers herausgeholt werden. Auf diese Weise wird auch die Voraussetzung dafür geschaffen, das meist überforderte Bring- durch ein Holprinzip abzulösen. Zusammen mit den Fertigungseinrichtungen entstehen somit autarke Einheiten, die ihre inneren Abläufe selbst optimieren können (Bild 5) [15]. Zusätzliche Aufgaben, beispielsweise hinsichtlich der Eingangsprüfung, gehen damit in die Verantwortung derer über, die mit eventuellen Problemen als erste konfrontiert werden.

Es ist dann auch denkbar, die Auslösung von Bestellvorgängen in die Hand des Facharbeiters zu legen, der - seine Auftragssituation und Bestände vor Augen - seinen externen Lieferanten direkt beauftragt. Telefon oder Faxgerät, in Zukunft wohl zunehmend elektronischer Datenaustausch (EDI), stehen ihm hierzu zur Verfügung (zentral betreut blieben natürlich Auswahl der Lieferanten und die kaufmännische Abwicklung). Im Sinne der Synergetik wären dann die Senkung der Bestandskosten sowie die Gewährleistung ständiger Handlungsfähigkeit (durch einen Mindestbestand)

Bild 5. Dezentrales Logistikkonzept (Inbetriebnahmephase) [15]

als Ordnungsparameter aufzufassen und sollten sich auch in einem Prämiensystem widerspiegeln.

Keineswegs werden in Zukunft EDV-Systeme für die Materialwirtschaft wieder zurückgedrängt. Sie werden sich aber wohl wandeln: von einem zentralen Planungs- und Koordinierungsinstrument zu einem Hilfsmittel für dezentrale, operative Entscheidungen. Bei einem Großhändler liefert ein solches System aufbereitete und verdichtete Informationen zur Unterstützung der Bestelldisposition (Bild 6) [16].

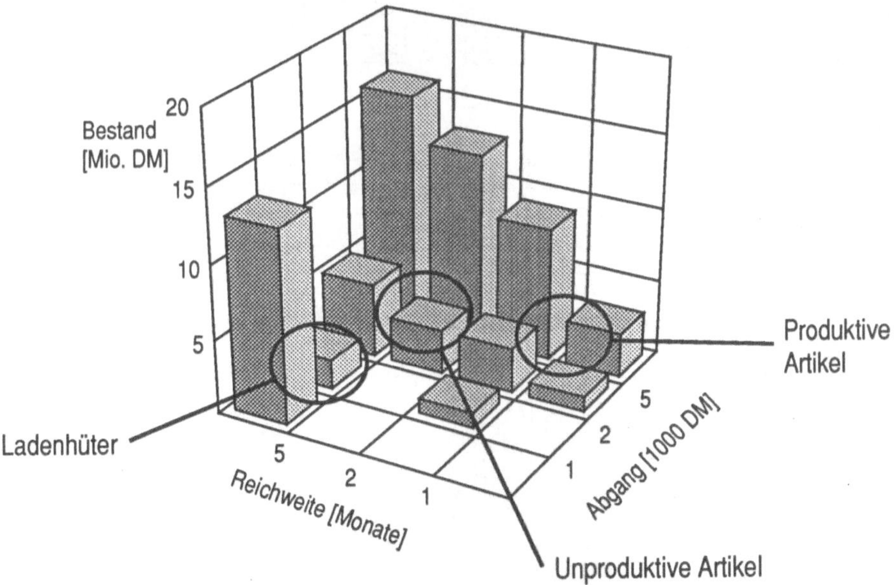

Bild 6. Rechnerunterstützte Interpretation der Bestandsstruktur [16]

2.5 Weitere Aspekte der Selbststeuerung

Die bis hierher angesprochenen betrieblichen Aufgaben sind nur eine Auswahl potentieller Anwendungsfelder der Selbststeuerung im Unternehmen. Auf der Hand liegen beispielsweise auch Ansatzpunkte in der Instandhaltung und der Qualitätssicherung. Selbststeuerung - oft einhergehend mit dem Verzicht auf exakt dokumentierte Abläufe - ist übrigens kein prinzipielles Hindernis bei der Zertifizierung eines Unternehmens. Wenn die Funktionsfähigkeit entsprechender Regelungsmechanismen unter Beweis gestellt werden kann, ist eine exakte Dokumentation des Qualitätssicherungssystems verzichtbar.

Ein sehr interessanter Ansatz zur Steuerung betrieblicher Leistungsprozesse ist in der Budgetierung des Ressourceneinsatzes zu sehen. Jeglicher Einsatz von Personal, Maschinen, aber auch Servicefunktionen indirekter Bereiche wird einem Budgetkonto belastet (Bild 7). Ein positiver oder negativer Saldo, bezogen auf Aufträge oder Zeiträume, gibt Aufschluß darüber, ob die Ressourcen angemessen eingesetzt wurden. In der betrieblichen Anwendung zeigt sich, daß auf diese Weise sehr schnell unternehmerisches Denken Einzug hält. „Kaufen wir diese Leistung ein oder verdienen wir das Geld lieber selbst?“ ist dann eine typische Fragestellung. Weil Budgetüberschüsse prämienwirksam sind, gelingt so die Verknüpfung des Steuerungsinstruments mit Motivationsfaktoren [17].

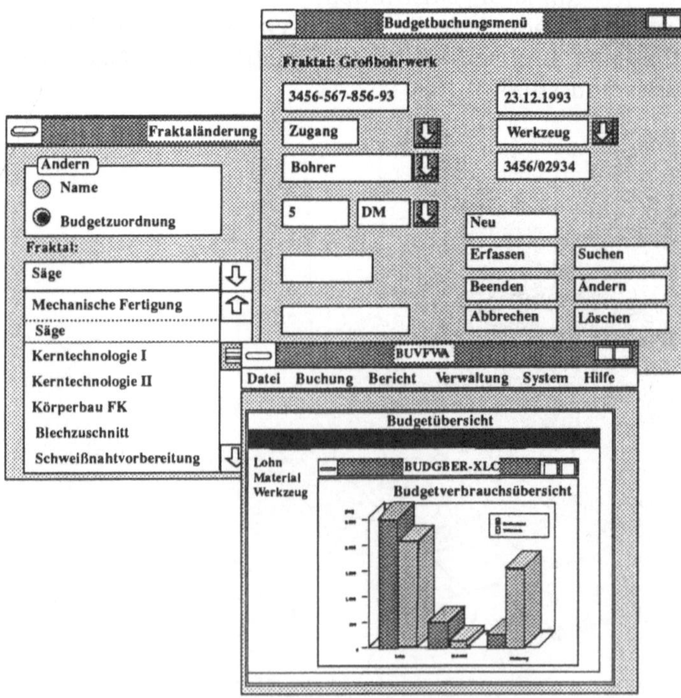

Bild 7. Oberfläche eines Budgetierungssystems [17]

Im Rahmen der Produktionssteuerung wurde der Personaleinsatz bereits als Flexibilitätspotential gewürdigt. Selbststeuerung kann hier zu einem höchst effektiven Abgleich zwischen Kapazitätbedarf und -angebot führen. Gelingt es, die Mitarbeiter zu motivieren, ihre tägliche Arbeitszeit (natürlich nur in gewisser Bandbreite) im Gleichtakt mit der Auftragslage zu variieren, gewinnt das Unternehmen ein gewaltiges Flexibilitätspotential. Ein Großteil heute notwendigen, von Führungskräften zu erbringenden Koordinationsaufwands würde damit entfallen.

Noch einmal gesteigert würde dieser Effekt, wenn es gelingt, die aufgrund subjektiver Faktoren zweifelsohne vorhandenen Schwankungen menschlicher Leistungsfähigkeit (sowohl im Tagesablauf als auch über längere Zeiträume) mit den betrieblichen Belangen zu synchronisieren. Basis des Arbeitsverhältnisses ist dann nicht mehr die Arbeitszeit, sondern der zu erbringende Arbeitsinhalt, was auf eine Pensumvereinbarung hinausläuft (sogenannte amorphe, d.h. gestaltlose Arbeitszeit) [18].

Nicht näher kommentiert, aber immerhin erwähnt werden soll die Darstellung Semlers, der für sein Unternehmen die Selbstbestimmung der Gehaltshöhe durch den Mitarbeiter beschreibt [19].

2.6 Selbstgestaltung

Die bis hierher angestellten Überlegungen zur Selbststeuerung gehen davon aus, daß ein struktureller Rahmen vorhanden ist und sich im Zeitablauf nicht verändert. Damit ist dieses Modell jedoch nicht hinreichend zur Beschreibung dessen, was in einem sich dynamisch entwickelnden Unternehmen abläuft: Die konsequente Selbststeuerung von Abläufen muß auch deren Optimierung im Sinne eines kontinuierlichen Verbesserungsprozesses einschließen. Beides ist voneinander nicht zu trennen. Wenn solche Verbesserungen entsprechende Veränderungen beispielsweise im Fabriklayout erfordern, ist der Weg nicht mehr weit zur strukturellen Neuordnung des Unternehmens oder seiner Bestandteile [20]. Zwingend ist also auch die Frage der Selbstgestaltung zu behandeln.

Diese umfaßt zwei wesentliche Aspekte: die Formulierung eines angemessenen Gestaltungsrahmens und die Motivation der Mitarbeiter, ihr Umfeld (und vielleicht sogar ihre eigene Aufgabe) in Frage zu stellen. Weil die Unternehmensführung kein Interesse mehr dafür zu zeigen braucht, wie eine Teilleistung entsteht, sofern die Lieferbeziehungen eingehalten werden, gibt es keinen Grund, eine interne Strukturanpassung zu unterbinden. Die Mitarbeiter könnten beispielsweise zu dem Ergebnis kommen, daß eine geänderte Maschinenaufstellung, verbunden mit einer neuen Zuordnung von Bearbeitungsaufgaben zu den einzelnen Maschinen, vorteilhaft ist. Wirkliche strukturelle Autonomie ist dann erreicht, wenn Investitionsentscheidungen - zumindest in kleinem Rahmen - dezentral gefällt und auch verantwortet werden. Nicht nur der Entbürokratisierung, sondern auch der Stärkung des Selbstwertgefühls der Mitarbeiter dienen die vielfach schon anzutreffenden KVP-Budgets.

Skeptischer einzuschätzen ist wohl eine Situation, in der eine Strukturveränderung Zielkonflikte zwischen den Teilsystemen anspricht. Methoden, die zielsicher eine dezentrale Problemlösung herbeiführen, sind gegenwärtig nicht verfügbar. In diesem Fall wird eine koordinierende Instanz benötigt, die zumindest eine moderierende Rolle einnimmt und gegebenenfalls auch Entscheidungen fällt. Des weiteren ist die Frage zu stellen, ob eine Strukturveränderung dann durch die Betroffenen selbst initiiert wird, wenn sie damit ihre eigene Existenz im Unternehmen in Frage stellen. Einzelne Berichte über Mitarbeiter, die aus Rationalisierungsüberlegungen heraus ihre eigene Position zur Disposition stellen, dürfen wohl kaum verallgemeinert werden. Denkt man zusätzlich an den Fall, daß der Bedarf für eine Systemoptimierung aus lokaler Sicht unter Umständen überhaupt nicht erkannt wird, wird klar, daß Selbstgestaltung ein zwar mächtiges, aber unvollkommenes Konzept ist und wohl auch bleiben wird. Nur in Verbindung mit einer Fremdgestaltung stellt es eine tragfähige Basis dauerhafter Strukturentwicklung dar.

3 Die Rolle des Organisators

Aus den obigen Überlegungen folgt zwingend, daß auf eine übergeordnete Instanz, den „Organisator" nicht verzichtet werden kann. Dieser Befund steht im Gegensatz zur Forderung Gomezs, daß dieser nur immanenter Bestandteil eines selbstorganisierten Systems sein kann. Im Industriebetrieb ist er aber auch in Zukunft notwendig: der Organisator als Impulsgeber, Moderator, Schlichter oder auch „Macher" (Bild 8). Diese Aussage birgt mehr

Bild 8. Rolle des Organisators

Brisanz, als es im ersten Augenblick den Anschein hat. Waren es doch derartige Zentralfunktionen, die vielfach der Verschlankung von Unternehmensstrukturen zum Opfer fielen und jetzt fehlen. Der Spezialist hat auch in Zukunft seinen Platz im Unternehmen. Augenmaß ist deshalb gefordert, wenn eine solche Position zur Disposition steht.

Unerwarteterweise findet sich damit auch ein Anknüpfungspunkt zum Konzept des Business Reengineering, das einen radikalen, zentral und straff gelenkten Umbau des Unternehmens zum Ziel hat [21]. Den dort geforderten umfassenden Strukturwandel kann das Konzept der Selbstgestaltung kaum leisten. Die Selbststeuerung innerhalb der neugeschaffenen Ordnung hingegen wird erklärtermaßen auch von den Verfechtern des Reengineering vertreten. Trotzdem kann die Fokussierung auf Fremdgestaltung nicht überzeugen. Sie verkennt nämlich, daß - unabhängig davon, woher der Anstoß kommt - eine partizipative Konzeption und Detaillierung eines neuen Strukturkonzepts eine höhere Akzeptanz und deshalb nachhaltigere Wirkung erwarten läßt [22].

4 Schlußfolgerungen

Ein erster Befund dieser Betrachtungen bezieht sich auf die weniger weit reichende Dimension der Selbstorganisation, die Selbststeuerung. Für eine Reihe von Anwendungen verspricht sie deutliche Verbesserungen gegenüber bisherigen, auf Zentralisierung basierenden Ansätzen. Hieraus kann die Empfehlung abgeleitet werden, alle Unternehmensbereiche auf Möglichkeiten zur Umsetzung hin zu untersuchen. Es wurde jedoch darauf hingewiesen, daß die Aussagen für eine stabile Produktionsumgebung nur bedingt Gültigkeit haben. Insofern ist also in Zukunft von einer Parallelität von Selbst- und Fremdsteuerung auszugehen. Dies gilt insbesondere auch für die Selbstgestaltung, die nur als Ergänzung zur koordinierenden Tätigkeit einer übergeordneten Instanz (Fremdgestaltung) gesehen werden kann. Insofern ist auch klar, daß die Frage, ob das Prinzip der Fremdorganisation abgelöst wird durch das der Selbstorganisation, zumindest für den Bereich der Produktionstechnik zu verneinen ist.

Um die im Einzelfall geeigneten Ansatzpunkte und Vorgehensweisen identifizieren zu können, werden Instrumente zur Unternehmensanalyse benötigt. Sie erlauben eine quantifizierte Einordnung des Unternehmens in sein Wettbewerbsumfeld (Bild 9). Die Strukturierung und Standardisierung der Instrumente ermöglicht einerseits eine rationelle Anwendung und andererseits den Aufbau einer Datenbasis für Vergleichszwecke. Auf dieser Basis lassen sich alternative Lösungsansätze gegenüberstellen und vergleichend bewerten. In der Praxis hat sich bewährt, die Ergebnisse einer mit geringem Erhebungsaufwand erstellten Analyse im Rahmen eines ein- bis zweitägigen Workshops im Unternehmen auszuwerten und daraus das weitere Vorgehen abzuleiten.

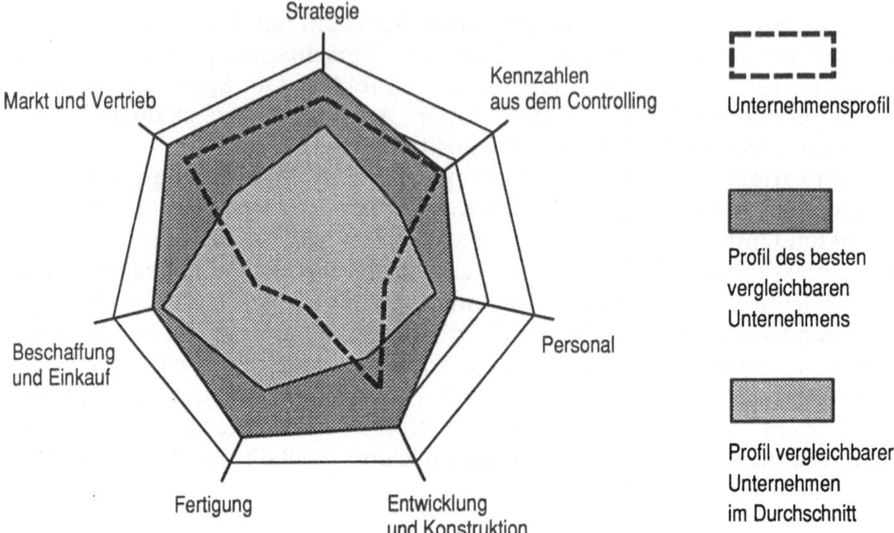

Bild 9. Unternehmensanalyse

Die vorgestellten Praxisbeispiele zeigen, daß das gegenwärtige Verständnis von Selbstorganisation vornehmlich auf die Reduzierung von Komplexität zielt. Dies war zu erwarten, denn die Ansätze zur Beherrschung von Komplexität stehen noch am Anfang ihrer Entwicklung und sind noch kaum reif für die betriebliche Praxis [23]. Ihre Weiterentwicklung ist wünschenswert, denn Selbstorganisation ist zwar ein wertvoller zusätzlicher Baustein zur Gestaltung von Produktionssystemen, die Lösung aller Probleme kann sie jedoch keineswegs in Aussicht stellen.

Literatur

1. Gomez, P.; Zimmermann, T.: Unternehmensorganisation - Profile, Dynamik, Methodik. Frankfurt/M.: Campus 1992
2. Smith, A.: Der Wohlstand der Nationen. München: Becksche Verlagsbuchhandlung 1974
3. v. Hayek, F.A.: Recht, Gesetzgebung und Freiheit: Regeln und Ordnung. Landsberg: MI-Verlag 1981
4. Laszlo, E.: Evolution - Die neue Synthese. Wien: Europa Verlag 1987
5. Haken, H.: Synergetik - eine Zauberformel für das Management? In: Synergetik - Selbstorganisation als Erfolgsrezept für Unternehmen. Ehningen: Expert 1993
6. Kratky, K.W.: Der Paradigmenwechsel von der Fremd- zur Selbstorganisation. In: Kratky, K.W.; Wallner, F. (Hrsg.): Grundprinzipien der Selbstorganisation. Darmstadt: Wissenschaftliche Buchgesellschaft 1990
7. Kuhn, Th.S.: Die Struktur wissenschaftlicher Revolutionen. Frankfurt/M.: Suhrkamp 1979
8. Rommel, G. u.a..: Einfach überlegen. Stuttgart: Poeschel 1993
9. Wiendahl, H.-P.; Scholtissek, P.: Management and control of complexity in manufacturing. In: Ann. o. t. CIRP Vol. 43/2/1994, S. 1–8

10. Probst, G.J.B.: Selbstorganisation. In: Frese, E. (Hrsg.): Handwörterbuch der Organisation. Stuttgart: Poeschel 1991
11. Hüser, M.; Kaun, R.: Wer wa(a)gt, gewinnt. In: Warnecke, H.J. (Hrsg.): Aufbruch zum Fraktalen Unternehmen. Berlin: Springer 1994
12. Warnecke, H.J.: PPS in der Fraktalen Fabrik. In: PPS 92. Bad Soden: AWF 1992
13. Kämpf, R.: Unter dem Druck der Anpassung. Produktion (1994) H. 29, S. 3
14. Kille, K.: Lieferzeit als konstante Größe. In: Warnecke, H.J. (Hrsg.): Aufbruch zum Fraktalen Unternehmen. Berlin: Springer 1994
15. Steiner, H. u.a.: Eine gläserne Fabrik für die Produktion von Pkw-Fensterhebern. In: Warnecke, H.J. (Hrsg.): Aufbruch zum Fraktalen Unternehmen. Berlin: Springer 1994
16. Gnamm, J.: Flexibel und wirtschaftlich disponieren und dabei ständig optimieren. In: Warnecke, H.J. (Hrsg.): Aufbruch zum Fraktalen Unternehmen. Berlin: Springer 1994
17. Block, M. u.a.: Mitarbeiter „kaufen ein“ bei ihren Lieferanten. In: Warnecke, H.J. (Hrsg.): Aufbruch zum Fraktalen Unternehmen. Berlin: Springer 1994
18. Linnenkohl, K. u.a.: Arbeitszeitflexibilisierung - 140 Unternehmen und ihre Modelle. Heidelberg: Verl. Recht und Wirtschaft 1992
19. Semler, R.: Management ohne Manager. München: Heyne 1993
20. Warnecke, H.J.: Revolution der Unternehmenskultur - das Fraktale Unternehmen. Berlin: Springer 1993
21. Hammer, M.; Champy, J.: Business Reengineering: die Radikalkur für das Unternehmen. Frankfurt/M.: Campus 1994
22. Hartmann, M. u.a.: Neuer Schwung in alten Hallen. In: Warnecke, H.J. (Hrsg.): Aufbruch zum Fraktalen Unternehmen. Berlin: Springer 1994
23. Tönshoff, H.-K.; Glöckner, M.: Chaos-Phänomene in der Fertigung. wt-Produktion und Management 84 (1994) S. 255-258

Produktionsstrategien für Deutschland

K.G. Lederer

Inhalt: Der Strukturwandel in der Automobil-Zulieferindustrie - Forderungen an den Produktionsstandort Deutschland - Ausblick

1 Strukturwandel in der Automobil-Zulieferindustrie

Der amerikanische Präsident, Bill Clinton, der auch deshalb gewählt wurde, weil er der Bevölkerung im Wahlkampf große Veränderungen versprach, benutzt häufig die Formulierung:

„Change will be our friend for the future"

Das wirtschaftliche und gesellschaftliche Umfeld unterliegt in der heutige Zeit einem dramatischen Wandel. Wandel, von vielen aktiv erzwungen und deshalb meist mit positiven Auswirkungen für die Beteiligten oder Wandel, ausgelöst durch veränderte Umfeldbedingungen, Struktur- und Konjunkturprobleme, die oftmals lange nicht erkannt werden und sich dann dramatisch für alle Betroffenen auswirken.

Dies alles passiert in einer Welt, die mittlerweile so zusammengewachsen ist, daß nichts mehr unbemerkt und ohne globale gegenseitige Beeinflussung ablaufen kann.

- BMW kauft Rover unter den Augen der japanischen Konkurrenz.
- Ford schickt drei Executives nach Japan, um im Vorstand von Mazda dem Unternehmen zu helfen, wieder in die Gewinnzone zu kommen.
- IBM wirft die Jahrzehnte gepriesene Firmenkultur über den Haufen, entläßt weltweit ein Drittel seiner Belegschaft, weil das Ergebnis und aufgrund dessen der Aktienkurs völlig zusammengebrochen sind.
- Honda und Toyota kaufen ABS-Systeme zum ersten Mal von ITT Automotive und nicht von den japanischen Lizenz- und Joint Venture-Partnern, die auch Partner im jeweiligen Keiretsu sind. Einfach, weil hier dieses Produkt weit billiger angeboten als in Japan produziert werden kann.

Japan steht mitten in einer schweren Strukturkrise, deren Ausgang ungewiß ist, da Fundamente des japanischen Sozialsystems wie lebenslange Beschäftigung und jährliche Lohnerhöhung aus Kosten- und Wettbewerbsgründen abgeschafft werden müssen. Damit steht nach Aussagen japanischer Manager die Loyalität der Industriebeschäftigten zu ihrem jeweiligen Unternehmen in Frage.

Die Vereinigten Staaten haben nach vier Jahren schwerster Rezession mit tiefen Einschnitten wieder Wachstum, 3,1% in 1993, und die Prognosen deuten weiter nach oben (+4% für 1994).

In Europa hat sich das Wirtschaftsklima verbessert und die Talsohle ist offensichtlich durchschritten. Schätzungen für 1994 gehen von einem Plus von etwa 2% aus. Diese Position läßt sich aber nur halten und ausbauen, wenn die Wettbewerbsfähigkeit wieder hergestellt wird.

China ist der kommende Star. Die Menschen sind hungrig nach Fortschritt, wollen etwas bewegen, weiterkommen und die Regierung sorgt für ein relativ stabiles Klima. Es ist faszinierend zu sehen, daß in Städten wie Shanghai der freie Markt zu einem westlichen Angebot mit riesiger Nachfrage führt.

Die Beispiele der dramatischen Veränderungen ließen sich noch fortsetzen. Sie zeigen, daß im jetzigen Zeitalter von Stabilität keine Rede sein kann. Alle sind konfrontiert mit ständig neuen Herausforderungen, die nur dann erfolgreich sein können, wenn dafür ausgebildet, ständig trainiert und mit der richtigen geistigen Einstellung zu Werke gegangen wird.

Bekanntermaßen ist die Automobil- und -zulieferindustrie von diesen Veränderungen nicht verschont geblieben, zunächst 1988 in den USA, ausgelöst durch die japanische „Invasion", die zu hohen Marktanteilsverlusten und massiven roten Zahlen bei den drei großen Automobilfirmen führte. Heute haben sie und ihre Zulieferer die Wende geschafft. Die in der letzten Zeit veröffentlichten Ertragszahlen sprechen für sich. Es gelang, die Kosten drastisch zu senken (schätzungsweise im Schnitt mindestens 30%) und die Qualität bei kürzeren Entwicklungszeiten erheblich zu verbessern.

In Nordamerika wurden neue Formen der Zusammenarbeit zwischen Automobilhersteller und Zulieferer gefunden. Formen, die noch nicht in allen Fällen ausgereift sind, die aber stetig weiterentwickelt werden und deren Ziel nunmehr klar zu erkennen ist. Ziel ist es, die Verantwortlichkeit in der gesamten Prozeßkette bei der Entstehung eines Automobils neu zu definieren und die jeweiligen Aufgabeninhalte so abzugrenzen, daß durch möglichst geringe Überlappungen Entwicklungskosten gespart und Entwicklungszeiten gestrafft werden. Gleichzeitig soll über entsprechende Kontroll- und Frühwarnsysteme die Anlaufqualität erheblich verbessert und die in der Anlaufphase bekannten hohen Änderungskosten drastisch reduziert werden. Ein ehrgeiziges Ziel, aber wer sich in Amerika in diesem Geschäft aktiv bewegt, spürt die greifbaren Verbesserungen.

Ein Ziel der dargestellten Veränderungen in der Zusammenarbeit von Hersteller und Zulieferer ist dabei die Eliminierung der Parallelentwicklung von Produkten, Baugruppen und Systemen und den dazugehörenden Fertigungsprozessen durch den Hersteller und Zulieferer, teilweise auch durch mehrere Zulieferer und der Verzicht auf eine detaillierte Freigabe und Überwachung des Fertigungsprozesses beim Zulieferer. Das reduziert den Aufwand auf beiden Seiten erheblich.

Ersetzt werden soll diese bisher manchmal exzessive Detailkontrolle und -überwachung durch eine Auditierung von Systemen und Geschäftspraktiken, die dem Kunden/Automobilhersteller die Gewähr geben, daß sein jeweiliger Zulieferer die Dinge in seinem Sinn richtig macht.

Dieses ist wohl die konsequente Fortsetzung der Verlagerung einer Wareneingangskontrolle zum Lieferanten, verbunden mit einer umfassenden Lieferantenbeurteilung. Sie soll sicherstellen, daß Defizite aufgedeckt und behoben werden, um nur noch einwandfreie Qualität abzuliefern. Das ein solches Vorgehen, übertragen auf den Gesamtbereich der Zusammenarbeit, sich wesentlich schwieriger gestaltet, ist klar. Die damit verbundene Einsparung ist bei konsequenter Umsetzung aber auch um Dimensionen größer.

Dazu notwendig ist die vieldiskutierte und vielgepriesene Einbeziehung von Lieferanten bereits bei der Festlegung der Spezifikationen, eine klare Definition der Forderungen an das zu entwickelnde System sowie der Verantwortlichkeit des jeweiligen Partners, aber auch die Festlegung von Zielpreisen und kontinuierlichen Produktivitätssteigerungen über die Produktlaufzeit.

Der in Nordamerika erfolgreich begangene Weg ist auch auf Europa und Deutschland übertragbar. Die im wesentlichen global ausgerichtete Automobilindustrie erlaubt ohnehin keine nationalen Alleingänge.

Auch in Deutschland gibt es inzwischen Hersteller, die mit ihren Zulieferern dieses Thema angehen, und erste positive Schritte sind zu vermelden. Dabei muß sich die Rolle des Automobilherstellers wandeln. Er wird vom „Fachmann für Entwicklung und Fertigung“ eines Teils, einer Baugruppe, eines Systems zum „Beurteiler“ und in der Anfangsphase möglicherweise zum „Entwicklungshelfer“ für die Systemfähigkeit eines Automobil-Zulieferers. Praktisch ausgedrückt: Heute wird noch vielfach bei auftretenden Qualitäts- und Anlaufproblemen gemeinsam mit den Kunden an der detaillierten Lösung gearbeitet. Zukünftig geht es darum, gemeinsam sicherzustellen, daß beim Zulieferer die Abläufe und Systeme vorhanden sind, die dafür sorgen, daß Qualitätsprobleme oder Anlaufengpässe im Frühstadium erkannt, abgefangen und gelöst werden, damit der Kunde mit diesen Problemen überhaupt nicht konfrontiert wird. Denn nur so lassen sich Ressourcen sparen und die Kosten wirklich reduzieren.

Dazu sind gewaltige Veränderungen in der Zulieferindustrie, aber auch bei den Kunden nötig. Dieser neue Denkansatz muß jedem Mitarbeiter vermittelt werden, um ihn für diese neue Form der Zusammenarbeit zu gewinnen und mit seinem Know-how positiv einzubeziehen. Weiterhin sind Investitionen in unterstützende Systeme und in die Weiterbildung der Mitarbeiter notwendig, um eine solch neue, wesentlich anspruchsvollere Rolle sicher beherrschen zu können.

Alle großen Zulieferer, die gleichzeitig Systemlieferanten sind oder zukünftig sein wollen, dürfen nicht vergessen: Der Prozeß, der hier für Hersteller und Zulieferer beschrieben wurde, muß natürlich in gleicher Weise für den Zulieferer und seinen Lieferanten gelten.

Dieses ist nach Beobachtung und Einschätzung heute noch eine der größten offenen Flanken der Industrie. Vielfach ist es noch nicht geschafft, diese neuen Überlegungen, die ja in etlichen Vorstufen in der Industrie bekannt sind, mit der gleichen Konsequenz und dem gleichen Erfolgszwang auf die eigenen Zulieferer zu übertragen.

Im Bild 1 ist die Struktur dieses Beziehungsgeflechts in Form einer Pyramide dargestellt. (Aber bei komplexen Systemen wird zukünftig eher ein Hersteller-Lieferanten-Netzwerk, virtuelles Unternehmen, erforderlich sein.) Über die Zahl von Firmen in den einzelnen Ebenen wird viel diskutiert. Hier hat sich noch keine endgültige Meinung herauskristallisiert. In der ersten Ebene werden sich wahrscheinlich maximal zwei- bis dreihundert Firmen weltweit etablieren können; denn jeder Automobilhersteller kann nur mit einem bestimmten Kreis und einer bestimmten Zahl von Zulieferern in dieser neuen Form und Intensität zusammenarbeiten.

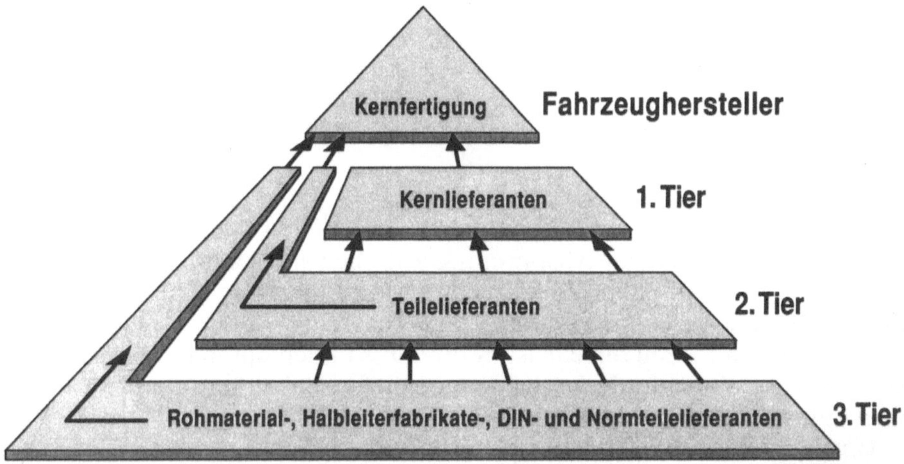

Bild 1. Hierarchien und Kompetenzen der Zulieferindustrie

Wird die Entwicklungskompetenz verlagert und verlangt sie Systeme, müssen sich auf der Zulieferseite zwangsläufig in vielen Bereichen Systempartnerschaften entwickeln, um ein komplettes Produktspektrum abdecken zu können. Im Bild 2 ist ein Beispiel einer möglichen Systempartnerschaft bei Bremsen und Achsen, wie sie heute schon in vielen Projekten diskutiert und in einigen konkreten Anwendungsfällen bereits fest beauftragt ist, abgebildet. Die Aufgaben sind dabei so aufgeteilt, daß der Systementwickler die komplette Bremsanlage auslegt, prüft und dem Kunden zur Freigabe präsentiert. Der Systemlieferant, der nicht in jedem Fall der Bremssystementwickler sein muß, fügt die einzelnen Fahrwerks- und Bremsmodule logistisch zusammen und liefert sie an den Kunden.

Das Beispiel Bremssystem (Bild 3) zeigt besonders deutlich die Problematik, die sich zwischen Systementwickler und Systemlieferanten ergibt. Das Bremssystem ist im Gesamtfahrzeug verteilt und kann nicht in einem Modul untergebracht werden. Wichtig für die Auslegung dieses Systems, und damit entscheidend für das Bremsverhalten und Pedalgefühl in einem

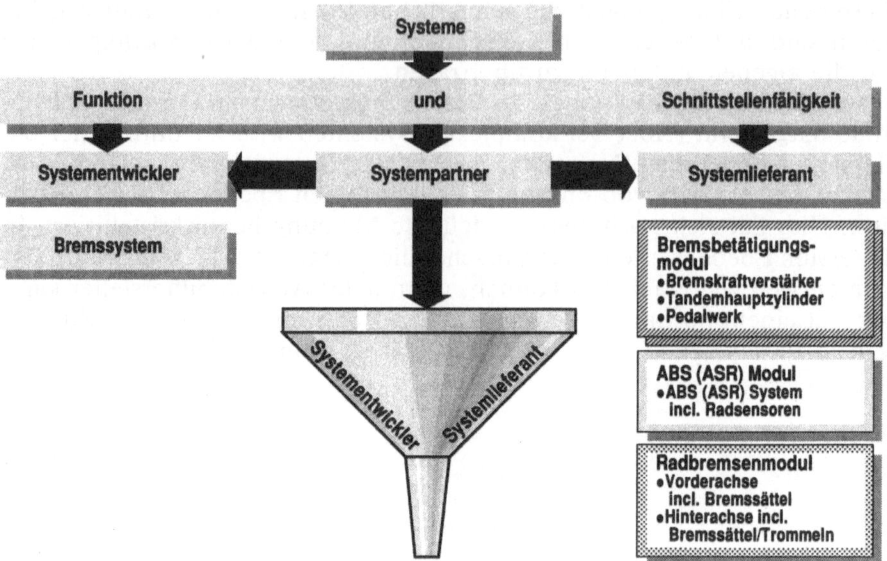

Bild 2. Zukunftsaufgaben: Lieferung von Systemen an die OEM's

Fahrzeug, ist die richtige Abstimmung zwischen mechanischen, hydraulischen und elektronischen Funktionen. Montage und Logistik, z.B. bei der Zusammenfassung von Radbremse und Achse, treten dabei sicherlich in den Hintergrund. Andererseits ist es für den Kunden optimal, wenn er eine Gesamtachse einbaufertig an das Band geliefert bekommt, die dann möglichst noch automatisch montiert wird.

Der komplette Bereich kann in Form von Arbeitsgemeinschaften oder Kooperationen abgedeckt werden und bietet damit dem Kunden beste

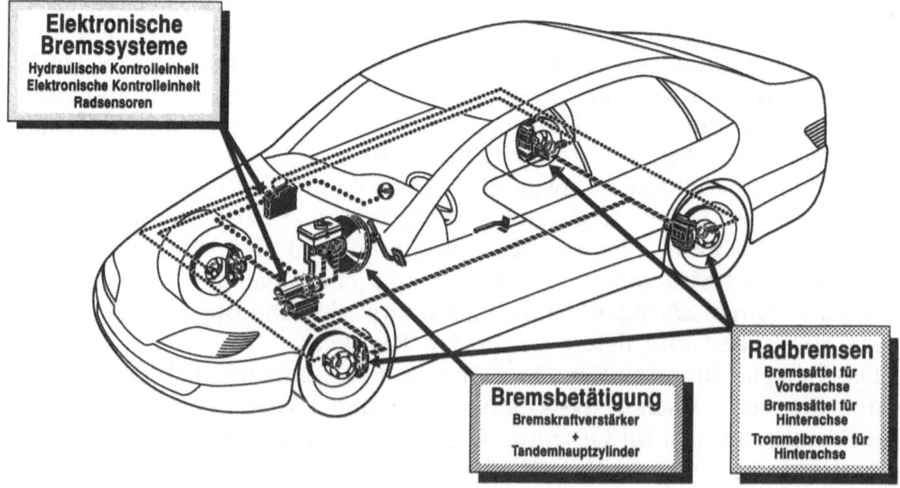

Bild 3. Komplettes Bremssystem der ITT Automotive

Bedingungen. Langfristig wird ein Zusammenschluß solcher Aktivitäten unter einem Dach erfolgen, um bei zukünftigen Konzepten aufgrund noch stärkerer Integration der Bauteile weitere Kostenpotentiale zu erschließen.

Teilmodule oder Komponenten (Bild 4) sind für einen Bremsenhersteller wie ITT Automotive selbständig und ohne Zusammenarbeit mit anderen Lieferanten herstellbar. Auch hier ergeben sich bereits Synergien und damit Kosteneinsparungen. In der Praxis zeigt sich allerdings, daß die Einführung selbst solcher Teilmodule tiefe Eingriffe in die Fahrzeugkonzeption erfordert und deshalb nur dann erfolgreich umgesetzt werden kann, wenn sie in einem ganz frühen Stadium in der Entwicklung Berücksichtigung findet.

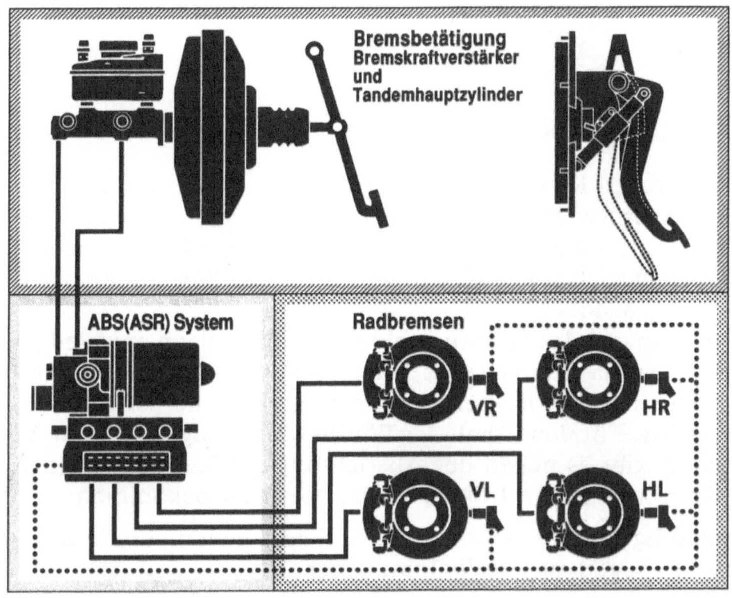

Komponenten Module
- **Bremsbetätigung und Pedalwerk.**
- **Bremsbetätigung und Pedalwerk mit ABS(ASR) System.**
- **Bremsbetätigung und Pedalwerk mit integriertem ABS System (HCU+ECU).**

Bild 4. Bremssystem - Komponenten und Module

Bild 5 soll verdeutlichen, daß ein Systemlieferant intensive Zukunftsentwicklung betreibt, um im Geschäft zu bleiben. Er muß auf seinem Fachgebiet die technologischen Veränderungen im Automobilbau vorantreiben und das Interesse seiner Kunden dafür wecken mit dem Ziel, seine erheblichen Vorleistungen in der Entwicklung schließlich über neue Projekte und Produkte auch finanzieren zu können. Die Zulieferindustrie hat hier eine wichtige Aufgabe, die von außen oft übersehen wird. Sie sollte ihr Licht nicht ganz unter den Scheffel stellen, denn die Zulieferindustrie trägt einen erheblichen Teil zur ständigen Weiterentwicklung im Automobilbau bei.

Bei der notwendigen Umgestaltung der Rollenaufteilung zwischen Hersteller und Zulieferer darf nicht vergessen werden, daß die Zulieferindustrie, besonders hier in Deutschland, genauso wie die meisten ihrer Kunden

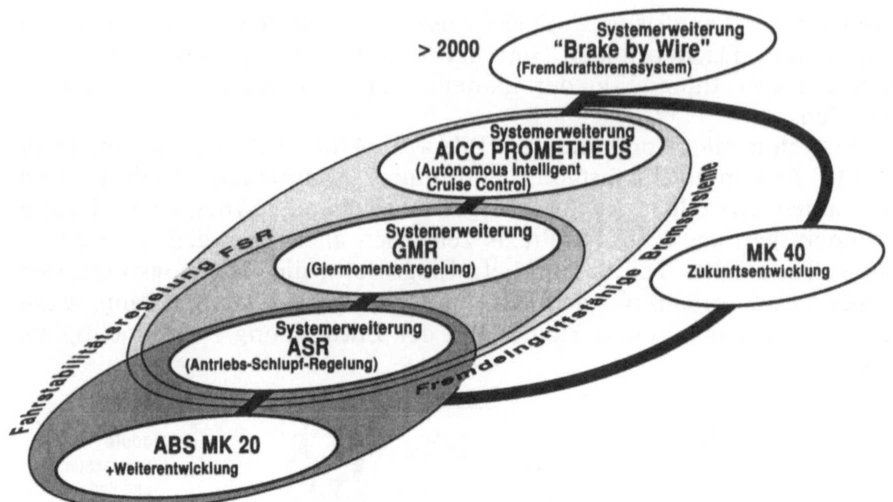

Bild 5. System-Entwicklungsschritte

neben der konjunkturellen Krise auch mit einer Kostenstrukturkrise kämpfen muß. Zahlreiche Unternehmen im Zulieferbereich sind vor allem im letzten Jahr tief in die roten Zahlen gerutscht. Vielfach wird dieses neben der Umsatzreduzierung auch auf eine über Gebühr starke Preistreiberei der Automobilhersteller geschoben.

Dieser Preisverfall macht das Strukturproblem deutlich, denn er ist lediglich eine Anpassung an das herrschende Weltpreisniveau. Wer hier nicht mithalten kann, ohne dabei in die Verlustzone zu geraten, der ist weltweit nicht wettbewerbsfähig. Für den Erhalt der Wettbewerbsfähigkeit oder dessen Wiedererlangung gibt es neben der Ausrichtung auf Kundenwünsche vor allem zwei Ansätze, um die Kosten in den Griff zu bekommen:

- Internationalisierung der Produktion, d.h., Verlagerung von lohnintensiven Tätigkeiten in sogenannte Billiglohnländer
  und dies kombiniert mit
- einer ständigen Verbesserung der Produktions- und Verwaltungsprozesse.

Letzteres muß natürlich auch für Produktionsstätten in Billiglohnländern gelten.

2 Internationale Arbeitssituation

Ein Zulieferer, der seine Fertigungsstätten und Kunden regional in Deutschland konzentriert hat, wird von der Krise viel mehr erfaßt als ein international ausgerichtetes Unternehmen, das nicht nur Kunden in aller Welt betreut, sondern auch dort produziert, wo die wirtschaftlichen Rahmenbedingungen für das jeweilige Produkt am günstigsten sind.

Betrachtet man die Faktorkosten nur innerhalb Westeuropas, so ergeben sich zwischen „teuren“ Standorten, die meistens in Deutschland zu finden sind, und „billigen“ Standorten in England, Portugal und auch Italien Faktorkosten-Differenzen in der Größenordnung von 100%. Wie sich dieses bei lohnintensiven Produkten auswirkt, läßt sich leicht nachvollziehen, vor allem wenn man davon ausgeht, daß ein fast gleichmäßiges Produktivitätsniveau heute durch geschicktes Produktionsmanagement in nahezu allen Ländern der Welt erreicht werden kann.

Bezieht man den östlichen Wirtschaftsraum, z.B. Tschechien, Slowakei, Ungarn und Polen, aber zunehmend auch die Ukraine und das Baltikum in die Betrachtung ein, so zeigt sich sehr schnell, daß hier die Faktorkosten noch eine ganze Dimension unter denen der vorhergenannnten westeuropäischen Niedriglohnländer liegen. Als Beispiel hierzu sei genannt, daß ein ungarischer Werker am Montageband heute noch 1,30 DM in der Stunde verdient. Eine solche Kostendifferenz zieht Kapital geradezu magnetisch an. Es gibt in der deutschen Industrie kaum einen Unternehmer, der sich nicht mit dem Gedanken einer Produktionsverlagerung in diese Länder befaßt oder nicht gar schon eine Produktionsstätte dort errichtet hat. ITT Automotive hat ein Werk in Ungarn und plant weitere Produktionsstätten im Osten.

Der zweite große Wirtschaftsraum, dem in den nächsten Jahren erhebliche Wachstumsraten vorausgesagt werden, ist Asien, und hier sind es vor allem Taiwan, Singapur, Malaysia, Korea, aber auch China. Der Bedarf an Fahrzeugen in diesen Ländern wird mit der wirtschaftlichen Entwicklung sprunghaft ansteigen, und deshalb ist es für die Industrie unabdingbar, sich in diesen Gebieten mit Produktionsstätten zu etablieren und eine Struktur aufzubauen, die eine Fahrzeugproduktion mit hohem „local content“ ermöglicht. ITT Automotive ist in diesen Ländern seit Jahren durch Lizenzen und Joint Ventures vertreten und wird diese Aktivitäten in Zukunft verstärkt ausbauen. Dort gibt es fleißige, produktive, lernwillige Mitarbeiter, deren Lohnkosten, vor allem in China, nochmals beträchtlich unter den zuvor für die osteuropäischen Staaten genannten liegen.

Natürlich wird es aus Deutschland auch in diese Wirtschaftsräume Verlagerungen von Produktionen geben, die hier nicht mehr aufrechterhalten werden können. Langfristig führt dies allerdings auch zu neuen Märkten, die dann von Deutschland aus mit anderen, höherwertigen Produkten beliefert werden können und so für einen wirtschaftlichen Ausgleich sorgen.

Produktionsverlagerungen mit gesundem Augenmaß in die Länder des Ostens und in den asiatischen Raum sind zur Uberwindung der Strukturkrise zwingend erforderlich und müssen zielgerichtet angegangen werden. Damit ist naürlich ein wirtschaftliches Risiko verbunden, das trotz der extrem niedrigen Faktorkosten nicht unterschätzt werden sollte. Richtige Auswahl, Ausbildung und Betreuung der Mitarbeiter in diesen Ländern ist dabei besonders wichtig. Besonders im Management empfiehlt sich eine gesunde Mischung von einheimischen und deutschen Mitarbeitern.

3 Kontinuierliche Verbesserung der Produktions- und Verwaltungsprozesse und Kaizen

In der letzten Zeit häufen sich unterschiedliche Begriffe in diesem Zusammenhang wie TQM/Total Quality Management, Kaizen, Taguchi, KVP, Picos. Dieser Begriffswirrwarr ist den Mitarbeitern auf die Dauer nicht zuzumuten, und es wird deshalb bei ITT Automotive versucht, alles unter dem Oberbegriff Continuous Improvement System (CIS) (Bild 6) zusammenzufassen. CIS ist also der Schirm über den vielen Methoden, der dafür sorgt, daß Methoden auch nur als Instrumente angesehen werden und die Ergebnisse in einer unternehmenseinheitlichen Form dargestellt werden.

Bild 6. Continuous Improvement System

Bild 7 stellt den eingeführten neuen Regelkreis im Kostenmanagement vor. Es beginnt damit, daß Unternehmenskenngrößen aus Betrieb und Verwaltung gewählt werden, die einerseits maßgeblich das Geschehen widerspiegeln und andererseits tatsächlich meßbar, das heißt, nachvollziehbar sind (Bild 8).

Es gibt derzeit schon zahlreiche phantastische Beispiele in der deutschen Industrie, wo in den Fabriken mit Hilfe von Methoden der kontinuierlichen Verbesserung gemeinsam mit den Mitarbeitern und Betriebsräten großartige Erfolge erzielt wurden. „Ich selbst bin als Ingenieur begeistert von der Technik des sogenannten Kaizen und gebe unumwunden zu, daß ich viel dabei gelernt habe. In den von mir geleiteten Unternehmen gibt es heute keine Fabrik weltweit, die diese Methode nicht einsetzt und damit nicht hervorragende Ergebnisse erzielt“ (Bilder 9 bis 11).

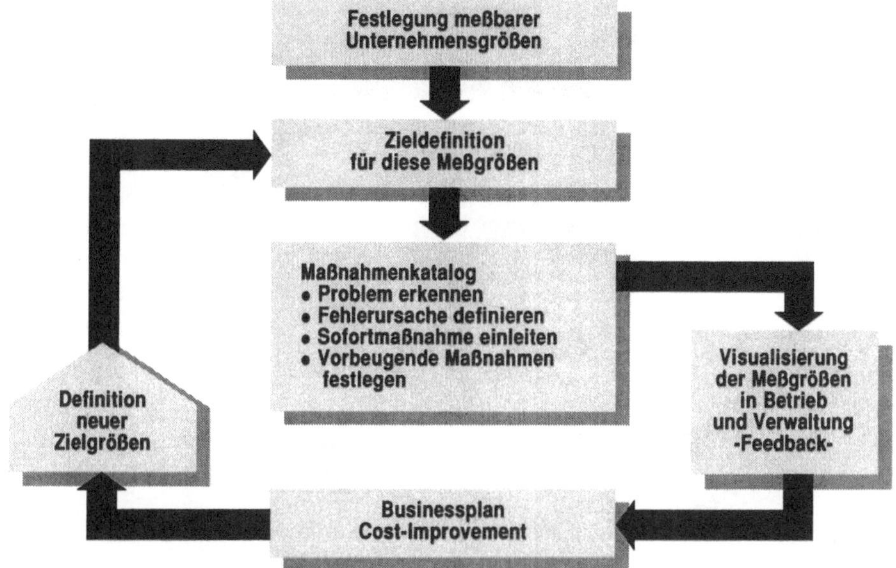

Bild 7. Kostenmanagement als Regelkreis

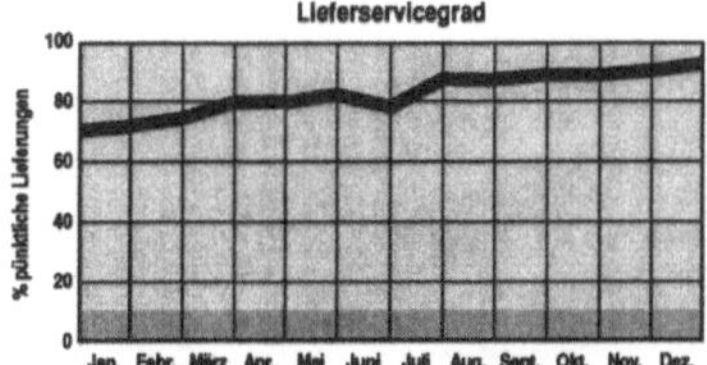

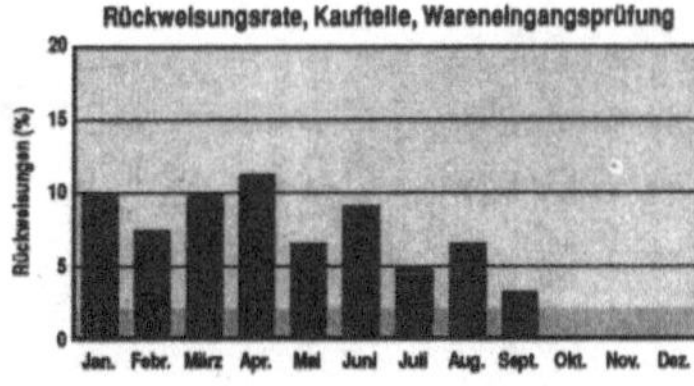

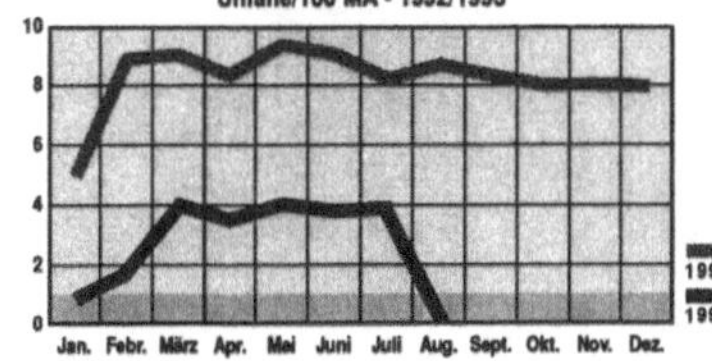

Bild 8. Meßbare Unternehmensgrößen (Beispiele)

An der Tagesordnung sind Produktivitätssteigerungen bis zu 50%, Flächeneinsparungen bis zu 80%, Verdopplung der Materialumschlagshäufigkeit und Reduzierung der Durchlaufzeiten auf einen Bruchteil der bisherigen. Das nicht nur in Bereichen, in denen der Ausgangszustand ausgesprochen schlecht war, sondern auch dort, wo ein gelernter Produktionstechni-

Bild 9. Beispiel eines Kaizen-Projekts: Layout FN-Faustsattelmontage vor Kaizen

Bild 10. Beispiel eines Kaizen-Projekts: Layout FN-Faustsattelmontage nach Kaizen

ker beim ersten Hinsehen den Zustand als durchaus zufriedenstellend eingestuft hätte.

Das Rezept ist einfach:

- Erstens, bereichsübergreifende Teamarbeit (und zwar gemacht und nicht nur darüber geredet), d.h. alle, die etwas beitragen können, an einen

Kaizen-Projekt FN-Faustsattel	Vor Kaizen	Nach Kaizen	Auswirkung
Produktivität - Mitarbeiter/Schicht Bremssättel/Mitarbeiter und Schicht	5/1 60	3/1 89	+48%
Fläche qm	67 qm	41 qm	-39%
Material im Prozeß	19 Teile	8 Teile	-58%
N.i.O. Anteile (Kolbenmontage)	21%	3%	
Rüstzeit	300 min. pro Woche	60 min. pro Woche	-80%

Bild 11. Resultat des Kaizen-Projekts FN-Faustsattel

Tisch - vom Entwickler zum Arbeitsvorbereiter, vom Meister zu den Werkern und

- zweitens, das sofortige Reagieren auf Vorschläge der Mitarbeiter, ohne lähmende Administration und Diskussion.

Wenn das einmal durch Zuhören, schnelles Reagieren und Umsetzen ins Laufen gebracht wurde, ist der Erfolg fast programmiert. Gefährlich ist nur, wenn es nicht ehrlich gemeint und die alte Einstellung von der detaillierten Vorgabe und der detaillierten Kontrolle nicht wirklich aufgegeben wurde. Mitarbeiter-Einbeziehung kann nicht an- und ausgeschaltet werden wie eine Lampe, weil sonst das Einschalten für kurzfristige Erfolge den langfristigen Erfolg zerstört.

Wird dieser Prozeß mit Visualisierung der Ziele und der erreichten Ergebnisse unterstützt, möglichst direkt in der Fabrik oder im Konstruktionsbüro (Plakate und Charts, groß, bunt, einfach zu verstehen), ist der Erfolg um so leichter. Diese Visualisierung ist die beste Kontrolle; denn sie ist dokumentierte Selbstkontrolle und damit automatisch Leistungsansporn.

Werksleiter und Produktbereichsleiter wissen inzwischen, daß es eine Todsünde ist, auf CIS-Schautafeln Charts auszustellen, die nicht aktuell sind. Todsünde deswegen, weil sie damit demonstrieren, wie wenig wichtig sie die Mitarbeiterinformation und -einbeziehung nehmen. Das ist ein Beurteilungskriterium für eine Fabrik geworden. - Wird dazu ein Exempel statuiert, so gibt es häufig Überraschungen: An vielen Stellen hängen noch phantastische Qualitätscharts, die Ergebnisse von 1992 zeigen.

Die Betriebswirtschaft muß genauso umdenken wie die Produktionstechnik. Auch die Betriebswirtschaft muß das Aktuelle erfassen und zeigen, die Ursache erkennen und sichtbar machen, nicht Zustände anhand von toten Zahlenreihen nachvollziehen.

Das Ganze pflanzt sich fort aus der Fabrik in die Verwaltung, in die Entwicklung, in alle Bereiche. Prozeßorientierung, Vermeidung von Schnittstellen, Zusammenfassen von Sinnvollem, und das funktionsübergreifend, ist angesagt. Hierarchien sind überholt, Kreativität und Universalität gefragt.

Dies spricht für sich selbst, bedeutet es doch einen totalen Wandel des Führungsstils. Festzustellen ist, daß in den Geschäftsleitungen und Vorständen dieses Gedankengut inzwischen präsent ist. Auch die Betriebsräte ziehen hier positiv mit. Die mittlere Führungsebene bis hinunter zum Meister hat damit allerdings noch ihre Probleme. Diese Menschen müssen es aber machen. Für sie bedeutet es Mehraufwand, für sie bedeutet es Änderung ihrer Stellung im Betrieb, vom Vorgesetzten zum Teamleiter. Das wird leider von vielen noch nicht begriffen. Hier sind gezielte personelle Konsequenzen manchmal nicht vermeidbar.

4 Ausblick

Die Vereinigten Staaten zeigten, was machbar ist. Sie hatten eine tiefe, schmerzliche Rezession mit persönlichen Einschnitten für einen Großteil der Bevölkerung. Amerika hat diese Zeit genutzt. Geändert wurden Strukturen, Einstellungen und die Art und Weise, wie in den Unternehmen miteinander umgegangen wird.

Die amerikanischen Fabriken der ITT Automotive, allen voran die beiden ABS-Werke in North Carolina, sind heute Weltklasse. Sie produzieren mit einer motivierten Mannschaft, ohne Hierarchie, prozeßorientiert, auf ständige Verbesserungen aus, mit großem wirtschaftlichen Erfolg weit über zwei Millionen ABS-Systeme in diesem Jahr. Die Menschen sind offensichtlich zufrieden, weil sie nicht nur verstehen, was sie tun, sondern das Gefühl haben, ein Teil des Ganzen zu sein, Entwicklungen beeinflussen zu können, weil man ihnen zuhört und ihre Vorschläge beachtet und umsetzt.

In Deutschland besteht die gleiche Chance. Es gibt schon genügend Beispiele dafür. Hier ist nur dieser Weg, der Weg zur fraktalen Fabrik, der Weg zur Einbeziehung der Menschen, der Weg der sinnvollen Arbeitsinhalte weiterzugehen: ‚Es ist der Weg der Konfrontation zu ersetzen durch den Weg der Kooperation'.

Kooperation heißt hier nicht Nachsicht, Disziplinlosigkeit, schlechte Arbeitsmoral, schlechte Qualität, Laisser-faire. Kooperation in dem hier formulierten Sinn heißt höchste Leistung, höchste Perfektion, höchste Qualität, höchste Effizienz. Kooperation heißt, jeder gibt sein Bestes, weil er weiß, daß nur so Konkurrenzfähigkeit erreicht wird und erhalten bleibt. Nur damit wird der Gesellschaft der Wohlstand erhalten, und nur so können die sozialen Verpflichtungen weiterhin erfüllt werden.

Sicher müssen neben diesen neuen Methoden der Kooperation und der Prozeßorientierung auch flankierende politische Maßnahmen greifen, um Deutschland wirklich auf der ganzen Linie wieder konkurrenzfähig zu machen. Denn ohne solche führt das hier Geforderte und Geförderte natürlich nur zu einem größeren Heer von Arbeitslosen. Ohne Umsatzsteigerung werden sonst mit diesen Methoden immer weniger Menschen Beschäftigung finden.

Eine weitere Flexibilisierung des Arbeitsmarkts ist dringend notwendig, wobei auch den Unternehmen mehr Regelungskompetenzen zugestanden werden müssen. Ein richtiger Schritt in diese Richtung wären neue Eingangsregelungen, z.B. auch mit dem Einsatz von Mitteln der Bundesanstalt für Arbeit in Form von Ausgleichszahlungen, wenn Arbeitslose auf diese Weise wieder ins Erwerbsleben eingegliedert werden.

Die Tarifpartner der chemischen Industrie erweisen sich in dieser Hinsicht offenbar als Vorreiter. Die Absenkung des Tarifs für Lehrlinge, andere Berufseinsteiger und Langzeitarbeitslose ist schon ein Erfolg. Niedrigere Einstiegslöhne, Teilzeitverträge oder befristete Verträge sind denkbar, um beispielsweise den zur Zeit sehr schwierigen Berufseinstieg von Hochschulabsolventen zu erleichtern. Auch die Unternehmen können nicht darauf verzichten, daß junge, hochqualifizierte Fachleute ihre Kenntnisse und Talente einbringen. Andererseits ist es in der heutigen Zeit nicht zumutbar, teure Ingenieure oder Betriebswirte im Sinn einer Vorratshaltung einzustellen.

Berechtigte Zuversicht besteht, daß Tarifparteien und Politiker zu mehr Lösungen in der hier gezeigten Richtung finden.

Krisen haben nicht nur negative, sondern auch viele positive Seiten. Sie sind die Zeiten, in denen etwas aktiv angepackt und verändert wird, denn der Druck von sinkenden Ergebnissen kürzt langwierige Diskussionen über Veränderungen meist radikal.

Die Wende in der Steuerungstechnik

K. Wucherer

Inhalt: Steigerung der Wettbewerbsfähigkeit - Entwicklung der NC-Technik - Wettbewerbssituation der NC-Steuerungstechnik - Japanische Herausforderung - Europäische Reaktion - Forderungen des Werkzeugmaschinenbaus und der Anwender - Offene Steuerungsarchitektur - Siemens-Automatisierungsstrategie - Erfordernis der Zusammenarbeit

1 Bewältigung der Krise - Steigerung der Wettbewerbsfähigkeit

Das Jahr 1993 war für den deutschen Werkzeugmaschinenbau wohl das schwerste in der Nachkriegsgeschichte. Die Produktion sank gegen Vorjahr noch einmal um etwa 25% auf 10 Mrd. DM; zugleich ging die Führungsrolle als größter Werkzeugmaschinenexporteur an Japan verloren. Die Krise des Werkzeugmaschinenbaus ist jedoch kein singuläres deutsches bzw. europäisches Problem, denn alle Werkzeugmaschinen produzierenden Länder, auch Japan, hatten mit deutlichen Nachfragerückgängen zu kämpfen (Bild 1).

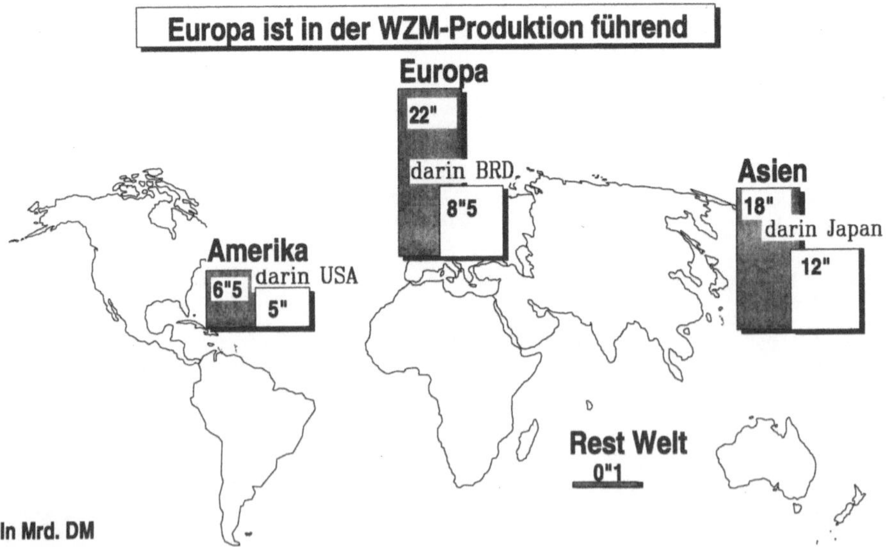

Bild 1. Werkzeugmaschinen-Produktion weltweit; 1993: 46,5 Mrd. DM, 1992: 54 Mrd. DM (Quelle: American Machinist 3/94, veröff. als vorläufige Werte, 1 US$ = 1,65 DM)

Beruhigend ist dies jedoch nicht, da der japanische Wettbewerb hinsichtlich Leistung, Qualität und Innovationskraft ebenbürtig ist, aber deutliche Vorteile auf der Kostenseite hat. Dagegen muß die deutsche und europäische Werkzeugmaschinenindustrie nicht nur mit einer rezessiven Konjunktur, sondern auch mit strukturellen Schwächen fertig werden. Selbst nach einer deutlichen Erholung der Konjunktur - erste positive Signale sind bereits erkennbar - werden die Marktbedingungen in Zukunft ungleich härter sein.

Obwohl die Werkzeugmaschinenindustrie in Deutschland nur ca. 0,5% des Bruttosozialprodukts erzeugt, kommt ihr doch eine eindeutige Schlüsselfunktion für nahezu alle metallverarbeitenden Industriezweige zu. So nimmt die Werkzeugmaschine in der Technologiekette vom Rohmaterial bis zum fertigen Endprodukt eine ähnlich strategisch wichtige Position ein, wie die Fertigungsmittel bei der Halbleiter-Chipproduktion. Diese Stellung gilt es zu verteidigen und zu festigen. Andernfalls wird der japanische Wettbewerb in der Metallbearbeitung eine ähnliche Dominanz erringen wie in den Bereichen Optik und Elektronik.

Die heute noch führende Stellung des deutschen Werkzeugmaschinenbaus in Europa ist sicher positiv zu bewerten. Vor folgenden Tatsachen sollte man die Augen jedoch nicht verschließen:

1. Märkte besitzt man nicht, man muß sie stets neu erobern! Die japanische Werkzeugmaschinenindustrie wird ihre Bemühungen intensivieren, die im Inland ausfallende Nachfrage durch steigende Exporte zu kompensieren. Einer der aufnahmefähigsten Märkte dafür ist zweifellos Europa (Bild 2).

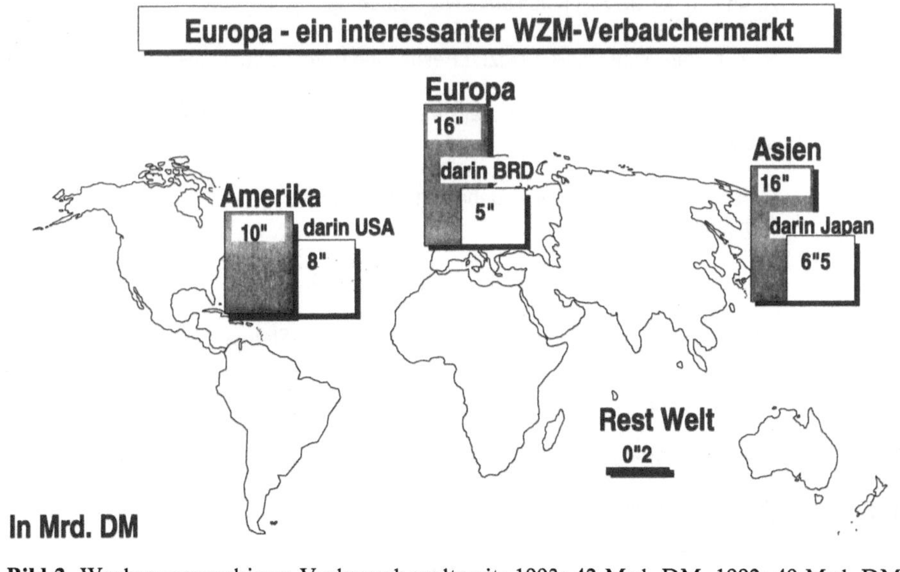

Bild 2. Werkzeugmaschinen-Verbrauch weltweit; 1993: 42 Mrd. DM, 1992: 49 Mrd. DM (Quelle wie Bild 1)

2. Das Marktwachstum wird in den nächsten Jahren nicht in Europa, sondern in Ländern wie China, Taiwan, Korea und den ASEAN-Staaten am größten sein. Will man dieses Feld nicht kampflos dem japanischen Wettbewerb preisgeben, braucht die deutsche bzw. europäische Werkzeugmaschinenindustrie eine zielführende Strategie zur Erschließung dieser Märkte. Neben einem schlagkräftigen Vertrieb und einem qualifizierten Service vor Ort, werden vor allem wettbewerbsfähige Produkte benötigt, die auf diesen Märkten Akzeptanz finden.

Um im internationalen Wettbewerb langfristig bestehen zu können, heißt es die Wettbewerbsfähigkeit europäischer Werkzeugmaschinen deutlich zu steigern. Hier sind sowohl die Maschinenbauer als auch die Steuerungs- und Antriebshersteller gefordert. Neue Denkansätze und aufeinander abgestimmte Lösungen in Mechanik und Elektronik sind gefragt. Lernziel muß es sein, nicht nur intelligent, sondern auch schnell zu entwickeln, nicht nur qualitativ hochwertig, sondern auch kostengünstig zu fertigen.

2 NC-Technik - ein Blick zurück

Seit der Erfindung der NC-Steuerung 1952 am MIT in den USA hat sich sowohl das äußere Bild als auch die innere Struktur der Steuerung stark verändert (Bild 3). Zunächst stand die Evolution der Hardware von der Röhren- und Relaistechnik über Transistoren und integrierte Schaltkreise im Vor-

1949-52	John Parson und das Massachusetts Institute of Technology (MIT) entwickleln im Auftrag der US AIR Force erste NC-Steuerung
1960	NC's in Transistortechnik ersetzen Relais- und Röhrensteuerungen
1968	Der Einsatz hochintegrierter Schaltkreise macht die Steuerungen zuverlässiger und kleiner
1972	Erste NC-Steuerungen mit eingebautem Minicomputer Computerized NC's (CNC)
1976	Mikroprozessoren revolutionieren die CNC-Technik
1980	Integrierte Programmierhilfen für erste Handeingabe-Steuerungen
1986	Werkstattprogrammierung mit graphisch, interaktiver Programmierung
1990	Digitale Kopplung zwischen NC-Steuerung und Antrieb
1992	Offene Steuerungen ermöglichen anwendungsspezifische Steuerungsergänzungen

Bild 3. Meilensteine in der Entwicklung der NC-Steuerungstechnik (Quelle: NC/CNC-Handbuch '92)

dergrund. Mit der Einführung der Minicomputer 1972 und kurze Zeit später der Mikroprozessoren und Halbleiterspeicher rückte die Software mit ihren Möglichkeiten in den Mittelpunkt des Interesses.

Es zeigte sich jedoch, daß die Entwicklung der Steuerungssoftware den rasanten Fortschritten auf der Seite der Mikroprozessor-Hardware zunächst nicht folgen konnte. Auf der Strecke blieben saubere, länger tragfähige Softwaresystemstrukturen, eine einfache Erweiterbarkeit der Software bei gleichzeitig hoher Zuverlässigkeit sowie anwenderfreundliche Bedien- und Programmierkonzepte.

Erst die konsequente Übertragung modernster Informationstechnologie, Programmierhochsprachen und Standardsoftware brachten den entscheidenden Fortschritt in der Steuerungssoftware.

Heute ist die NC-Steuerung eine Schlüsselkomponente der Werkzeugmaschine, da sie nicht nur nahezu alle anderen Komponenten beeinflußt, sondern was viel wesentlicher ist, in ihr das wettbewerbsentscheidende, technologische Know-how gespeichert ist. Technologische Schwächen in der NC-Steuerung lassen sich nicht durch eine noch so gute Mechanik ausgleichen.

Es ist wohl eine Tatsache, daß in der Auseinandersetzung mit dem japanischen Wettbewerb das Problem der Europäer weniger technischer Art ist, sondern in der Beherrschung der Kosten liegt. Bedenkt man, daß bei einer Standardmaschine die elektrische Ausrüstung - NC-Steuerung und Antriebselektronik - bis zu 50% der Materialkosten der Maschine ausmachen kann, so versteht man ihre Bedeutung als entscheidenden Faktor im Wettbewerb.

3 Wettbewerbssituation in der NC-Steuerungstechnik - zu viele Anbieter

Während in Europa immer mehr Steuerungshersteller (ca. 60 Hersteller sind beim VDW registriert) um die Aufteilung eines rückläufigen heimischen Marktes kämpften, konnten die wenigen japanischen Anbieter ihre Marktanteile weltweit festigen bzw. ausbauen (Bild 4). Die Folge ist, daß die japanischen Hersteller im Schnitt über deutlich höhere Stückzahlen verfügen und damit beträchtliche Kostenvorteile sowohl in der Entwicklung als auch bei der Produktion erreicht haben.

Eine dominante Stellung auf dem Weltmarkt nimmt heute die japanische Firma FANUC ein, mit einer absolut führenden Position auf den Teilmärkten Japan und USA sowie einer klaren Stoßrichtung auf den europäischen Markt. Das Erfolgskonzept dieses NC-Herstellers gründet auf folgenden Fakten:

- Ausrichtung aller Aktivitäten am Weltmarkt,
- Erringen der Technologieführerschaft,
- Produktkonzept mit gutem Preis/Leistungs-Verhältnis,

Bild 4. Europäische Steuerungshersteller - zu viele Anbieter (Quelle: Z. Fertigung 7/92)

- Realisierung kurzer Entwicklungszeiten und
- aggressives Marketing.

Haben europäische Steuerungshersteller dem etwas entgegenzusetzen oder gerät auch die Werkzeugmaschinenindustrie in eine vielleicht existenzgefährdende Abhängigkeit von japanischen Lieferanten?

4 Japanische Herausforderung - europäische Reaktion

Mit wachsender Sorge wurden von den europäischen Werkzeugmaschinenherstellern der zunehmende Kompetenzverlust bei der Schlüsselkomponente „NC-Steuerung“ sowie die bedrohlich wachsende Vormachtstellung Japans auf diesem Gebiet registriert. Dies führte in Deutschland, später auch europaweit, zu verschiedenen steuerungstechnischen Initiativen.

Bereits im November 1987 legte das Institut für Steuerungstechnik der Universität Stuttgart (ISW) eine im Auftrag des VDW erstellte Studie zum Thema „Steuerungstechnik der Zukunft“ vor. Eckpfeiler des neuen Steuerungskonzeptes waren Konfigurierbarkeit, Modularität und Offenheit.

Auf diese Arbeit aufsetzend, formulierte 1990 eine Gruppe von fünf Werkzeugmaschinenherstellern in Zusammenarbeit mit dem FISW ein Anforderungsprofil für ein zukünftiges Steuerungskonzept (Bild 5).

Mit der Aufforderung nach schnellstmöglicher Umsetzung wurde dieser Forderungskatalog allen potenten deutschen Steuerungsherstellern übergeben. Parallel hierzu wurde im Oktober 1991, im Rahmen von ESPRIT III, ein europäisches Projekt OSACA (Open System Architecture for Controls

Forderungskatalog des VDW (OSS*, OSACA*)

- ☐ Modular strukturiertes Familienkonzept
- ☐ Kontinuität
- ☐ Ausrichtung der Schnittstellen am firmenunabhängigen Standard
- ☐ Zeit- und Kostenoptimierung für den Maschinenhersteller
- ☐ Schaffung von Qualitätsstandards unter industriellen Einsatzbedingungen
- ☐ Bedienoberfläche/Bedienbarkeit
- ☐ Bauform, -größe und Montagetechnik
- ☐ Offenlegung von festgeschriebenen steuerungsspezifischen Schnittstellen (Hardware und Software)
- ☐ Bereitstellung von Entwurfs- und Projektierungshilfsmitteln
- ☐ Service, Wartung, Diagnose, Updates, Schulung
- ☐ Intergrierte Sicherheitstechnik unter Abstimmung mit den verschiedenen Berufsgenossenschaften
- ☐ Anteil am Weltmarkt mind. 20%
- ☐ Preis-/Leistungsverhältnis

Bild 5. Forderungen des VDW an ein zukunftsgerichtetes Steuerungskonzept

within Automation Systems) mit dem Ziel einer offenen Steuerungsarchitektur gestartet. Kompetente Partner aus dem Werkzeugmaschinenbau, der Steuerungsindustrie und dem Hochschulbereich sind an diesem EG-geförderten und von namhaften Verbänden (CECIMO, VDW) unterstützten Projekt beteiligt (Bild 6).

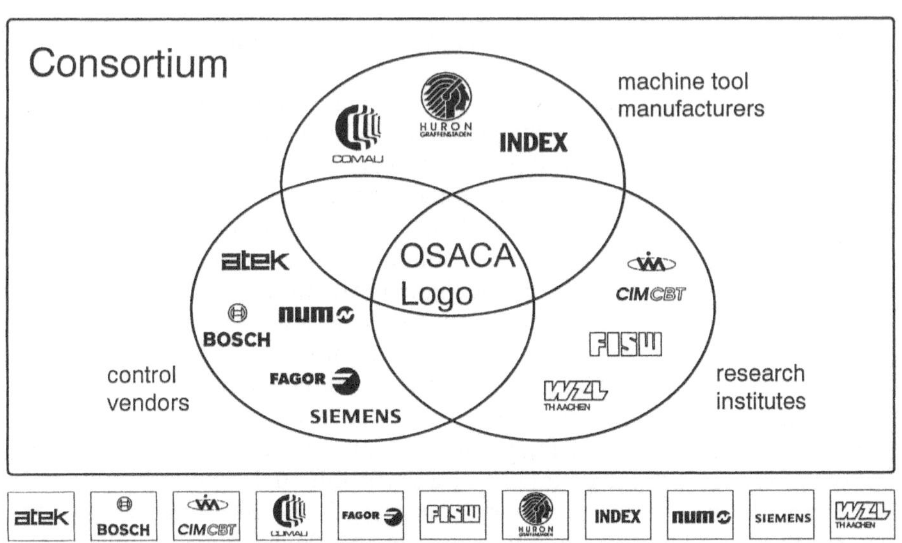

Bild 6. Europäische Projektinitiative OSACA

5 Was verlangt der Markt? - Endanwender und Maschinenhersteller

Zukunftsweisende und am Weltmarkt wettbewerbsfähige NC-Steuerungen müssen sich weit mehr als bisher an den tatsächlichen Anforderungen sowohl der Maschinenanwender als auch der Maschinenhersteller orientieren (Bild 7).

Bild 7. Anforderungen des Marktes an die NC-Steuerung - Anwender und Hersteller

5.1 Was interessiert den Anwender der Werkzeugmaschine?

Um einen sicheren Betrieb zu gewährleisten, liegt sein Hauptaugenmerk auf hoher Zuverlässigkeit, guten Diagnosemöglichkeiten in Störfällen sowie Servicefreundlichkeit. Ein weiterer wichtiger Aspekt in der Anwendung NC-gesteuerter Maschinen ist die Durchgängigkeit der Steuerungs- und Antriebskomponenten hinsichtlich Bedienung, Programmierung, Diagnose, Service und Logistik. Hier steckt insbesondere für den Maschinenanwender ein beträchtliches Ratiopotential bezüglich Ausbildung, Ersatzteilvorhaltung und Logistik. Nicht zuletzt fordert der Anwender eine auf die Qualifikation seines Personals zugeschnittene Bedienung und Programmierung der Systeme. Nicht informatikorientierte, sondern facharbeitergerechte Steuerungslösungen sind gefragt, in die der Anwender sein bearbeitungsspezifisches Know-how einbringen kann. Denn nur der Anwender versteht sein spezifisches Fertigungsverfahren, was für ihn auch seinen besonderen Wettbewerbsvorteil ausmacht. Verfahrensspezifische Besonderheiten können weder vom Steuerungshersteller noch vom Maschinenhersteller vollständig nachvollzogen werden.

5.2 Forderungen des Werkzeugmaschinenbaus

Entsprechend dem sich verstärkenden Trend der Modularisierung auch im Werkzeugmaschinenbau fordert der Maschinenhersteller ein dazu passendes, kompaktes, aber modular erweiterbares Steuerungs- und Antriebssystem, das durchgängig die Anforderungen der kompletten Maschinenreihe abdeckt. Von ebenso großer Bedeutung ist die Möglichkeit der flexiblen Anpassung an die Vielfalt der Maschinenkonzepte und unterschiedlichen Bearbeitungstechnologien. Derjenige Anbieter, der die für die jeweilige Anwendung benötigte Funktionalität schnell, kostengünstig und mit hoher Qualität in die Steuerung einbringt, sichert sich dadurch Wettbewerbsvorteile am Markt. Entscheidend dabei ist, daß letztlich nur der Maschinenhersteller selbst das technologische Know-how seiner Anwendung kennt und nicht der Steuerungshersteller. Aus Gründen der schnellstmöglichen Umsetzung und des Know-how-Schutzes will der Maschinenhersteller die anwendungsspezifische Anpassung selbst vornehmen. Möglich ist dies jedoch nur dann, wenn das Steuerungssystem dies konzeptionell vorsieht und einfach handhabbare, aber leistungsfähige Entwicklungswerkzeuge vorhanden sind.

5.3 Offenheit - Vorteile auch für den NC-Hersteller?

Mehr und mehr Steuerungshersteller sind heute nicht nur bereit den Wandel hin zur offenen Steuerung mitzutragen, sondern forcieren diesen Prozeß aus folgenden Gründen (Bild 8):

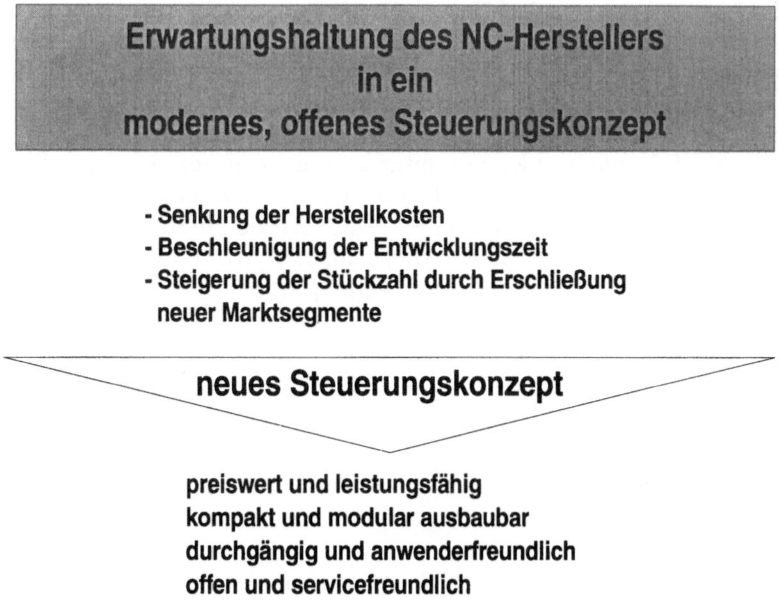

Bild 8. Zukunftsorientierte Steuerungstechnik aus Sicht des NC-Herstellers

1. Beschleunigung der Entwicklungszeiten durch getrennte Innovation von Hard- und Software,
2. Senkung der Herstellkosten durch Reduzierung der Teilevielfalt und Verwendung standardisierter Hard- und Softwarebausteine,
3. schnellere Reaktionsmöglichkeit auf Kundenanforderungen,
4. Erschließung des OEM-Marktsegments (OEM Original Equipment Manufacturer) durch das Angebot einer in Hard- und Software tragfähigen Systemplattform sowie geeigneter Entwicklungswerkzeuge.

Die daraus abgeleitete Konzeption für eine NC-Steuerung, die sowohl preiswert und kompakt, modular und durchgängig, als auch anwenderfreundlich und zugleich offen ist, könnte so einen entscheidenden Beitrag zur Stärkung der Wettbewerbsfähigkeit europäischer Werkzeugmaschinen leisten.

6 OSACA - eine begrüßenswerte europäische Initiative

In diese Richtung zielt auch die bereits erwähnte europäische Projektinitiative OSACA, die von führenden Werkzeugmaschinenherstellern und Steuerungslieferanten mitgetragen wird. OSACA erarbeitet in einem ersten Entwicklungsabschnitt Standards für eine offene, weitgehend herstellerunabhängige Software-Referenzarchitektur, die in einem Regelwerk veröffentlicht werden wird. In einem zweiten Entwicklungsabschnitt soll von den Projektpartnern bis Mitte 1996 eine prototypische Umsetzung und Demonstration der Leistungen an realen Systemen vorgenommen werden.

Angesichts des massiven Leistungs- und Kostendrucks durch den japanischen Mitbewerb wäre es jedoch für die deutsche und europäische Werkzeugmaschinen- und Steuerungsindustrie entschieden zu spät, erst nach Vorliegen der OSACA-Ergebnisse eine Entwicklung mit den Zielen Systemoffenheit, Modularität und Kostenoptimierung zu starten. Dies war für eine Reihe von Steuerungsherstellern Grund genug, bereits frühzeitig eigene Produktentwicklungen voranzutreiben – aufsetzend auf den Arbeitsergebnissen des OSACA- Projekts, soweit diese abgesichert und stabil waren. Eine weitere Leitlinie gab der Forderungskatalog des VDW vor. So ging auch Siemens vor. Erklärtes Ziel ist es, den japanischen Wettbewerb nicht nur im Leistungssegment einzuholen, sondern auch im Segment Preis zu bedrängen und über einen so gewonnenen Markterfolg einen Euro- bzw. Weltstandard zu definieren.

7 Neuer Denkansatz für eine offene, zukunftsorientierte Steuerungsarchitektur

Offenheit, Modularität und objektorientierte Softwarearchitektur - Kernziele von OSACA - sind so auch Grundlage eines neuen, von Siemens vorgestellten Steuerungskonzeptes. Drei Leitgedanken lagen der Ausarbeitung der neuen Systemarchitektur zugrunde:

1. Optimierung von Kosten und Leistung,
2. Offenheit auf gesicherter technologischer Basis und
3. Zukunftssicherheit über das Jahrzehnt hinaus.

Wie bereits erwähnt, hat der japanische Wettbewerb einen Kostenvorteil von 20% bis 30%. Dieser Vorteil ist durch die Optimierung bestehender technischer Lösungen nicht wettzumachen. Im Gegenteil: bisherige Betrachtungsweisen und Strukturen sind in Frage zu stellen, will man den notwendigen Quantensprung in den Kosten erreichen. Der für die Kostenminimierung der neuen Lösung entscheidende Denkansatz war, nicht mehr die Steuerung oder den Antrieb für sich allein zu betrachten, sondern als ein gemeinsames digitales System (Bild 9).

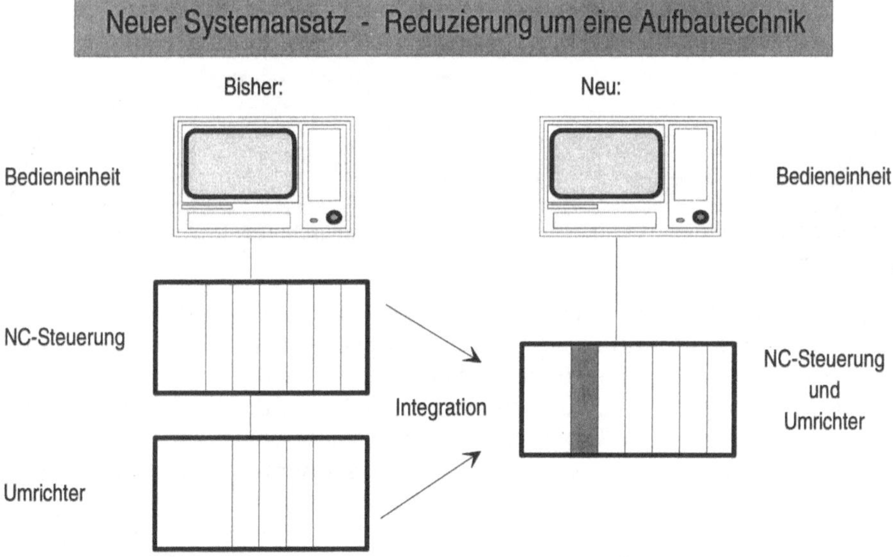

Bild 9. Integration der NC-Steuerung in das Antriebssystem

Die Integration der NC-Steuerung in den Antrieb und damit der Wegfall einer kompletten Aufbautechnik mit Logikrahmen , Stromversorgung, Kabel etc. legt die Basis für eine deutliche Materialkostensenkung. Weiteres Einsparungspotential ergab sich mit der Nutzung von Standard-Komponenten der SIMATIC, durch konsequente Vorwärtsintegration von Bauteilen und Baugruppen zu besonders kompakten Einheiten sowie über eine Minimierung der internen Schnittstellen.

Der zweite Eckpfeiler zur Senkung der Kosten ist eine Steigerung der Stückzahlen. Durch Mehrfachverwendung gleicher Komponenten (Baukasten), eine skalierbare Leistung in den Funktionsbereichen sowie die grundsätzliche Eignung des Systems nicht nur für Werkzeugmaschinen, sondern auch für Roboter und Sondermaschinen kann dieses Ziel erreicht werden (Bild 10).

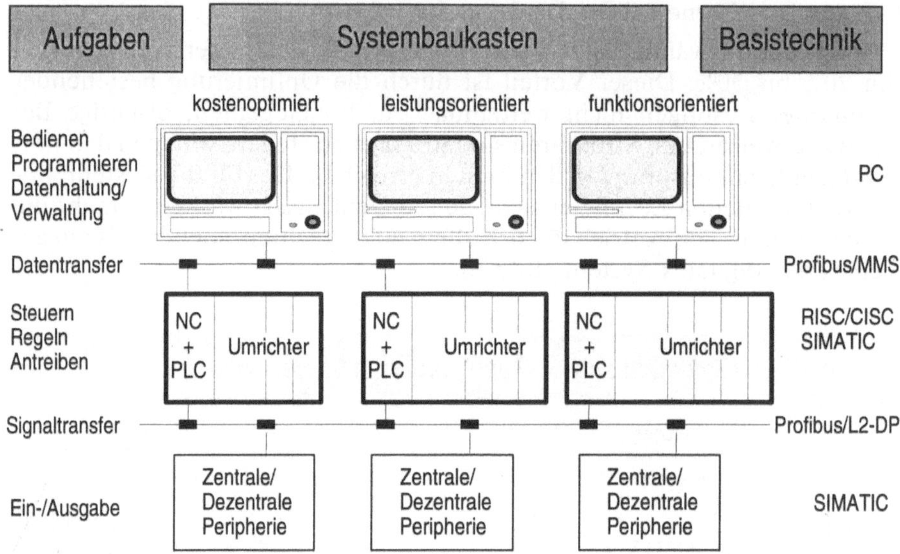

Bild 10. Offenes Automatisierungssystem für Werkzeugmaschinen, Roboter und Sondermaschinen

Einem sowohl für den Maschinenhersteller als auch für den Anwender wichtigen Aspekt - nämlich der Durchgängigkeit des gesamten Automatisierungssystems - wurde besonderes Augenmerk gewidmet. Durch Betrachtung des Gesamtsystems „Numerik und Antrieb" wurde eine Durchgängigkeit erreicht, die von den Programmier- und Projektierwerkzeugen über die Bedientafeln, die Steuerungs- und Antriebskomponenten bis hin zur zentralen bzw. dezentralen Peripherie reicht. Die Verwirklichung eines modularen, durchgängigen Systems von der Low-cost-Steuerung bis hin in den High-end-Bereich führte dabei zwangsläufig zu einer offenen Steuerungsarchitektur.

7.1 Motive für eine offene Steuerungsarchitektur - Designanforderungen

Die seit Jahren geführte Diskussion in den USA und Europa um die offene Steuerungsarchitektur war vielfach geprägt von praxisfremder Wissenschaftlichkeit, von Emotionen und politischen Interessen der unterschiedlichsten Ausprägung. Deshalb muß das Thema wieder versachlicht werden. Dies gelingt am besten, wenn man sich die eigentlichen Gründe klarmacht, die hinter dem Wunsch nach einer offenen Steuerungsarchitektur stehen.

Dies ist die Überlegung, daß es eine offene Steuerungsstruktur ermöglicht, ohne Änderungen der Kernfunktionalität neue Funktionen in der Steuerung zu realisieren. Dabei geht es um die Geschwindigkeit, mit der (Maschinenbau-) spezifische Funktionalität in die Steuerung eingebracht werden kann. Je schneller dies möglich ist, desto schneller kann der Maschinenbauer seine Innovation am Markt plazieren.

Neben den Defiziten der bisherigen Steuerungstechnik in den Bereichen Funktionalität, Änderungsfreundlichkeit und Performance stehen heute sehr stark die Kosten im Vordergrund. Die Japaner haben gezeigt, und zwar praktisch in allen Produktbereichen, wie man viele unterschiedliche Produktausprägungen mit einem identischen Produktkern realisieren kann. Stichwort: Produktentfeinerung. Dieser Weg führt zu hohen Basisstückzahlen und damit zu günstigen Kostenstrukturen.

Die offene Steuerungsarchitektur ist dieser Weg. Denn durch die Verlagerung der spezifischen Funktionalität in die äußeren Bereiche der Steuerung gelingt es, den Steuerungskern identisch zu halten und damit seine Gesamtstückzahl zu erhöhen. Konkret heißt das: Siemens hat einen Steuerungskern entwickelt, der sowohl für die Werkzeugmaschine als auch für Roboter und Sondermaschinen Verwendung findet. Auf diese Weise wird das Unternehmen in Zukunft in der Lage sein, die Stückkosten zu erreichen, die im harten Wettbewerb gebraucht werden.

Vor einigen Jahren wurde in den USA das Projekt „New Generation Controller“ gestartet. 50 Mio US$ wurden allein in die Spezifikation investiert, die von der Firma Martin Marietta durchgeführt wurde. Hughes Electronics hat einige Prototypen realisiert. Der Stückpreis lag bei 250 000 US$. Die technischen Eigenschaften waren beeindruckend, doch der Preis einer solchen Steuerung zeigt, daß hier ein falscher Weg beschritten wurde.

Ein Großteil der einfachen Steuerungsanwendungen benötigt keine offene Steuerung. Komplexe und einfache Steuerungen müssen aus Kostengründen mit derselben Steuerungsarchitektur bedienbar sein. Es darf auf keinen Fall eine Steuerung für die Massenanwendung und eine andere für die speziellen Anwendungen entwickelt werden. Damit würden Preisstrukturen erzeugt, die nicht mehr wettbewerbsfähig wären.

Bei allen Kostenoptimierungen muß die offene Steuerung allerdings für den Anwender noch technisch beherrschbar sein. Das bedeutet, daß ein Maschinenbauer seine spezifischen Funktionalitäten mit einer kleinen Entwicklungsmannschaft einbringen kann. Dazu ist es notwendig, eine leistungsfähige Entwicklungsumgebung zur Verfügung zu stellen, die die heutige Entwicklungsgeschwindigkeit deutlich steigert und nicht zusätzliche Kapazitäten für die Beherrschung des Systems bindet.

Für die Steuerungssoftware sind heute erhebliche Investitionen erforderlich. Deshalb muß die neue offene Steuerungsarchitektur eine lange Lebensdauer haben und für eine mindestens zehnjährige Nutzung die technische Tragfähigkeit aufweisen. Diese Eigenschaft betrifft nicht nur den Steuerungshersteller, sondern auch sehr stark die Anwender von offenen Steuerungen. Denn die Investitionen der Maschinenhersteller müssen ebenfalls lange nutzbar sein. Daraus leitet sich natürlich auch die Forderung nach langfristiger Aufwärtskompatibilität sowie einer langfristigen Liefersicherheit des Herstellers der offenen Steuerungstechnik ab.

Die Prozessorhersteller bieten heute etwa alle zwei Jahre neue Prozessortechnologien an. Es ist wichtig, daß die neue Architektur es zuläßt, ständig ohne Softwareanpassungen die Hardware zu innovieren. Deshalb muß die Software hardwareunabhängig sein!

Bei einem geschlossenen Steuerungskonzept ist die technische Betriebssicherheit relativ leicht zu gewährleisten. Bei der offenen Steuerung weiß der Steuerungshersteller nicht, welche Funktionen der Anwender realisiert. Deshalb ist die Forderung nach Betriebssicherheit nicht mehr so einfach zu erfüllen. Die Entwicklungsumgebung muß den Anwender stark unterstützen, daß seine Eingriffe in den NC-Kern die Sicherheit nicht beeinträchtigen.

7.2 Offenheit im Bereich Mensch-Maschine-Kommunikation und im NC-Kern

Bei der neuen Steuerungsgeneration von Siemens wird unter dem Funktionsbereich „Man Machine Communication" nicht nur das Bedienen, Beobachten und Programmieren, sondern auch die Kommunikation mit der Umgebung der Steuerung zusammengefaßt.

Offenheit der MMC-Software wird erreicht durch das Betriebssystem WINDOWS, unter dem die Siemens-spezifische Bedieneroberfläche mit den zur Verfügung stehenden Standardentwicklungswerkzeugen realisiert wurde. Für Erweiterungen in begrenztem Umfang wird dem Anwender eine Projektierungsumgebung zur Verfügung gestellt. Mit der Entwicklungsumgebung können aber auch alle erdenklichen WINDOWS-Applikationen realisiert und in das System integriert werden. Beispiele sind neue Bedieneroberflächen und Bedienerdialoge, Diagnosepakete und NC-Programmiersysteme sowie die Integration von spezifischen Kommunikationsprotokollen.

Zur Integration von zusätzlicher Personal Computer Hardware stehen weitere Steckplätze für ISA-Karten zur Verfügung. Es gibt Anwendungen für die Integration von Sensorik, Digitalisiersystemen und Netzwerkkarten. Durch die Offenheit zur MMC-NC-Kern-Kommunikation kann Echtzeitkopplung zum NC-Kern realisiert werden.

Die Offenheit des Echtzeitkerns war bisher das zentrale Problem aller Steuerungen, denn diese Eigenschaft erfordert eine völlig andere Architektur des Kerns als dies bisher von den Steuerungsherstellern praktiziert wurde. Durch die Verfügbarkeit objektorientierter Programmiersprachen wie C++ und entsprechender Compiler wurde es möglich, den Kern nach den modernsten Verfahren des objektorientierten Software Engineering zu entwickeln.

Der objektorientierte Ansatz hat ein völliges Umdenken bei der Realisierung von Steuerungsfunktionen bedingt. Bei konventionellen Steuerungsdesigns wird die Funktionalität praktisch direkt in Software umgesetzt. Dadurch sind die spezifische Funktionalität und der Realisierungsweg direkt miteinander gekoppelt. Änderungen und Erweiterungen sind dann in vielen Fällen nicht mehr möglich. Bei der objektorientierten Programmierung geht man hier völlig andere Wege durch die strikte Trennung von Funktionalität und Daten. Funktionen werden generisch realisiert. Ein Beispiel: Bei konventioneller Steuerungstechnik hat der Interpolator die Aufgabe, die programmierte Werkzeugbahn zu interpolieren. Beim objektorientierten Ansatz ist der Interpolator eine universelle Funktion zur Interpolation von Variablen. Somit kann diese generische Funktion je nach Anforderung für die Interpolation von Wegen, Geschwindigkeiten, Beschleunigungen, Krümmungen, Kräften, Leistungen, Momenten, Zeiten und vielem mehr verwendet werden. Die konkrete Funktion wird lediglich bestimmt durch den definierten Datensatz.

Die gesamte Funktionalität des NC-Kerns ist völlig hardwareunabhängig. Im Hause Siemens läuft der NC-Kern bereits auf vier unterschiedlichen Hardwareplattformen. Dazu gehören die Intel-CISC-Prozessorreihen 80 486, Pentium, die Intel RISC-Architekturen sowie Workstation-Prozessorhardware. Für die Zukunft kann somit jederzeit entschieden werden, mit dem NC-Kern auf neue Prozessorarchitekturen zu gehen, wenn dies aus technischen, strategischen oder Kostengründen erforderlich sein sollte.

Neben dieser neuen NC-Kern-Architektur wird die bereits erwähnte leistungsfähige Entwicklungsumgebung zur Verfügung gestellt, die den Anwender in die Lage versetzt, spezifische Änderungen und Erweiterungen zur Grundfunktionalität vorzunehmen (Bild 11).

Das CNC-Betriebssystem wurde mit sogenannten Events ausgestattet. An diesen Stellen kann der Anwender eigene Software, sogenannte Compile-Zyklen, in das Basissystem integrieren. Mit dieser Architektur ist es gelungen, einerseits alle Zugriffsmöglichkeiten zur Verfügung zu stellen und gleichzeitig eine hohe Systemsicherheit zu gewährleisten. Im Rahmen der technischen Weiterentwicklung läßt sich die Zahl der Events beliebig steigern.

Mit dem neuen Konzept wird eine voll funktionsfähige Steuerung angeboten, die zusätzlich Anpassungsmöglichkeiten von unterschiedlichem Schwierigkeitsgrad für verschiedene Nutzer erhält. Es liegt nun in der Entscheidung des Nutzers, die gebotene Offenheit zu ignorieren oder nach sei-

Siemens-Basis-Software
Systemprogramm
Zugriffsfunktionen (C-Sprache)
Z-Fu1
Modul A
Z-Fu2
Z-Fu3
Modul B
Z-Fu4
Z-Fu5
Kunden-Software
Adressliste
durch Bedienung änderbar
Adresse
Adresse
Adresse
Adresse
Kunden-SW (Hochsprache)
Kunden-baustein 1
Kunden-baustein 2
Kunden-baustein 3
Kunden-baustein 4

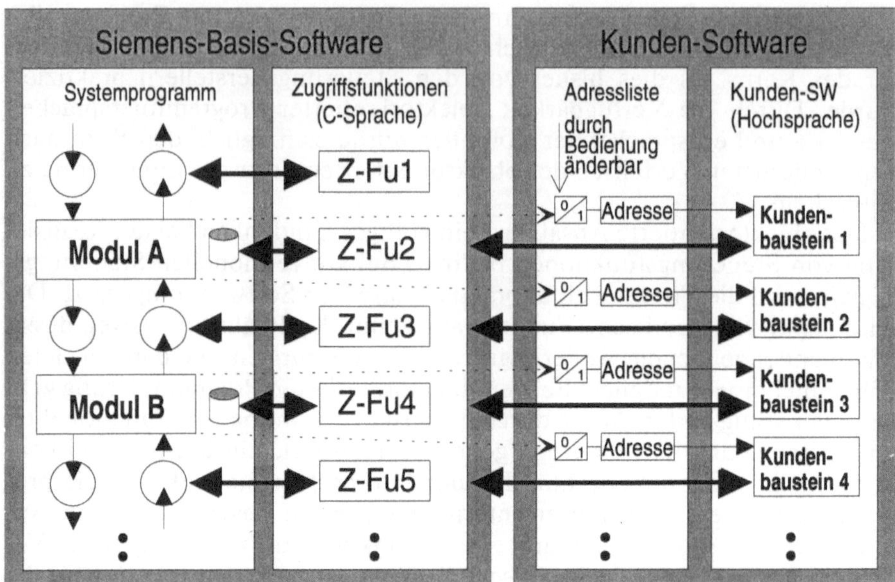

Bild 11. Einbindung der Kunden-Software über Zugriffsfunktionen

ner anwenderspezifischen Notwendigkeit und nach seinen technischen Möglichkeiten zu nutzen. Neben der Offenheit werden auch die anderen Leistungsanforderungen aus dem Katalog des VDW und mehr erfüllt (Bild 12).

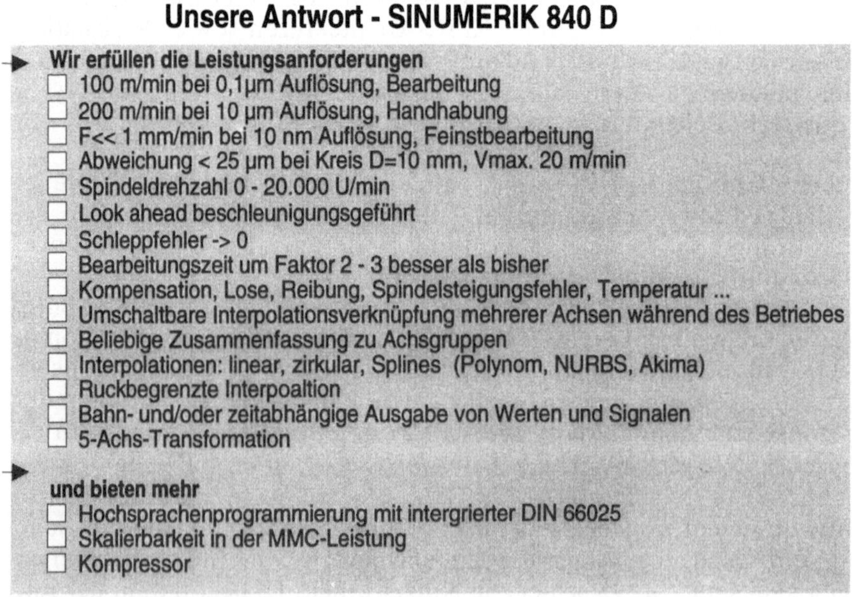

Unsere Antwort - SINUMERIK 840 D
Wir erfüllen die Leistungsanforderungen
100 m/min bei 0,1µm Auflösung, Bearbeitung
200 m/min bei 10 µm Auflösung, Handhabung
F<< 1 mm/min bei 10 nm Auflösung, Feinstbearbeitung
Abweichung < 25 µm bei Kreis D=10 mm, Vmax. 20 m/min
Spindeldrehzahl 0 - 20.000 U/min
Look ahead beschleunigungsgeführt
Schleppfehler -> 0
Bearbeitungszeit um Faktor 2 - 3 besser als bisher
Kompensation, Lose, Reibung, Spindelsteigungsfehler, Temperatur ...
Umschaltbare Interpolationsverknüpfung mehrerer Achsen während des Betriebes
Beliebige Zusammenfassung zu Achsgruppen
Interpolationen: linear, zirkular, Splines (Polynom, NURBS, Akima)
Ruckbegrenzte Interpoaltion
Bahn- und/oder zeitabhängige Ausgabe von Werten und Signalen
5-Achs-Transformation
und bieten mehr
Hochsprachenprogrammierung mit intergrierter DIN 66025
Skalierbarkeit in der MMC-Leistung
Kompressor

Bild 12. SINUMERIK 840 D und der VDW-Forderungskatalog

7.3 Einsatz von Standardkomponenten - auch für High-Tech-Applikationen

Bisher haben die großen Steuerungshersteller technisch sehr anspruchsvolle Anwendungen nicht bedient. Zumeist haben sie in diesen Segmenten keine lohnenden Märkte gesehen, weshalb ihre Steuerungen bezüglich Funktionalität und Leistung nicht in der Lage waren, diese Anwendungen zu bedienen. Diese Sichtweise mußt revidiert werden aus den verschiedensten Gründen. Wenn es vor 10 bis 15 Jahren noch die klassischen Standardanwendungen Fräsen, Drehen, Schleifen gab, so stellt sich heute der Markt wesentlich differenzierter dar. Die unterschiedlichen Applikationsrichtungen sind in ihrer Anzahl und auch ihrem Anspruch nach geradezu explodiert. Kein Steuerungshersteller sollte es sich heute noch leisten, diese Segmente zu vernachlässigen. Die Beschäftigung mit High-Tech-Segmenten ist die größte Know-how-Quelle für zukünftige Innovationen auf dem Gebiet der Automatisierungstechnik.

Betrachtet man einmal das Produktspektrum der Werkzeugmaschinenhersteller, so erkennt man, daß in den Produktpaletten zunehmend technisch sehr anspruchsvolle Maschinen vertreten sind. Der Maschinenbauer benötigt also einen Steuerungspartner, mit dem er das gesamte Spektrum seiner Anwendungen abdecken kann, denn sonst wird er wie bisher gezwungen sein, mit vielen unterschiedlichen und inkompatiblen Lösungen zu arbeiten. Dies bedeutet für den Maschinenhersteller hohe Kosten, Zeitverluste und Akzeptanzprobleme am Markt. Das Gleiche gilt für die Anwender von Werkzeugmaschinen, Robotern und Sondermaschinen.

Aus diesem Grund wird bei der Entwicklung neuer Steuerungen großer Wert auf eine umfangreiche Funktionalität für technologisch sehr anspruchsvolle Anwendungen gelegt. Einige der bestimmenden Anwendungen sind

- Hochgeschwindigkeitsfräsen,
- Ultragenauigkeitsbearbeitung,
- Unrunddrehen,
- 5-Achsbearbeitung,
- Laserbearbeitung,
- Robotertechnologien,
- Transfermaschinen,
- Sondermaschinen aus den Bereichen Holz, Glas, Keramik.

Bei der Entwicklung der neuen Steuerung wurden die Anforderungen dieser Segmente berücksichtigt. Das heißt nicht, daß z.B. Siemens mit einem Mal in der Lage wäre, all diese anspruchsvollen Anwendungen zu bedienen. Diese Fähigkeiten werden sich in Zukunft sukzessiv entwickeln. Vielmehr heißt es, daß die neue Steuerungstechnik die architekturellen Voraussetzungen bietet, diese Applikationen zu realisieren. Die praktische Durchführung wird mit kompetenten Partnern vorgenommen, die ihr spezifisches Know-how auf Basis der offenen Steuerungsarchitektur umsetzen können. Durch diese sukzessive Umsetzung entsteht ein großer Multiplikationseffekt.

7.4 NC-Steuerung - Glied in der Verfahrenskette des Anwenders

Bei der Festlegung der Anforderungen an die neue Steuerungstechnik wurden nicht nur die konkreten funktionalen Anforderungen an die Steuerung als einzelne Komponente intensiv betrachtet, sondern ebenso die Anforderungen der Steuerung als funktionierendes Teil in der gesamten Verfahrenskette des Anwenders. Unter Verfahrenskette werden die Verfahrensstufen verstanden, die Bild 13 prinzipiell zeigt.

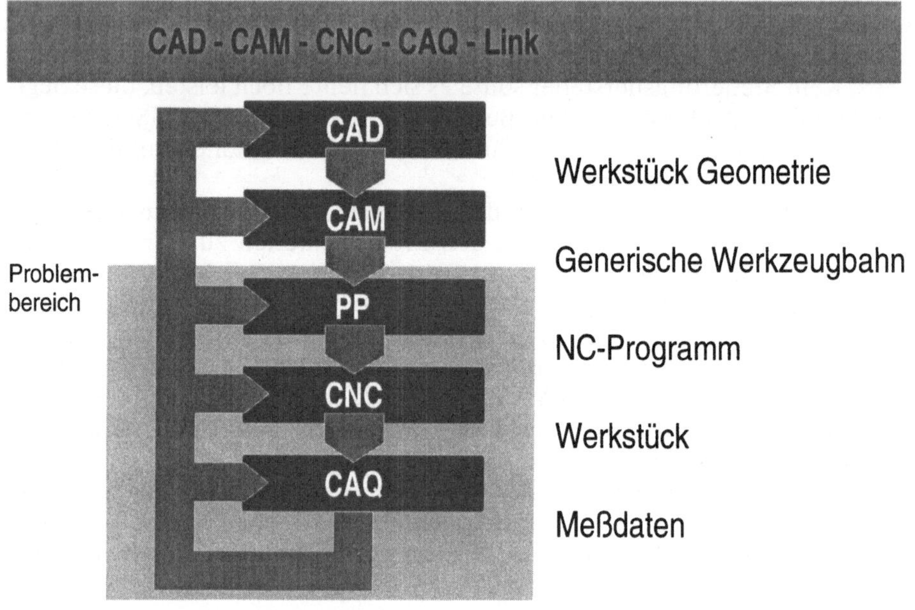

Bild 13. Anwender-Verfahrenskette

Seit der Entwicklung der NC-Technik vor über 40 Jahren hat sich die geometrische Intelligenz der Steuerungen nur unwesentlich verbessert. Es ist nach wie vor Stand der Technik, die Werkzeugbahnen mit vielen kurzen Geradenstücken darzustellen. Selbst Steuerungen, die vereinzelt höherwertige Geometrien verarbeiten können, sind dabei inkompatibel zur gesamten Verfahrenskette. Diese Methode, mit Geometrie umzugehen, hat viele sehr negative Auswirkungen auf die Bearbeitung:

- Blockzykluszeitprobleme durch kurze Linearsätze,
- reduzierte Bahngeschwindigkeiten,
- unharmonische Achsbewegungen,
- begrenzte Werkstückgenauigkeit,
- Notwendigkeit spezifischer Postprozessoren.

Bei der Entwicklung der neuen Steuerung hat sich Siemens die Fähigkeiten moderner CAD-Systeme zunutze gemacht. Diese verwenden zur Darstellung von Linien und Flächen „Nicht Uniforme Rationale B-Splines

(NURBS)". Bei der neuen Steuerung basiert nun die gesamte Geometrieverarbeitung auf NURBS. Dadurch ist die Voraussetzung geschaffen, die gesamte Verfahrenskette CAD-CAM-CNC auf Basis einer einheitlichen Geometriedarstellung zu schließen.

Die Vorteile dieses Ansatzes sind erheblich, da die Aufwände im gesamten Postprozessorbereich bei gleichzeitiger Verbesserung der Regelungseigenschaften der Steuerung reduziert werden. Durch die interne Verarbeitung der Werkzeugbahnen mit NURBS werden wesentlich höhere Bearbeitungsgeschwindigkeiten und deutlich verbesserte Werkstückqualitäten erreicht.

Die gleichen Überlegungen gelten für Roboteranwendungen. Bei der Bahnplanung von Robotern ist das NURBS-basierende CAD-Modell des Werkstücks die Basis. Infolge der Darstellung und Verarbeitung der Roboterbewegung in NURBS ergeben sich wesentlich höhere Bahngeschwindigkeiten und eine deutlich verbesserte Regelung besonders bei den mechanisch instabilen Roboterkinematiken.

8 Die Antwort auf die japanische Herausforderung am Beispiel der Siemens Automatisierungsstrategie

Die jetzt verfügbare offene Steuerungsarchitektur wurde durch erhebliche Anstrengungen erreicht als Reaktion auf die japanische Herausforderung und die stark gestiegenen Anforderungen des Marktes an die Steuerungs- und Antriebstechnik. Dies drückt sich aus in

- extrem wettbewerbsfähigen Preisstrukturen,
- offener Steuerungsarchitektur,
- hohem Funktionsumfang,
- durchgehender Systemfamilie.

Ziel ist es, in den nächsten Jahren diese neue Spitzenposition nicht nur zu behaupten, sondern auszubauen. Für den europäischen Markt bedeutet dies, daß die Voraussetzungen geschaffen wurden, japanischen Wettbewerbern wenig Möglichkeiten der Verbreitung zu geben. Eckpfeiler der Strategie sind Technologieführerschaft, Systemführerschaft, Kostengleichheit bei hoher Leistung, Globalisierung und strategische Allianzen.

Technologie: Mit der Entwicklung der neuen Steuerungsarchitektur und der digitalen Antriebstechnik wird gezeigt, daß Siemens in der Lage ist, in der Steuerungs- und Antriebstechnik die führende Position einzunehmen. Denn nur durch Spitzentechnologie ist man in der Lage, die eigenen Positionen zu halten und auszubauen.

System: Bei der Entwicklung der neuen Steuerungs- und Antriebstechnik wurden SPS-seitig die Standard-SIMATIC-S7-Module angekoppelt. Dadurch wurde die SPS- und CNC-Welt zu einem System zusammengeführt.

Weitere Systemkomponenten für die gesamte Fabrikautomatisierung sind Motoren, Kommunikationsbausteine/Netzwerke, Visualisierungstechnologien und Schaltschränke. Mit der Verfügbarkeit dieser Komponenten ist ein durchgängiges Automatisierungssystem realisiert, das auf Komponentenebene nutzbar ist, aber genauso als Gesamtsystem. Dieser Systemansatz führt nicht nur zu technischer Durchgängigkeit, sondern auch zu einer extrem wettbewerbsfähigen Preisposition am Markt.

Kosten: Die Verbesserung der Kostenposition, das Gleichziehen mit dem japanischen Wettbewerb, ist eine ständige Herausforderung und kann nicht mit isolierten Einzelmaßnahmen erreicht werden. Auf diesem Weg wurden verschiedene Maßnahmen angewandt. Die objektorientierte Architektur der neuen Steuerung schafft die technischen Voraussetzungen, ein großes Spektrum von Anwendungen in den Bereichen Werkzeugmaschinen, Roboter und Sondermaschinen mit *einem* identischen Steuerungskern abzudekken. Damit wird die Reduktion der Kernvarianten auf 1 erreicht. Es entfallen teure Parallelentwicklungen.

Weiterhin werden mit diesem neuen architekturellen Ansatz die spezifischen Applikationsentwicklungen in die äußeren Schalen der Steuerung verlagert. Beide Effekte verbessern die Kostenposition. Dies gilt in gleichem Maße für den Maschinenbau. Bei der Hardwareentwicklung wurden ebenfalls große Anstrengungen unternommen. Durch die Entwicklung von leistungsfähigen ASICs wurde die Anzahl diskreter Bauelemente drastisch reduziert, was nicht nur die Bauteilkosten, sondern auch die Produktionskosten verringert. Als zusätzlicher Effekt ergibt sich eine starke Reduktion der Gesamtgröße der Steuerung (Bild 14).

Bild 14. Komponenten der SINUMERIK 840 D

Bei der SPS-Steuerung wurden die Originalkomponenten von SIMATIC eingesetzt. Man partizipiert also von den Kostenvorteilen der großen SPS-Stückzahlen des Marktführers. Dadurch entfällt zusätzlich der Entwicklungsaufwand für die SPS-Komponente und reduziert sich auf die Integration in die neue CNC-Umgebung.

Auf unternehmerischer Seite wurde in den letzten drei Jahren die gesamte Organisation gestrafft, Parallelaktivitäten wurden vollständig abgebaut und so die Organisation schlanker und schlagkräftiger. Gleichzeitig wurden neue Verfahren der Projektorganisation, besonders des Simultaneous Engineering, angewendet. Sichtbares Ergebnis ist die Entwicklung einer völlig neuen Steuerungsarchitektur in der Rekordzeit von 2,5 Jahren.

Globalisierung: Auf dem amerikanischen Kontinent, der heute sehr stark von japanischen Steuerungsprodukten dominiert wird, soll mit den neuen Produkten die japanische Vormachtstellung massiv angeriffen werden. Im asiatischen Raum wurden bereits gute Erfolge in China, Taiwan und Korea erreicht. Auch dort sollen die japanischen Positionen verstärkt bedrängt werden.

Allianzen: In Zukunft wird Siemens noch viel enger mit allen Partnern, die zum Erfolg dieses Vorhabens notwendig sind, zusammenarbeiten. Diese Zusammenarbeit erstreckt sich auf die unterschiedlichsten Bereiche, z.B. den Werkzeugmaschinenbau, Roboter und Sondermaschinen. Bei der Weiterentwicklung der Produkte wird Siemens versuchen, den Anforderungen der Kunden bereits in der Spezifikationsphase und Entwicklung, bei der späteren Vermarktung und dem Service durch verstärkte Zusammenarbeit noch besser gerecht zu werden.

Eine zweite Stoßrichtung der Bemühungen ist die noch engere Zusammenarbeit mit den Anwenderindustrien. In gemeinsamen technischen Projekten werden die Anforderungen der Anwender besser verstanden und damit die richtigen Produkte entwickelt. Da Siemens nicht alles selber entwikkeln kann und will, sucht das Unternehmen die Zusammenarbeit mit Herstellern anderer Automatisierungsprodukte wie CAD- und CAM-Systeme, NC-Programmiersysteme, Sensorik und Software. Denn nur die insgesamt untereinander abgestimmte Entwicklung ermöglicht es, einen maximalen Gesamtnutzen zu erzielen.

9 Die Wende in der Steuerungstechnik - eine neue Art der Zusammenarbeit

Die Chancen für dieses Vorgehen stehen gut, denn Not macht erfinderisch und Not führt zusammen. Eine neue, sehr viel intensivere Zusammenarbeit ist gefragt, die die Endanwender, Maschinen- und Steuerungshersteller enger zusammenrücken läßt. Selbst europäische Wettbewerber sind heute zu einer für alle Seiten fruchtbaren Zusammenarbeit bereit, anstatt sich weiterhin gegenseitig zu bekämpfen und damit den Weg für die japanischen Wettbewerber frei zu machen. Mit dem Konzept der „offenen Steuerung" als strategischer Waffe und mit dieser neuen Geisteshaltung werden die Europäer die erfolgsentscheidenden Faktoren Kosten, Zeit und Innovation besser beherrschen. In der harten Auseinandersetzung zwischen europäischem und japanischem Wettbewerb gilt die Devise: Gemeinsam schaffen wir es!

Auf dem Weg zur herstellerübergreifenden „offenen Steuerung" - eine Bestandsaufnahme

G. Pritschow

Inhalt: Offene Steuerung - Das OSACA-Projekt - Portierbarkeit und Kombinierbarkeit der Applikationssoftware - Konfigurierbarkeit von Steuerungsstrukturen - Kommunikation zwischen Applikationssoftware-Modulen - Verfügbare offene Steuerungen - Aktuelle Tendenzen

1 Einleitung

Als das Institut für Steuerungstechnik der Universität Stuttgart auf Veranlassung des VDW 1987 eine Studie zur Steuerungstechnik der Zukunft anfertigte mit den Kernforderungen „modular, konfigurierbar und offen", zeichnete sich eine Realisierungschance aus technischer Sicht bereits ab. Die wissenschaftlichen Arbeiten des Instituts zu diesem Thema wiesen dazu den Weg. Die Akzeptanz der Idee durch die Anwender war überaus positiv, die Reaktion vieler Steuerungshersteller jedoch zunächst verhalten.

Der Druck der Ereignisse und die wachsende Unzufriedenheit mit dem Bestehenden führten jedoch nach kurzer Zeit bei fast allen zu der Einsicht, daß nur über neue Denkansätze und innovative Steuerungsgenerationen die sich abzeichnende Krise im NC-Steuerungsbau in Deutschland und Europa - die USA galten bereits als „übernommen durch Fernost" - überwunden werden konnte. Über die verdienstvolle Erarbeitung eines Pflichtenheftes durch VDW-Mitgliedsfirmen unter ihrem Initiator Dipl.-Ing. H. Klingel (Trumpf), wurden 1990 die Maßstäbe für die nächste Generation aus Anwendersicht gesetzt. Die inzwischen gewandelte Stimmungslage brachte Initiativen zum Durchbruch, die vorher keine großen Chancen gehabt hätten - doch Not lehrt das Zusammenstehen.

So wurde über die Anregung von Steuerungsanwendern, d.h. Mitgliedsfirmen des VDW, die Projektidee zur EURO-NC geboren, die sich zu einer der größten Bewegungen auf dem Gebiet der Steuerungstechnik entwickelt hat. Das ESPRIT-Projekt „OSACA" hat die Zielsetzung, die Rahmenbedingungen für eine herstellerübergreifende „offene Steuerung" zu erarbeiten und prototypisch umzusetzen. Über die Ziele des OSACA-Projekts, den Stand und die Zukunftsaspekte wird im ersten Teil dieser Ausführungen kurz berichtet. Der zweite Teil behandelt den gegenwärtigen Stand der neuen marktgängigen Steuerungsgenerationen vor dem Hintergrund der Zielsetzung „Offenheit".

Da das große Ziel von OSACA „herstellerübergreifende Offenheit“ erst dann produktorientiert von der Industrie angegangen werden kann, wenn die Entwicklungsarbeiten zu diesem Thema abgeschlossen sind - und dieses Thema wird allen noch viel Anstrengung abverlangen von der Idee bis zur Praxiseinführung -, können die heute von der Industrie angebotenen Systeme nur am Maßstab für „firmengebundene Offenheit“ gemessen werden, die Standards für die „herstellerübergreifende Offenheit“ befinden sich noch in Arbeit.

2 Das OSACA-Projekt

2.1 Grundlegende Überlegungen zum Thema „Offenheit“

Das übergeordnete Ziel von OSACA ist die Festlegung einer Softwarearchitektur für *„herstellerübergreifende offene“* Steuerungssysteme für die Automatisierungstechnik. Der Zusatz „herstellerübergreifend“ soll hier nur die normgerechte Verwendung des Begriffs „Offenheit“ unterstreichen, der in seiner Bedeutung durch großzügige Verwendung für Werbezwecke - wir leben in einer schlagwortorientierten Welt - an Aussagekraft verloren hat.

In Anlehnung an den Entwurf IEEE 1003.0 (1990) des „Technical Committee of Open Systems“ wird ein offenes System durch die Spezifikation von Schnittstellen und Diensten (Funktionen) seiner Komponenten - hier Applikationssoftware - sowie von Mechanismen für ihre Kombination zu Gesamtsystemen festgelegt. Eine nach der Spezifikation ordnungsgemäß gefertigte Applikationssoftware muß über Systemgrenzen portierbar sein (Portabilität), mit anderen Anwendungen zusammenarbeiten (Interoperabilität) und für den Benutzer in einheitlicher Form erscheinen (Oberflächenkonsistenz). Entscheidend hierbei ist, daß diese Spezifikationen öffentlich zugänglich sind, im offenen Konsens weiterentwickelt werden und mit internationalen Standards vereinbar sind.

Überträgt man diese Definition auf die Steuerungstechnik, so sollen Teilsysteme verschiedener Hersteller mit der Zielrichtung einer Leistungs- und Kostenoptimierung kombiniert und bereits genutzte Systeme ohne großen Aufwand nach Bedarf erweitert werden können. Die daraus ableitbaren Vorteile sind so offensichtlich, daß sie hier nicht in voller Breite diskutiert werden sollen. Die angestrebte wirtschaftliche Auswirkung - sie wird im Endeffekt als einziger Maßstab für Steuerungskonzepte verwendet - läßt sich anhand von Entwicklungstendenzen in der PC-Welt nachvollziehen. Die daraus resultierenden Preisvorteile werden schon heute von vielen Steuerungsherstellern für Entwicklungen im Bedienbereich genutzt.

Innovative und kostengünstige Entwicklungen sind hier erst möglich, wenn eine offene Schnittstelle für Applikationssoftware festgelegt worden ist, die sowohl die unterlagerte Hardware als auch die einfachen Kernfunktionen eines Betriebssystems verbirgt. Auf den Spezifikationen von Datenaustausch- und Integrationsmechanismen aufbauend, können leistungsfähige Applikationen in kürzester Zeit für Betriebssysteme wie MS-Windows oder OS/2 entwickelt werden. Das Entwicklungspotential kann sich vollständig der applikationsspezifischen Funktionalität widmen, ohne daß Funktionen wie spezielle Zugriffe auf Treiberbausteine, Grafik- und Dateisysteme jedesmal aufwendig neu entwickelt werden müssen.

2.2 Systemplattform - Portierbarkeit der Applikationssoftware

Die Denkansätze aus der PC-Welt kann man in vergleichbarer Form im Rahmen von OSACA wiederfinden - die Steuerungstechnik sollte nicht völlig neu konzipiert werden, sondern Erfahrungen von Steuerungs- und WZM-Herstellern sollten unter Berücksichtigung der Tendenz in der Softwaretechnik zusammengefaßt werden. Inhalte wurden aufgrund von Anforderungen des Marktes festgelegt und in ihrer Darstellungsform (Modellierung der Steuerungssoftware) zunächst an der Zielgruppe WZM-Hersteller, als die wichtigsten Anwender der Offenheit, orientiert. Das Grundziel besteht in der Definition und Entwicklung einer auf die Belange der Steuerungstechnik zugeschnittenen Systemplattform, die als Bindeglied zwischen der Software für steuerungstechnische Funktionen - hier Applikationsoftware genannt - und der Hardware fungiert (Bild 1).

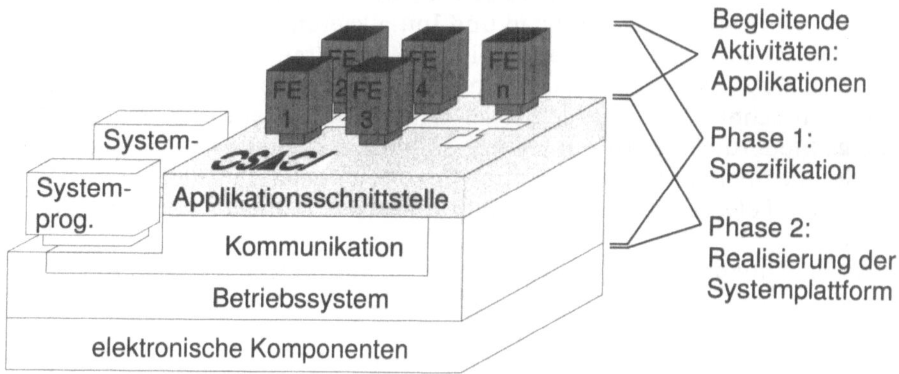

Bild 1. OSACA-Systemplattform für hardwareunabhängige Steuerungsapplikationen

Über eine einheitliche Applikationsschnittstelle, die im weitesten Sinne als Bibliothek mit Zugriffsfunktionen zu sehen ist, wird der Zugang zu den Diensten der Plattform ermöglicht. Diese Dienste betreffen die Bereiche Kommunikation, Datenhaltung, Konfigurierung, Grafik und Betriebssysteme, so daß man sich bei der Entwicklung der eigentlichen Steuerungssoftware nur auf die Steuerungsfunktionalität konzentrieren muß, ohne z.B. Datenaustauschmechanismen in Abhängigkeit von der Hardware realisieren zu müssen. Einmal entwickelte Applikationssoftware kann somit auf Steuerungsplattformen (Hardware und Software) unterschiedlicher Hersteller laufen, vorausgesetzt, daß die vereinbarten Schnittstellenspezifikationen von beiden Seiten eingehalten wurden.

2.3 Referenzarchitektur - Kombinierbarkeit der Applikationssoftware

In der Applikationssoftware spielt sich die eigentliche Steuerungstechnik ab. Durch „Aufstecken" von Applikationssoftware-Modulen wird aus der neutralen Plattform eine der speziellen Aufgabe angepaßte Steuerung. Die Referenzarchitektur definiert die Struktur eines Systems in Form von abgeschlossenen Applikationssoftware-Modulen. Im Rahmen einer Analyse wurde zunächst das Ziel verfolgt, die aus historischen Gründen getrennten Bereiche Steuerungen für Werkzeugmaschinen (NC), Roboter- (RC), Zellen- (CC) und speicherprogrammierbare Steuerungen (SPS) zusammenzuführen. Hierbei wurden keine abstrakten Softwareelemente aus der Welt der Informationstechnik definiert, sondern Architekturmodule, die den steuerungstechnischen Aufgaben zugeordnet sind.

Jedes Modul - in der Sprache der Informatiker „Objekt" genannt - wird vollständig beschrieben durch seinen Namen, die Dienste (Einzelfunktionen), die es anbietet, sowie Eigenschaften (Attribute), auf die sich diese Dienste beziehen. Alle Objekte weisen ein gleiches Verhalten in ihren Standarddiensten wie Starten, Stoppen und Initialisieren auf. Ein modulspezifischer Dienst wäre z.B. das Starten eines NC-Programms im Automatikbetrieb. Die programmtechnische Umsetzung dieser Dienste bleibt verborgen, so daß ein Schutz des technologischen Know-how gewährleistet ist. Durchgängige Steuerungsstrukturen können somit durch „einfaches Verschalten" der Module über Auftragstelegramme flexibel aufgebaut werden - Den Versender des Telegramms nennen die Informatiker „Client", den Empfänger „Server".

Um die Nutzung von Steuerungssystemen auf verschiedenen komplexen Ebenen zu ermöglichen, wurde im Rahmen von OSACA die Referenzarchitektur hierarchisch gestaltet. In der ersten Ebene wurden fünf Hauptbereiche (Subjekte) identifiziert, was den Grobstrukturen existierender Systeme weitgehend entspricht (Bild 2).

Die *Man Machine Control* umfaßt bedienerorientierte Funktionen, wie Maschinenbedienung, Programmierung, Simulation, Diagnose und Inbetriebnahme. Bei der Spezifikation dieses Bereichs wurde besonderer Wert darauf gelegt, daß die Applikationen von ihrer grafischen Darstellung streng getrennt werden. Das bedeutet, daß die Applikationssoftware-Module keine eigene Grafikausgaben enthalten, vielmehr wird eine Grafikbeschreibungssprache als Schnittstelle zum Man Machine Interface (MMI) vereinbart. Zur Laufzeit kommuniziert das MMI mit der Applikation, um notwendige Daten für die Aktualisierung zu erhalten. Aufgrund dieser Maßnahme können Applikationen (z.B. eine grafische Konturzugprogrammierung) auf Zielsy-

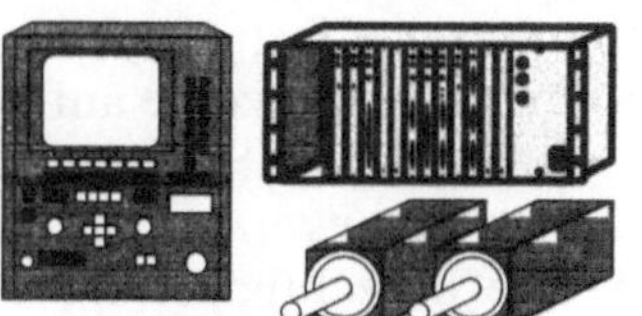

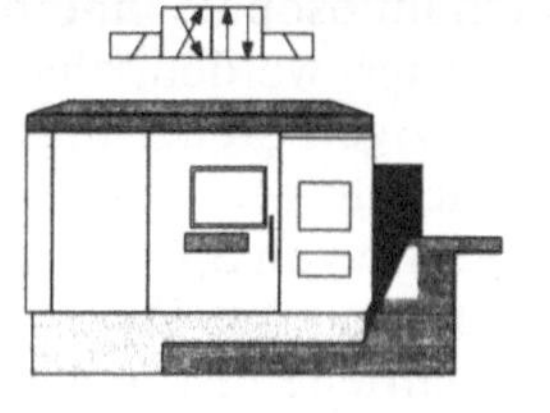

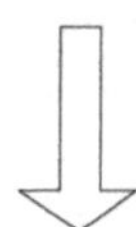

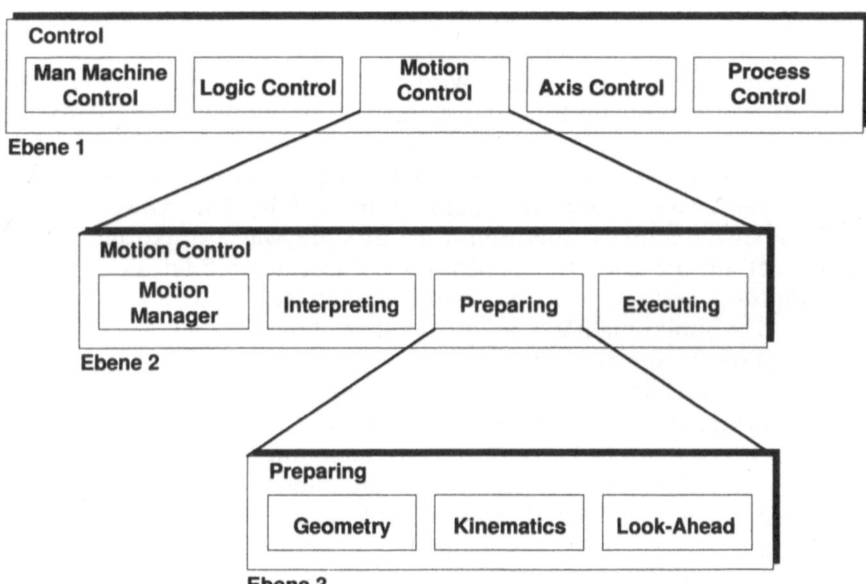

Bild 2. OSACA-Referenzarchitektur – Strukturierung der Steuerungsfunktionalität

stemen verschiedener Hersteller mit unterschiedlichen Grafiksubsystemen eingesetzt werden.

Die *Motion Control* – sie entspricht im wesentlichen dem NC- oder RC-Kern heutiger Systeme – umfaßt alle Funktionen zum Abarbeiten eines Teileprogramms bis hin zur Erzeugung der Sollwerte für den Lageregler. Diesem Bereich sind Funktionen wie die Dekodierung mit dem Auflösen von Unterprogrammen und Zyklen, Werkzeuggeometriekorrektur, Interpolation im Bahnzusammenhang und Transformation zugeordnet. Da die Standarddienste für den gesamten Bereich festgelegt sind, können darauf unterschiedliche Bedien- und Programmierkonzepte aufbauen, von Einfachsystemen mit einer Start- und Stoptaste bis zu Systemen, die auf den Facharbeiter zugeschnitten sind und eine eigenverantwortliche Gestaltung von Arbeitsabläufen ermöglichen. Die berechtigte Forderung der Endanwender nach einer einheitlichen Bedienphilosophie innerhalb eines Produktionsbereiches kann kostengünstig realisiert werden, ohne daß eine bindende Festlegung für das System eines einzigen Steuerungsherstellers notwendig ist.

Die *Axis Control* stellt alle Dienste bereit, die für die Lageregelung linearer oder rotatorischer Achsen sowie von Spindeln, die auch lagegeregelt betrieben werden können, notwendig sind. Da die Ausführungsform dieser Dienste auch hier nicht festgeschrieben ist, reicht das Spektrum von einer integrierten Lage- und Drehzahlregelung mit analoger bzw. digitaler Ansteuerung der Antriebsverstärker bis zur reinen Verwaltung und Ansteuerung von intelligenten Antrieben wie SERCOS, bei denen die Lageregelung in die Antriebsverstärker ausgelagert ist. Entscheidend ist in diesem Zusammenhang, daß durch die vereinheitlichte Schnittstelle zu diesem Bereich der NC-Kern unterschiedliche Antriebskonzepte ohne funktionale Änderungen versorgen kann.

Unter dem Begriff *Logic Control* wird eine Anpaßsteuerung verstanden, die im wesentlichen binäre Ein- und Ausgänge verknüpft. Innerhalb dieses Bereichs wurden die in ISO 1131 definierten Begriffs- und Kommunikationsstandards weitestgehend übernommen. Logic Control enthält jedoch keine eigenen Bedien- und Anzeigefunktionen. Für viele Anwendungen (z.B. bei Transferstraßen), übernimmt die SPS die Masterfunktion. Der direkte Zugriff auf die Dienste der Motion Control unterstützt die Realisierung komplexer Systeme – in heutigen Systemen ist eine Kombination der NC- und SPS-Funktionalität nur umständlich durchführbar.

Für die Prozeßdatenrückführung ist die *Process Control* vorgesehen. Wegen der breiten Vielfalt von Möglichkeiten werden in diesem Bereich vor allem Grundprinzipien spezifiziert. Er umfaßt die Datenaufbereitung von Bilderkennungssystemen ebenso wie die Berechnung von Korrekturwerten auf Basis von Temperatur-, Kraft- oder Momentenmessungen in der Maschine. Insbesondere in der Robotertechnik sind viele spezielle Anwendungsfälle aus dem Bereich der Sensordatenverarbeitung bekannt, die ebenfalls hier einzuordnen sind.

Werden Ergänzungen bzw. Erweiterungen innerhalb eines dieser fünf Bereiche notwendig, wie z.B. eine sensorgeführte Bewegungserzeugung für das Laserschneiden im Rahmen der Motion Control, so wird dies durch weitergehende feinere Modularisierung möglich. Die fünf Hauptbereiche der obersten Ebene wurden somit in bis zu zwei weiteren Ebenen in Teilaufgaben heruntergebrochen. Daraus ergeben sich auch unterschiedliche Klassen der OSACA-Konformität. Steuerungshersteller können beispielsweise nur den NC-Kern mit OSACA-konformen Diensten anbieten. Die Integration einer technologiespezifischen portierbaren Bewegungserzeugung wird in diesem Fall zwar nicht unterstützt, Entwicklungen im Bedienbereich, die auf diesen Diensten aufsetzen, können jedoch bereits mit NC-Kernen anderer Hersteller kombiniert werden.

2.4 Systemplattform - Konfigurierbarkeit von Steuerungsstrukturen

Mit Hilfe der objektorientierten Programmierung werden die benötigten Objekte erzeugt, hier Applikationssoftware-Module, indem sie als individuelle Ausgestaltung eines vorgegebenen Referenzmoduls - der Informatiker spricht von Instanzen (Exemplaren) einer Objektklasse - „verschaltet“ werden nach dem Client-Server-Prinzip. Die resultierende Softwarestruktur kann entweder statisch schon bei der Softwarecodierung festgelegt oder dynamisch beim Hochlauf bzw. zur Laufzeit eines Steuerungssystems konfiguriert werden. OSACA definiert Mechanismen für die dynamische Konfigurierung als festen Bestandteil der Architektur. Mit diesem Ansatz wird dem allgemeinen Trend „Konfigurieren statt Programmieren“ Rechnung getragen. Aus diesem Grunde enthält das OSACA-Konfigurierungssystem einen Konfigurierungsmanager, der Objekte aus einem Vorrat von Objektklassen auswählt, ihre Instanzen anlegt und miteinander verbindet.

Die Vorgabe der gewünschten Steuerungsstruktur erfolgt mittels Konfigurierungsdateien, die beim Hochlauf des Systems ausgewertet werden. Dadurch läßt sich die Anpassung der Steuerung an die Maschine auf einem sehr hohen Niveau, auch grafisch unterstützt, vornehmen. WZM-Hersteller und Endanwender erhalten künftig Werkzeuge, mit denen die Konfigurierung von Steuerungen verschiedener Hersteller auf gleiche Weise durchgeführt werden kann (Bild 3). Das Beispiel in Bild 4 zeigt, wie in Abhängigkeit

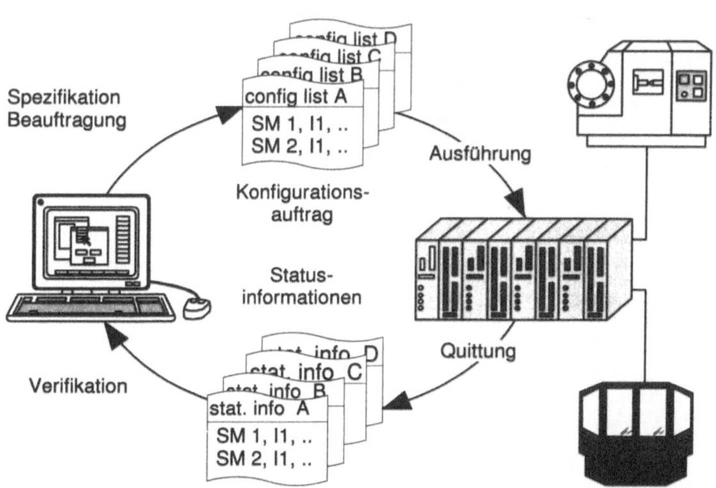

Bild 3. Konfigurierungsvorgang - flexible Adaption an unterschiedliche Anforderungen

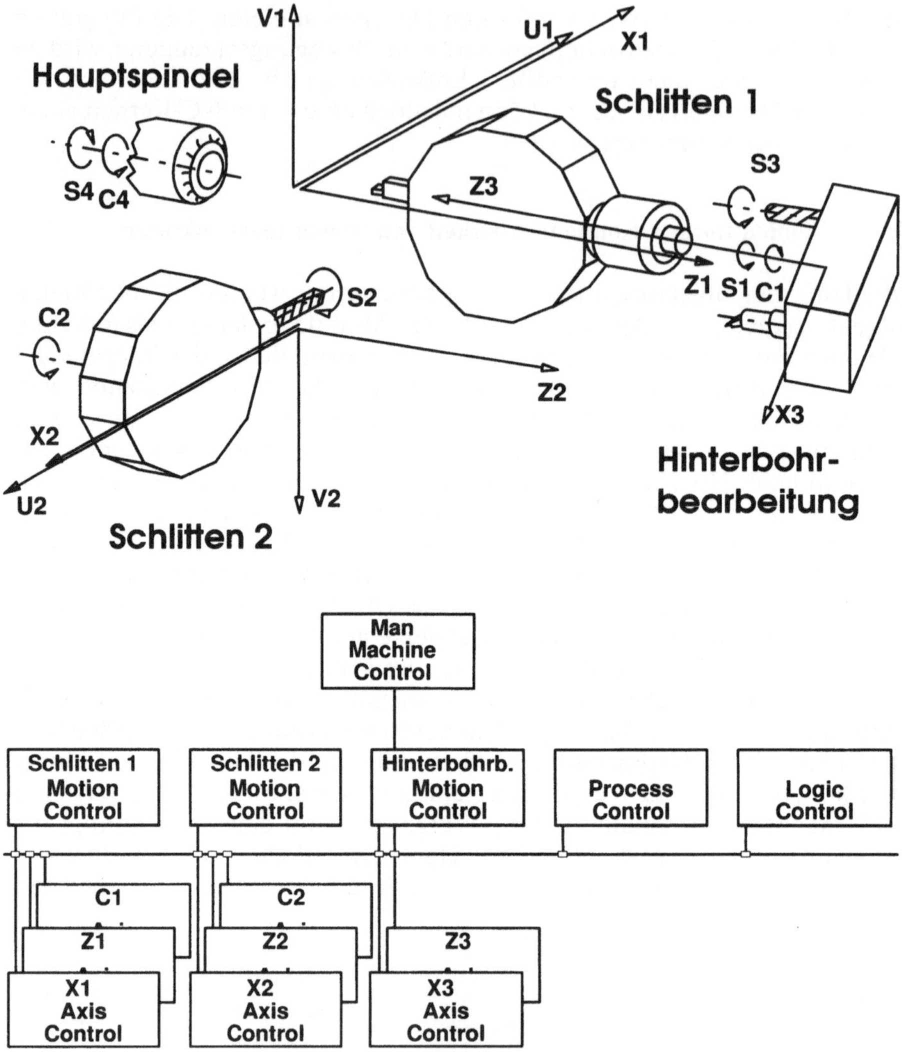

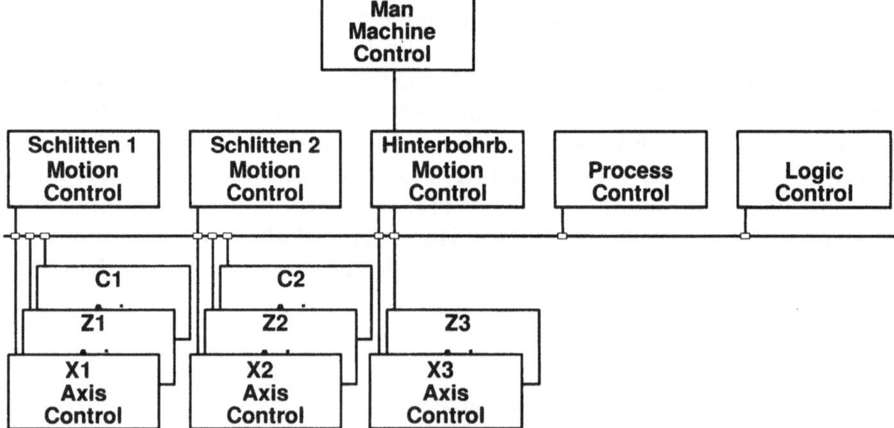

Bild 4. Konfigurierungsergebnis - an die Aufgabe adaptierte Softwarestruktur

von der kinematischen Struktur der Maschine die im Bahnzusammenhang interpolierten Achsen zu Achsgruppen zusammengefaßt und Instanzen von Objekten zugeordnet werden.

2.5 Systemplattform - Kommunikation zwischen Applikationssoftware-Modulen

Bisher wurden in einer kurzen Übersicht Konzepte im Applikationsbereich beschrieben, die den Anwender bei der Nutzung eines „herstellerübergreifenden offenen" Steuerungssystems unterstützen. Ein Schwerpunkt der OSACA-Aktivitäten bezüglich der Entwicklung liegt in der Funktionalität und Struktur der Systemplattform. Obwohl ihre Komplexität für den Applikationen schreibenden Anwender durch die Applikationsschnittstelle verborgen bleibt, sollte an dieser Stelle auf seine wichtigste Komponente, das Kommunikationssystem, eingegangen werden.

Existierende Kommunikationssysteme werden sehr oft aus Sicht der Informationstechnik konzipiert, wobei schwer handhabbare Universalsysteme nach dem ISO/OSI-Referenzmodell entstehen. OSACA definiert diesen Bereich in erster Linie aus Sicht der Applikation, d.h., für den Auftraggeber „sehen" die zugänglichen Informationen des Auftragnehmers (z.B. der aktuelle Vorschub oder Override) immer gleich aus, unabhängig davon, über welche Medien auf die Daten zugegriffen und wie der Auftrag intern ausgeführt wird (Bild 5). Die letztgenannte Aufgabe kann individuell vom Plattformhersteller gestaltet werden.

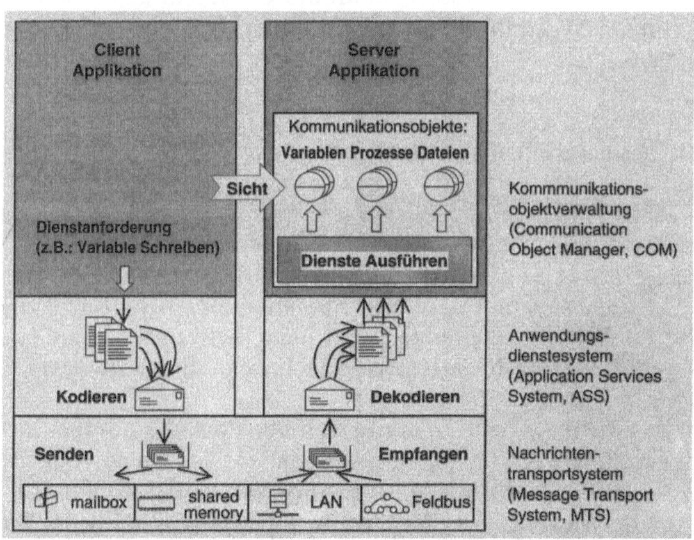

Bild 5. OSACA-Kommunikationssystem mit einheitlichen Applikationsschnittstellen

Ein *Communication Object Manager*, der als Bibliotheksfunktion zur Verfügung gestellt wird, verwaltet die zugänglichen Informationen des Auftragnehmers, die in Objektklassen mit einheitlichem Verhalten für Variablen, Prozeßzustände, Dateien und Verzeichnisse zusammengefaßt sind. Die Applikation muß nur, vereinfacht gesagt, die Funktionen bereitstellen, die durch ein Telegramm ausgelöst werden können.

Für den Informationsaustausch wird in OSACA ein Kommunikationssystem entwickelt, das in Anlehnung an das ISO/OSI-Referenzmodell aufgebaut ist. Um den hohen zeitlichen Anforderungen genügen zu können, werden jedoch die Schichten 7 bis 5 zum „Application Service System“ (ASS) und die Schichten 4 bis 1 zum „Message Transport System“ (MTS) zusammengefaßt.

Das ASS übernimmt die Aufgabe, Verbindungen zu verwalten, Botschaften zusammenzusetzen und zu zerlegen sowie Fehler zu behandeln. Eine beschleunigende Maßnahme in diesem Bereich ermöglicht den Datenaustausch durch direkten Zugriff auf Informationen des Auftragnehmers (sog. Short-Cuts) für enggekoppelte Systeme.

Das MTS stellt eine hardwareunabhängige Schnittstelle für den Transport beliebig strukturierter Botschaften zwischen beliebigen Objekten zur Verfügung. Die Aufgabe des Plattformherstellers besteht in der Realisierung von Anpaßfunktionen für Transportmedien wie „Shared Memory“, „Mailboxes“ des genutzten Betriebssystems, Feldbusse usw., die sich hinter dieser Schnittstelle verbergen.

Wie bereits dargestellt, sind das alles Maßnahmen, die von der Applikation nicht „wahrgenommen“ werden. Es wird jedoch an dieser Stelle deutlich, daß Zielsetzungen, die bei MAP/MMS-Aktivitäten angestrebt werden, aber an der Komplexität der Anforderungen an die Umsetzung gescheitert sind, im Rahmen von OSACA auf einem komfortablen Niveau realisierbar sind.

2.6 Vorteile „herstellerübergreifender Offenheit“ - ausgewählte Schwerpunkte

Vorteile herstellerspezifisch offengelegter Steuerungen wurden bereits im Referat „Die Wende in der Steuerungstechnik“ deutlich dargestellt. Die „herstellerübergreifende Offenheit“, deren Spezifikation öffentlich zugänglich ist, hat weitere Vorteile zur Folge, die je nach Sicht unterschiedlich sind (Bild 6). - Alle führen zu technisch und wirtschaftlich besseren Lösungen.

Für den *Werkzeugmaschinenhersteller* ergibt sich der Vorteil einer technologischen Unabhängigkeit vom Steuerungshersteller, sofern er dieses wünscht, da er auf der Basis einer steuerungstechnischen Plattform mit definierten Diensten für die Realisierung zusätzlicher Funktionalitäten Dritte beauftragen oder sich selbst helfen kann. Die Wiederverwendung von OSACA-gerechter Software ermöglicht es, die eingebrachte Funktion des Werkzeugmaschinenherstellers in unterschiedlichen Steuerungen zu verwenden. Softwareinvestitionen lassen sich zukunftsorientiert sichern und durch die Hardwareunabhängigkeit mehrfach verwenden (wichtig bei Kundenwünschen nach Hardware bestimmter Hersteller sowie bei Generationswechsel). Die Entwicklung und Wartung der Steuerungstechnik wird durch ein Standardisierungskonzept stark vereinfacht.

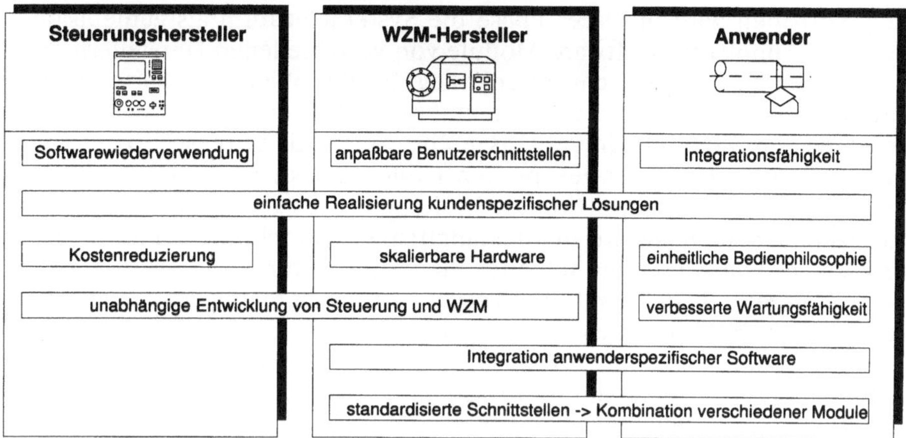

Bild 6. Herstellerübergreifende Offenheit - Vorteile

Für die *Zulieferindustrie* (Antriebshersteller, Hersteller zentraler Bausteine, Hersteller von Bedienoberflächen, Softwarehäuser) bietet sich ein Zugang zu allen Steuerungsplattformen auf der Basis gleicher Schnittstellen an.

Für die *Steuerungshersteller* wird eine Zusammenarbeit, unabhängig von ihrer Größe, möglich. Für Nischenfirmen bieten sich neue Chancen, auf der Basis von Standardplattformen neue Spezialsteuerungen anzubieten. Für den Großlieferanten von Plattformen ergibt sich die Möglichkeit der Entlastung von Spezialanpassungen und der Kostenreduzierung durch höhere Stückzahlen.

Für den *Anwender* von WZM wird es möglich, sofern er das will, sich die günstigsten am Markt verfügbaren Komponenten zusammenstellen zu lassen (z.B. Bediensystem A mit Kern B und Antrieb C). Die Spezialisierung der Anbieter wird zu kostengünstigeren Lösungen als bisher führen. Wartung und Bedienung werden sich vereinfachen.

Zusammengefaßt läßt sich sagen: OSACA bietet die geistige und technische Plattform zur Zusammenarbeit aller Europäer im Sinne eines steuerungstechnischen „Airbus“-Konsortiums.

2.7 Stand von OSACA - begleitende Aktivitäten

Der Projektverlauf und die zu erwartenden Projektergebnisse lassen sich am einfachsten anhand der bereits bekannten Darstellung erläutern (Bild 1). In der ersten Phase, die bis zum April 1995 läuft, werden Spezifikationen, Implementation Guides und Schulungsunterlagen erstellt, die als Grundlage für Entwicklungstätigkeiten dienen. Die ersten Versionen dieser Unterlagen werden bereits jetzt genutzt, um Entwicklungen im Rahmen des Projekts und bei begleitenden Aktivitäten voranzutreiben.

Da die Dringlichkeit der Projektergebnisse allgemein bekannt ist, wurde die zweite Phase des Projekts auf Mai 1994 vorgezogen. Als reines Realisierungsvorhaben wird in dieser Phase die Systemplattform als gemeinsame Basis für Applikationssoftware-Module von verschiedenen Herstellern entwickelt. Ein besonderer Schwerpunkt liegt bei der objektorientierten Kommunikation als Voraussetzung für einen durchgängigen Datenaustausch zwischen den Modulen. Steuerungsapplikationen, die an dieser Architektur ausgerichtet sind - in der gekapselten Hülle ist das Know-how der Steuerungshersteller enthalten -, werden im Rahmen des gemeinsamen Projekts nur exemplarisch realisiert, um die langfristige Zielrichtung demonstrieren zu können. Die Migration aktueller Steuerungen hin zu OSACA-konformen Systemen liegt somit im Verantwortungsbereich jedes einzelnen Steuerungsherstellers. Ausgewählte, industriell einsetzbare Lösungen mit einer Kombination von Softwarekomponenten unterschiedlichen Ursprungs werden an Bearbeitungsmaschinen der Konsortiumsmitglieder zur EMO 1995 vorgestellt.

Damit bei der Migration weitere Anforderungen von Maschinenherstellern und Endanwendern, die an den OSACA-Spezifikationen nicht beteiligt waren, adäquat berücksichtigt werden, sind begleitende Maßnahmen zu ihrer Aufnahme vorgesehen. Als Beispiel hierfür kann das seit dem 1.7.1994 laufende und vom BMFT geförderte Projekt „Entwicklung herstellerübergreifender Module für den nutzerorientierten Einsatz der offenen Steuerungsarchitektur“ genannt werden. Der Projektverbund wird durch namhafte Firmen aus den Bereichen Steuerungstechnik, Maschinenbau, Software und Automobilbau getragen. Beteiligt sind hier Endanwender wie Mercedes-Benz und BMW, die Maschinenhersteller Heller, Homag, Hüller Hille, Index, Pfauter und Fritz Werner sowie die Steuerungshersteller Bosch, DASA, Grundig, Siemens, Heller und Homag sowie ISG und Technoplan als Softwarehäuser.

Mit Unterstützung von Forschungsinstituten werden hier Anforderungsprofile der Endanwender und Maschinenhersteller aufgenommen und die OSACA-Spezifikationen daran gespiegelt. Die Ergebnisse der Anforderungsanalyse werden von den Steuerungsherstellern und Softwarehäusern bei der Realisierung von Diensten bei der Migration der Systeme berücksichtigt. Auf diesen Diensten setzen Aktivitäten weiterer Projektgemeinschaften im Rahmen dieses Verbundprojekts auf, um neue OSACA-konforme Softwaremodule für unterschiedliche Anwendungen in den Bereichen Bediensysteme, Diagnose, Zellen- und Leitsysteme sowie für Sonderanwendungen zu entwickeln. In der nächsten Phase des Projekts sollen diese Konzepte und exemplarisch entwickelte Funktionen in voller Breite realisiert und im industriellen Einsatz demonstriert werden.

International wird das OSACA-Projekt mit großer Aufmerksamkeit verfolgt. Das erste internationale Symposium zu diesem Thema in Ann Arbor im April 1994 zeigte deutlich, daß es vor allem in den USA großes Interesse an dieser Entwicklung gibt und damit auch neue Chancen des Wettbewerbs für diejenigen, die sich als erste mit Produkten dieser Art profilieren können.

3 Auf dem Weg zur Offenen Steuerung - Stand der Entwicklungen

Herstellerübergreifende Offenheit ist das Ziel für die Zukunft. Neuere Steuerungsentwicklungen können sich diesem Ziel wegen noch mangelnder Standards nur vom Prinzip her nähern. Ob der Gedanke der Offenheit generell aufgenommen worden ist, läßt sich jedoch schon mit einer entsprechenden Darstellung des gegenwärtigen Standes am Beispiel einiger Steuerungssysteme der neuen Generation beantworten. Wichtiger als die exakte Bewertung ist es hier, den Trend deutlich zu machen und die heute bereits vielfältigen Ansätze zu erkennen, dem großen Ziel des OSACA-Projekts näherzukommen. Aus diesem Grund werden im folgenden exemplarisch erfolgversprechende Lösungen herstellergebundener Offenheit beschrieben. Der folgende Überblick entspricht der Selbstdarstellung der Unternehmen gegenüber der Arbeitsgruppe, die diese Informationen zusammengestellt hat.

Leistungsmerkmale bzw. Funktionsumfänge wurden an dieser Stelle nicht betrachtet, da sie für die Wettbewerbsfähigkeit in den jeweiligen Marktsegmenten als etwa gleich vorausgesetzt werden können. Auch steht eine Bewertung der Steuerungssysteme über das Preis/Leistungs-Verhältnis hier nicht zur Diskussion. Hier ist lediglich anzumerken, daß herstellerübergreifende offene Steuerungssysteme neue Möglichkeiten bieten, bereits eingesetzte Produkte veränderten Randbedingungen schnell anzupassen, so daß eine neue Definition der wirtschaftlichen Gesichtspunkte über den Lebenszyklus einer Steuerungsgeneration abgeleitet werden müßte.

Bosch

Die neue Steuerungsentwicklung bei Bosch zielt auf die Umsetzung der Anforderungen bezüglich Modularität und Offenheit für kundenspezifische Erweiterungen. Hardware- und Softwarekonzept erlauben eine leistungs- und kostenorientierte Anpassung an unterschiedliche Einsatzgebiete, sowohl für klassische Anwendungen im Werkzeugmaschinenbau als auch für Bewegungsautomation allgemein. Die Steuerungsfunktionalität baut auf einem Basissystem auf, das neben einem leistungsfähigen Echtzeitbetriebssystem ein Datenbanksystem und ein grafisch interaktives Dialogsystem umfaßt.

Die interne Softwarestruktur basiert auf dem Client-Server Prinzip, das den modularen Aufbau der Software und die Unabhängigkeit der einzelnen Funktionsbereiche unterstützt. Die nachrichtenorientierten Daten werden über definierte Schnittstellen (NCS/NC-Schnittstelle) ausgetauscht (Bild 7).

Die Integration von kundenspezifischen Entwicklungen, auch im maschinennahen Bereich, für die nachträgliche Adaption der Steuerung an neue Aufgaben wird im Rahmen der sogenannten Subsystemtechnik durchgeführt. Die gesamte Software wird dabei in überschaubare Funktionsberei-

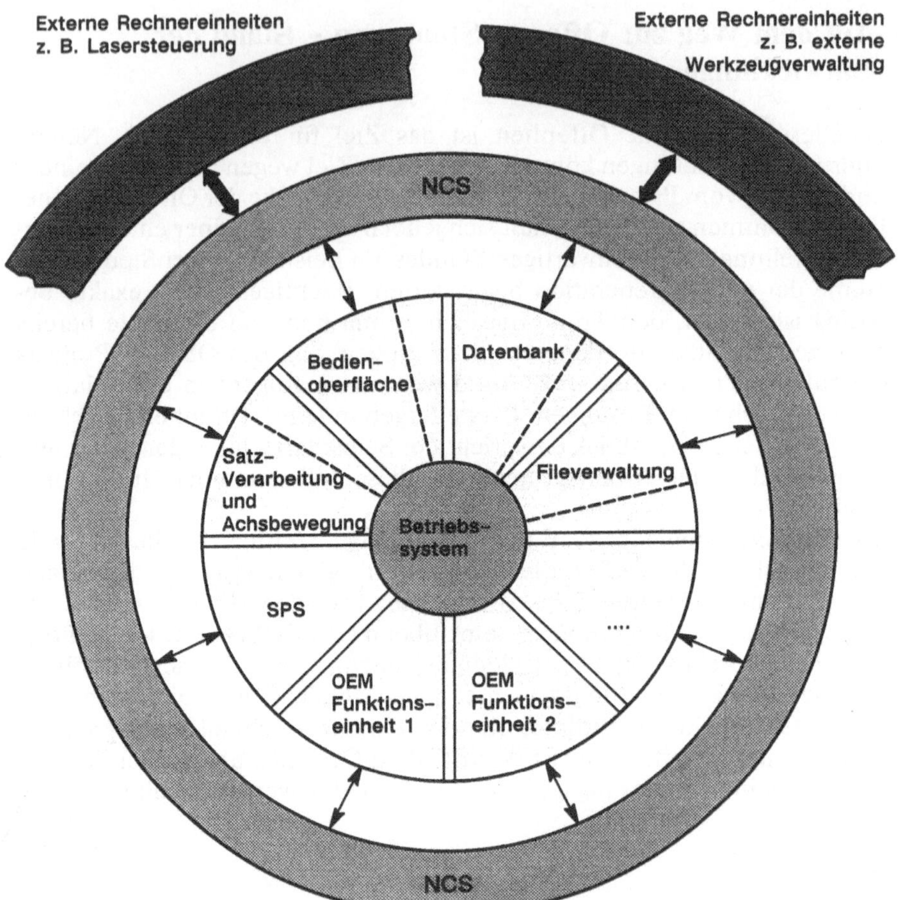

Bild 7. NC-Schnittstelle (NCS) Typ 3 - nachrichtenorientierter Datenaustausch zwischen internen Funktionseinheiten und zu externen Steuerungsbereichen (Quelle: Robert Bosch GmbH, Erbach)

che gegliedert, die eine klare Trennung der Kundenentwicklungen von herstellereigenen Entwicklungen ermöglicht. Im Funktionsbereich Satzverarbeitung, der die Aufbereitung der Teileprogrammsätze vornimmt, können z.B. eigene Erweiterungen implementiert und durch die Konfigurierungsmöglichkeiten in den internen Ablauf einbezogen werden. Für die Entwicklung und Integration eigener Funktionen stehen dem Anwender leistungsfähige Entwicklungs-, Konfigurierungs- und Testwerkzeuge zur Verfügung.

Die Bewegungserzeugung erfolgt durch die Ankopplung an ein volldigitales Umrichtersystem über das in die Steuerung integrierte SERCOS-Interface, das vom Funktionsbereich Achsbewegung mit den interpolierten Achswerten versorgt wird. Eine in der Hochsprache C programmierbare SPS ist in der Steuerung integriert und wird über die bereits erwähnte NCS-Kommunikation mit Informationen versorgt.

Im Hinblick auf eine Umsetzung in Richtung einer offenen, OSACA-konformen Steuerung sind durch die klare Trennung der Basisfunktionalität (Plattform) von der modular aufgebauten Steuerungsfunktionalität sowie den nachrichtenorientierten Datenaustausch bereits wichtige Voraussetzungen geschaffen, die eine schnelle Migration mit überschaubarem Aufwand ermöglichen.

Grundig-Numeric

Hauptziel der gegenwärtigen Entwicklungen bei Grundig-Numeric ist die Zusammenführung und Vereinheitlichung der CNC-Produkte. Angestrebt wird eine leichte Adaptierbarkeit der Steuerungen an unterschiedliche Anforderungen des Marktes, ausgehend von Ausprägungen für die Dreh- und Frästechnologie. Das Produktspektrum umfaßt auch ein leistungsfähiges Paket für die Werkstattprogrammierung einschließlich einer automatischen Arbeitsplangenerierung.

Die gesamte Steuerungsfunktionalität wird in die Hauptmodule MMC (Man Machine Control), NC-Kern, Prozeßankopplung und -überwachung, integrierte SPS und Bewegungserzeugung gegliedert (Bild 8). Diese Funktionen sind voneinander getrennt und kommunizieren über Telegramme.

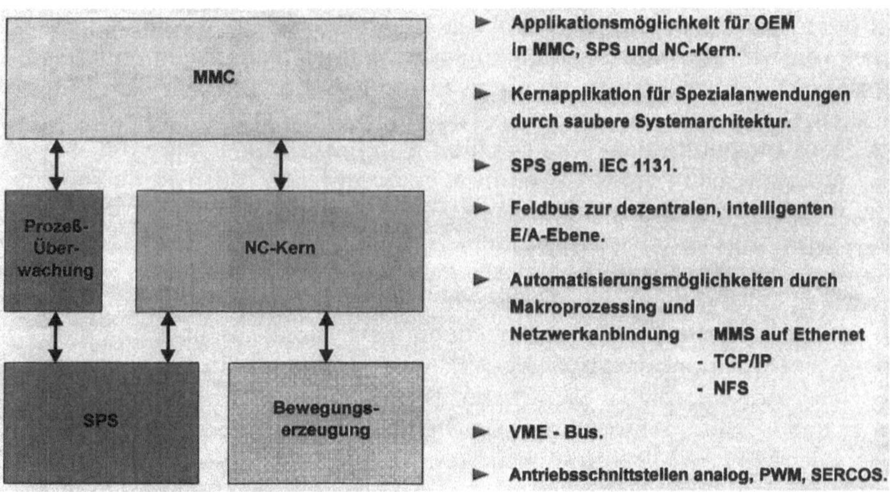

Bild 8. Struktur der Steuerung CNC-PILOT – autonome austauschbare Funktionseinheiten (Quelle: Grundig-Numeric, Hannover)

Damit lassen sie sich ohne Einfluß auf das Gesamtsystem erweitern oder austauschen. Der Einsatz von Standards in unterschiedlichen Bereichen unterstreicht die Zielsetzung, offene Steuerungssysteme anbieten zu können. So wurde z.B. die MMC als ein PC-basierendes System realisiert, dessen Applikationen auf einem Standard-Betriebssystem aufsetzen.

Die SPS ist gemäß IEC 1131 aufgebaut und in allen durch diese Norm beschriebenen Arten programmierbar (z.B. Anweisungsliste, Kontaktplan, Funktionsplan, Schrittkette und grafisch). Für Sonderfunktionen können in C geschriebene Module integriert werden.

Zur Ankopplung der E/A-Ebene wird ein Feldbus verwendet, der wahlweise proprietär (Eltromatic) oder aber gemäß Norm ausgeführt ist (Interbus-S).

Die Bewegungserzeugung kann entweder vollständig in der Steuerung erfolgen oder aber teilweise ausgelagert werden. Als Interfaces zu den Antrieben werden die genormte Analogschnittstelle (e10 V), eine integrierte Antriebsregelung mit direkter Ansteuerung der Leistungsstufen über ein pulsweitenmoduliertes Signal oder SERCOS verwendet. Auch hier wird die Offenheit über die Verwendung von Standards erreicht.

Da für den NC-Kern-Bereich noch keine Standards verfügbar sind, wurden hier Eingriffsmöglichkeiten im Rahmen einer eigenen wohldefinierten Systemarchitektur geschaffen. Durch die Gliederung des Gesamtsystems in autonome Einheiten mit einem definierten botschaftsorientierten Datenaustausch ist die Migration hin zu einer OSACA-konformen Systemarchitektur auf der ersten Ebene gut vorbereitet.

Heller

Mit dem neuen Steuerungssystem von Heller wurde ein Weg beschritten, der sowohl im Hardware- als auch im Softwarebereich durch den Einsatz auf dem Markt frei verfügbarer Standards (z.B. PC-basierte Systeme und Standardbetriebssysteme im Bedienbereich), Aspekte der Offenheit berücksichtigt. Der Konzeption liegt eine ganzheitliche Betrachtung aller vom Werkzeugmaschinenbau vorgesehenen heutigen und zukünftigen Konzepte zur Modularisierung und Flexibilisierung von Fertigungseinrichtungen (Bearbeitungszentren und Transferstraßen) zugrunde, die auch bei der Realisierung des Steuerungssystems ihren Niederschlag fand.

Aufbauend auf einer standardisierten Hardwarebasis (VMEbus) wurde ein in hierarchische Ebenen aufgegliedertes System geschaffen. In jeder Ebene sind Kommunikationsmechanismen installiert, die den Datenaustausch sowohl innerhalb dieser Ebene als auch mit über- und untergeordneten Ebenen - unter Anwendung von Standard-Netzwerkkomponenten wie CAN oder MAP/MMS - ermöglichen. In Kombination mit der Softwarearchitektur erlaubt dies die transparente Dezentralisierung der Steuerungssysteme (Bild 9).

Auf einer solchen neutralen, von der eigentlichen Applikation entkoppelten Systemplattform sind die einzelnen Funktionsmodule angesiedelt. Die Aufgaben der Funktionsmodule sind standardisiert und die Schnittstellen zwischen den Teilfunktionen eindeutig festgelegt. Die Strukturen sind so ausgebildet, daß eine Verschmelzung bzw. Auftrennung einzelner Komponenten durch einfache Softwarekonfigurierung möglich ist.

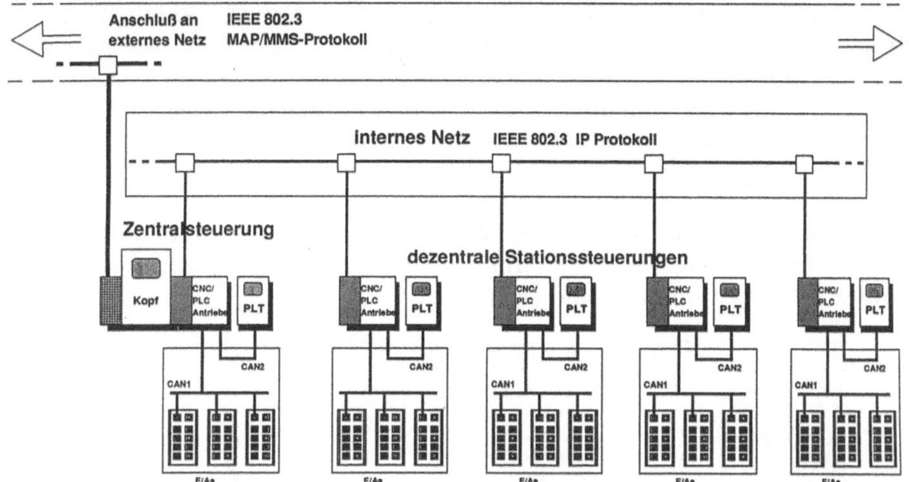

Bild 9. Systemstruktur der uni-Pro 90 - dezentralisierte Systemarchitektur (Quelle: Gebr. Heller Maschinenfabrik GmbH, Nürtingen)

Die Konfigurierbarkeit der Steuerungskomponenten - im Hinblick auf Hardware und auch Software - ermöglicht die Adaption der Steuerung hinsichtlich Funktion und Leistung sowohl an Einzelmaschinen als auch an komplexe flexible Fertigungseinrichtungen. Die Entwicklung von spezialisierten Einzellösungen wird dadurch überflüssig. Mit steigender Rechenleistung können Aufgaben, die heute auf mehreren Prozessoren ablaufen, problemlos auf einem einzigen zusammengeführt werden.

Die Modularisierung, die Konfigurierbarkeit und die Berücksichtigung internationaler Standards in der neuen Steuerungsgeneration von Heller bieten gute Voraussetzungen zur Implementierung eines im Sinne der OSACA-Spezifikationen offenen Steuerungssystems.

NUM und R&S Keller

Die neuen Steuerungen von NUM sind für unterschiedliche Technologien verfügbar und basieren auf mehreren Basiskonfigurationen der modularen Steuerungsarchitektur. Jede dieser Konfigurationen enthält identische Funktionen; sie unterscheiden sich jedoch in der verwendeten Steuerungshardware. Mit dieser Architektur ist die Integration eines Industrie-PCs für den bedienernahen Bereich möglich, womit Standards aus der PC-Welt (Hardware und Software) bei der Realisierung anwenderspezifischer Konzepte zugänglich sind.

Daß die Offenheit in diesem Bereich zur Verwirklichung innovativer Konzepte führen kann, stellen die Ergebnisse einer neuen Art der Zusammenarbeit unter Beweis. Im Rahmen einer Gemeinschaftsentwicklung mit R&S Keller wurde hier das Konzept der facharbeitergerechten Steuerung

- zunächst für die Technologie Drehen - umgesetzt. Die konventionelle Programmierung nach DIN 66 025 wurde durch die Erstellung von Arbeitsschritten abgelöst, die zu Arbeitsplänen zusammengefaßt werden. Diese Arbeitsschritte können von einem qualifizierten Facharbeiter - er muß für die meisten Produktionsbetriebe als Garant der Standortsicherung in Deutschland gesehen werden - fast intuitiv aufgrund der technologischen Kompetenz entweder numerisch oder mittels eines Handrads eingegeben werden. Eine realitätsnahe Darstellung des Werkstücks im Rahmen einer Simulation unterstützt die Erstellung des Arbeitsplanes und die Optimierung der gewählten Bearbeitungsstrategie (Bild 10).

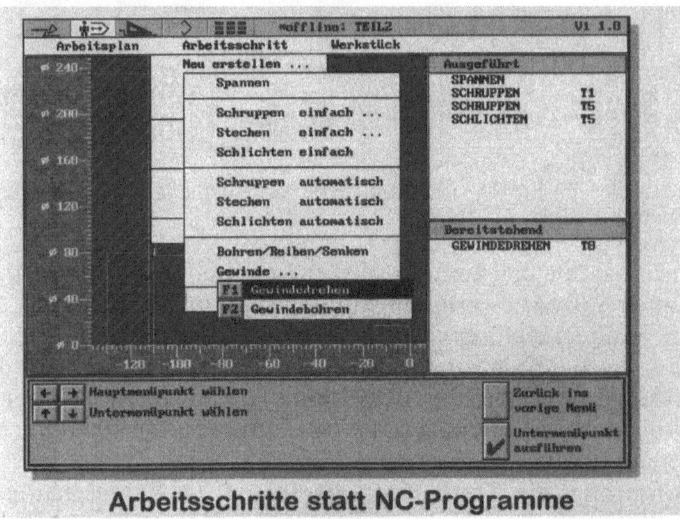

a

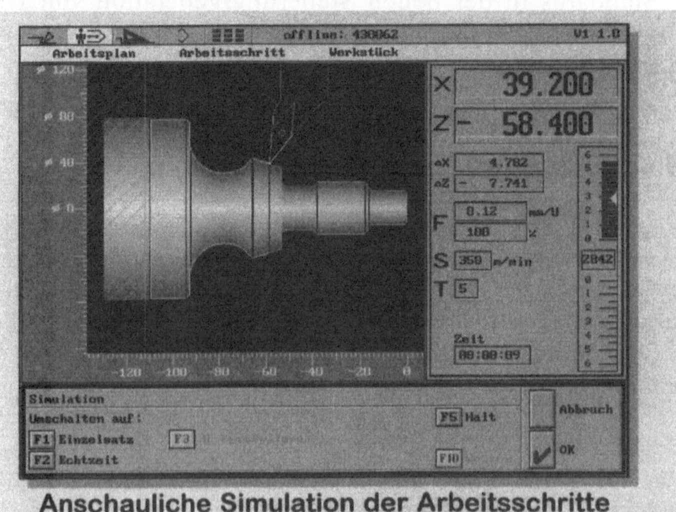

b

Bild 10. Das CNCplus-Steuerungskonzept im Rahmen der NUM1060 - facharbeitergerechte Arbeitsplanung (Quelle: NUM Güttinger GmbH, Ostfildern)

Eine breite Markteinführung dieses Konzepts könnte beschleunigt werden, wenn der Endanwender - aufgrund seiner Anforderungen wurde dieses Konzept verwirklicht - flexibel entscheiden könnte, mit welchem Bediensystem er an seiner Maschine arbeiten möchte. Heute ist dieser Schritt wegen des hohen Adaptionsaufwands zwischen den inkompatiblen Schnittstellen nur schwer möglich - OSACA-konforme Steuerungen werden mit einer einheitlichen Schnittstelle zum NC-Kern die geforderten Freiräume anbieten.

Siemens AG

Ziele bei der Entwicklung des neuesten Steuerungssystems von Siemens waren die Erarbeitung und Umsetzung eines neuen Denkansatzes, der sich wesentlich von den Betrachtungsweisen und Strukturen der bisher realisierten Systeme unterscheidet, um insbesondere bei den Kosten Einsparungen zu erzielen. Das Resultat dieser Überlegungen ist ein Steuerungssystem, bei dem Steuerungs- und Antriebstechnik gerätetechnisch zusammengeführt sind.

Das MMC des Steuerungssystems basiert auf einem PC-System mit MS-Windows als Grafiksystem. Auf ihm wurde eine Siemens-spezifische Bedienoberfläche mit Hilfe der zur Verfügung stehenden Standardwerkzeuge realisiert. Für anwenderspezifische Erweiterungen steht eine Projektierungsumgebung zu Verfügung, die den Anwender bei der Erstellung sicherer Applikationen unterstützen soll. Für die Entwicklung der anwenderspezifischen Module kann auf die Standardentwicklungswerkzeuge des Betriebssystems MS-Windows zurückgegriffen werden. Die Kommunikation zwischen MMC und NC-Kern ist nachrichtenorientiert und offengelegt. Sie kann damit auch von kundenspezifischen Modulen im MMC genutzt werden, um auf Daten und Funktionen des NC-Kerns zuzugreifen.

Bei der Strukturierung des NC-Kerns wurden objektorientierte Prinzipien zugrunde gelegt. Sie bewirken, daß die realisierte Software modular ist und ein wiederverwendbares Basissystem geschaffen wurde, das auch in anderen Bereichen (z.B. der Robotersteuerungstechnik) verwendet werden kann. Durch die Beschränkung auf standardisierte Programmiersprachen bei der Implementierung des Steuerungskerns wird die Portierbarkeit auf unterschiedliche Hardwareplattformen - um Fortschritte in der Entwicklung der Prozessortechnik wahrnehmen zu können - erleichtert.

Für den Anwender bietet der NC-Kern die Möglichkeit, an vom Steuerungshersteller ausgewählten und vorbereiteten Stellen, eigene Funktionalität, sogenannte Compile-Zyklen, einzubinden (Bild 11). Die bereitgestellte Entwicklungsumgebung unterstützt den Anwender bei der Erstellung der Software und gewährleistet die Systemsicherheit.

Im Hinblick auf den Einsatz standardisierter Systeme im Bedienbereich, die offengelegte, nachrichtenorientierte Schnittstelle zum NC-Kern und die Möglichkeiten zur Einbindung von Compile-Zyklen im NC-Kern bietet das

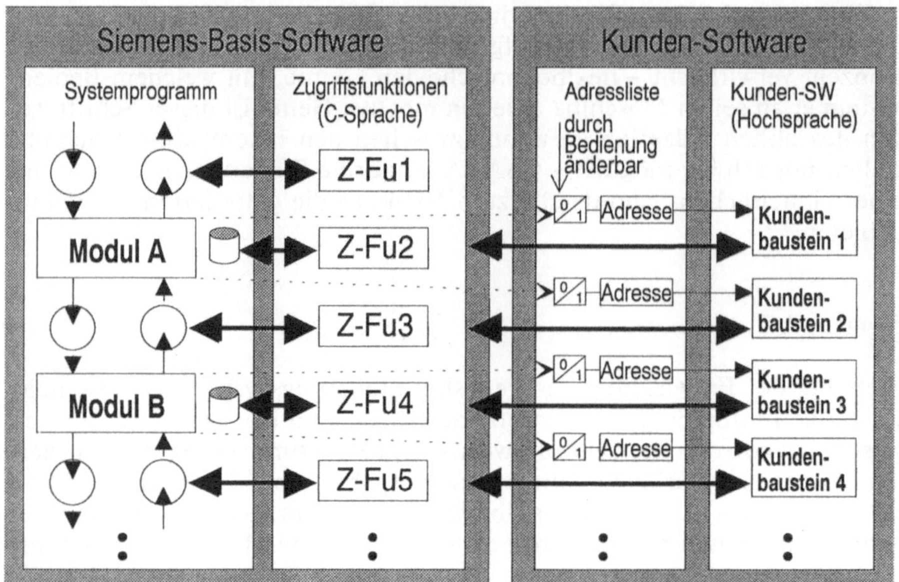

Bild 11. Einbindung von Kunden-Funktionen in die 804d - Zugriffsfunktionen (Quelle: Siemens AG, Erlangen)

Steuerungssystem neue Möglichkeiten, die künftig eine verstärkte Entwicklung in Richtung offener herstellerübergreifender Steuerungssysteme im Sinne von OSACA begünstigen werden.

4 Bewertung der aktuellen Tendenz

An der Auswahl von Steuerungssystemen der neuen Generation ist zu erkennen, daß der Aspekt „Offenheit" bereits heute als fester Bestandteil der jeweiligen Steuerungsarchitektur aufgenommen wird. Das übergeordnete Ziel liegt dabei in der Möglichkeit, leistungs- und kostenoptimierte Lösungen für unterschiedliche Einsatzbereiche in Abhängigkeit von Anforderungen des Kunden anbieten zu können.

Dies führt zu modular aufgebauten Systemen mit autonomen Bereichen, die weitgehend den in OSACA definierten fünf Hauptbereichen (Ebene 1) entsprechen. Im Rahmen der Softwarearchitektur werden teilweise Freiräume für die Integration anwenderspezifischer Funktionen geboten - die Realisierungsformen unterscheiden sich in Abhängigkeit von den gewählten Softwarekonzepten und der eingesetzten Systemplattform.

Der Trend zu Standards im bedienernahen Bereich ermöglicht es bereits heute, komplette Softwaremodule des Kunden (Softwarepakete) auch nachträglich zu integrieren - neue Formen der Zusammenarbeit von Steuerungsherstellern und Softwarehäusern werden verwirklicht. Weit verbreitete, in ihrer Leistung skalierbare Hardwarekomponenten aus der PC-Welt mit standardisierten Schnittstellen ermöglichen die Kombination von unterschiedlichen Grafiksystemen, Speicher- und Kommunikationsmedien. Der entscheidende Vorteil liegt jedoch bei der Nutzungsmöglichkeit von preiswerten Betriebssystemen samt Entwicklungswerkzeugen, die auf bedienernahe grafische Applikationen zugeschnitten sind.

Da für den maschinennahen Bereich keine gemeinsamen Standards festgelegt bzw. verfügbar sind - OSACA definiert und entwickelt diese nach Bedarf -, wurden hier firmeneigene Lösungen verwirklicht. Hardwareunabhängige Softwarelösungen bestätigen die Tendenz, die gerätetechnische Sicht der Steuerungstechnik durch eine softwareorientierte abzulösen. Die Mechanismen der „Offenheit“ reichen von der Integration von Einzelfunktionen, die den festgelegten Informationsfluß als „Filterfunktionen“ beeinflussen, bis zu der Möglichkeit, Softwaremodule in Analogie zur PC-Welt nachträglich zu laden und gewünschte Steuerungsstrukturen konfigurieren zu können (Bild 12).

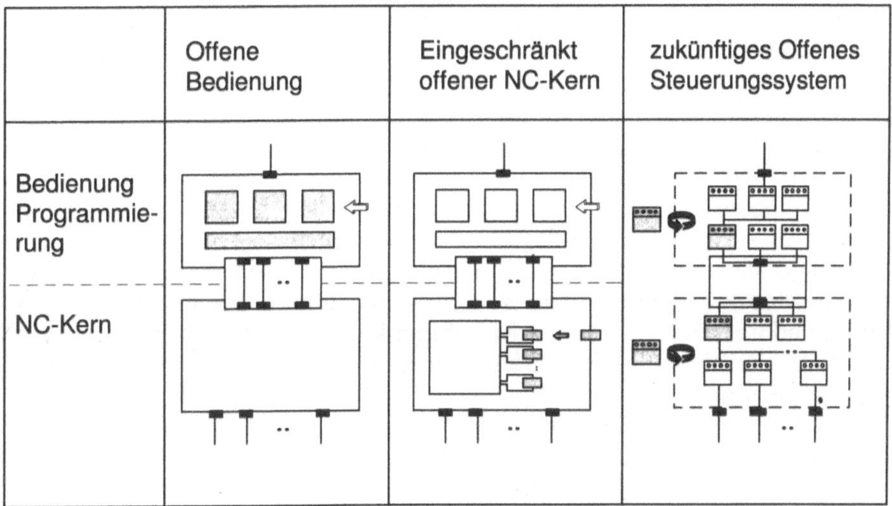

Bild 12. Offenlegung von Schnittstellen - auf dem Weg zu herstellerübergreifenden offenen Schnittstellen

Zusammenfassend ist festzustellen, daß die Aspekte der Offenheit in einigen Bereichen gut erfüllt sind und die evolutionäre Migration zu OSACA-vergleichbaren Lösungen bereits im Gange ist.

Die europäische Steuerungsindustrie ist auf dem besten Weg, neue Maßstäbe im Steuerungsbau zu setzen. Wenn dazu noch das Preis/Leistungs-Verhältnis stimmt, kann der geschäftliche Erfolg nicht ausbleiben. OSACA-konforme Lösungen können dazu in Zukunft einen Beitrag leisten.

Modulare und integrale Bauweisen - Neue Konzepte im Maschinenbau

W. v. Zeppelin

Inhalt: Moderne Verfahren - Neue Maschinenkonzepte - Integration unterschiedlicher Technologien - Integrale Bauweise bei Komponenten - Maßnahmen zur Erhöhung der Zuverlässigkeit - Umweltverträgliche Bearbeitungsverfahren und Maschinenkonzepte

1 Einleitung

Der geringe Absatz an Werkzeugmaschinen in den vergangenen Jahren und der dadurch hervorgerufene harte internationale Wettbewerb zwingt die Hersteller zur Nutzung aller Potentiale, um ihre Produkte leistungsfähiger zu gestalten und die Kosten für ihre Entwicklung, Herstellung und Vertrieb so gering wie möglich zu halten. Dabei gilt es in erster Linie, neue technische, aber auch organisatorische und methodische Konzepte zu realisieren. Andere Aspekte wie Umweltverträglichkeit und die Humanisierung des Arbeitsplatzes sind dabei ebenfalls zu berücksichtigen.

Im folgenden soll anhand von Beispielen der jüngeren Werkzeugmaschinenentwicklung gezeigt werden, wo einerseits mit modernen Fertigungsverfahren, andererseits durch neue Maschinenkonzepte Fortschritte im Sinne einer wirtschaftlicheren Fertigung erreicht wurden. Auch Weiterentwicklungen der Komplettbearbeitung - also der Integration unterschiedlicher Technologien in *einer* Maschine - werden betrachtet. Dann wird auf die zunehmend zu beobachtende integrale Bauweise von Komponenten eingegangen. Schließlich werden beispielhaft einige Maßnahmen zur Erhöhung der Zuverlässigkeit und Ansätze für umweltverträgliche Arbeitsverfahren und Maschinenkonzepte angesprochen.

2 Moderne Verfahren

Die technologische Entwicklung ist einerseits gekennzeichnet durch neuartige Fertigungsverfahren wie die Laserbearbeitung und das Wasserstrahlschneiden, andererseites durch Vervollkommnung und Kombination von konventionellen Bearbeitungsverfahren, wie die Hochpräzisions- und Hochgeschwindigkeitsbearbeitung oder die Komplettbearbeitung von Werkstücken auf *einer* Maschine.

2.1 Laser als Bearbeitungswerkzeug

Die noch verhältnismäßig junge Laserbearbeitung hat sich ein weites Feld der Anwendung erschlossen. In Bild 1 sind als Beispiele räumliche Konturschnitte und das Laserschweißen dargestellt. Mit der 5-Achsen-Transformation der simultanen Ausgleichsbewegung aller fünf Achsen und der berührungslosen Abstandsregelung sind präzise gratfreie Schnitte auch an komplexen Konturen durchführbar. In diesem Fall (Bild 1a) wird das gezogene Werkstück am Rand beschnitten und mit Aussparungen versehen. Das Laserschweißen von rotationssymmetrischen Bauteilen wie Flanschen, Dosen, Hülsen, Bolzen, Druckbehältern und Getriebeteilen fand Eingang in die Praxis (Bild 1b).

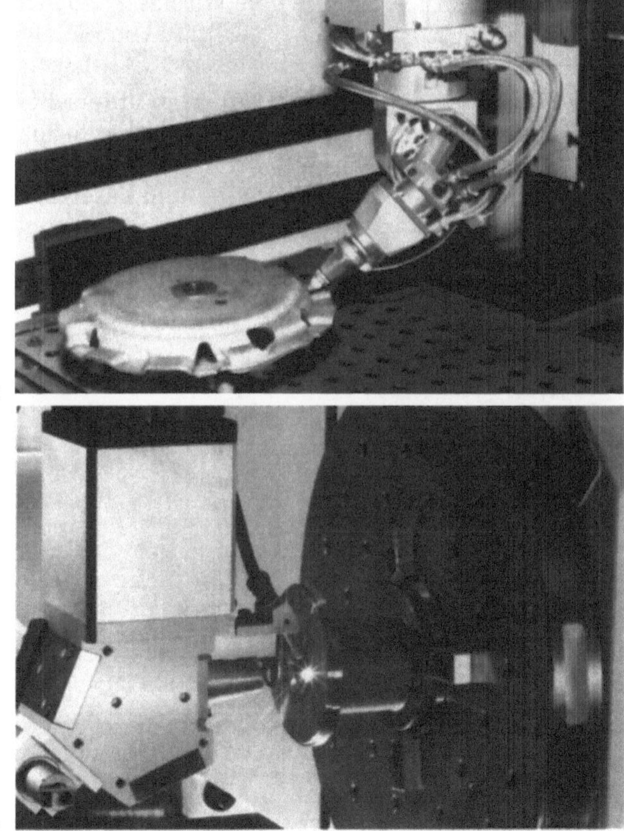

Bild 1a, b. Laser-Anwendungen (Werkbilder Trumpf)

Der Spannstock für das Werkstück ist in den Achsen X und Z verschiebbar und die Spannvorrichtung über eine C-Achse drehbar, zusätzlich ist optional die Spannvorrichtung schwenkbar. Dabei werden hochdynamische

Maschinensysteme, die sich durch geringe Massen und hohe Steifigkeit auszeichnen, eingesetzt.

Die Entwicklung der Steuerungstechnik wie hohe Rechengeschwindigkeit und Rechenverfahren, die das schnelle Konturfahren ohne Verzerrungen ermöglichen, verhalf der Laserbearbeitung zu beachtlichen Leistungssteigerungen. Außerdem wurde die Laserquelle selbst weiterentwickelt, so daß das Preis/Leistungsverhältnis deutlich gesteigert werden konnte. Mußte vor sechs Jahren noch mit ca. 200 000 DM/kW Laserleistung gerechnet werden, so kostet heute ein kW nur noch ca. 120 000 DM.

Der Festkörperlaser wurde insbesondere in Richtung höhere Leistung und bessere Strahlqualität weiterentwickelt. Dadurch ist jetzt die Substitution des CO_2-Lasers vor allem bei 3D-Anwendungen interessant. Der Festkörperlaser bietet für die Metallbearbeitung zwei entscheidende Vorteile:

- Die Strahlführung ist sehr einfach durch eine flexible Glasfaser möglich
- Aufgrund der Wellenlänge von 1,06 μm wird der Laserstrahl von metallischen Flächen sehr viel besser absorbiert als der Strahl des CO_2-Lasers.

Mit Laser können Werkstoffe auch abgetragen werden. Man unterscheidet hierbei zwei Verfahren (Bild 2): das Laser-Abtragen und das Laser-Spanen. Beim Abtragen wird Material unter Einwirkung der Wärme, des Gasstrahls und des Dampfdrucks geschmolzen und verdampft. Beim Laser-Spanen werden durch den Temperaturzyklus Zug- und Druckkräfte erzeugt,

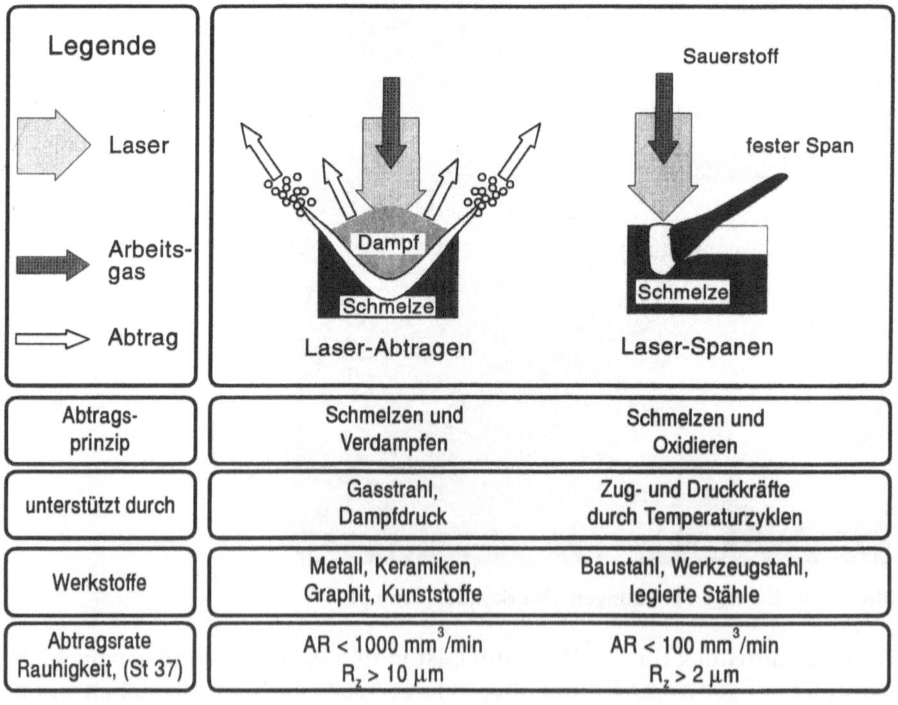

Bild 2a. Laser-Abtragverfahren. Vergleich (Quelle: IFSW, Stuttgart)

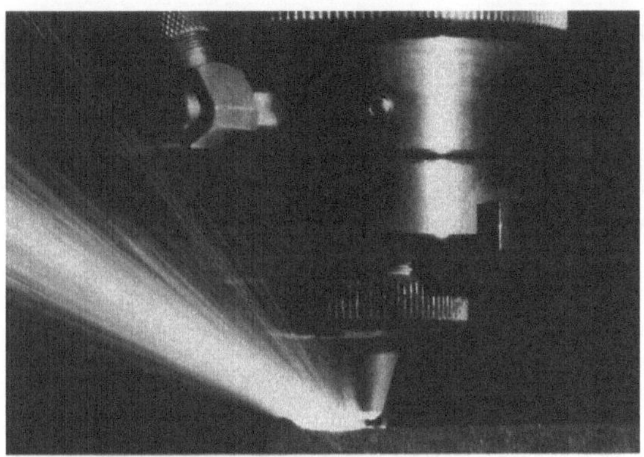

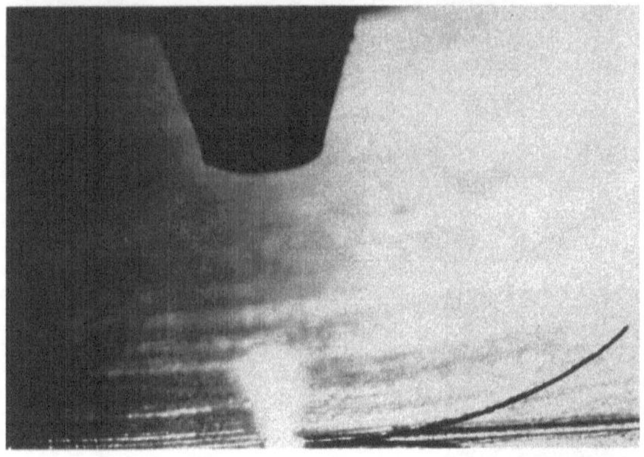

Bild 2b. Laser-Abtragverfahren. Laser-Abtragen (oben) und Laser-Spanen (unten) (Quelle: IFSW, Stuttgart)

die zu einer Spanbildung führen. Um die Einbrenntiefe beim Laser-Abtragen zu regeln, wurde ein hochauflösender, im Prozeß messender Tiefensensor entwickelt. Dadurch ist es möglich geworden, Material in der Tiefe genau dosiert abzutragen. Heute sind Tiefentoleranzen von etwa ± 10 μm und Oberflächengüten von ca. $R_z = 2$ μm bei der Metallbearbeitung erzielbar.

Aber nicht nur für die Metallbearbeitung, sondern auch bei der Bearbeitung von keramischen Werkstoffen bietet der Laserstrahl interessante Anwendungen. So konnte am Institut für Strahlwerkzeuge in Stuttgart ein Gewinde in Siliziumnitrid mit den Strahlen eines Nd:YAG-Lasers von 0,6 kW Leistung hergestellt werden (Bild 3).

Bild 3. Gewinde, hergestellt in Siliziumnitrid durch Laser-Abtragen (Quelle: IFSW, Stuttgart)

Keramische Werkstoffe können durch Laserstrahlen so erhitzt werden, daß sie so viel an Härte verlieren, daß die spanende Bearbeitung mit definierter Schneide, also durch Drehen oder Fräsen möglich wird (Bild 4).

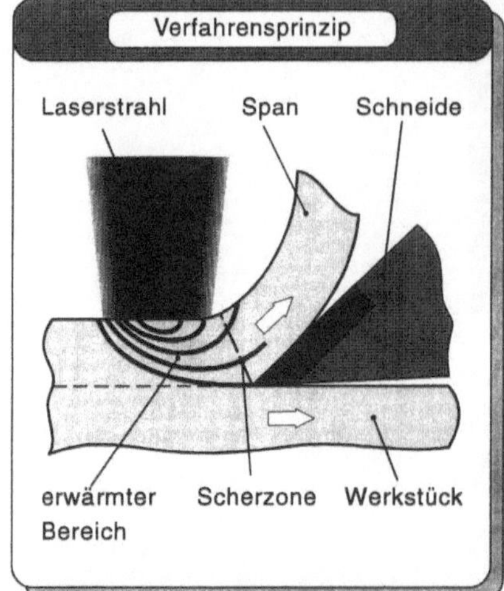

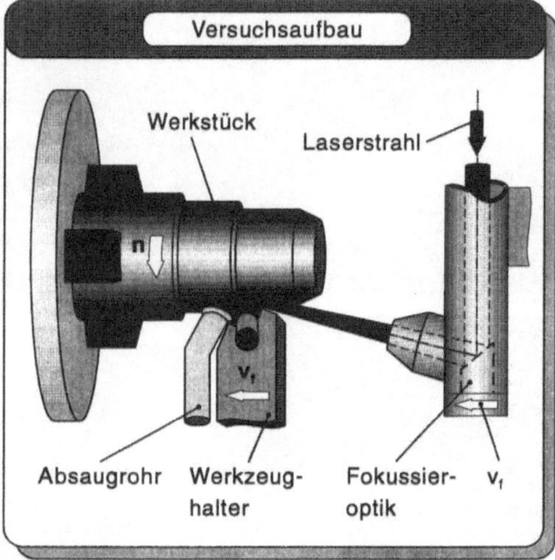

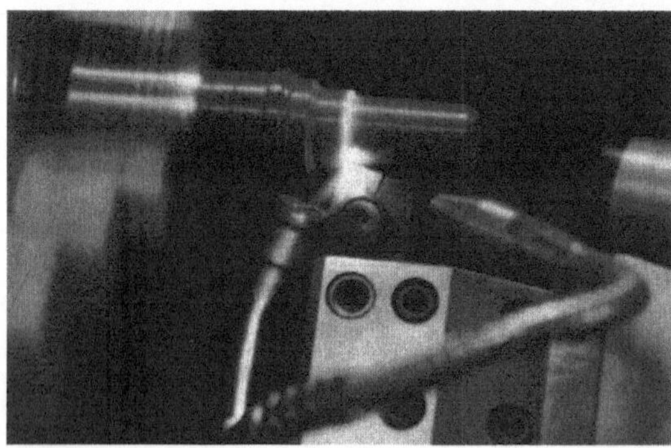

Bild 4a, b. Laserunterstütztes Drehen von keramischen Werkstoffen. **a** Verfahrensprinzip und Versuchsaufbau; **b** Bearbeitung (Quelle: IPT Aachen/Traub)

2.2 Senkerodieren mit Graphitelektroden

Eine andere interessante verfahrenstechnische Entwicklung ist das Senkerodieren mit Graphitelektroden. Dieses Verfahren hat gegenüber dem Erodieren mit Kupferelektroden folgende Vorteile:

- mehr Stromübertragung pro cm^2 Elektrodenfläche und dadurch eine um ca. 40% höhere Abtragleistung,
- schnellere Herstellung der Elektroden und geringerer Elektrodenverschleiß beim Schrupperodieren, dadurch beträchtliche Senkung der Elektrodenkosten,
- geringere thermische Verformung des Graphits, dadurch genaueres Erodieren,

- geringeres Gewicht der Elektrode (Dichte 1,85 g/cm^3) und somit geringere Kopfbelastung an der Erodiermaschine

Dieses Verfahren hat die Entwicklung zweier Maschinengattungen beeinflußt: Um den Nachteil bei der Erzeugung hoher Oberflächengüten zu mindern, nämlich die Abbildung der grobkörnigeren Oberfläche der Graphitelektrode am Werkstück, wird bei modernen Senkerodiermaschinen dem Senkhub eine zusätzliche Bewegung überlagert. Durch den Wischeffekt erreicht man mit dem Planetärerodieren Oberflächengüten bis zu $R_t = 4\,\mu m$ (Bild 5).

Bild 5. Senkerodiermaschine für den Einsatz von Graphitelektroden (Quelle: Charmilles)

Zur Herstellung von Graphitelektroden wurden Hochgeschwindigkeitsfräsmaschinen entwickelt (Bild 6). Mit diesen Maschinen erzielt man Schnittgeschwindigkeiten von 3000 m/min und Vorschübe von 10 000 mm/min. Damit wird nicht nur ein hohes Zeitspanvolumen erreicht, sondern auch eine Oberflächengüte, geringe Wärmeentwicklung im Werkstück, kleine Zerspankräfte und eine Standzeitverlängerung der Werkzeuge. Die Herstellung von Graphitelektroden ist dadurch ca. 10% schneller als die Herstellung von Kupferelektroden. Wegen der sehr kleinen auftretenden Schnittkräfte und der Steifigkeit des Werkstoffs ist es mit diesem Verfahren auch möglich, extrem dünne Wanddicken beispielsweise bei Stegen an Elektroden bzw. sehr schmale Vertiefungen an Werkzeugen zu realisieren (Bild 7).

Erreicht werden die Leistungen durch einen sehr steifen und massereichen Unterbau der Maschinen aus Granit oder Mineralguß, möglichst massearmen, aber steifen bewegten Komponenten wie Schlitten und Fräskopf, sehr genauen, Stick-slip-armen Führungen und einer extrem reakti-

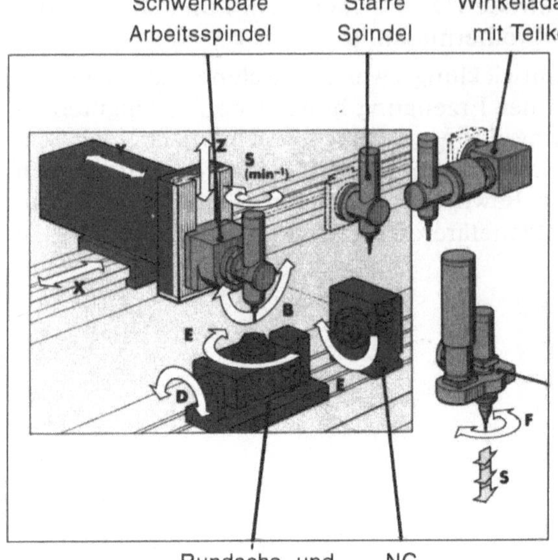

Bild 6. Prinzip einer Hochgeschwindigkeitsfräsmaschine (Quelle: Heckert-Klink)

Bild 7. Hochgeschwindigkeitsfräsen einer Graphitelektrode (Werkbild: Heckert-Klink)

onsschnellen Steuerung. Die Steuerung ermöglicht 20 m/min Vorschub bei einer Auflösung von 0,5 μm und einem Stützpunktabstand von 0,1 mm. Der Interpolationstakt ist dabei 0,3 ms und die Satzwechselzeit nur 10 ms.

Da es sich im Werkzeugbau meist um extrem komplizierte Werkstücke handelt, muß die Steuerung auch in der Lage sein, sehr umfangreiche Programme, die eine Speicherkapazität von 100 MB und mehr erfordern, sehr schnell zu verarbeiten. Mit diesen Hochgeschwindigkeitsfräsmaschinen können praktisch beliebig komplexe Elektroden hergestellt werden. Dadurch entfällt auch das bisher praktizierte Aufteilen der Elektroden in Teilelektroden, die mit erheblichem Aufwand wieder zusammengesetzt werden müssen, wobei auch die Präzision der zusammengesetzten Elektrode beeinträchtigt wird.

Beim Hochgeschwindigkeitsfräsen von Graphit entstehen große Mengen Staub, der mit großer Energie in den Arbeitsraum der Maschine geschleudert wird. Durch eine entsprechende Luftführung ist dafür zu sorgen, daß dieser Staub möglichst vollständig abgesaugt wird und nicht in die bewegten Maschinenelemente gelangt. Aus diesem Grund wurden die Führungen aus dem Arbeitsraum der Maschine verlegt. Es ist interessant, daß das Senkerodieren mit Graphitelektroden in den USA und im Fernen Osten breitere Anwendung gefunden hat als in Europa.

3 Neue Maschinenkonzepte

Bei der Entwicklung von Maschinenkonzepten standen in letzter Zeit folgende Ziele im Vordergrund:

- Kostenreduzierung
- Steigerung der Leistung
- Erhöhung der Betriebszuverlässigkeit
- Verbesserung des Bedienkomforts.

Durch modulare Bauweisen können in Baueinheiten, die in Serie gebaut und damit kostengünstig gefertigt werden, Maschinen konfiguriert werden, die exakt den Bedürfnissen des Anwenders entsprechen.

3.1 Baukastensystem einer CNC-Drehmaschine

Bild 8 zeigt das modulare Baukastensystem einer CNC-Drehmaschine. Die einfachste Variante ist eine einspindlige und einschlittige Drehmaschine, die auch mit einem Reitstock ausgestattet werden kann. Die höchste Aus-

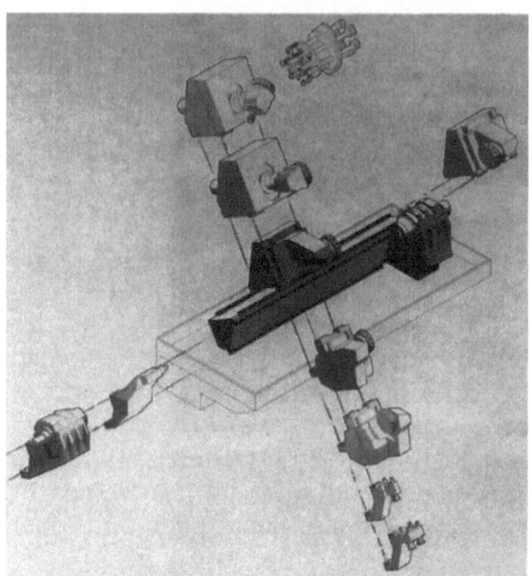

Bild 8. Modular aufgebaute CNC-Drehmaschine (Quelle: Index)

baustufe enthält dann zwei Schlitten, wovon einer auch mit einer Frässpindel, einer Y-Achse und einer B-Achse ausgestattet sein kann. Darüber hinaus können die Werkzeuge der Frässpindel aus einem Werkzeugmagazin in den oberen Revolver eingewechselt werden. Nicht dargestellt sind verschiedene Werkstückzu- und Abführsysteme, für die Verarbeitung von Werkstoffstangen oder vorgeformten Rohlingen.

3.2 Modulare Laserbearbeitungszelle

Eine andere modular aufgebaute Maschine ist die in Bild 9 gezeigte Laserbearbeitungszelle, die zum Schweißen, Schneiden und Härten mit unterschiedlichen Automatisierungsgraden angeboten wird. Die wesentlichen Varianten dieses Modul-Konzeptes sind:

- unterschiedliche Verfahrwege der Achsen,
- unterschiedliche Laserleistungen,
- 2D-Bearbeitung, 3D-Bearbeitung, Rundbearbeitung,
- Schneiden, Schweißen, Härten,
- Variation des Automatisierungsgrades.

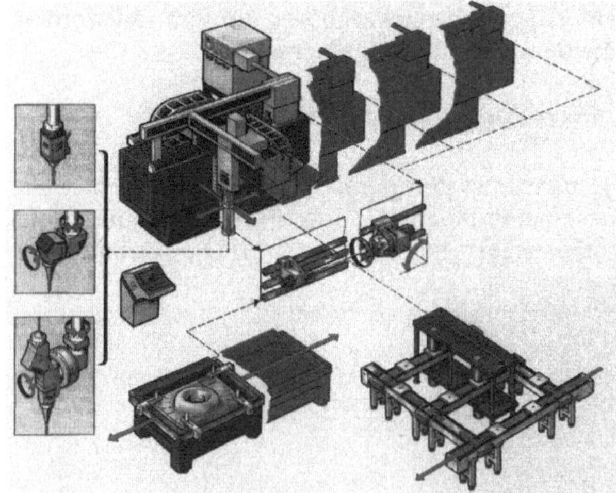

Bild 9. Laserbearbeitungszelle im Baukastensystem (Quelle: Trumpf)

Durch Verwendung der Grundmodule können erfahrungsgemäß 90% der stark auf den Einsatzfall zugeschnittenen Anlagen abgedeckt werden, so daß meist nur im Bereich des werkstückspezifischen Handling zeit- und kostenintensive Sonderkonstruktionen notwendig sind.

Das Problem bei Baukastensystemen ist, daß die einfacheren Varianten durch einen baukastenbedingten Grundaufwand und den Aufwand für Schnittstellen belastet werden. Hier bieten integrale Baugruppen mit hoher Autonomie, die noch beschrieben werden, neue Möglichkeiten.

3.3 Bearbeitungszentrum mit neuartiger Achsanordnung

Bei der Neukonzeption eines Bearbeitungszentrums wurde eine völlig neue Achsanordnung realisiert (Bild 10). Im Gegensatz zum klassischen Aufbau mit horizontalem Kreuztisch (X- und Z-Achse) und einem vertikalen Y-Schlitten im Torständer weist diese Bearbeitungseinheit einen feststehenden Rahmen mit aufgesetztem vertikalen Kreuztisch (X- und Y-Achse) und einen horizontalen, pinolenartigen Z-Schlitten auf. Der Tisch ruht fest auf dem stark mit Rippen ausgesteiften Maschinengestell. Damit bewegt die Achse mit der häufigsten und größten Bewegung - nämlich die Z-Achse - die kleinste Masse. Außerdem bestehen alle Bauteile aus Rohr- bzw. rohrähnlichen Profilen. Damit wurde eine äußerst steife und massearme Struktur erreicht. Gegenüber dem Vorgängermodell werden beim Verfahren in allen drei Achsen 800 kg oder 45% weniger Masse bewegt.

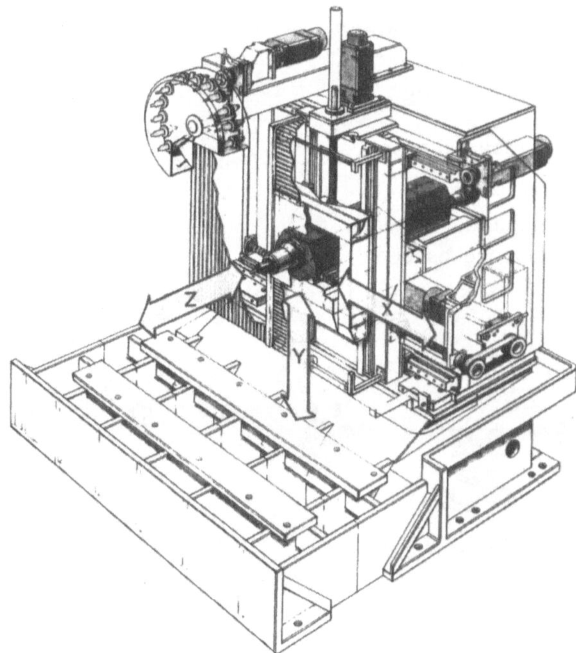

Bild 10. Bearbeitungszentrum (Quelle: Hüller-Hille)

Das Resultat dieser Maßnahmen ist:

- 40 m/min Bearbeitungsgeschwindigkeit,
- 10 m/s^2 Beschleunigung,
- 5 s Span-zu-Span-Zeit.

Dabei muß beachtet werden, daß die Beanspruchung der Kugelgewindetriebe nicht erhöht wurde. Die Geschwindigkeit wurde mit der Vergrößerung der Steigung auf 16 mm erreicht und die Beschleunigung durch eine optimierte Umlenkung der Wälzkörper.

3.4 Flexibilität für Transferlinien

Selbst für Transferlinien, die ja in der Regel für einen ganz bestimmten Einsatzfall konstruiert werden, wird heute eine große Flexibilität in der Konfiguration angestrebt. Dabei stehen folgende Argumente im Vordergrund:

- kurze Montagezeit und damit kurze Lieferzeit, da geprüfte Komponenten zur Endmontage kommen,
- Umbaumöglichkeit bei Änderung des Werkstücks (Modellwechsel),
- geringerer Konstruktions- und Dokumentationsaufwand für den einzelnen Auftrag,
- Erleichterung der Wartung und des Service.

In dem Beispiel nach Bild 11 kann eine Transferlinie in drei verschiedenen Ebenen konfiguriert werden:

- Konfigurationsebene „Bearbeitungseinheiten“,
- Konfigurationsebene „Werkzeugkassetten“,
- Konfigurationsebene „Spannvorrichtung“.

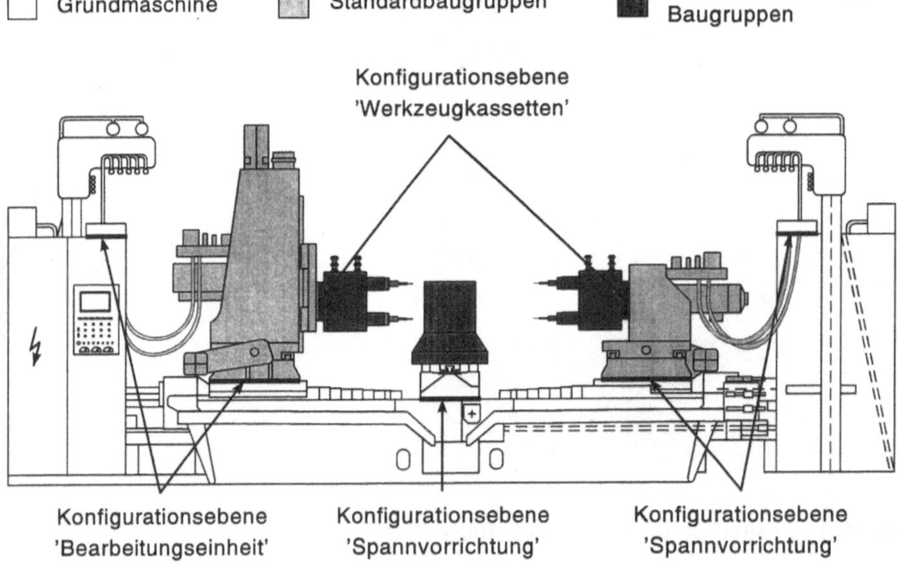

Bild 11. Flexibles System einer Transferlinie (Quelle: Heller)

Dabei ist beispielsweise die Schnittstelle für die Bearbeitungseinheiten grundsätzlich für drei NC-Achsen und die Schnittstelle für die Vorrichtungen mit 30 Funktions- und Signalkanälen vorgesehen (gilt für Mechanik, Elektrik, Hydraulik und Pneumatik).

Zu diesem System gehört auch das entsprechende dezentrale Steuerungssystem mit standardisierten Schnittstellen, das sich durch folgende Merkmale auszeichnet:

- Die Steuerungseinheiten an den Stationen sind aus wenigen, pro Funktion identischen Baugruppen modular aufgebaut.
- Die Funktionalitäten von PLC, CNC, Antrieben und Prozeßüberwachung sind integriert.
- Die vollständige und durchgängige Verfügbarkeit aller Prozeßdaten ermöglicht die systemweite Bedienung und Diagnose.
- Die Konfigurations- und Systemdaten werden in der Zentralsteuerung verwaltet.
- Die Zentralsteuerung sorgt für die softwaretechnische Funktionszuweisung an die Stationssteuerungen.

Dieses Transferliniensystem wird in drei Baugrößen für unterschiedliche Arbeitsräume, Antriebsleistungen und technologieorientierte Anwendungen gebaut, wobei zwei verschiedene Stationsabstände und Stationsanordnungen möglich sind. Außerdem stehen zwei unterschiedliche Transfersysteme für den Werkstücktransport zur Verfügung.

4 Integration unterschiedlicher Technologien

4.1 Kombination konventioneller Bearbeitungen

Die seit mehreren Jahren zu beobachtende Integration verschiedener Technologien in *eine* Maschine schreitet weiter fort und bietet beachtliche Vorteile. Durch das gleichzeitige Drehen, Fräsen und Bohren konnte die Fertigung von Uhrengehäusen sehr wirtschaftlich gestaltet werden (Bild 12). In diesem Fall konnten folgende positiven Effekte erreicht werden:

Bild 12. Rationalisierungseffekte mit der Komplettbearbeitung von Uhrengehäusen (Quelle: Traub)

- Die Fertigungszeit reduzierte sich um 32%.
- Die Zahl der Arbeitsfolgen sank von sechs auf eine.
- Die Durchlaufzeit verkürzte sich von fünf auf eine Woche.
- Mehrere Spannvorrichtungen entfielen.
- Die Präzision wurde durch den Wegfall mehrerer Werkstückspannungen erhöht.

4.2 Integration moderner Bearbeitungsverfahren

Auch die Laserbearbeitung wurde in die CNC-Drehmaschine integriert (Bild 13). Es handelt sich um einen gepulsten Festkörperlaser mit 50 W Nennleistung, der zum Schneiden, Schweißen und Beschriften eingesetzt wird. Der Strahl wird über ein Lichtleitkabel mit 0,2 mm Faserdurchmesser in das Zentrum des oberen Revolvers geleitet und dann von der Optik, die neben den anderen Werkzeugen angeordnet ist, auf das Werkstück gerichtet. Die Optik wird mit Sperrluft vor Schmutz und Kühlschmierstoffen geschützt. Neben dieser Sperrluft werden auch Prozeßgase für das Schneiden und Schweißen in verschiedenen Leitungen durch die Laseroptik hindurchgeführt.

Als Beispiel einer Kombination von konventionellen Arbeitsschritten und verschiedenen Laserbearbeitungen ist in Bild 14 die komplette Herstellung eines Zylinders mit Kolben dargestellt. Auf einer zweischlittigen und zweispindligen Drehmaschine werden die Zylinderdeckel und der Kolben

Bild 13. Integration der Laserbearbeitung in eine CNC-Drehmaschine (Werkbild: Traub)

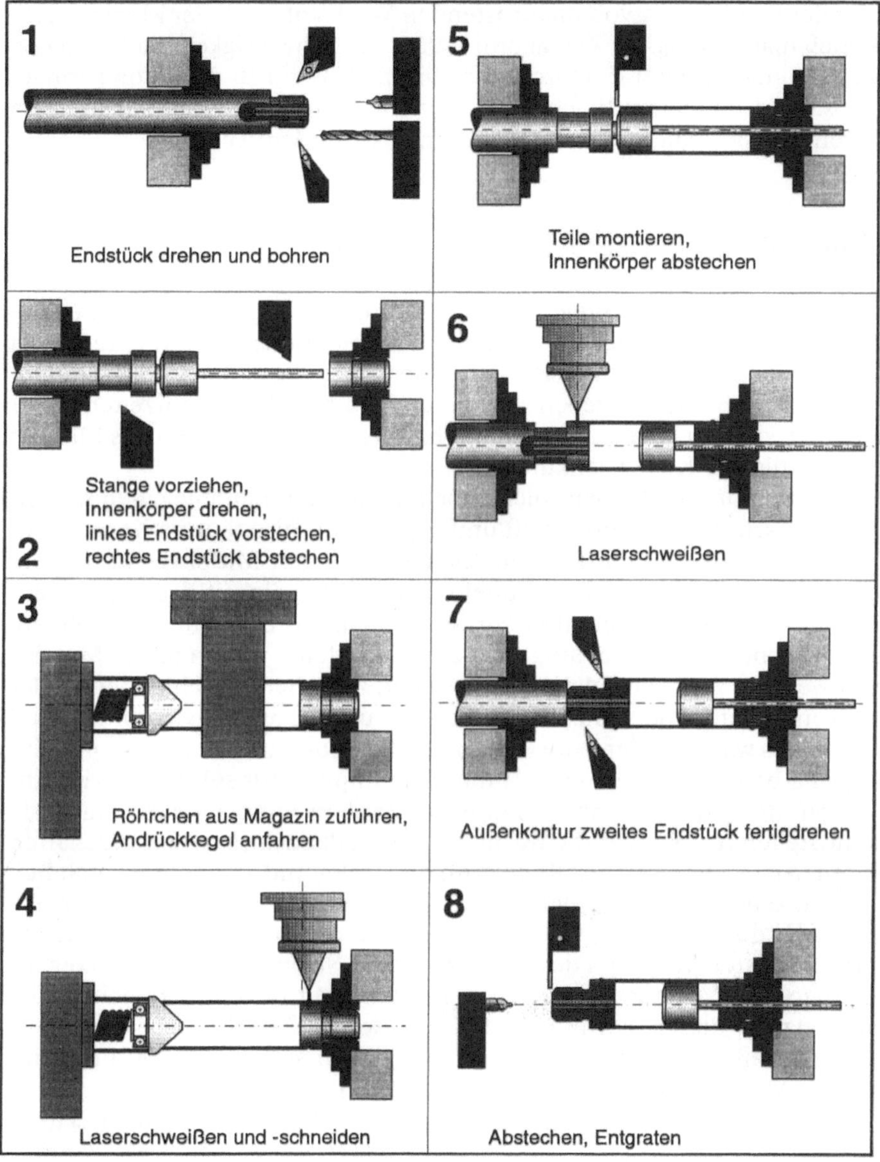

Bild 14. Arbeitsschritte der laserintegrierten Fertigung eines Zylinders (Quelle: Traub)

gedreht. Das Zylinderrohr wird automatisch zugeführt, mit den Zylinderdeckeln verschweißt, mit Laserstrahlen durchbrochen und beschriftet.

Die Laserbearbeitung ist besonders dort interessant, wo kleine Wanddikken oder geringe Abmessungen der Werkstücke nur ganz kleine Bearbeitungskräfte zulassen. Auch dort, wo Gratfreiheit gefordert wird oder das Entfernen des Grates schwierig ist (z.B. beim Durchbrechen oder Anschneiden von Gewinden), wird der Laserstrahl vorteilhaft angewandt.

Bei der Bearbeitung von nichtrostenden Werkstoffen in der Medizintechnik stieß man in jüngster Zeit allerdings auf die Schwierigkeit, daß es in den Schneidzonen zu einer Entchromung kommt, was zur Bildung von geringer Korrosion an den Schnittflächen führt. In metallurgischen Untersuchungen müssen nun geeignete Gegenmaßnahmen gefunden werden.

5 Integrale Bauweise bei Komponenten

Mit der zunehmenden Integration von Komponenten und Maschinenelementen ergeben sich folgende Vorteile: Die Funktionsintegration reduziert die Teilevielfalt und verringert häufig die Fertigungstiefe des Maschinenherstellers. Außerdem ergeben sich dadurch kürzere Durchlaufzeiten in der Fertigung, speziell bei der Maschinen- bzw. Anlagenmontage. Dies führt zu einer deutlichen Kostensenkung.

Im Reparaturfall erlauben solche hochintegrierten Bauteile einen schnellen Austausch. Jedoch müssen oft umfangreichere, also teurere Komponenten ausgetauscht werden. Hier gilt es, den richtigen Mittelweg zu finden.

Ein anderes Problem ist die zunehmende Abhängigkeit des Maschinenherstellers von den Lieferanten der Komponenten. Dies gilt insbesondere auch während der Entwicklung. Um diese Probleme im Sinne des Maschinenanwenders zu lösen, ist die Partnerschaft zwischen Maschinenhersteller und Komponentenhersteller zu verbessern und zu intensivieren. So muß auch bereits während der Entwicklung solcher Komponenten eine enge Zusammenarbeit stattfinden. Oft kommen die Impulse für solche Entwicklungen von den Maschinenherstellern. Außerdem müssen standardisierte Schnittstellen für Werkzeuge, Spannzeuge, Werkstückträger u.a. geschaffen werden. Auch sie tragen zur Reduktion der Teile- und Variantenvielfalt bei. Für Werkzeuge wurden in den Jahren 1987 bis 1991 im Auftrag des VDW vom WZL die Gestaltungsmöglichkeiten für die Schnittstelle Maschine/Werkzeug untersucht [1]. Dies führte zu einer Norm des Hohlschaftkegels, der erhebliche Vorteile gegenüber dem Steilkegel bietet. Dennoch ist die Durchsetzung dieser Norm aufgrund des riesigen Werkzeugbestands nur verhältnismäßig langsam möglich. Jedoch sollen schon ca. 6000 Frässpindeln mit Werkzeugen mit Hohlschaftkegel im Einsatz sein.

Im folgenden werden einige Baugruppen und ihre Entwicklung beschrieben.

5.1 Führungen

Die einstige Skepsis der Maschinenhersteller und Anwender gegenüber linearen Wälzführungen weicht nun einer weitgehenden Akzeptanz. Diese Führungen arbeiten unter Vorspannung, sind also spielfrei. Trotzdem sind – bedingt durch die gegenüber Gleitführungen geringere Reibung – die Kräfte zum Verfahren der Schlitten kleiner. Mit der Verwendung der Wälzführungen werden Betten und Schlitten einfacher und ihre Herstellung weniger aufwendig, so daß das Gesamtsystem in der Regel kostengünstiger ist. Die technischen Parameter verschiedener Führungssysteme wurden im Auftrag des VDW vom WZL der RWTH Aachen in einer umfangreichen Untersuchung ermittelt und verglichen [2]. Dabei wurde insbesondere der Einfluß auf das statische und dynamische Verhalten der Werkzeugmaschinen betrachtet, im Anschluß daran aber auch das Betriebsverhalten unter dem Einfluß von Spänen und Schmutz. Wünschenswert wäre jetzt eine systematische Untersuchung der erforderlichen Schmierung und der Nachschmierfristen, denn aus ökologischen und wirtschaftlichen Gründen sollten die sich mit der Wälzführung bietenden Möglichkeiten der minimalen Schmierung genutzt werden. Darüber hinaus sind lineare Wälzführungen umweltfreundlicher, weil sie weniger Schmierstoff - und zwar in Form von Fett - erfordern. Das bedeutet, daß weniger Schmieröl in den Kühlschmierstoff gelangt und dieser somit eine längere Lebensdauer hat.

Lineare Wälzführungen werden nun auch mit einem magnetischen Längenmeßsystem (Bild 15) ausgerüstet. Der Hauptvorteil dieser Integration ist, daß das Meßsystem direkt an der Führung und damit nahe beim Bearbeitungsprozeß angeordnet ist, so daß Geometrie- und Deformationsfehler (Abbesche Fehler) reduziert werden. Darüber hinaus führt diese Bauart zu einfacheren Konstruktionen, geringerem Bearbeitungs- und Montageaufwand, Reduktion der Einzelteile u.a.m.

Bild 15. Lineare Wälzführung mit integriertem Längenmeßsystem (Werkbild: Schneeberger)

5.2 Motorspindeln

Ein beachtlicher Sprung der Integration ist in den letzten Jahren bei Spindelantrieben zu beobachten. Zunehmend werden die Rotoren der Antriebsmotoren direkt auf den Spindeln montiert und die Statoren direkt im Spindelstock gelagert. Bild 16a zeigt die Trommel einer sechsspindligen Drehmaschine, die mit sechs Motorspindeln bestückt ist. Aus Bild 16b ist ersichtlich, wie stark der Stator des luftgekühlten Asynchronmotors den beengten Einbauverhältnissen in der Spindeltrommel angepaßt ist. Damit werden folgende Vorteile genutzt:

a

b

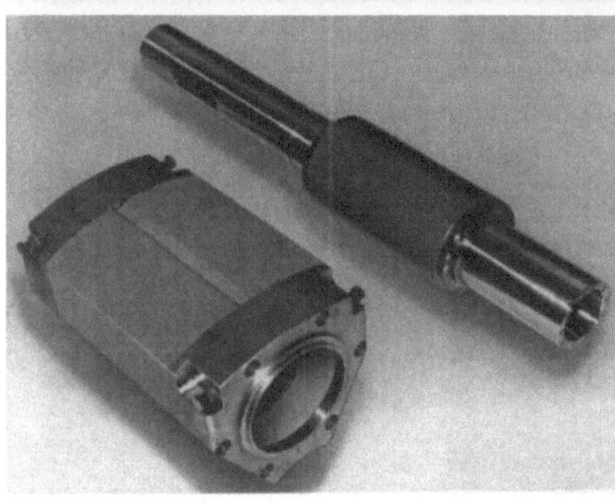

Bild 16. a Motorspindeln in der Trommel einer sechsspindligen Drehmaschine; **b** Motorspindel einer sechsspindligen CNC-Drehmaschine, Stator und Läufer (Werkbilder: Index)

- Getriebeteile wie Wechselräder, Kupplungen u.a. für die einzelnen Spindeln und am Zentralantrieb entfallen.
- Jede Spindel kann einzeln angesteuert und bezüglich Drehrichtung und Drehzahl optimal dem anstehenden Bearbeitungsprozeß angepaßt werden; außerdem ist mit jeder Spindel C-Achs-Betrieb unabhängig von den anderen Spindeln möglich.
- Es gibt keine Reaktionsmomente des Spindelantriebs auf die Trommel und beim Schalten der Trommel auf die Spindeln.
- Die Geräuschemission ist bei höheren Drehzahlen geringer.

Folgende Probleme mußten gelöst werden:

- Abfuhr der im Stator und Rotor freiwerdenden Wärme. Dies wurde in diesem Fall durch eine Luftkühlung erreicht, so daß die Temperatur in der Spindeltrommel niedriger ist als in der Spindeltrommel mit Kupplungsgetrieben.

- Da die Getriebeuntersetzung fehlt, müssen die Motoren so ausgelegt sein, daß sie die für die Bearbeitung notwendigen Drehmomente leisten. Bei Maschinen zur Bearbeitung von größeren Durchmessern führt dies zu großen Abmessungen. Die Verlängerung der Spindel beeinträchtigt aber die Führung der Werkstoffstange.
- Die Unwucht des Rotors muß sehr klein gehalten werden, da er unmittelbar auf der Spindel montiert ist.

5.3 Spindelgeber

Auch bei den Spindelgebern ist der Trend zur integralen Bauweise zu erkennen (Bild 17). Für die Drehzahlregelung beim Drehen ist eine hohe Geschwindigkeit gefordert. Da die Elektronik der Geber nur eine Impulsfrequenz von 120 bis 150 kHz zuläßt, kann die Auflösung nur 1024 Impulse/Umdrehung sein. Dies ist aber für den C-Achs-Betrieb, der einer möglichst hohen Auflösung bedarf, um entsprechende Genauigkeiten zu erreichen, zu wenig. Darum mußten früher zwei Geber mit unterschiedlicher Auflösung nämlich 1024 und 9000 Impulse/Umdrehung angebaut werden. Der nächste Schritt war der Einsatz eines Doppelimpulsgebers mit integrierter Impulsvervielfachung, der 1024 und 90 000 Impulse/Umdrehung ausgab.

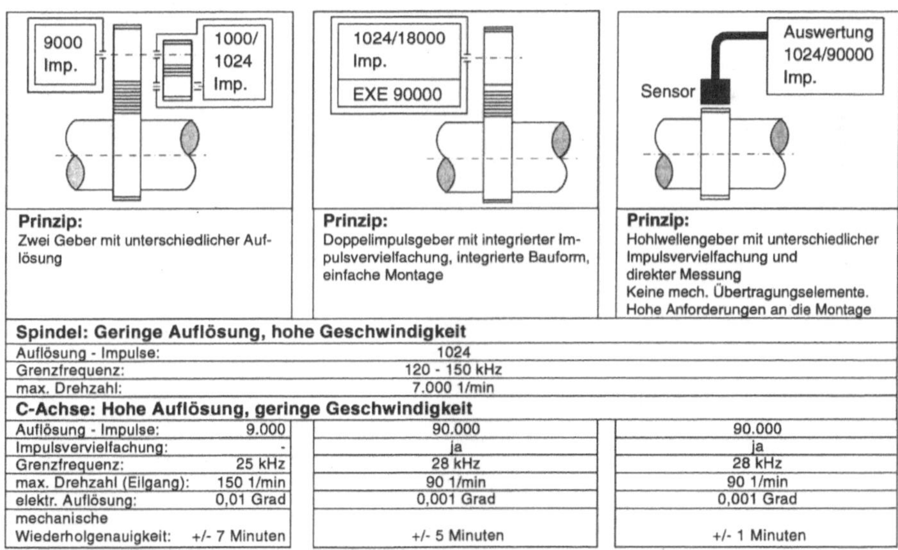

	Prinzip: Zwei Geber mit unterschiedlicher Auflösung	**Prinzip:** Doppelimpulsgeber mit integrierter Impulsvervielfachung, integrierte Bauform, einfache Montage	**Prinzip:** Hohlwellengeber mit unterschiedlicher Impulsvervielfachung und direkter Messung Keine mech. Übertragungselemente. Hohe Anforderungen an die Montage
Spindel: Geringe Auflösung, hohe Geschwindigkeit			
Auflösung - Impulse:	1024		
Grenzfrequenz:	120 - 150 kHz		
max. Drehzahl:	7.000 1/min		
C-Achse: Hohe Auflösung, geringe Geschwindigkeit			
Auflösung - Impulse:	9.000	90.000	90.000
Impulsvervielfachung:	-	ja	ja
Grenzfrequenz:	25 kHz	28 kHz	28 kHz
max. Drehzahl (Eilgang):	150 1/min	90 1/min	90 1/min
elektr. Auflösung:	0,01 Grad	0,001 Grad	0,001 Grad
mechanische Wiederholgenauigkeit:	+/- 7 Minuten	+/- 5 Minuten	+/- 1 Minuten

Bild 17. Entwicklung der Spindelimpulsgeber (Quelle: Traub)

Die neueste Bauform ist der Hohlwellengeber mit unterschiedlicher Impulsvervielfachung. Damit entfallen nicht nur die herkömmlichen Geber, sondern auch ihr Anbau und Antrieb. Insbesondere der Wegfall der Zahnriementriebe führte zu einer beträchtlichen Steigerung der Genauigkeit. Da die Rundlaufgenauigkeit des Hohlwellengebers ausschlaggebend ist für die erzielbare Genauigkeit bei der C-Achsgenauigkeit, muß sichergestellt werden, daß der Rundlauffehler im eingebauten Zustand < 12 μm ist. Auch die Justage des Sensors bedarf großer Sorgfalt.

5.4 Revolverschaltung

Interessant ist auch die Entwicklung der Revolverschaltung (Bild 18). Schon die kurvengesteuerten Drehautomaten hatten eine sehr schnelle und betriebssichere Einrichtung hierfür. Der Schaltmechanismus war ein Maltesergetriebe mit annähernd idealer Schaltcharakteristik und die Energie

	Mechanisch	Elektro-Hydraulisch	NC	Mechanisch-Hydraulisch
	HSTW, STW	H-Mot, PG	S-Mot, IG, PG	H-Mot, PG
Anzahl der Teile:	200	56	24	41
Anzahl der Schalter:	-	4	2	1
Schaltzeit (ohne Verriegelung):				
1 Station:	0,5 s	0,19 s	0,12 s	0,17 s
4 Stationen:	2,0 s	0,75 s	0,48 s	0,68 s
Vorteile:	- Keine Sensorik, reine Mechanik - geringe Störanfälligkeit	- Richtungslogik - kleine Motorabmessungen	- Sehr gute Regelung - Hohe Betriebssicherheit - Variable Schaltgeschwindigkeit - Geringe Wärmeentwicklung	- Kostengünstig - Hohe Betriebssicherheit - Unempfindlich gegen Öl und Schmutz - Großer Einsatzbereich - Verriegelung durch hydraulische Folgesteuerung
Nachteile:	- Keine Richtungslogik - Keine Überwachung - Verschleiß	- Mangelnde Betriebssicherheit - (komplexe Steuerung) - Aufwendige Abstimmung - Starker Temperatureinfluß	- Hohe Kosten (NC-Achse)	- Komplexes Bauteil

Bild 18. Entwicklung der Revolverantriebe. Vergleich Mechanisch/Elektro-hydraulisch/NC/Mechanisch-hydraulisch (Quelle: Traub)

wurde über sehr sinnvolle Kupplungen von der sich schnell und konstant drehenden Hilfssteuerwelle abgezweigt. Nachteilig an diesem System war, daß es keine Richtungslogik gab, sondern die Stationen in fester Sequenz geschaltet wurden, was für die der NC-Technik zugrundeliegende flexible Fertigung nicht tragbar war. Darüber hinaus erforderte der Schaltmechanismus eine sehr große Anzahl von Teilen, wovon viele auch dem Verschleiß ausgesetzt waren.

Mit der elektrohydraulischen Schaltung wurde die Richtungslogik eingeführt. Mit Eil- und Schleichgang wurden die programmierten Stationen angefahren. Das Abstimmen der Regelcharakteristik im kalten und warmen Zustand war schwierig und führte gelegentlich zu mangelnder Betriebssicherheit. Um dies zu vermeiden, wurde für die Schaltung des Revolvers eine numerische Achse mit Servomotor eingesetzt. Damit wurde sowohl eine kurze Schaltzeit wie auch eine einfache Einstellung erreicht. Allerdings waren die Kosten hoch, und die elektrischen Teile wurden durch Öl und Schmutz angegriffen.

Man besann sich schließlich auf alte Tugenden und entwickelte einen hydraulischen Antrieb mit mechanischer Geschwindigkeitsrückführung (Bild 19). Dieses hochintegrierte kompakte Gerät ist nicht nur kostengünstiger und unempfindlicher gegen Öl und Schmutz, sondern hat infolge seiner kleinen Baugröße bei hoher Leistung einen weiten Betriebsbereich, so daß es für große und kleine Revolver verwendet und in großen Stückzahlen gebaut werden kann.

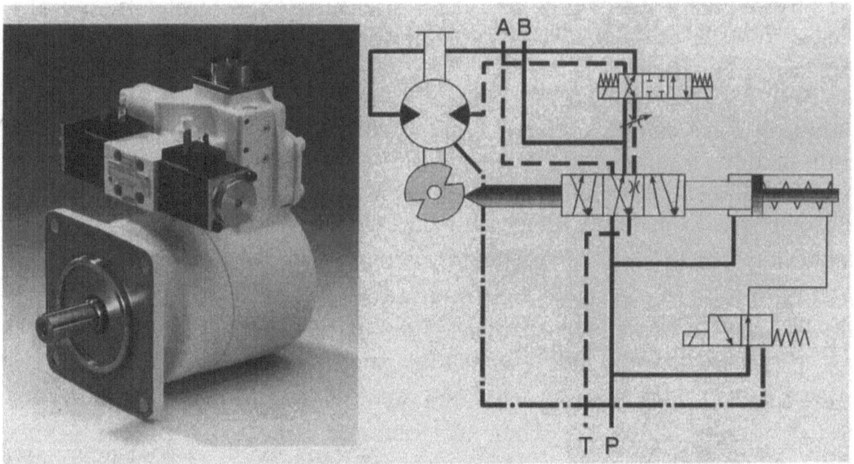

Bild 19. Positioniermotor mit mechanischer Rückführung (Quelle: Mannesmann Rexroth)

5.5 Achsantriebe

Höhere Integration bestimmt auch die Weiterentwicklung der Achsantriebe. Bei dem in Bild 20 gezeigten Antrieb ist die Gewinderollmutter in den Motor integriert, während die Spindel feststehend in den Schlitten eingebaut ist. Natürlich ist auch umgekehrt der Einbau des Motors in den Schlitten und der Spindel in das Grundgestell denkbar. Folgende Vorteile werden dabei genutzt:

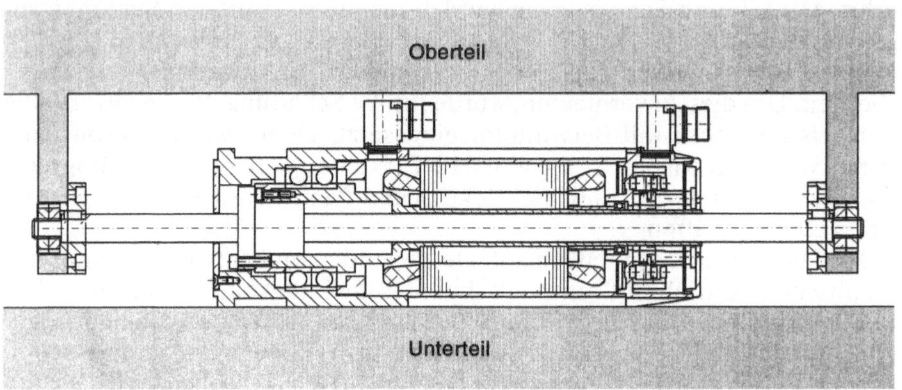

Bild 20. Servomotor mit integrierter Kugelrollmutter (Quelle: AMK)

- Die Spindel rotiert nicht, es gibt also keine kritischen Drehzahlen mehr.
- Die Spindel ist nicht mehr Bestandteil der zu beschleunigenden und zu verzögernden Masse.
- Die Spindel muß nicht über Lager vorgespannt werden, d. h., die Vorspannung kann erhöht und der Durchmesser der Kugelrollspindel reduziert werden, was wiederum kleinere Massen der Mutter bedeutet.
- In Spindellager entsteht keine Wärme mehr.
- Bauteile wie Kupplung, Lager u.ä. entfallen.

Nachteilig dürfte sich auswirken:

- Der Raumbedarf zwischen Schlittenunterteil und -oberteil ist groß.
- Die Wärme des Antriebs erwärmt Spindel und Schlittenteile.
- Der Montageaufwand im Störungsfall ist größer.

Interessant ist, daß man zunehmend auf den Einbau von Überlastkupplungen verzichtet. Dies ist sicher auf folgende Entwicklungen zurückzuführen:

- Steigerung der Zuverlässigkeit der CNC-Steuerung und der Antriebsregelung,
- besserer Ausbildungsstand des Bedienpersonals,
- keine Referenzpunktfahrt (Kollisionsgefahr!) aufgrund der absoluten Meßsysteme,
- schnellere Reaktionsgeschwindigkeit der elektronischen Absicherungen,
- höhere Bediensicherheit durch Simulation der Programme.

6 Maßnahmen zur Erhöhung der Zuverlässigkeit

Wie eingangs erwähnt, ist die Steigerung der Zuverlässigkeit der Maschinen eines der wichtigsten Ziele der Werkzeugmaschinenentwicklung. Dieser Aspekt wurde bei der Betrachtung der integralen Bauweise immer wieder beleuchtet. Es gibt aber auch andere Ansätze zur Erreichung dieses Zieles.

Vom Institut für Werkzeugmaschinen und Betriebswissenschaften (iwb) der Technischen Universität München wurde eine umfangreiche Untersuchung über die „Verfügbarkeit von Werkzeugmaschinen“ angestellt [3]. Dabei wurden die Ausfallursachen von 143 CNC-Werkzeugmaschinen, vorwiegend Drehmaschinen und Bearbeitungszentren, untersucht.

6.1 Berührungslose Endschalter

In dieser Studie wurde festgestellt, daß die elektronischen und elektrischen Bauelemente im allgemeinen eine beachtliche Zuverlässigkeit aufweisen. Die häufigsten Ausfälle werden von berührungslosen Endschaltern verursacht (Bild 21).

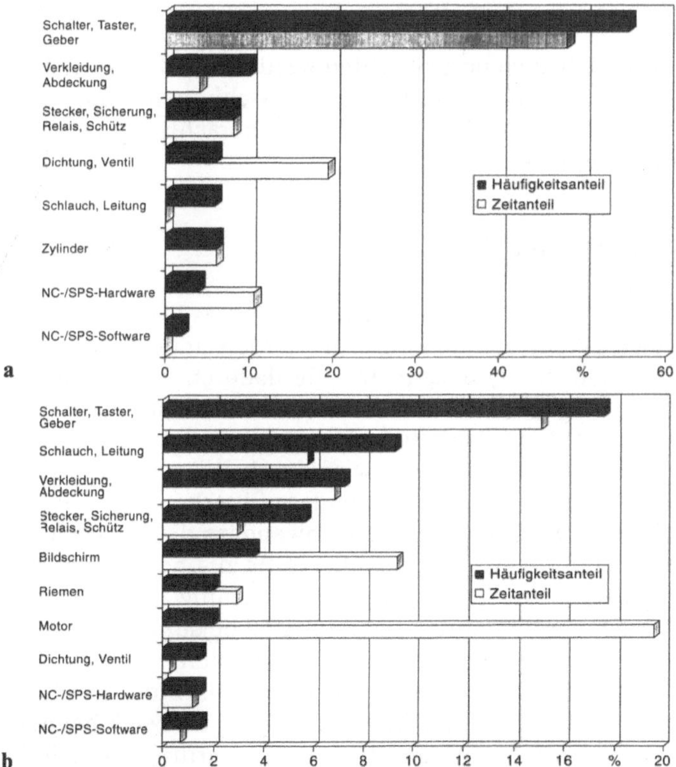

Bild 21a, b. Von Störungen betroffene Bauteilklassen bei **a** Bearbeitungszentren und **b** Drehmaschinen (Quelle: iwb München)

Die wirkungsvollste Maßnahme zur Vermeidung von Ausfällen ist sicher, die große Anzahl dieser Schalter zu reduzieren. Hierfür gibt es tatsächlich Ansätze:

- Entfall von Überlastkupplungen,
- absolute Meßsysteme,
- Sicherheitssysteme ohne Schalter,
- NC-Achsen statt Abschaltkreise u.a.m.

So konnten im Zuge der Neukonstruktion einer Drehmaschine 40% der Schalter entfallen. Dennoch werden solche Schalter immer noch zwingend notwendig sein. Aus diesem Grund hat der VDW das iwb mit einem Projekt „Steigerung der Zuverlässigkeit von Endschaltern in Werkzeugmaschinen" beauftragt. Daran sind nicht nur Anwender und Hersteller von Werkzeugmaschinen, sondern auch mehrere Hersteller von Endschaltern beteiligt. Das Versagen hat verschiedene Gründe:

- Toleranzen der elektronischen Elemente,
- Unregelmäßigkeiten bei der Herstellung,
- falsche Befestigung,
- unsachgemäßte Montage,
- Unbeständigkeit gegen Öl,
- Verdunstung der Weichmacher in den Anschlußkabeln.

Bei aller Kritik muß jedoch auch berücksichtigt werden, wie viele Schalter in einer Maschine arbeiten. Bei mehrachsigen Drehmaschinen mit Stangenlademagazin sind beispielsweise bis zu 30 Schalter angebracht. Umso wichtiger ist aber ihre Zuverlässigkeit.

6.2 Einfluß des Kühlschmierstoffs

Vor einigen Jahren wurde zum Schutz der Umwelt Chlor als Desinfektionsmittel aus Kühlschmiermitteln verbannt. Dafür wurden andere Additive beigemengt, jedoch wurden die Kühlschmierstoffe dadurch viel anfälliger für Pilze und Bakterien. Diese greifen über ihre Stoffwechselprodukte metallische Flächen an, indem sie diese aufrauhen, was zu erhöhtem Verschleiß an Führungen führt. Dieser Prozeß wird durch Wärme begünstigt und sorgte bei Maschinenherstellern und Anwendern für erhebliche Sorgen wegen der Schäden. Sehr schwierig war es, den Anwendern die Notwendigkeit einer sorgfältigeren Wartung der Kühlschmierstoffe zu übermitteln, zumal manche Kühlschmierstoffhersteller durch Beimischung von aromatischen Mitteln den Geruch bei Pilz- und Bakterienbefall bekämpften und in ihrer Werbung eine längere Gebrauchsdauer herausstellten.

Die Situation hat sich insofern entspannt, als die Kühlschmierstoffhersteller offenbar wirkungsvollere Additive gefunden haben und sich bei den Anwendern die Kenntnis über die Art und Weise der Wartung von Kühlschmiermitteln durchgesetzt hat. Die Konstrukteure konnten folgende Beiträge zur Problemlösung leisten:

- Vermeiden von schlecht belüfteten Hohlräumen,
- möglichst gutes Abdichten der Arbeitsräume, so daß möglichst kein Kühlschmierstoff an Führungen, andere bewegte Teile, elektrische und elektronische Komponenten gelangt.

Es bleiben aber einige Probleme:

- Praktisch alle Kunstoffe altern und verspröden insbesondere unter dem Einfluß von Öl. Dies begrenzt die Lebensdauer von Kabeln, Dichtungen und Späneabstreifern. Kabel verspröden besonders stark, wo sie sowohl mit Öl als auch mit warmer Luft in Berührung kommen.
- Je besser beispielsweise Führungen abgedeckt werden, desto schwieriger ist die Kontrolle der Späneabstreifer und der Zustand der Führung.

7 Umweltverträgliche Bearbeitungsverfahren und Maschinenkonzepte

Die herausragenden umweltgefährdenden Faktoren beim Betrieb von Werkzeugmaschinen sind die Verwendung und der Verbrauch von Kühl- und Schmierstoffen. Darum wird folgerichtig heute viel über die Trockenbearbeitung diskutiert und nachgedacht. Die Schneidstoff- und Werkzeugentwicklung hat manche Voraussetzung für die Anwendung der Trockenbearbeitung geschaffen. Dennoch sind noch viele Probleme zu lösen:

- Kühlung des Werkstücks,
- Vermeiden von Wärmeeinflüssen durch heiße Späne,
- Schutz der Bauteile vor feinen, harten Spänen.

Das in Bild 22 dargestellte horizontale Bearbeitungszentrum hat wie Drehmaschinen ein Schrägbett. Dadurch werden die Späne möglichst schnell und vollständig aus der Maschine entfernt. Eine Flüssigkeitskühlung kann die Spänewanne kühlen und das Bett auf konstanter Temperatur halten.

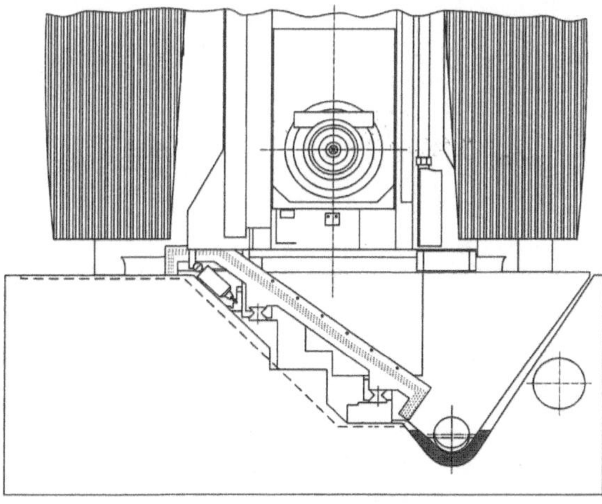

Bild 22. Bearbeitungszentrum mit Schrägbett zur besseren Späneabfuhr und thermischer Isolation der Spänewanne (Quelle: Heckert)

Eines der größten Umweltprobleme bei der Metallbearbeitung ist die Entsorgung von Schleifschlamm. Hier könnte manchmal die Hartbearbeitung durch Drehen und Fräsen die Lösung sein. Die Steifigkeit der modernen CNC-Maschinen schafft eine Voraussetzung hierfür. Allerdings muß eine höhere Präzision in einem sicheren Prozeß gewährleistet werden können. Dies ist heute oft schon möglich, dennoch wird in der Praxis dieses Bearbeitungsverfahren noch relativ selten angewandt.

In diesem Zusammenhang sind die in diesem Frühjahr veröffentlichten Ergebnisse des vom BMFT geförderten Verbundprojekts „Hochpräzisionszerspanen mit geometrisch bestimmter Schneide" [4] sehr interessant. Durch Übertragung der hier gezeigten Möglichkeiten zur Präzisionssteigerung in Standardmaschinen müßte es machbar sein, die Hartbearbeitung beim Drehen und Fräsen häufiger anzuwenden.

Literatur

1. Untersuchung der Gestaltungsmöglichkeiten für die Schnittstelle Maschine/Werkzeug. Abschlußber. z. Forsch.-vorh. WZL, RWTH Aachen 1991
2. Untersuchung von Wälzführungen zur Verbesserung des statischen und dynamischen Verhaltens von Werkzeugmaschinen. Forsch.-ber. 0153. VDW 1992
3. Verfügbarkeit von Werkzeugmaschinen. Abschlußber. z. AIF-Proj. 8649. Inst. f. Werkzeugmasch. u. Betriebswiss. 1993.
4. Hochpräzisionszerspanen mit geometrisch bestimmter Schneide. Forsch.-gem. Qualitätssich. (FQS) 1994.

Rapid Prototyping - Schneller zu neuen Produkten

H.-J. Bullinger

Inhalt: Problematik der heutigen Produktentwicklung - Ein Lösungsansatz: Rapid Prototyping: Teamorganisation und Planung; Produktentwicklung (Funktion, Kosten, Qualität); Ganzheitliches Informations- und Kommunikationsmanagement; Technologien - Sonderforschungsbereich 374 „Entwicklung und Erprobung innovativer Produkte - Rapid Prototyping“: Teamarbeit im Rapid-Prototyping unter kognitionspsychologischen und organisationsbezogenen Aspekten; Planungsmethoden für dezentrale Entwicklungsteams; Modellieren des vernetzten Denkens und Handelns in der Konstruktion; Qualitätsmanagement im Rapid Prototyping; Kostenmanagement im Prozeß des Rapid Prototyping; Ganzheitliche Modelle zur Repräsentation aktiven Wissens; Adaptive Benutzeroberflächen; Teamorientiertes Kommunikationssystem für vernetztes Arbeiten (Datenintegration und Kooperation, Kooperationsmodelle, Kommunikation und Kooperation, Computerunterstützte kooperative Arbeit, Computerunterstützte Kommunikation, Multimedia); Virtuelle Realität als Gestaltungs-, Evaluierungs- und Kooperationswerkzeug; Visualisierung und Simulation physikalisch-technischer Vorgänge; Aufbau und Betrieb von Rapid-Prototyping-Prozeßketten; Rapid-Prototyping-Labor zur Herstellung funktionaler und technischer Prototypen mit Hilfe von Lasertechniken; Entwicklung von Werkzeugen für Prototypteile; Rechnerunterstützte Fahrzeugkonzeption am Beispiel Fahrzeugsitze - Ausblick

1 Problematik der heutigen Produktentwicklung

Den internationalen Wettbewerb kennzeichnet eine zunehmende Innovationsdynamik. Die abnehmende Vermarktungsdauer der Produkte, die in einzelnen Fällen schon kürzer als die Entwicklungszeit ist, erfordert von Unternehmen eine wachsende Zahl von Neuentwicklungen und eine Beschleunigung der Prototypentwicklungszyklen, um am Markt besser bestehen zu können. Damit gewinnen ein früher Markteintritt und ein auf Kundenwünsche genau abgestimmtes Produkt an Bedeutung [1, 2].

Die Strategie der Taylorisierung von Arbeitsvorgängen und die damit erreichten, hochspezialisierten Arbeitssysteme führen zu tief gegliederten, hierarchischen Organisationsformen, die aufgrund langer Entscheidungswege eine schnelle Umsetzung der Markterfordernisse erschweren. Ihr hoher Reglementierungsgrad wirkt hemmend auf die Innovationskraft der Unternehmen. Diese werden deshalb nur bedingt der Dynamik des Marktes gerecht [3-6].

In den letzten Jahren wurden zur Unterstützung der Produktentwicklung vermehrt rechnergestützte Werkzeuge eingesetzt. Trotz ihrer Möglichkeit zur Vernetzung von Hard- und Software sind die Anwendungsprogramme (z.B. FEM, CAD) noch weitgehend einzelplatzorientiert, so daß sie zu einer

Verfestigung der Arbeitsteiligkeit und einer Behinderung von Kooperationen führen. Kooperation und Kommunikation sind jedoch besonders in frühen Entwicklungsphasen, in denen nur wenig gesicherte Informationen über das neue Produkt vorhanden sind, entscheidend [7]. Erst mit der Nutzung des gesamten Ingenieurwissens, das verteilt im Unternehmen vorhanden ist, können schnelle und gesicherte Entscheidungen unter Berücksichtigung möglichst vieler Randbedingungen getroffen werden.

Die Entwicklungsdauer und der dazugehörende Produktreifegrad hängen wesentlich davon ab, wie schnell Rechenmodelle und deren Visualisierung (virtuelle Prototypen) sowie physische Prototypen verfügbar sind. Erst anhand dieser sichtbaren, aktuellen Ergebnisse des laufenden Entwicklungsprozesses kann eine effektive Kommunikation der Experten untereinander oder mit Kunden erfolgen. Mit ihrer Hilfe sind z.B. eine schnelle Verifikation der Konstruktion, die Verfolgung mehrerer alternativer Lösungswege in kurzer Zeit, ein früher Test von Design-Studien mit potentiellen Kunden und die rechtzeitige Überprüfung von Einbaubedingungen, z.B. zur Raumausnutzung, Baubarkeit oder Montage, möglich. Dies führt nicht nur zu einer deutlichen Verkürzung der Entwicklungszeit, sondern auch zur Steigerung der Produktqualität.

Innovative Fertigungsverfahren zur schnellen Herstellung physischer Prototypen wie generative Verfahren, wurden in den letzten Jahren entwikkelt, um ohne Werkzeug und Form, direkt aus Geometrie- und Topologiedaten, einen Prototyp schichtenweise aufzubauen [8, 9]. Die Einsatzmöglichkeiten vieler dieser Prototypen sind jedoch aufgrund teilweise mangelhafter physikalischer Eigenschaften der verwendeten Materialien, z.B. Festigkeit, Wärmeausdehnung und elektrische Leitfähigkeit, auf geometrische Prototypen beschränkt. Diese besitzen nicht die für technische Prototypen notwendigen Eigenschaften des Serienprodukts. Welches Potential in diesen noch „jungen“ Methoden und Technologien vorhanden ist, zeigen Analysen der Zeitanteile konventioneller, physischer Prototypen am gesamten Entwicklungsprozeß. Häufig werden mehr als 25% der Entwicklungszeit auf die Erstellung von Prototypen verwendet. Bei 60% der untersuchten Prototypen beträgt die Fertigungszeit für einen mehrere Monate [10].

Weitere Einsparungspotentiale hinsichtlich Herstellungszeit und -kosten würde die inkrementelle Erstellung bzw. die schnelle Änderung von Prototypen bieten. Diese verlangen jedoch eine sinnvolle Kombination generativer und abrasiver Verfahren.

Ein Mangel bei der rechnergestützten Darstellung der physikalischen Eigenschaften von Prototypen (virtueller Prototypen) mit Hilfe von Simulations- und Berechnungsmodellen ist noch die weitgehend fehlende Visualisierung [11]. Ergebnisse können daher nur von wenigen Spezialisten interpretiert werden, so daß sie von den übrigen Teammitgliedern nur indirekt und damit eingeschränkt zu gebrauchen ist.

Eine enge Abstimmung der Anwendung virtueller und physischer Prototyping-Verfahren ist notwendig, um die jeweiligen Vorteile der Methoden im Produktentwicklungsprozeß effektiv nutzen zu können.

2 Ein Lösungsansatz: Rapid Prototyping

Zur Überwindung der aufgezeigten Probleme müssen die Iterationszyklen im Entwicklungsprozeß wesentlich beschleunigt sowie der Wissenszuwachs je Schritt deutlich erhöht werden (Bild 1). Im Mittelpunkt der Organisationsform, die im folgenden mit Rapid Prototyping bezeichnet wird, stehen

- Modelle zur Organisation dezentraler, eigenverantwortlicher Expertenteams,
- Methoden zur ganzheitlichen Darstellung des Wissens in der Prototypentwicklung und -erprobung,
- Verfahren zur schnellen Erzeugung virtueller und physischer Prototypen,

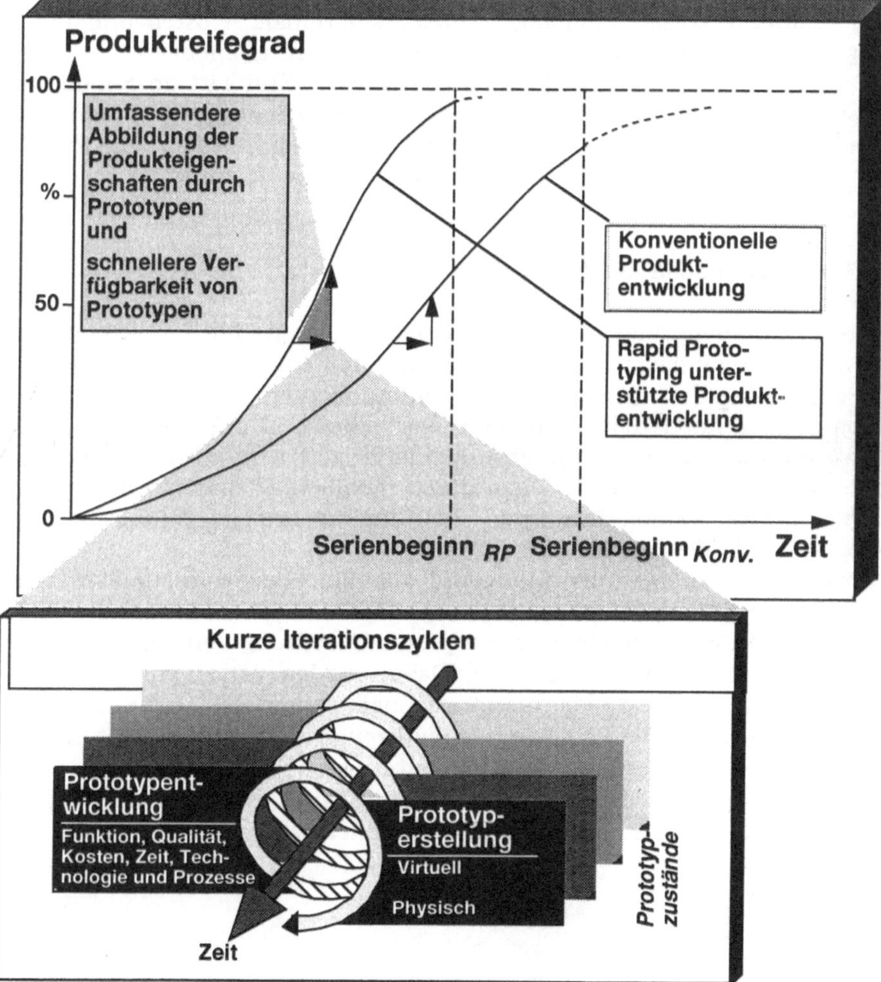

Bild 1. Verkürzung der Produktentwicklungszeit durch Rapid Prototyping

- Bereitstellung von Instrumentarien zur Unterstützung rascher Entscheidungen bei Alternativen von Fertigungsverfahren sowie
- Techniken zur Einbeziehung aller Beteiligten mit Hilfe intelligenter Kooperations- und Kommunikationssysteme.

Neue Kooperationsstrukturen für Entwicklungsgruppen schaffen die Voraussetzungen, das im Unternehmen vorhandene Wissen besser zu nutzen und schneller in Produkte umzusetzen. Direkt an den Forderungen des Teams orientiert sind Rapid-Prototyping-Planungsmethoden, die einen hohen Grad von Selbstmanagement erlauben und jederzeit eine flexible Veränderung oder Neuplanung der Entwicklungsprojekte möglich machen.

Zur sinnvollen Entscheidungsfindung muß dabei auf das gesamte Wissen der Entwicklungsexperten zurückgegriffen werden können. Die Repräsentation dieses Wissens verlangt eine gemeinsame Wissensbasis, die für Prototypen Funktionszusammenhänge, Qualitätsmerkmale, Kosten und Fertigungsbedingungen sowie deren Wechselwirkungen abbildet.

Dieser Lösungsansatz wird an der Universität Stuttgart im Sonderforschungsbereich 374 „Entwicklung und Erprobung innovativer Produkte - Rapid Prototyping“ unter verschiedenen Aspekten untersucht. Die folgenden Abschnitte beschreiben kurz die Forschungsschwerpunkte.

2.1 Teamorganisation und Planung

Rapid Prototyping baut auf der intensivierten menschlichen Arbeit auf. Die am Entwicklungsprozeß Beteiligten arbeiten enger zusammen, sie nutzen zusätzliche Informations- und Kommunikationsebenen und kooperieren stärker mit Experten anderer Fachgebiete. Die Verbesserung der Entwicklungsarbeit im Rapid-Prototyping-Prozeß wird sowohl mit einer neuen Organisationsform als auch durch flexiblere Planungsverfahren erreicht. Hierfür werden Konzepte, Instrumente und Gestaltungsmodelle entwickelt.

Angestrebt wird die Entwicklung und Adaption geeigneter arbeitswissenschaftlicher und organisationspsychologischer Instrumente sowie flexibler Planungsmethoden zur Untersuchung und Gestaltung von Expertentätigkeit im Entwicklungsteam (Bild 2). Dabei werden vor allem Petri-Netz-basierte Methoden und nichtmonotone Logiken zur Zeit- und Kapazitätsplanung eingesetzt. Die Wirkung der Werkzeuge und Konzepte auf Einzelpersonen (z.B. in Bezug auf Belastung und Effizienz) und Gruppenprozesse sowie die daraus resultierende Formulierung von Gestaltungsempfehlungen müssen in Folge aus arbeitswissenschaftlicher Sicht analysiert und bewertet werden.

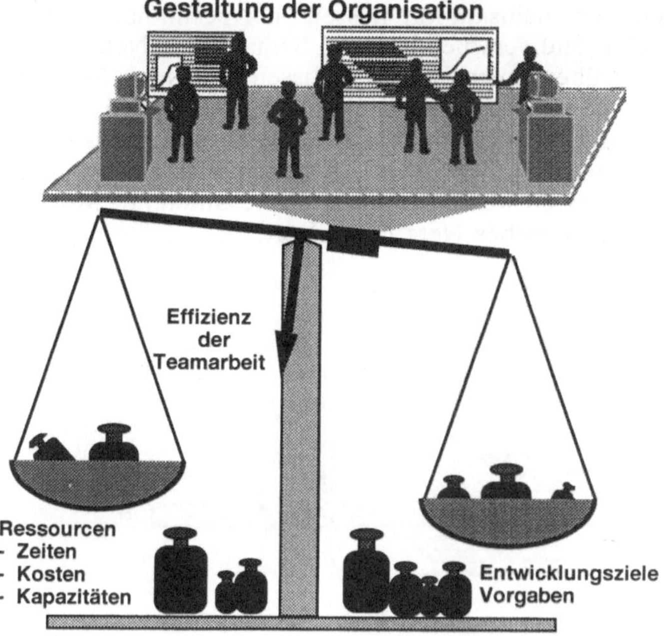

Bild 2. Wechselwirkung verschiedener Planungseinflüsse

2.2 Produktentwicklung: Funktion, Kosten, Qualität

Der Markt fordert kostengünstige Produkte mit ausreichender Funktionalität und hoher Qualität. Erfolgreich sind nur die Unternehmen, die sich ändernde Kundenwünsche noch vor Konkurrenten befriedigen können.

Erst neue Methoden erhöhen die Leistungsfähigkeit der gesamten Wertschöpfungskette, von der Produktion bis zum Recycling. Ihre Optimierung hat das Ziel, die Dauer eines jeden Arbeitsschritts zu verringern und damit die Kosten zu reduzieren. Zudem läßt sich durch kürzere Lernzyklen die Qualität weiter steigern.

Im internationalen Vergleich fällt jedoch auf, daß in Deutschland die Produktentwicklungsdauer länger ist als beispielsweise in Japan. Soll sie reduziert werden, müssen gegebenenfalls weniger, unbedingt jedoch kürzere Iterationszyklen ausreichen. Das bedeutet jedoch, daß jeder dieser Zyklen, trotz verminderter Dauer, bessere Ergebnisse als bisher liefern muß.

Dieses Ziel soll mit Hilfe eines rechnergestützten Rapid-Prototyping-Entwicklungssystems erreicht werden, das bereits in den frühen Entwicklungsphasen eines Projektes Fehlentscheidungen vermeiden und Schwachstellen erkennen hilft.

Grundlage des neuartigen Entwicklungssystems wird ein sogenanntes „aktives semantisches Netz“ sein, das interaktiv Konstruktions-, Qualitäts-

und Kostenwissen (Bild 3) gemeinsam mit Wissen über Technologien und Zeitmanagement abbilden und verarbeiten kann. Semantische Netze werden in der Informatik seit über 20 Jahren in der Wissensrepräsentation eingesetzt, um Objekte und deren statische Beziehungen zu beschreiben. Die Dynamik eines Produktentwicklungsprozesses verlangt zusätzlich das Konzept von Wirkketten, entlang derer Veränderungen von Objekten und ihrer Attribute automatisch propagiert werden können. Das resultierende Modell wird daher als aktives semantisches Netz bezeichnet.

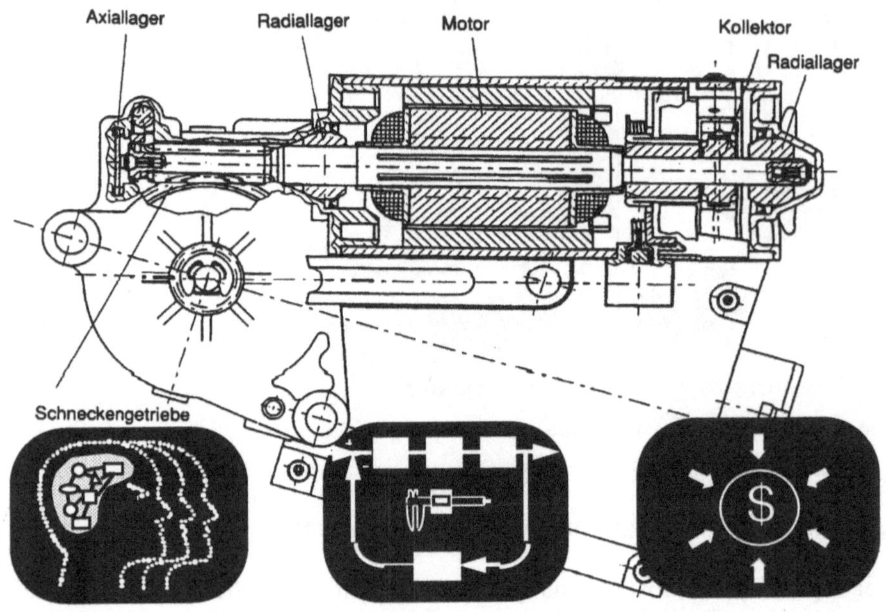

Bild 3. Verschiedene Wissensformen in der Produktentwicklung

Wesentliche Forderungen an das Entwicklungssystem sind:

- Wechselwirkungen zwischen den Anforderungen, den Funktionen, der Qualität und den Kosten in einem Entwicklungsprozeß müssen erfaßt und dargestellt werden. Damit wird die Lösung einer Entwicklungsaufgabe trotz Erhöhung der Komplexität des involvierten Wissens aus der Sicht des jeweiligen Bearbeiters reduziert; Fehler werden vermieden bzw. frühzeitig erkannt.
- Anforderungen, Auslegungsparameter, Kosten und Qualität können, wenn notwendig, in Form von Intervallen behandelt werden, die sich dynamisch aktualisieren lassen. Dies führt bereits in einem frühen Stadium zu einer zuverlässigen Auslegung.
- Qualität und Kosten wirken als Regulativ. Die notwendige Qualität eines Prototyps wird mit der im spezifischen Fertigungsprozeß erzielbaren ver-

glichen, bevor über eine Herstellung entschieden wird. Ausgehend von der augenblicklichen Produktqualität muß auf die später erreichbare geschlossen werden, um entscheiden zu können, ob noch weitere Iterationszyklen nötig sind, damit die vom Markt erwartete Qualität erreicht wird.

- Mit Hilfe von Kostenmodellen kann die Steuerung des Entwicklungsaufwands vorgenommen werden. Das Ergebnis ist ein adaptiver Zielkostenprozeß für den Rapid-Prototyping-Prozeß. Weiterhin müssen die marktorientierten Vorgaben bereits in den frühen Entscheidungsphasen mit Kostenprognosen für das als Entwurf vorliegende Produkt verglichen werden.

Aufgrund der Konzentration des bei den einzelnen Entwicklern gestreut vorhandenen Wissens entsteht bereits vor der Herstellung eines ersten Prototyps ein deutlich ausgereifterer Entwurf als bisher. Eine gezieltere Fertigung spezifischer Prototypen, entsprechend den noch zu beseitigenden Unsicherheiten beim Konstrukteur, verringert die Anzahl der notwendigen Iterationszyklen und reduziert deren Dauer. Die Wiederverwendung erfolgreicher Entwicklungsabläufe bzw. der Rückgriff auf bereits vorhandene, negative Versuche ist in Verbindung mit dem aktiven semantischen Netz möglich.

2.3 Ganzheitliches Informations- und Kommunikationsmanagement

Die für eine schnelle Prototypenentwicklung charakteristischen kurzen Iterationszyklen fordern eine Arbeitsweise, die sich wesentlich von der bisherigen, auf Arbeitsteilung und sequentieller Bearbeitung beruhenden, unterscheidet. Von einzelnen Entwicklern wird einerseits ein breit gefächertes Fachwissen verlangt, um kleinere, flexiblere Teamstrukturen realisieren zu können, andererseits brauchen die zunehmende Komplexität der Produkte und Entwicklungsprozesse die Zusammenarbeit einer Anzahl von Experten mit divergierenden Kompetenzen. Diese neuen Forderungen an die Arbeitsorganisation hat weitreichende Auswirkungen für die funktionellen und interaktiven Komponenten der für ihre Unterstützung benötigten Informations- und Kommunikationssysteme.

Es reicht beispielsweise nicht aus, nur Produkt- und Prozeßdaten in einer Datenbank zu halten. Grundlage einer effektiven Zusammenarbeit im Team ist die Möglichkeit, die Auswirkung eigener Festlegungen und Veränderungen auf die Arbeitsinhalte anderer Experten abschätzen zu können. So muß z.B. die Änderung eines Werkstoffs über eine Änderung der möglichen Alternativen für Prototyp-Fertigungsverfahren bis zu der daraus resultierenden Veränderung von Kosten- und Qualitätsmerkmalen verfolgt werden können. Das Konstruktions-, Qualitäts-, Kosten-, Technologie- und Prozeßwissen in Form von Wirkketten läßt sich in aktiver Form in einer Wissensbasis darstellen und speichern.

Es müssen Methoden zur Orientierung, Navigation und externen Präsentation von Wissen entwickelt werden, um die wachsende Komplexität dieser Wissensbasis für einzelne Experten überschaubar zu halten. So wirkt beispielsweise die Suche nach speziellen Abhängigkeiten und Wirkketten, deren Extraktion aus der Wissensbasis, ihre individuell aufbereitete, übersichtliche Darstellung und ihre Manipulation unterstützend (Bild 4).

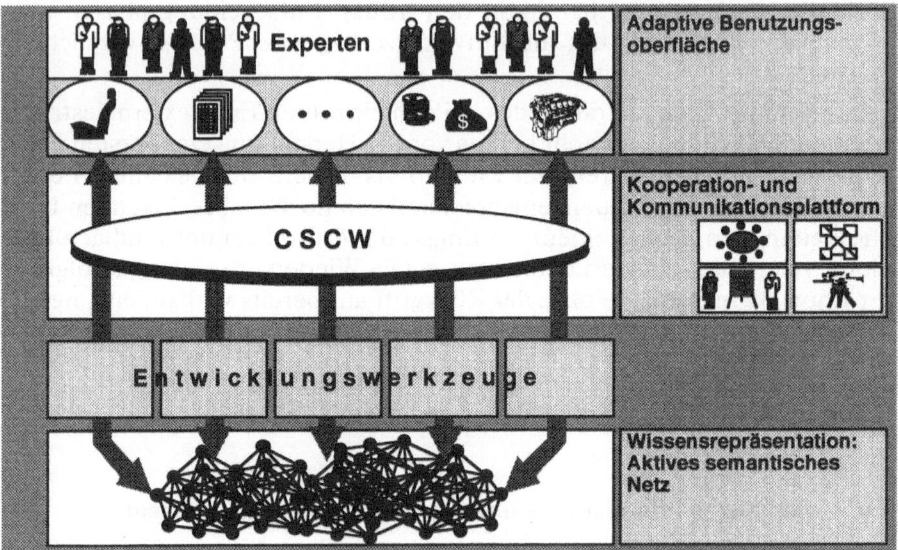

Bild 4. Einbeziehung der Rapid-Prototyping Plattform

Die gemeinsame Erstellung, Diskussion und Veränderung des repräsentierten Wissens ist bereits in frühen Phasen einer Produktentwicklung notwendig. Das zunächst unvollständige Wissen wird inkrementell durch verschiedene Experten des Entwicklungsteams ergänzt. Der hierbei nötige Informationsaustausch im dezentralen Team verlangt einen Kommunikationsbedarf, dem mit einer Kooperationskomponente der Rapid-Prototyping-Umgebung geeignet entsprochen werden muß. Multimediale Darstellungsformen und moderne Kommunikationstechnologien kommen zum Einsatz, um möglichst natürlich und effizient die Teamarbeit zu unterstützen.

2.4 Technologien

Unter dem Begriff des Rapid Prototyping werden alle technischen, methodischen und organisatorischen Maßnahmen zusammengefaßt, die von der Formulierung einer Produktidee bis zum fertigen Produkt führen. In diesem Prozeß müssen in der Produktentwicklung immer wieder Prototypen für Designüberprüfungen und Funktionstests eingesetzt werden, die die Richtigkeit der Entwicklung jeweils sehr früh beurteilen lassen. Hierzu sind

Methoden und Technologien notwendig, die in der jeweiligen Entwicklungsphase die Herstellung eines Prototypen ermöglichen. Er muß die zur Entscheidungsfindung benötigten Bewertungsmerkmale, z.B. Toleranzen, Aussehen, Belastbarkeit, kinematische Eigenschaften etc., unter den gegebenen Rahmenbedingungen wie Zeit, Kosten und Qualität besitzen. Mit Hilfe eines optimalen Ablaufs dieser entwicklungsphasen-spezifischen Prototypen sollen innovative und marktgerechte Produkte schnell zur Verfügung stehen.

Technologien und Prozeßketten müssen in geeigneter Weise geplant werden, um Vor- und Nachteile innovativer wie konventioneller Verfahren abzuwägen und gegebenenfalls zu kombinieren. Hierzu zählen vor allem auch Methoden zur Generierung aussagekräftiger Darstellungen in Form von rechnerinternen Modellen, d.h. virtueller Prototypen. Aufgrund einer 360°-Visualisierung und der Bereitstellung von Interaktionsmöglichkeiten eines oder mehrerer Entwickler mit einem virtuellen Prototyp können in frühen Entwicklungsphasen im Team visuelle, akustische und taktile Eigenschaften getestet werden. Die mit Hilfe von Höchstleistungsrechnern durchzuführenden Simulationen von Prototypeigenschaften bzw. Prozessen lassen sich in einer für den Anwender anschaulichen Weise visualisieren und bewerten.

Im Bereich der Fertigung sind in Ergänzung zu generativen Verfahren vor allem Methoden der metallischen Beschichtung von generativ gefertigten Prototypen von Bedeutung. Sie dienen der Erweiterung der funktionellen Merkmale dieser bzw. der Herstellung von metallischen Formen für Abgießprozesse und geeigneter Verfahrensketten zur Kombination von Prozeßschritten.

Zur Fertigung physischer Prototypen mit funktionellen Eigenschaften wird beispielsweise mit der kombinierten Anwendung von Laserverfahren die direkte, generative Herstellung von Bauteilen aus Metall, Kunststoff und Keramik möglich. Die Schaffung von endproduktnahen Prototypen kann durch die Bereitstellung und Anpassung von Hilfsmitteln zur rechnergestützten, schnellen Erstellung von Umformwerkzeugen im Prototypenwerkzeugbau der Blech- und Massivumformung verwirklicht werden. Dies gilt besonders für solche, die sich nicht generativ herstellen lassen.

Vergleichs- bzw. Bewertungsmethoden müssen anhand von Prozeßwissen über die unterschiedlichen Technologien sowohl des physischen als auch des virtuellen Prototypings eingesetzt werden (Bild 5), um für den jeweiligen Prototypentwurf das am besten geeignete Verfahren bzw. die geeignetste Prozeßkette zu selektieren. Dies und die Verknüpfung der Einzeltechnologien zu einem Gesamtsystem sind ein Schwerpunkt des Rapid Prototyping.

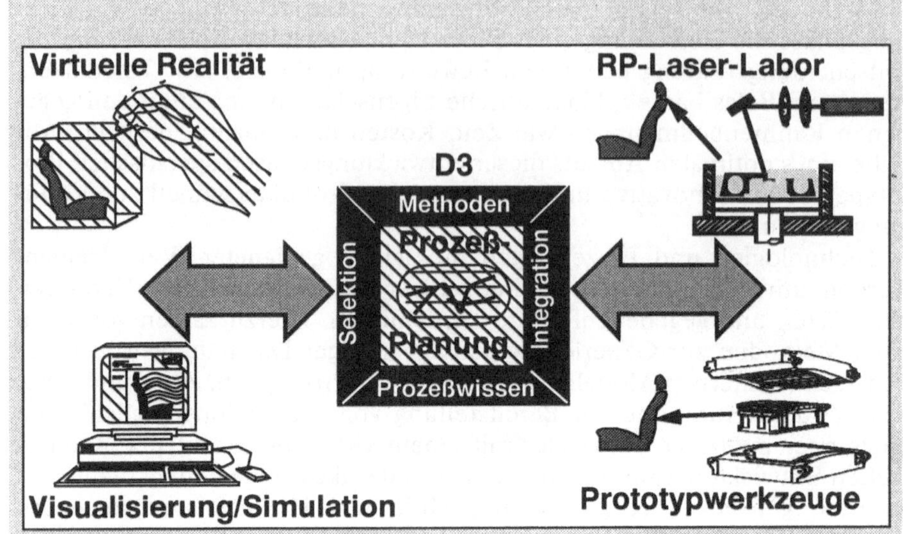

Bild 5. Rapid-Prototyping-Technologien in der Prototyperstellung

3 Sonderforschungsbereich 374 „Entwicklung und Erprobung innovativer Produkte - Rapid Prototyping"

Der Sonderforschungsbereich 374, der von der Deutschen Forschungsgemeinschaft (DFG) über eine erste Periode von drei Jahren gefördert wird, untersucht die genannten Fragestellungen und Methoden des Rapid Prototyping in einer Kooperation von neun Instituten der Universität Stuttgart, dem Institut für Psychologie der Technischen Universität Dresden sowie der Daimler-Benz AG Forschung. Der Sonderforschungsbereich konzentriert sich auf die Entwicklung von Methoden und Werkzeugen für

- die effiziente Organisation von Entwicklungsteams mehrerer, unterschiedlicher Experten,
- das Management verteilter Produktentwicklung,
- die Einbeziehung des gesamten Wissens entlang der Produktentwicklungskette,
- die Moderation und Organisation von Kooperation zwischen Experten,
- den effektiven Einsatz von virtuellen und physischen Prototypen,
- schnelle Entscheidungsfindung bei Material- und Prozeßauswahl für Prototypen sowie
- die Eingliederung von konventionellen und generativen Prototyp-Fertigungsverfahren.

In 14 Teilprojekten und fünf Arbeitskreisen werden am Beispiel eines elektrisch verstellbaren Fahrzeugsitzes Szenarien isoliert und Grundlagen

A **Grundlagen der Organisation und Planung**	**B** **Vernetztes Wissen für die iterative Entwicklung von Prototypen**	**C** **Wissens-repräsentation und Kommunikation**	**D** **Erstellung virtueller und physischer Prototypen**	**E** **Rechnerunterst ützte Fahrzeug-konzeption**
A1 Teamarbeit im Rapid Prototyping unter kognitions-psychologischen und organisationsbezo-genen Aspekten	B1 Modellieren des ver-netzten Denkens und Handelns in der Konstruktion	C1 Ganzheitliche Modelle zur Reprä-sentation aktiven Wissens	D1 Virtuelle Realität als Gestaltungs-, Evalu-ierungs- und Kooperations-werkzeug	E1 Rechner-unterstützte Fahrzeug-konzeption am Beispiel Fahr-zeugsitze *
A2 Planungsmethoden für dezentrale Entwicklungsteams	B2 Qualitäts-management im Rapid Prototyping	C2 Adaptive Benutzungsober-flächen	D2 Visualisierung und Simulation physika-lisch-technischer Vorgänge	
	B3 Kostenmanagement im Prozeß des Rapid Prototyping	C3 Teamorientiertes Kommunikations-system für vernetz-tes Arbeiten	D3 Aufbau und Betrieb von Rapid Prototy-ping-Prozeßketten	
			D4 Rapid Prototyping-Labor zur Herstel-lung funktionaler und technischer Prototy-pen mittels Laser-techniken	
			D5 Entwicklung von Werkzeugen für Pro-totypteile	

Bild 6. Struktur des Sonderforschungsbereichs - Gliederung in Teilprojekte

für den industriellen Einsatz von Rapid Prototyping erarbeitet. Die folgenden Abschnitte geben einen Überblick auf die Forschungsthemen und -schwerpunkte (Bild 6).

3.1 Teamarbeit im Rapid Prototyping unter kognitionspsychologischen und organisationsbezogenen Aspekten

Die dem Ansatz des Rapid Prototyping zugrundeliegende veränderte Rolle des Menschen, vor allem die intensivierte fach- und abteilungsübergreifende Zusammenarbeit, sind in diesem Schwerpunkt Forschungsgegenstand. Die Verwirklichung des Rapid Prototyping bedingt neue kognitive Verarbeitungsprozesse bei jeder an den Entwicklungsarbeiten beteiligten Person, eine gesteigerte Intensität und Qualität der Interaktion und Kommunikation sowie die Nutzung bisher nicht vorhandener organisatorischer Strukturen.

Rapid Prototyping basiert in vielfältiger Weise auf geeigneten organisatorischen Rahmenbedingungen und kommunikations- sowie kooperationsförderlicher Gruppenarbeit. Es handelt sich auch im eingeschwungenen Zustand nicht um statische, sondern um dynamische Strukturen. Die organisierte Zusammenarbeit im Rapid Prototyping ist aus arbeits- und sozialwissenschaftlicher Sicht in mehrfacher Weise Neuland:

- Die Gruppenarbeit wird nicht nur abteilungsübergreifend, sondern zudem zwischen Experten ganz verschiedener Fachrichtungen notwendig und möglich.
- Darüber hinaus entsteht Gruppenarbeit vertikal zu traitionellen Hierarchielinien.
- Die Kommunikation innerhalb der Gruppe wird durch Multimedia-Nutzung und Computer Supported Cooperative Work (CSCW) wesentlich intensiviert, beeinflußt und neu strukturiert.
- Die Orientierung an frühzeitig erarbeiteten virtuellen und physischen Prototypen schafft eine direkte Verzahnung untereinander. So sind alle Beteiligten in ihrer Tätigkeit darauf angewiesen, eigene Arbeiten für andere frühzeitig zugänglich zu machen und die Ergebnisse der anderen einzubeziehen. Es ist unklar, ob daraus eher Konflikte oder Kohäsionen entstehen.
- Der gemeinsame Zugriff auf eine integrierte Informationsbasis rückt die einzelnen Beteiligten (-gruppen) näher aneinander und bedarf zusätzlich einer Übersetzungsleistung zwischen den beteiligten fachspezifischen Semantiken.
- Aufgrund der Visualisierung sind alle Mitglieder des Rapid Prototyping-Teams auch angehalten, ihre eigene fachspezifische Sicht in Richtung gemeinschaftlichen Verständnisses zu gestalten. Dies bedeutet zusätzliche Forderungen und die erweiterte Einbeziehung der Blickwinkel anderer am Entwicklungsprozeß beteiligter Professionen in das eigene Schaffen (antizipatives, iteratives und reflexives Arbeiten).

In den Arbeitsanforderungen sind ebenfalls gravierende Veränderungen zu erwarten, die je für sich in der Praxis nur wenig und in ihrem Zusammenwirken in Praxis und Labor noch nicht untersucht sind:

- Es sind mentale (kognitive) Modelle nicht mehr nur des eigenen Arbeitsprozesses, sondern des arbeitsteiligen Gesamtprozesses und der Beiträge der Partner zum Produkt aufzubauen und zu aktualisieren.
- Die Verarbeitungsprozesse, gestützt auf die mentalen Modelle, werden potentiell durch das Hinzutreten neuer und das zeitliche Verdichten bisheriger Kommunikations- und Kooperationsprozesse erweitert; Entlastungen mit neuen Werkzeugen und Visualisierungsmöglichkeiten sind gegen die erweiterten Verarbeitungsprozesse abzuwägen. Es ist zu prüfen, inwieweit Planungs- und dadurch bedingte Arbeitsgedächtnisanforderungen insgesamt wachsen.
- Zu den mentalen Arbeitsforderungen und -beanspruchungen treten soziale, abstimmungsbedingte und terminliche (zeitliche) Stressoren hinzu.

3.2 Planungsmethoden für dezentrale Entwicklungsteams

Voraussetzung für das effektive, verzahnte Arbeiten von dezentralen, selbständigen Entwicklungsteams ist die Nutzung der in flexiblen Organisationsprozessen geschaffenen Entwicklungsspielräume. Ein neues, an das Rapid Prototyping angepaßte Vorhaben vereinigt planende mit ausführenden Tätigkeiten, so daß jedes Team die Möglichkeit hat, interne Abläufe selbst zu bestimmen. Planungsmethoden und -werkzeuge müssen sich vom bisher üblichen starren, planenden hin zu einem koordinierenden Instrument wandeln, das das kommunikative, informative Geschehen unterstützt. Die kontinuierliche Generierung von Ideen soll gefördert und der Aufbau von Wissen entlang der Prozeßkette unterstützt werden.

Ziel des Forschungsvorhabens ist die Entwicklung und Ausführung der Informationen von Planungsmethoden zur Zeit- und Kapazitätsplanung für dezentrale Entwicklungsteams im Rapid Prototyping. Der Einsatz vollzieht sich über ein wissensbasiertes Planungssystem, das in das an einem anderen Forschungsschwerpunkt entwickelte, teamorientierte Kommunikationssystem eingebettet wird. Aufgrund der Notwendigkeit zur Abbildung von alternativen Fortschrittspfaden und der für das Rapid Prototyping typischen Entwicklungszyklen sollen Petri-Netz-basierte Methoden zur Planungsunterstützung verwendet werden. Die kausale Logik der Petri-Netze führt dabei zu einem verbesserten Verständnis der voneinander abhängigen Entwicklungsschritte. Planerische Tätigkeiten lassen sich direkt an das Wissen über den Prototyp koppeln. Die Projektion des sich ändernden Wissensstands während der Prototypentwicklung auf die Petri-Netze geschieht aufgrund nichtmonotoner Zeitlogiken. Sie sind in der Lage, komplexe Interaktionen zwischen überlappenden Ereignissen bei sich zeitlich ändernden Bedingungen, darzustellen. Die funktionalen Zusammenhänge und Aktivitäten, z.B. „Berechne Flächenpressung Sitzfläche“, sind in einer Wissensbasis, einem aktiven semantischen Netz, enthalten.

Grundlagen für den Einsatz des Planungssystem sind erst zu entwickeln. Die Forderungen an eine Rapid-Prototyping-gerechte Planung werden in

Kooperation mit Teilprojekt A1 aufgenommen. Die Kopplung des aktiven semantischen Netzes an die Petri-Netze bedingt u.a. die Enwicklung eines Formalismus', der es möglich macht, Aktivitäten im Hinblick auf den Einsatz modaler Logiken zu beschreiben. Die Wechselwirkungen zwischen dezentralem Planungssystem und teamorientiertem Kommunikationssystem werden erfaßt und analysiert. Die vorgesehene Pilotphase nimmt die aus der Sicht der Planung wichtigen und im aktiven semantischen Netz zu verankernden Schlüsselfunktionen der Entwicklungsteams auf. Innerhalb dieser Pilotphase lassen sich die Einsatzmöglichkeiten simulationsunterstützter, dezentraler Planung zeigen und ganzheitlich analysieren.

Ein wesentlicher Gesichtspunkt bei der Planung innerhalb dezentraler Entwicklungsteams ist der vorgeschaltete Prozeß des Problemerfassens. Die Untersuchung und Gliederung dieses Prozesses verlangt die Entwicklung einer entsprechend auf das Rapid Prototyping abgestimmten Problemlösungsmethodik. Das zu entwickelnde Verfahren soll es möglich machen, die Auswahl der Problemlösungsmöglichkeiten bewußt den sich ändernden Zuständen entlang des Rapid Prototyping Prozesses anzupassen.

3.3 Modellieren des vernetzten Denkens und Handelns in der Konstruktion

Kürzere Entwicklungszeiten und damit eine schnellere Reaktion auf Kundenwünsche sind notwendig, um am Markt bestehen zu können. Die steigende Komplexität der Produkte - häufig müssen bei ihrer Entwicklung verschiedene Bereiche wie Maschinenbau, Elektronik, Informatik etc. zusammenarbeiten - führt zwangsläufig zu einer Verlängerung der Entwicklungszeiten, da vermehrt Schwachstellen in Versuchen erkannt und ausgebessert werden müssen. Die Schwachstellen resultieren häufig aus den hochgradigen gegenseitigen Abhängigkeiten, die bei Entscheidungen im Lauf des Entwicklungsprozesses nicht oder nur unzureichend erkannt und berücksichtigt werden.

Im Forschungsvorhaben wird deshalb für die Abbildung des Wissens, das bei der Bearbeitung eines Konstruktionsprojekts benötigt wird, ein sogenanntes aktives semantisches Netz entwickelt (Bild 7). In den Knoten dieses Netzes wird das Konstruktionswissen, vom Entwicklungsteam erarbeitet, z.B. Fakten, Methoden und Eigenschaften, objektorientiert gespeichert. Die Verbindungen zwischen den Knoten repräsentieren die Wechselwirkungen zwischen den Objekten. Die Forderungen an das Produkt werden ebenfalls im Netz gespeichert. Über die aufgebauten Beziehungen kann damit bei sich ändernden Ansprüchen eine ständige Bewertung der aktuellen Lösung stattfinden. Auswirkungen von konstruktiven Entscheidungen werden sofort sichtbar, da sie sich automatisch über das Netz ausbreiten. Es ergeben sich Ursache-Wirkungs-Ketten. Daraus resultieren u.a. Korrekturen bzw. die Forderung nach Absicherung einer Entscheidung mit Versuchen an virtuellen und/oder realen Prototypen. Zusammen mit anderen Teilprojekten werden in dieses Netz auch Kosten, Qualität und Zeit einbezogen.

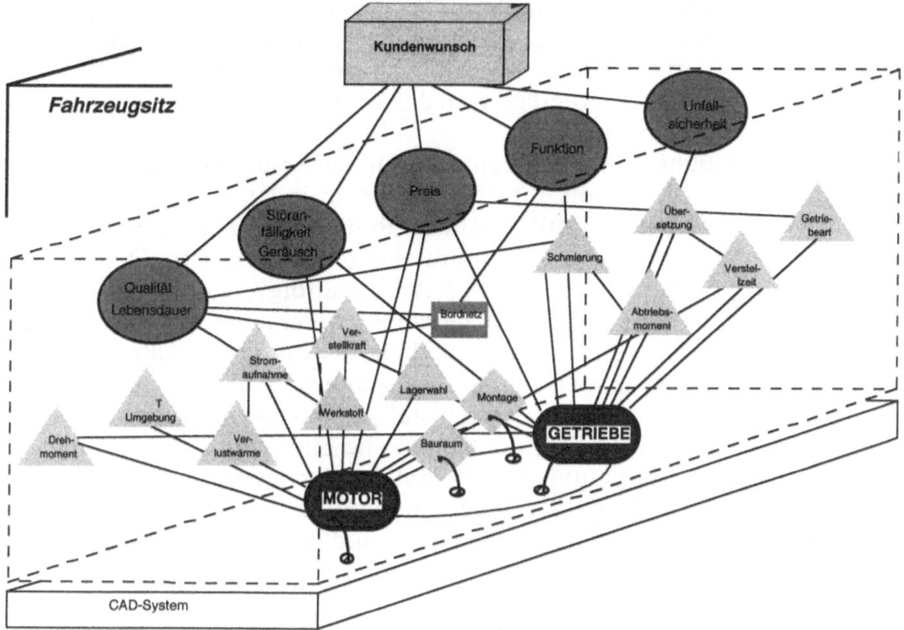

Bild 7. Basisnetz für Motor-Getriebe-Kombination

Das sich im Lauf einer Entwicklung ständig erweiternde Netz ist Arbeitsgrundlage für alle Mitarbeiter des Produktteams. Es vermittelt u.a. den aktuellen Stand einer Entwicklung, signalisiert Schwachstellen und unbearbeitete Probleme, erlaubt eine Beurteilung des Reifegrads und dokumentiert den Handlungsablauf, auch für eine Wiederverwendung. Das segmentweise Freigeben des Netzes für die Bearbeitung mit einzelnen Teammitgliedern erlaubt kontrolliertes paralleles Arbeiten. Die manuell und parallel erstellte geometrische Produktbeschreibung wird assoziativ mit dem aktiven semantischen Netz verbunden. Im Endzustand wird ein Zugriff auf die zugrundeliegenden Entscheidungen über die Geometrieobjekte des verwendeten CAD-Systems möglich sein.

Zu Beginn eines Entwicklungsprozesses liegen die Anforderungen und Randbedingungen meist nicht als feste Werte vor, es können aber Intervalle angegeben werden, in denen sie sich bewegen. Beim Entwurf muß der Konstrukteur mit diesen Intervallen arbeiten. Diese können sich im Lauf des Entwicklungsprozesses und der Verfeinerung verändern. Hierfür werden ihm im Forschungsvorhaben angepaßte Verfahren der Intervallarithmetik zur Verfügung gestellt bzw. diese als Methoden in den Objekten angeboten. Beim Durchlaufen der Ursache-Wirkungs-Ketten werden sie mit einbezogen.

Der gewählte Ansatz unterscheidet sich von bekannten Methoden wie „Simultaneous Engineering“ und „Integration“, die eine Verbindung zwischen Konstruktion und Planung von Fertigung sowie Montage anstreben.

Neu ist, daß bereits in der Frühphase der Produktentwicklung ein Modell des vernetzten Denkens und Handelns in der Entwicklung entsteht, das jederzeit jedem Mitarbeiter des Entwicklungsteams eine komplette Übersicht auf den aktuellen Wissensstand gibt, so daß er ständig aktiv in den Entwicklungsprozeß eingebunden ist.

Für die Erprobung dieses Konzepts wird in der ersten Förderperiode ein Prototyp des Entwurfsystems entwickelt. Hierfür findet ein objektorientiertes Entwicklungswerkzeug mit smalltalk-ähnlichen Fähigkeiten Verwendung. Die Objektverwaltung übernimmt eine objektorientierte Datenbank. Ziel ist es zu prüfen, ob der gewählte Ansatz erfolgversprechend ist. Die Umsetzung in ein Geometriemodell geschieht mit einem CAD-System, das mit den Objekten im Netz assoziativ verknüpft wird. Damit läßt sich auch die Möglichkeit schaffen, den übrigen Forschungsprojekten Geometriedaten für die Prototypenfertigung bereitzustellen. Das prototypische Entwicklungssystem steht anderen Teilprojekten für die Einbindung und Erprobung ihrer Methoden zur Verfügung. Damit wird das aktive semantische Netz mit Intervallarithmetik (Bild 8) zum Werkzeug und zur Kommunikationsbasis für die im Team arbeitenden Konstrukteure und die übrigen Mitglieder des Entwicklungsteams.

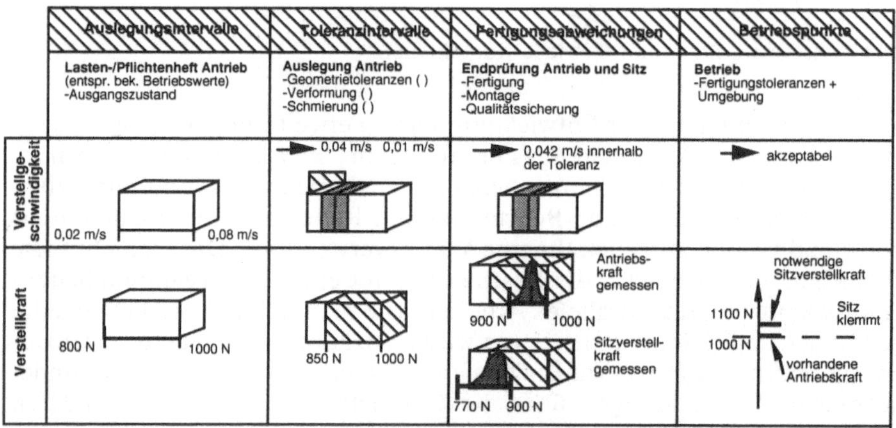

Bild 8. Intervallarithmetik in der Produktentwicklung

Einsatz findet das Entwicklungssystem bei der Konstruktion eines Fahrzeugsitzes. Erprobt wird es an einer Baugruppe, der Motor-Getriebe-Kombination für die Sitzverstellung. Aus konstruktiver Sicht besteht das Ziel darin, das Gewicht dieser Komponenten, die heute bis zu 20% des Sitzgewichtes ausmachen zu reduzieren, und dabei Kosten, Qualität, Benutzerfreundlichkeit, etc. zu berücksichtigen.

3.4 Qualitätsmanagement im Rapid Prototyping

Die bekannten Methoden und Verfahren der Qualitätssicherung sind auf die klassischen Prozesse der Produktentwicklung und der Serienfertigung ausgelegt; geplant und geprüft werden Qualitätsmerkmale der Endprodukte. Die Variablität der gegenwärtigen und zukünftigen generativen Herstellungsverfahren, der Prozeßketten einschließlich der Rückwirkungsmöglichkeiten (Regelkreise) und die Vielfalt der Prototypen (Design-, funktionelle und technische Prototypen) in den verschiedenen Phasen der Produktentstehung wird von dem derzeit bekannten Qualitätsmanagement nicht abgedeckt.

Einerseits müssen aufgrund von Marktanalysen eindeutige Produktmerkmale festgelegt werden, die während der Produktentwicklung auf eine Menge von überprüfbaren Qualitätsmerkmalen an möglicherweise unterschiedlichen (virtuellen und physischen) Prototypen abzubilden sind. Dafür soll ein integriertes präventives QS-Instrumentarium bereitgestellt werden. Andererseits muß, ausgehend von der Ausprägung jedes Qualitätsmerkmals eines Prototyps, der Schluß auf die spätere Produktqualität möglich sein. Diese differenzierte Planung und Bewertung der Qualität von Prototyp und Serie läßt sich für ein auf das Rapid Prototyping zugeschnittenes Qualitätsmanagementsystem erforschen. Außerdem soll untersucht werden, wie allein mit der iterativ und situationsgerechten Bereitstellung von Prototypen während der Produktentwicklung, die Qualität dieses Prozesses und des Produktes gesteigert wird.

Im Bereich des operativen Qualitätsmanagements werden für eine auf schnelle und flexible Iterationszyklen ausgerichtete Produktentwicklung ebenso flexible und auf unterschiedliche Prozeßketten adaptierbare Systeme zur Qualitätsprüfung, -bewertung und Erkenntniszuführung in vor- oder nachgelagerte Phasen benötigt. Hier greifen Entwicklung und Erprobung sehr eng ineinander. Es kommt dabei nach einzelnen Entwicklungsschritten nicht nur auf die Erfüllung der Qualitätsziele an; eine Bewertung der gerade durchlaufenen Prototypingphase muß ebenso auf die Zeit („time to market") und Kosten (Budgetierung, Zielkosten) ausgerichtet sein. Daher werden in enger Verbindung mit Konstruktion und Kostenmanagement Bewertungsmaßstäbe für Prototyping-Zyklen erarbeitet und diese über das gemeinsame, aktive semantische Netz dem gesamten Entwicklungsteam zur Verfügung gestellt.

Zur Untersuchung, inwieweit virtuelle Rapid-Prototyping-Verfahren eine Überprüfung jeweils geforderter Produkteigenschaften erlauben, müssen Bewertungskriterien für die Planung von Prozeßketten erarbeitet werden. Ebenso sollen langfristig für hybride Prototypen (Merkmale sind teilweise physisch, teilweise virtuell repräsentiert) Vergleichsmaßstäbe und Möglichkeiten zur gegenseitigen Überführung der Produktcharakteristika erforscht werden (auf Qualitätsmerkmale ausgerichtetes Reverse-Engineering). Das insgesamt behandelte Forschungsfeld des Qualitätsmanagements im Rapid Prototyping wird im Bild 9 dargestellt.

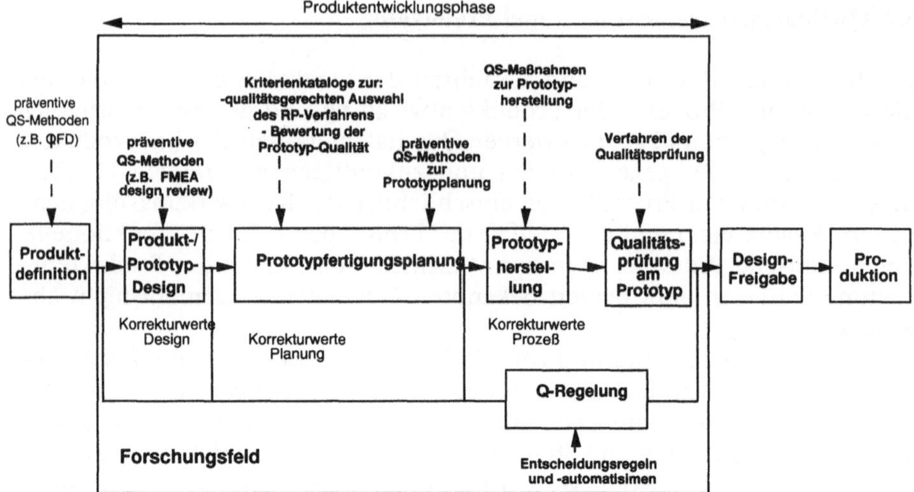

Bild 9. Forschungsfeld Qualitätsmanagement im Rapid Prototyping

3.5 Kostenmanagement im Prozeß des Rapid Prototyping

Fundierte Kostenprognosen in frühen Phasen der Produktentwicklung sind seit jeher ein Problem sowohl in der betriebswirtschaftlichen als auch in der ingenieurwissenschaftlichen Forschung. Kommt es aufgrund der hierdurch bedingten mangelnden Möglichkeiten der Kostengestaltung und -steuerung zu Kosten- und Zeitüberschreitungen, die sich über den zu späten Markteintritt oder über einen zu hohen Preis des Produkts bemerkbar machen, so ist beim heutigen Wettbewerbsumfeld nicht selten die Substanz eines ganzen Unternehmens gefährdet.

Folgende Probleme kennzeichnen die Entwicklungsphase bei Produkten in wettbewerbsintensiven Märkten:

- Intransparenz über die aktuelle Kostensituationen in der Produktentwicklung aufgrund zu spät einsetzender, fehlender oder unzureichender Steuerungsinstrumente, besonders zu Beginn der Entwicklungsphase (Planungs- und Konzeptionsphase). Dies muß vor dem Hintergrund gesehen werden, daß der Großteil der Kosten in frühen Entwicklungsphasen disponiert wird.
- Ungewißheit und Inkompetenz hinsichtlich der Produktkosten sowie der Kostenstruktur, vor allem hinsichtlich der produktkomplexitätsbedingten frühen Festlegung von späteren Gemeinkosten durch die Konstruktion (Prozeßkosten).
- Zu viele kosten- und zeitaufwendige Iterationsschleifen im Entwicklungszyklus als Folge prozeßbedingter Anpassungen an die Belange der Fertigung aufgrund fehlerhafter Produktkonzepte.
- Diskrepanz zwischen der Marktorientierung und -ausrichtung des Unternehmens zur Befriedigung des Kundenwunsches und dem im Unterneh-

men weit verbreiteten Streben nach technischer Produktperfektionierung. Die vom Kunden gewünschte Funktionalität des Produkts, die mit den dafür anfallenden Kosten untrennbar verknüpft ist, kann schlecht oder nur sehr spät geprüft werden.

- Motivationsprobleme im Produktentwicklungsteam aufgrund von Informations- und Kommunikationsdefiziten. Die ständige, zeitnahe und integrative Verfügbarkeit von Informationen bezüglich Kosten-, Zeit- und Qualitätswissen ist nicht gewährleistet.

Die mit den Verfahren des Rapid Prototyping hergestellten Prototypen sind schneller und früher verfügbar (Zeitersparnisse um den Faktor 5-20) und wesentlich kostengünstiger (Kostenersparnisse um den Faktor 2-5) als mit traditionellen Verfahren hergestellte Prototypen. Mit der frühzeitigen und iterativen Externalisierung von Produkteigenschaften bieten diese Prototypen ein gemeinsames Anschauungsobjekt für das Produktentwicklungsteam, das damit laufend das aktuellste Wissen bezüglich Kosten, Zeit und Qualität einbringen kann. Die Funktionalität des Produkts läßt sich frühzeitig mit den Kundenwünschen in Einklang bringen.

Deshalb sollen mit den mittels Rapid-Prototyping-Verfahren hergestellten Prototypen die Möglichkeiten der Kostengestaltung und -steuerung in frühen Entwicklungsphasen erforscht werden. Die Prototypen, die selbst einen Kostenfaktor innerhalb des Produktlebenszyklus bilden, werden bezüglich ihrer Kosten und Eigenschaften (z.B. Funktionalität, Qualität, Oberflächengüte) klassifiziert, um die Verbindung zu einem zu konzipierenden, adaptiven Zielkostenfindungs- und -erreichungsprozeß zu schaffen. Schließlich wird dieses Methoden- und Kostenwissen mit den Dimensionen Zeit und Qualität innerhalb eines aktiven semantischen Netzes zur Wissenrepräsentation und -verarbeitung verknüpft.

3.6 Ganzheitliche Modelle zur Repräsentation aktiven Wissens

Die arbeits- und verfahrenstechnischen Aspekte des Rapid Prototyping bedürfen neuer Forderungen an ein teamorientiertes Informations- und Kommunikationssystem. Neben Produktdaten müssen auch Methoden und Wissen über virtuelle und physische Verfahren repräsentiert sowie verworfene Prototypalternativen für spätere Entwicklungszyklen oder Produkte dokumentiert werden.

Ein ganzheitliches Modell zur Abbildung des im Rapid Prototyping benötigten Wissens z.B. aus Konstruktion, Qualitätswesen, Kostenmanagement, Planung und des Rapid-Prototyping-Labors ist notwendig. Im Gegensatz zu konventionellen Modellen müssen schwerpunktmäßig auch Methoden, kausale Abhängigkeiten von Funktionen und Komponenten, Wissen über die Auswahl virtueller und physischer Verfahren sowie Kooperations- und Kommunikationsstrukturen dargestellt werden.

Als prinzipielles Beispiel der Repräsentation sollen aktive ungebundene Objekte in einer vernetzten Struktur eingesetzt werden. Auf dieser Basis lassen sich direkt Ursache-Wirkungsketten modellieren und die Propagierung von Parameteränderungen nachvollziehen und visualisieren. Dabei sollen die Objekte selbst nicht passiv sein sondern selbständig aktiv auf Veränderungen reagieren können. Dieser Forderung tragen die Begriffe aktives Wissen, aktives semantisches Netz sowie aktive ungebundene Objekte Rechnung. Die inkrementelle Verfeinerung und Ergänzung des abgebildeten Wissens entspricht dem Fortschritt des Entwicklungsprozesses. Dabei soll nicht nur Wissen über weiterverfolgte Prototypalternativen („positives" Wissen) sondern auch für spätere Iterationsschritte oder die Entwicklung anderer Produkte relevante Informationen über verworfene Prototypen („negatives" Wissen) abgebildet werden.

Die zu entwickelnde Wissensbasis muß speziell dem Rapid-Prototyping-Prozeß angepaßt sein. Hierbei sind u.a. folgende Aspekte zu berücksichtigen:

- Online-Dialogfähigkeit: Anfragen an die Wissenbasis müssen umgehend beantwortet werden.
- Dynamik: Rapid-Prototyping-Prozesse zeichnen sich aufgrund einer raschen Änderung bzw. Revision von Entscheidungen aus. Dies erfordert den Umgang mit unsicherem, unvollständigem, widersprüchlichem, ungenauem sowie default-mäßigem Wissen.
- Robustheit: Das zu erstellende Modell muß sich als robust gegenüber kleinen Veränderungen innerhalb der Wissensbasis erweisen. Inkrementelle Veränderungen dürfen nur in Ausnahmefällen zu extremen Auswirkungen führen. Dabei ist zu berücksichtigen, daß die Kooperationsmodelle vom Zustand der Wissensbasis beeinflußt werden können.
- Versionsverwaltung: Bedingt durch die Dynamik des Gesamtprozesses ist die Modellierung temporaler Abhängigkeiten in zweifacher Hinsicht notwendig: Zur Dokumentation des aktuellen Entwicklungsstandes sowie der Erfahrungen früherer (auch fehlgeschlagener) Versuchsreihen. Damit übernimmt die Versionsverwaltung das Management der Projekthistorie.
- Transparenz: Eine Modellierung des Wissens und der semantischen Beziehungen (z.B. Kausalbeziehungen) muß so erfolgen, daß für alle Mitglieder des Rapid-Prototyping-Entwicklungsteams der aktuelle Entwicklungs- und Wissensstand einfach abrufbar ist (über die entsprechend in den Teilprojekten C2 und C3 zu entwickelnden Werkzeuge).
- Erweiterbarkeit: Das aktive semantische Netz muß einfach zu erweitern und flexibel anzupassen sein und bzgl. Veränderungen während des Entwicklungsprozesses entsprechend gestaltet werden. Diese Forderung ist von heutigen Produktmodellen noch nicht berücksichtigt.
- Ausdrucksfähigkeit: Das Modell, und damit die gewählte Repräsentationsform, muß ein breites Spektrum verschiedener semantischer Beziehungen und kausaler Abhängigkeiten darstellen und verwalten können.
- Zugriffskontrolle: In späteren Projektphasen ist zudem die Sicherheitsproblematik und damit die Verwaltung verschiedener Zugriffsrechte zu berücksichtigen.

Die aufgeführten Aspekte sind nur ein Teil der speziellen Forderungen, die sich aus dem Rapid-Prototyping-Einsatz ergeben. Sie machen jedoch deutlich, daß der Untersuchung und Auswahl geeigneter Repräsentationsformen eine wichtige Bedeutung für das Gesamtprojekt zukommt. Existierende Verfahren berücksichtigen dabei vor allem die dynamische Komponente, d. h. die Notwendigkeit der fortlaufenden Anpassung der Wissensbasis an eine sich zeitlich ständig verändernde Domäne, nur ungenügend. Hieraus ergibt sich dringender Handlungsbedarf bezüglich der ganzheitlichen Modellierung des Wissens im Rapid-Prototyping-Prozeß, die den speziellen, aus der Produktentwicklung resultierenden Anforderungen Rechnung trägt und geeignete, bestehende Verfahren zur Wissensrepräsentation aufbaut (Bild 10). Dabei stehen Informationen über folgende Bereiche im Vordergrund:

- Ursache-Wirkungsketten mit automatischer Propagierung (Funktionszusammenhänge),
- Fertigungswissen,
- Kostenentwicklung,
- Qualitätsanalyse und -sicherung,
- Kooperationsmodelle.

Langfristiges Ziel ist die Entwicklung und Implementierung einer Wissensbasis, die das gesamte notwendige Wissen für den Anwendungsbereich

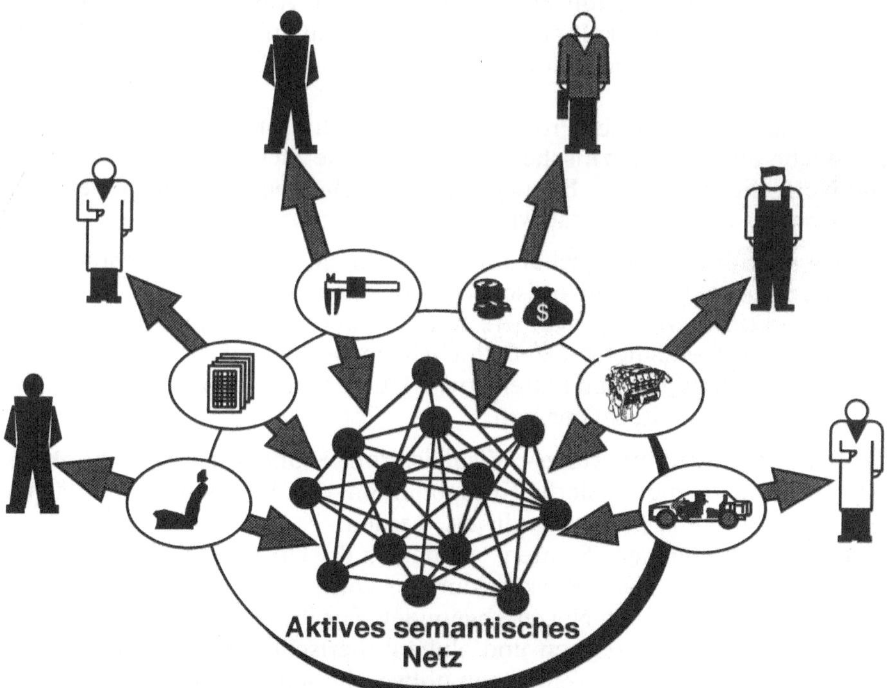

Bild 10. Dynamische Wechselwirkungen des Teams mit dem aktiven semantischen Netz der Wissenbasis über individuelle Sichten

enthält. Dieser wird exemplarisch an der Entwicklung eines elektrisch verstellbaren Fahrersitzes im Rahmen eines Rapid-Prototyping-Prozesses demonstriert. Hierbei besteht die Aufgabe wesentlich in der Berücksichtigung des Wissens über den gesamten Entwicklungsprozeß mit der inhärenten Dynamik. Damit unterscheidet er sich deutlich von den meisten anderen aktuellen Forschungsansätzen, die als „produktzentriert" angesehen werden können und sich auf den Bereich der Produktdatenmodellierung in einer taylorisierten Arbeitsorganisation, die sich durch eine nur geringe Dynamik auszeichnet, konzentrieren.

Die Entwicklung der Wissensbasis muß dabei von der Entwicklung von Werkzeugen begleitet werden, die die einfache Wartung, Pflege und Erweiterung der Wissensbasis erlauben.

3.7 Adaptive Benutzeroberflächen

Die Komplexität des Rapid-Prototyping-Prozesses und die damit verbundene Informationsvielfalt stellen neue Forderungen an die Aufbereitung und Darstellung der im aktiven semantischen Netz der Wissensbasis abgelegten Informationen. Die im Rapid Prototyping typischen, kurzen Iterationszyklen und der sich daher schnell ändernde Entwicklungsstand, führen zu einer Überforderung von Prototypentwicklern. Aus diesen Anforderungen folgt die Notwendigkeit einer adaptiven Benutzungsoberfläche für Entwicklungswerkzeuge, die Informationen geeignet filtert, aufbereitet und darstellt.

Einzelne Mitglieder des Prototyping-Entwicklungsteams besitzen unterschiedliche aufgabenspezifische und individuelle Sichten auf das semantische Netz, die durch eine Benutzungsoberfläche geeignet abgebildet werden müssen. Die Adaptivität wird erreicht mit:

- der Anwendung dynamischer Filterfunktionen, die Teile des komplexen Wissens im aktiven semantischen Netz selektieren,
- der Strukturierung und Aufbereitung gefilterten Wissens,
- der Auswahl geeigneter Darstellungsformen sowie
- der Bereitstellung anwendbarer bzw. erlaubter Interaktionsmöglichkeiten auf den dargestellten Objekten.

Filterungs-, Strukturierungs-, Visualisierungs- und Interaktionsfunktionen sollen über spezialisierte Komponenten der Benutzungsoberfläche, durch Präsentationsagenten, realisiert werden.

In unterschiedlichen Sichten werden z.B. Ursache-Wirkungsketten, Wechselwirkungen sowie Rückmeldungen von Manipulationen innerhalb des aktiven semantischen Netzes abgebildet. Zur Präsentation von Informationen kann neben grafischen und alphanumerischen Darstellungen auch die Einbindung von Videosequenzen notwendig sein, um dynamische Vorgänge zu veranschaulichen. Die adaptive Benutzungsoberfläche soll die Kommunikation verschiedener Teammitglieder über die Prototypentwicklung sowohl durch gleichzeitige Präsentation verschiedener Sichten auf den Prototyp als auch unterschiedlicher Entwicklungszustände über der Zeitachse unterstützen.

Das im aktiven semantischen Netz enthaltene Wissen über den jeweils aktuellen Stand der Prototypentwicklung führt rasch zu einer in seiner Gesamtheit nicht überschaubaren Vielfalt und Fülle von Informationen. Zur Orientierung und Bewegung eines Entwicklers in diesem abstrakten Datenraum muß daher ein Navigationswerkzeug entwickelt werden, das unter Einsatz geeigneter Filter- und Präsentationstechniken eine einfache Inspektion des Wissens erlaubt.

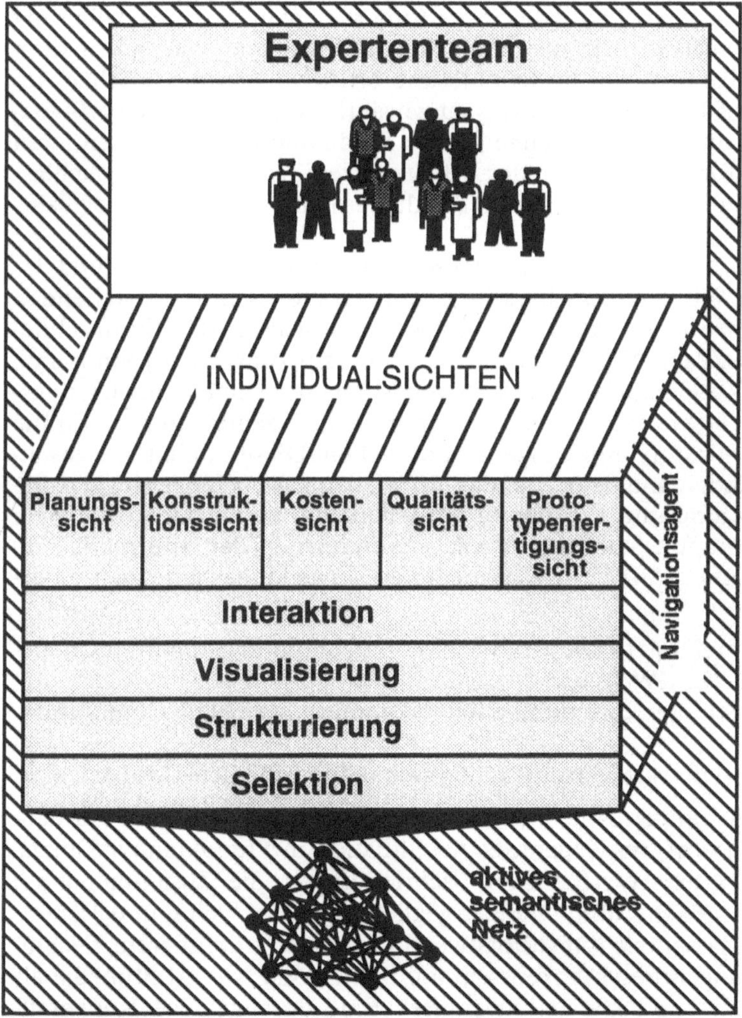

Bild 11. Unterschiedliche Partial- und Individualsichten mit Hilfe von Präsentations- und Navigationsagenten

Die Modellierung von Präsentations- und Navigationsagenten verlangt eine Charakterisierung des zu ihrer Steuerung notwendigen, zum Teil heuristischen Wissens. Als Basis hierfür soll eine Klassifizierung von Aufgaben und Aktivitäten im Rapid-Prototyping-Prozeß sowie die Zuordnung von Suchstrategien zu Aktivitätenklassen, gemeinsam mit allen Teilprojekten des Sonderforschungsbereichs, entwickelt werden.

3.8 Teamorientiertes Kommunikationsystem für vernetztes Arbeiten

Das im Rapid-Prototyping-Prozeß angestrebte, interdisziplinär verzahnte Arbeiten unterschiedlicher Experten erfordert neben einer Modellierung der Organisationsform auch die durchgängige Umsetzung von Information und Kommunikation, um die flexible und effektive Zusammenarbeit der Mitglieder eines Entwicklungsteams zu gewährleisten. Die heute verfügbaren, rechnergestützten Werkzeuge für die Produktentwicklung orientieren sich an den Anforderungen und der Arbeitsweise Einzelner und vernachlässigen die Rolle der Kooperation von Mitgliedern eines Teams bei der Bearbeitung einer Aufgabe.

Die aus dem Anspruch der Beschleunigung von Iterationszyklen und der Erhöhung des Wissenszuwachses in jedem Iterationsschritt entstehenden Forderungen an eine Informations- und Kommunikations-Plattform schließen damit direkt die Notwendigkeit zur Unterstützung der dynamischen und flexiblen Kooperationsstrukturen von Mitgliedern eines Entwicklungsteams ein. Die zu entwickelnde Plattform muß die Teamintegration für die gesamte Rapid-Prototyping-Umgebung erreichen. Diese umfaßt alle gestaltenden, steuernden und beurteilenden Entwicklungswerkzeuge sowie Anlagen zur Erzeugung und Erprobung virtueller und physischer Prototypen.

Forschungsansätze stammen hierzu aus Bereichen der Informatik und werden dort seit etwa 1985 in verschiedenen Anwendungsbereichen untersucht:

- Computerunterstützte kooperative Arbeit (Computer-Supported Cooperative Work, CSCW),
- computergestützte Kommunikation (Computer-Mediated Communication, CMC),
- kombinierter Einsatz verschiedener Darstellungsmedien (Multimedia).

Die Untersuchungen konzentrierten sich zunächst auf typische Büroanwendungen, da dort, im Gegensatz zur Situation in Produktentwicklungsteams mit Experten verschiedener Fachrichtungen, die Zusammenarbeit von Personen einfacher und strenger gegliedert ist. Aufgaben und Verantwortlichkeiten lassen sich in Büroanwendungen klarer definieren. Technische Anwendungen beschränken sich auf den Einsatz von Multimedia als Dokumentations- und Darstellungsmittel. Eine durchgängige Kooperationsplattform oder entsprechende Modelle für die Produktentwicklung existieren nicht.

Hieraus und aus der das Rapid Prototyping prägenden Kooperation von Experten ergibt sich der Bedarf der Entwicklung einer dedizierten, mehrbenutzerorientierten Kommunikationsarchitektur. Sie muß die Modellierung und Realisierung von direkten oder indirekten Wechselwirkungen und die Kooperation individueller Entwickler im Rahmen der ganzheitlichen Entwicklung von Prototypen von den frühen Phasen bis zur Serie erlauben. Es können daher die folgenden Forschungsschwerpunkte definiert werden:

- Entwicklung eines Modells zur Charakterisierung der Zusammenarbeit im Team, das teilweise aus der Organisationsform des Rapid Prototyping erarbeitet werden kann.
- Analyse und Systematisierung von Anforderungen, die sich aus der räumlichen und zeitlichen Verteilung eines dezentralen Entwicklungsteams ergeben, z.B. zur Auswahl geeigneter synchroner und asynchroner Kommunikationsverfahren oder der Herstellung geeigneter räumlicher und zeitlicher Beziehungen zur Bearbeitung einer Aufgabe.
- Erarbeitung von Kriterien zur Auswahl geeigneter Kommunikations- und Kooperationsformen für bestimmte Aufgabenbereiche und Zielsetzungen der an verschiedenen Formen des Informationsaustauschs beteiligten Entwickler, beispielsweise abhängig von deren Qualifikation.
- Entwicklung von Methoden der Zusammenführung von Partialsichten einzelner Teammitglieder auf das in der Wissensbasis vorhandene Gesamtmodell, die seine Inspektion, Diskussion und Manipulation im Team erlauben und die auf den für die adaptive Benutzungsoberfläche entwickelten Methoden und Techniken aufbauen.
- Durchführung einer Analysestudie über den Stand der CSCW- und Multimedia-Systeme sowie der für die Rapid-Prototyping-Umgebung erforderlichen bzw. derzeit verfügbaren Basistechnologien unter dem Gesichtspunkt ihrer Eignung für die Erstellung eines Prototyps am Ende der ersten Antragsphase.

Ziel des teamorientierten Kommunikationssystems ist die Untersuchung dieser Forschungsfragen zur Entwicklung eines Kooperationsmodells für das Rapid Prototyping und dessen exemplarische Realisierung für das vernetzte Arbeiten bei der Entwicklung, Erstellung und Erprobung virtueller und physischer Prototypen. Forschungsarbeiten aus der Informatik (CSCW, CMC sowie neue, verfügbare Basistechnologien in den Bereichen von Multimedia und Hochgeschwindigkeitsnetzwerken) werden hierfür als Grundlage dienen.

Im ersten Antragszeitraum sollen anhand der Prototypentwicklungskette beim Leitbeispiel des verstellbaren Fahrzeugsitzes Grundlagen für Kooperationsmodelle und der Einsatz entsprechender Methoden der CSCW und CMC erarbeitet und am Prototyp erprobt werden.

3.8.1 Datenintegration und Kooperation

Die Teamkooperation wurde bisher vorwiegend über die Verkettung der einbezogenen Daten versucht. Produktdatenmodelle (z.B. STEP), die zur Verknüpfung von Partialmodellen und zur Definition eines Austauschformats zwischen Werkzeugen entwickelt wurden, betrachten z.B. Geometrie-, Topologie-, Toleranz- und Werkstoffdaten sowie Formelemente. Wissen über Wirkzusammenhänge und funktionale Abhängigkeiten, Organisations- und Kooperationsstrukturen, virtuelle Prototypen und Simulationsverfahren, Alternativen von Fertigungstechnologien sowie den Verlauf von Entwicklungsprojekten werden bisher nicht abgebildet. Die in STEP vorhandene Möglichkeit zur Definition einer Präsentationsform ist nur auf CAD-Darstellungen ausgerichtet.

Erste Forschungsprototypen zur weitergehenden Lösung dieser Problematik wurden beispielsweise im Bereich der Konstruktion im ESPRIT-Projekt 5168 (CACID) entwickelt. Entsprechend einer geometrisch orientierten Vorgehensweise bei CAD-Systemen wurde der euklidsche Raum in Teilbereiche (Design Spaces) unterteilt, die aufgrund klar definierter Schnittstellen getrennt sind. Damit wird eine einfache Verantwortlichkeits- und Kooperationsstruktur über die geometrischen und topologischen Daten definiert. Abhängigkeiten, die sich z.B. aus funktionalen oder organisatorischen Zusammenhängen ergeben, werden jedoch nicht modelliert.

Modelle zur allgemeinen Beschreibung und Umsetzung der Kooperation über den gesamten Entwicklungsprozeß eines Produkts, besonders über geometrische und topologische Abstraktionen hinaus, existieren nicht.

Neuere Integrationsplattformen, die für das Concurrent Engineering entwickelt wurden (z.B. SiFrame), versuchen, den Datenfluß und die erforderlichen Kontrollstrukturen zu modellieren, indem Entwicklungsprozesse systematisiert und in kleinste Elemente zerlegt werden. Jedes dieser atomaren Elemente wird mit einer klaren Ein-/Ausgabedefinition beschrieben. Die Verwendbarkeit solcher Metawerkzeuge, die nicht Produktdaten, sondern die Kontrolle und Steuerung ihres Flusses sowie der beteiligten Werkzeuge zum Gegenstand haben, ist jedoch auf solche Teile eines Entwicklungsprozesses beschränkt, die sich im voraus genau beschreiben lassen. Dynamische Modifikationen, wie sie beispielsweise in frühen Entwicklungsphasen, auch im Rapid Prototyping, notwendig sind, führen zu Konsistenzproblemen. Ihre Auswirkungen auf den gesamten Entwicklungsprozeß sind nur schwer kontrollierbar. Integrationsplattformen des Concurrent Engineering werden damit den Forderungen aufgrund ihrer vom Rapid Prototyping unterschiedlichen Zielsetzung bezüglich der erforderlichen Flexibilität nicht gerecht. Sie lassen sich nur für bekannte, im voraus detaillierbare Teilprozesse oder die Grobstrukturierung einer Produktentwicklung einsetzen.

3.8.2 Kooperationsmodelle

Die zentrale Bedeutung der Zusammenarbeit bei der Produktentwicklung und die Notwendigkeit zur Umsetzung ihrer Informationen und Kommunikationen verlangt ein formales Instrumentarium; einerseits zur Beschreibung und Realisierung von Kooperationsformen, andererseits zu deren Charakterisierung für eine adäquate Auswahl in verschiedenen Situationen.

Im Bereich der intelligenten Benutzungsoberflächen sind verschiedene Ansätze für Benutzer- und Dialogmodelle bekannt, die mit sprachtheoretischen und kognitionspsychologischen Methoden beschrieben und mit Verfahren der künstlichen Intelligenz zum Teil prototypisch umgesetzt wurden. Eine Ausführung konzentrierte sich bisher nur auf sehr enge Anwendungsbereiche. Sie sind für die Applikation im Rapid Prototyping nicht geeignet.

Forschungsansätze, die auf dem an der Stanford University entwickelten Konzept der intelligenten Agenten und entsprechenden Logiken (z.B. Zeitintervalle, Belieflogiken, Situationssemantik und Defaultlogik) aufbauen, sind formal fundiert und gut untersucht. Sie können als Grundlage für Kooperationsmodelle dienen.

Nichtmonotone Logiken, wie die aufgeführten Beispiele, unterscheiden sich von klassischen, monotonen Logiken (z.B. Prädikatenlogik erster Stufe) durch die Eigenschaft, daß die Interpretation von Aussagen und Sätzen variabel ist, d.h., dynamische Entwicklungen können modeliert werden. Die Situationssemantik basiert auf einem Modell von Aktionen und Zuständen, in denen bestimmte Aussagen mit Wahrheitswerten versehen sind. Die Ausführung einer Aktion überführt einen Startzustand in einen Zielzustand und beschreibt die logischen Beziehungen zwischen den Aussagen der beiden Zustände. Dadurch werden die Aspekte „Zeit“ und „Veränderung“ in die Logik eingebracht und stehen für die Deduktion von Schlußfolgerungen zur Verfügung.

3.8.3 Kommunikation und Kooperation

Die allgemeine Verfügbarkeit leistungsfähiger Kommunikationstechnologien in einem akzeptablen Kostenrahmen führte in den letzten Dekaden zu einer weitreichenden lokalen, nationalen und internationalen Vernetzung von Rechnersystemen über verschiedene Medien. Die für Anwendungen mit hohen Bandbreiten und potentiell großer räumlicher Ausdehnung (z.B. Audio-/Videokonferenzen) notwendigen Übertragungsgeschwindigkeiten stehen heute im Bereich von bis zu 140 Mbit/s kommerziell zur Verfügung (z.B. Mietleitungen der Deutschen Bundespost Telecom, Hardware von Netcomm oder FORE Systems). Im Gigabit-Networking laufen Forschungsarbeiten und Pilotprojekte verschiedener öffentlicher und kommerzieller Träger, die auf ATM-Netzwerken aufbauen (z.B. Metropolitan Area Network im Raum Stuttgart, ATM-Netzwerk in Finnland, SONET-Universitätsnetz in Minneapolis).

Obwohl damit prinzipiell die technologischen Voraussetzungen für die Kooperation selbst in räumlich weit verteilten Gruppen gegeben sind, fehlt auf der Ebene der wesentlichen Werkzeuge, die im Produktentwicklungsprozeß eingesetzt werden (z.B. CAD, Kalkulations- und Planungssysteme), eine Berücksichtigung des kooperativen Teamgedankens. Die Arbeit mit konventionellen Softwaresystemen ist von strengen Schnittstellen zwischen einzelnen Schritten und Teilaufgaben in der Produktentwicklung und von der Notwendigkeit einer zusätzlichen Homogenisierung von Daten und der Verknüpfung von Einzelwerkzeugen geprägt. Hieraus entstehen deutlich abgegrenzte, der kreativen Vorgehensweise und damit der frühen Verkürzung von Iterationszyklen nicht förderliche, explizite Kunden-/Lieferantenbeziehungen zwischen einzelnen Mitgliedern eines Entwicklungsteams.

Die in den frühen Phasen der Prototypentwicklung nur in den Köpfen der Entwickler vorhandenen Ideen und Modelle stehen anderen Mitgliedern des Teams erst nach ihrer expliziten Niederlegung in der Wissensbasis für eine Diskussion und Ausarbeitung zur Verfügung. Der dabei notwendige, intensive Informationsaustausch verlangt ein rechnergestütztes Moderationswerkzeug, um den Entwicklern durchgängig in allen Phasen der Produktentwicklung den Zugriff auf das gemeinsam erarbeitete Wissen zu ermöglichen.

Untersuchungen zeigen, daß für die Kommunikation zwischen Personen und die Lokalisierung von Gesprächspartnern ein hoher Anteil der eigentlichen Arbeitszeit verwendet wird. Gerade in kreativen Bereichen wie der Produktentwicklung, nehmen ad-hoc-Treffen, d.h. die spontane, nicht geplante Zusammenkunft von Entwicklern, einen hohen Stellenwert ein, da sich der Bedarf eines Informationsaustauschs oft dynamisch ergibt. Bei einer dezentralen Organisation und einer räumlichen Verteilung der Mitglieder eines Entwicklungsteams gestaltet sich die Verwirklichung solcher Treffen jedoch schwierig, da die konventionellen Kommunikationsmedien (z.B. Telefon, Fax, Electronic Mail) nicht ausreichen, um schnell komplexe Informationen auszutauschen.

3.8.4 Computerunterstützte kooperative Arbeit (CSCW)

„Groupware" sind Hard- und Softwaresysteme, die die notwendige Infrastruktur für die kooperative Bearbeitung einer Aufgabe mit zwei oder mehreren Personen bereitstellen. Die Begriffe der Groupware und der CSCW-Systeme werden in der Literatur häufig synonym verwendet. Im folgenden sind als CSCW-Systeme nur Plattformen bezeichnet, die neben Kooperationskomponenten auch über Modelle zur Kontrolle und Steuerung des adäquaten Einsatzes verschiedener Kooperationsformen verfügen.

Die Verwendung existierender rechnergestützter Groupware-Systeme zur Organisation und Moderation spontaner Treffen ist zwar prinzipiell möglich, führt jedoch aufgrund der stark die Natürlichkeit der Kommunikation einschränkenden Qualität der heute verfügbaren Systeme nicht oder nur unzureichend zum gewünschten Erfolg. Ergebnisse im Bereich adaptiver Benutzungsschnittstellen werden verwendet, um individuell für die kooperierenden Mitglieder eines Teams die Interaktion von Mensch und Rechner adäquat zu gestalten. Offene Forschungsfragen bestehen noch beim Einsatz dieser Schnittstellen unter besonderer Berücksichtigung der Kooperation. Bei der Diskussion einer Konstruktionsidee oder des Ergebnisses einer Prototyperprobung stehen dann nicht die Interaktionsformen selbst, sondern ihre Verwendung zur Realisierung und Förderung von Zusammenarbeit im Vordergrund.

Das System Lotus Notes, das derzeit weite Verbreitung findet, ist ein typischer Vertreter einer neuen Generation von Groupware, die im Gegensatz zu proprietären, monolithischen Systemen auf offene, erweiterbare Plattformen setzen. Einer ihrer Nachteile ist jedoch, daß einerseits zwar prinzipiell viele Möglichkeiten einer Erweiterung um zusätzliche Kooperationsfunktionen bestehen, andererseits jedoch die Modelle und Methoden, die dem geeigneten Einsatz solcher Erweiterungen zugrundeliegen müssen, weiter Gegenstand von Grundlagenforschung und entfernt von einer kommerziellen Verwirklichung sind. Die Verknüpfung innovativer Kooperationsfunktionen wird daher eine Anpassung der Plattform erfordern. Des weiteren kann von Systemen wie Lotus Notes aufgrund ihrer allgemeinen Konzeption der Bezug zum Anwendungsbereich, dem Rapid Prototyping, nicht hergestellt werden.

Die räumlichen und zeitlichen Beziehungen von Kommunikationspartnern bestimmen wesentlich die Qualität und die Möglichkeiten eines Informationsaustauschs. Eine durch ein rechnergestütztes System moderierte Kooperation von Teammitgliedern in einem einzigen Raum, d.h. mit Sicht- und Sprechkontakt, läßt für den natürlichen, nicht über einen Rechner durchgeführten Informationsaustausch Raum. Dies ist bei einer räumlichen Trennung (z.B. bei der dezentralen Organisation der Fertigung von virtuellen und physischen Prototypen) nicht mehr möglich. Der Einsatz von Multimedia-Techniken (z.B. Audio-/Videokommunikation) zur Überbrückung der räumlichen Barriere ist daher ein wesentlicher Bestandteil der heutigen CSCW-Forschung.

Analog zur räumlichen Beziehung von Kommunikationspartnern ist auch deren zeitliche Relation wesentlich. Bei einer gleichzeitigen Anwesenheit von zwei oder mehreren Personen wird die Interaktion als „synchron“, bei zeitlichem Versatz als „asynchron“ bezeichnet. Zu diesen Kriterien läßt sich eine einfache Matrix (Bild 12) erstellen, die eine Klassifikation von Groupwarefunktionen erlaubt.

	synchron	asynchron
gleicher Ort	*Electronic Meeting Room* *Sitzungsmoderation*	*Schwarzes Brett*
entfernte Orte	*Telekonferenz* *Gruppeneditoren*	*Electronic Mail* *Terminkalender*

Bild 12. Klassifikation von CSCW-Systemen

Bei CSCW-Systemen im Rapid Prototyping muß besonders darauf geachtet werden, daß zum Erreichen eines bestimmten Ergebnisses im Team zunächst eine sinnvolle räumliche und zeitliche Beziehung zwischen den Teammitgliedern geschaffen wird. Die Basisfunktionen des CSCW-Systems (z.B. Sitzungsmoderation, Management von Gruppenterminkalendern und Projektplänen, die Durchführung von Audio-/Videokonferenzen oder die automatische Überwachung von organisatorischen Abläufen) können nur unter dieser Voraussetzung adäquat eingesetzt werden.

Existierende Systeme (Groupware) berücksichtigen diese Aspekte nicht. Sie lassen sich daher nur in klar definierten Situationen mit einem engen Anwendungsspektrum verwenden. Die Dynamik des Rapid Prototyping benötigt jedoch im Gegensatz hierzu hohe Flexibilität gegenüber organisatorischen Veränderungen, d.h., geeignete Groupware muß diese Veränderungen sowohl mitverfolgen als auch mitgestalten. Die Akzeptanz der Benutzer von Groupware hängt wesentlich davon ab, inwieweit das System in der Lage ist, sich diesen Forderungen anzupassen.

Eine weiterer Anspruch des Rapid Prototyping an eine Kommunikationsplattform für vernetztes Arbeiten ist ihr direkter Bezug zum Anwendungsbereich: Die vermittelten Inhalte und ausgetauschten Informationen dürfen nicht opaque bleiben, sie müssen in ihrer Struktur und ihrem Zusammenhang (Semantik) der Groupware zugänglich sein, um in Zusammenarbeit mit einer geeigneten Benutzungsoberfläche und einer Wissensbasis individuell die Kommunikationsanforderungen unterstützen zu können. Forschungsarbeiten in diesem Bereich gibt es z.B. im RACE-Projekt R2031 (PAGEIN). Dieses Projekt hat das rechnerunterstützte Arbeiten bei der Durchführung von Simulationen und die Auswertung von Berechnungsergebnissen unter Nutzung europäischer Hochgeschwindigkeitsnetze sowie die Schaffung von Voraussetzungen für die Einführung dieser Technologien zum Ziel.

CSCW-Systeme heben sich damit deutlich von traditionellen Systemen ab, wie EDMS (Engineering Data Management Systems), die nur eine grobe, statische Modellierung von organisatorischen Beziehungen und Abläufen mit nicht näher strukturierten Dokumenten und Diskursbereichen durchführen. Die inhärente Dynamik des Rapid Prototyping wird mit EDMS nicht oder nur unzureichend dargestellt.

3.8.5 Computergestützte Kommunikation (CMC)

Das Gebiet der computergestützten Kommunikation (CMC) befaßt sich mit dem Einsatz von Informationstechnologie bei der Kommunikation zwischen zwei oder mehreren Personen. Existierende Systeme und Forschungsprototypen spezialisieren sich im wesentlichen auf den Aspekt der Überbrückung räumlicher (gegebenenfalls in Kombination mit zeitlicher) Trennung.

Einfache Vertreter sind Systeme zur elektronischen Übermittlung von Nachrichten an benannte Einzelpersonen (z.B. Electronic Mail) oder Gruppen von Interessenten (z.B. Electronic News Groups, Electronic Black Board), zur passiven Bereitstellung und aktiven Abfrage von Informationen sowie zum synchronen Austausch von geschriebener Sprache (z.B. Internet Chat, Talk).

Für das Rapid Prototyping ist nicht nur die verwendete Technologie, die sich auch in diesem Bereich schnell fortentwickelt, von Bedeutung. Viel wichtiger ist der angemessene Einsatz der zur Verfügung stehenden Techniken und Verfahren, mit dem Computer Informationen auszutauschen sowie bei deren Veränderung eine Zusammenarbeit zu erlauben und zu fördern.

Zum Entwurf geeigneter Auswahlkriterien für Kommunikationsmedien und -werkzeuge sind derzeit keine Methoden bekannt, die sich über eine reine Definition, analog zu Style Guides bei Benutzungsschnittstellen, hinaus erstrecken. Benutzermodelle für Dialogsysteme beziehen sich nur auf Mensch-Rechner-Schnittstellen und betrachten die Mensch-Mensch-Kommunikation und -Kooperation nicht oder sehr eingeschränkt.

Hieraus ergibt sich direkt die Notwendigkeit, parallel zu einer Untersuchung und Entwicklung von Kooperationsformen und -modellen auch eine Analyse ihrer Anforderungen an entsprechende Werkzeuge und die zugrundeliegenden Basistechnologien und -methoden (z.B. Netzwerkprotokolle und -standards, Hard- und Software sowie Leistungsmerkmale der verwendeten Systeme) durchzuführen.

3.8.6 Multimedia

In modernen Informationssystemen finden zunehmend multimediale Darstellungen Verwendung. Die geeignete, synergetische Verwendung verschiedener Darstellungsmedien wie Audio und Video, erhöht sowohl die Bandbreite des Informationsflusses zwischen Mensch und Rechner als auch die Natürlichkeit der Präsentation von Informationen.

Existierende Systeme, die multimediale Darstellungen einsetzen, sind heute im wesentlichen auf drei Anwendungsbereiche beschränkt:

- die Archivierung und Verarbeitung von Einzelbildern und Bildsequenzen,
- die Durchführung von Audio-/Videokonferenzen sowie
- die Annotation von Dokumenten beispielsweise mit Audioelementen oder photorealistischen Bildern.

Dabei wird jedoch der Verwirklichung der verwendeten Medien (z.B. Audio, Video, 3D-Oberflächen, neue Eingabemedien) oder Netzwerktechnologien (ISDN, ATM, Frame Relay) noch mehr Bedeutung als dem entsprechendem Einsatz dieser Technologien beigemessen. Dies ist zum Teil in der Novität von Multimedia als Gestaltungswerkzeug begründet.

Forschungsprototypen, die Multimedia in Ingenieuranwendungen untersuchen, konzentrieren sich auf die Erfassung, Verarbeitung und Darstellung von Bildern. Der Einsatz von Multimedia besonders in frühen Phasen der Produktentwicklung ist nicht untersucht.

Ansätze zur Verwendung verteilter Multimedia-Systeme bei der Kooperation mehrerer Teilnehmer werden in einer Reihe von Forschungsprojekten entwickelt. Standards zur Repräsentation und Übertragung von Multimedia-Objekten existieren oder werden derzeit definiert. Sie können als Basis für die Arbeit im Sonderforschungsbereich verwendet werden.

3.9 Virtuelle Realität als Gestaltungs-, Evaluierungs- und Kooperationswerkzeug

Die fachbereichsübergreifende Produktentwicklung sowie die zunehmende Komplexität der Ursache-Wirkungs-Ketten setzen Mensch-Maschine-Schnittstellen voraus, die ein hohes Maß an Anschaulichkeit und eine dem menschlichen Verhalten entsprechende Wechselbeziehung mit rechnergestützten Werkzeugen erreicht.

Die Virtuelle Realität (VR) ist eine Erweiterung der Visualisierungs- (Präsentation) und Interaktionsmöglichkeiten mit rechnergestützten Systemen. Aufgrund der in der VR eingesetzten 360-Grad-Visualisierung in Abhängigkeit von der Blickrichtung des Benutzers und die verwendeten Interaktionsmöglichkeiten, die sich auf alle realen, geplanten und gewünschten Freiheitsgrade eines jeden Objekts beziehen, kann der Benutzer (z.B. Designer, Konstrukteur) intensiver in den Datenraum eingebunden werden als bei konventionellen Systemen. In Erweiterung der beiden Komponenten Visualisierung und Interaktion kann zusätzlich eine akustische, taktile und haptische (den Tastsinn betreffend) Simulation der Objekte eingesetzt werden, um den Erfahrungsbereich des zu entwickelnden Objekts in einem frühen Entwicklungsstadium zu vergrößern. Der Anwender kann somit die mit Hilfe computergestützter Verfahren erstellten virtuellen Welten und die darin enthaltenen Objekte im dreidimensionalen Raum begehen, erfahren und mit ihnen interagieren.

Aufgrund der Einbeziehung der VR in den Sonderforschungsbereich (SFB) vollzieht sich ein Übergang von einer multimedialen bzw. hypermedialen computergestützten Arbeitsumgebung zu einer virtuellen Arbeitsumgebung (Hard- und Softwareumgebung des VR-Systems). Die virtuelle Arbeitsumgebung wird im Antragszeitraum für die Entwicklungsaufgabe „Gestaltung von komplexen Geometrien“ (Freiformflächen, z.B. bei der Außenformgestaltung eines Fahrzeugsitzes) und Evaluierung von Produkteigenschaften (Überprüfung der Kinematiken und Montage/Demontage) erforscht und prototypisch ausgeführt.

3.10 Visualisierung und Simulation physikalisch-technischer Vorgänge

In der Automobilindustrie werden in verschiedenen Bereichen Simulationsmethoden zur Auslegung von Bauteilen verwendet. In zunehmendem Maß kommen dabei Höchstleistungsrechner zum Einsatz. Visualisierungsmethoden dienen dazu, die großen anfallenden Datenmengen effektiv und schnell auswerten zu können. Berechnungsergebnisse geben Aufschluß über innere Zusammenhänge. Ermittelte Größen haben oft keine unmittelbare Repräsentationen als sichtbare Eigenschaften in der realen Umwelt. Die Abbildung von berechneten Daten auf abstrakte visuelle Objekte lassen vom Menschen erfaßbare Darstellungen entstehen, die charakteristische Eigenschaften der Simulationen sichtbar und verständlich machen. Wissenschaftliche Visualisierung erfüllt somit die Aufgabe, Zusammenhänge aufzudekken und Einsicht in die Bedeutung durchgeführter Simulationen zu geben.

Bei der Verknüpfung von Visualisierung und Simulation in eine Softwareumgebung sind Methoden zur einheitlichen Beschreibung und nahtlosen Einbeziehung aller Verarbeitungsschritte zu erforschen. Einem Nutzer sollte durch einheitliche Beschreibung aller Verarbeitungsschritte sowie deren Verknüpfung ein direkterer Zugang zur simulierten Modellwelt ermöglicht und somit die Zeit für die Problembearbeitung reduziert werden. Hierzu tragen vor allem das aktive semantische Netz als gemeinsame Wissensbasis, die adaptive Benutzungsoberfläche als individuelles und individualisierbares Medium sowie das teamorientierte Kommunikationssystem zur Teameinbeziehung bei.

Fortgeschrittene Visualisierungsmethoden zur Darstellung der Simulationsinhalte sowie darauf abgestimmte visuelle Programmiermethoden als Bestandteil der Benutzeroberfläche werden entworfen und untersucht. Dabei sollen virtuelle Realitätselemente einen verbesserten Zugang zur Modellwelt erreichen.

Zur Anbindung an die Anwendungsinhalte des Sonderforschungsbereichs, sowie zur Verknüpfung mit anderen Teilprojekten werden Visualisierungsmethoden für anfallende Daten und Simulationsinhalte des Rapid-Prototyping LASER-Labors zur Herstellung funktionaler und technischer Prototypen sowie der schnellen Prototypwerkzeug-Entwicklung exemplarisch entwickelt und dort eingefügt. Der Schwerpunkt liegt dabei nicht auf der Entwicklung neuer Visualisierungsmethoden, sondern vielmehr auf der sinnvollen Einbeziehung der Elemente einer verteilten Softwareumgebung zur Bereitstellung einer besseren Grundlage für schnelle und fundierte Entscheidungen im Prototyp-Entwicklungsprozeß.

3.11 Aufbau und Betrieb von Rapid-Prototyping-Prozeßketten

In den verschiedenen Phasen der Produktentwicklung werden unterschiedliche Prototypen (virtuelle und physische) für Design-, Ergonomie-, Montierbarkeitsstudien, etc. verwendet. Die Forderungen an diese Prototypen sind daher aufgabenspezifisch. Zu ihrer Herstellung stehen sowohl klassische als auch generative Verfahren zur Verfügung. Für den erfolgreichen Einsatz der Prototypenfertigungsverfahren und der im Gesamtprojekt erstellten Prozeßketten, müssen Methoden vorhanden sein, die die wesentlichen Informationen des betrieblich vorhandenen empirischen Fachwissens für die Prozeßplanung zur Verfügung stellen. Unter Berücksichtigung der Auslastung erlauben Bewertungskriterien die Selektion eines Prozesses in zeitlicher, qualitativer und wirtschaftlich optimaler Folge.

Die Herstellung technischer Prototypen ist meist sehr teuer. Daher müssen zum Zeitpunkt der Herstellung eines technischen Prototypen schon ausgereifte Erkenntnisse aus vorangegangenen Tests vorhanden sein. Dies kann in frühen Phasen der Produktentwicklung aufgrund schnell herstellbarer und billiger Prototypen mit den für eine Vorselektion spezifischen Eigenschaften erreicht werden. So müssen sich z.B. aus den virtuellen Prototypen gewonnene Erkenntnisse auf die weitere Verfahrenswahl auswirken.

Für die Effektivität und Wirtschaftlichkeit von RP-Prozeßketten ist ihre ablauforientierte und informatorische Einbindung in ein ganzheitliches Entwicklungsmanagement notwendig. Daher werden Arbeiten zur Einbeziehung der technologischen, informatorischen und organisatorischen Tätigkeiten im Rapid-Prototyping-Labor durchgeführt.

Als eine spezifische Prozeßkette soll das Anwendungsspektrum von klassisch und generativ gefertigten Kunststoff-Prototypen durch die Kombination dieser Techniken mit Beschichtungstechnologien untersucht werden. Ziel ist es, mit einer metallischen Beschichtung von Prototypen, Bauteile für unterschiedliche Anwendungsbereiche mit den dort verlangten Qualitätsmerkmalen (Design, Oberflächenrauheit, elektromagnetische Abschirmung, etc.) zu erlangen. Des weiteren wird die Anwendung dieser Technologie zur Herstellung von Elektroden für das Senkerodieren angestrebt. Eine weitere Anwendung ist die schnelle Herstellung von preisgünstigen Hohlformen. Hierbei soll ein Prototyp mit einer dicken, metallischen Schicht überzogen werden, die nach dem Trennen von Prototyp und Metallüberzug Formstabilität bewahrt und somit als Werkzeug zur Herstellung von weiteren Teilen (kleine Serie) zur Verfügung steht.

3.12 Rapid-Prototyping-Labor zur Herstellung funktionaler und technischer Prototypen mit Hilfe von Lasertechniken

Mit den generativen Fertigungsverfahren des heutigen Rapid Prototyping lassen sich Bauteile bzw. Bauteileigenschaften herstellen, die aufgrund der Einschränkungen der verwendeten Werkstoffe im wesentlichen nur zur optischen Anschauung oder zu eingeschränkten Funktionstests dienen (geometrische Prototypen). Für die Herstellung funktioneller bzw. technischer Prototypen sind jedoch zeit- und kostenintensive sowie häufig mit handwerklichen Fertigungstechniken charakterisierte Zwischenschritte notwendig. Aus den wirtschaftlichen Aspekten der Industrie resultiert ein großer

Bedarf an der direkten und automatisierbaren Herstellung technischer bzw. funktioneller Prototypen.

Zur Entwicklung von Verfahren für die schnelle Erstellung von Prototypen soll ein Modell-Labor errichtet werden. Als ideales Werkzeug bietet sich der Laser aufgrund seiner flexiblen räumlichen und zeitlichen Steuerbarkeit auch im Hochleistungsbereich an. Unter Verwendung eines zu entwickelnden Baukastensystems aus geometrischen und technologischen Elementen lassen sich in inkrementeller Vorgehensweise funktionelle und technische Prototypen herstellen. Im Formgebungsprozeß werden additive, subtraktive und stoffeigenschaftsändernde Verfahren verwendet.

Laserverfahren zum Abtragen, Bohren, Oberflächenbehandeln, Schweißen und Trennen sind bis zur Anwendungsreife entwickelt und zum Teil schon eingesetzt. Die fortschreitende Entwicklung bei den Nd:YAG-Hochleistungslasern gestattet - mit Strahlführung über dünne flexible Glasfasern - die Einfügung dieser Verfahren in Dreh- und Fräszentren als Ergänzung zu den klassischen spanenden Bearbeitungstechniken. Damit wird eine „schnelle Fertigung" metallischer Bauteile mittels direkter Verfügbarkeit bisher externer Technologien (Härten, Schweißen, Hartbearbeitung durch Abtragen) unter Reduzierung von Materialfluß, Durchlaufzeiten und Aufwand für den Vorrichtungsbau erreicht.

Im Antragszeitraum werden auf einer Bearbeitungsstation Verfahren zum rechnerunterstützten generativen Erzeugen von Werkstücken aus Kunststoff-, Metall-, und Keramikpulvern (Laser Aided Powder Solidification - LAPS) als sogenanntes Pulverbett-Verfahren weiterentwickelt. Im Vordergrund stehen hierbei Kunststoffe bzw. Verbundwerkstoffe auf Polymerbasis, wobei das Verfahren aufgrund prozeßbedingter technischer Modifikationen auch auf Metalle und Keramiken anzuwenden ist. Anhand der in vorangegangenen Projekten gewonnenen Erfahrungen stellt sich die Problematik der Korrelation Werkstoff - Verfahrenstechnik hinsichtlich der erforderlichen Randbedingungen besonders in den Vordergrund, weshalb stetige Iterationszyklen der Prozeßoptimierung bei Anwendung verschiedener Materialien unerläßlich sind.

In einem Drehzentrum mit eingefügten Festkörperlasern verschiedener Leistungsklassen wird die schnelle, rechnergestützte Fertigung von Prototypteilen aus Metallen und Keramiken durch Laserverfahren (Abtragen, Schweißen, Trennen, Oberflächenbehandeln) in Kombination mit klassischen spanenden Techniken erprobt. Darüber hinaus wird LAPS als Pulverjet-Verfahren - aufbauend auf den grundlegenden Erfahrungen beim Laserbeschichten - als additive Technologie für metallische Bauteile in das Drehzentrum komplettiert.

Neben den rein wirtschaftlichen und technischen Aspekten der verschiedenen generativen Fertigungsverfahren kommt den umweltrelevanten Aspekten des Einsatzes neuer Technologien zunehmende Bedeutung zu. Die Beurteilung der zu vergleichenden Verfahren bedarf einer zugrundegelegten ganzheitlichen Bilanzierung der einzelnen Varianten mit besonderer Berücksichtigung der ökologischen Aspekte. Obwohl hinsichtlich der breiten Akzeptanz der generativen Fertigungsverfahren die technologischen und weniger die ökologischen bzw. umweltverträglichen Aspekte im Vordergrund stehen, ist mittel- bis langfristig ein weiteres Ansteigen der Anzahl verschiedener Systemvarianten zu erwarten, weshalb schon frühzeitig die Entwicklung und Bereitstellung von Methoden und Werkzeugen zu deren Beurteilung erarbeitet werden müssen.

Das vorhandene und zu gewinnende Technologie- und Fertigungswissen des Modell-Labors wird in aufbereiteter und angepaßter Detailtiefe zur inhaltlichen Koordination der Verfahrensauswahl zur Verfügung gestellt und fließt somit als Wissensbasis zum Beitrag der Kooperationsmodelle in das aktive semantische Netz. Die Entwicklung von neuen Produkten am Anwendungsbeispiel des Fahrzeugsitzes sowie deren Umsetzung in physische und somit hinsichtlich „form, fit and function" beurteilungsfähige Prototypen wird maßgeblich aufgrund der Ergebnisse des Projektbereichs B im iterativen Prototypenentwicklungsprozeß unterstützt. Die Visualisierung in der frühen Designphase ermöglicht eine sehr schnelle Auswahl der für das Produkt geeigneten Verfahrenstechnik. Darüber hinaus bieten Höchstleistungsrechner eine schnelle und komfortable Berechnung und Darstellung der transienten physikalisch-technischen Vorgänge und leisten somit für die Prozeßoptimierung einen wichtigen Beitrag.

3.13 Entwicklung von Werkzeugen für Prototypteile

In Anbetracht kürzer werdender Entwicklungszeiten gewinnt die frühest mögliche und kostengünstige Bereitstellung von Prototypteilen für Montageuntersuchungen, für stilistische Optimierung und für die Bauteilerprobung, z.B. Crashversuche im PKW-Bau, Standzeiterprobung bei dynamischer Belastung, Ermittlung von Festigkeitswerten, Oberflächengüte, zunehmend an Bedeutung.

Ausgehend vom Anforderungsprofil der Prototypteile

- geometrische Anforderungen, wie Maß- und Formgenauigkeit sowie Form- und Lagetoleranzen (z.B. für Montageuntersuchungen),
- geometrische und Materialeigenschaftsanforderungen (z.B. Streckgrenze, Bruchdehnung, Crashversuche),
- geometrische, Materialeigenschafts- und Oberflächenanforderungen (z.B. PKW-Außenhautteile)

sind geeignete Herstellverfahren für Blechprototypteile mit Cerrotru- bzw. Zamak-Werkzeugen und Blechprototypteile mit Grauguß- und kunstharzbeschichteten Werkzeugen zu entwickeln.

Bei Werkstücken, die mit Verfahren der Massivumformung, z.B. durch Querfließpressen, erzeugt werden, fehlen meist noch Verfahren zur Herstellung prototypischer Werkzeuge, die einerseits die Anforderungen II und III erfüllen, und andererseits zeit- und kostengünstig sind. Zu beachten ist, daß bei II- und III-Anforderungen die Spannungszustände und somit Umformungen identisch sein müssen mit den Zuständen, die bei der späteren Serienfertigung gegeben sind. Auch sollte die Werkzeugauslegung von Prototypwerkzeugen auf das Serienwerkzeug übertragbar sein.

In der Regel erfolgt heute die Entwicklung eines Prototyp-Werkzeugs über empirisches Wissen mit zeit- und kostenaufwendigen Iterationszyklen. Rechnerunterstützte Entscheidungshilfen werden dabei bisher nur für Problemlösungen untergeordneter Bedeutung eingesetzt und sind allenfalls Insellösungen für bestimmte Problemstellungen.

3.14 Rechnerunterstützte Fahrzeugkonzeption am Beispiel Fahrzeugsitze (Daimler Benz Forschung)

Unter dem Einfluß von Verkehrs- und Umweltproblemen entwickelt sich ein Markt, der geprägt ist von einer Vielfalt von Fahrzeugkonzepten und hohen Erwartungen bezüglich Nutzung, Sicherheit, Komfort, Wirtschaftlichkeit, Umweltverträglichkeit, Design und Verarbeitungsqualität. Die sich aufgrund komplexer Beziehungen gegenseitig beeinflussenden Kundenwünsche verlangen ein Entwurfssystem, das die Optimierung aller Einzelkomponenten und Baugruppen sowie auch des Gesamtfahrzeugs erlaubt.

In der Entwurfsphase werden die wesentlichen Eigenschaften des Fahrzeugs weitgehend festgelegt. Fehler in den frühen Entwicklungsphasen lassen sich später nur noch mit hohem Aufwand korrigieren. Der Konzeptentscheid stellt die Eingangsgrößen für den gesamten Serienentwicklungsprozeß bereit und beeinflußt damit etwa 80% der gesamten Kosten.

Zur Unterstützung der Fahrzeugentwurfsphase stehen heute nur für einzelne Teilgebiete entsprechende Berechnungsprogramme zur Verfügung. Dieser Mangel sowie die fehlende Vernetzung zwischen den Programmen erschweren den Entwicklungsprozeß und behindern das Erkennen der komplexen Zusammenhänge und der Auswirkungen von Veränderungen. Daraus leitet sich die Forderung nach einem rechnergestützten Werkzeug ab, mit dem systematisch und durchgängig Fahrzeugentwürfe schnell erstellt und ganzheitlich bewertet werden können.

Ein solches Werkzeug wird im Rahmen dieses Projekts entwickelt. Es soll aus einem Kernsystem mit Funktionen zur Benutzerführung und zum Datenmanagement bestehen, das mit Auslegungs- und Bewertungsmodulen zu einem durchgängigen Entwurfssystem mit einer konsistenten Datenbasis vernetzt wird. Die benötigten und bei Daimler Benz nicht verfügbaren Module sollen neu entwickelt bzw. auf der Grundlage existierender Basismodelle weiterentwickelt werden. Es soll ein offenes System mit einem hohen Bedienkomfort und einer in die vorhandene DV-Umgebung einfügbaren Softwarearchitektur entwickelt werden. Die potentiellen Anwender dieses Entwurfssystems sind vor allem die Entwurfsabteilungen der PKW- und Nutzfahrzeugentwicklung der Mercedes Benz AG.

Parallel zur Entwicklung des Entwurfssystems werden zur Unterstützung der im Detail arbeitenden Serienentwicklung Verfahren mit komplexen

Modellen in den Fachdisziplinen Fluid- und Thermodynamik, Systemdynamik und Mechanik neu- bzw. weiterentwickelt. Diese Verfahren zur Auslegung und Bewertung eines Fahrzeugentwurfs können in das Entwurfssystem einbezogen werden, sobald die Methoden und Programme an den parallelen Höchstleistungsrechner angepaßt sind.

4 Ausblick

Die Problematik kürzer werdender Entwicklungszeiten und der internationale Wettbewerbsdruck fordern die Einführung von Organisationsformen, Technologien und Werkzeugen zur Verwirklichung einer schnellen, kundenorientierten Produktentwicklung im engen Verbund aller Beteiligten. Je nach Produkt und Aufgabenkomplexität werden hier die Methoden der konventionellen, sequentiellen Produktentwicklung, des Concurrent/ Simultaneous Engineering (CSE) oder des Rapid Prototyping (RP) verwendet.

Das Rapid Prototyping unterstützt durch seinen Teamcharakter in besonderer Weise eine ganzheitliche, kreative Entwicklung, die bereits in frühen Phasen beginnt. Sequentielle und parallelisierende (CSE) Ansätze werden für Projekte mit weitgehend bekannten Strukturen verwendet. Eine Kombination der verschiedenen Vorgehensweisen ist daher sinnvoll. Rapid Prototyping kann beispielsweise bei der Produktdefinition und ersten Entwürfen bis hin zur Prototypfertigung in der Vorserie eingesetzt werden, um Produkt-, Prozeß- und Projektstruktur zu definieren. In den Folgephasen kommen für die gezielte Weiterentwicklung von Komponenten CSE- oder sequentielle Vorgehensweisen zur Anwendung.

Der Teamcharakter im Rapid Prototyping läßt sich von der Produktentwicklung in einem Unternehmen auch verallgemeinern auf eine geografisch weit verteilte Entwicklung mit mehreren Unternehmen oder verschiedenen Niederlassungen („Global Engineering"). Szenarien wie „24-Stunden-Engineering", wobei ein Produkt zu den jeweiligen Arbeitszeiten rund um den Erdball insgesamt 24 Stunden am Tag in Entwicklung ist, stellen, wenn auch in einem größeren Maßstab, die gleichen Forderungen, wie sie in dezentralen Expertenteams im Rapid Prototyping zu finden sind.

Das Modell des Prototyping illustriert, daß der sinnvolle Einsatz moderner Technologien in Entwicklung, Erprobung und Fertigung von Prototypen und Produkten nur mit der begleitenden Einführung einer geeigneten Organisationsform umzusetzen ist. Das Zusammenwirken aller am Produktentwicklungsprozeß Beteiligten zur Beherrschung dieser Technologie ist notwendig.

Literatur

1. Bullinger, H.-J. u.a.: Innovative production structures - precondition for a customer-oriented production management. In: Orpana, V.; Lukka, A. (Hrsg.): Production Research 1993. Proceed. o. t. 12th Int. Conf. o. Prod. Res.,Lappeenranta, Finland, 16–20 August 1993. Amsterdam: Elsevier 1993, S. 15–39
2. Eversheim, W.: Simultaneous Engineering - eine organisatorische Chance. VDI Ber. 758: Simultaneous Engineering - Neue Wege des Projektmanagements. Düsseldorf: VDI 1989
3. Adachi, T. u.a.: Social and managerial aspects of group work in concurrent engineering. In: Smith, M.J.; Salvendy, G. (Hrsg.): Human-Computer Interaction: Applications and Case Studies. Proceed. o. t. Fifth Int. Conf. o. Human-Computer Interaction (HCI International '93), Orlando, Florida, 8.–13.08.1993. Vol. 1. Amsterdam: Elsevier 1993, S. 8–13
4. Clark, K.B.; Fujimoto, T.: Product Development Performance. Harvard Business School Press, 1991
5. Milberg, J.; Koepfer, Th.: Aufgaben- und Rechnerintegration - ein Gegensatz zur Schlanken Produktion? In: Jb. 93–94, VDI-Gesell. Prod.tech. (VDI-ADB). Düsseldorf: VDI 1993, S. 11–36
6. Hirsch, B.E.: CIM in der Unikatfertigung und -montage. Berlin: Springer 1992
7. Gattiker, U.E. (Hrsg.): Technology-Mediated Communication. W. de Gryter 1993
8. Kruth, J.P.: Material incress manufacturing by rapid prototyping techniques. In: Ann. o. t. CIRP Vol. 40 (1991) H. 2, S. 603–614
9. Wozny, M.J.: Systems issues in solid freeform fabrication. In: Proceed. o. t. 3rd Solid Freeform Fabrication Sympos., 3.–5.8.1992, Austin, pp. 1–15
10. König, W. u.a.: Rapid Prototyping - Bedarf und Potentiale. VDI-Z 135 (1993) H. 8, S. 92–97
11. Astheimer, J.L. u.a.: Interactive modeling in high-performance scientific visualization - the VIS-A-VIS project. In: Koch, M. (Hrsg.): Selected readings in computer graphics, 1992, S. 213–225

Fortschritte im CAD/CAM-Bereich durch neuartige Schnittstellen

E. Bühler, D. Haban, Th. Reibetanz, A. Storr

Inhalt: Wertschöpfungsprozeß - CAD - CAM - Verfahrensketten - Schnittstellen - Datenaustauschformate - Informationsübertragung und -verarbeitung - Werkzeugmaschinen - Produktdatenschnittstelle STEP - Produktmodellierung - Arbeits- und Prozeßplanung - Verknüpfung der Systemfunktionen - Bearbeitungs-, Prüf- und Fertigungsobjekte - nationale und internationale Standards

1 Einleitung

1.1 Begriffsdefinitionen

Bisher wurde von NC- bzw. CAD/CAM-Verfahrensketten gesprochen. Diese offenen Verfahrensketten weisen Schnittstellen, im folgenden auch als Datenaustauschformate bezeichnet, auf [1]. Dies sind z.B. IGES oder VDAFS zwischen Produktgestaltung und Planung, sowie DIN 66 025 zwischen Planung und Fertigung. In bestimmten Bereichen werden systemspezifische Schnittstellen genutzt, die nur dem Hersteller bekannt sind (z.B. CATIA-NCMILL).

In diesem Beitrag wird der Begriff „Wertschöpfungsprozeß bzw. -ebene" in den Vordergrund gestellt (Bild 1). Dies resultiert aus den Kosten/

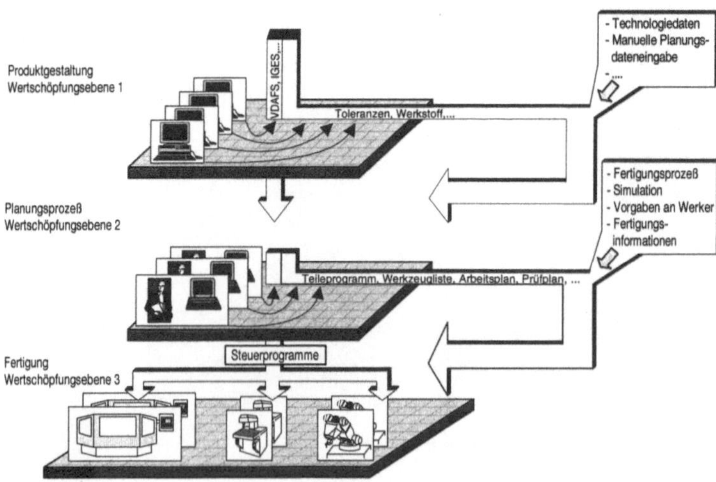

Bild 1. Heutige Kette der Wertschöpfungsprozesse

Nutzen-Effekten, die innerhalb dieser Ebenen entstehen und in der momentanen wirtschaftlichen Situation der Unternehmen von besonderer Bedeutung sind. Hauptanliegen der folgenden Ausführungen ist es vor allem, die bestehenden Defizite hinsichtlich der Informationsübertragung und -verarbeitung zwischen den und innerhalb einzelner Wertschöpfungsebenen deutlich zu machen sowie zukunftsweisende Lösungsmöglichkeiten aufzuzeigen.

1.2 Defizite

Die bestehenden Defizite sind vor allem:

- eingeschränkte, nur unidirektionale Durchgängigkeit für die direkte Nutzung von Produktgestaltungs-, Planungs- und Fertigungsdaten
- unzureichend aufgabengerechte Modellierung der Daten,
- redundante Informationen und Informationspflege,
- Lücken im Gesamtfluß Produktgestaltung - Fertigung,
- keine ausreichende Unterstützung für ein systematisches Vorgehen im Planungsprozeß,
- bisher zu wenig Beeinflussung durch nutzergerechte und fertigungstechnische Sicht.

Die genannten Defizite wirken sich verstärkt aus, da:

- ein steigender Informationsbedarf und eine zunehmende Informationsnutzung zu verzeichnen sind,
- wenig Bereitschaft besteht, in die planenden Bereiche zu investieren.

1.3 Ziele

Die Autoren leiten zunächst aus den genannten Defiziten Anforderungen aus fertigungstechnischer Sicht ab, um auf diesen basierend anschließend zukunftsweisende Lösungen und Lösungsmöglichkeiten zu zeigen. Stichwortartig zusammengefaßt ergeben sich somit die folgenden Zielsetzungen:

- Neugestaltung einer bearbeitungsgerechten Produktmodellierung,
- Offenheit und daraus resultierend die Definition innovativer Schnittstellen unter folgenden Randbedingungen:
  - nutzergerecht,
  - bidirektional,
  - Austausch von Erfahrungswissen möglich,
  - stufenweise Einführung der Neuerungen (STEP by STEP),
  - vorhandene Softwarewerkzeuge (z.B. ACIS) nutzen.

2 Anforderungen aus fertigungstechnischer Sicht – abgeleitet aus Anwenderbefragungen

Um die bestehenden Defizite vor allem der Schnittstellen zwischen den Wertschöpfungsebenen zu analysieren und daraus aus fertigungstechnischer Sicht Anforderungen und Lösungsansätze abzuleiten, wurden in Zusammenarbeit mit Industrieunternehmen umfangreiche Erhebungen durchgeführt [2, 3]. Zur Erfassung einer möglichst großen Bandbreite unterschiedlicher Firmen erfolgten die Befragungen sowohl bei klein- und mittelständischen Unternehmen (KMU) als auch bei Großkonzernen. Bei letzteren wurden in aller Regel mehrere Befragungen in unterschiedlichen Betriebsbereichen vorgenommen. Die Gegebenheiten in den Einzelteil-, Klein-, Mittel- und Großserienfertigungen führten zu den in den folgenden Abschnitten formulierten fertigungstechnischen Anforderungen an neuartige Schnittstellen im CAD/CAM-Bereich.

2.1 Effiziente Nutzung der CAD-Daten (Wertschöpfungsebene 1)

Aus der auf die Wertschöpfungsebene 1 (Produktgestaltung) bezogenen Anwenderbefragung konnte ermittelt werden, daß 68% der in den befragten Unternehmen erstellten Zeichnungen mittels CAD generiert werden. Jedoch war erstaunlich, daß, wie aus Bild 2 ersichtlich wird, nur 10% der CAD-Daten über CAD/NC-Schnittstellen zur Programmierung genutzt werden. In der praktischen Anwendung bedeutet dies, daß vielfach in der Wertschöpfungsebene 2 (Planung) die bereits erstellten, jedoch nicht übertragenen gestaltbeschreibenden Daten des zu fertigenden Werkstücks erneut kostenintensiv generiert werden müssen. Zudem werden die Bereiche Gestaltung und Planung nur unidirektional miteinander verknüpft. Aus diesem Grund bestehen gegenwärtig nur rudimentre Möglichkeiten, sich auf die

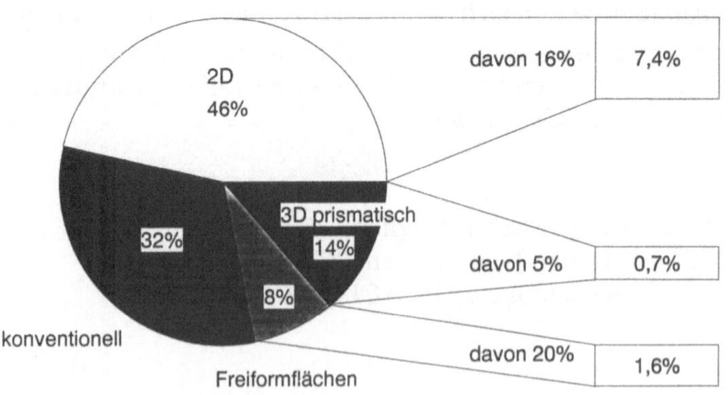

Bild 2. Nur 10% der CAD-Daten werden zur Definition der Bearbeitung genutzt

Geometrie des Werkstücks auswirkende Änderungen aus dem Planungs- und Werkstattbereich in die Wertschöpfungsebene 1 zurückzuführen. Es konnte festgestellt werden, daß, in Bezug auf den Fertigungsprozeß, CAD-Anlagen eigentlich nur ein Ersatz für das herkömmliche Zeichenbrett sind!

Wesentliche Gründe für die unzureichende Nutzung der CAD-Daten sind:

- Informationsverluste infolge der gegenwärtig angewandten Schnittstellen,
- kein bidirektionaler Informationsaustausch möglich,
- unzureichende Berücksichtigung fertigungstechnischer Anforderungen (verrechnete Toleranzen, für Konturverfolgung geeignete Geometrien usw.),
- fehlende Produktinformationen (Toleranzen, Werkstoff usw.).

Welche Schnittstellen und in welchem Umfang sie gegenwärtig in den befragten Unternehmen für den Geometriedatenaustausch Verwendung finden, wurde ebenfalls ermittelt. Die Ergebnisse dieses Analysepunkts sind aus Bild 3 ersichtlich. Der mit 44% erstaunlich hohe Anteil der direkten, systemspezifischen Schnittstellen läßt sich vor allem über den hohen Informationsverlust erklären (u.a. werden Toleranzen, Werkstückwerkstoff nicht assoziiert mit der Werkstückgeometrie übertragen), der bei Nutzung der gegenwärtig verfügbaren standardisierten Datenaustauschformate entsteht.

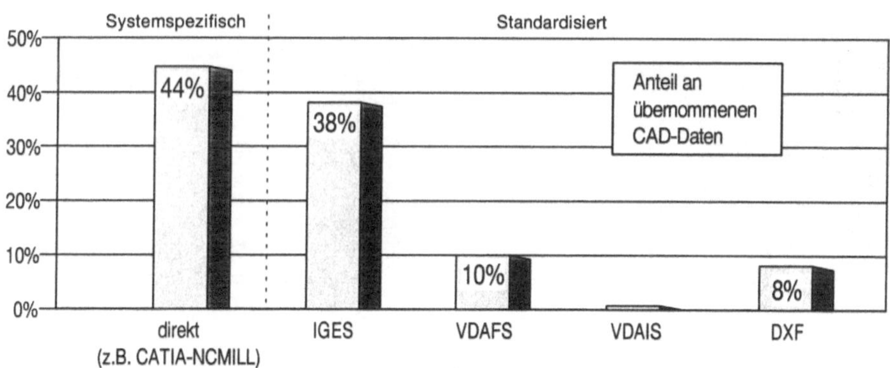

Bild 3. Verteilung der genutzten Datenaustauschformate

Abschließend erfolgte die in Tabelle 1 zusammengefaßte Bewertung der wichtigsten z.Z. industriell verwendeten (daher ohne Nennung von VDAIS) standardisierten Datenaustauschformate. Aus dieser Tabelle wird ersichtlich, daß die industrielle Verbreitung sehr gut ist. Jedoch sind dringend Erweiterungen bzw. Neudefinitionen notwendig, die sich u.a. stark an den im folgenden angeführten fertigungstechnischen Anforderungen orientieren sollten.

Tabelle 1. Bewertung der CAD/CAP-Datenaustauschformate

	Geometrie	Toleranzen	Verknüpfte Geometrien	Verfügbarkeit von Pre-/Post-Prozessoren	Industrielle Verbreitung
IGES	+ +	r r	r	+ +	+ +
VDAFS	+ +	r r	r	+ +	+ +
DXF	+ +	r r	r r	+ +	+ +

\+ + sehr gut, + gut, X mittel, r schlecht, r r mangelhaft

2.2 Effiziente Vorgehensweisen in der Planung (Wertschöpfungsebene 2)

- Problemfelder der Wertschöpfungskette Planung (Bild 4),
- Informationsschwerpunkte und Nutzung von Planungsdaten,
- Systembrüche CAD/CAP/CAM,
- Erstellungsverfahren für die Produktionsdokumente,
- einheitliche Datenbasis,
- Nutzung von Wissensbasen.

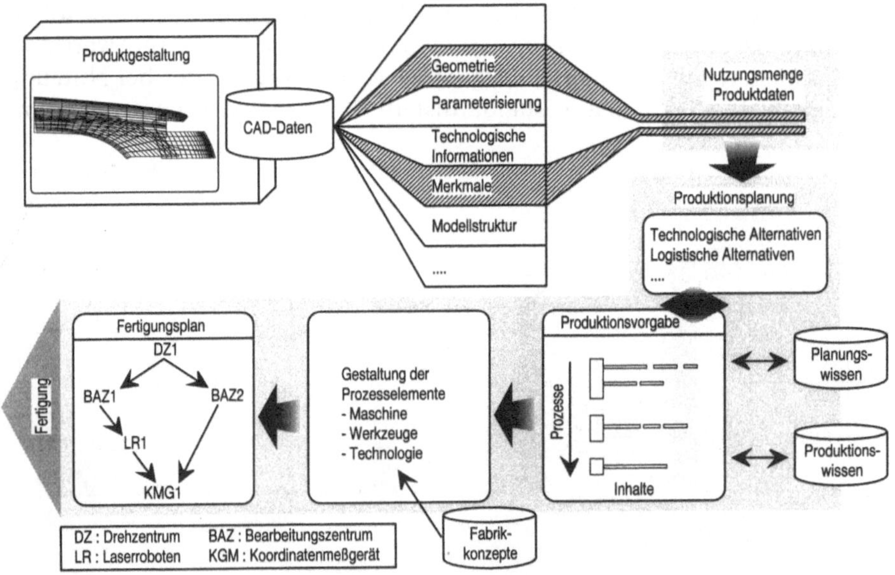

Bild 4. Problemfelder der Wertschöpfungskette Planung

2.3 Nutzergerechte Anhebung des qualitativen Informationsflusses an der Werkzeugmaschine zur Verbesserung der Eingriffs-/Modifikationsmöglichkeiten (Wertschöpfungsebene 3)

In der Befragung wurden im wesentlichen folgende Defizite bezüglich der Wertschöpfungsebene 3 festgestellt, auf die im folgenden detaillierter eingegangen wird:

- Personal- und damit kostenintensives Einfahren von Bearbeitungsaufgaben,
- unzureichender Informationsgehalt der genutzten Datenaustauschformate,
- nahezu keine Rückdokumentation vorgenommener Änderungen.

Die Anforderung, dem Facharbeiter an der Werkzeugmaschine nutzergerecht aufbereitete Informationen zur Verfügung zu stellen, resultiert aus den in Bild 5 wiedergegebenen Analyseergebnissen. Wie diesem Bild zu entnehmen ist, nimmt die kostenintensive Einfahrzeit einen erheblichen Anteil an der Gesamtmaschinenlaufzeit ein, zumal *zu 31% die NC-Programme mit zwei Personen eingefahren werden.*

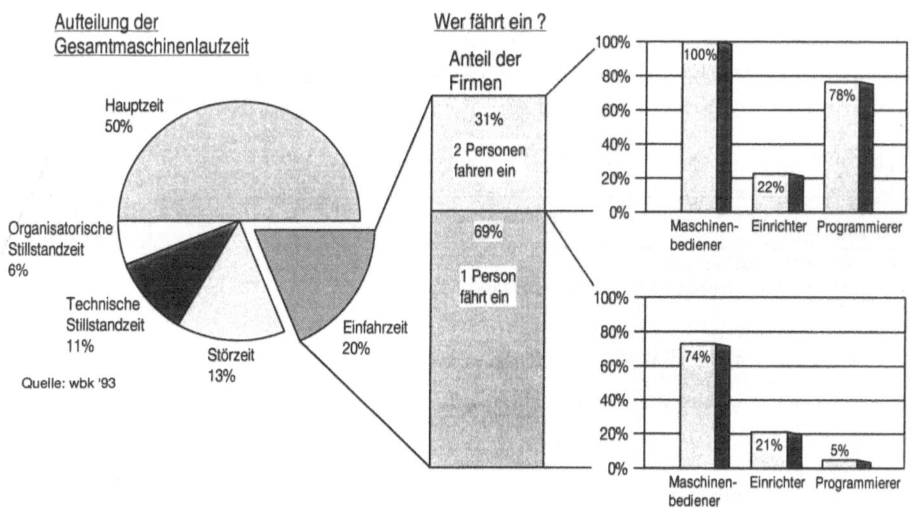

Bild 5. Personal- und somit kostenintensives Einfahren von NC-Programmen

Als ursächlich hierfür wurde angeführt, daß aufgrund des sehr niedrigen Informationsgehalts der NC-Programme der Ablauf der Bearbeitung für den Facharbeiter zunächst unbekannt ist. Das sehr zeit- bzw. kostenintensive Einfahren im Einzelsatzbetrieb der Steuerung ist zudem die Regel. Zusätzlich zu den in Bild 6 angeführten Problemstellungen wirkt sich negativ aus, daß dem Facharbeiter keine standardisiert festgelegten Unterlagen während des Einfahrprozesses zur Verfügung stehen. Hier werden jeweils

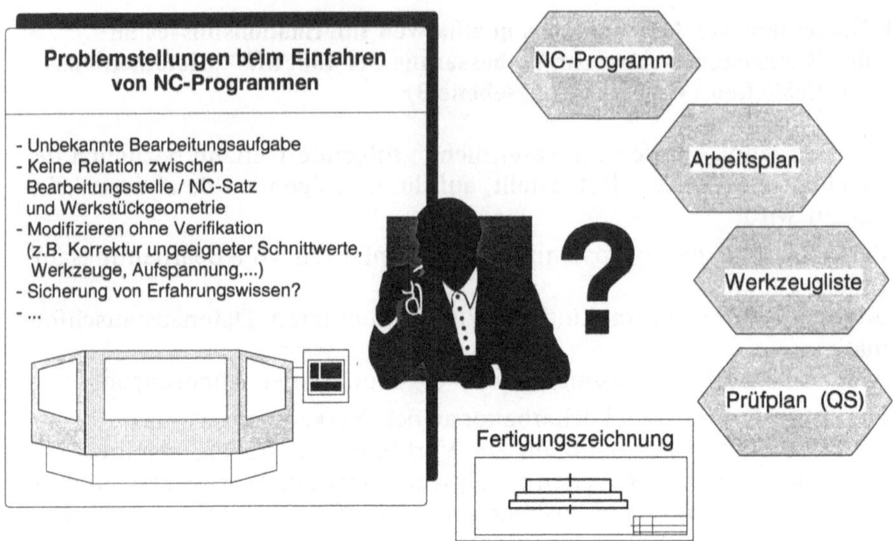

Bild 6. Kostenintensive Probleme beim Einfahren von NC-Programmen

firmen-, bereichs- und mitarbeiterspezifische Vorgehensweisen angetroffen [4, 5].

Entsprechend den angeführten Problemstellungen wurde eine *Bewertung der CAP/CAM-Datenaustauschformate* hinsichtlich der in Tabelle 2 wiedergegebenen Kriterien vorgenommen. Wie dieser Ergebnistabelle entnom-

Tabelle 2. Bewertung der CAP/CAM-Datenaustauschformate

Anforderungen / Erfüllungsgrad für:	NC-Programme	CLDATA	Teileprogramme
Bidirektionaler Informationsaustausch			
- Abbilden von Informationen bzgl. durchgeführter Modifikationen	--	--	--
Definition von Beziehungen / Abhängigkeiten			
- Beziehungen zwischen Bearbeitungsanweisungen zur Definition der Bearbeitungsreihenfolge	--	--	--
- Bezug zur Werkstückgeometrie sowie zwischen * Verfahrwegen * Schnittwerten * Werkzeugen * Toleranzen, Oberflächengüte	--	--	--
Nutzergerechte Informationsdarstellung			
- Grafische Visualisierung von Beziehungen	--	--	--
- Kennzeichnung durchgeführter Änderungen	--	--	--
Angaben zur Definition der Bearbeitung			
- Koordinatenangaben, Vorschub, Drehzahl, usw.	++	++	++
- Informationen bzgl. verwendeter Zyklen, Unterprogramme und deren Parameter	0	0	+

Bewertungsskala: ++ sehr gut; + gut; 0 befriedigend; - ausreichend; – unzureichend men werden kann, erlauben die bestehenden Lösungen einen bidirektionalen Informationsaustausch nur in sehr begrenztem Umfang, so daß beispielsweise die Bearbeitungsmodellierung ohne Berücksichtigung der aktuellen Situation an der Werkzeugmaschine erfolgt. Dies bedeutet, daß in aller Regel weder der Rüstzustand noch die Auftragssituation ausgewertet werden, um hierauf abgestimmte Bearbeitungsdefinitionen zu generieren bzw. bereits vorhandene zu modifizieren. Zudem existieren nur sehr unzureichende Möglichkeiten zur Rückführung von beim Einfahren des NC-Programms notwendig gewordenen Modifikationen bzw. durchgeführten Optimierungen.

Unzulänglich und somit von großem Nachteil für eine schnelle und sichere Bearbeitungsmodellierung ist das weitgehende Fehlen von Relationen und Abhängigkeiten zwischen den generierten, starr aufgebauten Bearbeitungsanweisungen, die u.a. die Bearbeitungsreihenfolge widerspiegeln. Diese und weitere in Tabelle 2 genannten Relationen bzw. Abhängigkeiten sind jedoch Voraussetzungen für die Durchführung von situationsorientierten, d.h. kurz vor Beginn der Fertigung vom Werker vorzunehmenden, Modifikationen. Mit ihnen lassen sich beispielsweise rüstzeitvermeidend Bearbeitungsmodelle (u.a. durch Korrektur von Werkzeugdaten) dem aktuellen Rüstzustand der Werkzeugmaschine anpassen sowie ausführungszeitverringernd die Werkzeugwechsel automatisiert auf das absolut notwendige Minimum beschränken.

Zudem ist es für die Durchführung und Überprüfung von Änderungen wichtig, über eine nutzergerechte Informationsdarstellung zu verfügen. Auch in diesem Punkt bestehen Mängel (z.B. die unzureichende Verwendung von Grafiken), die aus der sprachorientierten Repräsentationsform der NC- bzw. Teileprogramme resultieren, um u.a. bestehende Beziehungen und Abhängigkeiten oder durchgeführte Änderungen zu visualisieren. Die Anforderungen, die bezüglich der Angaben zur Definition der Bearbeitung bestehen, werden erfüllt.

Aus den beschriebenen und über die Erhebungen verifizierten Defizite leiten sich aus dem Blickwinkel der Fertigung die in Bild 7 zusammengefaßten wesentlichen Anforderungen an neu zu definierende Schnittstellen für „offene" Maschinensteuerungen ab. Hervorzuheben sind hier vor allem:

- die nutzergerechte Bereitstellung der zum Einfahren und Optimieren notwendigen Information an der Werkzeugmaschine,
- die Sicherung des Erfahrungswissens der Facharbeiter durch bidirektionale Informationsverarbeitung,
- das Nutzen des Facharbeiter-Know-hows sowie die Steigerung seiner Motivation durch sichere Eingriffsmöglichkeiten.

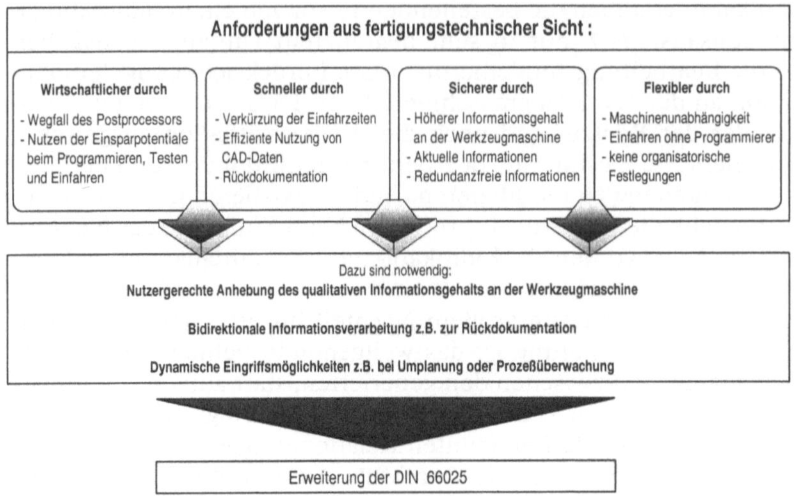

Bild 7. Zusammenfassung der Anforderungen

3 Lösungsansätze für innovative Schnittstellen zwischen den Wertschöpfungsebenen

Gemäß den angeführten Anforderungen, werden im folgenden zukunftsweisende Lösungsansätze zur Verknüpfung der Wertschöpfungsebenen dargestellt. Hierzu werden in den sich anschließenden Ausführungen die in Bild 8 aufgezeigten drei Kopplungsvarianten künftiger Schnittstellenlösungen weiter detailliert.

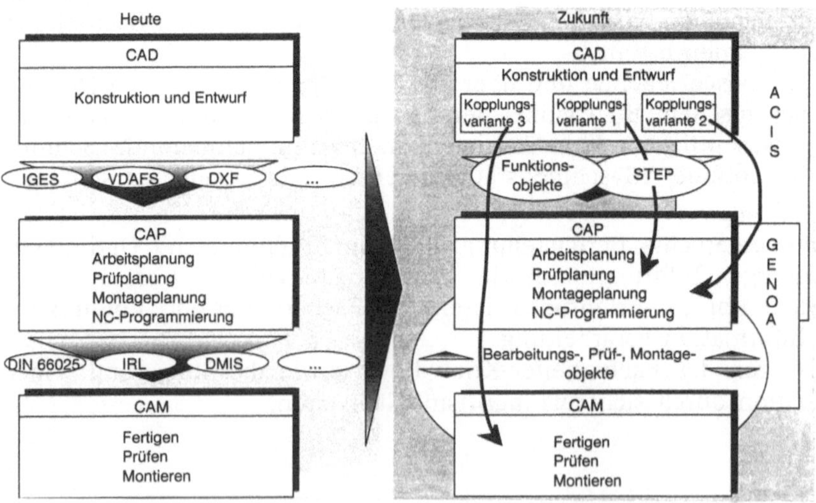

Bild 8. Gegenüberstellung heutiger und künftiger Schnittstellenlösungen (IRL Industrial Robot Language, DMIS Dimensional Measuring Interface Specification)

3.1 STEP (Kopplungsvariante 1)

Was ist STEP?

STEP (Standard for the Exchange of Product Model Data) ist eine internationale Norm zum Austausch von Produktmodelldaten entlang des gesamten Produktlebenszyklusses.

Ein weiterer elementarer Punkt liegt in der unterschiedlichen Lebensdauer der EDV-Komponenten begründet. Der erforderliche Zugriffszeitraum auf einmal erzeugte Informationen in der Konstruktion beträgt heutzutage mindestens 20 Jahre. Demgegenüber ist man momentan mit Lebenszyklen bei Softwareprodukten in der Größenordnung von acht bis zehn Jahren, bei Hardwarekomponenten von unter drei Jahren konfrontiert. Aufgrund der Tatsache, daß eine Migration von Daten nicht oder nur teilweise möglich ist, können anstehende Technologiesprünge bei Hard- und Software häufig nicht oder nur unter immensem Aufwand nachvollzogen werden. Sämtliche Maßnahmen zur Nachpflege inkompatibler Daten sind der Preis einer vermeidbaren Fehlleistung.

Die eindringliche Forderung seitens der anwendenden Industrie ist daher, Informationen neutral zu speichern, basierend auf einem genormten Produktdatenmodell, das mit heutigen und zukünftigen Systemen verträglich ist.

Aufgrund all dieser Gründe wurde 1984 mit der Entwicklung der Produktdatenschnittstelle STEP begonnen, unter Beachtung folgender Randbedingungen:

- Spezifikation einer Methode zur eindeutigen Repräsentation (EXPRESS) und zum Austausch computerinterpretierbarer Produktinformationen (Geometrie, Baugruppenstrukturen, Materialeigenschaften, Toleranzen usw.).
- Unabhängigkeit von Computersystemen und konsistente Implementierungen über vielfältige und unterschiedliche Applikationen und Systeme hinweg. STEP trennt die Repräsentation von Produktinformation von den verwendeten Implementierungsmethoden zum Datenaustausch.
- STEP stellt eine gemeinsame Definition von Produktinformation bereit, die in mehreren Applikationen gemeinsam verwendet wird (Application Protocol).
- STEP stellt eine Methodologie und ein Rahmenwerk zum Test der Konformität von Implementierungen bereit.
- STEP stellt eine Zugriffsmethodik (SDAI) auf die mit EXPRESS beschriebenen Datenmodelle zu Verfügung.

Kritische Stellungnahme zu STEP

Die folgende Diskussion setzt sich kritisch mit Fragestellungen auseinander, wie sie im STEP-Umfeld häufig auftreten. Die Beantwortung der Fragen erfolgt dabei aufbauend auf Erkenntnissen aus der praktischen Umsetzung im Projekt PAPP, auf welches in Kapitel 4 detaillierter eingegangen wird.

Benötigt man STEP wirklich?

Künftige Standardsoftware wird nicht mehr nur Anwendungsarchitekturen genügen müssen, vielmehr wird in verstärktem Maße eine nahtlose Integration in die Unternehmensdaten- und -funktionsmodelle verlangt werden. Kurzum, der Standardsoftwaremarkt wird zunehmend den Charakter eines „Standardmodellmarktes" annehmen. Nicht mehr allein die Anwendung als solches wird Gegenstand von Lizenzverträgen sein, sondern in größerem Maße das Anwendungsmodell. Dem Kunden erleichtern solche Modelle die Auswahl, Einführung, Anpassung und den Austausch von Standardsoftware. Ohne voluminöse Handbücher von mehreren 1000 Seiten wälzen zu müssen, kann er nun auf einen Blick das Grundkonzept des Systems erkennen und die zugrundegelegten Funktionalitäten mit dem ihm eigenen betrieblichen Bedarf abdecken. Da die gesamte Struktur transparenter wird, kann der Anwender die Software nach seinen Vorstellungen modifizieren, ohne dadurch wie früher um die Gesamtfunktionalität des Systems fürchten zu müssen.

Vollzieht sich der Auswahlprozeß an solchen Kriterien, so bedeutet dies zum einen daß die Hersteller von Standardsoftwarepaketen ihre Datenmodelle preisgeben müssen, zum anderen muß der Anwender seine Anforderungen in Form eines Datenmodells definieren. Durch die ihm entgegengebrachte Offenheit erhält der Anwender somit einen wesentlichen Bezugspunkt für eine langfristig ausgelegte Strategie der Informationsplanung. Daraus ergibt sich für ihn die einmalige Chance, Standardkomponenten flexibel zu kombinieren und mit Hilfe integrierter Informationstechniken die Geschäftsabläufe des Unternehmens zu optimieren. Der Einschnitt in die Standardsoftwareentwicklung ist mittlerweile so tief, daß man von einem „Paradigmenwechsel bei der Anwendung" spricht.

Die Betrachtung der soeben erläuterten Kernaussagen führt sehr schnell zu der Erkenntnis, daß man ohne fachliche Standards binnen kurzem erneut an Grenzen stößt. Nur transparente und kompatible Modelle, insbesondere wenn sie auf einer internationalen Norm basieren, bieten die Möglichkeit und auch die Voraussetzungen, Standardsoftware zu verwenden und den Aufwand für die unternehmensspezifische Anpassung von Datenbanklösungen zu minimieren. Mit STEP (ISO 10303) steht nunmehr erstmals ein Standard zur Verfügung, der einerseits sämtliche Daten des Produktlebenszyklusses abdeckt und andererseits international sowohl von Anwendern als auch von Systemanbietern gleichermaßen vorangetrieben wird.

Das doch beachtliche Gewicht, welches der gesamten STEP-Entwicklung mittlerweile beigemessen wird, zeigt sich auch an einer Initiative der US-Regierung im Rahmen von CALS (Continuous Acquisition and Life Time Support). Sie fordert, daß in naher Zukunft für jede Neuentwicklung von Anwendungssoftware in der Produktdatenverarbeitung zunächst ein STEP-gerechtes „Application Protocol" zu entwerfen ist. Bei dieser doch sehr zukunftsträchtigen Argumentation über Sinn und Zweck von STEP darf man jedoch nicht vergessen, daß STEP nicht das Allheilmittel zur Beseitigung sämtlicher Probleme der Informationsverarbeitung ist.

An vielen Stellen gibt es noch offene Punkte zu klären. Trotz aller Perspektiven, die STEP wohl vermehrt mittel- und langfristig bietet, wird in naher Zukunft der Datenaustausch in den meisten Fällen doch noch über existierende Schnittstellen wie IGES oder VDAFS stattfinden. Initiativen wie ProSTEP sind dabei, erste vielversprechende Schritte zu unternehmen, STEP in die industrielle Praxis umzusetzen.

Resümee: Wird STEP in naher Zukunft vermehrt von den Anwendern vorangetrieben, so bietet dieser Standard vor dem Hintergrund bestehender Schnittstellenprobleme und zukünftiger Entwicklungen auf dem Softwaremarkt eine vielversprechende Lösung im Bereich der Organisation von Produktdaten.

Ist STEP in der Praxis bereits anwendbar?

Hätte man die Aufgabe, STEP auf einem Zeitstrahl zwischen reiner Forschung und Praxisreife einzuordnen, so würde dies momentan genau am Übergang beider Extreme zueinander geschehen. STEP ist an einem Punkt angelangt, an dem die Anwender vermehrt den Nutzen und das Potential von STEP erkennen. Mit dem „Initial Release" liegt eine erste Basisversion von STEP vor, mit der auch in der Praxis bereits gearbeitet wird. Nach und nach starten bzw. forcieren die Systemanbieter ihre Anstrengungen, STEP-Prozessoren für die wichtigsten CAx-Systeme auf den Markt zu bringen. Der Austausch der dadurch erzeugten „Physical Files" ist sicherlich nur der erste Schritt. Bis STEP auch auf höheren Implementierungsebenen sich durchsetzt, wird noch einige Zeit vergehen. Anwendungsprogramme werden in naher Zukunft immer noch mit ihren „Native Data" arbeiten.

Erste Ansätze werden momentan von größeren Unternehmen vollzogen, bei der Neuorganisation der Informationsverarbeitung STEP in die Konzeption der Datenorganisation einzubeziehen. Eine vollständige Integration von STEP in die Unternehmen wird aber erst dann realisierbar sein, wenn weitere Bereiche konzeptionell standardisiert sind und methodische Fragen wie die Interoperabilität der „Application Protocols" und die Bewältigung der Komplexität, vollständig geklärt sind.

Ein wesentliches Problem von STEP ist der zeitliche Aufwand, der beim Einstieg in diese Technologie betrieben werden muß. Dies liegt zum einen daran, daß die Technologie an sich sehr komplex ist und jedes Unternehmen, das sie verwenden möchte, entsprechendes Personal zur Verfügung stellen muß. Zum anderen liegt es daran, daß in vielen Bereichen der Anwendungswelt noch keine geeigneten APs vorhanden sind, d.h., daß diese Application Protocols erst einmal erstellt werden müssen.

Da jedoch auf dem Weg zu einem DIS (Draft International Standard) bei der ISO gewisse Informationszyklen durchlaufen werden und damit verbunden auch längere Zeit verstreicht, bedeutet dies für einige Anwendergruppen zunächst einmal einen erheblichen Entwicklungs- und Kostenaufwand. Sicherlich ist es möglich, vorab mit Teilrealisierungen zu beginnen. Endgültigen Charakter erhält die Implementierung jedoch erst dann, wenn das AP zum IS (International Standard) gereift ist. Vorteilhaft wirkt sich bei einer frühzeitigen Teilnahme an der AP-Entwicklung jedoch aus, daß man soviel wie möglich in die Entwicklung mit einbringen kann und der Umstellungsaufwand in späteren Phasen nicht so groß ist.

Resümee: In Teilbereichen ist STEP zum Austausch von Geometriedaten heute sicherlich schon in der Praxis anwendbar. Speziell Schnittstellenprozessoren erfahren momentan ihre „Feuertaufe". Bis es jedoch zu einer „flächendeckenden Anwendung" auch auf höheren Implementierungslevels kommt, d.h. der Abbildung von STEP auf eine Produktdatenbank und dem Zugriff auf diese Daten mittels SDAI, müssen vorab noch einige Aspekte verfeinert werden. Die Einführung von STEP erfolgt nicht auf einen „step" sondern vielmehr „STEP BY STEP"

Was bedeutet STEP für Anwender, was für DV-Anbieter?

Die Anwender von STEP versprechen sich von den neuen Technologien im Schnittstellenbereich in einem ersten Schritt sicherlich, ihre derzeitigen Probleme im Bereich des Datenaustausches und der Datenorganisation in den Griff zu bekommen. Längerfristig erhofft man sich von STEP einerseits Unabhängigkeit bei der Auswahl der Softwarekomponenten und andererseits eine stabile Basis auf seiten der Daten für künftige Konzepte wie „Simultaneous Engineering". Sobald die DV-Anbieter mit demselben konzeptionellen Datenmodell arbeiten, sei es nun als Schnittstellenspezifikation oder als tatsächlich interne Datenstruktur, schwindet die starke Bindung gegenüber einzelnen Produktgruppen - die Funktionalität von EDV-Systemen tritt in den Vordergrund des Auswahlprozesses.

Bei aller Euphorie, die momentan STEP entgegengebracht wird, darf allerdings nicht vergessen werden, daß STEP nicht das Allheilmittel für das in den letzten Jahren entstandene Datenchaos ist. STEP ist aus systemtechnischer und methodischer Sicht ohne Zweifel ein Hilfsmittel - die eigentliche Lösung der Probleme ist jedoch auf einer anderen Ebene parallel dazu vorzunehmen. Ein absolutes Bekenntnis zu STEP mit allen Konsequenzen bedingt tiefe Eingriffe in die Aufbau- und Ablauforganisation eines Unternehmens.

Die Einschätzung, was STEP für die Anbieter bedeutet, muß sehr differenziert gesehen werden. Für ein Unternehmen ist es eine willkommene Gelegenheit, um durch die aktive Mitarbeit bei STEP und einer Umsetzung in bisher ungeahnte Marktsegemente vorzustoßen. Andere Systemanbieter dagegen verwenden STEP zwar als Werbeslogan, sehen sich aber durch die Umsetzung, d.h. einer Offenlegung ihrer internen Datenstrukturen, in ihrer Stellung am Markt bedroht. Durch offene Systeme und internationale Standards geht die Abhängigkeit eines Unternehmens als Anwender gegenüber dem Systemanbieter verloren. Die Einstellung der CAx-Systemanbieter zu STEP ist im weitesten Sinne bestimmt vom Marktvolumen und der technologischen Orientierung im Vergleich zur Konkurrenz: „Weshalb soll ich als Systemanbieter mich zu STEP bekennen, wenn ich momentan eher Nachteile, denn Vorteile davon trage? Wieviele Systeme kann ich durch STEP mehr am Markt verkaufen? Wer bezahlt mir STEP?“

Dies alles sind sicherlich Fragen und Thesen, die aus Anbietersicht legitim sind. Aus Anwendersicht stellt sich die Angelegenheit aus einem ganz anderen Blickwinkel dar. Mittlerweile hat STEP selbst im Management eine solche Bedeutung erlangt, daß sich die Anwender zu einem gemeinsamen Vorgehen gegenüber solchen, sich dem Standard verweigernden Anbietern zusammenfinden. Dies geht heutzutage sogar so weit, daß man selbst Abstriche bei der Funktionalität in Kauf nimmt, um auf der anderen Seite ein offenes System zur Verfügung zu haben. Wie lange ein Systemanbieter dann dem Druck einer ganzen Branche standhält, ist nicht mehr nur eine Frage des Technologievorsprungs.

Resümee: STEP bietet längerfristig Unternehmen eine gute Möglichkeit zur Organisation ihrer Datenbestände. Der Einstieg erfolgt in einem ersten Schritt sicherlich in Form von STEP als Schnittstellenstandard, ähnlich wie IGES oder VDAFS. Ein vollkommenes Bekenntnis zu STEP bedarf aber großer organisatorischer Änderungen im Unternehmen und muß sich schrittweise und gut geplant vollziehen.

Um am Markt bestehen zu können, ist STEP aus Systemanbietersicht früher oder später ohne Zweifel ein „Muß“. Zu groß wird der Druck aus der Wirtschaft gegenüber sich abwendenden EDV-Anbietern sein. Der Trend im Sofwarebereich geht zu offenen Systemen; Standards werden die Informationsverarbeitung der 90er Jahre im wesentlichen bestimmen.

Wer treibt die STEP-Entwicklung voran?

Nachdem die grundlegenden, konzeptionellen Arbeiten im Bereich der „Generic Resources“ von vorwiegend universitären Einrichtungen getrieben wurden, ist im Bereich der Application Protocols eine stärkere Beteiligung der Anwender gefragt. In diesen APs müssen sie sich wiederfinden, dort muß sich ihre Semantik, ja sogar ihre Unternehmensfachsprache verbergen. Ein einziges Unternehmen wird jedoch eine aufwendige AP-Entwicklung nicht allein bis zum Standard vorantreiben können. Zu groß ist der Aufwand, zu beschränkt sind die durch die Rezession bereitgestellten Ressourcen der Unternehmen. Umfangreiche AP-Entwicklungen werden sich in naher Zukunft daher nur durch Interessenzusammenschlüsse aus der Industrie realisieren lassen. Solche vorwiegend nationalen Interessenszentren zur Weiterentwicklung und Umsetzung von ISO 10 303 in die industrielle Anwendung sind z.B. ProSTEP in Deutschland, PDES Inc. in den USA, Go-set in Frankreich, CADETC in Großbritannien und Nippon STEP Center in Japan.

Die Internationalisierung der Industrie zieht immer weitere Kreise. Unternehmen haben Standorte in verschiedenen Ländern oder kooperieren mit Firmen aus unterschiedlichen Kontinenten. Systemanbieter aus allen Industrieländern kommen mittlerweile mit CAx-Produkten auf den Markt. Die Normung wird daher neben der nationalen Ebene auch auf europäischer und internationaler Ebene durchgeführt. Die Gremien zur Normung des integrierten Produktmodells sind

- Deutsches Institut für Normung (DIN); Normenausschuß Maschinenbau (NAM), Fachbereich Industrielle Automation (FB-IA), Arbeitsausschuß 96.4;
- Europa: CEN TC 310/WG2 STEP;
- International: ISO TC 184 SC 4.

Resümee: Die Entwicklung von STEP hat einen Stand erreicht, der geeignet ist, diese Technologie exemplarisch in Teilbereichen in die industrielle Anwendung zu überführen. Für die Weiterentwicklung der ISO 10 303 ist es daher wichtig, daß sich die Anwender nun intensiv an den weiteren Arbeiten beteiligen, um die tatsächlichen Forderungen der Industrie in den Standard einzubringen. Die Partizipation einzelner Unternehmen wird sich am effektivsten darstellen, wenn sie sich Gremien wie ProSTEP oder PDES inc. anschließen.

3.2 Erfahrungen, Ergebnisse aus Pilotentwicklungen für CAD-orientierte Planungsaufgaben (Kopplungsvariante 2)

3.2.1 Produktmodellierte Arbeits- und Prozeßplanung in Speziallösungen (Freiformflächen-Bearbeitungen)

Ausgangspunkt der Überlegungen, eine Produktmodellierung zunächst zur automatisierten Prozeßplanung zu nutzen, war der steigende Anteil an komplexen Produktbeschreibungen. Hinzu kam, daß bei Freiformflächen-Bearbeitung die Prozeßplanung, also die Festlegung der Werkzeuge und Wege sowie die Vielfalt der Bearbeitungstechnik, verhältnismäßig einfach ist und gute Erfahrungswerte vorliegen.

Bild 9 zeigt die Prozeßschritte zur Herstellung von Formwerkzeugen für Kerne, für die nach der Freiformflächen-Beschreibung komplexer Belüftungsrippen alle Planungsfunktionen nach einem vorgefügten Prozeßmodell abgebildet werden.

Solche Verfahren sind weit verbreitet und werden heute sehr effizient für sehr konstant wiederkehrende Bearbeitungsaufgaben angewandt. Sie kranken in den meisten Fällen an der großen Abhängigkeit von der Fertigungstechnologie, die erheblichen Einfluß auf die Planungsfunktion hat und damit eine große Ähnlichkeit der Teile erfordert. Heute vielfach gepriesene Verfahren lassen eigentlich nur geringfügige Veränderungen zu.

Für diese Verfahren müssen meist umfangreiche Vereinbarungen und Datenkonzepte definiert werden, die schon bei einem Releasewechsel des CAD-Systems nachgeführt werden müssen.

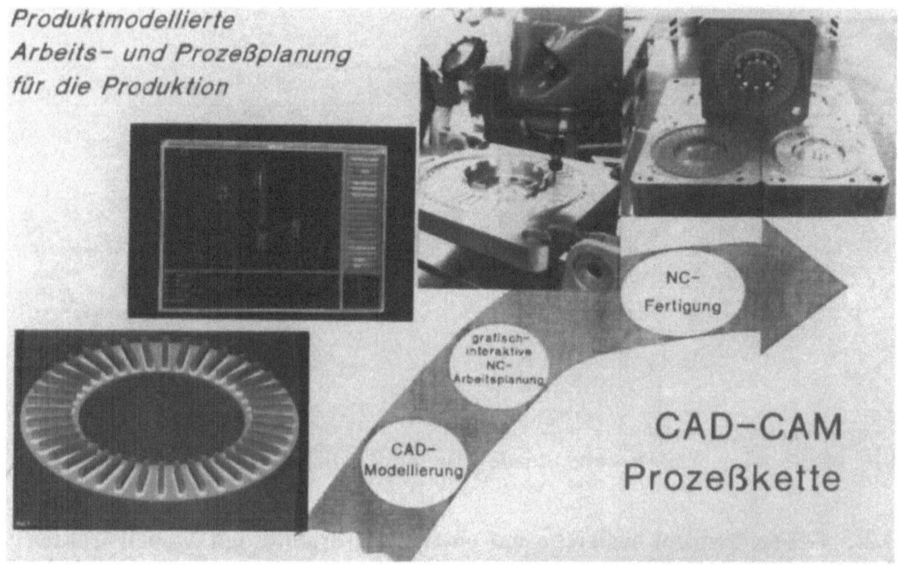

Bild 9. Spezialsystem zur produktmodellgesteuerten Formherstellung

3.2.2 Ziele durch Planungssysteme und Schnittstellennutzung

CAD-orientierte Planungsverfahren werden die Aufgabenverteilung im Bereich zwischen Produktbeschreibung und Produktion erheblich verändern. Die Weiterentwicklung dieser Verfahren hat verschiedene Ziele, nicht nur das Kostenziel, sondern in erster Linie die Arbeitsinhalte modernen Anforderungen anzupassen. Außerdem muß nach Wegen gesucht werden, den hohen Wert, der heute in CAD-Modellen steckt, mehr als bisher zu nutzen.

Heutige Nutzungsvorteile beziehen sich vor allem auf eine schnellere Kommunikation, räumliche Darstellmöglichkeiten und eine eindeutige Produktbeschreibung. Der Informationsfluß Richtung Produktion ist oft recht bescheiden und konzentrierte sich in der Vergangenheit auf die NC-Technik, die mit der Geometriedatenübergabe eine Erleichterung erfahren konnte.

Planungsprozesse, auch für die konventionelle Großserie, konnten außer der Möglichkeit, das Werkstück per „Fernsehen“ anzuschauen, keinen Gewinn aus CAD ziehen. Die Zahl an installierten Arbeitsplätzen in Planungsbereichen zeigt dies sehr deutlich.

Das Bild 10 zeigt die Neuverteilung der Arbeitsinhalte und die angestrebten Kostenvorteile.

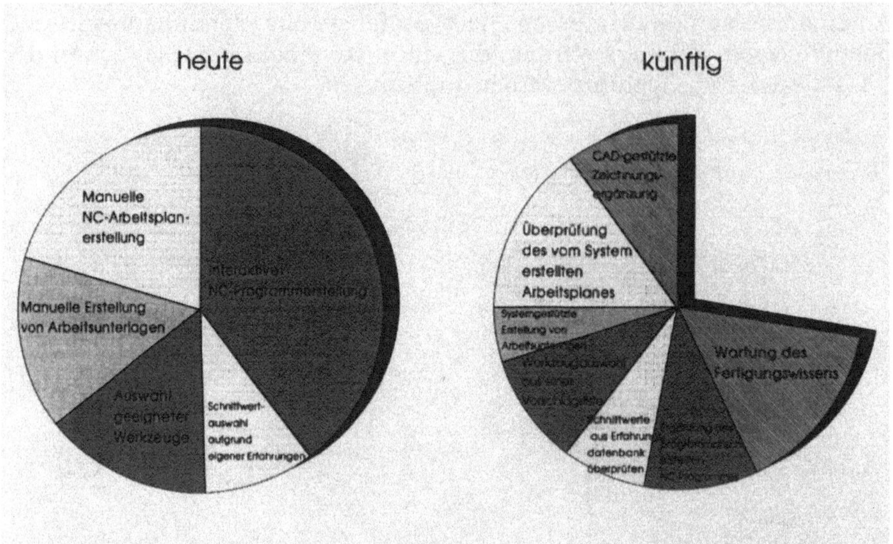

Bild 10. Kostenreduzierung durch neue Planungsfunktionen

3.2.3 Gesamtkonzept basierend auf einer CAD-orientierten Modellstruktur

Aus den Erfahrungen mit speziellen Systemen und den ersten Anwendungen wissenbasierter Planungen auf CAD-Datenbasis mußten die Anforderungen an solche Planungssysteme weitreichender definiert werden. Als besonders problematisch stellten sich heraus:

- Das CAD-Datenmodell muß sehr häufig um die Fertigungsgeometrie ergänzt werden.
- Die Lage des Werkstücks und die räumlichen Verhältnisse erfordern umfassende Informationen (Zugänglichkeit, Bearbeitbarkeit usw.), die an die Produktgeometrie angelagert werden müssen.
- Die fertigungstechnischen Grundlagen, die den Prozeß beschreiben, müssen in einem eindeutigen Modell abgelegt werden.

Konzeptionell entstand daraus das in Bild 11 dargestellte Basissystem. Es sieht vor, daß das CAD-Grundmodell durch einen interaktiven Schritt in das Werkstückbearbeitungsmodell überführt wird. Ergänzt werden die Elemente, die vom CAD-System noch nicht vollständig für die Bearbeitung planbar definiert sind. Das sind u.a. Form- und Lagetoleranzen, Oberflächenangaben, Hilfsflächen sowie die Gruppentechnologie.

Der zweite Schritt folgt nach der Generierung der Planungsschritte und umfaßt die Gestaltung des Prozeßmodells, indem für die Fertigung notwendige Informationen wie Schnittdaten, Kostenüberwachung, Maschinen- und Werkzeugzuordnung sowie Simulationsdaten angelegt werden.

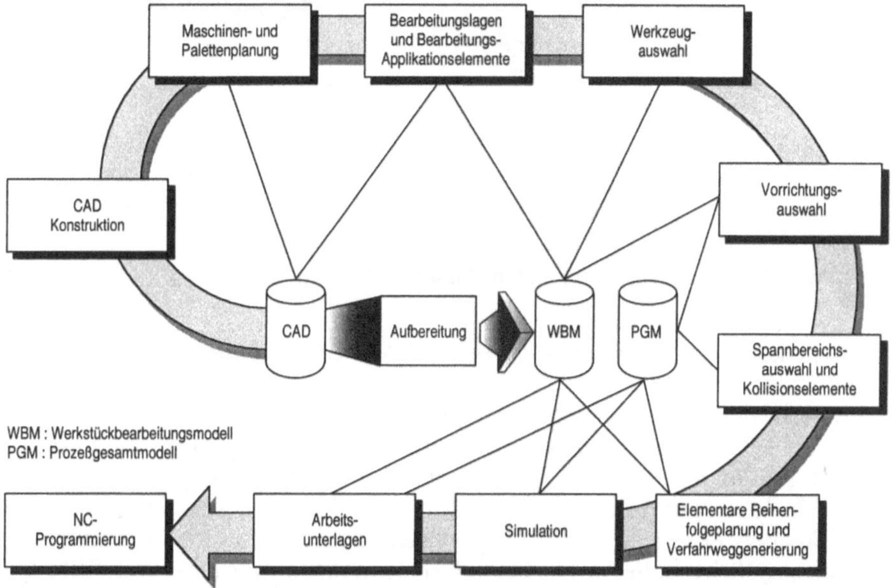

Bild 11. Modelle und Elemente einer integrierten Planung

3.2.4 Kernfunktionen des Grundsystems auf Basis des Pilotsystems GENOA

Für ein Basissystem wurden die wichtigsten Planungstätigkeiten in einem System abgebildet. Dafür wurden die datenbanktechnische Entwicklung und der Einsatz des Systems ENGIN zugrunde gelegt. Die in Bild 12 dargestellten Planungsschritte lassen sich damit durchführen, wobei im Bereich der SOLID-orientierten CAD-Datenhaltung und -Modifikation noch verschiedene Anpassungen notwendig sind.

Die Modelle für WBM und PGM werden auf der Grundlage von STEP aufgebaut. Es zeigen sich dort jedoch noch einige Defizite in der Übergabe von technologischen Merkmalen, die in STEP noch definiert werden müssen.

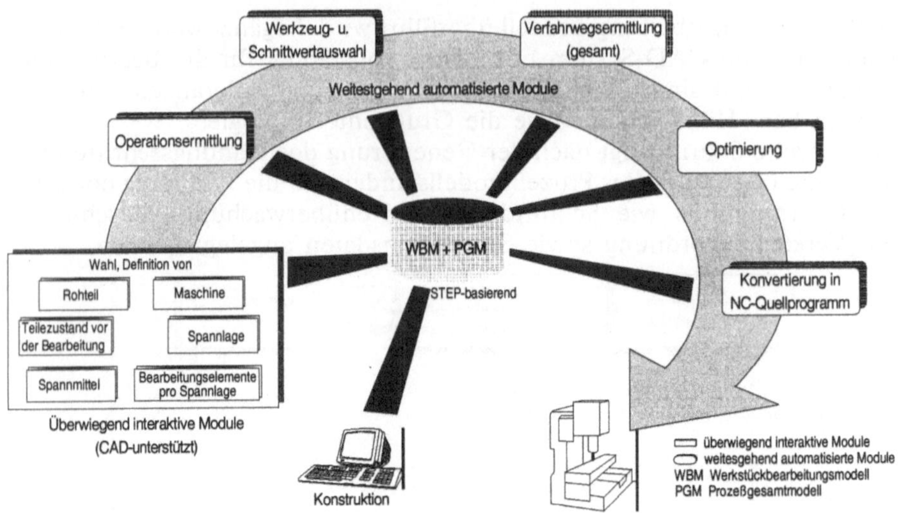

Bild 12. Module der systemunterstützten Planung

3.2.5 Lösungsansatz zur Integration in die CAD-CAM-Umwelt

Die heute in den Unternehmen vorhandene Vielfalt an CAD-Systemen erschwert die systemunabhängige Gestaltung der Kommunikationsbeziehungen. Der Bedarf an Form-Feature-Identifikation, möglichst in modernen SOLID-Modellierern, bringt eine sehr große Vielfalt und ganz unterschiedliche Trägersysteme mit sich. Man hat sich daher entschlossen zunächst über den ACIS-Modeller und eine STEP-Konvertierung eine einheitliche Datenbasis für das GENOA-System zu schaffen (Bild 13).

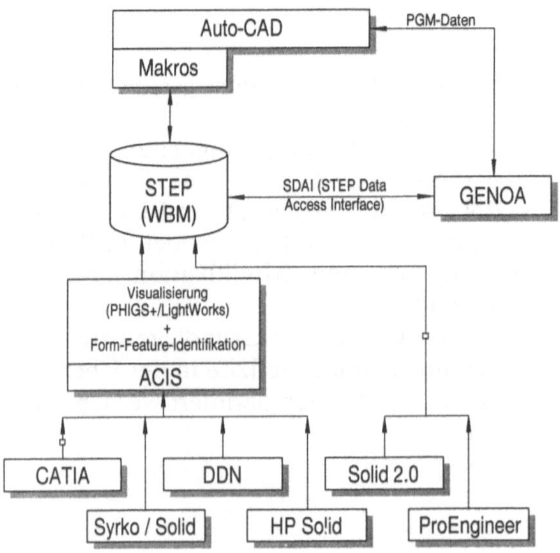

Bild 13. Verknüpfung GENOA/PAPP mit der CAD-Systemwelt (PGM Prozeßgesamtmodell, WBM Werkstückbearbeitungsmodell)

3.2.6 Verknüpfungen der Systemfunktionen

In einem konzerninternen Projekt zur produktmodellierten Prozeß- und Ablaufplanung (PAPP) wurde versucht, mit den Möglichkeiten heutiger Schnittstellen ein weitgehend durchgängiges Konzept zu realisieren. Im Mittelpunkt des Systementwurfs stand dabei die Nutzung von Standards bei der Schnittstellendefinition soweit diese verfügbar waren.

Im Bild 14 sind die internen Verbindungen zwischen den Modulgruppen 1-6, 7-12 und 13 dargestellt. Bei der Entwicklung wurde darauf geachtet, daß jeder der Moduln nach außen zu fremden Versorgungssystemen (z.B. Werkzeugdatenbank) heutige Schnittstellenstandards berücksichtigt (Bild 14).

Auf der oberen Schiene des Bildes 14 sind dabei die CAD-Systeme mit all ihren Spezialschnittstellen zu sehen, von denen zunächst das Produktbasismodell übernommen werden mußte. Hier waren systemspezifische Konverter einzusetzen, die jeweils für die vorhandene Systemwelt entwickelt wurden.

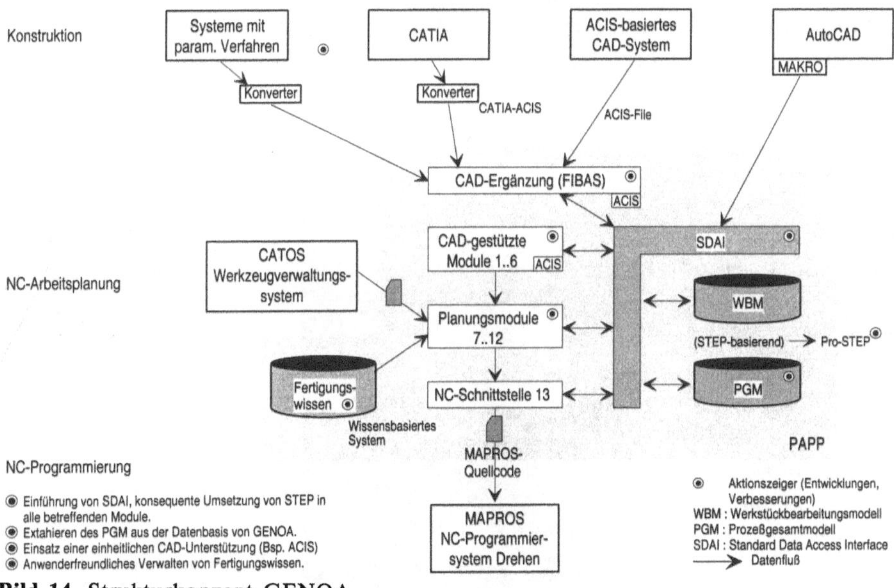

Bild 14. Strukturkonzept GENOA

Innerhalb des Planungssystems wird CAD-Ergänzungsbaustein allein auf ACIS-Basis betrieben, was zwangsläufig eine Übertragung der Daten von den abgebenden Systemen in diese Modellstruktur voraussetzt. Eine weitere Schnittstelle besteht zur Datenbank, die STEP-basierend strukturiert ist. Auf sie kann über die neutrale Schnittstelle SDAI (Standard Data Access Interface) von jedem Prozeßmodul zugegriffen werden.

Trotz einer Vielzahl praktisch verfügbarer Schnittstellen fehlen uns heute noch viele Defintionen, wie z.B. Werkzeugbeschreibungen für Planungsprozesse, Strukturen von Fertigungswissen und letztlich die bereits erwähnte NC-Schnittstelle, die in der heutigen Form der DIN 66 025 nicht mehr ausreichend ist.

3.2.7 Verfahrensvergleich bei NC-Programmierverfahren

In Pilotanwendungen wurde der bisherige Planungs- und Programmierprozeß mit den neuen CAD/CAP-unterstützten Verfahren verglichen. An einem Zylinderkopf wurden die Planungs- und Umsetzvorgänge über die Systeme GENOA und PAPP durchgeführt. Neben Zeiteinsparungen konnten als weiterer Vorteil wesentlich mehr Varianten der Bearbeitung nach Werkzeugzahl, Werkzeugwechsel und Wegeoptimierung in Abhängigkeit von Aufspannlagen usw. in kurzer Zeit durchgerechnet werden.

Voraussetzung dafür sind allerdings sehr gute Wissenbasen in Methoden und gute Algorithmen zur Optimierung der endgültigen Prozeßdaten. In den ersten Tests zeigte sich der Bedarf nach einer Ergänzung der gesamten Systemkonzeption, mit der über geeignete Schnittstellen entlang der Produktgestaltungskette entsprechende Modelle aufgebaut werden.

Bild 15 zeigt den erzielten Vergleich der NC-Planung, bei dem zeitlich (nicht kostenmäßig) eine Reduzierung um 60% erreicht wurde.

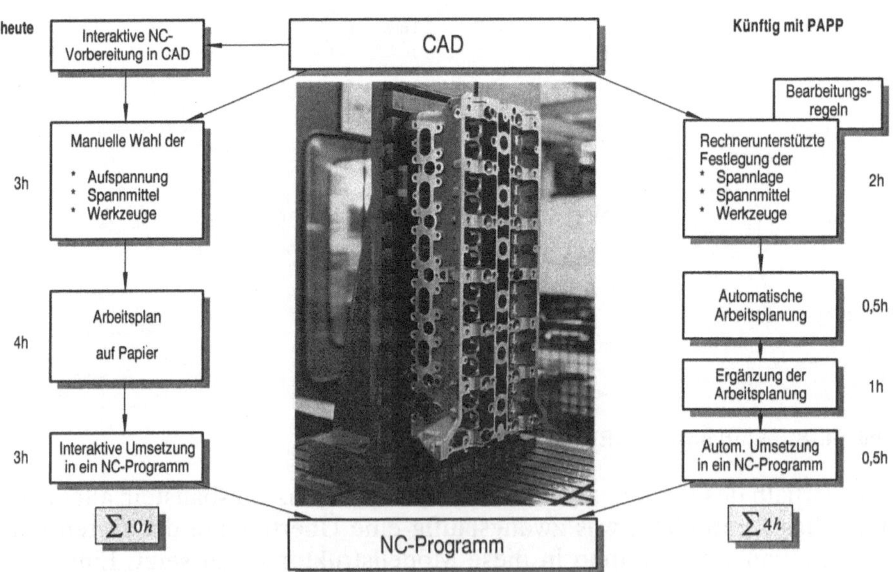

Bild 15. Verfahrensvergleich und Zeitbedarf einer NC-Planung

3.2.8 Planungsfunktionen auf Basis von SOLID-Produktgeometrie

Nach anfänglichen Entwicklungen auf der Grundlage diskreter Geometrieelemente, denen entsprechende „Attributsrucksäcke" verpaßt wurden, ist man bei der Verwendung von Formelementen, die bereits in der Produktgestaltungsphase definiert werden, bei sehr viel höheren Informationsdichten und Darstellungsmöglichkeiten angelangt.

Besonders die ergänzende Produktbeschreibung muß mit dem CAD-Basissystem oder zumindest mit den Systemgrundfunktionen möglich sein (Bild 16).

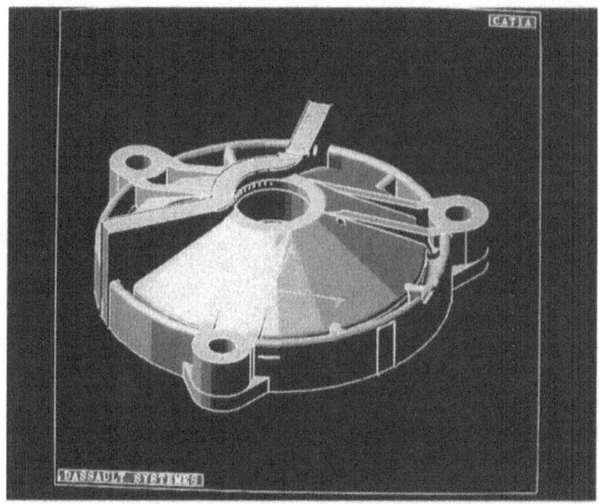

Bild 16. SOLID-Modell im Planungssystem dargestellt

Die Nutzung CAD-orientierter Planungssysteme hängt von einigen wichtigen Randbedingungen ab, deren Trends nur sehr schwer abschätzbar sind. So muß die standardisierte Datenbasis für ein breites Anwendungsfeld an STEP orientiert sein und die Konstruktion weitgehend für die Nutzung von Formelementen bzw. Fertigungselementen (Bearbeitungsobjekten) umgestellt werden.

Dazu sind aber heute seitens der CAD-Hersteller noch keine einheitlichen Konzepte erkennbar, um standardisierten Elementen die entsprechenden Fertigungstechnologien hinterlegen zu können. Hierzu werden im folgenden Kapitel prototypisch realisierte Vorgehensweisen aufgezeigt.

3.3 Nutzung von Fertigungsobjekten zur Verknüpfung von CAD, CAP und CAM (Kopplungsvariante 3)

In Bild 17 wird der heutige sehr unstrukturierte Informationsfluß innerhalb und zwischen den Wertschöpfungsebenen nochmals verdeutlicht. Im folgenden werden Lösungsansätze gezeigt, um über geordnete Strukturen vor allem die Wertschöpfungsebenen Planung und Fertigung bidirektional miteinander zu verknüpfen. Ausgangspunkt hierfür bildet, wie in Bild 18 dargestellt, die Definition unterschiedlicher Objekttypen.

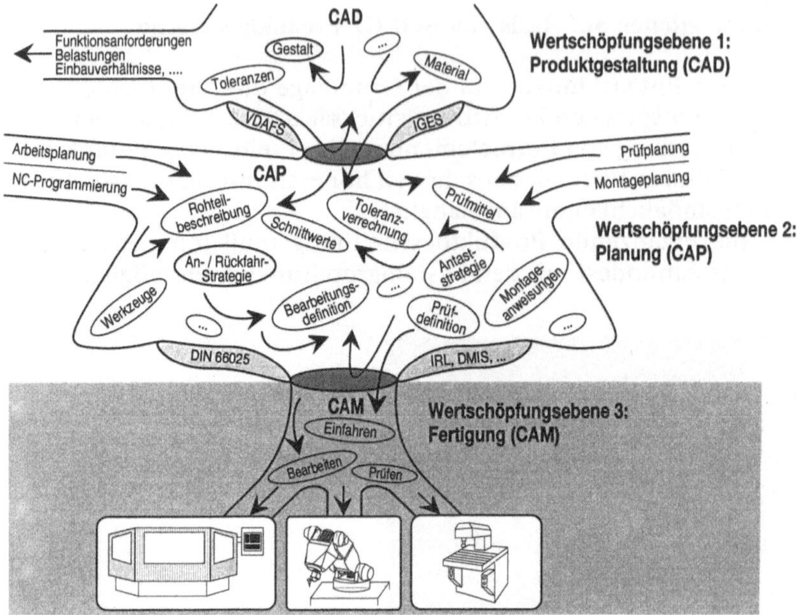

Bild 17. Heutiger Informationsfluß innerhalb und zwischen den Wertschöpfungsketten

Charakteristisch und mit großen Vorteilen verbunden ist, daß sich mit Objekttypen jeweils Informationen bezüglich eines partiellen Werkstückbereichs (z.B. einer Stufenbohrung) mit einer semantischen Komponente zu einer logischen, strukturierten Einheit zusammenfassen lassen [6]. Hier

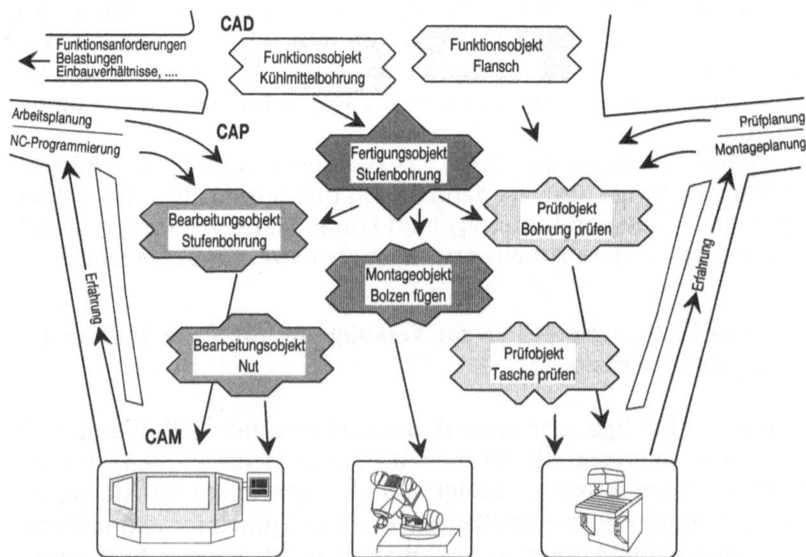

Bild 18. Bidirektionale Informationsverarbeitung mittels Fertigungsobjekten

durch werden die handlungsorientierten Vorgehensweisen der Nutzer in der Fertigung von den Bearbeitungs-, Prüf- und Montageobjekten unterstützt.

Mit den Fertigungsobjekten läßt sich entsprechend Bild 19 „Wissen", also Informationen für verschiedenste Aufgabenstellungen, aber auch Algorithmen und Methoden (beispielsweise zur Schnittwertebestimmung), zentral mit einem Objekt verknüpfen. Dies bedeutet, daß diese Daten und Berechnungsgrundlagen nicht mehr verteilt und somit oft unvollständig verfügbar sind, sondern unmittelbar in Beziehung zu einer bestimmten Werkstückteilgeometrie stehen [7].

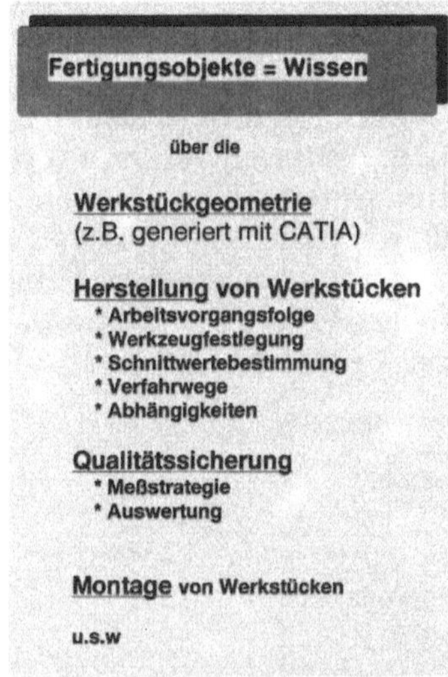

Bild 19. Fertigungsobjekte als syntaktische Verknüpfung von Informationen und Berechnungsmethoden bezüglich einer Werkstückteilgeometrie

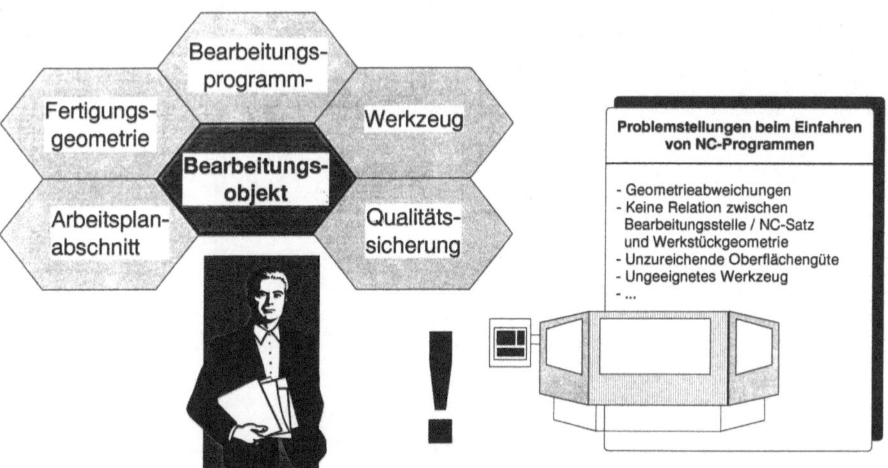

Bild 20. Bearbeitungsobjekte als innovativer Lösungsansatz für die Probleme beim Einfahren von NC-Programmen

Die Verwendung von Bearbeitungsobjekten, auf die sich die folgenden Ausführungen konzentrieren, ermöglicht - wie aus Bild 20 ersichtlich - durch Bündeln von Informationen und deren nutzergerechte Aufbereitung, die erläuterten Problemstellungen beim Einfahren von Bearbeitungsaufgaben wesentlich zu reduzieren.

Um festzulegen, welche Bearbeitungsobjekte den Anwendern zur Verfügung zu stellen sind, wurden umfangreiche Werkstückanalysen durchgeführt. Als Ergebnisauszug wird in Bild 21 gezeigt, daß auch für komplexe Drehbearbeitungen, bei denen z.B. außermittige Bohrungen oder aber auch Fräsbearbeitungen vorzunehmen sind, die Verwendung von Bearbeitungsobjekten ein geeigneter Lösungsansatz ist, um nicht nur die Einfahrzeiten, sondern auch die Programmierzeiten wesentlich zu verringern.

Zur Verwirklichung der bidirektionalen Verknüpfung von Planung und Fertigung wurde die Systemstruktur unter objektorientierten Gesichtspunkten realisiert. Die Objektorientiertheit ermöglicht das Zusammenfassen von Merkmalen und Funktionen zu Klassen und führt vorteilhaft zu einer eindeutigen Festlegung der im Bearbeitungsmodell zwischen den Objekttypen bestehenden Beziehungen und Abhängigkeiten. Hierdurch ergeben sich zudem wesentliche Vorteile für den Aufbau, die Wartung, die Erweiterungsmöglichkeiten sowie die Robustheit des Systems. In Bild 22 sind beispiel-

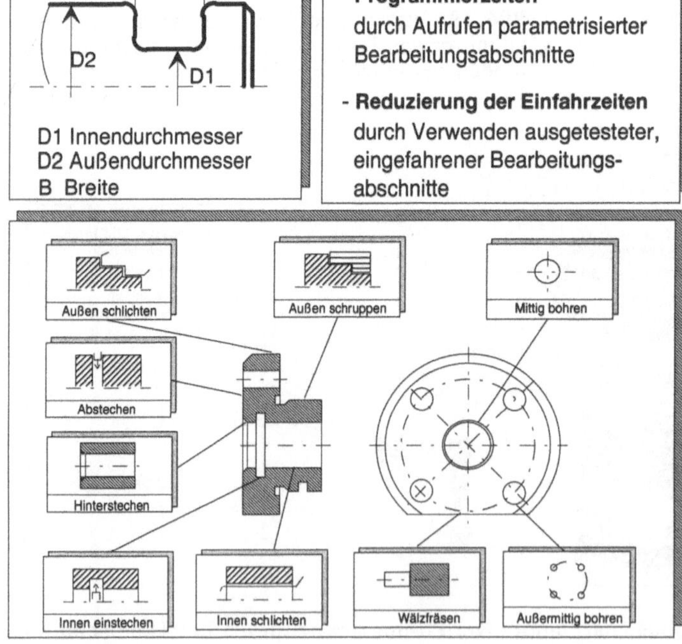

Bild 21. Beispiele für Bearbeitungsobjekte in komplexen Drehteilen

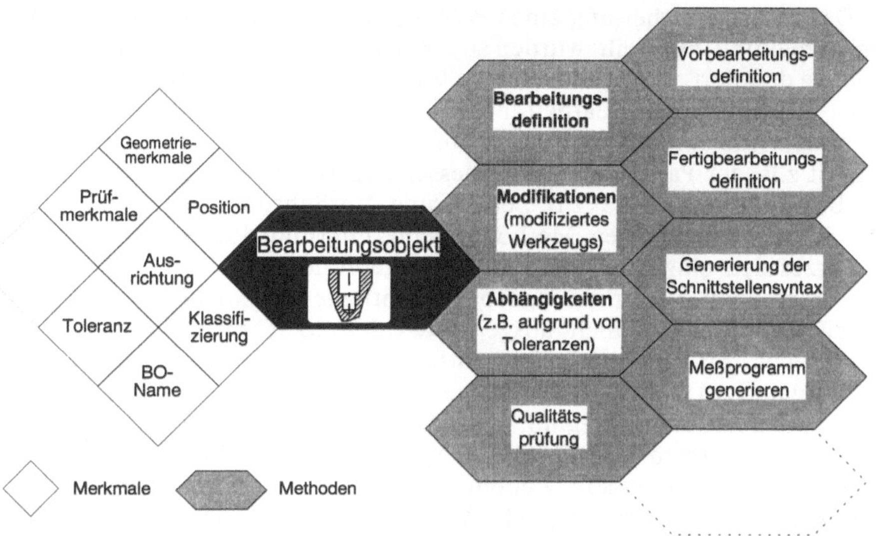

Bild 22. Merkmale und Methoden von Bearbeitungsobjekten

haft für das Bearbeitungsobjekt „Stufenbohrung“ einige repräsentative Merkmale und Methoden dargestellt.

In Bild 23 wird die Grobstruktur des erarbeiteten objektorientierten Bearbeitungsmodells wiedergegeben. Es wird deutlich, daß die Bearbeitungsobjekte, aus denen sich das Bearbeitungsmodell eines Werkstücks zusammensetzt, jeweils einer bestimmten Aufspannung zugeordnet sind und von deren sog. Bearbeitungsobjektverwaltung (z.B. in der Reihenfolge) beeinflußt werden können.

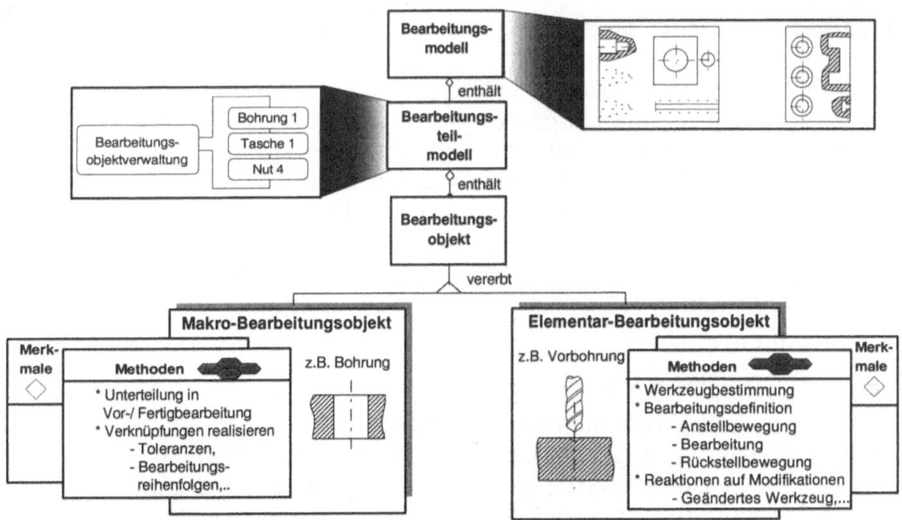

Bild 23. Grobstruktur des objektorientierten Bearbeitungsmodells

Da sich die Bearbeitung eines Werkstücks in der Regel in Vor- und Fertigbearbeitung unterteilt, wurden sog. Makro- und Elementar-Bearbeitungsobjekte definiert. Die Makro-Bearbeitungsobjekte (MBO) stellen die gegenüber den Elementar-Bearbeitungsobjekten übergeordnete Organisationsform dar. Aus einem MBO (z.B. Bohrung) werden in der Regel (in Abhängigkeit z.B. der Parameter Durchmesser und Werkstoff) mehrere Elementar-Bearbeitungsobjekte (z.B. Zentrierung, Vorbohrung, Bohrung) gebildet. Die hierzu notwendigen Methoden sind aufgrund des objektorientierten Ansatzes den einzelnen MBO direkt zugeordnet.

Die Elementar-Bearbeitungsobjekte enthalten ebenfalls jeweils objektspezifisch unterschiedlich ausgeprägte Methoden zur Bestimmung der Werkzeuge, zur Festlegung der Bearbeitungsdefinition sowie der durchzuführenden Reaktionen, wenn beispielsweise situationsorientiert, also kurzfristig vor Bearbeitungsbeginn, ein geändertes Werkzeug (z.B. für eine Vorbohrung mit einem kleineren Durchmesser als ursprünglich vorgesehen) zum Einsatz kommen soll. Zudem wird in jedem EBO hinterlegt, welches MBO für seine Generierung galt. Auf diese Weise werden die in der Fertigung vorgenommenen Modifikationen der Planung bidirektional zugänglich gemacht.

Mit dem beschriebenen Lösungsansatz, bei dem unterschiedliche Objekttypen definiert wurden, die als logische Einheiten strukturierte Informationen bezüglich eines partiellen Werkstückbereichs enthalten und verarbeiten können, konnte eine bidirektionale Verknüpfung von Planung und Fertigung wirkungsvoll erreicht werden.

4 Durchsetzung von Standards auf europäischer Ebene

4.1 Zielsetzungen europäischer Projekte (z.B. AIT)

Die Kooperation in europäischen Projekten hat eine große Bedeutung für die Durchsetzung von Standards. Nur durch einen frühzeitigen Konsens der Beteiligten - der möglichst parallel zur F&E-Arbeit erfolgen soll - ist zum einen die industrielle Anwendbarkeit und zum anderen die Durchsetzungschance gegeben. Dabei werden häufig zunächst De-facto-Standards geschaffen, die nachfolgend durch die Gremien wie z.B. CEN oder ISO bestätigt werden. Die Bedeutung europäischer oder weltweiter Standards wird im Zuge der industriellen Globalisierung gegenüber nationalen Standards weiter zu nehmen.

Zielsetzung europäischer Projekte:
- frühe Erkennung von Standardisierungsbedarf,
- früher Konsens bezüglich Inhalt und Struktur von Standards,
- Schaffen von De-facto-Standards durch industrielles Commitment,
- Beschleunigung von Standards durch simultane, entwicklungsbegleitende Standardisierung.

4.2 Nutzen

Im internationalen Wettbewerb ist eine neue Qualität der Zusammenarbeit in Entwicklungs- und Fertigungspartnerschaften notwendig. Durchgängige Prozesse auf der Basis von De-facto-Standards oder Industriestandards haben dabei eine große Bedeutung (z.B. Produktdatenaustausch auf Basis von STEP).

Der Hauptnutzen europäischer Kooperationsprojekte liegt in der gemeinsamen (z.B. Mercedes-Benz AG mit Zulieferern) Beeinflussung der Technologieentwicklung und von Standards. Die Kooperationsaufwände werden durch den geteilten Aufwand und das minimierte Risiko kompensiert.

Nutzen von AIT:

Kurzfristig:
- Teilen von Aufwand und Risiko,
- Technologie- und Erfahrungsaustausch innerhalb des Projektkonsortiums,
- Lernkurvenvorteile für die Projektbeteiligten,
- Technologiebeeinflussung versus Technologieentwicklung (z.B. erhöhter Einfluß auf die Anbieter von Informationstechnik);

mittelfristig:
- standardisierte IT-Tools mit gesteigerter Prozeß- und Kommunikationsfähigkeit,
- Kostensenkung durch benutzerorientierte Softwareentwicklung (Development, Integration).

4.3 Realisierte Beispiele

Die AIT-Initiative ist ein neuer Ansatz zur Realisierung gemeinsamer Forschungs- und Entwicklungsaktivitäten von IT-Anwendern und IT-Anbietern in Europa. Erstmals spezifizieren die IT-Anwender selbständig – jedoch im Dialog mit den IT-Anbietern – die aus ihrer Sicht notwendigen Methoden und Werkzeuge für einen effektiven und effizienten Rechnereinsatz in Entwicklung und Produktion.

Ein wichtiger Erfolgsfaktor von AIT ist seine breite industrielle Basis. Um die Technologieentwicklung der IT-Anbieter entsprechend den AIT-Anforderungen zu beeinflussen, haben sich nahezu die gesamte europäische Automobil- und Luftfahrtindustrie sowie einige Zulieferer zusammengeschlossen.

5 Zusammenfassung

In der Nutzung von Schnittstellen kann man über weite industrielle Einsatzgebiete hinweg vor allem im CAD-Bereich von Fortschritten im Sinne einer werterhaltenden Datenübergabe zwischen den Prozeßketten sprechen. Doch auch hier hat sich lediglich ein Verbandsstandard erst dann durchgesetzt, als große wirtschaftliche Verluste durch die Prozeßketten-Unterbrechung massiv die Kostensituation zu verändern drohte. Kritisch betrachtet ist dies neben einigen systemspezifischen Schnittstellen, auf die sich einige Unternehmen auf Kundendruck geeinigt haben, die einzige industriell genutze Schnittstelle von Bedeutung.

Im CAM Bereich wird heute noch mit Standards gearbeitet, die beinahe 30 Jahre alt sind und durch völlig inkompatible Ergänzungen erweitert wurden. Die Beispiele zeigten Verfahren im CAD-CAM Bereich, die in vielen Systemteilen auf Schnittstellen angewiesen sind. Dabei wurde nicht ausführlich auf die möglichen Alternativen bei der Nutzung von Schnittstellen eingegangen. Man ist sich aber heute bewußt, daß die angewandte Praxis, jeweils die zur Zeit verfügbare Schnittstelle zu nutzen, zwangsläufig zu Mehrfachentwicklungen und weg von Standards führt.

Es muß nachdenklich stimmen, wenn nur noch Standards durchgesetzt werden, die entweder aus Verbänden oder infolge der Marktmacht eines Unternehmens entstehen. Standards müssen heute oft als die teurere Alternative zu Speziallösungen herhalten, und in Zeiten mit hohem Sparzwang fallen Standards dann logischerweise durch.

Kritische Entwicklungen sind:

- Nationale Normen sind nicht mehr möglich; es bleiben nur noch Verfahrensvorschriften von Verbänden.
- In der EU dauert die Durchsetzung von Normungsvorhaben häufig länger, als für diese technischer Bedarf besteht.
- Man muß in weltweiten Standards denken.
- Kostengünstige Industrieprodukte brauchen hohe Standardisierungen.
- Im internationalen Wettbewerb lassen sich langfristig keine deutschen Verbandsstandards durchsetzen.

Vorschläge für die Durchsetzung von Standards:

- branchenübergreifende Abstimmungen und Trägerorganisationen,
- bedarfsorientierte und schnelle Initiierung von Standardisierungsgremien,
- eine viel stärker koordinierende Rolle des BMFT auch mit Eingriffskompetenzen,
- Verbänden müssen mehr auf die Nutzung von Standards achten, damit diese auch international akzeptiert werden,
- größeres Durchsetzungsvermögen der EU bei weltweiten Standardisierungen auf Basis nationaler Vorschläge.

Insgesamt muß auch in Deutschland über die hohe Zahl von Schnittstellenstandards mit ähnlichen Zielsetzungen nachgedacht werden. Dabei müßte in erster Linie der wirtschaftliche Vorteil durch viele Nutzer im Vordergrund stehen.

Viele Standards, von wenigen genutzt, sind teuer. Wenige Standards, von vielen genutzt, sind wirtschaftlich. Dazu brauchen wir eine größere Konsensfähigkeit zu 80%-Lösungen und nicht zu einer Vielzahl von 100%-Spezialschnittstellen.

Literatur

1. Storr, A.: CAM, CAP, CAD/NC - Automatisierung des technischen Informationsflusses, Teil 1. Univ. Stuttgart, WS 1993/94
2. Fechter, Th.; Reibetanz, Th.; Walter, W.: Schnell und sicher zum ersten Werkstück. Maschinen Anlagen Verfahren 3 (1994) S. 46-47
3. Schulz, H.; Fechter, Th.: Defizite der heutigen Werkstück-Programmierung. Werkstatt und Betrieb 127 (1994) H. 1-2, S. 18-21
4. Bullinger, H.-J.; Fähnrich, K.P.; Thines, M.: Die Werkstatt als Integrationszentrum. Techn. Rundschau (1992) H. 7, S. 36-42
5. Herrscher, A.; Walter, W.: Unterschiedliche Maschinen mit einem System programmieren Werkstatt und Betrieb 123 (1990) H. 2, S. 113-117
6. Storr, A., Reibetanz, Th.: Qualitätsgerechte Bearbeitungsmodellierung. wt Werkstattstechnik 83 (1993) H. 9, S. 120-125
7. Reibetanz, Th.: Situationsorientierte Bearbeitungsmodellierung zur NC-Programmierung. Berlin: Springer (in Vorbereitung)

Direktantriebe im Werkzeugmaschinenbau

J. Jenrich, H. Fritz, Ch. Fahrbach, H. Rudloff, W. Philipp

Inhalt: Forderungen an Antriebe in Werkzeugmaschinen unter besonderer Berücksichtigung der Hochgeschwindigkeitsbearbeitung - Regelung von Vorschubantrieben und ihre dynamischen Grenzen - Vergleich zwischen elektromechanischen Servoantrieben und elektrischen Direktantrieben - Einsatzgebiete für elektrische Servo-Direktantriebe in Werkzeugmaschinen - Konstruktive Randbedingungen beim Einsatz von Direktantrieben - Anwendungsbeispiele.

1 Einleitung

Elektrische Direktantriebe werden in größerer Zahl in Form von Motorspindeln, aber inzwischen auch als lineare oder rotatorische Servodirektantriebe in Werkzeugmaschinen eingesetzt. Servodirektantriebe erlauben eine für konventionelle, elektromechanische Vorschubantriebe unerreichbar hohe Regeldynamik, verbunden mit einer, auch bei hohen Bearbeitungsgeschwindigkeiten, hervorragenden dynamischen Genauigkeit. Das dominierende Anwendungsgebiet der Direktantriebe in Werkzeugmaschinen ist die Hochgeschwindigkeitsbearbeitung [1]. Diese charakterisieren geringe bzw. keine Bearbeitungskräfte, im allgemeinen hohe Bearbeitungsgeschwindigkeiten und hohe Genauigkeitsanforderungen. Bei der Hochgeschwindigkeitszerspanung sind Direktantriebe wirtschaftlich und ohne Einschränkung sowohl für Schlichtbearbeitung als auch für Leistungszerspanung einsetzbar. Dabei lassen sich die Bearbeitungszeiten meist drastisch reduzieren, es werden sehr gute Oberflächenqualitäten erzeugt und aufgrund der geringen Bearbeitungskräfte und der geringen Werkstückerwärmung sind sehr genaue Teile herstellbar.

Die beim Einsatz elektrischer Direktantriebe in Werkzeugmaschinen zu beachtenden Randbedingungen, eine Abgrenzung zu den konventionellen, elektromechanischen Servoantriebssystemen und einige Anwendungsbeispiele werden im folgenden beschrieben.

2 Elektrische Antriebe für Werkzeugmaschinen

Im Bereich der zerspanenden Werkzeugmaschinen werden aufgrund einfacher Ansteuerung, günstiger Kosten und guter Regelbarkeit überwiegend elektrische Antriebe eingesetzt. Bei den Antrieben wird zwischen Haupt-, Vorschub- und Hilfsantrieben unterschieden. Die Vorschubantriebe lassen sich weiter unterteilen in lineare und rotatorische Achsen, desweiteren ist zwischen kurzhubigen, meist hochdynamischen Zustellachsen und Vorschubachsen mit typischen Verfahrbereichen von 0,5 bis 4 m zu unterscheiden.

Bei den elektrischen Vorschubantrieben für höhere Genauigkeitsforderungen kommen hauptsächlich vier verschiedene Systeme zum Einsatz (Bild 1):

- Elektrischer Direktantrieb,
- elektromechanischer Vorschubantrieb mit Zahnstange/Ritzel,
- elektromechanischer Vorschubantrieb mit Kugelrollspindel bzw. Rollengewindetrieb,
- angetriebene Spindelmutter oder Spindasyn-Vorschubantriebssystem.

Die Forderungen an Antriebe in Werkzeugmaschinen sind sehr unterschiedlich. Der Schwerpunkt wird hier zur Eingrenzung auf die Hochgeschwindigkeits-Fräsbearbeitung gelegt. In diesem Anwendungsgebiet passen die spezifischen Eigenschaften der Direktantriebe besonders gut mit den von der Bearbeitungstechnologie gestellten Forderungen zusammen.

Unterschiedliche elektrische Servoantriebssysteme

	A)	B)	C)	D)
Typ	Direkt	Zahnstange/Ritzel	Kugelrollspindel	Spindasyn
Merkmal	Getriebelos	a) Motor am Tisch b) Motor am Bett	Stator am Bett	Rotor = Mutter Stator am Tisch
Vorteile	- Keine Begrenzung durch mechanische Übertragungselemente (Umkehrspanne, Eigenfrequenz, Spiel, etc.); - Sehr hohe Regelbandbreite; - Lange Verfahrwege möglich;	- Große Vorschubkräfte möglich; - Lange Verfahrwege möglich;	- Kostengünstige Standardlösung; - Große Vorschubkräfte möglich;	- Spindel muß nicht beschleunigt werden; - Im allgemeinen höhere Regelbandbreite wie C); - Spindel kann stark vorgespannt werden; - Große Vorschubkräfte möglich;
Nachteile	- Motorwärme in Tisch und Maschinenstruktur; - Großer Bauraum bei großen Kräften; - Große Lagerkräfte aufgrund der Motoranziehung; - Direkte Prozeßrückwirkung;	- Mechanische Übertragungselemente mit Elastizität, Umkehrspanne, Spiel, etc.; - Motorwärme in Tisch bei a);	- Mechanische Übertragungselemente mit Elastizität, Umkehrspanne, Spiel, etc.; - Begrenzter Verfahrweg; - Begrenzte Spindeldrehzahl (hohe Geschwindigkeiten nur über hohe Steigung); - Spindelerwärmung;	- Mechanische Übertragungselemente mit Elastizität, Umkehrspanne, Spiel, etc.; - Begrenzter Verfahrweg; - Motorwärme in Tisch; - Spindelerwärmung;

Bild 1. Elektrische Vorschubantriebssysteme (Bildnachweis: ISW)

2.1 Vorschubantriebe

Das Hochgeschwindigkeitsfräsen stellt sehr hohe Forderungen an das statische und dynamische Verhalten der Vorschubantriebe. Das Fertigungsverfahren ist gekennzeichnet durch hohes Zeitspanungsvolumen, niedrige Zerspanungskräfte und hohe Oberflächengüte. Es wird sowohl für die Endbearbeitung bei hohen Genauigkeitsforderungen als auch für die Leistungszerspanung eingesetzt [2-4].

Die Vorschubgeschwindigkeiten liegen beim Hochgeschwindigkeitsfräsen im Bereich von $v_f = 3$ bis >30 m/min, Eilganggeschwindigkeiten betragen v_{eil} 30...60 m/min. Damit bei den hohen Bahngeschwindigkeiten auch komplexe Konturen genau bearbeitet werden können und sich der Fräser bei kleinen Bahnradien möglichst nicht freischneidet bzw. schmiert, sind sowohl eine hohe Regelbandbreite als auch hohe Beschleunigungs- bzw. Bremsverzögerungen notwendig (z.B. $a_f > 10$ m/s^2). Die Momente bzw. Kräfte für das Beschleunigen der Achsen sind meist kurzfristig erforderlich. Deshalb sollten die Servoantriebe mindestens um den Faktor 2...3 überlastbar sein. Außerdem ist auf eine Minimierung der zu beschleunigenden Massen zu achten.

Die beim Hochgeschwindigkeitsfräsen aufgrund der Bearbeitung bedingten Vorschubkräfte sind, im Vergleich zur konventionellen Fräsbearbeitung, sehr viel geringer. Die typischen von Vorschubantrieben für den Zerspanungsprozeß an Fräsmaschinen aufzubringenden Vorschubkräfte betragen $F_f < 5000$ ... 10000 N. Als Abschätzung für elektromechanische Servoantriebe ergeben sich ca. 3000 N Vorschubkraft pro kW Vorschubleistung bei einer Getriebeübersetzung $i_g = 2$ und einer Spindelsteigung h_{Sp} = 10 mm. Bei Berücksichtigung gleicher Hauptspindelleistung ($P_{Sp} \approx \omega_{Sp} F_c r$) müssen sich die Schnittkräfte bei gleichem Werkzeugradius r aufgrund der bei der Hochgeschwindigkeitszerspanung um den Faktor 5 ... 10 höheren Schnittgeschwindigkeiten um den gleichen Faktor verkleinern. Ursachen der Reduzierung der Schnittkräfte sind dabei im wesentlichen die Verminderung der Spandicke, der Zustelltiefe des Werkzeugs (axial, radial) und eventuell der Werkzeug-Zähnezahl. Oft wird dabei noch die Vorschubgeschwindigkeit erhöht, was jedoch mit einer reduzierten dynamischen Genauigkeit verbunden ist. Wichtige Einflußfaktoren sind in diesem Zusammenhang die werkstoffabhängige Erhöhung des k_c-Werts mit abnehmender Spanungsdicke, die Grenzspanungsdicke, die Reduzierung des k_c-Werts wegen der Erhöhung der Schnittgeschwindigkeit und die Werkzeugstandzeit [2, 5]. Die Schnittkräfte korrelieren über den Eingriffswinkel und die Bewegungsrichtung des Werkzeugs mit den von den Vorschubachsen für den Bearbeitungsprozeß aufzubringenden Kräften. Als „Worst-case-Abschätzung" kann davon ausgegangen werden, daß die von einer Vorschubachse für den Bearbeitungsprozess aufzubringenden Kräfte im Maximum der Schnittkraft entsprechen. In Bild 2 sind die qualitative Veränderung der Vorschubkraft, der Schnittgeschwindigkeit, der Hauptspindeldrehzahl und typische Werte für den Vorschub pro Zahn bei konventioneller und Hochgeschwindigkeits-Fräsbearbeitung dargestellt. Die bei der Hochgeschwindigkeits-Zerspanung auftretenden Bearbeitungskräfte sind, auch bei der Leistungszerspanung, problemlos von Servo-Direktantrieben aufbringbar.

Für die Auslegung der Vorschubantriebe ist zu berücksichtigen, daß gleichzeitig Bearbeitungs- und Beschleunigungskräfte bereitgestellt werden müssen. Die von den Servoantrieben zur Bearbeitung aufzubringenden Kräfte sollten deshalb einen bestimmten Prozentsatz der Nennvorschubkraft nicht übersteigen (z.B. $<50\%$). Als grober Richtwert beim Hoch-

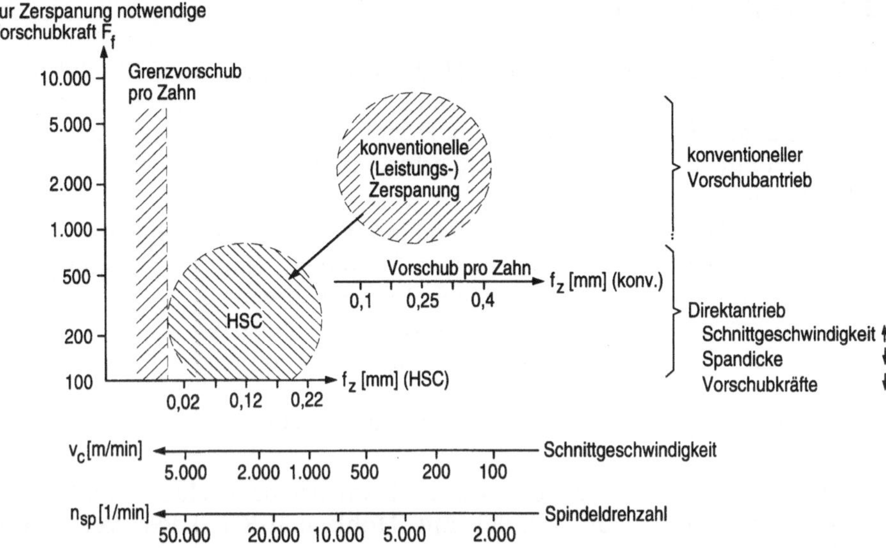

Bild 2. Qualitative Änderung der zur Zerspanung notwendigen Vorschubkraft, der Schnittgeschwindigkeit, der Hauptspindeldrehzahl und typische Werte für den Vorschub pro Zahn bei konventioneller und Hochgeschwindigkeits-Zerspanung (Bildnachweis: ISW)

geschwindigkeitsfräsen gelten Zerspanungskräfte $F_c < 1000$ N. Bei der Schlichtbearbeitung sind diese noch sehr viel geringer. Die Größenordnung dieser Kräfte zeigt sich anschaulich beim Berücksichtigen des Spindeldrehmoments. So hat beispielsweise die 40 kW Motorspindel im Anwendungsbeispiel (Kap. 7.1) bei 24 000 1/min ein Drehmoment von 12 Nm. Damit ergibt sich für einen Fräserdurchmesser von 30 mm eine maximale Kraft von $F = M_{Sp} / r_{Fräser} = 800$ N (Schnittgeschwindigkeit $v_c = 2260$ m/min).

Die Regelbandbreite hat, wie bereits angeführt wurde, wesentlichen Einfluß auf die dynamische Bahngenauigkeit. Bei Vorschubachsen für hohe Beschleunigungen ist aufgrund der geringen bzw. fehlenden mechanischen Untersetzung für eine hohe dynamische Störsteifigkeit auch eine hohe Regeldynamik notwendig.

Im Bereich der Fertigungstechnik kennzeichnet der Lageregelkreis-Verstärkungsfaktor K_v die Bandbreite der Lageregelung. Dieser wird üblicherweise so eingestellt, daß beim Positionieren kein Überschwingen auftritt [6]. Die dynamische Störsteifigkeit ist ein Maß für sich ergebende Regelfehler beim Auftreten dynamischer Störkräfte, z.B. aufgrund der Bearbeitung oder von Reibung (Anfahren, Geschwindigkeitsumkehr).

Wegen der beim Drehen von der Unwucht und von Fliehkräften begrenzten Werkstückdrehzahl wird die Hochgeschwindigkeitszerspanung überwiegend beim Fräsen eingesetzt. Der Einsatz direktangetriebener Vorschubantriebe beim Drehen ist deshalb auf Sonderanwendungen beschränkt wie das Unrunddrehen oder die Präzisionsbearbeitung (s. Kap. 7).

2.2 Hauptspindelantriebe

Im Bereich der HSC-Bearbeitung (High-Speed-Cutting) sind für die notwendigen hohen Hauptspindel-Drehzahlen im Bereich $n > 15\,000 \ldots 50\,000$ 1/min und die gewünschten kurzen Hochlauf- bzw. Verzögerungszeiten Motorspindeln, d.h. Direktantriebe, erforderlich. Besonders zu beachten sind dabei [4]:

- Die Spindellagerung für hohe Drehzahlen (Hochgeschwindigkeits-, Keramik- oder Hybridlager, Lebensdauer, Steifigkeit, Rundlaufgenauigkeit),
- das Spindelwachstum als Folge des Temperaturgangs,
- das Werkzeugspannsystem (Fliehkräfte, Genauigkeit),
- die C-Achs-Fähigkeit im niedrigen Drehzahlbereich (z.B. Gewindeschneiden) und
- ausreichendes Drehmoment für Bearbeitungsaufgaben mit niedrigen Drehzahlen.

In Bild 3 ist als Beispiel für eine direktangetriebene Hauptspindel ein Schnitt durch eine Motorspindel mit Hohlschaft-Kurzkegel-Aufnahme (HSK) dargestellt.

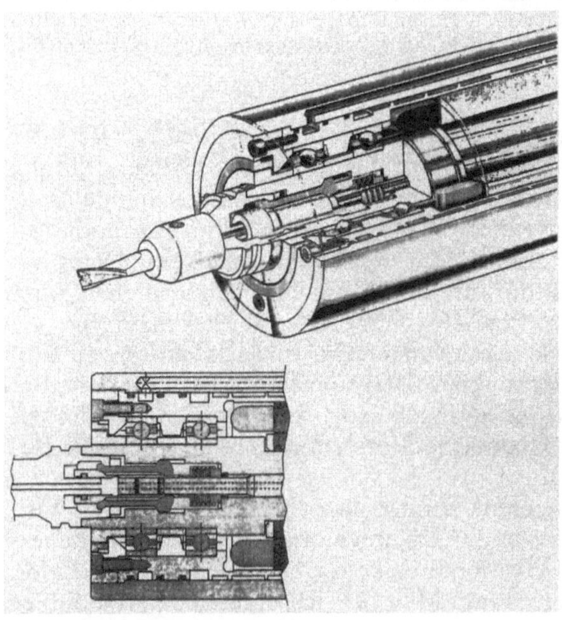

Bild 3. Schnitt durch eine Motorspindel mit HSK-Werkzeugaufnahme (Bildnachweis: Fischer)

3 Regelung von Vorschubantrieben und ihre dynamischen Grenzen

Für die Lageregelung von Vorschubantrieben wird üblicherweise eine kaskadierte Reglerstruktur, bestehend aus Strom-, Drehzahl- und Lageregler, eingesetzt. Diese wird aus Genauigkeitsgründen inzwischen vermehrt digital ausgeführt. Das gleiche gilt für die Schnittstelle zwischen der Steuerung und den Antrieben [7]. Zum Reduzieren von Bahnfehlern werden Vorsteuerverfahren (feed forward) und unterschiedliche Kompensationsverfahren, z.B. für Umkehrspanne, Spindelsteigungsfehler, geometrische Fehler der Maschinenachsen, Temperaturverlagerungen usw. eingesetzt [7–9].

Elektromechanische Antriebe für Servolinearachsen (Fall B, C und D in Bild 1) bestehen aus einem drehzahlgeregelten Motor, den mechanischen Übertragungselementen, dem Maschinenschlitten und meist einem direkten Meßsystem für die Lageregelung. Bei Lineardirektantrieben wird dagegen die vom Motor erzeugte Kraft unmittelbar zur Bewegung des Maschinenschlittens genutzt. Das Meßsystem dient dabei sowohl zum Erfassen der zeitdiskret aus der Lage berechneten Geschwindigkeit als auch der Ist-Lage (Bild 4). Deshalb sind bei Direktantrieben hohe Forderungen an die Auflösung des Linearmaßstabs zu stellen, um eine große Geschwindigkeitsquantisierung zu vermeiden. Eine ungenügende Auflösung äußert sich in Form von Motorverlusten, erhöhter Geräuschentwicklung und schlechtem Gleichlaufverhalten.

Neben den Regelalgorithmen, der Regeleinrichtung und dem Motor bestimmen sowohl die Mechanik, d.h. die mechanischen Übertragungselemente (Getriebe, Kupplung, Lagerung, Kugelrollspindel etc.), als auch der Achsaufbau, das Maschinenbett und das Maschinenfundament wesentlich die Dynamik und Genauigkeit einer Werkzeugmaschine [8, 10].

Die Nachgiebigkeit der mechanischen Übertragungsglieder ergibt zusammen mit der zu bewegenden Masse, eine charakteristische Eigenfrequenz f_{Res}. Als Faustformel gilt, daß bei gut gedämpfter Mechanik (z.B. Gleitführungen) der Geschwindigkeits-Verstärkungsfaktor $K_v \leqq 1{,}25\ f_{Res}$ sein sollte, um ein Überschwingen beim Positionieren zu vermeiden [6]. Wälzführungen weisen eine geringere Dämpfung auf, weshalb bei solchen Systemen die Lageregel-Bandbreite einen größeren Abstand von f_{Res} haben sollte. Mit einem Zustandsregler kann die Mechanik aktiv bedämpft und die Lageregelkreis-Verstärkung deutlich gesteigert werden. Dazu sind eine entsprechende Bandbreite des Drehzahl-Regelkreises, geringe Parameterschwankungen (z.B. der zu bewegenden Last) und ein entsprechender Abstand der zu bedämpfenden Resonanzfrequenz zur nächst höheren mechanischen Eigenfrequenz Voraussetzung [8].

Ein mechanisch nachgiebiger Achsaufbau wird von Beschleunigungs- und Regelvorgängen zum Schwingen angeregt und beeinflußt die Genauigkeit in Form von Rückwirkungen auf den Antrieb bzw. direkt, wenn das Werkzeug oder Werkstück auf dem schwingungsfähigen Aufbau angebracht ist. Dies gilt sowohl für elektromechanische als auch direktangetriebene

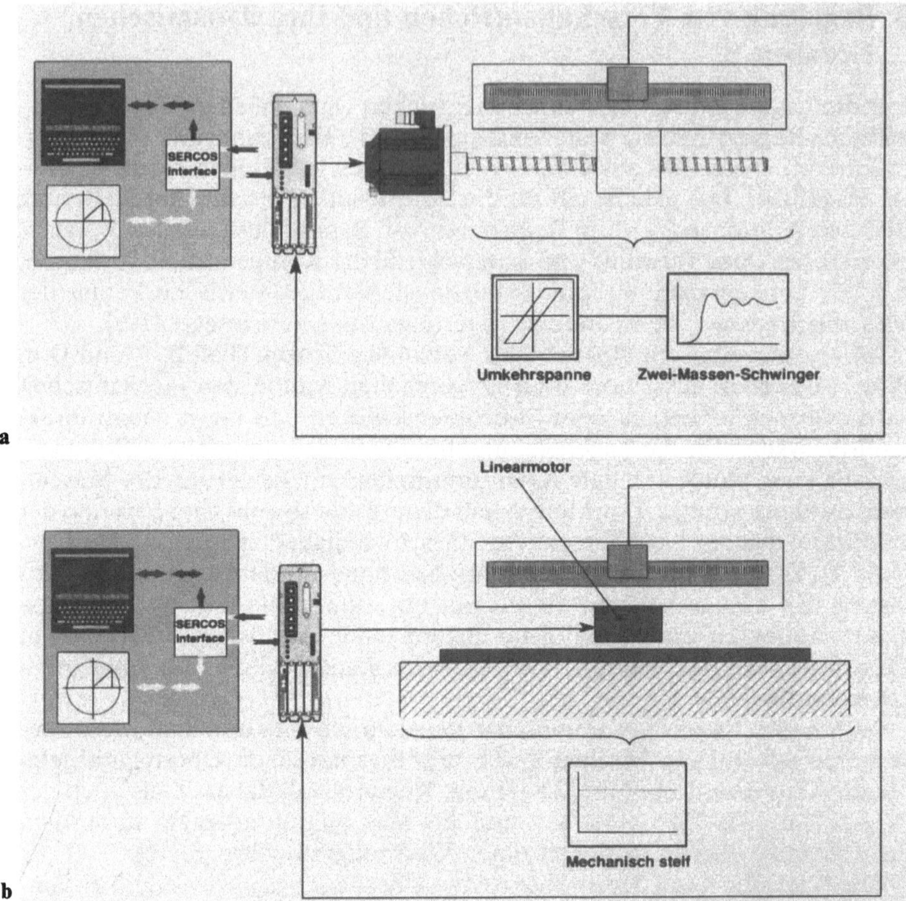

Bild 4a, b. Vorschubantriebe. **a** Elektromechanischer Vorschubantrieb; **b** Lineardirektantrieb (Bildnachweis: Indramat)

Werkzeugmaschinen. Typische Beispiele sind auskragende Maschinenachsen wie die z-Achsen an Portalmaschinen oder Linearachsen mit Drehtisch und schweren Werkstücken. Ähnliche Probleme ergeben sich, wenn die Maschinenstruktur zwischen den einzelnen an einer Bahnbewegung beteiligten Achsen entsprechende Nachgiebigkeiten aufweist. Diese führen zu unerwünschten Relativbewegungen zwischen Werkzeug und Werkstück (Bild 5). Letztendlich verursacht auch die Nachgiebigkeit des Maschinenfundaments Regelfehler, da ein in Achsrichtung schwingendes Maschinenbett über die Steifigkeit des Antriebssystems die Vorschubachse mitbewegt. Aufgrund der endlichen Steifigkeit treten dabei Relativverschiebungen auf, die im Schleppfehler sichtbar sind. Bei der Leistungsfähigkeit heutzutage verfügbarer Servoantriebe begrenzen die mechanischen Übertragungselemente und die mechanische Maschinenstruktur häufig die Dynamik einer Werkzeugmaschine [8, 10].

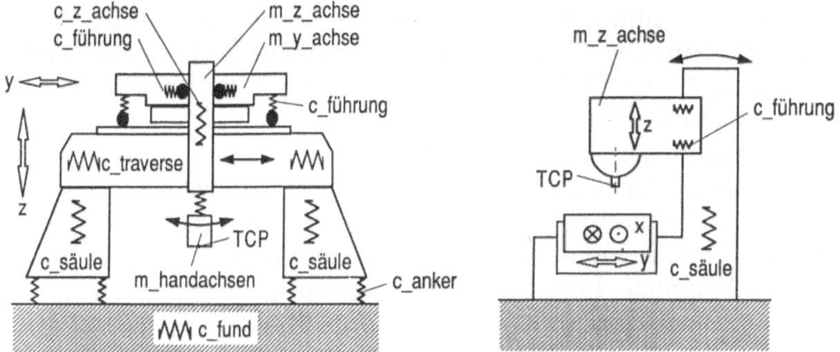

Bild 5. Beispiele für Nachgiebigkeiten der Maschinenstruktur bzw. der Fundamentanbindung außerhalb des Lageregelkreises, die sich auf die Bearbeitungsgenauigkeit auswirken (Bildnachweis: ISW)

Aus Sicht der Regeleinrichtung und des Antriebs sollten zur Erzielung einer möglichst hohen Regeldynamik folgende Punkte beachtet werden:

- Kurze Abtast- und Rechentotzeiten (für die Lageregelung $T \leqq 500\ \mu s$),
- hochauflösende Positionsgeber ($\leqq 0{,}2\ \mu m$),
- dynamische Servomotoren mit hoher Stromregel-Bandbreite ($\geqq$ 2 kHz),
- durchgehende Synchronisation aller digitaler Teilsysteme von der Interpolation bis zum Schalten der Leistungstransistoren,
- Einsatz fortschrittlicher Regel-, Vorsteuer- und Fehlerkompensationsverfahren (Look-Ahead-Funktion, Kompensationverfahren, feed forward usw.) und
- Ruckbegrenzung der Soll-Werte bzw. Führungsgrößenglättung, um eine Überforderung der Antriebe und deshalb bedingter Fehler zu vermeiden, sowie um die mechanischen Resonanzfrequenzen der Maschine möglichst wenig anzuregen (Look-Ahead-Funktion, Bahnplanung usw.).

Die Bedeutung der Synchronisation der an einer Bahnbewegung beteiligten Achsen zeigt Bild 6. Dort entspricht bei einer Kreisbewegung mit Bahngeschwindigkeit $v = 30$ m/min eine Positionsgenauigkeit von 1 μm einer Zeitgenauigkeit von 2 μs. Eine mikrosekundengenaue Zeitsynchronisation

T[ms]	Δs [mm]
10	5
2	1
0,5	0,25
0,25	0,125
0,1	0,05

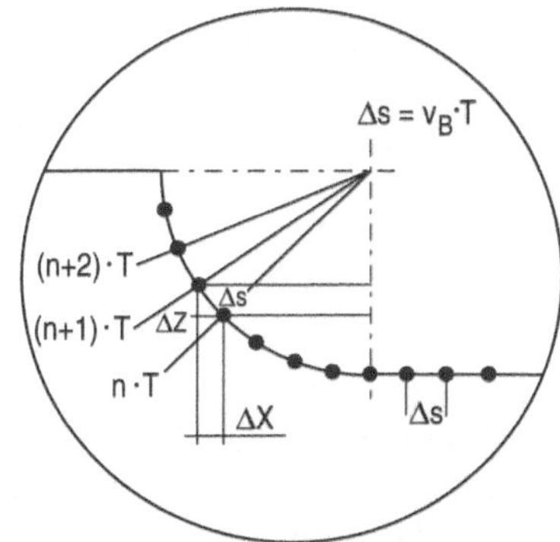

Bild 6. Zahlenbeispiel für die Hochgeschwindigkeitsbearbeitung

aller Achsen ist daher unabdingbar für moderne Steuerungs- und Antriebssysteme. Die Synchronisation umfaßt dabei die Vorgabe der Positions-Soll-Werte, die Erfassung der Ist-Werte bis hin zum Schalten der Leistungstransistoren. Dies ist auch bei der Schnittstelle zwischen Steuerung und Antrieben zu berücksichtigen [7].

Der zeitliche Verlauf der Soll-Werte hat aus zwei Gründen ebenfalls einen bedeutenden Einfluß auf die Bahnabweichungen. Das Antriebssystem ist bezüglich Lage, Geschwindigkeit, Beschleunigung und Ruck (Beschleunigungsänderung) begrenzt. Fordern Unstetigkeiten im Soll-Wert-Verlauf (wie Sprünge in der Beschleunigung, Geschwindigkeit oder Lage) kurzzeitig höhere Werte, nehmen die Bahnfehler wesentlich zu. Lageregelkreise mit geringer Bandbreite wirken dabei wie ein glättendes Tiefpaßfilter. Dies fehlt jedoch bei hochdynamischen Antrieben, wodurch jede Unstetigkeit der Soll-Werte im Werkstück abgebildet wird. Des weiteren werden mechanische Resonanzfrequenzen bei „ungeglätteten" Soll-Werten, d.h. mit großen Anteilen bei hohen Frequenzen im Anregungsspektrum, wesentlich stärker zum Schwingen angeregt. Die Soll-Werte können in der Steuerung mittels Ruck- und Beschleunigungsbegrenzung, Look-Ahead-Funktion bzw. Bahnplanung den Maschinen und der Anwendung angepaßt werden. Weiterhin ist bei verschiedenen Zeittakten zwischen Steuerung und Regelung eine Feininterpolation der Soll-Werte sinnvoll.

Bearbeitungsfehler bei CNC-Werkzeugmaschinen entstehen auch wegen der Umkehrspanne, d.h. dem Zusammenwirken von Reibung (Haft- und Coulombsche Reibung) und der Elastizität im Antriebsstrang bei der Geschwindigkeitsumkehr bzw. beim Anfahren. Die dabei auftretenden Abweichungen werden in Form des Quadrantenübergangfehlers bei Kreiskonturen deutlich. Kompensationsverfahren können diese Fehler erheblich reduzieren (Bild 7) [7, 8]. Bei Direktantrieben entfallen - bis auf die Führungen, Abdeckungen und, bei vertikalen Achsen, den Gewichtsausgleich - die die Reibung verursachenden mechanischen Antriebselemente.

4 Vergleich zwischen elektromechanischen Servoantrieben und elektrischen Direktantrieben

Die Kugelrollspindel ist das bei Servoantrieben an Werkzeugmaschinen typische mechanische Antriebselement zum Erzeugen von Linearbewegungen. Die wesentlichen Vorteile dieses elektromechanischen Antriebssystems sind:

- Die Möglichkeit der Bauraumoptimierung aufgrund mechanischer Untersetzung schnelldrehender Servomotoren. Die von elektrischen Motoren erzeugbare Kraft, bezogen auf die Motor-Luftspaltfläche, ist wegen Sättigungserscheinungen begrenzt, aber weitgehend unabhängig von der Geschwindigkeit. Somit können mit untersetzten schnelldrehenden Elektroantrieben im Vergleich zu elektrischen Direktantrieben wesent-

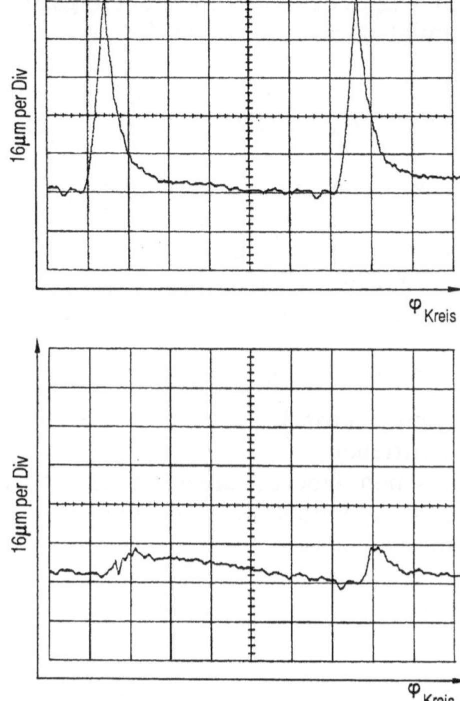

Bild 7. Reduzierung des Quadrantenübergangfehlers mittels Kompensation der Umkehrspanne bei einem Fräsmaschinen-Vorschubantrieb mit Gleitführungen (Bildnachweis: ISW)

lich größere Kräfte bezogen auf das Volumen bzw. die Masse des Antriebs erzeugt werden.

- Die mechanische Untersetzung reduziert die Rückwirkungen der Last auf das Antriebssystem. Damit ist es unempfindlicher gegenüber Parameterschwankungen der zu bewegenden Last.
- Die Hauptwärmequelle, der Antriebsmotor, kann meist außerhalb der Maschinenstruktur angebracht werden.
- Die Variantenvielfalt ist groß bei günstigen Kosten.

Dem stehen Nachteile gegenüber wie:

- Elastizität des Antriebsstrangs. Damit ergibt sich systembedingt eine Begrenzung der Regelbandbreite auf ca. $K_v \leqq 1 \ldots 4$ m/mm × min (20 . . . 70 1/s).
- Nichtlineares Übertragungsverhalten aufgrund von Umkehrspanne, Spindelsteigungsfehler, exzentrischer Ankopplung und so weiter. Die Mechanik ist bei erhöhter Reibung meist nahezu spielfrei einstellbar.
- Begrenzte Lebensdauer durch mechanischen Verschleiß.
- Begrenzte Spindeldrehzahl (kritische Drehzahl) zwingt bei hohen Verfahrgeschwindigkeiten zu hohen Spindelsteigungen (größere Lastrückwirkung, reduzierte Laststeifigkeit).
- Der begrenzte Spindelwirkungsgrad bewirkt eine Spindelerwärmung.

Elektrische Direktantriebe mit mechanisch sehr steifem Aufbau, wie das üblicherweise nur bei kleinen Zustellachen (z.B. beim Unrunddrehen) gegeben ist, haben ihre wesentliche Dynamikbegrenzung in der Stromregelbandbreite, der Abtast- und Rechentotzeit und der Quantisierung des Meßsystems [11]. Für Zustellachsen beim Unrunddrehen werden beispielsweise K_v-Werte im Bereich von 60...240 m/mm × min (1000...4000 1/s) erreicht.

Bei direktangetriebenen Vorschubachsen, z.B. für Fräsmaschinen, können die mechanischen Nachgiebigkeiten des Achsaufbaus und des Maschinenkörpers nicht vernachlässigt werden. Die momentan erreichbaren Werte für den K_v liegen bei 12...24 m/mm × min (200...400 1/s). Es ist zu erwarten, daß eine konstruktive und regelungstechnische Optimierung diese Werte weiter verbessert.

Die wesentlichen Vorteile der Servodirektantriebe sind:

- Hohe Regelbandbreite, die ca. um den Faktor 3...10 höher liegt im Vergleich zu elektromechanischen Antrieben.
- Keine verschleißbehafteten mechanischen Übertragungselemente mit nichtlinearem Verhalten (Umkehrspanne, Spindelsteigungsfehler usw.).
- Sehr hohe Positionier- und Wiederholgenauigkeit.
- Hohe Verfahrgeschwindigkeiten von >100 m/min sind möglich.
- Hohe Zuverlässigkeit, da kein mechanischer Verschleiß auftritt.

Als Nachteile sind aufzuführen:

- Meist großer Bauraum und großes Eigengewicht bezogen auf spezifische Kräfte/Momente.
- Motorkühlung ist meist notwendig, um thermisch bedingte Maschinenungenauigkeiten zu vermeiden.
- Empfindlichkeit gegenüber Lastparameterschwankungen.
- Gewichtsausgleich bei vertikalen Achsen (wird auch bei elektromechanischen Antrieben häufig eingesetzt).
- Kosten pro Antrieb.

Die maximale Achsbeschleunigung wird bei kleinen zu bewegenden Massen mit Direktantrieben erreicht. Wenn jedoch die zu bewegende Last deutlich zunimmt, kann ein elektromechanischer Antrieb besser beschleunigen. Eine allgemeine Betrachtung über die Abhängigkeit der maximalen Achsbeschleunigung von der zu bewegenden Lastmasse zeigt Bild 8. In Bild 9 ist dazu ein praktisches Beispiel aufgeführt. Von Kugelrollspindel-Herstellern werden Grenzwerte für die maximale Beschleunigung in Abhängigkeit der Spindelsteigung angegeben (z.B. $h_{Sp} = 20$ mm, $a_{max} = 16$ m/s^2 bzw. $h_{Sp} =$ 40 mm, $a_{max} = 32$ m/s^2; Quelle: SKF). Die maximal zulässige Drehbeschleunigung der Spindel wird vom Abrollverhalten der Kugeln bestimmt (Verschleiß). Im Vergleich dazu erlauben teurere Gewinderollspindeln höhere Drehbeschleunigungen.

Generell ist zu berücksichtigen, daß bei größeren bewegten Massen für die Umsetzung der hohen Achsbeschleunigungen von der Werkzeug-

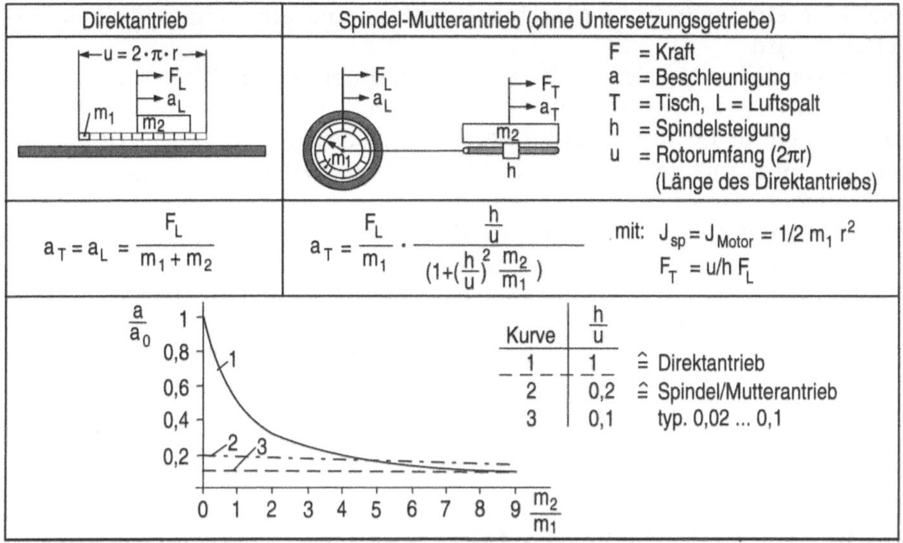

$$a_T = a_L = \frac{F_L}{m_1 + m_2}$$

$$a_T = \frac{F_L}{m_1} \cdot \frac{\frac{h}{u}}{\left(1 + \left(\frac{h}{u}\right)^2 \frac{m_2}{m_1}\right)}$$

Bild 8. Einfluß der zu bewegenden Lastmasse auf die maximale Beschleunigung bei Direktantrieben und Spindel/Mutter-Servoantrieben

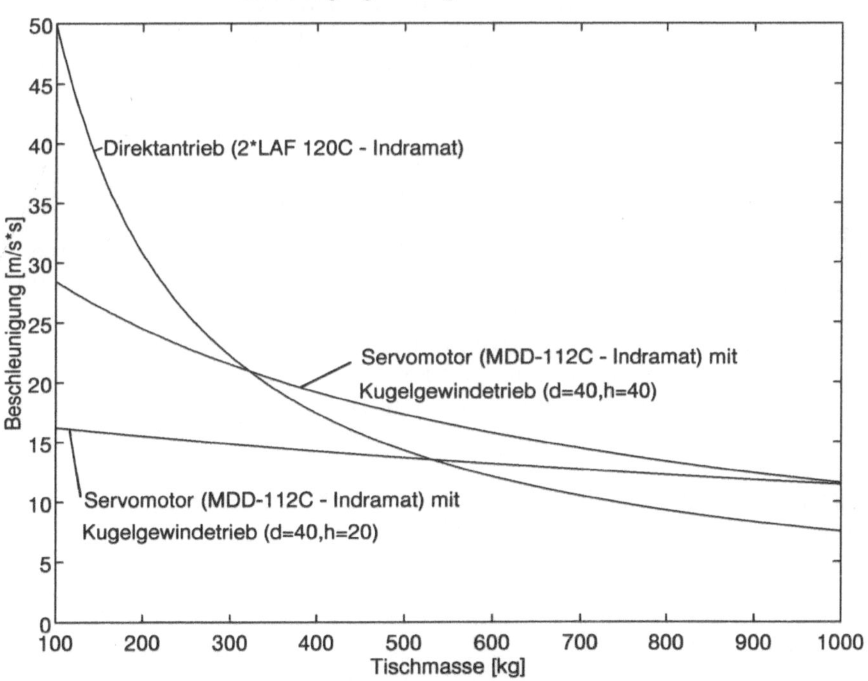

Bild 9. Erreichbare Beschleunigung mit direkten und elektromechanischen Servoantrieben in Abhängigkeit von der zu bewegenden Masse (Direktantrieb: 2 Stück LAF 120C wassergekühlt, Servomotor: MDD-112C oberflächengekühlt, Spindellänge: 2 m, Überlastfaktor: 2,5 bei 16% ED) (Bildnachweis: ISW)

maschine eine sehr steife Maschinenstruktur und ein solides Fundament verlangt wird.

Direktantriebe werden meist als Einzelkomponenten (Primär- und Sekundärteil) in die Werkzeugmaschine integriert. Der Werkzeugmaschinenbauer ist damit für den Schutz des Motors bezüglich Verschmutzung und für die Einhaltung entsprechender Schutzklassen zuständig. Dies erfordert eine enge Zusammenarbeit zwischen Antriebshersteller und Maschinenbauer. Aus der bisherigen Erfahrung stellten sich Linear-Asynchron-Direktantriebe als sehr unempfindlich gegen Verschmutzungen heraus. Dies hängt damit zusammen, daß magnetische Kräfte nur im eingeschalteten Zustand und nur zwischen Primär- und Sekundärteil wirken. Antriebe, Führungen und Maßstäbe werden dabei vergleichbar zu konventionellen elektromechanischen Antrieben abgedeckt. Dabei sollte jedoch auf möglichst geringe Reibung geachtet werden.

5 Einsatzgebiete der Servo-Direktantriebe in Werkzeugmaschinen

Die Einsatzgebiete elektrischer Direktantriebe in Werkzeugmaschinen sind gekennzeichnet von hohen Genauigkeitsanforderungen bei meist hohen Bearbeitungsgeschwindigkeiten und nicht zu großen Kräften. Dominierend ist die Hochgeschwindigkeitsbearbeitung. Des weiteren hat das mechanisch verschleißfreie System große Vorteile bei oszillierenden Bewegungen bzw. in einer Reinraumumgebung. Mit Linearmotoren sind außerdem, vergleichbar einer elektromechanischen Lösung bestehend aus Zahnstange und Ritzel, sehr lange Verfahrwege zu verwirklichen.

Bei der Hochgeschwindigkeits-Fräsbearbeitung treffen die Forderungen „hohe Genauigkeit bei meist hohen Bearbeitungsgeschwindigkeiten“ und nur kleine auftretende Bearbeitungskräfte ideal auf das Leistungsprofil der Servo-Direktantriebe. Weitere Anwendungsgebiete liegen in der Laserbearbeitung, in Meßmaschinen und bei Sonderanwendungen wie dem Unrunddrehen oder bei Spiegelpositioniersystemen. Beim Laserschneiden werden im Vergleich zur HSC-Bearbeitung im allgemeinen geringere Genauigkeiten gefordert.

Elektrischen Direktantrieben erschließen sich Anwendungen auch in anderen Bereichen wie bei Druck-, Textil- und Verpackungsmaschinen [12, 13].

6 Konstruktive Randbedingungen beim Einsatz von Direktantrieben in Werkzeugmaschinen

Als Servo-Lineardirektantriebe werden die in Bild 10 gezeigten Bauformen eingesetzt. Unterschieden wird zwischen Einzelkamm-Linearmotor, Doppelkamm-Linearmotor und Röhren- oder Solenoidmotor. Bei den Motoren bestehen zwischen den Motorteilen (Primär- und Sekundärteil) große Anziehungskräfte, die einem Mehrfachen der maximalen Vorschubkraft entsprechen. Diese Anziehungskräfte kompensieren sich nahezu beim Doppelkamm- und Solenoidmotor. Im Normalbetrieb schwanken diese Anziehungskräfte um z.B. ± 5%. Die Führungssysteme bei Einzelkamm-Motoren, die diese Anziehungskräfte aufnehmen, müssen sehr steif sein, um Schwingungen des Antriebs zu vermeiden. Je nach Anwendungsfall werden Wälzlager, hydrostatische Lager oder Luftlager als Führungen für Direktantriebe eingesetzt.

Konstruktiv ist der gesamte Maschinenschlitten und Achsaufbau möglichst steif und gleichzeitig leicht aufzubauen. Ebenso sollte das Maschinengestell möglichst steif und schwingungsarm aufgebaut werden, da dieses die Reaktionskräfte des Antriebs aufzunehmen hat und die Verbindung der an einer Bahnbewegung beteiligten Achsen übernimmt. Diese Forderungen werden auch an die Konstruktion konventionell angetriebener, hochdynamischer Werkzeugmaschinen gestellt; jedoch ist im Fall der Direktantriebe die Regelbandbreite deutlich höher.

Die Achsen und das Maschinengestell lassen sich mit Hilfe der Finiten-Elemente-Methode auslegen. Als Beispiel ist in Bild 11 das Maschinengestell eines direktangetriebenen Bearbeitungszentrums dargestellt. Dieses Gestell wurde konstruktionsbegleitend mit Hilfe von Finite-Elemente-Simulationen optimiert. Einige wichtige Untersuchungspunkte waren:

- Der Einfluß von Lage und Zahl der Verbindungselemente zwischen den einzelnen Komponenten (X-Schlitten zu Y-Schlitten, X-Schlitten zu Maschinenständer, Maschinenständer zu Maschinenbett) auf die Eigenfrequenz der Maschine,
- der Einfluß von Lage, Zahl und Steifigkeit der Aufstellungselemente auf das Maschinenverhalten,
- die Durchbiegung eines Schlittens aufgrund von Motoranziehungskräften und
- der Einfluß der Eckfrequenz des Lagereglers auf die Maschinengenauigkeit.

Aus den Berechnungsergebnissen wurden konstruktive Maßnahmen abgeleitet, die z.B. zur Steigerung der ersten mechanischen Eigenfrequenz um den Faktor 2 und zur Erhöhung der statischen Steifigkeit in y-Richtung um den Faktor 2,5 führten.

Wie in Bild 8 gezeigt, fällt das maximale Beschleunigungsvermögen direktangetriebener Maschinenachsen mit zunehmender Last steil ab. Deshalb ist auf eine gewichtsoptimierte Konstruktion der bewegten Achsen zu

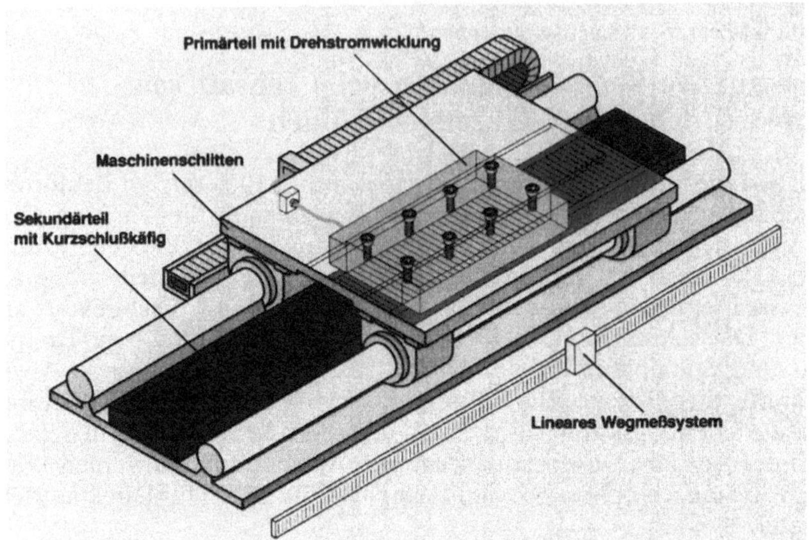

a

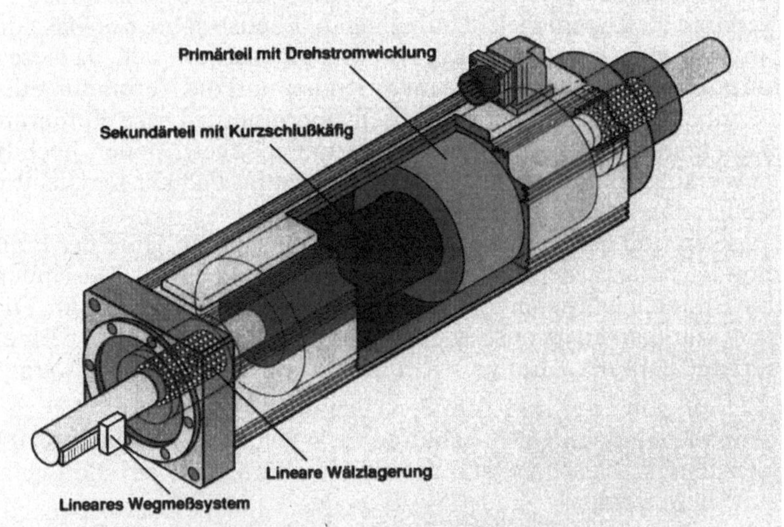

b

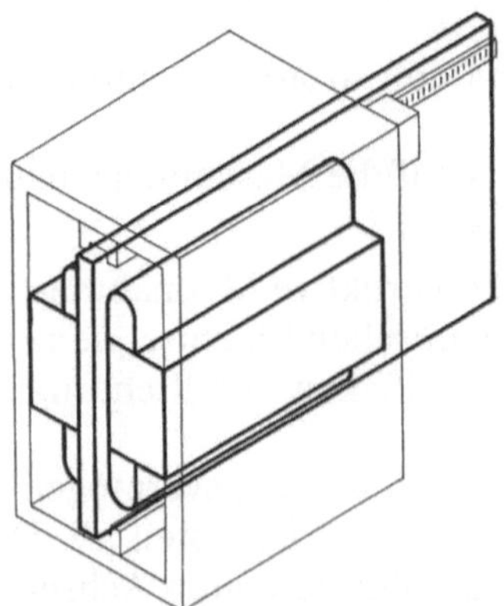

c

Bild 10a-c. Unterschiedliche Motorbauformen bei Lineardirektantrieben. **a** Einzelkamm-Linearmotor LAF; **b** Röhren-Linearmotor LAR (Bildnachweis: Indramat); **c** Doppelkamm-Linearmotor (Bildnachweis: Krauss Maffei)

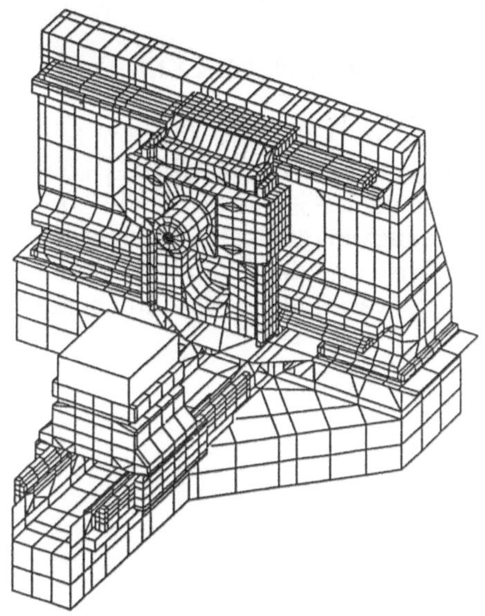

Bild 11. Mit der Finiten-Elemente-Methode berechnetes Maschinengestell eines direktangetriebenen HSC-Bearbeitungszentrums (Bildnachweis: ZFS)

achten. Lange kinematische Ketten sind zu vermeiden, da sonst die unterlagerten Achsen sehr große Massen zu bewegen haben.

Bei vertikalen Achsen ist zum Ausgleich des Eigengewichts ein Gewichtsausgleich vorzusehen. Dazu sind unterschiedliche Prinzipien (pneumatisch, hydraulisch, mechanisch) möglich. Bei hohen Genauigkeitsforderungen ist auf möglichst geringe Reibung zu achten.

Direktantriebe, die zentral in der Maschine angeordnet sind, werden häufig mit einer Flüssigkeitskühlung versehen, um unerwünschte thermische Verformungen der Maschine zu vermeiden. Eine Flüssigkeitskühlung erhöht dabei die Dauerleistung eines elektrischen Antriebs erheblich (ungefähr um den Faktor 2).

Das Lagemeßsystem ist sehr schwingungssteif anzubringen. Es darf selbst nicht schwingungsempfindlich sein und sollte die Lagesignale linear bis zu hohen Frequenzen übertragen.

7 Anwendungsbeispiele

7.1 Hochgeschwindigkeits-Bearbeitungszentrum XHC 240, EX-CELL-O

Das Hochgeschwindigkeits-Bearbeitungszentrum XHC 240 (dessen Leistungsdaten sind in der Tabelle 1 niedergelegt) der Firma EX-CELL-O, das konzeptionell sowohl für die Hochgeschwindigkeits- als auch für die konventionelle Bearbeitung von Alu- und Graugußwerkstücken ausgelegt ist, wird in den drei linearen Achsen, der Drehachse und der Hauptspindel mit Direktantrieben ausgerüstet (Bild 12). Diese vermindern wesentlich auf

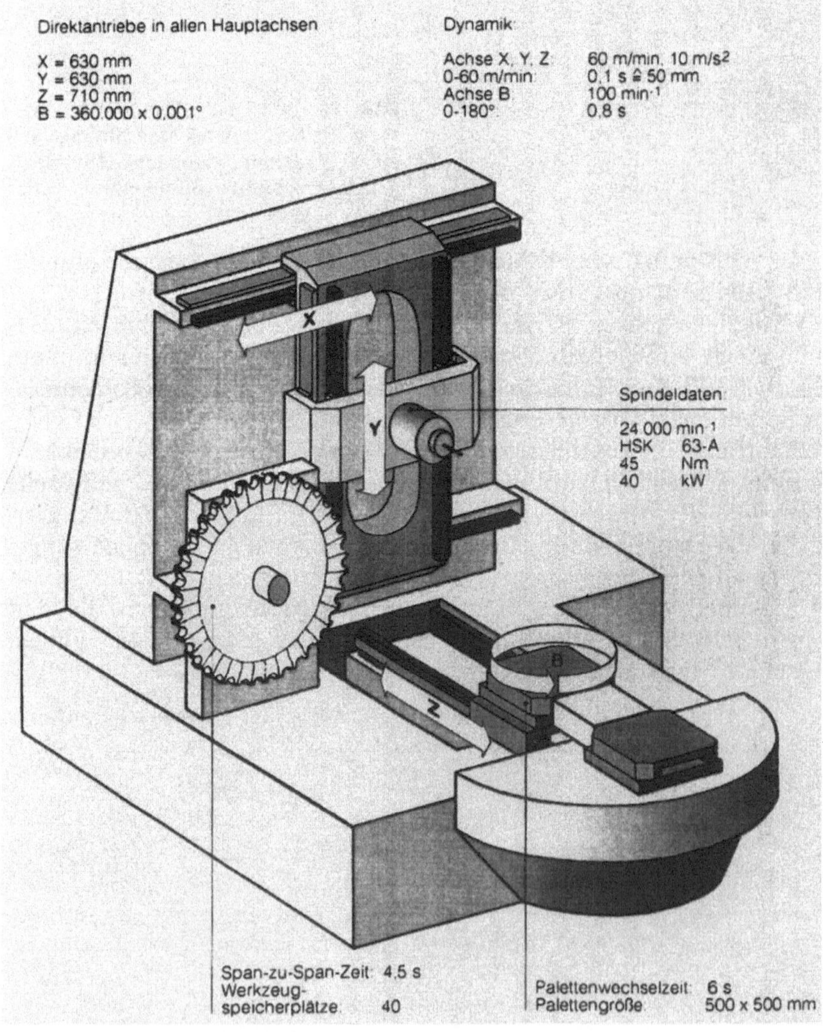

Bild 12. Hochgeschwindigkeits-Bearbeitungszentrum XHC 240 (EX-CELL-O)

Tabelle 1. Leistungsdaten des Hochgeschwindigkeits-Bearbeitungszentrums XHC 240

Achse	x	y	z
Arbeitsbereich	630 mm	630 mm	710 mm
Vorschub/Eilgang	1-60000 mm/min	1-60000 mm/min	1-60000 mm/min
Vorschubkräfte (100% ED)	3600 N	3600 N	1800 N
Genauigkeit:	Positionsunsicherheit		7 μm
	Positionsstreubreite (mittel)		3 μm, nach VDI/DGQ 3441
Arbeitsspindel:	Leistung		40 kW
	Drehmoment 100% ED		45 Nm bis 8500 1/min 12 Nm bei 24 000 1/min
	Drehzahlbereich		50–24 000 1/min
	Werkzeugaufnahme		DIN 69 893 HSK 63-A
Werkstückgewicht:			300 kg (Beladegewicht Palette)
Span-zu-Span-Zeit (bis 8500 1/min):			4,5 s

grund der großen möglichen Beschleunigungswerte (bis zu 10 m/s^2) und der hohen Eilganggeschwindigkeit die Haupt- und Nebenzeiten. Wegen der unter anderem aufgrund der hohen Regelbandbreite erzielbaren hohen Genauigkeit können z.B. Bohrungen unterschiedlichen Durchmessers mittels Zirkularbearbeitung mit dem gleichen Werkzeug bei Vorschubgeschwindigkeiten bis zu 20 m/min gefertigt werden (Bild 13 und 14). Die erzielbaren Formfehler von $\leqq$ 0,004 mm stehen dabei im direkten Vergleich zu Ergebnissen mit Spezialwerkzeugen herkömmlicher Bauart. Sowohl die Zahl der Werkzeuge als auch die Werkzeugwechselzeiten werden damit sehr verkleinert. Eine Vergleichsstudie für ein Aluminium-Kupplungsgehäuse ergab auf dieser Maschinen eine Einsparung in der Summierung von Haupt- und Nebenzeiten von 54,3%. Die Werkzeugbilanz zeigt eine Halbierung der Werkzeugzahl [14].

Die Vorschubantriebe werden über intelligente, digitale AC-Servosteller gespeist. Die Kommunikation zwischen Steuerung und Servosteller geschieht dabei digital über die SERCOS-Schnittstelle. Für eine hohe Bahngenauigkeit sorgt weiterhin eine Look-Ahead-Funktion in Verbindung mit der Satzvorbereitung (Satz-Vorbereitungszeiten von maximal 2 ms). Die Zykluszeit für die geometrische und mathematische Interpolation beträgt 2 ms, der Feininterpolationstakt 0,25 ms. Weiterhin wird die Ist-Lage selbst bei Achsgeschwindigkeiten von 60 m/min sehr fein aufgelöst (0,01 μm).

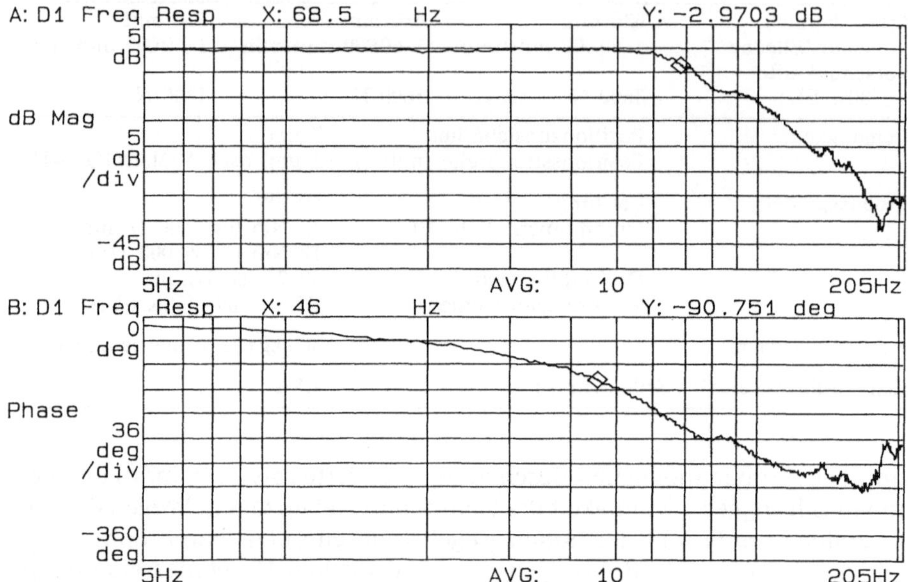

Bild 13. Frequenzgang des Lageregelkreises der z-Achse der Maschine XHC 240 (Bildnachweis: ISW)

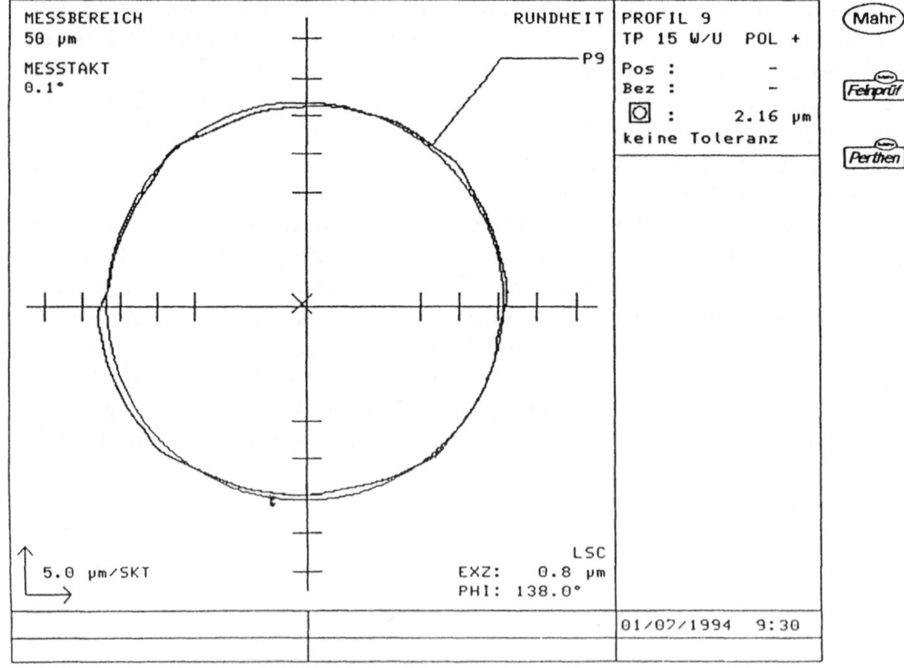

Bild 14. Kreisformgenauigkeit (Bildnachweis: EX-CELL-O)

7.2 INGERSOLL Fräsmaschine

Die Firma INGERSOLL entwickelte ein modulares Bearbeitungszentrum auf der Basis von Lineardirektantrieben für die Hochgeschwindigkeitsbearbeitung (High Velocity Manufacturing) (Bild 15). Ziel war dabei, die Produktivität und Qualität einer Sondermaschine mit der Flexibilität eines Bearbeitungszentrums zu verbinden. Die Vorschubgeschwindigkeiten betragen bis zu 75 m/min bei Achsbeschleunigungen von fast 10 m/s^2. Die Positioniergenauigkeit beträgt 6,3 μm und die Wiederholgenauigkeit 2,3 μm.

Bild 15. CNC-Hochgeschwindigkeits-Fräsmaschine HVM (Bildnachweis: Ingersoll)

7.3 Fünfachsiges Linienportal für die Laserbearbeitung

Am Zentrum für Fertigungstechnik, Stuttgart, wurde ein fünfachsiges Linienportal für die Laserbearbeitung konstruiert und aufgebaut (Bild 16). Bei einem Arbeitsraum von 1800 mm × 1300 mm × 500 mm ermöglicht es Spitzenbeschleunigungen von 20 m/s^2 bei maximalen Verfahrgeschwindigkeiten von 30 m/min. Das Werkstückgewicht beträgt bis 50 kg.

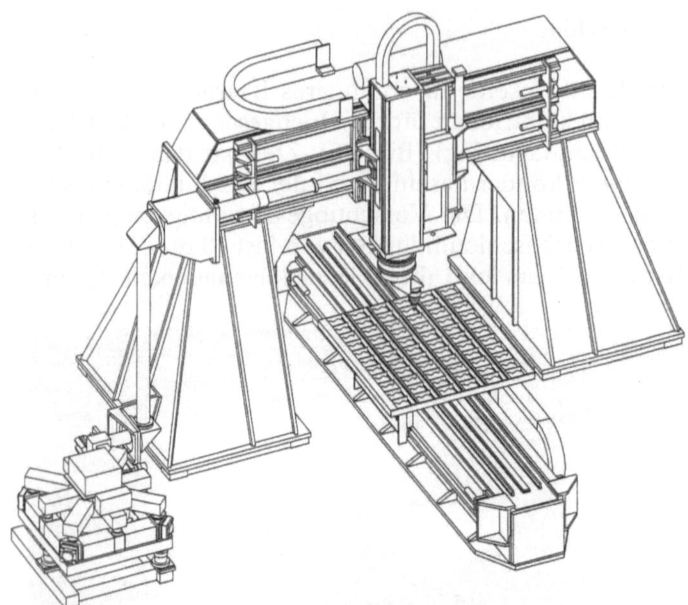

Bild 16. Fünfachsiges Linienportal zur Laserbearbeitung (Bildnachweis: ZFS)

7.4 CNC Formdrehmaschine XF zur Bearbeitung von Kolben

Das Formdrehen von Kolben, das bisher mittels Kopierdrehen erfolgte, stellt extreme Forderungen an den Antrieb der Werkzeugzustellachse und die Steuerung. Deshalb wurde eine CNC-Formdreheinrichtung auf der Basis eines hochdynamischen Direktantriebs entwickelt und mit einer eigenständigen, extrem schnellen CNC-Steuerung versehen (Bild 17). Die we-

Bild 17. CNC Formdrehmaschine XF zur Bearbeitung von Kolben (Bildnachweis: EX-CELL-O)

sentlichen Vorteile dieser Lösung sind die direkte Programmierung der Geometrie des Kolbenmantels verbunden mit einer hohen Flexibilität und Produktivität. Der Aussteuerhub beträgt 6 mm, die maximale Vorschubkraft 700 N und die maximale Beschleunigung 120 m/s^2. Damit lassen sich beim Formdrehen mit 4000 1/min noch Oszillationsfrequenzen von 133 Hz erreichen [15].

7.5 Präzisions-Drehmaschine

Die Präzisions-Drehmaschine der Firma Kugler, Salem, ist mit einer hochsteifen Luftlagerspindel und zwei hydrostatisch gelagerten, direktangetriebenen Linearachsen ausgerüstet (Bild 18). Wegen des neu gestalteten Lager- und Antriebskonzepts läßt sich gehärteter Stahl im Sub-Mikrometerbereich drehen. Dabei werden Rund- und Geradheiten von $\leqq 1\ \mu m$ und Rauhheiten von $\leqq 1\ \mu m\ R_z$ erreicht. Das System vollständig verschleißfreier Komponenten sichert auf Dauer eine stets gleichbleibende Maschinenpräzision.

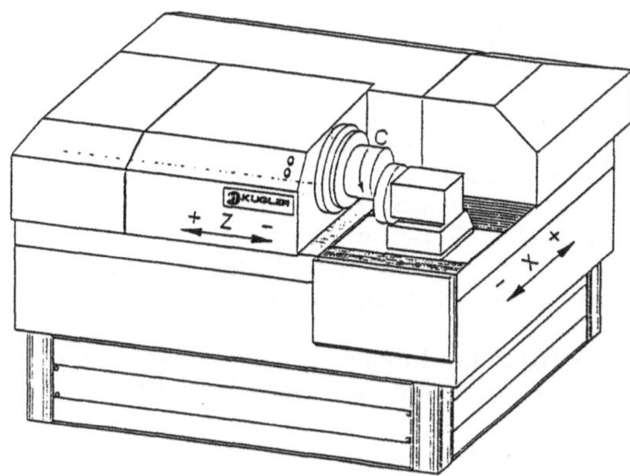

Bild 18. Präzisionsdrehmaschine mit Lineardirektantrieben (Bildnachweis: Kugler)

8 Zusammenfassung

Die Vorteile beim Einsatz von Servodirektantrieben in Werkzeugmaschinen sind

- mit konventionellen Antrieben unerreichte hohe Regeldynamik, verbunden mit hoher Genauigkeit auch bei hohen Bahngeschwindigkeiten,
- hohe Verfahrgeschwindigkeiten und
- hohe Beschleunigungen bei nicht zu großen zu bewegenden Lasten.

Der Einsatz von Direktantrieben erfordert ein Umdenken in der Maschinenkonstruktion und eine enge Zusammenarbeit zwischen Maschinen- und Antriebshersteller. Weiterhin stellen hochdynamische Antriebe, und damit besonders elektrische Direktantriebe, sehr hohe Forderungen an die Steuerung.

Mit der Hochgeschwindigkeitsbearbeitung ist ein Einsatzgebiet gegeben, bei dem sich die technologischen Forderungen sehr gut mit dem Leistungsprofil der elektrischen Direktantriebe decken. Die Verbindung dieser beiden Technologien ergibt Werkzeugmaschinen mit drastisch gesteigerter Produktivität und Genauigkeit.

Literatur

1. Pritschow, G.; Philipp, W.: Direktantriebe für Werkzeugmaschinen und Industrieroboter - Neue Konzepte für höchste Anforderungen an Präzision und Dynamik. FTK '91. Berlin: Springer 1991
2. Hock, S.; Janovsky, D.: Hochgeschwindigkeits-Fräsen im Werkzeug- und Formenbau. Werkst. u. Betr. 126 (1993) H. 7
3. Schulz, H.: Hochgeschwindigkeitsfräsen metallischer und nichtmetallischer Werkstoffe. München: Hanser 1989
4. Ronde, U.; Hahner, W.: Fertigung mit Motorspindeln. Werkst. u. Betr. 125 (1992) H. 2
5. NN: Hochgeschwindigkeitsbearbeitung. 4. Darmstädter Fertigungstechnisches Symposium 1 und 2. 1., 2. März 1989, Darmstadt.
6. Groß, H.: Elektrische Vorschubantriebe für Werkzeugmaschinen. Berlin: Siemens AG 1981
7. Philipp, W.: Digitale Antriebe und SERCOS interface. Antriebstechnik 31 (1992) H. 12
8. Fahrbach, Ch.: Hochdynamische Regelung an Fräsmaschinen. Seminar: Moderne Regelungs- und Antriebstechnik 1994, FISW GmbH
9. Forschungsgemeinschaft Qualitätssicherung e.V. (FQS) (Hsg.) Hochpräzisionszerspanen mit geometrisch bestimmter Schneid. B. 1-3. Berlin: Beuth 1994
10. Eckhardt, V. u.a.: Die Grenzen liegen jetzt bei der Mechanik. Elektronik (1993) H. 18
11. Philipp, W.: Regelung mechanisch steifer Direktantriebe für Werkzeugmaschinen. Berlin: Springer 1992
12. Götz, F.: Konzepte der digitalen Antriebstechnik: Intelligente-, Integrierte-, Direkt-Antriebstechnik. Seminar: Moderne Regelungs- und Antriebstechnik 1994, FISW GmbH
13. Wavre, N.: Hochdynamische elektrische Linearantriebe. Seminar: Moderne Regelungs- und Antriebstechnik 1994, FISW GmbH
14. NN: Hochgeschwindigkeits-Bearbeitungszentrum XHC 240. EX-CELL-O Eislingen/Fils, Firmenprospekt 1994
15. NN: CNC Formdrehmaschinen XF zur Bearbeitung von Kolben. EX-CELL-O Eislingen/Fils, Firmenprospekt 1993

Entwicklungstrends bei Zerspanungswerkzeugen

J. Kurth

Inhalt: Neue Kundenforderungen - Schneidstoffe und Beschichtungen - Modulare Werkzeugsysteme - Wissensbasierte Zerspanung - Blick in die Zukunft

1 Einleitung

Der Wettbewerbsdruck führte in den letzten Jahren zu beachtlichen Kostensenkungen in der metallverarbeitenden Industrie. Bei den Zerspanungswerkzeugen standen hierbei im wesentlichen die Beschaffungskosten pro Werkzeug sowie die Standzeit im Vordergrund. Die Tatsache, daß die Werkzeugkosten meist nur etwa drei bis vier Prozent der Herstellkosten ausmachen, mag dazu beigetragen haben, daß diesbezügliche Kostensenkungen nicht immer mit gleicher Priorität angegangen werden konnten, wie dies bei der kompletten Restrukturierung ganzer Unternehmen der Fall war. In der jüngeren Vergangenheit werden vermehrt neben den bei der Zerspanung vom Werkzeug direkt verursachten auch die von ihm indirekt zu verantwortenden Kosten betrachtet. Beispiele sind die Maschinenstillstands- oder die Entsorgungskosten für Kühlschmierstoffe. In Analogie zu der mittlerweile anerkannten Feststellung, daß die Produktkonstruktion zwar nur einen geringen Teil der Produktkosten selbst verursacht, dafür aber den größten Teil verantwortet, beziehen Überlegungen zur Kostensenkung im Werkzeugbereich jetzt auch die Folgekosten ein: Sie können ein Vielfaches der direkt verursachten Kosten ausmachen.

2 Neue Kundenforderungen

Anwenderbefragungen führen in der letzten Zeit immer häufiger zu dem Ergebnis, daß die Forderung nach Prozeßsicherheit höchste Priorität hat. In erster Linie ist hier zunächst eine hohe Wechselgenauigkeit im Bereich der Schnittstelle gemeint (Bild 1). Hinsichtlich der Schneidstoffe steht eine höhere Verschleißfestigkeit sowie eine gleichbleibende Schneidstoffqualität im Vordergrund. Mit Hilfe der Sensorik sollen Werkzeuge im Prozeß überwacht und Fehler diagnostiziert werden. Abgerundet werden diese Themenbereiche von der wissensbasierten Zerspanung: Sie hilft, den Prozeß im Vorfeld so zu simulieren, daß Erprobungen auf der Maschine auf ein Mindestmaß reduziert werden können.

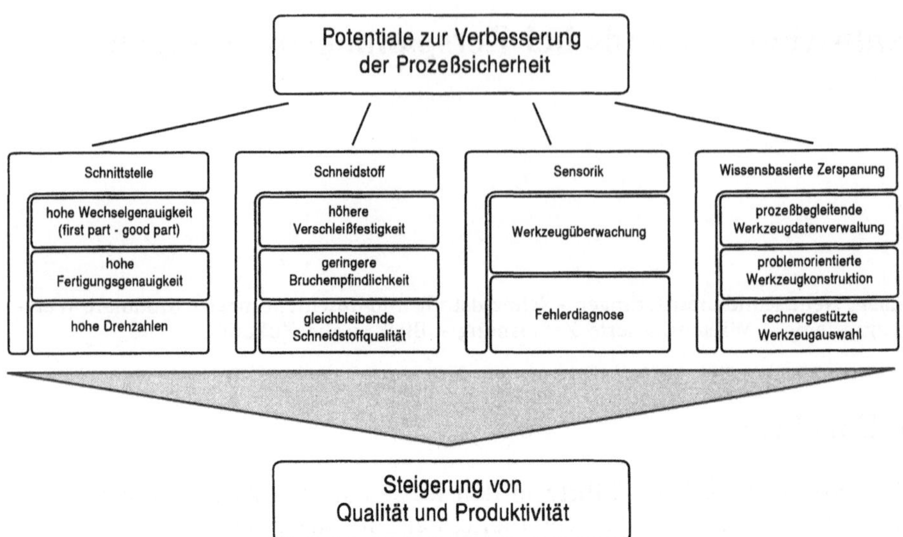

Bild 1. Potentiale zur Verbesserung der Prozeßsicherheit in der Zerspanungstechnologie

Großes Gewicht wird von den Anwendern ebenfalls auf das Zusammenfassen mehrerer Arbeitsgänge in einem Werkzeug gelegt (Bild 2). Damit sind Vorteile bezüglich der Haupt- und Rüstzeitreduzierung sowie der Qualität zu erzielen.

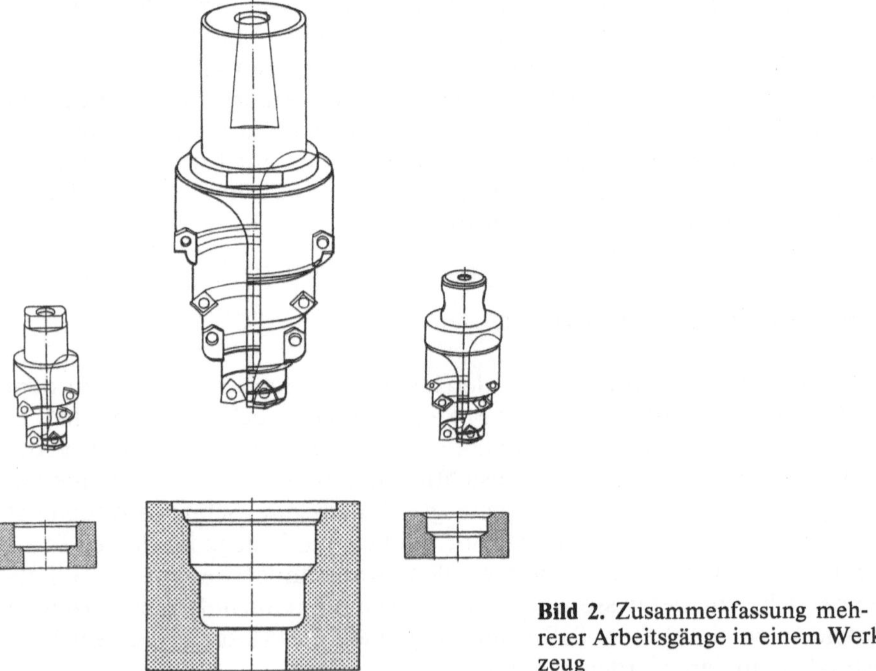

Bild 2. Zusammenfassung mehrerer Arbeitsgänge in einem Werkzeug

Verstärkte Umweltauflagen führten dazu, die im Zusammenhang mit der Verwendung von Kühlschmierstoffen stehenden Kosten bereichsübergreifend zu analysieren. Neben den gesetzlichen Auflagen führt die Erkenntnis, daß die Gesamtkosten der Schmierstoffnutzung ein Vielfaches der Werkzeugkosten ausmachen (Bild 3), zur Forderung nach forcierter Einführung der Trockenbearbeitung. Da beim Schleifen der Einsatz von Kühlschmierstoffen unvermeidbar ist, wird auch aus diesem Blickwinkel die Forderung nach leistungsfähigen Werkzeugen für die Hartbearbeitung mit geometrisch bestimmter Schneide im Trockenschnitt lauter. Bild 4 zeigt ein Beispiel. Versuche ergaben, daß neben den Kühlschmierstoff-Kosten auch weitere Kosten als vermeidbar erscheinen.

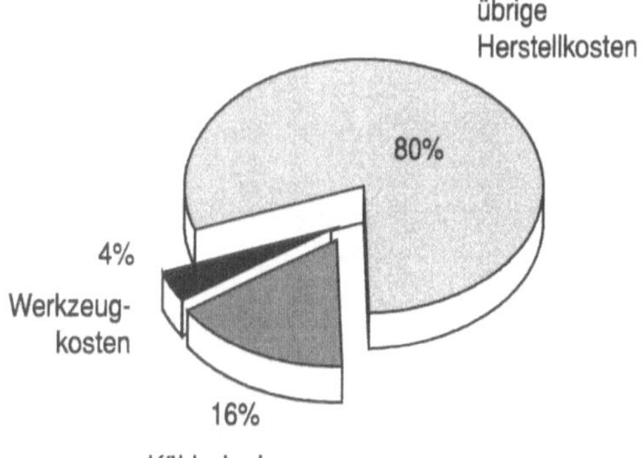

Bild 3. Anteile der Kühlschmierstoff- und Werkzeug- an den Herstellkosten

Bild 4. Beispiel für die Hart- und Trockenbearbeitung

Es wächst auch das Angebot von Maschinen zur Hochgeschwindigkeitsbearbeitung (Bild 5). Diese Maschinen stellen hohe Forderungen an die Auswuchtbarkeit der Werkzeugsysteme sowie an deren Berstbeständigkeit bei hohen Drehzahlen.

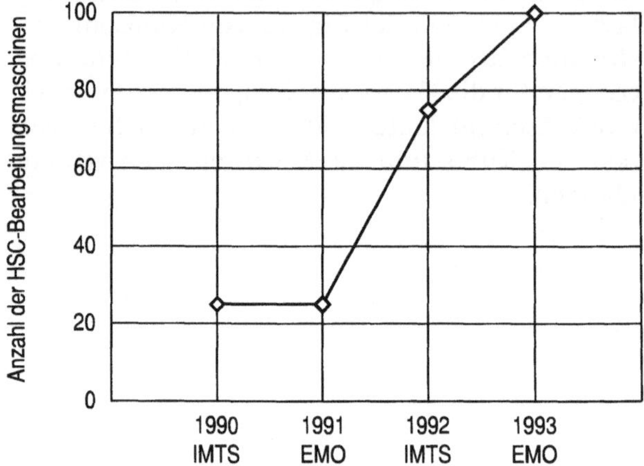

Bild 5. Zahl der Hochgeschwindigkeits-Bearbeitungsmaschinen (n > 10 000 U/min) auf Werkzeugmaschinen-Ausstellungen

Nicht zuletzt ist eine Fortsetzung des Trends zur Near-net-shape-Technologie zu beobachten. Diese hat spezifische Belange hinsichtlich der Schneidstoffe.

3 Schneidstoffe und Beschichtungen

Der größte Teil der genannten Kundenwünsche betrifft in hohem Maße den Schneidstoff sowie dessen Beschichtung.

- Zur Sicherheit des Prozeßverlaufs muß das Werkzeug zäh und verschleißfest sein sowie eine gute Schneidkantenfestigkeit aufweisen. Vor diesem Hintergrund ist die enorm wachsende Verbreitung der an sich seit längerer Zeit bekannten Gradientenhartmetalle zu sehen. Hierbei handelt es sich um Hartmetalle mit kobaltangereicherter Randzone. Letztere hat eine höhere Zähigkeit als der Kern des Werkzeugs (Bild 6). Zur Beschichtungstechnik ist zu erwähnen, daß dort die Dinge bei CVD-, PVD- und Diamantbeschichtungen sehr im Fluß sind. Beispielsweise findet sich die sogenannte dicke Al_2O_3-Beschichtung auf dem Vormarsch. Diese Beschichtung ist für Spezialanwendungen zwar seit längerer Zeit bekannt; Schwächen in der Prozeßtechnik standen allerdings bislang einer umfassenden Verbreitung im Wege. Erst Entwicklungen der jüngeren Vergangenheit schufen hier die Voraussetzungen für einen Durchbruch. Bild 7 zeigt am Beispiel einer Wendeschneidplatte Gefüge- und Schichtaufbau.

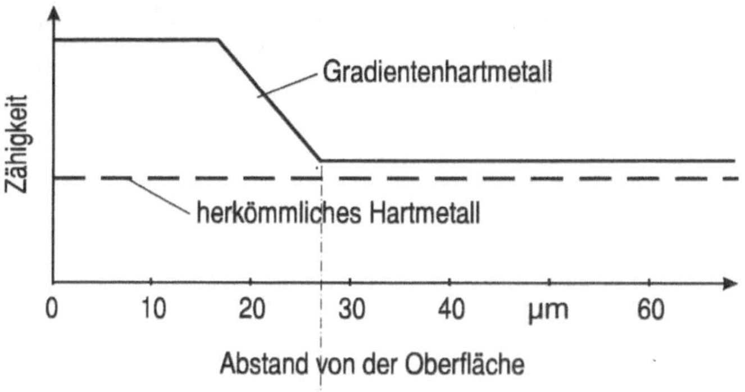

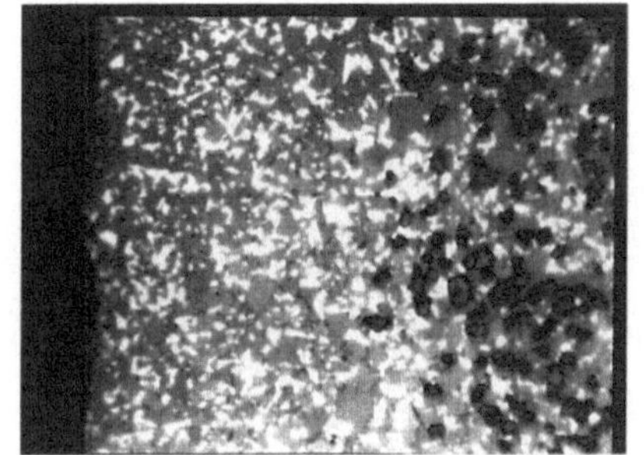

Randzone	Kernzone
- hochzäh	- hart
- geringe Warmhärte	- hohe Warmhärte

Gradientenhartmetall =
hohe Zähigkeit + hohe Warmhärte

Bild 6. Zähigkeitsverlauf bei Gradientenhartmetallen

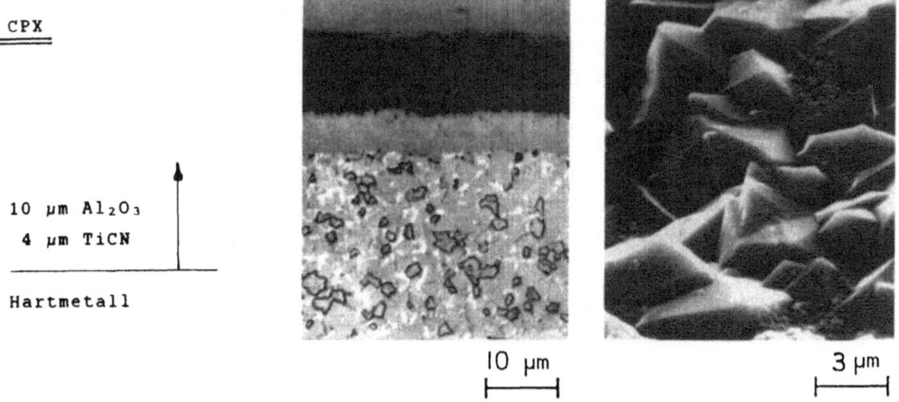

Bild 7. Schichtstruktur bei einer dicken Al_2O_3-Beschichtung (Schneidstoff CPX)

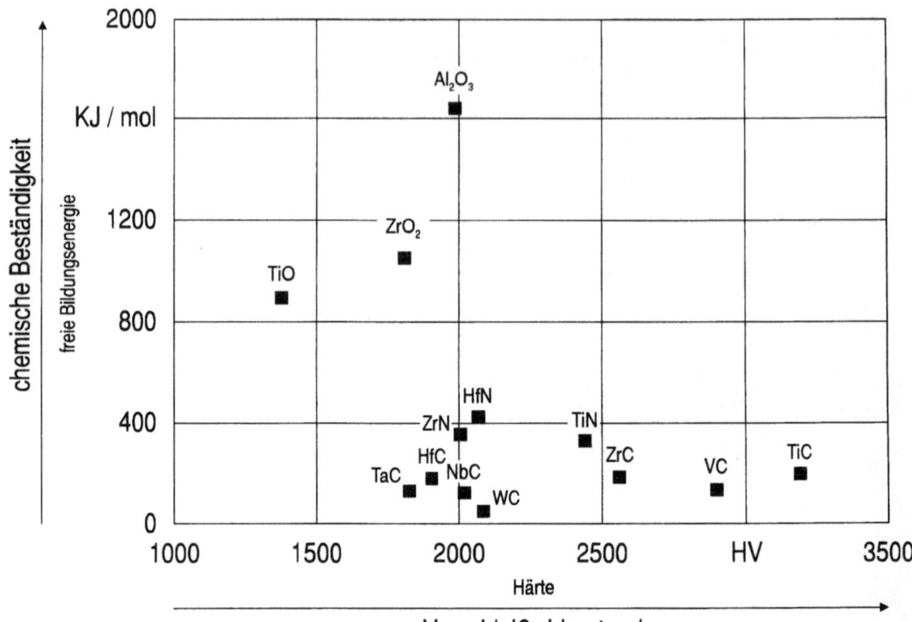

Bild 8. Chemische Beständigkeit und Verschleißwiderstand

- Die Trockenbearbeitung stellt erhöhte Ansprüche an die Warmhärte, die Warmverschleißfestigkeit und die chemische Beständigkeit. Verlangt wird darüber hinaus eine geringere Adhäsionsneigung zum Werkstückstoff. Auch hier ist zunächst wieder die dicke Al_2O_3-Schicht angesprochen, die eine besonders hohe chemische Beständigkeit aufweist (Bild 8). Die für die Trockenbearbeitung typischen Forderungen führen unter anderem auch zum Einsatz von Cermets, die sich in vielen schwierigen Fällen bereits gut bewährten.
- Bei der Hartbearbeitung stehen die thermische Beständigkeit und die Warmhärte im Vordergrund. Aus diesem Grund dominieren hier weiterhin unangefochten Schneidkeramik sowie CBN.
- Die Near-Net-Shape-Bearbeitung führte zunächst über unbeschichtete hin zu den beschichteten Cermets. Bild 9 ist die Leistungssteigerung eines beschichteten Cermets im Vergleich zu seiner unbeschichteten Version zu entnehmen. Zu erwähnen ist das Bestreben, die Zähigkeit des Schneidstoffs weiter zu verbessern.
- Die bisher überwiegend im Bereich des Fräsens eingesetzte Hochgeschwindigkeitsbearbeitung führt unter anderem zum Einsatz von Vollhartmetall- und Cermetwerkzeugen.

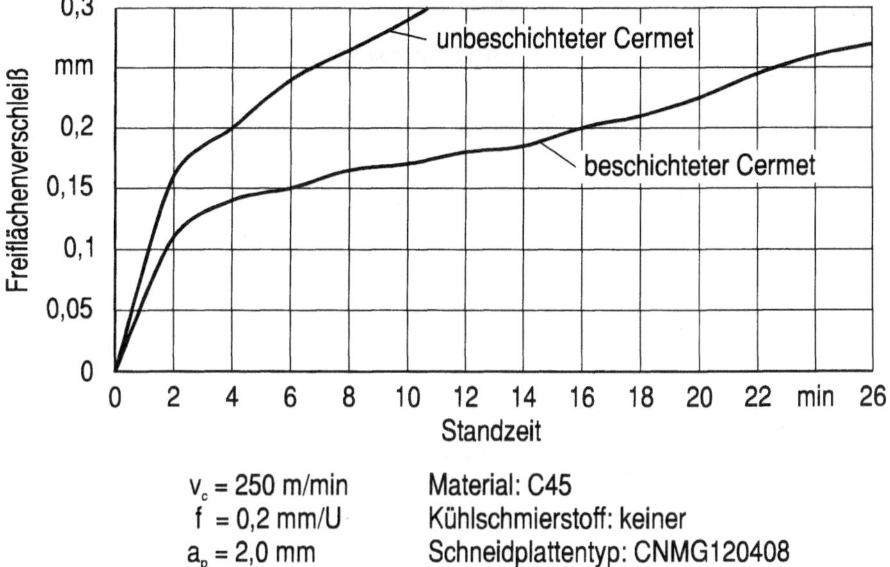

Bild 9. Standzeitvergleich beschichteter und unbeschichteter Cermets

4 Modulare Werkzeugsysteme

Die oben geschilderten wachsenden Kundenforderungen haben nicht nur Konsequenzen für den Schneidstoff selbst, sondern auch für die Geometrie des Werkzeugs, für seine Spannung, seine Einstellbarkeit sowie für seine Schnittstelle zur Maschine. Hinzu kommen Sonderwünsche aus dem Bereich der Hochgeschwindigkeitsbearbeitung. An einem hydraulisch gespannten Vollhartmetallbohrer wird erläutert, wie hier vorgegangen werden kann (Bild 10).

- Schneidstoffseitig rücken Feinstkornhartmetalle vermehrt in den Vordergrund; im Zusammenhang mit dem Trockenbohren finden Cermets zunehmende Beachtung. Im Hinblick auf die Beschichtung wird auf Kap. 3 verwiesen. Zusätzliche Chancen ergeben sich aus der Diamantbeschichtung.
- Die Zusammenfassung mehrerer Arbeitsgänge in einem Werkzeug führt zu Sonderwerkzeugen, für die die Kunden meist kurze Lieferzeiten erwarten. Hilfreich sind in solchen Fällen CIM-Lösungen für die automatisierte Konstruktion und Fertigung derartiger Werkzeuge.
- Zum Thema Arbeitsgangverdichtung gehört auch das Erledigen des Anfasens in einem Arbeitsgang gemeinsam mit dem Bohren. Flexibilität bietet die gezeigte Ausführung insbesondere deshalb, da sowohl das Spannfutter als auch der Bohrer unabhängig vom Fasring verwendet und gewählt werden kann. Die Konstruktion des Fasrings gestattet die Anpas-

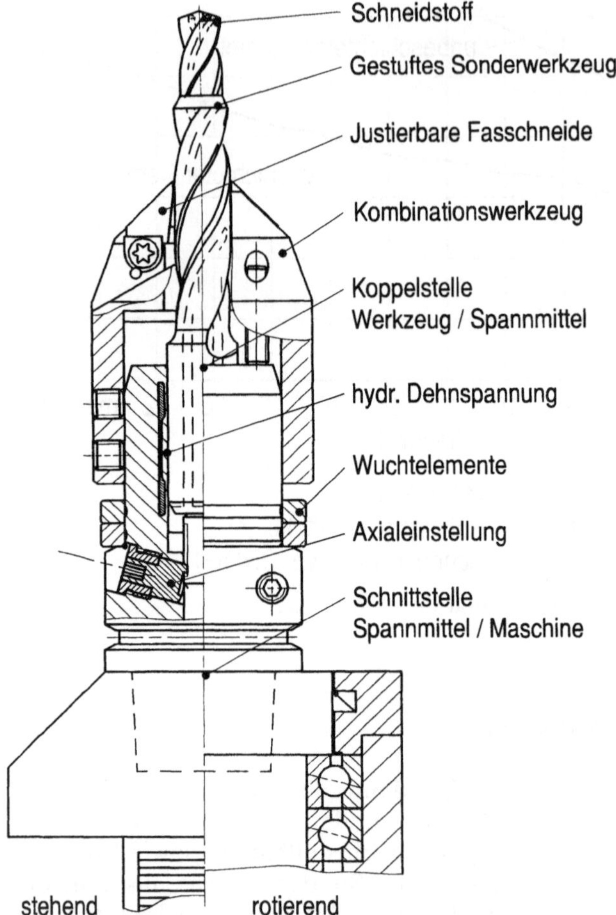

Bild 10. Flexible, prozeßorientierte Werkzeuglösung

sung der Fas-Schneiden an unterschiedliche Bohrungstiefen und -durchmesser mittels entsprechender Feststell- und Klemmelemente.

- Hydraulische Dehnspannfutter verbessern die Rundlaufgenauigkeit. Bei ihnen wird das Werkzeug am Schaft mittels einer mit hydraulischem Druck beaufschlagten Membran genau zentrisch - und somit wuchtneutral - gespannt. Spanndrücke von mehr als 1000 bar gewährleisten dabei Stabilität und Spannsicherheit. Die konstruktive Gestaltung als geschlossenes System bietet hohen Bedienungskomfort und langjährige Betriebssicherheit.
- Für den Einsatz bei hohen Drehzahlen gibt es zusätzliche Wuchtelemente.
- Das Werkzeug kann benutzerfreundlich axial eingestellt werden.
- Zur Sicherstellung einer hohen Wiederholgenauigkeit beim Werkzeugwechsel bewährten sich standardisierte Schnittstellen.

Das bislang überwiegend einzeln verkaufte Bohrwerkzeug hat sich demzufolge zu einem äußerst komplexen Werkzeugsystem entwickelt, dessen Komplettlieferung aus einer Hand die Kunden vermehrt erwarten.

Ein weiteres Beispiel für das Zusammenfassen von Arbeitsgängen sind Kombinationswerkzeuge zum Bohren und Gewindefräsen. Auf CNC-Bearbeitungszentren eingesetzt, handelt es sich dabei um ein hochflexibles Vollhartmetall-Werkzeug, das viele Vorteile in der spanenden Gewindefertigung bietet. Der Bohrgewindefräser (Bild 11) besteht aus den Funktionsgruppen Bohrer, Gewindefräser und Senker. Damit läßt sich ein komplettes Gewinde in einem Arbeitsgang ohne Werkzeugwechsel herstellen. Der Arbeitsablauf beim Bohrgewindefräsen umfaßt das Bohren und Ansenken des Kernlochs, es folgt der Rückzug um ein bestimmtes Maß, an den sich die exzentrische Verfahrbewegung zum Gewindefräsen anschließt. Das Gewinde wird dann in einem Umlauf gefertigt, wobei in axialer Richtung um den Betrag einer Steigung verfahren wird. Mit dem selben Bohrgewindefräser lassen sich sowohl Rechts- und Linksgewinde in Durchgangs- und Sacklöchern als auch unterschiedliche Gewindetoleranzen fräsen. Der Fräsprozeß ergibt exakte Gewindeteilungen und hervorragende Gewindeoberflächen. Das Fräswerkzeug ist besonders für die HSC-Bearbeitung geeignet, da es keine Drehrichtungsumkehr benötigt. Diese Werkzeuge werden mit unterschiedlichen Beschichtungen, abgestimmt auf verschiedene Bearbeitungsaufgaben, angeboten.

Auch in der Feinbearbeitung befinden sich Kombinationswerkzeuge auf dem Vormarsch. Die Grundbohrung zur Aufnahme von Ventilführung und

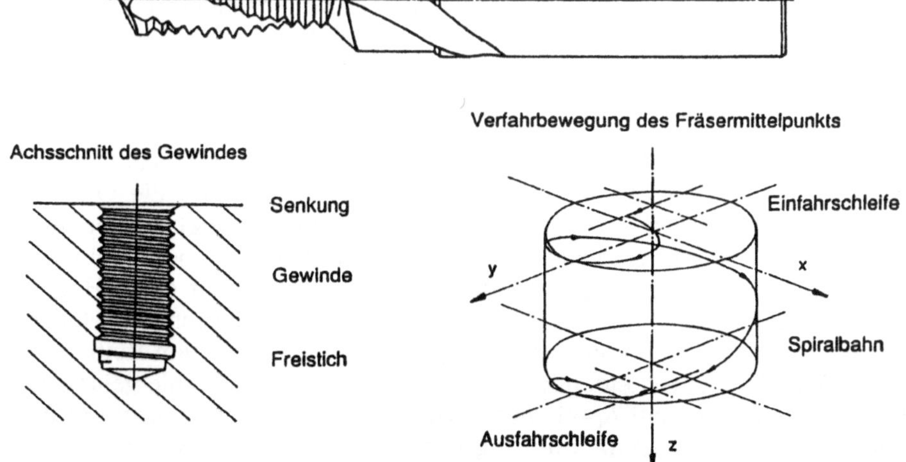

Bild 11. Bohrgewindefräser und hergestelltes Gewinde

-sitzring eines Zylinderkopfs wird heute mit einem sehr einfachen Stufenwerkzeug bearbeitet (Bild 12). Dabei reibt die erste Stufe die Bohrung zur Aufnahme der Ventilführung und die zweite die zur Aufnahme des Ventilsitzrings. Am Umfang und in Längsrichtung sind bei beiden Stufen Führungsleisten angebracht. Sie führen das Werkzeug in der ersten Stufe ganz genau, während die zweite bearbeitet wird: Das gewährleistet die exakte Konzentrizität. Die komplette Bearbeitung ist damit sehr vereinfacht gegenüber früheren Prozessen mit maßgesteuerten Schneiden.

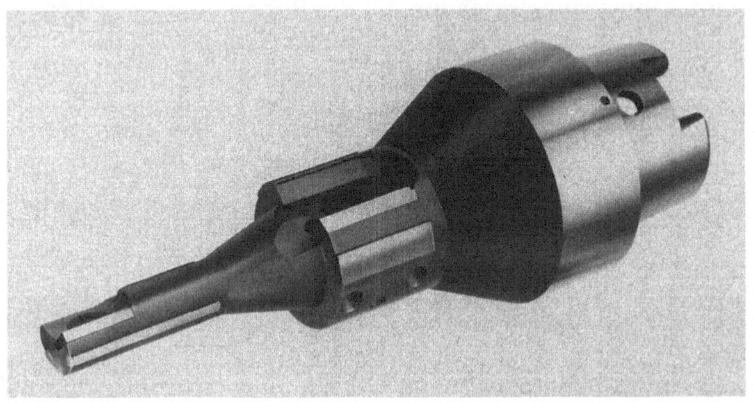

Bild 12. Feinbohrwerkzeug zum Bearbeiten der Grundbohrung für Ventilsitzführung und Zylinderkopf

Ein bedeutender Trend zielt ferner auf die Reduzierung der Zahl der unterschiedlichen Bearbeitungsschritte vom Rohteil zum Fertigprodukt. Ziel ist, beim Bohren eine Toleranz von IT 8 oder sogar IT 7 zu erreichen, oder bei einer vorgegossenen Bohrung in einer Bearbeitung auf IT 7 bis IT 6 zu kommen. Dies gelingt heute bereits in Sonderfällen, meist beim Bearbeiten von Aluminium. Allerdings sind die Standlängen meist kurz und der Prozeß ist nicht sicher genug. Auch ist zu beachten, daß bei großen Spanabnahmen oft Verwerfungen und Spannungen am Werkstück auftreten: Nach dem Abspannen des Werkstücks wird das Teil wieder unrund und die Qualität schlechter. Aussichtsreicher erscheint es, die Qualität der Feinbearbeitung so zu verbessern, daß eine Nachbearbeitung mittels Honen oder Rollieren entfallen kann. Dies gelang zum Beispiel beim Bearbeiten eines Hauptbremszylinders aus Aluminium (Bild 13). Die Forderung nach einer Oberflächengüte $R_t < 1{,}2\,\mu m$ konnte bisher nur das Honen nach dem Reiben erfüllen. Mit einer entscheidenden Verbesserung an der Reibahle gelang es, die Oberflächengüte auf $R_t = 1\,\mu m$ zu erhöhen. Grund ist, daß nicht nur die Schneide, sondern auch die Führungsleisten aus Diamant (PKD) bestehen. Die verringerte Reibung zwischen Führungsleisten und Bohrung brachte diesen Fortschritt.

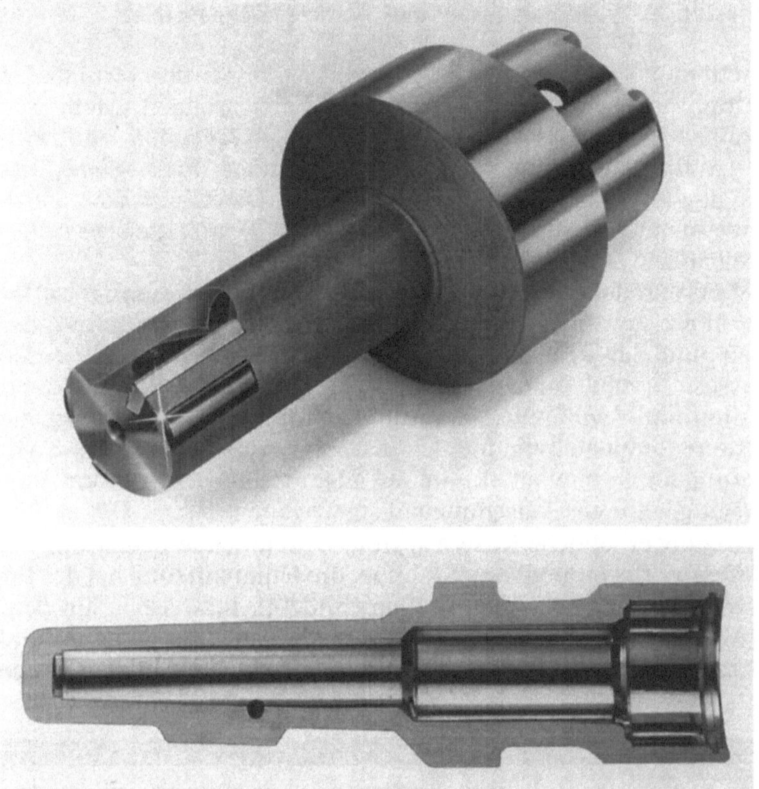

Bild 13. Hauptbremszylinder-Bearbeitung mit einem Feinbohrwerkzeug und PKD-Führungsleisten

5 Wissensbasierte Zerspanung

Der Einsatz leistungsfähiger EDV-Systeme im Werkzeugwesen enthält ein großes Rationalisierungspotential. Besonders im Bereich der betriebsinternen Werkzeugverwaltung (Toolmanagment), der Werkzeugkonstruktion sowie der einheitlichen Klassifizierung seitens der Hersteller gibt es neue Entwicklungen. Ziel ist neben einer strukturierten, redundanzarmen Verwaltung der Werkzeugdaten die problemorientierte Werkzeugkonstruktion mit Expertensystemen. Des weiteren ist die einheitliche Bereitstellung von Werkzeug- und Technologiedaten über elektronische Speichermedien die Grundlage eines optimalen Werkzeugeinsatzes.

5.1 Rechnergestützter Werkzeugeinsatz und Werkzeugmanagement

Innerhalb moderner Fertigungssysteme ist die Kenntnis der verfügbaren Fertigungsmittel - beispielsweise Werkzeuge, Vorrichtungen, Meß- und Prüfeinrichtungen - Voraussetzung für einen störungsarmen und wirtschaftlichen Auftragsdurchlauf. Für den Anwender muß dabei das Management der Produktionsmittel umfangreiche Daten aus dem Fertigungsverbundsystem, welches sich in Planungs- und Werkstattebene untergliedert, bereitstellen.

Auf der Werkstattebene sind im Bereich der Werkzeugorganisation Informationen über die Einsatzmöglichkeiten, die Kombinierbarkeit der Komponenten und die Reststandzeiten die Grundlage eines effizienten Werkzeugflusses. Zu den Aufgaben einer rechnergestützten Werkzeugverwaltung gehören unter anderem die bestandsoptimierte Lagerhaltung, die bedarfsorientierte Bereitstellung und der bearbeitungsgerechte Einsatz. Mit der Reduzierung der Typenvielfalt und des Lagerbestands sowie dem Vermeiden werkzeugbedingter Maschinenstillstandszeiten lassen sich in Planung und Fertigung erhebliche Kosten sparen. Zunehmende Bedeutung bekommen in diesem Zusammenhang Systeme, die Unterstützung bei der Ermittlung technologischer Kennwerte geben (Bild 14). Inzwischen auf dem Markt befindliche Lösungen bieten ein hohes Maß an Funktionalität und stellen Integrationsmöglichkeiten in den innerbetrieblichen Informationsfluß bereit.

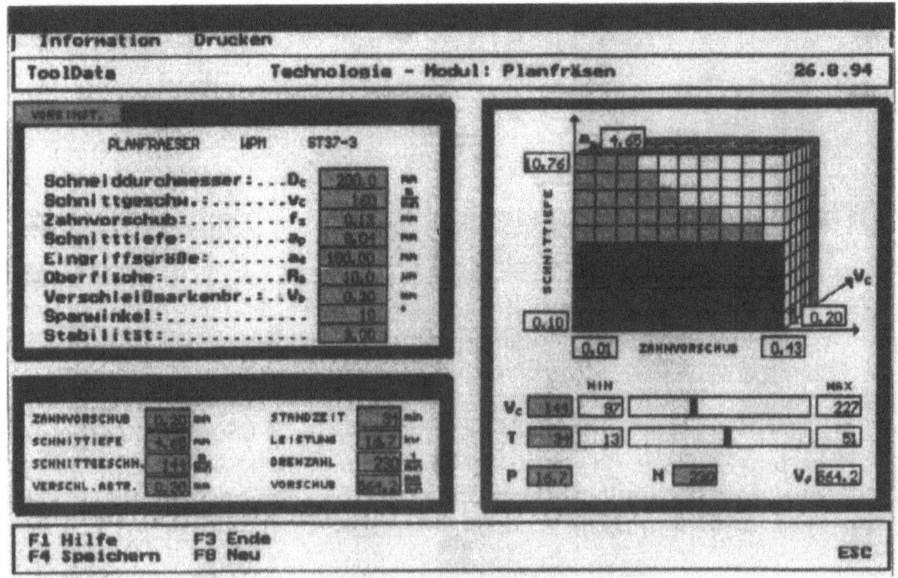

Bild 14. Rechnergestützte Ermittlung technologischer Werkzeugdaten

5.2 Problemorientierte Werkzeugkonstruktion mit Expertensystemen

Ein weiterer Aspekt zur Nutzung des Leistungspotentials moderner Fertigungsanlagen ist die optimierte Werkzeuggestaltung und die prozeßorientierte Schneidstoffauswahl, beides unterstützt von Expertensystemen. Ein bereits im industriellen Einsatz befindliches System vermindert deutlich den Aufwand beim gesamten Prozeß der Angebots- und Auftragsbearbeitung für einen Großteil der vom Hersteller lieferbaren Sonderwerkzeuge (Bild 15). Dieses System kann auf eine werkzeugspezifische Datenbasis mit mehr als 300 unterschiedlichen Werkstoffsorten, 500 Werkzeugaufnahmevarianten sowie 1000 verschiedenen Schneidkörpergrößen und -typen zugreifen. Mit der parametrisierten Eingabe des Ausgangs- und Fertigungszustands von Werkstücken und Werkzeugaufnahmen können sowohl vollständige Angebotsunterlagen einschließlich der Zeichnungen und Kalkulationen als auch Arbeitspläne und NC-Programme generiert werden (Bild 16). Das macht die Auswahl der geeigneten Werkzeuge für den Kunden transparenter, die Angebotszeit verkürzt sich deutlich und die Auftragsbearbeitung bis zur Lieferung kann wesentlich beschleunigt werden.

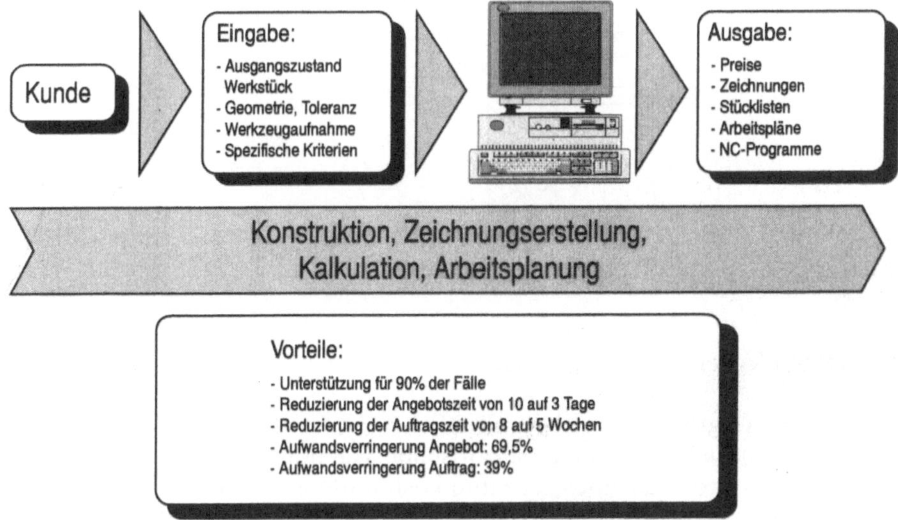

Bild 15. Problemorientierte Angebots- und Auftragsabwicklung

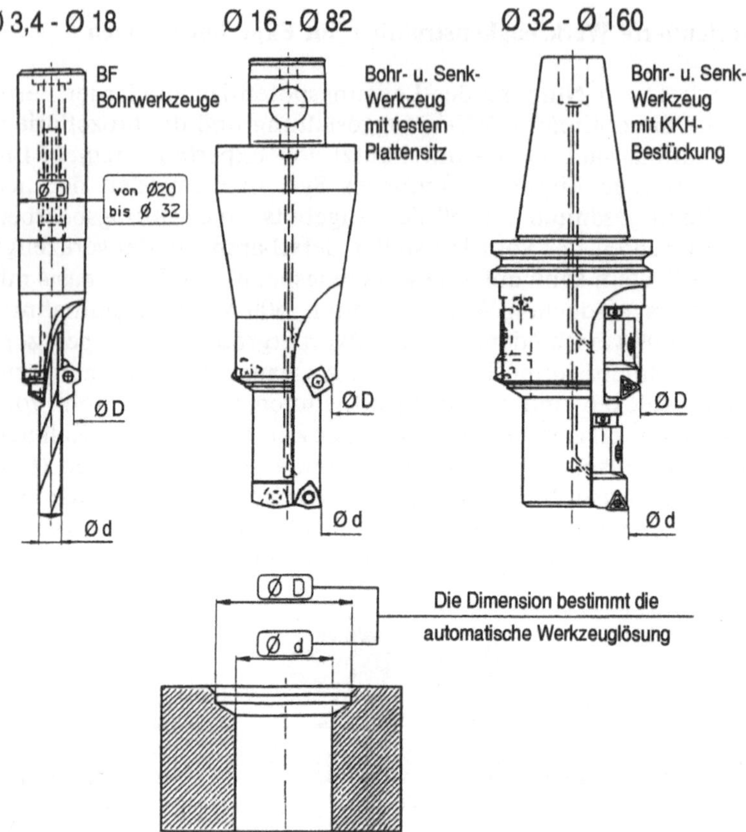

Bild 16. Problemorientierte Werkzeugkonstruktion

5.3 Elektronischer Werkzeugkatalog

Vor dem Hintergrund der nicht einheitlichen Darstellung des Werkzeugangebots in zahlreichen herstellerspezifischen Katalogen ergibt sich für den Anwender das Problem eines zeit- und kostenintensiven Suchprozesses zur Deckung seines Werkzeugbedarfs. Die Konsequenz aus den etwa 150 in Deutschland erhältlichen Werkzeug- und Schneidstoffkatalogen ist ein für den Kunden nur schwer überschaubares Angebot. Auf Initiative verschiedener Werkzeughersteller wurde ein Arbeitskreis mit dem Ziel gegründet, einheitliche Werkzeugdaten für einen elektronischen Katalog zur Verfügung zu stellen. Dabei sollen Daten über Geometrie, Technologie, Lieferbedingungen sowie CAD-Angebotszeichnungen usw. in einem neutralen Datenformat erstellt werden.

Anhand dieser von den Werkzeugherstellern bereitgestellten Informationen wird ein überbetrieblicher elektronischer Katalog aufgebaut, der den Anwendern die Daten in einem standardisierten Format liefert. Dieser elektronische Werkzeugkatalog kann als Stand-alone-System oder als Bestandteil des betrieblichen Informationssystems eingesetzt werden, so daß die darin enthaltenen Daten in CAD-, PPS-, NC-Programmiersystemen und ähnliches übernommen und verarbeitet werden können (Bild 17).

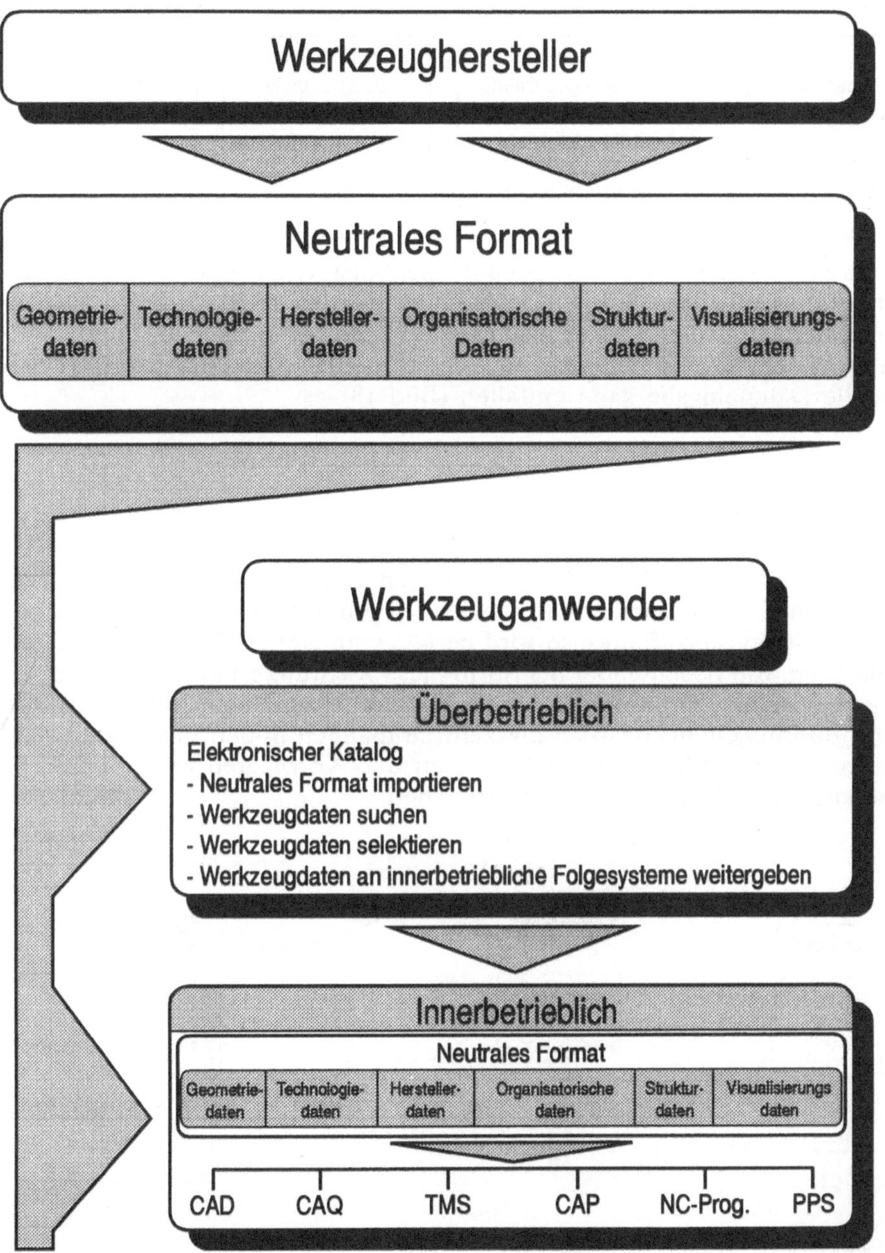

Bild 17. Neutrales Datenformat zum Erstellen eines elektronischen Werkzeugkatalogs

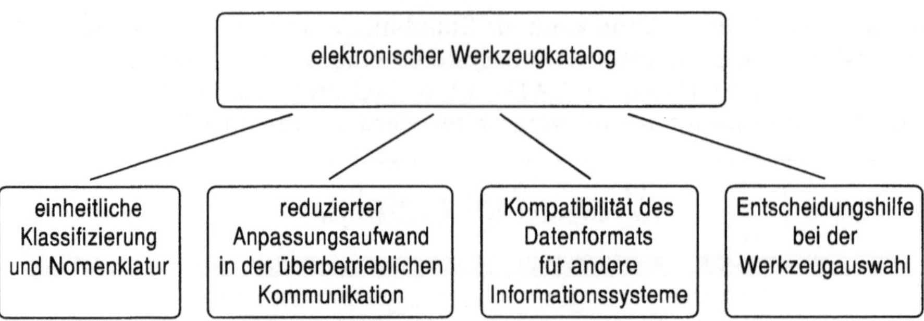

Bild 18. Vorteile des elektronischen Werkzeugkatalogs

Für den Anwender ergeben sich neben der verbesserten Markttransparenz wesentliche Zeitvorteile bei der Angebotsrecherche für bestimmte Bearbeitungsaufgaben. Großes Einsparungspotential wird vor allem auch in der Übernahme der Werkzeugdaten vom Hersteller in das Werkzeugverwaltungssystem des Kunden gesehen: Die zeitintensive und fehleranfällige manuelle Dateneingabe kann entfallen (Bild 18).

6 Blick in die Zukunft

Auf der Wunschliste der Anwender haben zweifellos die verbesserte Prozeßsimulation vor dem Einsatz sowie die optimierte Prozeßregelung einen hohen Stellenwert. Fallweise wird bereits vom „lernenden Werkzeug" gesprochen. Ein bedeutender Schritt in diese Richtung ist ein System für das meßgeregelte Feinbohren (Bild 19). Bis heute muß beim Feinbearbeiten von Bohrungen auf Bearbeitungszentren manuell in den Fertigungsablauf eingegriffen werden, um durch Messen und Korrigieren noch bestimmte Bereiche des Toleranzfeldes zu erreichen.

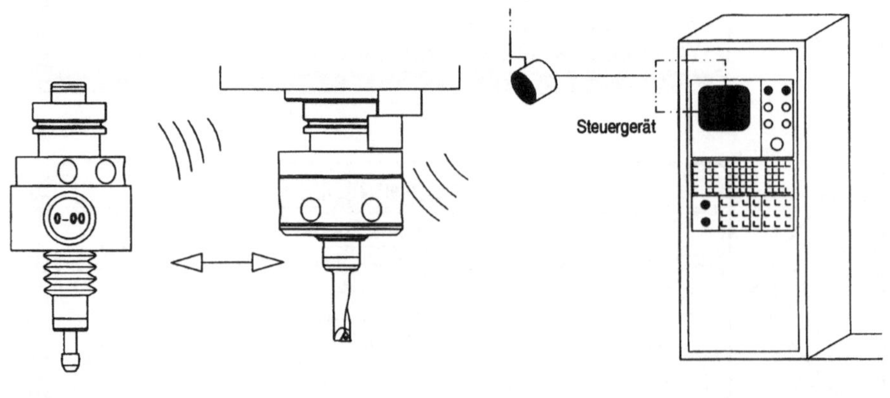

Bild 19. Meßgeregeltes Feinbohren

Da angewandte Qualitätssicherungssysteme die ohnehin engen Bohrungstoleranzen noch um etwa 50% reduzieren, wird verständlich, warum der Komplex der Automatisierung des Feinbohrens an Grenzen gestoßen ist.

Im Gegensatz zu Bearbeitungszentren sind die Sondermaschinen und Transferstraßen für die jeweiligen Arbeiten, d.h. auch speziell für Bohrungsfeinbearbeitungen, ausgelegt und optimiert. Bei ihnen sind das Messen und Korrigieren zwar getrennt, aber über Maßregelungen automatisiert.

Eine wirtschaftliche Fertigung und die ständige Steigerung der Produktivität fordern auch auf den Bearbeitungszentren eine geschlossene Prozeßkette bei der Feinbohrbearbeitung, d.h., im automatisierten Gesamtablauf ist zu messen und zu korrigieren. Eine Neuentwicklung ermöglicht dies für Tausendstelmillimeter-Schritte: Ein Kompensationssystem schafft hier den erwünschten geschlossenen Regelkreis.

Ein Feinverstellkopf - als Weiterentwicklung des manuellen Verstellkopfes - bietet die Schneidenkompensation der Spindel mittels eingebautem Servomotor. Ansteuerung und Bedienung geschehen über eine bidirektionale Infrarotschnittstelle. So kann der Kopf auch in der Spindel verstellt werden. Die tatsächliche Schieberstellung wird vom direkten Meßsystem erfaßt.

Aufgrund der hohen Auflösung des Meßsystems, d.h. der mikropräzisen Zustellsicherheit und des erweiterten Verstellbereichs von 2 mm im Durchmesser, eignet sich das nach dem Baukastenprinzip aufgebaute System auch für den Einsatz auf Sondermaschinen und Transferstraßen. Dies gilt speziell im Mehrspindelbereich, da hier der Feinverstellkopf meist nicht automatisch gewechselt wird. Hier ist auch eine vereinfachte Verstellkopfvariante nicht einsetzbar. Der Datenaustausch und die Energiezufuhr über fest installierte Verbindungen durch die Spindel basieren auf dem gleichen Prinzip wie im Bearbeitungszentrum, wobei der Verstellkopf bzw. die Einzelkomponenten in Sonderköpfen der jeweiligen Bearbeitungsaufgabe angepaßt werden. Beispiel ist die Feinbearbeitung der Zylinderhauptbohrung von Zylinderkurbelgehäusen.

In eine ganz andere Richtung gehen Überlegungen, die Handhabung von Werkzeugen weiter zu automatisieren. Die zunehmenden Demontage- und Montagetätigkeiten in der Werkzeuginstandhaltung haben ein hohes Rationalisierungspotential. Die Automatisierung einfacher, bisher manuell ausgeführter Arbeiten kann in namhaftem Umfang Kosten reduzieren. Ein erster Schritt ist hierbei die Automatisierung des WSP-(Wendeschneidplatten-)Wechsels in zentralen Werkzeuginstandhaltungsbereichen (Bild 20). Diese Technologie ist auch auf andere Anwendungsfälle wie die Erstbestükkung von Werkzeugen vor der Auslieferung übertragbar. Weitere Kostensparmaßnahmen liegen bei der Demontage und Montage von Werkzeugelementen modularer Werkzeugsysteme. Aufgrund des hohen personellen Aufwands werden in der betrieblichen Praxis bisher modulare Werkzeugsysteme mit ihren Vorteilen wie Flexibilität im Werkzeugaufbau und Reduzierbarkeit des Werkzeugbestands nur zu einem geringen Teil angewandt.

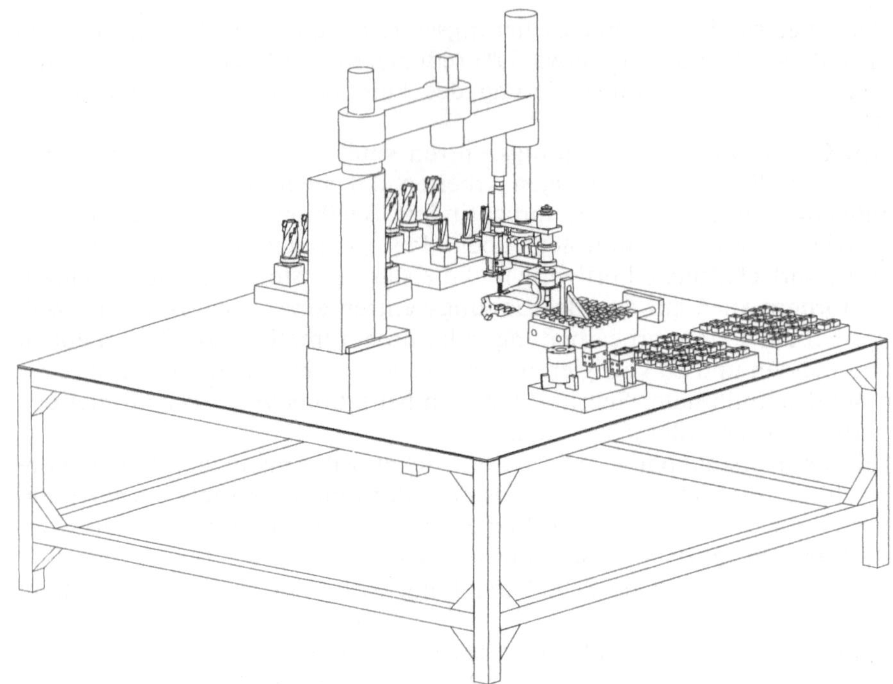

Bild 20. Automatisierte Wendeschneidplatten-Rüstzelle

Die Automatisierung der Wechselvorgänge bietet die Möglichkeit, deren Vorteile in Zukunft effektiver zu nutzen und die Verfügbarkeit der Werkzeuge zu erhöhen.

Abschließend ist festzustellen, daß die Kostensenkung im Zusammenhang mit Zerspanungswerkzeugen über den früheren Standpunkt, das Geld ausschließlich an der Schneide zu verdienen, weit hinaus gewachsen ist. Das bereichsübergreifende Systemdenken läßt hier für den Anwender sehr positive Zukunftsperspektiven erwarten.

Literatur

1. N.N.: Prozeßsicherheit und Produktivität von Fertigungsprozessen. VDI-Ber. 988 (1993), S. 305–329
2. Westkämper, E.: Sichere Prozesse, hohe Genauigkeit und hohe Leistung in der Feinbearbeitung. VDI-Ber. 988 (1993), S. 101 ff
3. Klaiber, E.: Neue Schnittstellen zwischen Spindel und Werkzeug. Werkst. u. Betr. 125 (1992) 8, S. 627–629
4. Weck, M.; Schubert, I.: Grenzbelastbarkeit von Schnittstellen zwischen Maschine und Werkzeug. wt Produktion und Management 84 (1994), S. 137–142
5. Tönshoff, H. K. u.a.: Hartbearbeitung in der Praxis. wt Produktion und Management 82 (1992) 6, S. 40–44
6. Abel, R.: Trockenbearbeitung mit Schneidkeramik. dima (1994) 4, S. 60–62

7. Damigos, M.: Formen und Gesenke hochgeschwindigkeitsfräsen. Form+Werkzeug (1993) H. 8, S. 76–78
8. Friedrich, H.: Hochgeschwindigkeitsfräsen in der Luft- und Raumfahrt. Werkst. u. Betr. 120 (1987) 7, S. 521-526
9. Gericke, R.: Mit Hochgeschwindigkeitsfräsen wirtschaftlicher fertigen. dima (1988) 10, S. 34–43
10. Hock, S.; Janovsky, D.: Freiformflächen im Werkzeug- und Formenbau. Werkst. u. Betr. 125 (1992) 7, S. 597–606
11. Hock, S.; Janovsky, D.: Hochgeschwindigkeits-Fräsen im Werkzeug- und Formenbau. Werkst. u. Betr. 126 (1993) 7, S. 371–381
12. Kauffeld, M.: Hochgeschwindigkeitsfräsen aus der Sicht von Anwendern und Maschinenbauern. Werkst. u. Betr. 123 (1990) 10, S. 797–801
13. Lindberg, B.: Hochgeschwindigkeitsfräsen von Gußeisen aus industrieller Sicht. In: Neuentwicklungen in der Zerspantechnik, S. 137–149, Tag. 22.-24.9.93. Düsseldorf: VDI 1993
14. Narutaki, N.: Einsatz von Keramikwerkzeugen für die Hochgeschwindigkeitsbearbeitung von schwer zerspanbaren Werkstoffen. In: Neuentwicklungen in der Zerspantechnik, S. 121–135, Tag. 22.-24.9.1993. Düsseldorf: VDI 1993
15. Scherer, J.: Hochgeschwindigkeitsfräsen von Aluminiumlegierungen. Darmstädter Forsch.ber. f. Konstrukt.u. Fert. München: Hanser 1984
16. Schulz, H.; Moriwaki, T.: High speed machining. CIRP-Ann., 8/1992
17. Schulz, H.: Hochgeschwindigkeit - typisch für neue Technologien in Japan und Deutschland. Form+Werkzeug (1993) 8, S. 68–70
18. Abel, R.: Optimales Spanen in der Near-net-shape-Technologie. dima (1991) 11, S. 39–42
19. Heisel, U.; Ruziczka, G.: Trends bei Schneidstoffen. dima (1993) 8/9, S. 44–48
20. König, W. u.a.: Schneidstoffe und Werkzeuge: Standortbestimmung und Perspektiven in sich wandelndem Umfeld. VDI-Z 136 (1989) Nr. 4, S. 85–91
21. N.N.: Deutlich längere Standzeit. Ind. Anz. (1992) 39, S. 48–51
22. Heisel, U. u.a.: Fräsen statt Bohren - Kombinationswerkzeuge machen Produktion leistungsfähig. MM (1991) 46, S. 34–38
23. Link, H.-J.; Schurer, W.: Schnell und genau - Zirkularfräsen von Innengewinden verkürzt die Fertigungszeiten und erhöht die Oberflächenqualität. MM (1989) 36, S. 2–6
24. Müller, G.: Denkendes Werkzeugsystem. Megatech (1992) 3, S. 21–23
25. Link, H.-J.; Schurer, W.: Fertigungszeit ist kurz - Bohrgewindefräsen erhöht die Oberflächenqualität und reduziert Nebenzeiten. MM (1990) 1, S. 8–11

Keramische Werkstoffe - Einsatzpotentiale und Bearbeitungsverfahren

G. Petzow, H. Schubert, M.J. Hoffmann

Inhalt: Keramische Werkstoffe - Eigenschaften und Anwendung - Herstellung und Verarbeitung: Aufbereitung, Formgebung, Beschichten, Defekte in Keramiken, Grünbearbeitung, Ausbrennen, Verdichtung, Gefügeausbildung und Endbearbeitung

1 Einleitung

Die Dynamik der modernen Technik erzwingt eine immer höhere Belastbarkeit der Werkstoffe. Die Werkstoffentwicklung trägt dieser Dynamik in zweifacher Hinsicht Rechnung. Einerseits werden bekannte Werkstoffe bis an deren theoretisch mögliches Leistungspotential ständig optimiert. Andererseits besteht der Zwang, die etablierten Werkstoffe oder auch ganze Werkstoffklassen rechtzeitig durch neue zu ersetzen. Letzteres ist dann der Fall, wenn das auf lange Sicht größeren technisch-wirtschaftlichen Erfolg verspricht, der in unserer Zeit immer auch mit zunehmender Schonung von Ressourcen und Umwelt verknüpft sein muß. Ein besonderes prägnantes Beispiel dafür ist die Einführung keramischer Hochleistungswerkstoffe für Bauteile mit hoher mechanischer und thermischer Belastbarkeit [1].

Die Hochleistungskeramiken sind im Bereich der nichtmetallischen Anorganika eine neue, eigenständige Gruppe. Diese Gruppe verzeichnet bereits beachtliche Anwendungserfolge und hat darüber hinaus ein vielversprechendes Potential für weitere technische Nutzungen. Mit den traditionellen Keramiken hat sie nicht viel gemein. Während die klassischen Keramiken aus silikatreichen Naturstoffen wie Tonen, Sanden oder Kaolinen hergestellt werden, sind hochreine Oxide, Nitride, Karbide und Boride von genau definierter Zusammensetzung, Teilchenform und Teilchengrößenverteilung die Basis für die Hochleistungskeramiken. Sie werden meist als Pulver mittels Pressen und Sintern zu Kompaktkörpern verarbeitet. Dabei ist besonders darauf zu achten, daß das optimale Gefüge eingestellt wird: Bei Hochleistungskeramiken hängen die Eigenschaften wesentlich stärker vom Gefüge ab als das für klassische Keramiken und nicht selten auch für metallische Werkstoffe zutrifft.

Typische Hochleistungskeramiken sind Aluminiumoxid (Al_2O_3), Zirkoniumdioxid (ZrO_2), Siliciumnitrid (Si_3N_4), Aluminiumnitrid (AlN), Siliciumkarbid (SiC), Borkarbid (B_4C) und Titanborid (TiB_2). Das sind aber nur wenige Beispiele. Insgesamt ist die Mannigfaltigkeit groß aufgrund des

Mischens und Legierens der Verbindungen untereinander, wie aus Bild 1 deutlich wird [2]. Die Nichtmetalle Kohlenstoff, Stickstoff und Sauerstoff, die Halbmetalle Bor und Silicium sowie ein Vertreter der Partnermetalle (vorzugsweise Be, Mg, Ca, Al und die Übergangsmetalle der IV. bis VI. Nebengruppe des Periodischen Systems der Elemente) sind zu einem Sechsstoffsystem zusammengefaßt, dessen fünfdimensionaler Konzentrationssimplex in die Bildebene projiziert ist. Die Kombination ergibt 15 binäre, zu denen die einfachen Hochleistungskeramiken gehören, sowie 20 ternäre, 15 quaternäre, 6 quinäre Systeme und ein senäres System. Aus der sich daraus ergebenden großen Zahl möglicher Mischungen sind viele schon als Hochleistungskeramiken in Gebrauch.

Hochleistungskeramiken sind also kompakte, nichtmetallische, anorganische Werkstoffe mit optimiertem Gefüge. Sie werden aus keramischen Pulvern mit streng definierter Zusammensetzung und Teilchencharakteristik unter kontrollierten Bedingungen gewonnen.

2 Eigenschaften

Die sich aus der Kombinatorik ergebende Mannigfaltigkeit der Verbindungen (Bild 1) drückt sich auch in ihren Eigenschaften aus. Trotz vieler Gemeinsamkeiten ist eine breite Eigenschaftsdifferenzierung charakteristisch, weil sich in den Hochleistungskeramiken die chemischen Bindungsarten

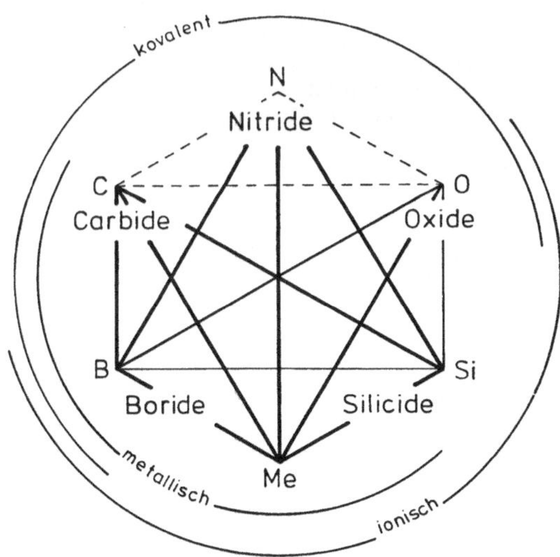

$$2^n - 1 = {}^nK_1 + {}^nK_2 + {}^nK_3 \dots {}^nK_n$$

$$n = 6: \quad 63 = 6 + 15 + 20 + 15 + 6 + 1$$

Bild 1. Kombinationsmöglichkeiten bei Hochleistungskeramiken. Beispiel: Das Sechstoffsystem Me-Si-O-N-C-B; die Zahl der Systemkombinationen ergibt sich aus der untenstehenden Reihe überlagern. Das drücken die halbkreisförmigen Kurvenzüge, die die jeweiligen Bindungsanteile über 25% angeben, aus. Diese in Bild 1 schematisch angegebenen Bindungszustände treffen in etwa zu, wenn Aluminium als Metall eingesetzt wird. Werden an seiner Stelle beispielsweise Vertreter der Übergangsmetalle eingesetzt, so kann sich der Kurvenzug für die metallische Bindung zu einem Kreis schließen. Ein Teil der Hochleistungskeramiken hat daher metallische Züge, insbesondere in bezug auf thermische und elektrische Eigenschaften.

Die Vielfalt der Eigenschaften macht die Hochleistungskeramiken attraktiv. Dabei fallen die hervorragenden Hochtemperatureigenschaften, gute Verschleißfestigkeit und Wärmedämmung sowie die extreme Korrosions- und Oxidationsbeständigkeit besonders ins Auge. Tabelle 1 gibt einen Überblick über wichtige Eigenschaften der Hochleistungskeramiken und führt die vielen Besonderheiten an, die sich in dieser Weise bei keiner anderen Werkstoffgruppe finden. Interessant sind darüber hinaus aber auch viele Eigenschaftskombinationen wie die Kopplung von guter Wärmeleitung mit hoher elektrischer Isolation oder die gute Schneidfestigkeit bei hoher Thermoisolation.

Tabelle 1. Eigenschaften von Hochleistungskeramiken

Vorteile:	
Hohe Härte	Günstige Dielektrika
Hoher Schmelzpunkt	Piezoelektrizität
Hoher E-Modul	Ionenleitung
Geringes Gewicht	Besonderes magnetisches Verhalten
Gute Verschleißfestigkeit	Thermische und elektrische Isolation
Hohe Warmfestigkeit	Wärmeleitung bei elektr. Isolation
Gute Korrosionsfestigkeit	Besonderes Halbleiterverhalten
Hohe Steifigkeit	Biokompatibilität
Höchste Druckfestigkeit	Umweltfreundlichkeit
Verfügbarkeit	
Nachteile:	
Erkenntnis- und Erfahrungslücken Unzureichende Verarbeitung Schlechte Reproduzierbarkeit Hohe Preise Skepsis bei Konstrukteuren	Abhilfe weitgehend möglich
Mechanische und thermische Schockanfälligkeit Sprödigkeit	Abhilfe bedingt möglich

3 Anwendung

Die vielen vorteilhaften Eigenschaften der Hochleistungskeramiken kommen jedoch nur zur Geltung, wenn die nachteiligen Eigenschaften „in Schach gehalten" werden. Das gelingt in vielen Fällen zufriedenstellend. Vielfältige Anwendungen der Hochleistungskeramiken zeigen und beweisen dies, beispielsweise das Baumdiagramm in Bild 2 und die in den Bildern 5 bis 7 abgebildeten Bauteile.

Nach den wichtigsten in der Praxis genutzten Eigenschaften werden die Hochleistungskeramiken in Elektro- und Magnetokeramik, Optokeramik, Chemo- und Biokeramik, Thermokeramik, Mechanokeramik und Nuklearkeramik unterteilt. Diese Werkstoffgruppen können wieder nach ihren Einsatzgebieten klassifiziert werden (Bild 2) [3]. In sehr grober Vereinfachung

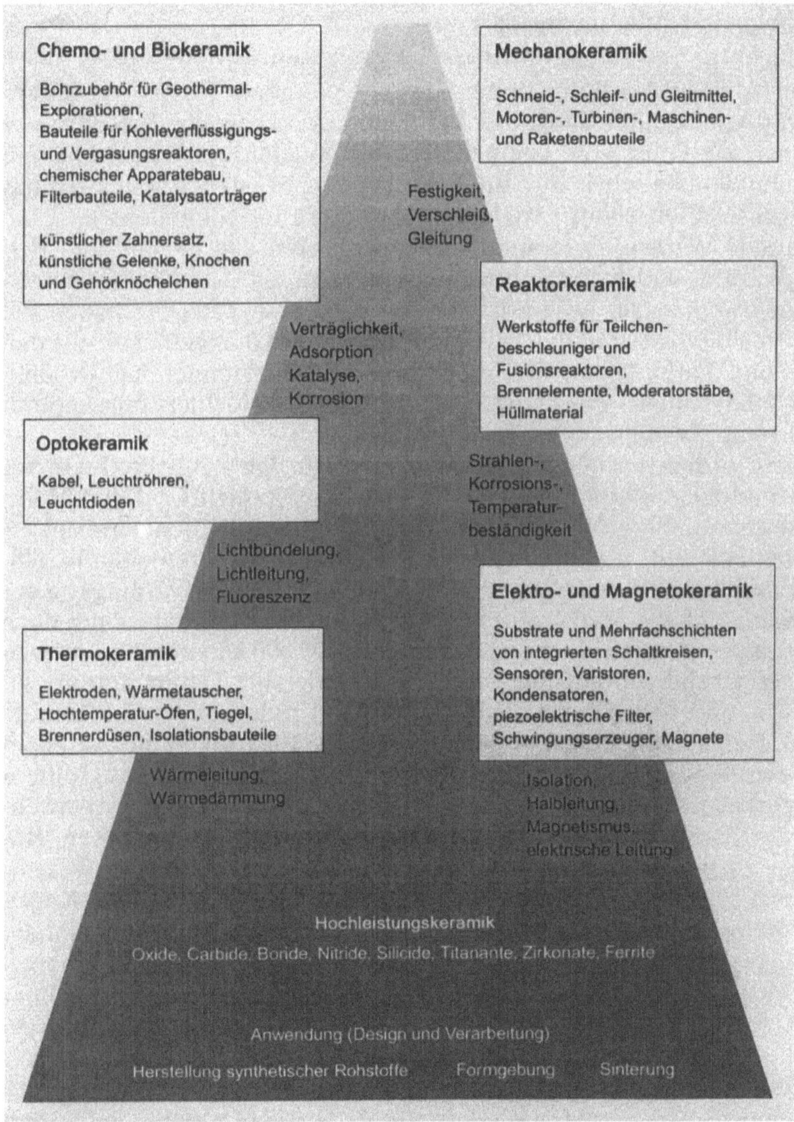

Bild 2. Baumdiagramm mit Angaben zur Herstellung, Klassifizierung und zu Eigenschaften der Hochleistungskeramiken

wird oft auch zwischen Struktur- und Funktionskeramik unterschieden. Zu den Strukturkeramiken, manchmal auch Ingenieurkeramik genannt, werden Werkstoffe gezählt, die vorwiegend mechanischen Belastungen standhalten müssen. Funktionskeramiken sind Werkstoffe, die elektrische, magnetische, dielektrische, optische oder auch andere überwiegend nichtmechanische Funktionen haben. Ein Problem bei dieser Einteilung liegt darin, daß fast alle Funktionskeramiken auch mechanischen Beanspruchungen (oft sogar sehr hohen) unterliegen, selbst wenn bei ihrem Einsatz andere Werkstoffeigenschaften im Vordergrund stehen. Ob eine bestimmte Keramik zur Struktur- oder Funktionskeramik gerechnet wird, unterliegt somit häufig der Ansicht des Betrachters. Dies gilt vor allem für Wärmedämmstoffe, Wärmeleiter und Substrate, bei denen oft erhebliche mechanische Spannungen als Folge von Temperaturunterschieden entstehen. Das gilt auch für Implantate sowie für Brennstoffzellen, bei denen die mechanischen Eigenschaften ebenso wichtig sind wie die funktionellen.

Keramische Werkstoffe können Extremes leisten. Sie dienen zum Beispiel als Wärme- und Korrosionsschutzschichten, als Gleitringdichtungen und Schneidwerkzeuge, Laserkristalle und Knochenersatz. Sie haben die Computertechnologie und die Telekommunikation vorangebracht; für den Motoren- und Turbinenbau sind sie aufgrund ihrer besonderen Qualitäten geradezu prädestiniert. Die Anwendungsbreite der Hochleistungskeramiken wird ohne Zweifel noch expandieren.

Zu dieser optimistischen Prognose berechtigt, daß neue Produkte für neue Technologien schon in den nächsten Jahren vermehrt auf den Markt drängen werden. Die größten Zuwachsraten werden für Biokeramiken erwartet, ebenfalls sehr hohe für optische Fasern und Motorenkeramik, längerfristig auch für oxidische Supraleiter. In allen Fällen ist allerdings zu berücksichtigen, daß die Marktvolumina zur Zeit noch sehr gering sind; doch werden in Japan immerhin schon jährlich etwa 400 000 keramische Turbolader-Rotoren aus Siliciumnitridlegierungen gefertigt, die Temperaturen zwischen 900°C und 1000°C und ungefähr 160 000 Umdrehungen pro Minute aushalten. Bei verschiedenen Anwendungen der Elektrokeramik ist ebenfalls weiteres Wachstum zu erwarten, obwohl das Potential bereits größtenteils ausgeschöpft wurde. Generell dürften die schon etablierten Anwendungen der Hochleistungskeramik um jährlich 6% bis 10% zunehmen. Höhere Steigerungsraten lassen sich nur erzielen, wenn neue Produkte wesentliche Marktanteile erobern. Dafür sind die keramischen Ventile oder Kugellager ein Beispiel. Das Volumen der von der Hochleistungskeramik abhängigen Folgemärkte wird auf mindestens das Zehnfache dieser Summe geschätzt. Wegen der theoretischen Möglichkeiten einerseits und der technologischen Probleme andererseits ist allerdings eine Einschätzung des wirtschaftlichen Potentials sehr schwer.

Das Anwendungsspektrum der Hochleistungskeramiken könnte jedoch erheblich breiter sein, wenn es gelänge, die Nachteile (Tabelle 1) ganz, oder wenigstens mehr als bisher möglich, auszuschalten. Etwas vereinfacht ergeben sich für die Verminderung der Nachteile von Hochleistungskeramiken grundsätzlich zwei Möglichkeiten. Die entsprechenden Maßnahmen sind aus der Festigkeitsbeziehung für Sprödstoffe, wie sie Griffith schon 1922 formulierte, abzuleiten:

$$\sigma_B = \frac{K_{Ic}}{\gamma \sqrt{a}}$$

Darin sind: σ_B Bruchspannung; K_{Ic} Spannungsintensitätsfaktor; a kritische Fehlergröße; γ Geometriefaktor.

Einmal ist das die Verminderung der kritischen Fehlergröße. Eine höhere Verarbeitungsqualität bis hin zur Fertigung in Reinräumen kann sie ergeben. Zum anderen ist es die Erhöhung des Spannungsintensitätsfaktors bzw. des kritischen Bruchwiderstands. Die Gefügeoptimierung ohne und mit zusätzlichen Verstärkungsmechanismen ist dazu eine Maßnahme.

4 Herstellung und Verarbeitung

Hochleistungskeramiken werden - wie viele konventionelle Keramiken und alle pulvermetallurgischen Werkstoffe - aus Pulvern hergestellt, die zu einem „Grünkörper" verpreßt und anschließend mittels Sintern verdichtet werden. Die Festigkeit der entstehenden Keramik hängt ganz wesentlich von den Defekten ab, die bei dem komplizierten Verdichtungsprozeß immer auftreten. Unregelmäßigkeiten im Grünkörper, z.B. Dichteschwankungen, Texturunterschiede, Konzentrationsinhomogenitäten oder ähnliches, aber auch durch unsauberes Hantieren eingeschleppte Fremdteilchen können beim anschließenden Sintern in den seltensten Fällen ausgeglichen werden. Im allgemeinen vergrößern sich die Fehler aufgrund der beim Sintern des Grünkörpers ablaufenden unterschiedlichen Schwindungsvorgänge.

Der Verarbeitungsprozeß der Hochtechnologie-Keramiken ist mehrstufig und dem der Pulvermetallurgie in vielen Belangen sehr ähnlich. Wie Bild 3 zu entnehmen ist, fängt er mit der Pulverherstellung an, der sich die Aufbereitung, die Formgebung, das Verdichten sowie die Fertigteilprüfung hinsichtlich Gefüge und Eigenschaften anschließen. In jeder Stufe können Fehler eingebracht werden, die in der nachfolgenden Stufe nicht mehr zu korrigieren sind. So entscheidet schon das Pulver über die Qualität des Werkstücks. Eine rückkoppelnde Kontrolle zwischen den einzelnen Stufen ist deshalb unerläßlich. Das gilt besonders für den Übergang von der Laborpräparation in die Pilot- oder Großfertigung, der extrem schwierige Fragen aufwerfen kann und, wie der Fachmann weiß, Probleme spezieller Art bedingt. Einige dieser Probleme, deren Lösung für die Prozeßtechnik von großer Bedeutung ist, sind in der linken Spalte von Bild 3 angedeutet: Bei der Pulverherstellung ist es die möglichst innige Vermischung (Schlagwort „Molekulare Vermischung"), bei der Aufbereitung die Vermeidung harter Agglomerate (Schlagwort „Porenfreiheit") und beim Verdichten werden glasfreie Korngrenzen angestrebt (Schlagwort „Devitrifikation"). Natürlich gibt es noch anderes, was für die Produktion einwandfreier Teile notwendige Voraussetzung ist. Das ergibt sich meist aus dem Bestreben, die zahlreichen, in Tabelle 2 aufgeführten Fehler auszumerzen [4]. In Bild 4 sind die Verfahrensschritte, die auf dem Weg vom Pulver zum Bauteil eine Rolle spielen, aufgeführt. Welche dieser Schritte letztlich ausgeführt werden, hängt von den jeweiligen Zielen ab.

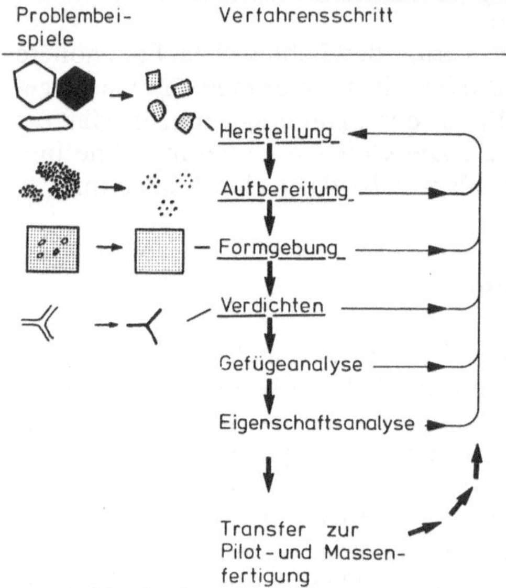

Bild 3. Prozeßablauf bei der Verarbeitung von Hochleistungskeramiken

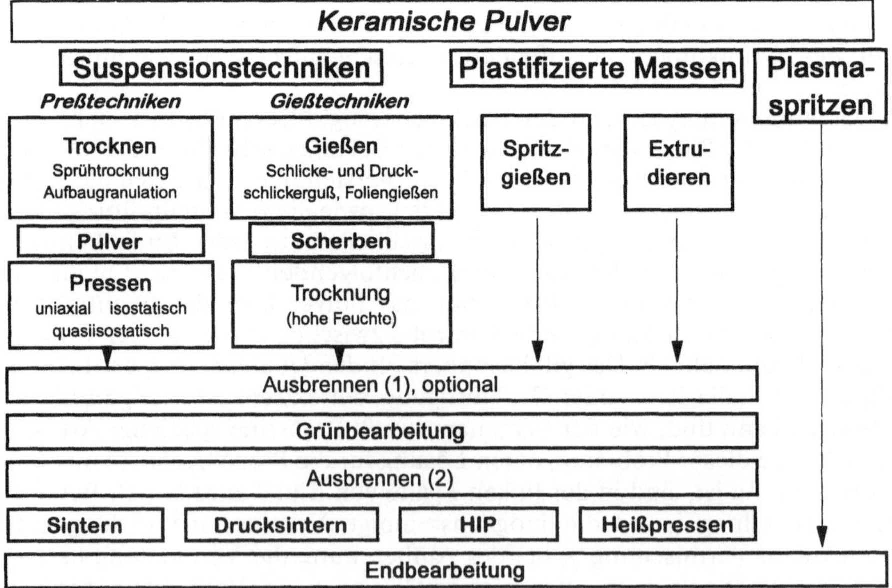

Bild 4. Verfahren zur Herstellung und Bearbeitung von Hochleistungskeramiken

Tabelle 2. Fehlermöglichkeiten in den verschiedenen Stufen bei der Verarbeitung von Hochleistungskeramiken

Pulverherstellung (z.B. Reaktionsablauf)	Pulveraufbereitung (z.B. Konditionierung)	Pulverformgebung (z.B. Pressen)	Pulververdichtung
Ungeeignete - Teilchengrößenverteilung - Mittlere Teilchengröße Abweichungen von der Zusammensetzung Fremdteilchen Verunreinigungen Übergroße Teilchen Harte Agglomerate	Ungeeignete Agglomeratgrößenverteilung Harte Agglomerate Poren in Agglomeraten Unterschiedliche Dichteverteilung in Agglomeraten Ungeeignete Viskosität Inhomogene Verteilung der Additive Instabile Suspensionen Ungenügende Bindersuspensionen Geringer Gehalt an Binderphase Organische Einschlüsse	Blasen, Hohlräume, Risse Mikroporencluster Dichteinhomogenitäten Ungleichmäßige Verteilung von Binder- und Sinterzusätzen Seigerungen von Binder und Sinterzusätzen und kleiner Teilchen Unvollständige Entfernung des Binders Organische Einschlüsse Staub Texturen durch Teilchenform	Große und kleine Poren Mikroporencluster Risse Hohlräume Ungleichmäßiges Kornwachstum Riesenkörner Zonen unterschiedlicher Korngrößenverteilung Unerwünschte Korngrenzenphasen Einschlüsse Oberflächenrauhigkeit

4.1 Aufbereitung

Die Aufbereitung ist das Bindeglied zwischen den Ausgangsstoffen und dem Formgebungsverfahren. Wichtige Teilprozesse der Aufbereitung sind die Zerstörung von Agglomeraten und Aggregaten in den Ausgangspulvern, das Zerkleinern grober Primärkristallite, die Vermischung verschiedener Pulver zu homogenen Mischungen und die gleichmäßige Verteilung von Prozeßhilfsstoffen. Entsprechend dem gewählten Formgebungsverfahren steht am Ende der Aufbereitung entweder eine Suspension (Schlicker) oder eine plastifizierte Masse. Schlicker werden meist durch Mischmahlung in Trommelmühlen oder in kontinuierlichen Rührwerkkugelmühlen hergestellt. Für die Plastifizierung werden Ein- oder Mehrwellenkneter verwendet.

4.2 Formgebung

Zur Formgebung keramischer Werkstoffe werden eine ganze Reihe sehr unterschiedlicher Verfahren eingesetzt [5], die alle zum Ziel haben, eine möglichst enge und homogene Packung der Pulverpartikel zu einem Grünkörper zu gewährleisten und der endgültigen Form des Bauteils möglichst nahe zu kommen, um so kostspielige Nachbearbeitungsstufen zu vermeiden. Im

Hinblick auf das jeweils angestrebte Bauteil hat jedes Verfahren spezifische Stärken und Schwächen. Bei vorgegebener Zielgeometrie gibt es meist nur wenige infrage kommende Formgebungsverfahren, die den komplexen Randbedingungen entsprechen.

Eine Ausgangsmasse sind die keramischen Suspensionen (Schlicker). Das sind Mischungen aus Keramikpulvern, einem Dispergierungsmittel (Wasser, Alkoholen, Testbenzin oder ähnlichem) sowie Prozeßhilfsstoffen, die Wechselwirkungen zwischen den Pulverpartikeln kontrollieren sollen und in einem Anteil von 1,5 Vol.% bis 10 Vol.% vertreten sind (z.B. oberflächenaktive Substanzen = Verflüssiger; Haftkräfte zwischen Partikeln = Binder; Gleitfähigkeit der Partikel gegeneinander = Preßhilfsmittel). Die Schlicker sind niedrig viskos und geben auch feine Geometrien formgetreu wieder.

Die keramischen Suspensionen sind auf zweierlei Art herstellbar: Entweder mittels Trocknen zu Pulvern mit definierten physikalischen und prozeßtechnischen Eigenschaften sowie anschließendem Verpressen (einaxiales, isostatisches oder quasi-isostatisches Pressen) oder - alternativ - durch Gießen (Schlickergießen, Druckschlickergießen und Foliengießen).

4.2.1 Einaxiales Pressen

Beim einaxialen Pressen werden rieselfähige Pulvergranulate in eine Matrize gebracht. Die Bewegung von Ober- und Unterstempel bei Drücken im Bereich von 50 bis 500 MPa verdichtet sie. Das einaxiale Pressen eignet sich nur für relativ einfache Geometrien, die keine Hinterschneidungen haben. Da beim Preßvorgang in der Nähe des Ober- und Unterstempels hohe Relativbewegungen auftreten wird dort gut verdichtet; innen gibt es dagegen schlecht verdichtete Bereiche aufgrund geringerer Relativbewegungen. Veränderungen im Bewegungsablauf der Stempel können diesen Nachteil bis zu einem bestimmten Grad korrigieren. Wichtig ist aber in jedem Fall die Verwendung von Bindern und Preßhilfsmitteln, die ein Abgleiten der Teilchen gegeneinander erleichtern und somit Unterschiede in der Gründichte einschränken oder unterdrücken. Die Anteile dieser Prozeßhilfsstoffe können bis zu 10% betragen. Typische Beispiele für einaxial gepreßte Teile sind Wendeschneidplatten (Bild 5).

4.2.2 Isostatisches Pressen

Beim isostatischen Pressen wird das Pulver in eine flexible Form gefüllt, eingerüttelt und unter Öl oder Wasser verpreßt. Die Flüssigkeiten gewährleisten eine isostatische Druckverteilung auf der Oberfläche der Form. Die Gründichtegradienten sind wesentlich geringer als beim einaxialen Pressen, und es sind hohe Drücke anwendbar. Zweifellos sind die Gefüge isostatisch gepreßter Grünlinge den der einaxialen überlegen, doch ist die Formtreue

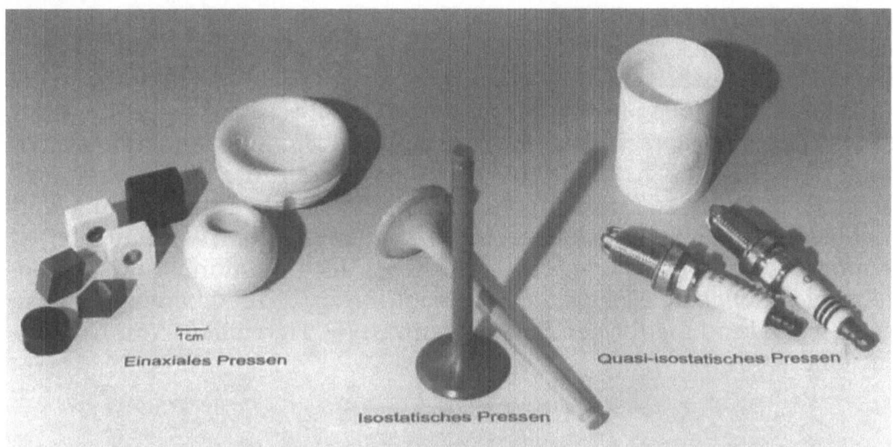

Bild 5. Verschiedene derzeitige Bauteile, hergestellt mit Preßtechniken. Einaxiales Pressen: Schneidkeramiken aus Al_2O_3 (z.T. mit ZrO_2 und TiC) und Hüftgelenkimplantate aus Al_2O_3 ; isostatisches Pressen: Si_3N_4-Auslaßventile; quasi-isostatisches Pressen: Becher und Zündkerzen (Reihenfolge der Teile von links nach rechts)

schlechter und die Herstellungszeiten sind größer. Das isostatische Pressen wird technisch nur dann eingesetzt, wenn die Bauteilqualität es unbedingt erfordert. Bei diesem Preßvorgang schwindet der Körper fast gleichmäßig in alle Raumrichtungen; aufgrund der flexiblen Form werden die Granulate auf der Oberfläche solcher Körper nur teilweise verpreßt. Dabei bleibt eine charakteristische Oberflächenrauhigkeit zurück. Ein typisches isostatisches Preßteil ist das in Bild 5 gezeigte keramische Auslaßventil aus Siliciumnitrid.

4.2.3 Quasi-isostatisches Pressen

Die Nachteile in der technischen Handhabung des isostatischen Pressens führten zur Entwicklung von Verfahren, die die Befüllung einer Matrize erlauben, ohne daß die Form ständig in die Preßflüssigkeit gebracht und wieder herausgeholt werden muß. Keines dieser Verfahren erreicht eine wirklich isostatische Druckverteilung, so daß von einem quasi-isostatischen Pressen gesprochen wird. Das bekannteste Beispiel hierfür ist das Pressen von Zündkerzen. Die Form, die sich in einem Ölbad befindet, besteht aus einem starren, zentralen Stahldorn mit definierter Oberflächenkontur und einer Gummimatrize. Das in die Form gefüllte Pulver wird quasi-isostatisch auf den Dorn gepreßt. In Umfangsrichtung ergibt sich dabei eine weitgehend isostatische Druckverteilung, während die Druckverteilung entlang der Längsachse nicht isostatisch ist. Dementsprechend schrumpft das Bauteil beim nachfolgenden Sintern anisotrop. Das quasi-isostatische Pressen ist ein günstiger Kompromiß zwischen hoher Forderung hinsichtlich der Druckverteilung einerseits und hoher Produktivität andererseits (Bild 5).

4.2.4 Schlickergießen

Beim Schlickergießen werden keramische Suspensionen in Hohlformen gegossen, deren Wände eine definierte Porosität aufweisen. Das Lösungsmittel des Schlickers, zumeist Wasser, wird aufgrund der Kapillarkraft in die poröse Form gesaugt. Triebkraft hierzu ist die Differenz der Kapillarkraft zwischen dem gebildeten Grünkörper und in der Form. Die Entwässerung läuft nur solange, wie eine Druckdifferenz vorhanden ist. Vom Verfahren her ist es möglich, den Schlickerguß als eine Abart der Filtration zu betrachten, wobei sich üblicherweise ein zeitlich nicht-linearer Aufbau ergibt [6]. Eine typische Anwendung für den Schlickerguß ist die Herstellung von Hohlteilen (Bild 6).

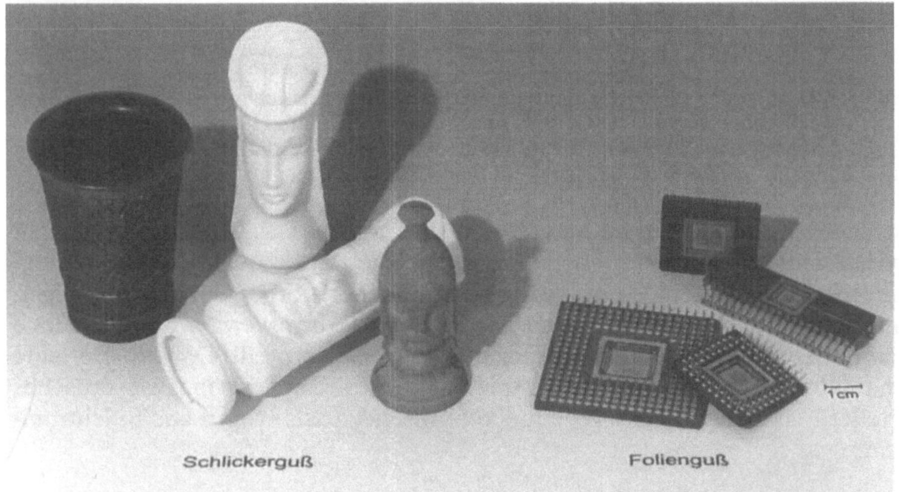

Bild 6. Verschiedene Bauteile, hergestellt in Gießtechnik. Schlickerguß: SiC-Becher und Al_2O_3 (mit Cr_2O_3)-Schachfiguren; Foliengießen: Si_3N_4-Chipträger

4.2.5 Druckschlickergießen

Besonders bei feinkörnigen Keramikpulvern ergeben sich zwangsläufig sehr hohe Herstellungszeiten aufgrund der geringen Druckdifferenz zwischen Grünkörper und Form. Die Druckdifferenz wird beim Druckschlickergießen beim Anlegen eines äußeren Drucks erhöht. Das beschleunigt die Entwässerung. Dazu werden Kombinationen aus einer liegenden, einaxialen Presse zum Schließen einer teilbaren porösen Form und Schlickerdrucksysteme verwendet. Großporige, permeable Formen aus speziellen Polymeren führen zu einer schnellen Entwässerung. Die Steuerung des Drucks in Abhängigkeit von der Zeit kann den zeitlichen Aufbau des Grünkörpers weitgehend linearisieren. Eine Rückspülung beschleunigt das Ablösen des Formteils.

Der Druckschlickerguß hat sich zwar als preiswertes Herstellungsverfahren für die Fertigung von Sanitärkeramik in großem Stile durchgesetzt, seine Anwendung auf die Formgebung von Hochleistungskeramiken macht jedoch zur Zeit noch Probleme.

4.2.6 Foliengießen

Für das Foliengießen wird ein Schlicker durch einen schmalen Schlitz unter einem Rakel (auch als „doctor blade" bezeichnet) auf eine Kunststoffolie (Mylar) gestrichen. Meist wird diese Folie unter dem Rakel wegbewegt, wobei Vorschubgeschwindigkeit und Spaltbreite wesentliche Prozeßparameter sind. Die Folien werden normalerweise in einem Gegenstromtrockner soweit vorgetrocknet, daß sie sich vom Mylarsubstrat abheben lassen. Danach haben sie die Konsistenz einer Wachstuch-Tischdecke und sind mittels Schneiden und Stanzen weiterbearbeitbar. Bei diesem Prozeß spielt die Rheologie der Schlicker eine wichtige Rolle: Es sind definierte Schergrenzen sicherzustellen, damit die Schlicker im Schergefälle unter dem Rakel leicht fließen und andererseits danach sofort ansteifen. Hierzu sind relativ hohe Bindergehalte von 10 Vol.% erforderlich. Das Foliengießen ist für die Herstellung von Substraten in der Elektrotechnik sowie für die Fertigung von Multilayer-Kondensatoren ein Massenfertigungsverfahren. Es wird großtechnisch gut beherrscht. In Bild 6 sind Chipträger aus Siliciumnitrid abgebildet.

4.2.7 Spritzgießen

Außer den Schlickern werden zur Herstellung von Keramiken plastifizierte Keramikmassen verwendet. Dies sind Mischungen aus Keramikpulvern mit organischen Prozeßhilfsstoffen, deren Volumenanteil zwischen 15% und etwa 30% beträgt. Die Massen enthalten kein zusätzliches Lösungsmittel, ihre Viskosität ist damit wesentlich höher als die der Schlicker. Sie können deshalb mittels Druck in vorgegebene Formen gebracht werden.

Die plastifizierten Keramikmassen werden nach anderen Verfahren, dem Spritzgießen und Extrudieren, verarbeitet. Beim Spritzgießen preßt ein Kolben die plastifizierten Massen in eine Form. Das Verfahren hat viele Analogien zum Spritzgießen von Kunststoffen, wobei jedoch die Viskositäten und Arbeitstemperaturen beträchtlich differieren können. Aufgrund der hohen Härte des zu spritzenden Materials ist eine abriebfeste Auskleidung des Systems erforderlich. Zwangsläufig haben spritzgegossene Bauteile Texturen, die der Fließrichtung beim Spritzen entsprechen. Pulver mit anisotroper Partikelform ergeben eine besonders ausgeprägte Textur. Spritzgießen ist als Formgebungsverfahren für hohe Stückzahlen komplex geformter Bauteile besonders geeignet. Im Verhältnis zum einaxialen Pressen ist jedoch mit erheblich höheren Vorlaufzeiten für die Einstellung und Optimierung

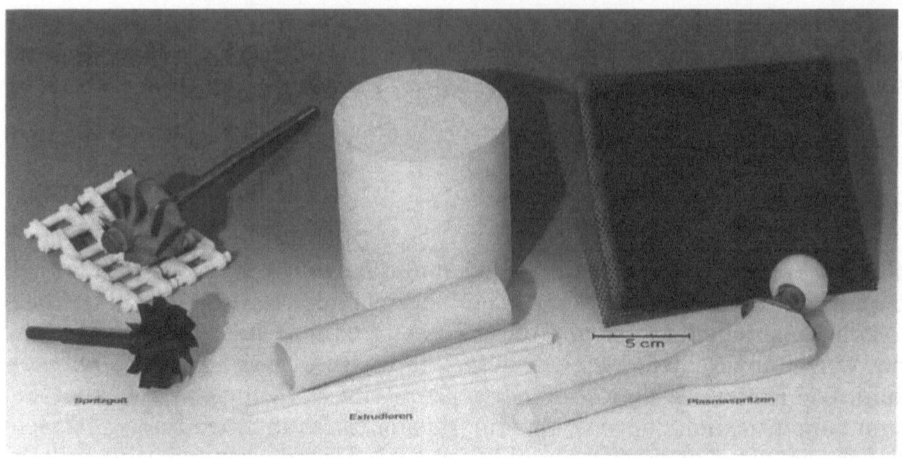

Bild 7. Verschiedene Bauteile, hergestellt mit plastischer Formgebung und Plasmaspritzen. Spritzguß: Si_3N_4-Turbolader-Rotor und Al_2O_3-hochtemperaturfeste Förderkette; Extrudieren: Al_2O_3-Rohre (unten) und $Mg_2Al_4Si_5O_{18}$ (Cordierit)-Katalysatorträger; Plasmaspritzen: Co_3O_4 auf Ni Substrat (oben: Elektrolyseelektrode; Vakuumplasmaspritzen) und Hydroxylapatit als Kontaktschicht auf einem Hüftgelenksimplantat

des Verfahrens zu rechnen. Als typische Bauteile sind in Bild 7 ein Turbolader-Rotor aus Siliciumnitrid und ein Transportband aus Aluminiumoxid abgebildet.

4.2.8 Extrudieren

Mit dem Extrudieren lassen sich mittels einer Förderschnecke und einem Rundstück plastifizierte Massen zu Rohren oder Wabenkörpern formen. Ähnlich wie beim Spritzguß ergeben hohe Bindergehalte die geeigneten Viskositäten, wobei auch hier definierte Fließgrenzen notwendig sind. Ebenso bestehen Verschleißprobleme an den Wandungen der Schnecke. Das Verfahren ist technisch eingeführt und wird zum Herstellen keramischer Rohre und Katalysatorträger (Honeycomb) eingesetzt (Bild 7).

Es gibt eine Reihe weiterer Verfahren wie Rollenwalzen und Kalandern, die sich zum Verarbeiten der plastischen Massen klassischer Keramiken eignen. Für die hohen Ansprüche bezüglich Gefügehomogenität und Defektfreiheit bei High-Tech-Anwendungen kommen diese Verfahren meist nicht in Frage.

4.3 Beschichten

Viele Anwendungen, speziell im Bereich der Elektrotechnik, brauchen Keramikschichten verschiedener Zusammensetzung auf Substraten oder anderen Bauteilen. Hierfür gibt es eine Reihe thermischer, chemischer und physikalischer Methoden, mit denen solche Schichten herzustellen sind. Je nach Verfahren unterscheiden sie sich in der erreichbaren Schichtdicke. Das schon besprochene Foliengießen kann auch zur Schichtherstellung eingesetzt werden; es sind jedoch nur Keramik-Keramikaufbauten möglich.

Eine weitere Möglichkeit zum Beschichten bietet das Plasmaspritzen. Hierbei werden die Pulverteilchen von einem Gasstrom mitgerissen, aufgeschmolzen und im geschmolzenen Zustand auf die Substratoberfläche gesprüht. Die Gefüge plasmagespritzter Schichten enthalten noch die Relikte der Schmelztropfen, die rasch erstarrte, feinkristalline Gefüge aufweisen. Abhängig von der Temperaturverteilung beim Spritzen sind die Schichten mehr oder weniger dicht; aufgrund von Segmentierungsrissen finden sich auch strukturierte Bereiche. Geeignete Werkstoffe für das Plasmaspritzen sind Aluminiumoxid und Zirkoniumdioxid. Sie werden als Anstreifbeläge, Wärme- oder Korrosionsschutzschichten auf Superlegierungen im Turbinenbau eingesetzt (Bild 7). Bei nichtoxidischen Keramiken treten verschiedene Schwierigkeiten auf, so daß sie üblicherweise mit dem Plasmaspritzen noch nicht zu verarbeiten sind.

Es gibt eine Reihe physikalischer und chemischer Beschichtungsverfahren, die durchweg relativ dünne Schichten erzeugen und keiner spanenden Nachbearbeitung mehr bedürfen. Ihr Einsatzbereich liegt vorzugsweise bei der Herstellung elektronischer Bauelemente. Alle Methoden erfordern hohen apparativen Aufwand: Sie sind dem zu erstellenden Bauteil anzupassen und entsprechend zu optimieren.

4.4 Defekte in Keramiken

Eine hochstehende Technik der Pulverpräparation ist eine entscheidende Voraussetzung für die Qualität des Endprodukts. Dies ist jedoch für Hochleistungskeramiken besonders schwierig zu erreichen, weil mit extrem feinen Pulvern gearbeitet werden muß (die Größe der Pulverteilchen liegt zwischen 0,1 μm und 0,005 μm). In solch feinen Pulvern bilden sich sehr leicht Agglomerate mit Abmessungen zwischen 10 μm und 100 μm, die die Herstellung gleichmäßiger Grünkörper verhindern. Selbst beim Pressen mit hohen Drücken bleiben im Grünkörper noch Relikte der Agglomerate erhalten, so daß der Körper unregelmäßig sintert. Ergebnis sind festigkeitsmindernde Sinterfehler im Werkstück. Eine Grundvoraussetzung beim Herstellen von Teilen aus Hochleistungskeramik sind also sinteraktive Pulver mit höchster Reinheit und Teilchengrößen im Submikronbereich. Weltweit hat sich die Herstellung solcher Pulver dabei zunehmend auf die chemische Synthese verlagert, da hiermit Feinstpulver, im Einzelfall sogar ohne weitere Mahlung, herstellbar sind.

Defekte können in praktisch jedem Prozeßschritt eingeschleppt werden. Sie bleiben dann allerdings während des restlichen Herstellungsprozesses im Werkstoff und sind meist nicht mehr „reparabel“. Es muß also das Ziel sein, zuverlässige Werkstoffe ohne überkritische Defekte herzustellen. Gelingt dies nicht, so werden vor allem die mechanischen Eigenschaften so sehr von den herstellungsbedingten Fehlern diktiert, daß sie alle mit einer Gefügeoptimierung erreichbaren Effekte überdecken: Die herstellungsbedingten kritischen Defekte sind bei entsprechender Belastung Ausgangspunkte für bruchauslösende Risse.

Für solche Defekte gibt es viele Ursachen. Typisch sind drei wesentliche Defektarten (Bild 8). Diese sind bei der Untersuchung der Bruchflächen (Fraktographie) im Rasterelektronenmikroskop festzustellen [7]:

- Fremdpartikeleinschlüsse,
- Poren und
- Oberflächendefekte.

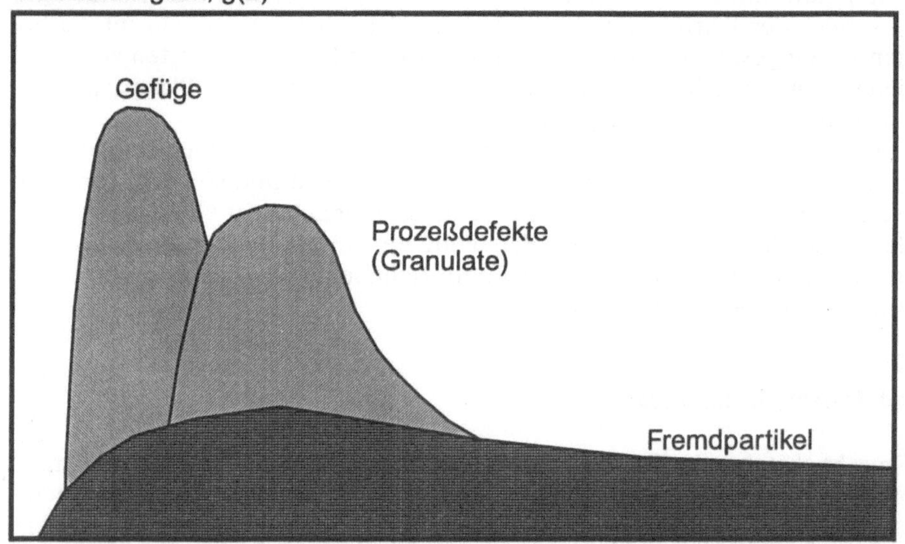

Bild 8. Schematische Darstellung der wichtigsten Defektverteilungen. Fremdpartikel können außerordentlich groß sein. Ihre Häufigkeit ist jedoch im Vergleich zu den anderen Verteilungen relativ klein. Die prozeßbedingten Defekte wie Agglomeratrelikte oder Preßfehler sind in ihrer Größe begrenzt, aber sehr viel häufiger. Dieser Befund gilt für Gefügeeinflüsse in viel größerem Maße, z.B. wie der vom Grobkorn

Die Fremdpartikel sind nicht besonders häufig, ihre Größenverteilung kann jedoch außerordentlich breit sein. Metallische Fremdpartikel verbleiben während des gesamten Herstellungs- und Sinterprozesses im Material und erzeugen Defekte, die sich im mechanischen und thermischen Verhalten (z.B. in den thermischen Ausdehnungskoeffizienten) dramatisch von der keramischen Matrix unterscheiden. Organische Partikel brennen aus und hinterlassen Poren. Beide Defektarten sind durch Manipulation des Prozesses nicht mehr zu eliminieren. Sie sind deshalb von Anfang an zu vermeiden.

Eine ideale Möglichkeit zur Eliminierung einer Kontamination mit Fremdpartikeln bietet die Reinraumtechnik. Sie wird schon seit längerem zur industriellen Verarbeitung von Materialien (z.B. in der Mikroelektronik) eingesetzt, weil dort auch kleinste partikelförmige Verunreinigungen die Zuverlässigkeit und Funktionsfähigkeit der Produkte (integrierte Schaltkreise, Substrate) gefährden. Im Unterschied dazu ist allerdings die Handhabung keramischer Pulver, die selbst nur Partikelgrößen im 100-μm-Bereich aufweisen und bei offener Handhabung sofort Konzentrationen von über 100000 Partikeln pro ft^3 erzeugen (Reinraumkonditionen <100 Partikel pro ft^3 = Klasse 100), ein Widerspruch zum eigentlichen Konzept der Staubfreiheit eines Reinraums. Geeignete Arbeitskonzepte umfassen vor allem das Manipulieren der Pulver in geschlossenen Container-Transportsystemen in Räumen der Klasse 100 und die weitere Verarbeitung (Dispergieren, Mahlen, Sprühtrocknen, Pressen) in Räumen höherer Klassen mit entsprechend geringeren Reinheitsforderungen.

Ist das keramische Pulver zum „Grünling“ verpreßt, besteht keine weitere Gefahr des Einbringens partikelförmiger Verunreinigungen: Für weitere Manipulationen sind Reinraumbedingungen nicht notwendig. In Bild 9 ist eine kostengünstige Alternative zur Reinraumtechnik erläutert, die industrielle Anwendung findet.

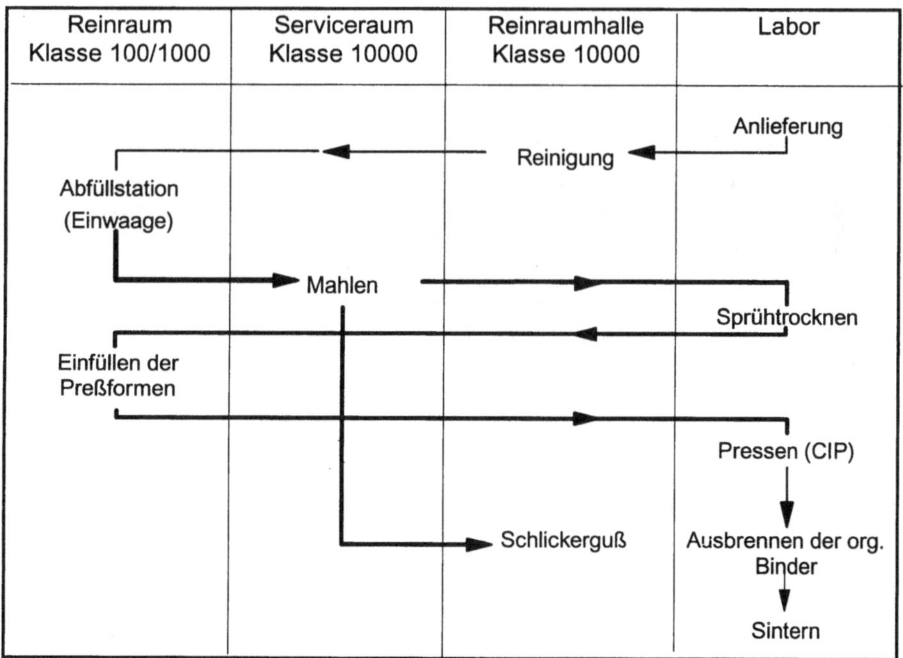

Bild 9. Flußdiagramm für die Herstellung von Siliciumnitridkeramiken unter Reinraumbedingungen. Für den Transfer zwischen den einzelnen Reinraumklassen werden speziell entwickelte Containersysteme eingesetzt, die das Material zuverlässig gegen Kontaminationen schützen. Auf diese Weise kann der Aufwand der Reinraumtechnik drastisch reduziert werden

Für die Porenbildung ist auch das Entstehen harter Granulate beim Versprühen des aufbereiteten Pulverschlickers (Sprühtrocknung) kritisch. Alle kritischen Porenbildungen können vermieden werden mit

- einer für diese keramischen Pulverschlicker maßgeschneiderten Verfahrenstechnik des Sprühtrocknens,
- der Wahl geeigneter Verflüssiger- und Bindermedien sowie
- einer optimierten isostatischen Preßtechnik.

Die Beherrschung dieser Aufbereitungsprozesse ist eine wichtige Voraussetzung dafür, daß Fremdpartikel oder Poren die mechanischen Eigenschaften der Sinterproben nicht mehr einschränken. Damit sind Festigkeiten zu erreichen, die tatsächlich materialspezifisch sind und von der Gefügeausbildung abhängen. Die Streubreite der Eigenschaftswerte wird dann unmittelbar von der Homogenität des eingestellten Gefüges beeinflußt. Voraussetzung ist hier allerdings, daß eine Bruchauslösung aufgrund von Oberflächendefekten beherrscht wird.

Drei typische Fehler, wie sie in Agglomeraten ultrafeiner Keramikpulver auftreten können, sind in Bild 10 als Beispiel wiedergegeben. Die von der Verarbeitungstechnik abhängige Fehlervielfalt ist letztlich die Ursache für die schwierige Reproduzierbarkeit der guten Eigenschaften von Hochleistungskeramiken, also letztlich der Unzuverlässigkeit. Es ist aber festzustellen, daß mit zunehmender verfahrenstechnischer Beherrschung des Herstellungsprozesses diese Nachteile weitgehend reduziert werden. Damit spielen sie eine immer geringere Rolle. Der Erfolg solcher Bemühungen läßt sich an der gesteigerten Festigkeit und Zuverlässigkeit der gesinterten Keramik ablesen. Als Maß für die Zuverlässigkeit wird der Weibull-Parameter m angegeben. Ein hoher Weibull-Modul charakterisiert eine geringe Streuung der Festigkeit, was schlechthin das Ziel jeder Keramikentwicklung für den Einsatz im Maschinen- und Motorenbau ist.

Zu Beginn der Untersuchungen war das Material völlig ungeschützt verarbeitet worden. Demzufolge enthielt es viele verschiedene Defekte, die in der Summe eine sehr unbefriedigende Festigkeit und eine schlechte Zuverlässigkeit ergaben. Über einige Zwischenstufen gelang es, Festigkeiten von über 1100 MPa mit geringen Schwankungen zu erreichen. Voraussetzung

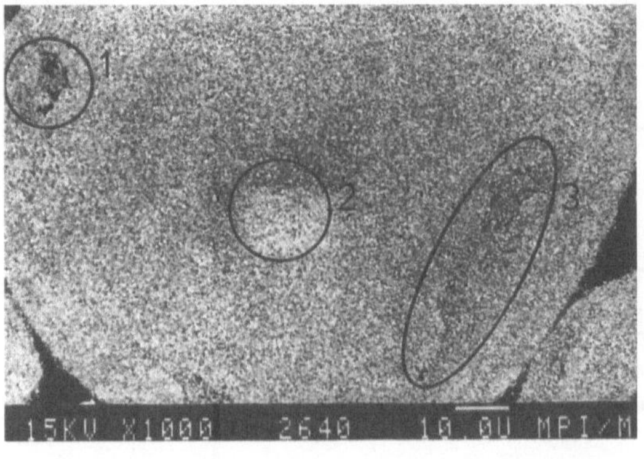

Bild 10. Rasterelektronenmikroskopische Aufnahme eines Agglomerats aus Al_2O_3/ZrO_2-Pulver mit drei typischen Fehlern:
1 = Pore;
2 = Zone hoher Dichte;
3 = Zone geringer Dichte

war aber das konsequente Vermeiden externer und prozeßinterner Defekte. Das drückt sich in einem besonders hohen Weibull-Parameter von $m = 32$ aus. Solche Werte sind durchaus mit denen von Metallen zu vergleichen und wurden bis vor kurzem für keramische Werkstoffe als nicht machbar angesehen. Eine hohe Zuverlässigkeit ist die Voraussetzung für eine sichere Lebensdauerprognose Grundlage jeder Konstruktion ist. Die Herstellung keramischer Werkstoffe erfordert also in sehr hohem Maße, mehr als das bei anderen Werkstoffen der Fall ist, die Anpassung

- der Ausgangspulver,
- der Verfahrenstechnik und
- der Prozeßparameter bei der Aufbereitung, der Formgebung und dem Sintern

sowohl an das Bauteil als auch an den Werkstoff. Es ist ein das Ganze beachtende Vorgehen vom Rohstoff bis zum Bauteil notwendig. Das ist eine Vorgehensweise, die bei Hochleistungskeramiken absolut erforderlich ist.

Die von der Oberfläche ausgehende Bruchauslösung ist nicht unmittelbar vom Material, sondern vor allem von der Oberflächenbeschaffenheit der Probe bzw. des Bauteils und den Eigenspannungsverhältnissen in oberflächennahen Bereichen abhängig: Sind die herstellungsbedingten Gefügedefekte eliminiert, hat die Oberflächenbearbeitung die entscheidende Bedeutung. Dabei geht es nicht nur darum, frei von Oberflächendefekten und Randeigenspannungen zu bleiben: Hier muß ein geeigneter Prozeß möglichst Druckeigenspannungen in der Oberfläche aufbauen, um die Festigkeit zusätzlich zu erhöhen.

4.5 Grünbearbeitung

Der Grünling kann, wie schon beschrieben, außerhalb des Reinraums bearbeitet werden. Die Grünbearbeitung ist die bei weitem wichtigste Bearbeitungsart der keramischen Bauteile. Härte und Festigkeit des Grünkörpers sind vergleichsweise niedrig, so daß Werkzeugverschleiß und Energiebedarf relativ gering sind. Es besteht zudem keine Notwendigkeit, mit Diamantwerkzeugen zu arbeiten - konventionelle Drehstähle genügen. Aus diesem Grund dient die Grünbearbeitung allen Herstellern zur endformnahen Formgebung. Wenn Keramiken erst einmal gesintert sind, können sie meist nur noch mittels kostenaufwendiger Diamanthartbearbeitung geschliffen oder gesägt werden.

Eine erfolgreiche Grünbearbeitung setzt die Kenntnis der Wechselwirkungen zwischen Pulver, Prozeßadditiven (Verflüssiger, Binder, Weichmacher, Preßhilfsmittel, Entschäumer sowie Restfeuchte) und den Bearbeitungsparametern voraus. Viele von den Grünbearbeitungsrezepten sind jeweils nur für die Herstellung eines speziellen Bauteils gültig. Für andere sind sie neu zu erarbeiten. Die Grünbearbeitung gehört zum strategischen „Know-how" der Hersteller, über das es so gut wie keine Veröffentlichungen gibt.

Als ein technisch wichtiges Beispiel für ein grünbearbeitetes Teil ist hier die Zündkerze (Bild 5) genannt. Sie erhält ihre Form, wie beschrieben, mit dem quasi-isostatischen Pressen. Die anschließende Grünbearbeitung vor dem Sintern erzeugt die Außenkontur.

4.6 Ausbrennen

Der am Ende der Formgebung und Grünbearbeitung vorliegende Grünkörper enthält immer noch die Prozeßhilfsstoffe. Mit einer thermischen Behandlung sind sie vollständig zu entfernen, bevor die eigentliche Verdichtung - das Sintern - beginnt. Bei Systemen mit geringem Hilfsstoffgehalt ist das relativ einfach. Das gilt speziell dann, wenn die Porenkanäle zur Oberfläche hin groß sind, so daß entstehende Gase leicht entweichen können. Bei feinstkörnigen Poren mit Porenkanälen im Bereich von einigen nm und hohen Anteilen an organischen Prozeßhilfsstoffen ist dieses Ausbrennen jedoch ein sehr zeitraubender Vorgang. Außerdem können dabei schon Schrumpfprozesse einsetzen.

Die mit dem Ausbrennen verbundenen Vorgänge beginnen an der Oberfläche und setzen sich in das Innere des Grünkörpers fort: Es entsteht temporär ein chemischer Gradient, der zumeist unterschiedliche Schrumpfungen und damit Spannungen zur Folge hat. Derzeit wird intensiv an Entwicklungen gearbeitet, die ein besonders schnelles und schädigungsfreies Ausbrennen zum Ziel haben.

4.7 Verdichtung und Gefügeausbildung

Nach dem Ausbrennen der organischen Prozeßhilfen erfolgt die Verdichtung der porösen Formkörper (Grünkörper) meist über einen Flüssigphasen-Sinterprozeß. Dabei schmelzen die Sinteradditive beim Aufheizen auf Sintertemperatur und bilden eine transiente flüssige Phase. Diese ermöglicht die Teilchenumlagerung und einen Lösungs- und Wiederausscheidungsprozeß. Das Kornwachstum der Teilchen wiederum kennzeichnet das letzte Sinterstadium.

Die lineare Schrumpfung der Grünkörper während des Sintervorgangs hängt von der Gründichte ab und beträgt zwischen 15% und 20%. Die Herstellung endformnaher Bauteile - bei diesen soll die Endbearbeitung möglichst gering sein - setzt eine definierte Gründichte voraus. Das gilt vor allem, wenn eine hohe Reproduzierbarkeit in der Fertigung angestrebt wird. Endformnahe Bauteile ergeben sich meist beim drucklosen Sintern.

Als weitere Verdichtungsverfahren sind noch das Gasdrucksintern (bis zu einem isostatischen Druck von 10 MPa) und das heiß-isostatische Pressen (mit Drücken bis zu 200 MPa) in Gebrauch. Dabei werden die Grünkörper zunächst drucklos vorgesintert, bis eine geschlossene Porosität vorliegt. Der anschließend aufgebrachte Druck beseitigt die restlichen Poren.

Das sehr viel kostenintensivere heiß-isostatische Pressen (HIP) mit Kapseltechnik (Kapselwerkstoffe sind Metall oder Glas) wird nur bei qualitativ hochwertigen Werkstoffen eingesetzt. Hier wird der eingekapselte Grünkörper bereits zu Beginn der Verdichtung mit Druckgas beaufschlagt. Damit lassen sich auch Werkstoffe verdichten, deren Kompaktierung mit drucklosen Sinterverfahren nicht gelingt. Der relativ kurze HIP-Prozeß führt außerdem zu extrem feinkörnigen, homogenen Gefügen.

Das Heißpressen (HP) - hier unterstützt ein mechanischer Druck den Sintervorgang - ermöglicht nur die Herstellung einfacher geometrischer Formen. Für deren Endabmessungen sind unter Umständen sehr aufwendige Nacharbeiten notwendig.

Die Sinterbedingungen haben entscheidenden Einfluß auf die Gefügeausbildung und damit letztlich auch auf die Eigenschaften. Drei Beispiele sehr unterschiedlicher Hochleistungskeramiken verdeutlichen dies.

4.7.1 Aluminiumoxid-Keramiken

Aluminiumoxid-Keramiken (Al_2O_3) haben ein breites Anwendungsspektrum, angefangen von Verschleißteilen im Maschinenbau über medizinische Implantate bis hin zu Tiegelmaterialien in der Schmelzmetallurgie. Entsprechend unterschiedlich sind auch die anfallenden Beanspruchungen [8]. Diesen unterschiedlichen Beanspruchungen ist die Qualität der Materialien anzupassen. Dabei spielt das optimierte, maßgeschneiderte Gefüge die entscheidende Rolle. So zeichnen sich keramische Dichtungsscheiben in modernen Wasserarmaturen durch längere Lebensdauer, vollständige Wartungsfreiheit und besondere Leichtgängigkeit aus; dafür sind Gefüge mit einer signifikanten Restporosität im Bereich bis zu 20 μm und einer ausgeprägten bimodalen Korngrößenverteilung geeignet: Es sind feine, fast equiaxiale Matrixkörner und längliche Einsprenglinge, die durch Sekundärkornwachstum beim Sintern entstanden sind, zu erkennen (Bild 11). Als Aus-

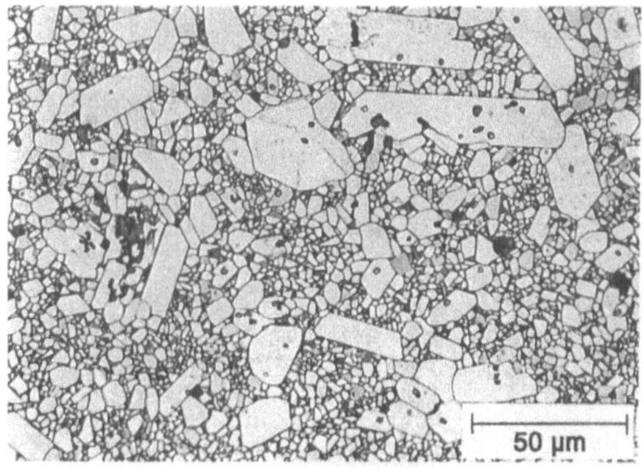

Bild 11. Lichtmikroskopische Aufnahme des Gefüges einer Al_2O_3-Dichtungsscheibe für Wasserarmaturen

gangsmaterial genügen relativ unreine Pulver mit einem Al_2O_3-Gehalt von etwa 96 Masse%. Die Additive Magnesiumoxid und Siliciumoxid dienen vor allem zur Steigerung der Sinteraktivität und zur Kontrolle des Kornwachstums. Das Material ist beim technischen Einsatz als Dichtungsscheibe nur relativ geringen mechanischen Belastungen ausgesetzt, so daß die Festigkeit nicht zu optimieren ist. Entscheidend ist vielmehr die Morphologie der funktionellen Dichtungsoberfläche. Vollständig porenfreie, glatte Oberflächen dichten besser ab, aber sie machen aufgrund der höheren Haftkräfte die Armaturen sehr schwergängig. Andererseits darf die Zahl der Oberflächenstörungen nicht so groß sein, daß die Dichtungsfähigkeit der Scheibe beeinträchtigt wird. In der Praxis hat sich ein Anteil von 50 bis 60 Vol.% an tragenden Körnern bewährt.

Al_2O_3-Qualitäten für Schmelztiegel weisen ein außerordentlich grobes Gefüge auf (Bild 12). Die ausgeprägte Restporosität ist erwünscht, weil sie eine hohe Temperaturwechselbeständigkeit garantiert. Das Gefüge von Al_2O_3-Keramiken für die Leuchtröhren in Natrium-Hochdrucklampen, wie sie in der Straßenbeleuchtung eingesetzt werden, muß dagegen aus äquiaxialen Grobkorn bestehen (Bild 13). Ein solches Gefüge gewährleistet

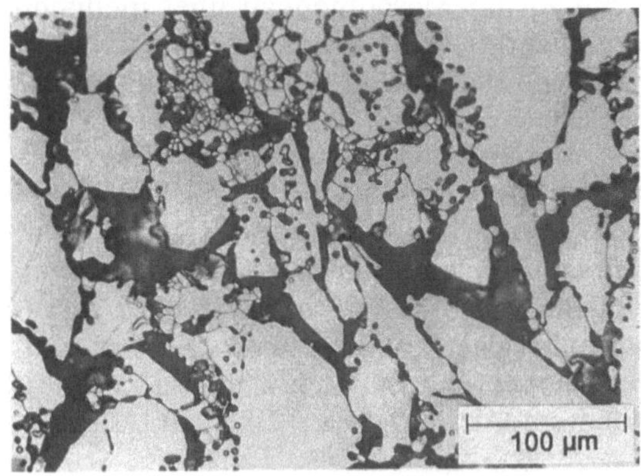

Bild 12. Lichtmikroskopische Aufnahme des Gefüges eines Al_2O_3-Tiegels

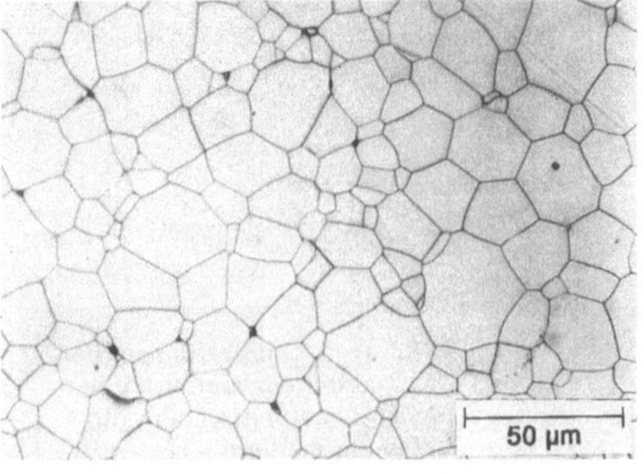

Bild 13. Lichtmikroskopische Aufnahme des Gefüges einer Al_2O_3-Leuchtröhre für Natriumdampflampen

Lichtdurchlässigkeit, hohe Druckfestigkeit und chemische Beständigkeit gegenüber Na-Dampf. Ein Heißpressen nach der Formgebung mittels Extrusion ergibt die hohe Dichte.

4.7.2 Zirkoniumdioxid-Keramiken

Zirkoniumdioxid-Keramiken (ZrO_2) verfügen sowohl über gute mechanische als auch über besondere elektrische Eigenschaften. Sie finden daher Anwendungen in sehr unterschiedlichen Bereichen, wobei wiederum die Gefüge-Eigenschaftsrelation ausschlaggebend ist. Es gibt vier Gefüge-Grundtypen, von denen drei ZrO_2-Legierungen zuzuordnen sind und eines einer Dispersionskeramik. Die Bilder 14a bis d zeigen die entsprechenden Gefüge und deren schematische Darstellung [9].

Das Gefüge in Bild 14a besteht aus grobem Korn und einer intergranularen Glasphase, die aus verschiedenen herstellungsbedingten Verunreinigungen, vornehmlich SiO_2, entstand. Die dazugehörenden Werkstoffe werden wegen ihrer guten elektrischen Leitfähigkeit - Grund ist die hohe Sauerstoff-Leerstellenkonzentration - zum Messen von Sauerstoff-Partialdrükken in Gasen oder in Metallschmelzen eingesetzt. Beispiel sind die Lambda-Sonden in mit Katalysatoren ausgerüsteten Kraftfahrzeugen.

Das in Bild 14b wiedergegebene Gefüge wird nach einem speziellen Sinterprogramm erzeugt. Zunächst wird bei hohen Temperaturen ($>$1700°C) gesintert. Es bildet sich ein grobes Gefüge, das eine intergranulare Glasphase enthält (ähnlich dem im Bild 14a). Dann bedingt eine gezielte Wärmebehandlung linsenförmige, kohärente Ausscheidungen einer zweiten Phase. Diese Ausscheidungen sind nur mit dem Elektronenmikroskop zu erkennen. (Teilbild 14b). Solche Gefüge haben eine hohe Bruchzähig- und Biegebruchfestigkeit. Sie sind als Teile mit guter Schlagfestigkeit im Maschinenbau erwünscht, beispielsweise als Drahtziehhülsen.

Das in Bild 14c abgebildete Gefüge ist sehr feinkörnig. Werkstoffe mit diesem Gefüge haben eine sehr hohe Biegebruchfestigkeit (zwischen 800 und 2400 MPa) und Bruchzähigkeiten von 6 bis 15 MPa $m^{1/2}$. Diese hervorragenden Eigenschaften bei Raumtemperatur und ihre hohe Verschleißbeständigkeit werden bei technischen Schneiden, z.B. an Messern und Scheren, genutzt.

Dispersionskeramiken haben den im Bild 14d gezeigten Gefügetyp. Dieser besteht aus einer keramischen Matrix (z.B. Al_2O_3 oder Mullit) mit eingelagerten ZrO_2-Körnern. Je nach Material liegt der ZrO_2-Anteil zwischen 3 bis 15 Vol.%. Die ZrO_2-Körner sind in der steifen Matrix eingespannt und erzeugen innere Druckspannungen. Letztere wirken sich günstig auf die Bruchzähigkeit und die Festigkeit aus. Entsprechende Werkstoffe mit Biegebruchfestigkeiten zwischen 500 und 1300 MPa und Bruchzähigkeiten zwischen 5 und 10 MPa $m^{1/2}$ finden in erster Linie Anwendung als Wendeschneidplatten für die spanende Bearbeitung von Metallen und Legierungen.

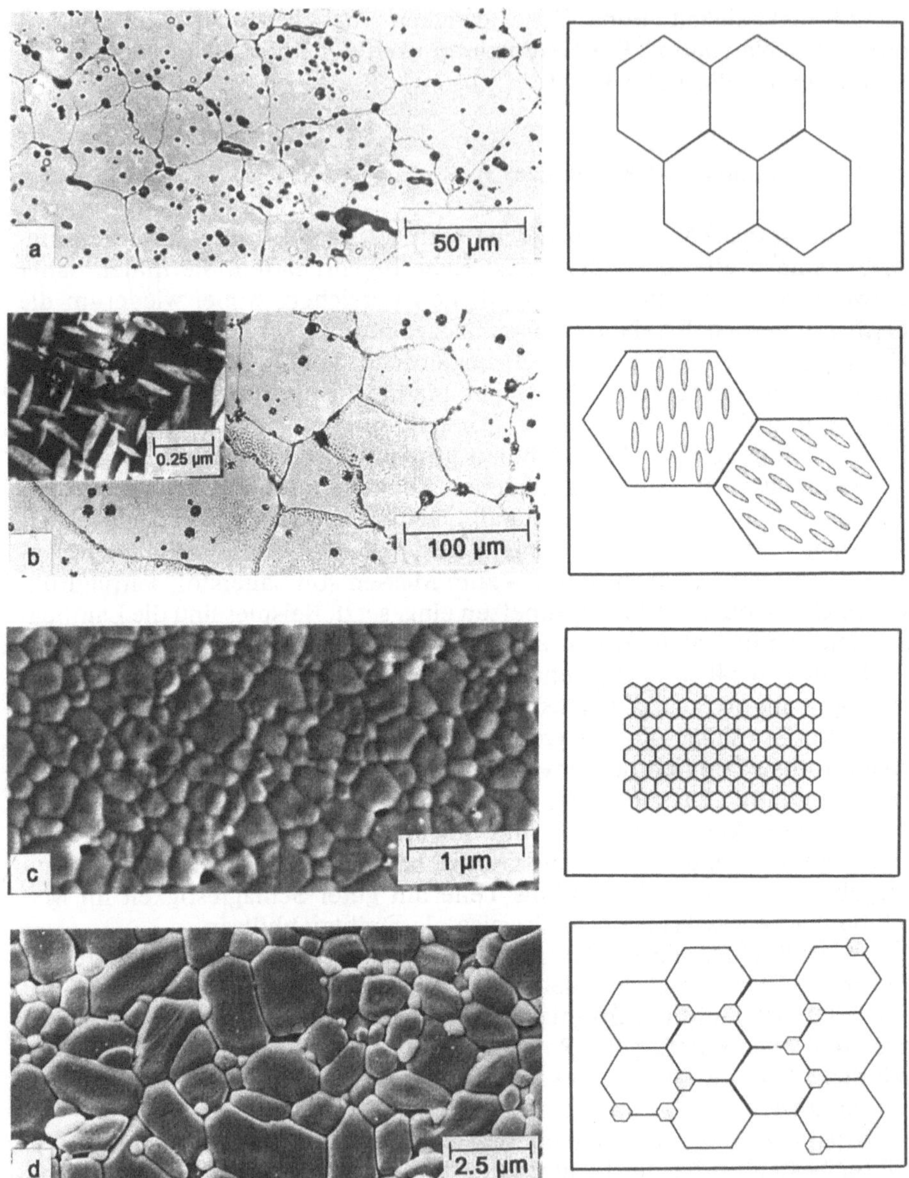

Bild 14a-d. Gefügetypen von ZrO_2-Keramiken. **a** ZrO_2-Keramik für Sauerstoffsensoren; **b** für Maschinenbauteile; **c** für Messerschneiden; **d** für Wendeschneidplatten

4.7.3 Siliciumnitrid-Keramiken

Siliciumnitrid-Keramiken (Si_3N_4) sind Legierungen des Siliciumnitrids, einer Verbindung mit hohem kovalenten Bindungsanteil von ca. 70%. Bei den leicht verzerrten Si_3N_4-Tetraedern, die die Grundbausteine dieses Gefüges sind, lassen sich zwei kristallographisch unterschiedliche Modifikationen feststellen: die stabile hexagonale β-Si_3N_4-Struktur und die metastabile trigonale α-Si_3N_4-Struktur. Analog zu den meisten anderen Nitriden und Karbiden besitzt Si_3N_4 bei Normaldruck keinen Schmelzpunkt, sondern einen Zersetzungspunkt (bei 1877°C). Die große Bindungsstärke der Si-N-Bindung, die auf den hohen kovalenten Bindungsanteil zurückzuführen ist, führt zu niedrigen Selbstdiffusionskoeffizienten der N_2-Atome im Kristallgitter. Si_3N_4 kann deshalb über eine reine Festkörperreaktion nicht verdichtet werden.

Für die Herstellung von dichten Keramiken aus Si_3N_4 gibt es zwei prinzipiell unterschiedliche Verfahren: Bei der Gruppe der reaktionsgebundenen Si_3N_4-Werkstoffe (RBSN) wird ein Formkörper aus metallischem Silicium nitridiert. Der Vorteil dieser Methode ist die geringe Schrumpfung von weniger als 1% während der Nitridierung; der Nachteil besteht in der hohen Restporosität von über 10%, die eine geringe Festigkeit ($<$400 MPa) zur Folge hat. Bei dem zweiten Herstellungsprozeß wird sehr feines Si_3N_4-Pulver mit Sinteradditiven vermischt und anschließend gesintert. In Abhängigkeit vom maximalen Prozeßdruck wird zwischen normaldruckgesintertem (SSN), gasdruckgesintertem (GPSN), heiß-isostatisch gepreßtem (HIPSN) und heißgepreßtem Si_3N_4 (HPSN) unterschieden. Bei allen vier Prozeßvarianten wird mit dem Flüssigphasen-Sintern verdichtet. Die am häufigsten verwendeten Sinterhilfsmittel sind Oxide wie Y_2O_3, Al_2O_3, MgO und die Oxide der Seltenen Erdmetalle. Beim Aufheizen des Grünkörpers bilden diese Oxide mit dem auf den Si_3N_4-Pulverteilchen vorhandenen SiO_2 zunächst silikatische Schmelzen, deren Zusammensetzung durch Lösung von Si_3N_4 mit steigender Temperatur zu oxinitridischen Schmelzen verändert wird. Der bei der Verdichtung stattfindende Lösungs-Wiederausscheidungsprozeß ist mit einer Phasenumwandlung von α- nach β-Si_3N_4 gekoppelt. Der Weg von der homogenen Ausgangspulvermischung zum dichtgesinterten Gefüge ist in Bild 15 schematisch dargestellt. Aufgrund der hexagonalen Kristallsymmetrie der β-Modifikation wachsen die Kristallite bevorzugt in Richtung der kristallographischen c-Achse. Die damit verbundene Ausbildung eines whiskerähnlichen Gefüges wird als In-situ-Verstärkung bezeichnet [10]. Optimierte Si_3N_4-Werkstoffe haben Biegebruchfestigkeiten zwischen 800 und 1300 MPa und Bruchzähigkeiten von 5 bis 10 MPa $m^{1/2}$.

Untersuchungen zur Gefügeentwicklung zeigen, daß bei den meisten kommerziell erhältlichen Si_3N_4-Pulvern nur ein Teil der im Ausgangspulver vorhandenen β-Teilchen wachstumsfähig ist; α- und kleinere β-Si_3N_4-Pulverteilchen lösen sich während der Phasenumbildung auf. Die mittlere Korngröße in einem gesinterten Gefüge kann somit über die Zahl und

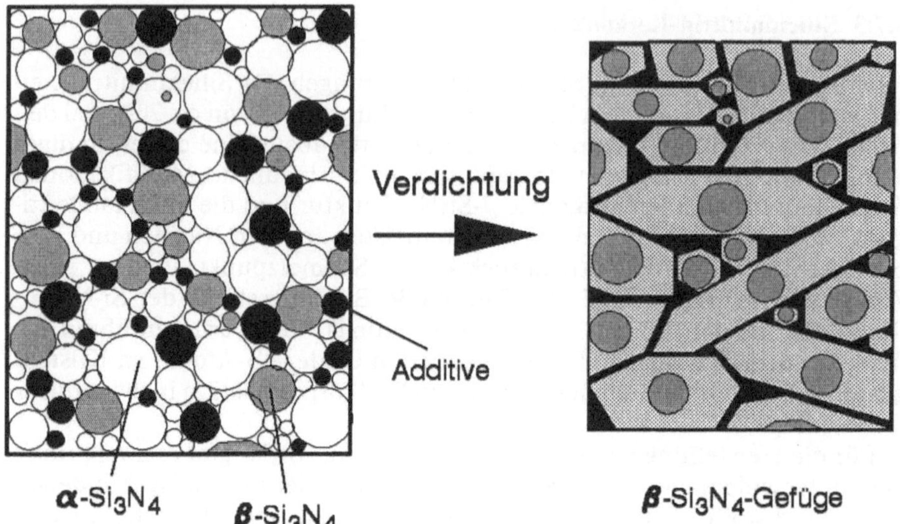

Bild 15. Schematische Darstellung der Gefügeausbildung in β-Si_3N_4-Keramiken. Die β-Körner im Ausgangspulver dienen als Wachstumskeime für die Si_3N_4-Kristalle. Die Additive bilden nach der vollständigen Verdichtung eine amorphe oder teilkristalline Korngrenzenphase

Größe der wachstumsfähigen „β-Keime" des Ausgangspulvers gesteuert werden. Bei einer hohen Dichte von β-Keimen im Ausgangspulver kommt es zu einer sterischen Wachstumsbehinderung der Teilchen, so daß im Extremfall feinkörnige, equiaxiale Gefüge entstehen, bei denen der Effekt der In-situ-Verstärkung fehlt.

Neben der Möglichkeit der Gefügesteuerung mittels der β-Teilchen im Ausgangspulver können Korngröße und -morphologie auch über die Sinterbedingungen kontrolliert werden: Ein gezieltes Kornwachstum ergibt beispielsweise einen hochfesten oder einen extrem zuverlässigen Werkstoff. Die Bilder 16a bis d zeigen eine typische Festigkeitsverteilung (Weibull-Diagramm) einer fein- und grobkörnigen Si_3N_4-Keramik und die entsprechenden Gefüge [10]. Die rasterelektronenmikroskopischen Aufnahmen der geätzten Schliffe zeigen die nadelförmige Kornstruktur und den hohen Anteil einer weiß erscheinenden Korngrenzenphase, die aus den Additiven gebildet wird. Diese Korngrenzenphase hat zwei entscheidende Einflüsse auf die mechanischen Eigenschaften der Werkstoffe. Einerseits muß sie schwach genug sein, damit ein Riß entlang der Korngrenze verläuft, so daß die verschiedenen zähigkeitssteigernden Mechanismen wirksam werden können; andererseits bestimmt sie das Verhalten des Werkstoffs bei Temperaturen über 1000°C. Bild 17 zeigt eine hochauflösende, transmissionselektronische Aufnahme einer Korngrenze zwischen zwei benachbarten Si_3N_4-Körnern [11]. Die Dicke dieses „Korngrenzenfilms" ist von der Zusammensetzung abhängig und liegt zwischen 1 und 2 nm. Trotz dieser geringen Dimension werden die gesamten Werkstoffeigenschaften im Hochtemperaturbereich

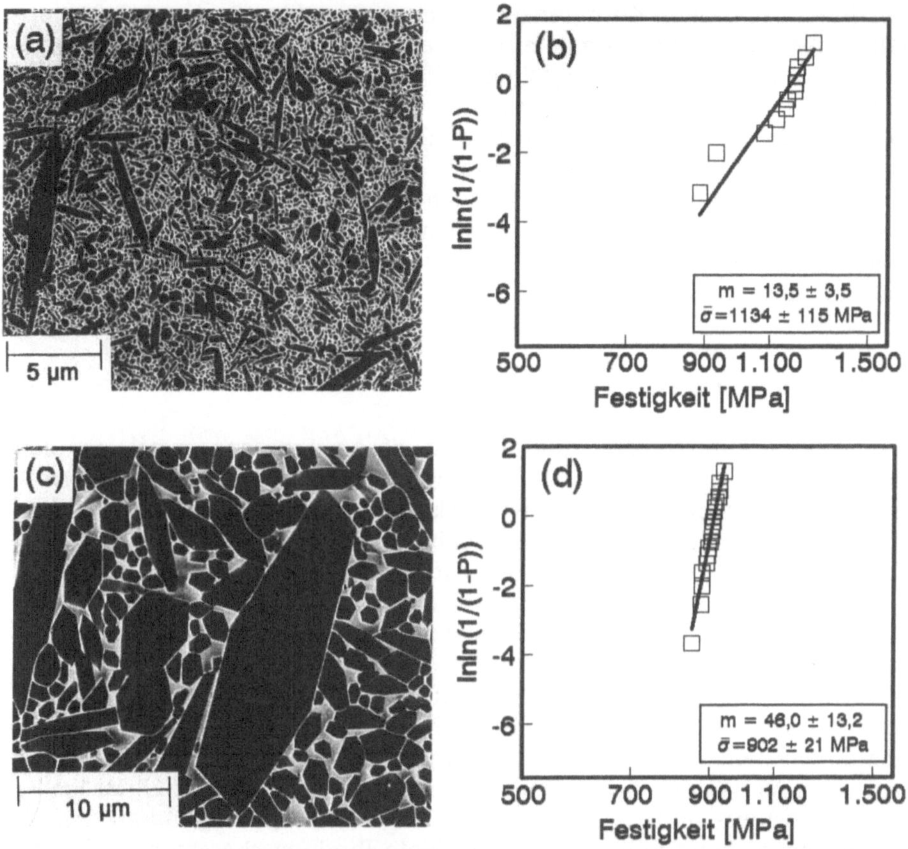

(a)
5 µm
(b)
lnln(1/(1-P))
m = 13,5 ± 3,5
σ̄=1134 ± 115 MPa
500 700 900 1.100 1.500
Festigkeit [MPa]
(c)
10 µm
(d)
lnln(1/(1-P))
m = 46,0 ± 13,2
σ̄=902 ± 21 MPa
500 700 900 1.100 1.500
Festigkeit [MPa]

Bild 16a-d: Festigkeitsverteilung für Si_3N_4-Keramiken mit unterschiedlicher Korngrößenverteilung. Die Steigung (m) im Weibull-Diagramm ist ein Maß für die Streuung der Festigkeitswerte. Feinkörnige Werkstoffe (**a**) zeichnen sich durch eine hohe mittlere Festigkeit aus (1134 MPa), aber eine relativ große Streuung der Einzelwerte (**b**). Grobkörnige Werkstoffe (**c**) haben eine etwas niedrigere mittlere Festigkeit (902 MPa) bei einem sehr hohen Weibull-Modul (**d**)

Si3N4
Si3N4
4 nm

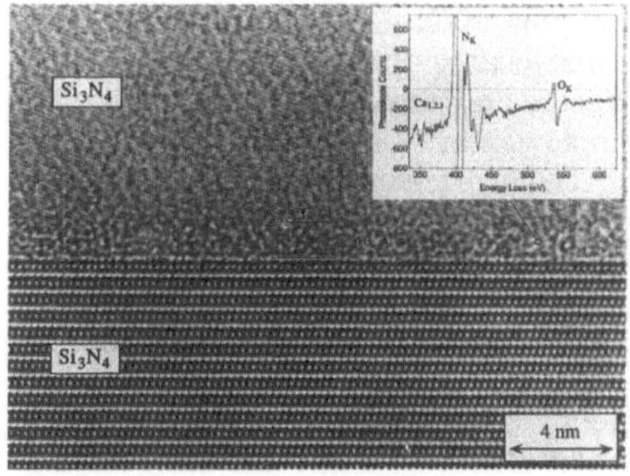

Bild 17. Hochauflösende TEM-Aufnahme eines Korngrenzenfilms in einer Si_3N_4-Keramik. Die Dicke der Schicht beträgt 1,3 nm. Das EELS-Spektrum der Korngrenze zeigt eine Anreicherung von CaO im Film [12]

von diesem amorphen Korngrenzenfilm dominiert. Ursache ist, daß er oberhalb einer bestimmten Temperatur erweicht. Diese Temperatur liegt - je nach Zusammensetzung - zwischen 800°C und 1200°C. Die starren Si_3N_4-Körner können dann auf dem erweichten Film gleiten. Unter Zugspannung wird das Material dann makroskopisch deformiert, Porenbildung schädigt es. Die Hochtemperatureigenschaften lassen sich teilweise verbessern, wenn die Korngrenzenphasen im Bereich der Tripelpunkte mit einer gezielten Wärmebehandlung nach der Verdichtung auskristallisiert werden. Dagegen sind die Korngrenzenfilme zwischen zwei parallelen Si_3N_4-Kristallflächen nicht kristallisierbar [12].

4.8 Endbearbeitung (Hartbearbeitung)

Formgebungs- und Verdichtungsprozesse, die zu abmessungsgetreuen oder abmessungsnahen Bauteilen führen, sind das erklärte Ziel bei der Herstellung von Bauteilen aus Hochleistungskeramiken (net oder near net shaping). Wenn es nicht gelingt, die Endabmessungen der Bauteile nach den Verdichtungsprozessen zu erreichen, ist nachzuarbeiten. Sie ist wegen der hohen Härte der Hochleistungskeramiken meist sehr aufwendig und kostspielig. Nicht selten macht die Nachbearbeitung bis zu 80% der gesamten Produktionskosten aus.

Für die Endbearbeitung der Hochleistungskeramiken gibt es verschiedene Verfahren [5, 13-17], die meistens in anderen Beiträgen dieses Buches ausführlich behandelt werden. Als Beispiele seien genannt: das Schleifen und seine Varianten, das Honen und das Läppen sowie die Ultraschall-, Funkenerosions- und Laserbearbeitung.

Der überwiegend ionische und kovalente Bindungscharakter der Hochleistungskeramiken schließt plastische Deformationen als tragende Mechanismen weitgehend aus. Die materialinhärente Sprödigkeit ist eine weitere grundsätzliche Limitierung. Es besteht ein leicht nachzuvollziehender Zusammenhang zwischen Abtragsleistung und Materialschädigung. Beispielsweise zeigt es sich bei der Mehrzahl der bisher bekannten Schleiftechniken, daß besonders gute Oberflächenqualitäten nur dann erzielt werden konnten, wenn die Abtragsleistung sehr gering ist, also bei Bearbeitungen wie Läppen und Polieren. Die Anwendung energiereicherer Schleifverfahren führte häufig zur Oberflächenschädigung und damit zur Erniedrigung der Materialfestigkeit. In den letzten Jahren wurden verschiedene Versuche unternommen, aus dieser zwingenden Gegensätzlichkeit herauszukommen und Schleifverfahren zu entwickeln, die nach anderen Gesetzmäßigkeiten arbeiten. Es wurden Parameterstudien zur Wechselwirkung von Prozeßparametern, Spannungen und Festigkeiten für das Pendelschleifen, für das Tiefschleifen, für das Ultraschallschwingläppen und für weitere Verfahren erprobt [18-20].

Die Herstellung eines hochwertigen, maßgenauen Bauteils mit definierten funktionellen Oberflächen erfordert allerdings nicht nur das Studium der Bearbeitungsprozeßparameter, sondern auch der Wechselwirkung zwischen Bearbeitung und Werkstoffgefüge. Untersuchungen mit verschiedenen Korngrößen bei gleicher Bearbeitung wurden modellmäßig von Telle [21] an Aluminiumoxid durchgeführt. Dabei stellte sich heraus, daß feinkörnige Aluminiumoxid-Gefüge weniger Schädigungen erfahren als grobkörnige. Speziell das Ausbrechen ganzer Gefügebereiche bei hohen Zustellkräften war bei feinkörnigen Gefügen geringer ausgeprägt. Derartige Befunde wurden für fast alle Keramiktypen erhalten.

Die Neigung von spröden Keramikwerkstoffen, auf bestimmte Schleifbedingungen mit Ausbrüchen zu reagieren, kann jedoch auch zur Erzeugung definierter Oberflächen genutzt werden. Ein Beispiel hierfür sind die erwähnten Aluminiumoxid-Dichtscheiben für Wasserarmaturen. In diesem Anwendungsfall ergab die Ausbruchempfindlichkeit des Materials Vorteile: kostengünstige Bearbeitung einerseits und Einstellen einer definierten funktionellen Oberfläche andererseits.

Es gibt eine Reihe keramischer Bauteile, die eine hohe Oberflächenqualität erfordern. Dazu gehören fast alle lasttragenden Teile im Motorenbau. Um sowohl hohe Abtragsraten zu erzielen als auch gute Oberflächenqualitäten herzustellen, sind bestehende Bearbeitungstechniken enorm zu modifizieren. In letzter Zeit häufen sich die Indizien, daß dies mit dem Hochgeschwindigkeitsschleifen möglich ist. Als Beispiel sei die Bearbeitung eines keramischen Auslaßventils aus Siliciumnitrid genannt, das im Sitzbereich und im Schaft mit dem Außenrundschleifen zu bearbeiten ist. Alle Versuche in der Labor- und Upscaling-Phase zeigten die übliche Gegensätzlichkeit von steigender Abtragseffizienz und abnehmender Werkstoffqualität.

Das Hochgeschwindigkeitsschleifen mit Umfangsgeschwindigkeiten von 120 m/s, hohen Vorschüben und hohen Zustellraten ergab eine andere Situation [22]. Bild 18 zeigt breite, glatte Riefen im Abstand von einigen μm und dazwischen Serien von Ausbrüchen. Die Oberflächenrauhigkeit ist also relativ groß. Die glatten Riefen deuten auf sehr hohe Temperaturen während der Zerspanung hin. Vermutlich wird das Material so heiß, daß die Glasphase erweicht und das Material nicht mehr linear elastisch ist. Deshalb

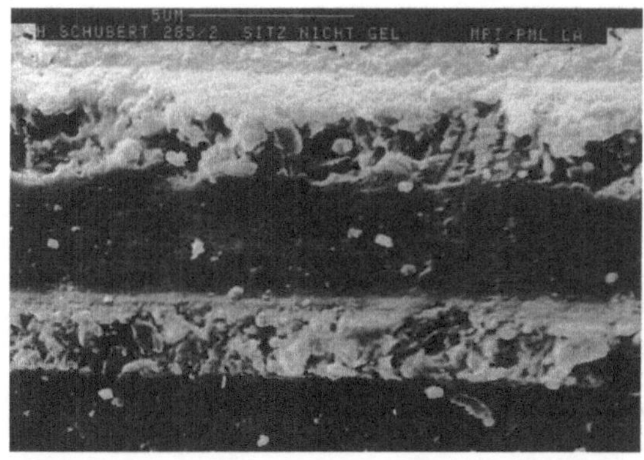

Bild 18. Draufsicht auf den Ventilsitz eines Si_3N_4-Auslaßventils. Das Hochgeschwindigkeitsschleifen (Außenrundschleifen) ergibt charakteristische tiefe Riefen, die von Ausbrüchen getrennt sind

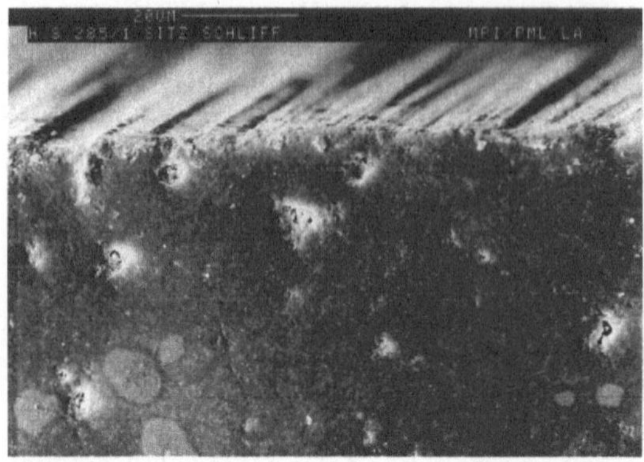

Bild 19. Querschliff (keramographische Präparation) des Sitzbereichs. Trotz der hohen mechanischen Beanspruchung bei der Bearbeitung werden keine festigkeitsschädigenden Risse beobachtet. Probe wie in Bild 18

reagiert es auch nicht mit Spannung und Rißbildung auf die aufgebrachten Kräfte. Mikrosondenuntersuchungen bestätigten die hohe Temperatur: Oberflächenoxidation wurde ermittelt. Untersuchungen an Querschnitten (Bild 19) zeigten zwar die Oberflächenrauhigkeit, aber keinerlei Rißbildung unter der Oberfläche. Dies bestätigten auch transmissionselektronenmikroskopische Aufnahmen: Es wurden keinerlei Hinweise auf Versetzungen und Risse festgestellt. Dafür wurden jedoch ausgedehntere Spannungen gemessen, die bis in eine Tiefe von etwa 50 μm unter der geschliffenen Oberfläche reichen. Die Festigkeit solcher Oberflächen ist keineswegs schlechter als die von polierten Oberflächen, wie neuere Untersuchungen ergaben. Wie aus Tabelle 3 hervorgeht, steigen mit zunehmender Bearbeitungsintensität (von a nach d) die mittlere Festigkeit, vor allem die Minimalfestigkeit und der Weibull-Modul. Vermutlich bewirken die Andruckkräfte beim Schleifen in Kombination mit der hohen Temperatur eine Deformation (Hochtemperaturkriechen), die sich nach dem Abkühlen als Eigenspannung bemerkbar macht. Als Kriechmechanismus kann ein Korngrenzengleiten angenommen werden, denn mikroskopisch ließen sich keine Versetzungen nachweisen.

Tabelle 3. Mit steigender Bearbeitungsintensität (höherer Vorschub und höhere Eingrifftiefe; von a nach d in Spalte 1) wurde beim Hochgeschwindigkeitsschleifen eine Steigerung der mittleren Werkstoffestigkeit erreicht (Spalte 2). Vor allem steigen Minimalfestigkeit (4. Spalte), Standardabweichung s (5. Spalte) und Zuverlässigkeit (Weibull-Modul, Spalte 6)

Bearbeitungsintensität	mittlere Biegefestigkeit des Ventil-Schaftes (MPa)	σ_{max} (MPa)	σ_{min} (MPa)	s (MPa)	Weibull Modul m
a	1101	1206	780	153	8
b	1081	1171	793	90	20
c	1101	1202	1036	58	21
d	1137	1227	1036	59	21

Der Einsatz dieses Hochgeschwindigkeitsschleifens machte es möglich, die gesamte Bearbeitungszeit der Ventile auf unter eine Minute zu senken. Es ist zu erwarten, daß sich solche Schleiftechniken, die sehr gute Oberflächenqualitäten erzeugen, durchsetzen, weil sie einen großen Teil der Schleifkosten einsparen können.

5 Schlußbemerkung

Neben den unbestreitbaren Erfolgen der Hochleistungskeramiken ist nicht zu übersehen, daß sich der „großartige Durchbruch auf der ganzen Linie", wie er oft euphorisch zum Ausdruck gebracht wurde, in der Realität eher zögernd vollzieht. Für den Fachmann, der weiß, daß der Weg von einem vielversprechenden Forschungsergebnis bis zur Großfertigung weit ist und über viele, oft extrem schwierige Details und Voreingenommenheiten führt, ist das weniger überraschend. Die Gründe für die zögerliche Einführung statt eines raschen Durchbruchs auf breiter Marktfront sind technische Probleme bei der Herstellung und Verarbeitung, ungenügende Kenntnisse bei der Konstruktion und Handhabung sowie die inhärente Sprödigkeit. Hochleistungskeramiken sind schwierige Werkstoffe, deren Beherrschung noch keine Routine ist, und zu deren technischer Optimierung viele Kenntnisse und Erfahrungen fehlen: Forschung und Entwicklung sind weiterhin vonnöten. Die Beherrschung der Hochleistungskeramiken gilt zunehmend als eine Voraussetzung für künftige Entwicklungen in der Technologie, und zwar nicht nur im High-Tech-Bereich. Nur mit ihrer Hilfe sind manche technischen Konzepte zu verwirklichen, die bisher am Fehlen geeigneter Werkstoffe scheiterten. Die Hochleistungskeramiken eröffnen also grundsätzlich neue Möglichkeiten der Werkstoffe als Schlüsseltechnologie. Darüber hinaus werden sie natürlich auch zu traditionellen Werkstoffen in Konkurrenz treten, wenn das Preis-Leistungs-Verhältnis stimmt.

Literatur

1. Petzow, G. u.a.: Mechanisch und thermisch hochbelastbare Keramikwerkstoffe. Ber. I. Sympos. Materialforsch. 1994 d. BMFT
2. Petzow, G.: Gefügeoptimierung von Hochtechnologie-Keramiken. Prakt. Metallogr. 25 (1988) 53
3. Petzow, G.; Aldinger, F.: Hochleistungskeramiken - vielversprechende, aber schwierige Werkstoffe. Spekt. d. Wiss.1 (1993) 102
4. Aldinger, F.: Advanced ceramics - a challenge for powder technology. In: Huppmann, W. J. u.a.(Hrsg.): Powder Metallurgy 86 - State of the Art. Freiburg: Schmid 1978
5. Spur, G.: Keramikbearbeitung. München: Hanser 1989
6. Aksay, J.A.; Schilling, C.H.: Mechanics of colloidal filtration. Adv. Ceram., Vol. IX (1984)
7. Schubert, H.: Aufbereitung und prozeßbegleitende Analyse von Si_3N_4 unter Reinraumbedingungen. In: Proceed. 2. Sympos. Mat.forsch. BMFT. Köln: TÜV Rheinland 1991

8. Carle, V. u.a.: Keramographie von Hochleistungskeramiken - Werkstoffbeschreibung, Präparation, Ätztechniken und Gefügebeschreibung, T. VIII: Aluminiumoxid. Veröff. demn. i. Prakt. Metallogr.
9. Schäfer, U. u.a.: Keramographie von Hochleistungskeramiken - Werkstoffbeschreibung, Präparation, Ätztechniken und Gefügebeschreibung, T. III: Zirkoniumdioxid. Prakt. Metallogr. 28 (1991)
10. Hoffmann, M.J.; Petzow, G.: Microstructural design of Si3N4-based ceramics. In: Chen, I.W. u.a. (Hrsg.): Silicon nitride ceramics - scientific and technological advances. MRS-Sympos. Proceed., Vol 287. Mat. Res. Soc., Pittsburgh (USA) 1993, 3
11. Kleebe, H.-J. u.a.: Influence of secondary phase chemistry on grain-boundary film thickness in silicon nitride. Z. Metallkde. 83 (1992) 610
12. Hoffmann, M.J.: High-temperature properties of Yb-containing Si3N4. In: Hoffmann, M.J.; Petzow, G. (Hrsg.): Tailoring of mechanical properties of Si3N4 ceramics. NATO ASI Series, Series E: Applied sciences. Kluwer Academic Publishers (1994) 233
13. Popp, M.: Hartbearbeitung - der entscheidende Schritt zum funktionsfähigen Keramikbauteil. In: Proceed. 2. Sympos. Mat.forsch. BMFT, Bd. II. Köln: TÜV Rheinland 1991
14. Meiners, E.: Dreidimensionale Keramikbearbeitung mit Festkörperlaser. Werkst. u. Innov. 4 (1992) 14
15. Haas, R.: Ultraschallerosion für dreidimensionales Bearbeiten keramischer Werkstoffe. Werkst. u. Innov. 4 (1991) 31
16. Vogel, M.: Ultraschallschwingläppen von Siliziumnitrid und Aluminiumoxidkeramiken. Diss. Univ. Karlsruhe 1992, auch: Schr.R. d. Inst. Keramik i. Masch.bau, IKM 005
17. Arnold, J. u.a.: Herstellung von Mikrostrukturen in SiC-Gleitringen mit dem Excimerlaser. Laser- und Optoelektronik 25 (1993) 66
18. König, H.; Zaboklicki, A.: Laserunterstützte Drehbearbeitung von Siliziumnitrid-Keramik. VDI-Z 135 (1993) H. 6, S. 34
19. Tönshoff, H.K. u.a.: Einfluß der Werkstoffeigenschaften und des Herstellungsprozesses auf die Spanbildungs- und Abtragungsmechanismen bei der spanenden Bearbeitung keramischer Hochleistungswerkstoffe. Veröff.demn. i.: Hochleistungskeramiken - Aufbau, Eigenschaften. Beitr. z. Abschlußkolloq. Schwerpktprog. Keramische Hochleistungswerkstoffe d. DFG, 1994
20. Grathwohl, G.: Bearbeitungsbedingte Defektstrukturen und mikrostrukturelle Ursachen der Ermüdung von Hochleistungskeramiken. Veröff. demn. i.: Hochleistungskeramiken - Herstellung, Aufbau, Eigenschaften. Beitr. z. Abschlußkolloq. Schwerpktprog. Keramische Hochleistungswerkstoffe d. DFG, 1994
21. Telle, R.: Spanbildungsmechanismen und Randzonenschädigung bei der Hartbearbeitung von Al2O3-Keramiken mit variierter Korngröße. Veröff. demn. i.: Hochleistungskeramiken - Herstellung, Aufbau, Eigenschaften. Beitr. z. Abschlußkolloq. Schwerpktprog. Keramische Hochleistungswerkstoffe d. DFG, 1994
22. Schubert, H. u.a.: SEM, TEM and microprobe investigations on Si3N4 valves. Veröff. demn. i.: Proceed. 5th Conf. on Mat. Comp. for Engines, Shanghai (China) 1994

Laser - Neue Strahlquellen und Einsatzfelder

H. Hügel

Inhalt: Entwicklungstendenzen - Bedeutung der Strahleigenschaften - Diffusions- und strömungsgekühlte CO_2-Laser - Lampen- und diodengepumpte Festkörperlaser - Anlagentechniken - Anwendungen

1 Einleitung

Wiewohl der Laser als ein für unterschiedliche Bearbeitungsaufgaben einsetzbares und damit besonders flexibles Werkzeug gelten darf, zeigt sich in den konkreten Anwendungen doch eine recht starre Zuordnung von Aufgabe und Lasertyp. Diese Tendenz verstärkt sich einerseits durch kundenspezifische Anforderungen, andererseits ist abzusehen, daß es infolge von Neuentwicklungen auf dem Gebiet der Laserstrahlquellen zu Überlappungen bezüglich ihrer bisher üblichen Einsatzgebiete kommen wird.

Dies gilt beispielsweise für das schon klassische Laserschneiden und -schweißen im Kilowattbereich und für den Einsatz des Lasers bei fein- und mikrotechnischen Applikationen. Im erstgenannten Bereich sind kontinuierlich arbeitende Festkörperlaser interessante Alternativen zum CO_2-Laser geworden, die dem Anwender eine echte Wahl des geeignetsten Geräts erlauben. Dieser Aspekt und Entwicklungstendenzen der beiden Lasertypen stehen im Mittelpunkt der vorliegenden Abhandlung. Auf die Situation in der Feinbearbeitung, wo sich mit Excimerlasern und frequenzvervielfachten Festkörperlasern zum Teil die gleichen Ergebnisse erzielen lassen, kann in diesem Rahmen nicht eingegangen werden.

2 Entwicklungstendenzen

2.1 Marktprognosen

Die weltweiten wirtschaftlichen Schwierigkeiten der vergangenen Jahre sind nicht ohne Auswirkungen auch auf den Markt für Lasersysteme zur Materialbearbeitung geblieben. Während bis etwa 1990 hier zweistellige Zuwachsraten zu verzeichnen waren, führte insbesondere ein drastischer Einbruch in Japan zu einem Rückgang des Weltmarktes um etwa 7%.

Ungeachtet des Nachfragerückgangs auch in Deutschland konnte indessen die hiesige Produktion von Strahlquellen nahezu unverändert erhalten bleiben. Die Ursache hierfür wird in einer positiven Marktentwicklung vor allem in den USA und in Westeuropa gesehen [1]. Insgesamt geht diese Studie davon aus, daß eine Reihe von Faktoren zusammenwirkend einen neuerlichen und deutlichen Anstieg des Marktes für Lasersysteme erwarten läßt.

Im Hinblick auf die Fertigungstechnik werden als wichtige Aspekte unter anderem ein recht geringer Diffusionsgrad der Lasertechnik, ihr bei weitem noch nicht ausgeschöpftes Technologiepotential und mit der technischen Entwicklung einhergehende neue Anwendungsfelder angeführt. Die Prognosen zur Entwicklung der regionalen Verteilung des Weltmarktes sind in Bild 1 - nach [1] tragen außerhalb Westeuropas, Japans und der USA liegende Märkte heute nur etwa 4% und im Jahr 2000 maximal 10% bei - und zu den wichtigsten Anwendungssektoren in Bild 2 wiedergegeben.

Dieser Beitrag befaßt sich schwerpunktmäßig mit den Strahlquellen und ihren Anwendungen, die den in Bild 2 mit Schneiden und Schweißen gekennzeichneten Anteilen zuzuordnen sind.

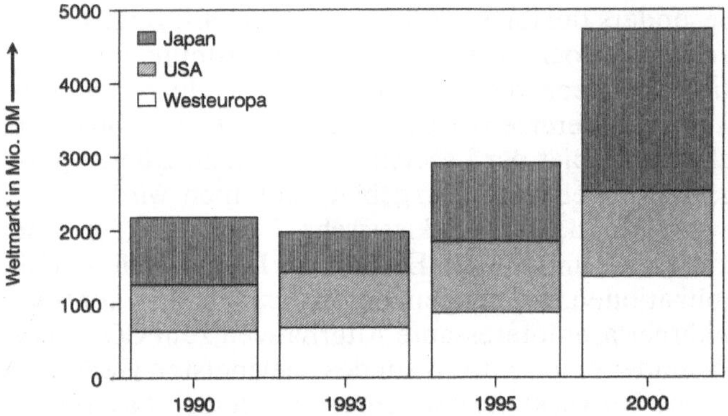

Bild 1. Entwicklung des regionalen Weltmarktes für Lasersysteme zur Materialbearbeitung (Quelle: Optech Consulting)

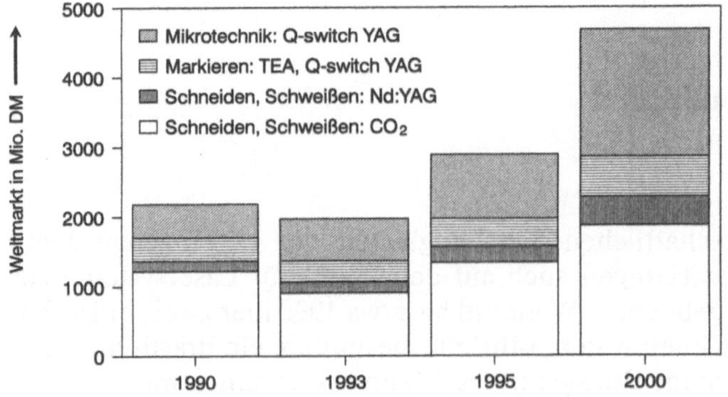

Bild 2. Entwicklung des Weltmarktes der wichtigsten Anwendungsfelder (Quelle: Optech Consulting)

2.2 Technische Entwicklungen

Was die technologische Weiterentwicklung von Laserstrahlquellen anbelangt, so begannen sich in den vergangenen drei Jahren Tendenzen abzuzeichnen, die sich zunehmend verdich-teten und sich auch fortsetzen werden. Einige, von denen bedeutende Impulse für die Fertigungstechnik zu erwarten sind, seien der Diskussion des Standes der jeweiligen Lasertypen vorgreifend hier angeführt.

Bis vor kurzem waren die Anwendungsgebiete von CO_2- und Nd:YAG-Lasern schwerpunktmäßig recht klar aufgeteilt. Aufgrund physikalischer Gegebenheiten sind CO_2-Laser mit hohem Wirkungsgrad und guter Strahlqualität prädestiniert, den Bereich hoher kontinuierlicher Leistungen abzudecken. Damit findet dieser Lasertyp vorwiegend dort Anwendung, wo je Zeiteinheit viel Energie für den Bearbeitungsprozeß benötigt wird, beispielsweise beim Schneiden und Bahnschweißen mit hohen Geschwindigkeiten oder bei Aufgaben, wo große Abmessungen zur Bearbeitung anstehen.

Nd:YAG-Laser hingegen eignen sich aufgrund ihrer hohen Verstärkung vor allem für gepulsten Betrieb mit sehr hohen Impulsleistungen aber dabei niedrigen mittleren Leistungen. Derartige Geräte werden daher vorzugsweise dort eingesetzt, wo die niedrige thermische Belastung des Bauteils ein wichtiges Anforderungskriterium ist, also bei Anwendungen vor allem in der Feinwerktechnik und Elektronikindustrie. Das Punktschweißen und Feinschneiden sind dafür typische Verfahren.

Die Entwicklung von immer leistungsfähigeren Nd:YAG-Lasern für den kontinuierlichen Betrieb wird indessen diese Aufteilung verwischen. So bietet die heutige Verfügbarkeit derartiger Geräte mit einigen kW erstmals die Möglichkeit, für Aufgaben in diesem Leistungsbereich unter anwendungsspezifischen Gesichtspunkten zwischen zwei Systemen wählen zu können: Es sind dies die Aspekte der im allgemeinen höheren Energieeinkopplung bei der Wellenlänge des Nd:YAG-Lasers sowie die Führung seiner Strahlung durch eine flexible Glasfaser, was erhebliche Auswirkungen auf die Gestaltung der Systemtechnik hat.

Von großer Bedeutung für die Fertigungstechnik sind ferner Entwicklungsarbeiten, die eine Verbesserung der Strahlqualität und des Wirkungsgrades von Festkörperlasern zum Ziel haben. Abhängig von der Pumpleistung verändern sich die optischen Eigenschaften eines zylindrischen YAG-Stabes dergestalt, daß er sich wie eine Sammellinse verhält. Dies führt zu einer leistungsabhängigen Variation der Strahlqualität und letztlich zu einer Veränderung des Fokusdurchmessers auf dem Werkstück.

Die Verwendung von prismenförmigen Kristallen, sogenannter „Slabs", kann diesen thermischen Linseneffekt deutlich reduzieren. Eine weitere Verbesserung ist zu erreichen, wenn die zur Anregung des laseraktiven Mediums benutzten Lampen, von deren recht breitem Lichtspektrum nur ein kleiner Teil nutzbar ist, durch Halbleiterlaser (= Diodenlaser) ersetzt werden. Deren Wellenlänge kann passend zur Anregungsenergie des Festkörperlasers gewählt werden, wodurch die Aufheizung des Kristalls minimiert wird. Vor allem aber steigt damit der Wirkungsgrad eines solchen diodengepumpten Lasers auf Werte, die jenen von CO_2-Lasern vergleichbar sind oder sie - abhängig von neuartigen Materialkombinationen und Resonatorkonfigurationen - sogar übertreffen. Ein breiter wirtschaftlicher Einsatz dieser vielversprechenden Technologie wird jedoch entscheidend von der Kostenentwicklung der Dioden abhängen, die zur Zeit noch um mehr als eine Größenordnung zu teuer sind.

Dies gilt in noch viel stärkerem Maße für heute ebenfalls schon diskutierte direkte Anwendungen von Laserdioden für Materialbearbeitungsprozesse. Neben dem Kostenproblem gilt es hier allerdings auch noch, eine Fülle technologischer Herausforderungen zu meistern. Während der industrielle Einsatz für Aufgaben wie Löten oder Oberflächentechnologien, die relativ geringe Intensitäten benötigen, absehbar erscheint, erfordern beispielsweise das Schneiden oder Schweißen noch entsprechende optische und elektro-optische Entwicklungen.

Dessen ungeachtet bietet sich hier eine Vision, die zu verfolgen sich langfristig lohnt: Wenn es gelingt, den Diodenlaser als einen preiswerten Massenbaustein zu produzieren und die Techniken zu modularen Bauweisen für höhere Leistungen voranzubringen, werden sich vielfältige neue Anwendungsmöglichkeiten eröffnen. Basierend auf einem mehr oder weniger identischen Element, wird sich der geforderte Leistungsbereich wie auch die Intensitätsverteilung am Werkstück - verwirklicht durch entsprechende Leistungsübertragung in Fasern - geforderten Prozeßbedingungen optimal anpassen lassen. Die realisierbaren Wellenlängen im Bereich von etwa 0,5 bis 2 μm bieten zudem den Vorteil einer hohen Energieeinkopplung.

3 Die Bedeutung von Strahleigenschaften für die Prozeßeffizienz und Anlagentechnik

Die Wirtschaftlichkeit eines lasertechnischen Fertigungsverfahrens wird wesentlich durch Investitionskosten bestimmt, so daß potentielle Anwender der Preisgestaltung bei der Anschaffung entsprechender Anlagen ein vordringliches Augenmerk widmen. Es ist jedoch festzuhalten, daß daneben ein weiteres Potential existiert, das - richtig ausgenutzt - zu vergleichbaren, wenn nicht höheren Kosteneinsparungen führen kann, nämlich die Effizienz des Bearbeitungsprozesses selbst. Sie läßt sich quantifizieren durch das Maß, in welchem die bereitgestellte Laserenergie in die letztlich genutzte thermische Energie umgewandelt wird - was sich in Bearbeitungsgeschwindigkeit und erzielbarer Bearbeitungsqualität niederschlägt.

Bild 3 veranschaulicht, wie die Prozeßeffizienz von drei Faktoren geprägt wird, die selbst wieder in Abhängigkeit voneinander stehen. Ist beispielsweise eine Bearbeitungsaufgabe im Kilowattbereich zu lösen, so besteht heute grundsätzlich die Wahl zwischen einer CO_2- und einer Nd:YAG-

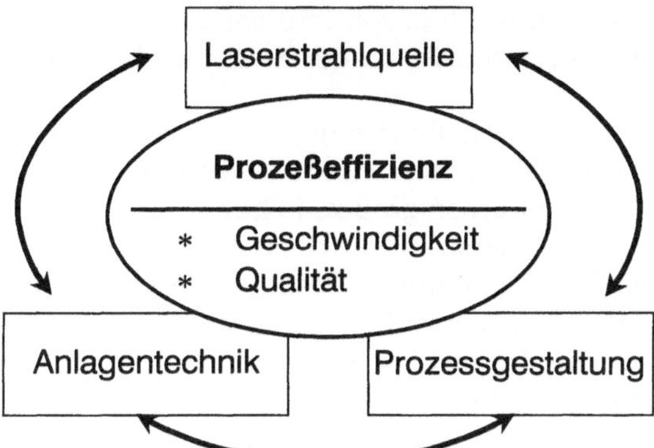

Bild 3. Die Prozeßeffizienz als Wirtschaftlichkeitsfaktor ergibt sich aus ihrer Abhängigkeit und dem Zusammenwirken von Charakteristiken der Strahlquelle, der Gerätetechnik und der Prozeßgestaltung

Laserstrahlquelle. Mit der jeweiligen Wellenlänge ist aber festgelegt, ob der Strahl nur in freier Propagation oder auch (wie beim Nd:YAG-Laser) durch ein Laserlichtkabel in der Bearbeitungsstation geführt werden kann, was unmittelbar Konsequenzen für die Gestaltung der Strahlführung und damit des gesamten Anlagenkonzepts hat.

Weiterhin wird die Energieeinkopplung durch den wellenlängenabhängigen Absorptionsgrad des Werkstoffs bestimmt, ebenso wie die Polarisation und die Intensitätsverteilung im Bereich der Wechselwirkungszone einen erheblichen Einfluß haben. Ob jedoch die beiden letztgenannten Effekte nutzbringend anwendbar sind, hängt auch von der Anlagentechnik ab (polarisationserhaltende Fasern sind für den hier interessierenden Leistungsbereich noch nicht verfügbar).

3.1 Prozeßeffizienz

Ein Maß für die Fokussierbarkeit eines Laserstrahls ist die Strahlqualität, die gewissermaßen eine Gerätekennzahl ist [2]. Sie gibt das in mrad × mm gemessene Produkt aus Strahlradius und halbem Divergenzwinkel des aus der Strahlquelle kommenden Laserstrahls wieder. Unterschiedliche Geräte (gleicher Wellenlänge) sind mittels der *K*-Zahl oder der Größe M^2 ($-1/K$) direkt miteinander vergleichbar ($K = 1$ entspricht dem theoretisch bestmöglichen Wert; für CO_2-Hochleistungslaser liegt der Wert zwischen 0,2 und 0,7, abnehmend mit höherem Leistungsniveau).

Neben rein prozeßtechnischen Auswirkungen hat die Strahlqualität auch Konsequenzen bezüglich der Anlagentechnik. Beispielsweise ist zur Erzielung eines bestimmten Fokusdurchmessers eine umso größere Fokussierzahl (*F*-Zahl = Quotient aus Brennweite der Optik und darauf auftreffendem Strahldurchmesser) möglich, je höher die *K*-Zahl ist. Damit kann nicht nur der Arbeitsabstand größer gehalten werden, sondern das Einhalten seines absoluten Wertes ist auch weniger kritisch, da der Strahl im Fokusbereich hier schlanker ist.

Kontinuierlich betriebene Laser werden überwiegend zum Schneiden und Schweißen verwendet. Bei beiden Verfahren wird (für sonst gleiche Parameter) die erzielbare Geschwindigkeit umso größer, je höher die Intensität ist, also je stärker fokussiert der Laserstrahl auf das Werkstück trifft. Während allgemein akzeptiert wird, daß eine hohe Strahlqualität vorteilhaft für das Schneiden ist, kann bezüglich des Schweißens noch gelegentlich beobachtet werden, daß die erforderliche Intensität bevorzugt über eine hohe Laserleistung statt durch gute Fokussierung realisiert wird - mit den Nachteilen höherer Investitions- und Energiekosten und stärkerer thermischer Belastung des Bauteils. In den Bildern 4 und 5 sind Beispiele wiedergegeben, welche die wirtschaftlichen Vorteile von Geräten mit hoher Strahlqualität unmittelbar erkennen lassen.

Bild 4 zeigt mit verschiedenen CO_2-Lasern erhaltene Einschweißungen in einem Aluminiumwerkstoff in Abhängigkeit der Streckenenergie (Quotient aus Laserleistung und Schweißgeschwindigkeit). Dabei wird deutlich, daß nicht nur bereits mit 1,1 kW Leistung, jedoch hoher Strahlqualität, Schweißaufgaben an diesem zunehmend wichtiger werdenden Werkstoff durchführbar sind, sondern daß auch bis zu 1,5 mm Einschweißtiefe selbst ein dreifach höheres Leistungsniveau bei niedriger Strahlqualität keine Vorteile bietet. Der Gewinn an Geschwindigkeit, der sich aus der höheren Strahlqualität beim Bahnschweißen von Stahl mit einem Nd:YAG-Laser ergibt, ist Bild 5 zu entnehmen.

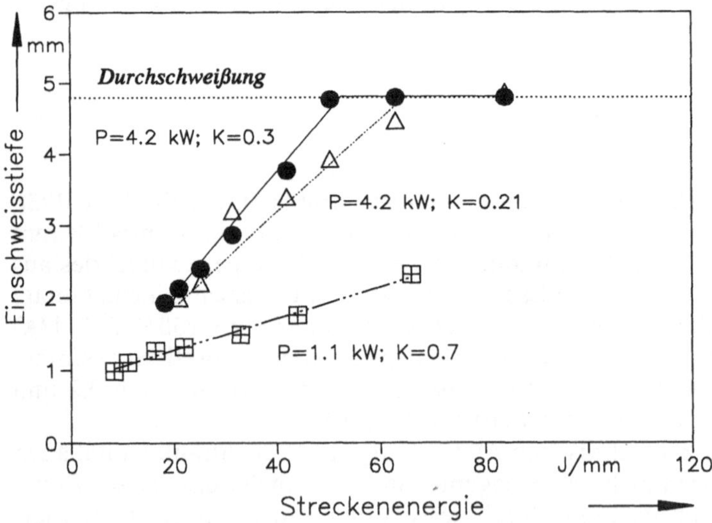

Bild 4. Auswirkung der Strahlqualität von CO_2-Lasern (gekennzeichnet durch K-Zahl) auf die Einschweißtiefe bei vergleichbarer Streckenenergie

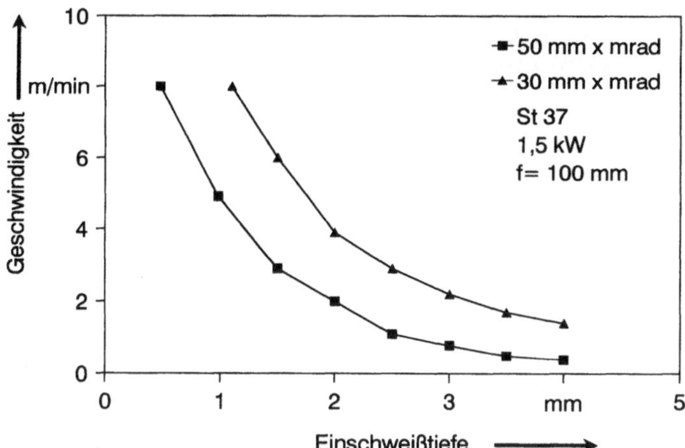

Bild 5. Auswirkung der Strahlqualität beim Bahnschweißen von Stahl mit einem Nd:YAG-Laser bei 1,5 kW. Die Ergebnisse wurden mit einer Fokussieroptik (f = 100 mm) in Verbindung mit einem Laserlichtkabel erzielt (Quelle: Haas)

Bei Abschätzungen der Energieeinkopplung, die als Kriterium für die Auswahl eines bestimmten Lasersystems mit heranzuziehen ist, darf im allgemeinen nicht nur vom wellenlängenabhängigen Absorptionsgrad allein ausgegangen werden. Vielmehr ist es angezeigt, neben dem Prozeß selbst, vor allem die zu bearbeitende Tiefe (Schweißtiefe, Dicke des zu schneidenden Werkstücks) mit zu betrachten, also den konkreten Anwendungsfall. Dem liegt zugrunde, daß die Laserstrahlung an der Schnittfront wie auch an den Wänden der Schweißkapillare schräg auftrifft, wobei nur ein Bruchteil absorbiert wird. Der Rest wird reflektiert und gelangt - insbesondere beim Schweißen - durch mehrere solcher Reflexionen entsprechend der geometrischen Gegebenheiten in die Tiefe. Je größer diese ist, also je zahlreicher die Reflexionsvorgänge stattfinden, desto weniger wirken sich unterschiedliche Absorptionsgrade aus. Die folgenden Beispiele können nur Richtwerte vermitteln, umso mehr, als die Strahlqualität von CO_2-Lasern der kW-Klasse deutlich über der von Nd:YAG-Lasern liegt und damit keine direkt vergleichbaren Fokussierbedingungen möglich sind.

Den Einfluß der Wellenlänge auf den Einkoppelgrad beim Umschmelzen zeigt Bild 6 [3]. Da dieser Prozeß in Umgebungsluft durchgeführt wurde, macht sich bei niedrigen (bezogenen) Leistungswerten der absorptionserhöhende Effekt von Oxidschichten bemerkbar. Mit steigender Leistung werden diese durch die stärker angefachte Schmelzbadkonvektion jedoch in ihrer Ausbildung zunehmend behindert, so daß sich die Kurven den theoretischen Werten des Absorptionsgrades für senkrechten Strahleinfall und Schmelztemperatur nähern.

Mit CO_2- und Nd:YAG-Lasern erzielte maximale Schneidgeschwindigkeiten werden in Bild 7 verglichen. Die gewählte Darstellung berücksichtigt, daß die Fugenbreite näherungsweise proportional dem Fokusdurchmesser

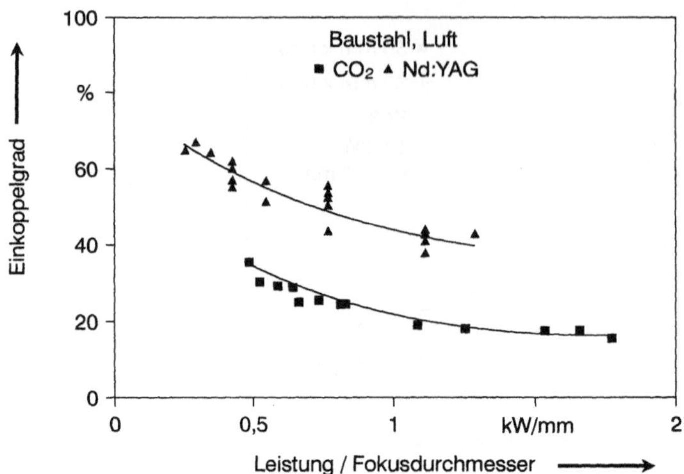

Bild 6. Einkopplung beim Umschmelzen von 16 MnCr5 an Luft in Abhängigkeit der Wellenlänge

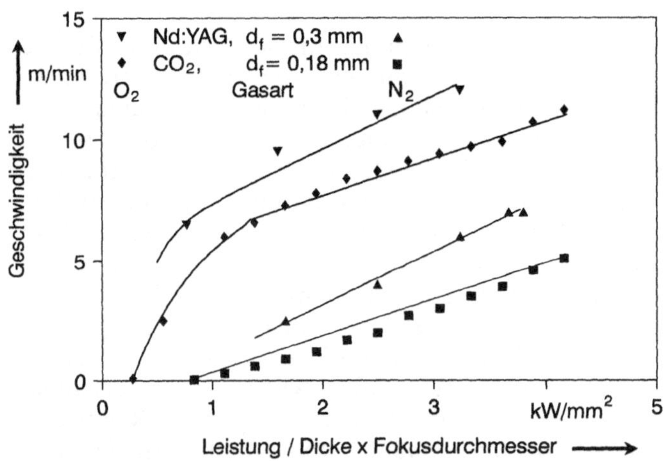

Bild 7. Maximale Geschwindigkeit beim Brenn- und Schmelzschneiden mit Nd:YAG- und CO_2-Lasern

ist. Die Einkopplung sowohl der elektromagnetischen Energie des Laserstrahls wie der exothermen Reaktionsenergie der Verbrennung äußert sich dabei in der Steigung der Kurven. Daraus wird unter anderem ersichtlich, daß der Beitrag der Verbrennungsenergie besonders bei niedrigeren Laserleistungen erheblich ist.

Wird eine bestimmte Geschwindigkeit überschritten, so kann die auf Diffusionsprozessen beruhende (und damit zeitbegrenzte) Reaktion keinen weiteren Energiezuwachs für den Schneidprozeß bringen [4]. Für diesen Parameterbereich zeigt sich der gleiche Einfluß der Wellenlänge wie beim Schmelzschneiden, was aus den jeweils parallelen Kurven folgt. Zur Qualität der Schnitte ist festzuhalten, daß diese beim Schmelzschneiden für beide Wellenlängen vergleichbar ist; beim Brennschneiden ergeben sich jedoch mit der Nd:YAG-Strahlung Rauhigkeitswerte von lediglich einigen μm, die deutlich unter den mit CO_2-Lasern erzielbaren liegen [5].

Für das Bahnschweißen ist es am schwierigsten, einen direkten Vergleich von mit CO_2- und Nd:YAG-Lasern erhaltenen Ergebnissen vorzunehmen, da sich hier die Form des fokussierten Strahls am stärksten bemerkbar macht. Um vergleichbare Fokusdurchmesser und damit bei gleicher Leistung gleiche Intensitätswerte an der Oberfläche des Werkstücks zu erhalten, müssen heute beim Nd:YAG-Laser deutlich kleinere Fokussierzahlen als bei CO_2-Lasern angewandt werden.

Als Konsequenz hat dieser Strahl eine deutlich geringere Rayleighlänge (Tiefenschärfe), er ist weniger schlank als ein CO_2-Laserstrahl mit gleichem Durchmesser. Somit ist das Eindringen des Strahls über Vielfachreflexionen und das Entstehen einer besonders tiefen Kapillare erschwert. Dies spiegelt sich auch in den in Bild 8 dargestellten Einschweißtiefen wider: Bei hohen Geschwindigkeiten bzw. geringen Tiefen, wo weniger Reflexionen stattfinden, macht sich der höhere Absorptionsgrad bei 1,06 μm vorteilhaft bemerkbar, während bei geringen Vorschubgeschwindigkeiten die Schlankheit des CO_2-Strahls bessere Ergebnisse liefert. Diese grundsätzliche Tendenz wird im heute zugänglichen Leistungsbereich bis zu 2 kW beobachtet.

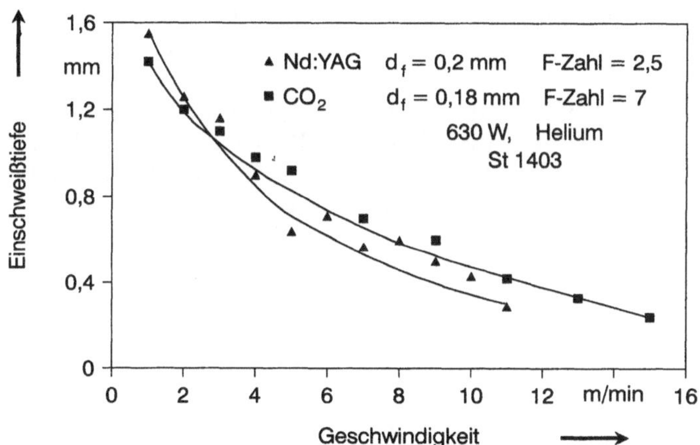

Bild 8. Einschweißtiefen für CO_2- und Nd:YAG-Laserstrahlung bei gleicher Leistung am Werkstück

Ein wesentlicher Aspekt der Wellenlänge im Hinblick auf das Schweißen ist die Absorption des Laserlichts im Schweißplasma. Da der Absorptionskoeffizient proportional dem Quadrat der Wellenlänge zunimmt, stellen Abschirmeffekte sehr wohl beim CO_2-Laser, nicht jedoch beim Nd:YAG-Laser, ein Problem dar. Als Konsequenz kann bei letzterem durchaus ohne plasmareduzierendes Gas geschweißt werden. Da jedoch auch bei der kürzeren Wellenlänge ein Einfluß der Gasart auf die Ausbildung der Schweißnaht festzustellen ist, muß eine diesbezügliche Entscheidung aufgabenorientiert erfolgen.

Auf die wirtschaftlichen und prozeßtechnischen Vorteile eines gezielten Einsatzes linear polarisierter Strahlung sei hier nicht eingegangen. Ein Überblick dazu ist in [2] und eine detaillierte Zusammenfassung einschließlich gerätetechnischer Möglichkeiten in [6] zu finden.

3.2 Anlagentechnik

Der Umstand, daß Laserstrahlung von 1 μm Wellenlänge nahezu verlustfrei durch flexible Glasfasern übertragbar ist, hat wesentliche Impulse nicht nur für die Anlagentechnik erbracht, sondern erschließt dem Nd:YAG-Laser neue Anwendungsfelder, die insbesondere im Bereich der Kombination der Lasertechnik mit anderen Verfahren liegen.

Als Stand der Technik gilt mittlerweile, daß das Laserlichtkabel entweder durch eine kartesische Führungsmaschine oder den Arm eines Industrieroboters geführt wird. Vor allem für räumliche Aufgaben, wo die Zugänglichkeit eine wesentliche Rolle spielt, bietet sich die letztgenannte Lösung an. Mit einfachen Maßnahmen ist zu verhindern, daß die zulässigen Biegeradien der Kabel von etwa 250 mm unterschritten werden. Für den Fall, daß es dennoch zu einer Zerstörung des Schutzmantels oder gar zu einem Bruch der Faser kommen sollte, schalten entsprechende Schutzvorrichtungen die Laserstrahlung sofort ab.

Moderne Bearbeitungsoptiken sind so konstruiert, daß die aus der Bearbeitungszone reflektierte Leistung - die z.B. bei der Bearbeitung von Aluminium- oder Kupferwerkstücken kritisch sein kann - keine Beschädigungen verursacht. Diese Technik findet schwerpunktmäßig in der Kfz-Industrie

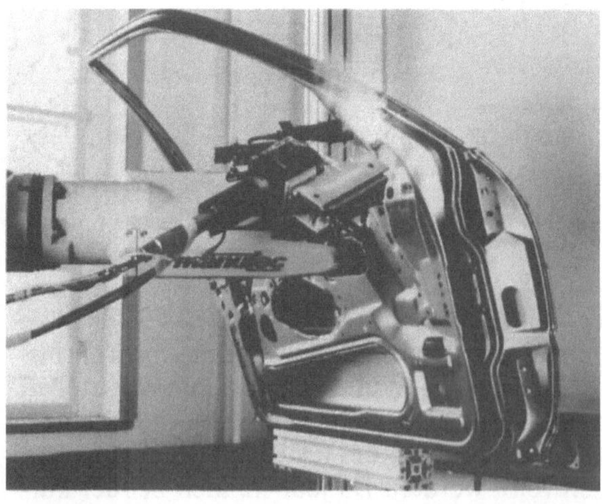

Bild 9. Robotergeführtes und sensorunterstütztes Bahnschweißen mit Nd:YAG-Laser an einer Pkw-Tür (Quelle: INPRO)

Bild 10. Robotergeführtes räumliches Schneiden mit Nd:YAG-Laser an einer Pkw-Seitenwand (Quelle: Mercedes-Benz)

ihre Anwendung zum Schneiden und Schweißen. Beispiele hierfür zeigen die Bilder 9 und 10.

Wird der Bewegungsablauf beim Abfahren einer räumlichen Bearbeitungsbahn zu kompliziert oder ist die Zugänglichkeit von einer Seite aus nicht mehr gegeben, so können entsprechende Teilabschnitte über mehrere Laserlichtkabel angefahren werden. Ebenfalls Stand der Technik ist das Umschalten von Kabel zu Kabel, das eine Zeit von lediglich 50 ms erfordert.

Noch wenig genutzt ist das Potential des Lasers im Hinblick auf den fertigungstechnischen Ansatz der Komplettbearbeitung. Während die meisten Laseranwendungen heute in „Laser-only-Maschinen" stattfinden, eröffnet die Leistungsübertragung durch Glasfasern die Möglichkeit, den Laserbearbeitungsprozeß in eine für andere Verfahren konzipierte Produktionsanlage direkt und mit geringem technischen Aufwand zu integrieren.

Wie in Bild 11 skizziert ist, kann die Laseranwendung dabei den Charakter eines unterstützenden - z.B. beim Warmdrehen oder Warmfräsen - oder eines zusätzlichen und „gleichberechtigten" Werkzeugs haben. Letzterer Aspekt beinhaltet, daß die ursprünglichen Funktionen der Maschine nicht oder nur unerheblich eingeschränkt werden, dafür aber eine Erweiterung der durchführbaren Bearbeitungsprozesse, des bearbeitbaren Werkstoffspektrums sowie der erzeugbaren Geometrien ermöglicht wird. Industriell umgesetzte Beispiele hierfür sind das bekannte Stanzen/Laserschneiden [7] und - durch Laserlichtkabel machbar - das Schweißen in einer Stanz-/Paketiermaschine [8].

Die Integration von Laserverfahren in spanende Werkzeugmaschinen steht indessen noch am Anfang. Neben einer ersten industriellen Umsetzung des Laserschneidens in einer Drehmaschine [9] haben sich in jüngster

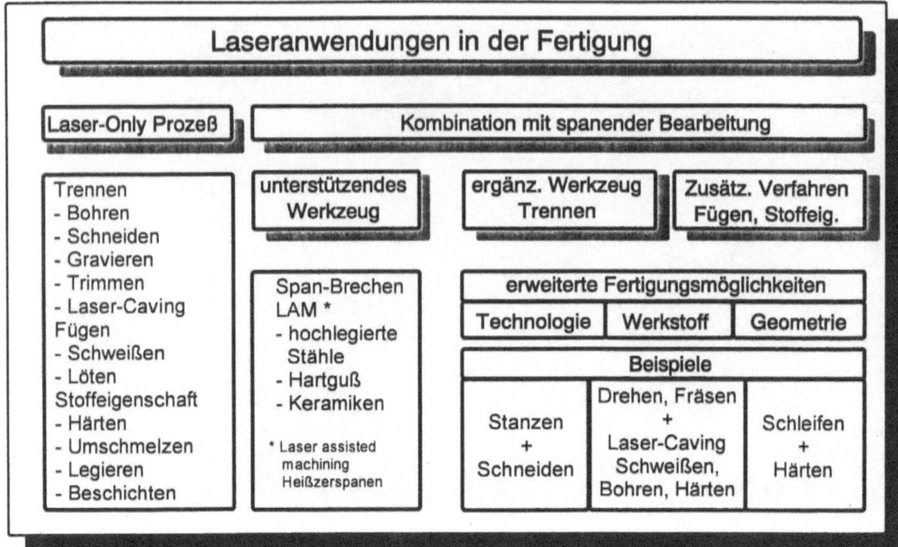

Bild 11. Produktionstechnische Einsatzmöglichkeiten der Lasermaterialbearbeitung

Zeit einige Forschungsprojekte mit grundsätzlichen Fragen einschließlich der Wirtschaftlichkeitsaspekte dieser Thematik befaßt [10, 11]. Schwerpunkte der Untersuchungen lagen im strukturierenden Abtragen von Metallen und Keramiken, in der Kombination Drehen bzw. Fräsen und Laserhärten sowie Drehen und Schweißen.

Ein typisches Anwendungsspektrum der letztgenannten Verfahrenskombinationen stellen Bauteile aus der Hydraulik dar. Die in den Bildern 12 und 13 gezeigten Beispiele mögen exemplarisch für Varianten der Komplettbearbeitung mit Einbeziehung der Lasertechnik stehen. Die Werkstücke wurden in einem Drehzentrum Index GS30 gefertigt, wo der Laserbearbeitungskopf - über ein Laserlichtkabel mit dem etwa 15 m entfernt stehenden Nd:YAG-Laser verbunden - auf einem der beiden Revolver montiert ist.

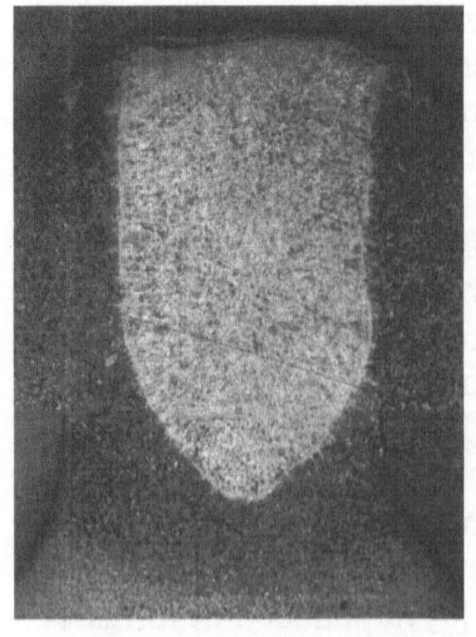

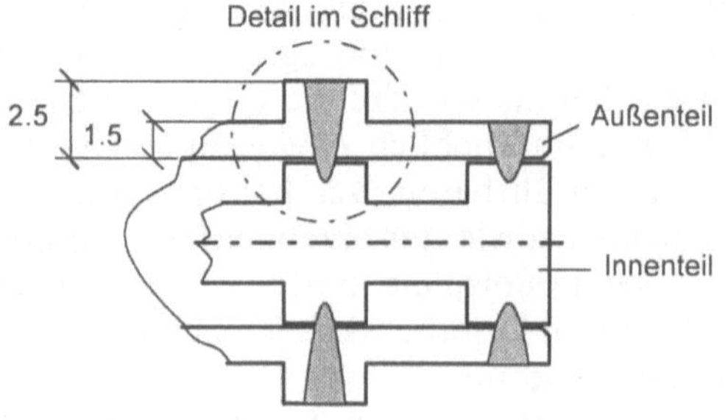

Bild 12. Drehen und Laserschweißen eines Bauteils in einem Drehzentrum mit Laserintegration

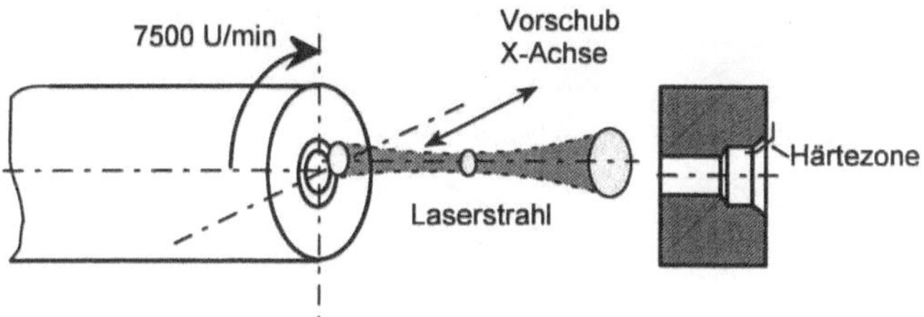

Bild 13. Stirnseitige Laserhärtung (Selbstabschreckung) eines Bauteils durch Ausnutzung der hohen Drehzahl einer Drehmaschine

4 Moderne Industrielaser und ihre Anwendungsfelder

Aus der Fülle neuer Entwicklungen können hier exemplarisch nur einige aufgegriffen und näher vorgestellt werden. Dabei handelt es sich um CO_2- und Nd:YAG-Laser im mittleren und hohen Leistungsbereich, die sich insbesondere auch für das Bahnschweißen eignen. Dieser Anwendungsbereich wird zunehmend wichtiger, vor allem im Hinblick auf konstruktive, materialspezifische und daraus abgeleitete fertigungstechnische Anforderungen, die aus einer konsequenten Verfolgung des Leichtbaukonzepts in der Verkehrstechnik resultieren. Neben den Strahlquellen selbst werden auch einige anlagentechnische Entwicklungen (soweit nicht bereits in Abschnitt 3.2 darauf eingegangen wurde) und Verfahren behandelt.

4.1 CO_2-Laser

Ein vorrangiges Entwicklungsziel bei diesem Lasertyp, der den Bereich hoher und höchster Leistungen abdeckt, ist der Bau kompakter Geräte mit hoher Strahlqualität. Dabei werden zwei Wege verfolgt, die sich durch die Weise, wie die Verlustwärme aus dem Resonatorraum abgeführt wird, unterscheiden: die Ausnutzung der Wärmeleitung im Lasergas oder sein konvektiver Austausch mittels einer von einem Gebläse angetriebenen Strömung.

Die Wärmeleitungs- oder Diffusionskühlung beruht auf Temperaturgradienten im Gas bzw. von dort zu gekühlten Gefäßwandungen hin. Da deren Temperatur durch technische Gegebenheiten der Kühlung sowie die maximal zulässige Gastemperatur durch laserkinetische Vorgänge festgelegt ist, besteht ein unmittelbarer Zusammenhang zwischen umsetzbarer Leistungsdichte und der Abmessung des laseraktiven Mediums.

Bei dem in Bild 14 gezeigten Konzept dient eine Hochfrequenzentladung zwischen zwei gekühlten ebenen Elektrodenplatten der Anregung; hier skaliert die Leistungsdichte umgekehrt proportional zum Plattenabstand und direkt proportional zur gekühlten Elektrodenfläche. Aufgrund der dieser Geometrie angepaßten Resonatorkonfiguration erhält der ausgekoppelte

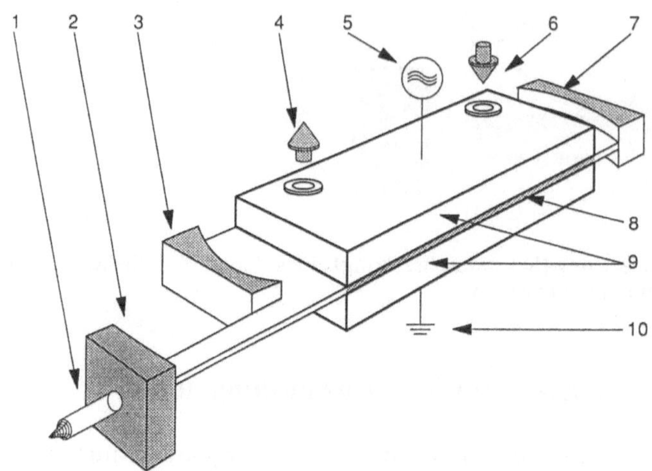

Bild 14. Schema eines diffusionsgekühlten CO_2-Lasers: 1 Laserstrahl; 2 Strahlformungsoptik; 3 und 4 Resonatorspiegel; 5 Entladungsraum; 6 gekühlte Elektroden (Quelle: Rofin-Sinar)

Laserstrahl erst nach Durchgang durch eine Strahlformungseinheit einen rotationssymmetrischen Querschnitt. Entsprechend einer Laserleistung von 2 kW und der realisierten Strahlqualität ($K \approx 0{,}7$) eignet sich dieser Laser zum Schneiden und Schweißen von Bauteilen im Wanddickenbereich von einigen mm. Bild 15 zeigt eine Ansicht des Geräts, dessen Vorzüge vor allem im Wegfallen der Gasumwälzung und der damit zusammenhängenden Einrichtungen zu sehen ist.

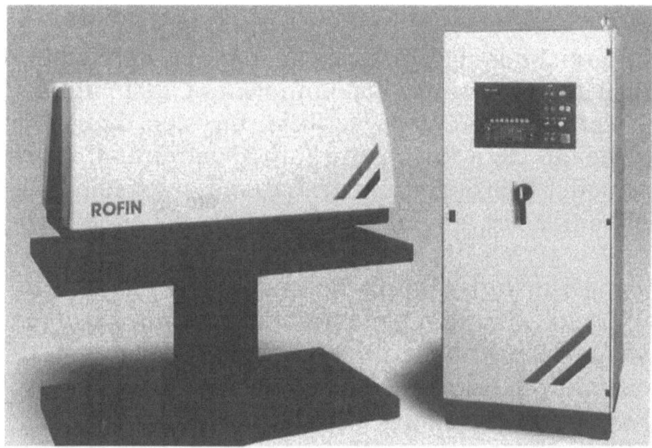

Bild 15. Hochfrequenzangeregter diffusionsgekühlter CO_2-Laser mit 2 kW Laserleistung (Quelle: Rofin-Sinar)

Bei konvektions- oder strömungsgekühlten Lasern wird zwischen längs- und quergeströmten Konzepten unterschieden, je nachdem, ob der Laserstrahl im Medium parallel oder senkrecht zur Strömungsrichtung verläuft.

Von deutschen Laserherstellern wird das erstgenannte verfolgt, das die Möglichkeit der Modulbauweise und damit einer einfacheren Leistungsskalierung bei kostengünstiger Herstellung bietet. Auch dieses Konzept erlaubt es, äußerst kompakte Geräte zu realisieren. So weist der in Bild 16 wiedergegebene 12-kW-Laser eine spezifische Strahlerzeugerbaugröße von nur 0,2 m^3/kW auf; gegenüber den Mitte und Ende der 80er Jahre auf den Markt gekommenen Kilowatt- und Multikilowattlasern bedeutet dies eine „Verdichtung“ um den Faktor 5 bis 7. Eine weitere hervorragende Eigenschaft dieses Geräts ist seine hohe Strahlqualität. Damit eignet es sich vor allem für das Schweißen im Dickblechbereich.

Bild 17 zeigt mit zwei Leistungswerten erhaltene Zusammenhänge zwischen verschweißter Blechdicke und erzielbarer Geschwindigkeit. Ebenfalls

Bild 16. Hochfrequenzangeregter längsgeströmter CO_2-Laser mit 12 kW Laserleistung (Quelle: Trumpf)

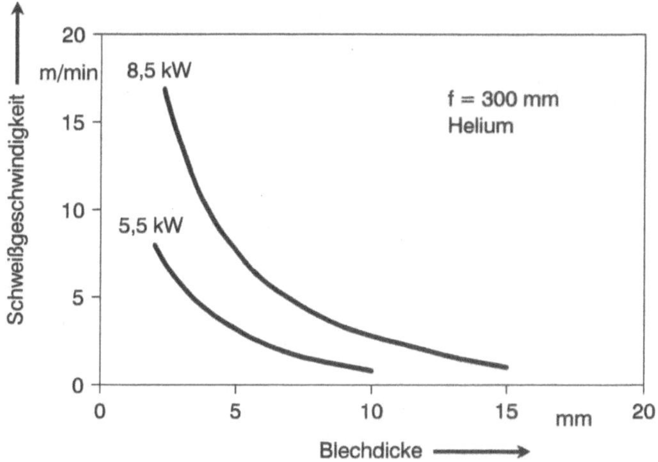

Bild 17. Schweißgeschwindigkeit in Baustahl in Abhängigkeit von Blechdicke und Laserleistung (Quelle: Trumpf)

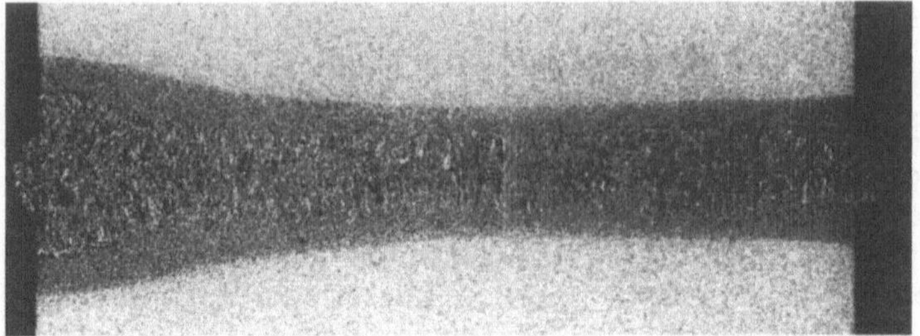

Bild 18. Nahtquerschnitt in Baustahl, erzielt mit 8,5 kW bei 2,3 m/min; Blechdicke = 12 mm (Quelle: Trumpf)

Folge der hohen Strahlqualität ist die Schlankheit der Nahtquerschnitte, wofür Bild 18 ein Beispiel gibt.

Die beiden unmittelbar vor ihrer Markteinführung stehenden Strahlquellen lassen den Fortschritt sowohl beim Bau von Strahlquellen hoher Leistung als auch bei ihrem Einsatzpotential erkennen. Es ist indessen bemerkenswert, in welchem Maße die Wirtschaftlichkeit der Lasermaterialbearbeitung gesteigert werden könnte, wenn das Potential der Strahleigenschaften heutiger kommerzieller Laser nur konsequent genug genutzt würde. Um dies anschaulich zu demonstrieren, sind in Bild 19 die Ergebnisse von Schweißuntersuchungen am Werkstoff Aluminium dargestellt, die mit unterschiedlichen Geräten durchgeführt wurden. Hieraus wird deutlich, daß eine gute Fokussierbarkeit und die gezielte Nutzung des Polarisationseffektes bei dieser Aufgabe den Leistungsbedarf bis zu einem Faktor 2 reduzieren und gleichzeitig den Gewinn an Geschwindigkeit um dasselbe Maß erhöhen!

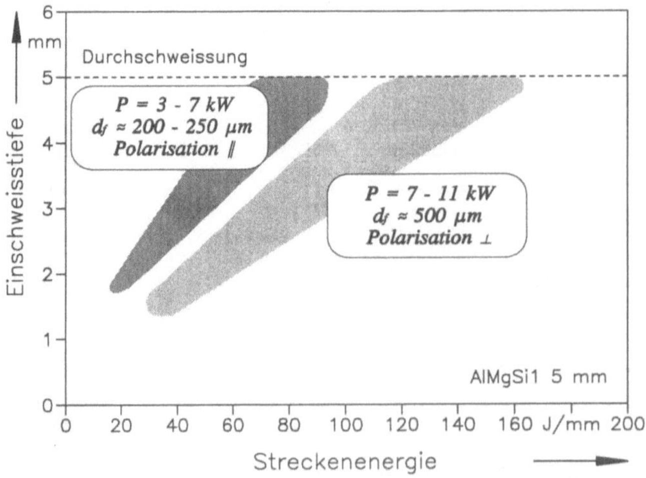

Bild 19. Einfluß der Strahlqualität und Polarisation von CO_2-Hochleistungslasern auf die Prozeßeffizienz

Auch anlagentechnisch gibt es eine Reihe von Ansätzen, die eine flexiblere und prozeßspezifisch optimierte Nutzung von CO_2-Lasern erlauben. Dazu gehört unter anderem die Verwendung adaptiver Spiegel zur gezielten Beeinflussung der geometrischen Strahleigenschaften. Ihre Funktion besteht darin, daß durch eine gesteuerte Deformation einer dünnen Spiegelplatte deren Oberflächenkrümmung und damit die Divergenz des reflektierten Strahls verändert wird. Durch Einbau von zwei derartigen Spiegeln im Strahlengang - Bild 20 skizziert die Situation, wie sie für große Anlagen mit „fliegenden" Optiken zur 2D- und 3D-Bearbeitung typisch ist - können damit der Durchmesser und die axiale Position des Strahlfokus unabhängig voneinander verändert werden.

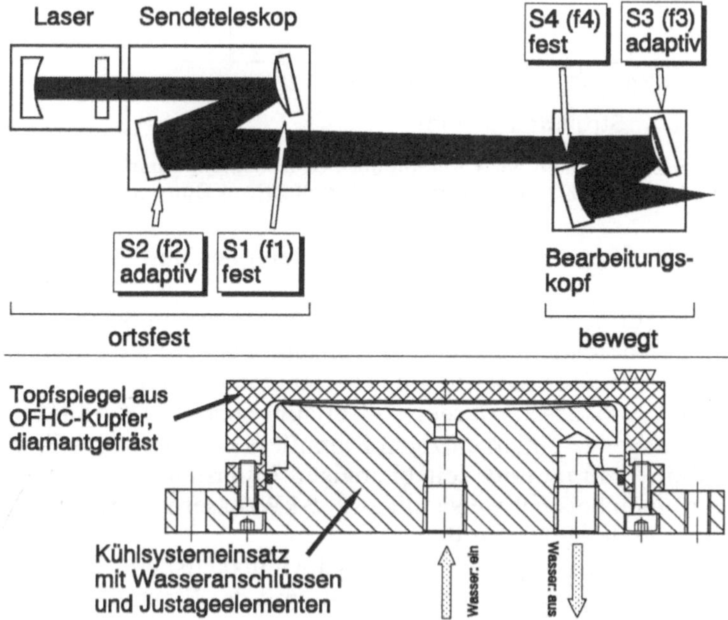

Bild 20. Schema des Gesamtsystems zur Erzeugung variabler Fokusgeometrien am Werkstück mittels adaptiver Spiegel

Bild 21 zeigt einen Realisierungsfall, bei dem ein gleichbleibender Fokus über eine Distanz von 12 mm „verschoben" wurde [12]; bei gleichbleibender Position ist unter diesen Gegebenheiten eine Durchmesservariation bis zu einem Faktor 4 möglich (diese wie weitere optische, konstruktive und steuerungstechnische Arbeiten zu Strahlführungs- und -formungseinrichtungen werden im Rahmen eines Sonderforschungsbereichs durchgeführt). Hierdurch eröffnet sich die Möglichkeit, unabhängig von der anlagentechnisch gefahrenen Bearbeitungsbahn die Intensität am Werkstück den spezifischen Anforderungen des Prozesses optimal anzupassen. Interessante Einsatzfelder sind z.B. das 3D-Schweißen bei teilweise erschwerter räumlicher Zugängigkeit und das hinter dem Begriff „Tailored Blanking" stehende 2D-

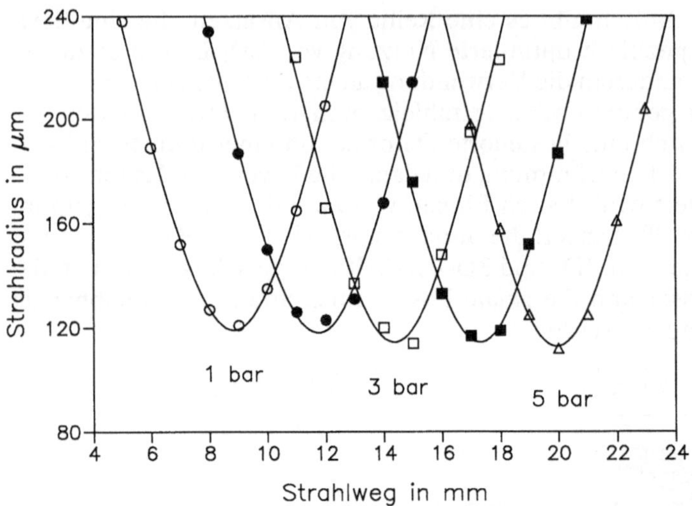

Bild 21. Gemessene Fokuskaustiken bei Variation der Fokusposition; Parameter ist der zur Radiusänderung benutzte Kühlwasserdruck in der adaptiven Optik S3

Verschweißen von Blechen unterschiedlicher Dicken oder/und Werkstoffeigenschaften [13].

Eine Möglichkeit zur besseren und flexibleren Nutzung von Strahlquellen stellt die Strahlkombination dar. Dieses Konzept, bei dem die Strahlen zweier individuell steuerbarer Laser in einer geeigneten optischen Einrichtung auf das Werkstück fokussiert werden [14], erlaubt neben einer Addition der jeweiligen Leistungen in einem einzigen Brennfleck weiterhin eine Realisierung einer Reihe raum- und zeitabhängiger Intensitätsverteilungen (Bild 22). Damit können beispielsweise mit zwei 5-kW-Lasern Aufgaben eines 10-kW-Geräts durchgeführt werden.

Die Tandemanordnung erlaubt es, den Geschwindigkeitsbereich zu erheblich höheren Werten hin zu erweitern, als sie mit der Einstrahltechnik erzielbar sind. Neben diesem Effekt, der auf einer verbesserten Energieeinkopplung beruht, kann auch der Temperaturverlauf während der Abkühlphase gesteuert werden. So läßt sich mit dem „nachlaufenden" Strahl eine Nachheizung bewerkstelligen, die sich vorteilhaft auf das Gefüge verschweißter Stähle mit hohem Kohlenstoffgehalt auswirkt. Ähnlich positive Auswirkungen wurden beim Beschichten mit Stellit und Wolframkarbid festgestellt, wo bei geeigneter Gestaltung des Nachheizeffekts rißfreie Schichten erzielt wurden [15].

Superposition

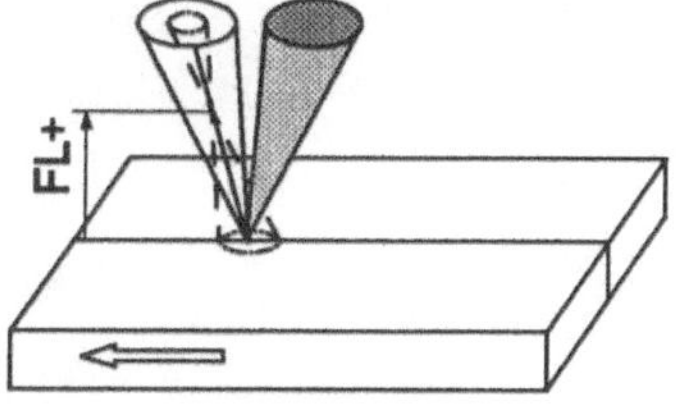

Erzielung hoher Gesamtleistungen aus der Addition von Einzelstrahlen

Tandem - Anordnung

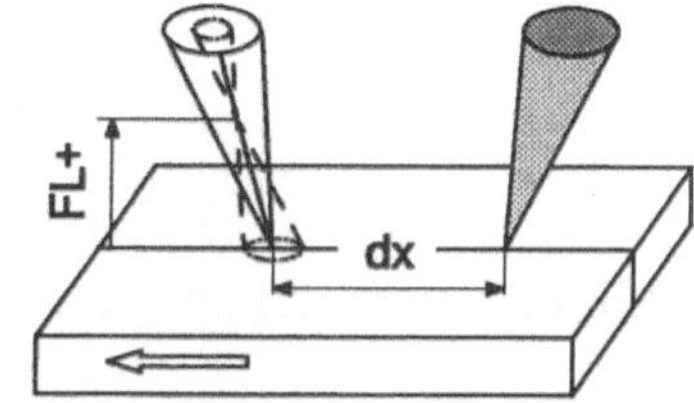

Beeinflussung des Bearbeitungsprozesses durch Variation der Fokuslage und des Fokusabstandes

Parallel - Anordnung

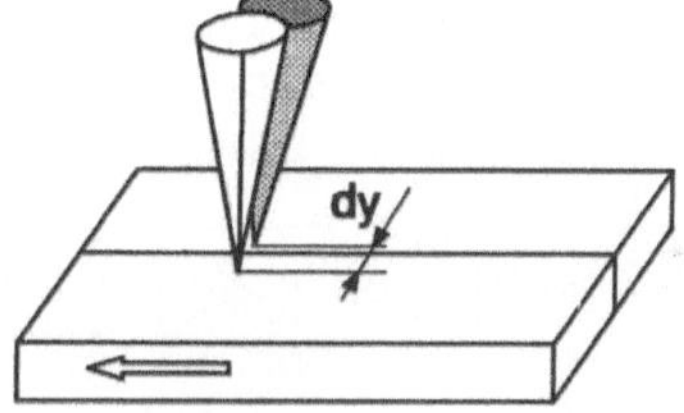

Beeinflussung der Bearbeitungsgeometrie
Steigerung der Prozeßeffizienz

Bild 22. Durch die Kombination zweier Laserstrahlen mögliche geometrische Anordnungen der Foki auf dem Werkstück

4.2 Nd:YAG-Laser

Die Ausführungen in Abschnitt 2.2 ergänzend, seien hier einige gerätespezifische Details und Anwendungsmöglichkeiten wiedergegeben. So zeigt Bild 23 einen modular aufgebauten lampengepumpten Nd:YAG-Laser mit 2,5 kW kontinuierlicher Ausgangsleistung. Seine Strahlqualität ist so hoch, daß die Strahlung in eine Stufenindexfaser mit 0,6 mm Durchmesser einkoppelbar ist. Eine dabei angewandte besondere Technik erlaubt es, einen im gesamten Leistungsbereich konstant bleibenden Fokusdurchmesser am Werkstück von etwa 0,3 mm zu realisieren.

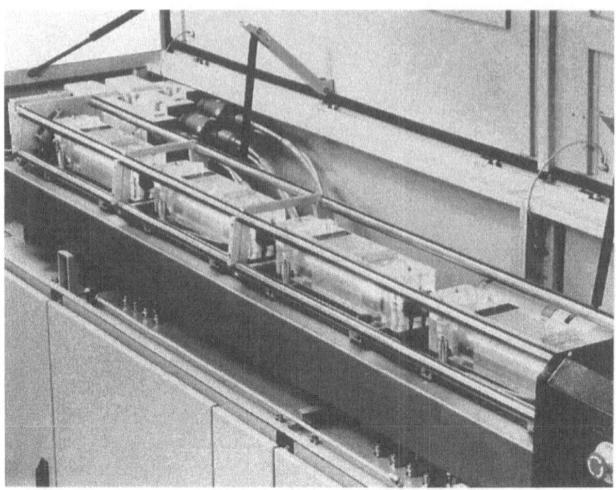

Bild 23. Kontinuierlich betriebener 2,5-kW-Nd:YAG-Laser (Quelle: Haas)

Untersuchungen zum Bahnschweißen von Aluminiumwerkstoffen mit diesem Gerät erbringen erste, sehr vielversprechende Ergebnisse. Sowohl ohne als auch mit Zusatzdraht lassen sich ruhig ablaufende Prozesse realisieren, die zu sauberen und qualitativ guten Nähten führen. In Bild 24 sind die Nahtoberraupe und der Querschnitt einer Blindschweißung ohne Wurzelschutz wiedergegeben; mit 2,2 kW am Werkstück war eine Bahngeschwindigkeit von 5 m/min erzielbar.

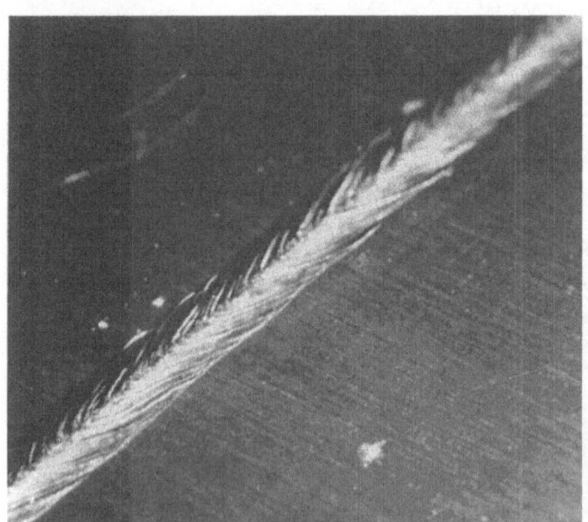

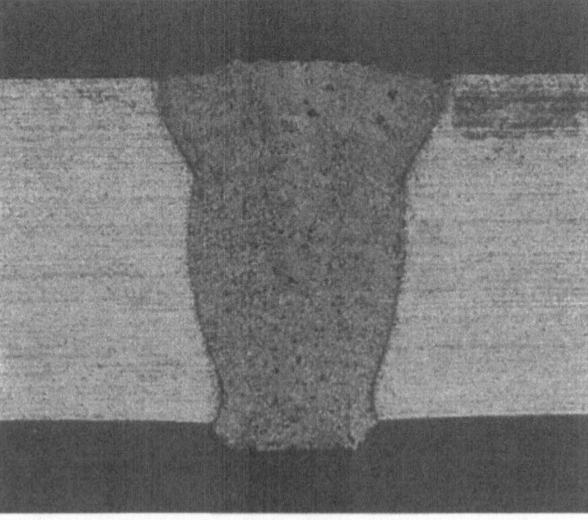

Bild 24. Nahtoberraupe und -querschnitt einer Blindschweißung in AlMgSi1 T4 mit Helium als Schutzgas; Blechdicke = 2 mm

Beim Einsatz des Festkörperlasers in Kombination mit der Faserübertragung ist zu beachten, daß sich die Intensitätsverteilung des fokussierten Strahls von jener unterscheidet, die sich bei frei propagierendem Strahl mit der gleichen Fokussieroptik ergibt. In letzterem Fall existieren im gesamten Strahlverlauf ähnliche Intensitätsverteilungen. Da die Faserübertragung infolge von Vielfachreflexionen eine Homogenisierung bewirkt, herrscht am

Faserende (von Gradientenindexfasern) eine über dem Querschnitt nahezu konstante Intensität. Die Fokussieroptik erzeugt davon eine verkleinernde Abbildung, so daß im Fokus wieder die gleiche Verteilung gegeben ist. Mit zunehmender Entfernung von dieser Position verändert sich die Intensitätsverteilung jedoch und nimmt eine „gaußähnliche“ Form an; Bild 25 illustriert diesen Sachverhalt. Weiterhin wird deutlich, daß kein thermisch induzierter Effekt auftritt.

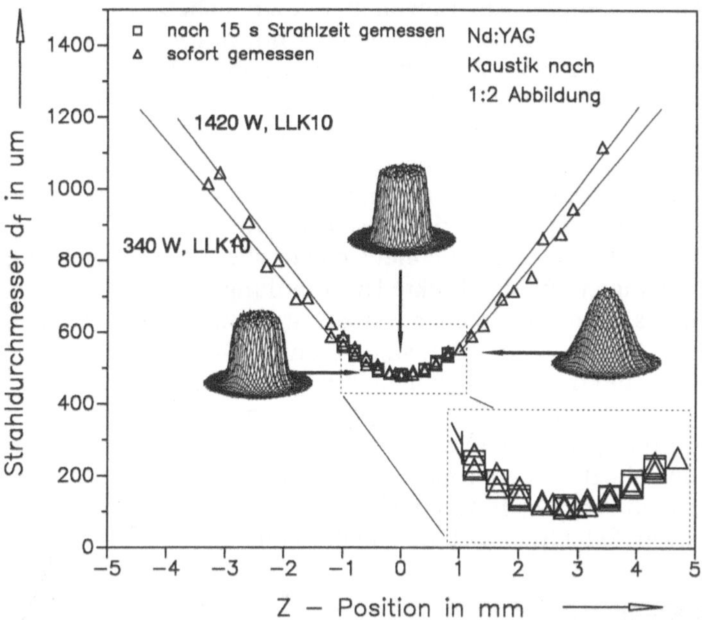

Bild 25. Gemessene Intensitätsverteilung im Fokusbereich eines durch eine Glasfaser übertragenen Nd:YAG-Laserstrahls

Ein noch recht neuer Bearbeitungsprozeß, der Laserleistungen von lediglich einigen zehn bis hundert Watt erfordert, ist das Laserspanen [16]. Hier erfolgt der Materialabtrag in Form bereits erstarrter Oxidspäne, so daß an den Rändern der Wechselwirkungs- bzw. Abtragzone keine Schmelzablagerungen entstehen; außerordentlich präzise strukturierende Bearbeitungen mit Rauhigkeitswerten von R_z um 2 μm sind damit möglich. Das Verfahren eignet sich insbesondere auch zum Kantenbrechen und Entgraten [17].

Nd:YAG-Laser (wie andere Festkörperlaser auch) erlauben aufgrund ihrer hohen möglichen Impulsleistungen sogenannte Frequenzvervielfachungen, wobei mittels nichtlinearer optischer Kristalle die Frequenz des Laserlichts verdoppelt, verdreifacht oder vervierfacht wird. Entsprechend nimmt die Wellenlänge von ursprünglich 1,064 μm auf 0,532 oder 0,355 bzw. 0,266 μm ab. Zwar sinkt die verfügbare Leistung beträchtlich durch diesen Vorgang, doch bieten die höhere Absorption und die bessere Fokussierbarkeit Vorteile, die insbesondere bei feinwerk- und mikrotechnischen Anwendungen eine entscheidende Rolle spielen können. Mit welcher Lichtquelle derartige Laser gepumpt werden, ist primär nicht entscheidend. Zu den in Abschnitt 2.2 aufgeführten Vorteilen des Einsatzes von Diodenlasern sind noch deren erheblich längere Lebensdauer und die damit größere Wartungsfreiheit zu rechnen, ebenso wie der geringere Raumbedarf eines damit gepumpten Lasers infolge einer äußerst kompakten Bauweise. Bei diesem für den Bereich niedriger mittlerer Leistungen typischen Einsatz - demjenigen von gütegeschalteten (Q-switch) Lasern vergleichbar - vermögen diese Positiva den hohen Diodenpreis im Einzelfall wettzumachen.

Bei klassischen fertigungstechnischen Aufgaben mit mittlerem und hohem Leistungsbedarf hingegen werden, wie schon erwähnt, die hohen Kosten den an sich sehr viel wirtschaftlicheren diodengepumpten Laser in seiner Verbreitung noch eine Zeitlang behindern. Im Sinne eines Ausblicks sei dennoch auf die grundsätzliche Funktions- und Bauweise des Diodenlasers als wichtiges Element für künftige Lasergenerationen kurz eingegangen; eine ausführliche Darstellung hierzu findet sich in [18].

Der Dioden- oder Halbleiterlaser zeichnet sich vor allem durch seine extrem kleinen Abmessungen und die direkte Umwandlung von elektrischem Strom in Laserlicht aus. Sein prinzipieller Aufbau ist in Bild 26 schematisch dargestellt. Mehrere Halbleiterschichten sind so angeordnet, daß sich ein- stark dotierter n-Halbleiter und ein p-Halbleiter in engem Kontakt befinden. Dort entsteht eine schmale Zone von weniger als 1μm Dicke, in welcher Laseremission stattfindet. Nach Erreichen eines Schwellwertes wächst die emittierte Strahlung nahezu direkt proportional mit dem angelegten Strom. Da die seitliche Ausdehnung des Emissionsbereiches deutlich größer ist als die Dicke der aktiven Schicht, weist der austretende Laserstrahl unter-

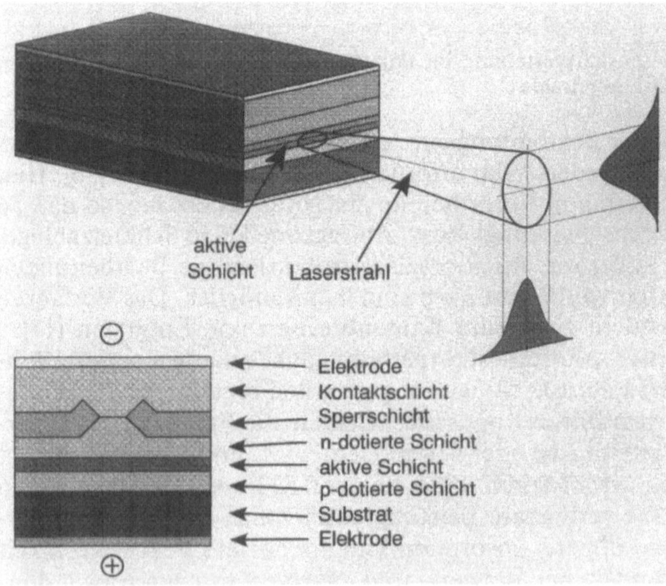

Bild 26. Prinzipdarstellung eines Diodenlasers

schiedliche Divergenzen in seinem Querschnitt auf. Die Leistung aus einem typischerweise 1 mm × 1 mm × 0,3 mm messenden Element liegt in der Größenordnung von 100 mW, der Wirkungsgrad (je nach Halbleitersystem und spezifischer Gestaltung der Diode) zwischen 30% und 70%. Durch Aneinanderfügen dieses „Bausteins" in zwei Dimensionen - Barren- und Stapelanordnungen, wie sie Bild 27 zeigt - ist die gewünschte Gesamtleistung realisierbar. Neben der Montage- und Kühltechnik stellt die optische Aufbereitung der vielen Einzelstrahlen eine besondere Herausforderung dar. Ein Lösungsweg ist in Bild 28 skizziert, bei dem eine Zusammenführung zu einem Strahl erfolgt, der dann - direkt oder nach Übertragung durch eine Glasfaser - für das Pumpen eines Festkörperlasers oder die unmittelbare Bearbeitung benützt werden kann.

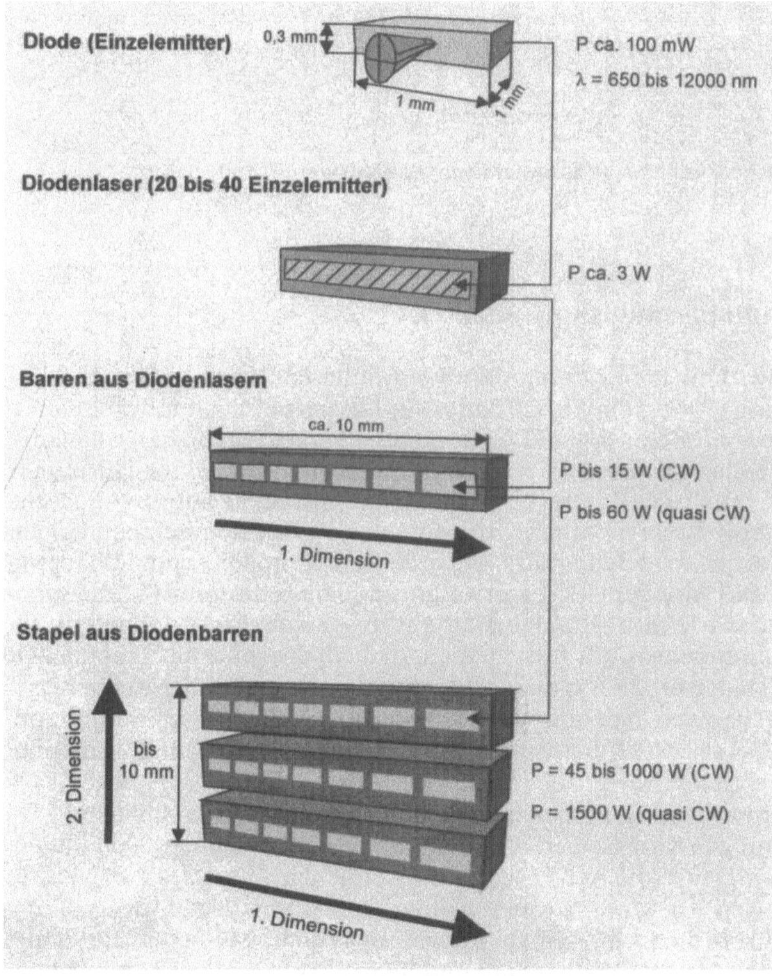

Bild 27. Leistungsskalierung bei Diodenlasern durch modulare Zusammenfassung von Bauelementen

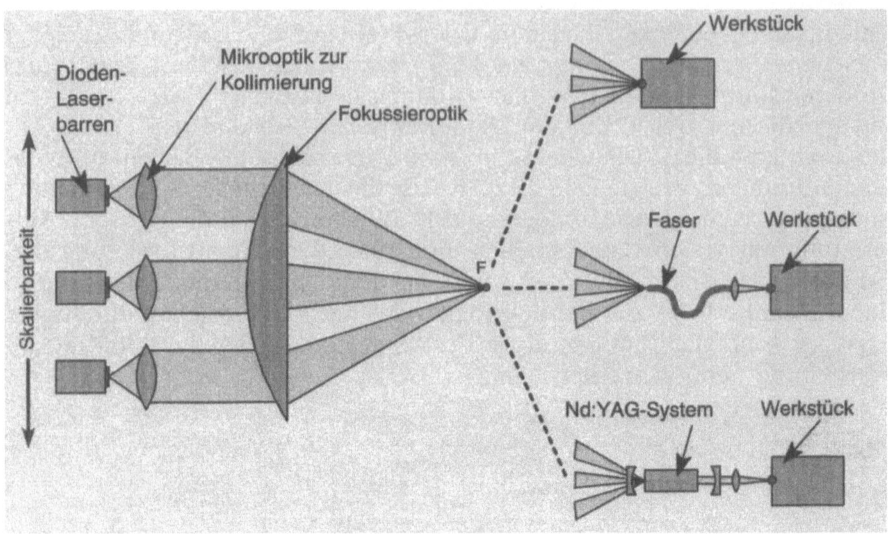

Bild 28. Optische Zusammenführung der Einzelstrahlen von Diodenlasern

5 Zusammenfassung und Ausblick

Neuere Entwicklungen eröffnen dem kontinuierlich betriebenen Festkörperlaser Einsatzfelder, die bisher dem CO_2-Laser vorbehalten waren. Dies trifft vor allem im Bereich der 3D-Bearbeitung von Blechen zu, wo die effizientere Energieeinkopplung bei 1 μm und die Möglichkeit zur Leistungsübertragung durch Glasfasern besonders zur Geltung gelangen. Auch die Integration von Laserverfahren in spanende Werkzeugmaschinen erhält durch diese Aspekte neue Impulse. Bei größeren Wanddicken und höherem Leistungsbedarf wird der CO_2-Laser aufgrund seines besseren Wirkungsgrades und seiner höheren Strahlqualität auf absehbare Zeit dominieren. In diesem Zusammenhang gilt festzuhalten, daß ein erhebliches Potential zur Wirtschaftlichkeitserhöhung dieses Lasertyps noch nicht ausgeschöpft ist. Durch eine gezielte Nutzung der Strahleigenschaften Polarisation und Strahlqualität lassen sich beträchtliche Zugewinne an Prozeßeffizienz und -flexibilität erzielen.

Diodengepumpte Festkörperlaser werden sich zunächst im Bereich niedrigerer Leistungen durchsetzen. Wann und in welchem Umfang sie mit den lampengepumpten Nd:YAG-Lasern - in Bereichen ihrer klassischen Anwendungen - in Konkurrenz treten werden, hängt von der Preisgestaltung bei Diodenlasern ab. Deren direkte Anwendung für die Materialbearbeitung ist vom Prozeß, der Anlagentechnik und dem Wirkungsgrad her betrachtet außerordentlich interessant, das Kostenproblem wird aber den breiten industriellen Einsatz noch für geraume Zeit erschweren.

Literatur

1. Optech Consulting: Lasermaterialbearbeitung, Band 1: Marktanalyse und -prognose 1994
2. Hügel, H.: Strahlwerkzeug Laser, Studienbücher Maschinenbau 1992
3. Dausinger, F., Shen, J.: Energy Coupling Efficiency in Laser Surface Treatment. ISIJ Int 33 (1993) S. 925–933
4. Dausinger, F.: Einkopplung beim Schneiden mit Lasern unterschiedlicher Wellenlänge. Laser u. Optoelektronik 25 (1993) S. 47–55
5. Hack, R., Faisst, F. u.a.: Schneiden mit fasergeführtem Nd:YAG-Hochleistungslaser – Festkörperlaser dringt in Bereich des CO_2-Lasers vor. Laser u. Optoelektronik 25 (1993), S. 62–68
6. Wahl, R.: Robotergeführtes Laserstrahlschweißen mit Steuerung der Polarisationsrichtung. Forsch.ber. IFSW (1994) Stuttgart: Teubner 1994
7. Laserpress – Trumpf is Softly Pulsing on Metal Sheet. Maschine u. Werkzeug 80 (1979) S. 22–23
8. Prospekt der Fa. Bruderer: Stanz-Laser-Paketieren
9. Wiesner, F.: Präzision im Laserlicht. Betriebstech. 3 (1994) S. 56–57
10. Wiedmaier, M., Meiners, E., u.a.: Integrierter Lasereinsatz erweitert Komplettbearbeitung in Drehzentren. VDI-Z 136 (1994) S. 78–81
11. Rudlaff, T., Krastel, K., Drechsel, J.: Integration von Lasern in Werkzeugmaschinen. Laser u. Optoelektronik 26 (1994) S. 56–62
12. Bea, M., Giesen, A., Hügel, H.: Gezielte Steuerung der Fokusgeometrie durch gekoppelte adaptive Systeme. Laser u. Optoelektronik 26 (1994) S. 43–49
13. Rapp, J., Glumann, C., u.a.: Laser Welding of Aluminum Alloys with CO_2-Lasers: Weldquality and Mechanical Properties. Proc. ISATA 93, S. 95–102
14. Glumann, C., Rapp, J., u.a.: Combination of the High Power Lasers – A New Dimension in Laser Material Processing. Proc. ISATA 93, S. 239–246
15. Grünenwald, B., Shen, J., u.a.: Laser Cladding with Composite Powders Using Pyrometric Temperature Control and Beam Combining. Proc. ISATA 93, S. 287–294
16. Eberl, G., et al.: Laserspanen – eine neue Technologie zum Abtragen. Laser u. Optoelektronik 25 (1993) S. 80–87
17. Inst. f. Strahlwerkzeuge, Univ. Stuttgart: Verfahren zum Entgraten oder Kantenbrechen von Werkstücken sowie Vorrichtung zur Durchführung dieses Verfahrens. Dt. Patentanmeld. P 4326 236.8 (1993)
18. Ebeling, K. J.: Integrierte Optoelektronik. Berlin: Springer 1992

Mikrosystemtechnik für Produkte mit Zukunft

W. Menz, W. Bacher

Inhalt: Die Mikrosystemtechnik wird beschrieben. Entwurf, Aufbau und Herstellung sind dabei die Themen, Anwendungsmöglichkeiten werden genannt.

1 Die Wurzeln der Mikrosystemtechnik

Je mehr die Mikrosystemtechnik Gestalt annimmt, desto intensiver beflügelt sie unsere Phantasie. Wenn schon die Mikroelektronik unser Leben nachhaltig beeinflußt hat, so wird das die Mikrosystemtechnik noch in vergrößertem Maße tun. Jeden Wissenschaftler und Ingenieur mit Kreativität und Vision müssen diese Aussichten faszinieren. Allerdings besteht dabei die große Verlockung für jeden, der nicht strenge wissenschaftliche Selbstdisziplin übt, die Grenze der Realität zu überschreiten. Nur so ist es zu verstehen, daß in der Phantasie einiger Leute „Mini-U-Boote" durch unser Adersystem schwimmen sollen, die selbständig und im Dauereinsatz unser Gefäßsystem inspizieren und warten. Es darf an dieser Stelle nicht die Gefahr verschwiegen werden, daß bei unqualifizierter Behandlung dieses Themas in der Öffentlichkeit Erwartungen geweckt werden, die über kurz oder lang enttäuscht werden müssen, wenn sich allzu kühne Ideen nicht realisieren lassen.

Niemand kann heute schon mit Bestimmtheit sagen, in welche Richtung sich die Mikrosystemtechnik entwickeln wird, ebenso wie vor 20 Jahren niemand ahnen konnte, daß die Mikroelektronik Höchstleistungen der Informationsverarbeitung an fast jeden Arbeitsplatz, ja in fast jedes Wohnzimmer bringen würde. Dank der Mikroelektronik haben Tischrechner heutzutage Leistungen, die vor 20 Jahren nur von Größtrechenanlagen erbracht werden konnten.

Es läßt sich mit voller Berechtigung behaupten, daß die Mikroelektronik alle Bereiche der Technik und unseres täglichen Lebens nachhaltig beeinflußt hat. Mit diesem Technologiesprung, der in der Elektronik stattgefunden hat und der auch heute noch nicht abgeschlossen ist, haben andere Disziplinen, wie etwa der Maschinenbau, nicht Schritt halten können. Im folgenden wird der Frage nachgegangen, wie die Erkenntnisse der Mikroelektronik, die im Laufe von drei Jahrzehnten eine ungeheure Fülle von Entwicklungskonzepten, Verfahren, Geräten und Werkstoffen brachte, auch für andere, nicht-elektronische Anwendungen von Nutzen sein könnten. Dieser Technologiesprung läßt sich dann auf andere Disziplinen übertragen, wenn Methodik, Verfahren und Werkstoffe auch auf die Mechanik, Optik, Fluidik, aber auch auf die Chemie, Biologie und Medizin projiziert werden. Das ist die Motivation zur Entwicklung der Mikrosystemtechnik.

Die „Erfolgsrezepte" der Mikroelektronik lassen sich zu drei Prinzipien zusammenfassen:

1.1 Entwurf

Der Entwurf der Schaltung geschieht vollständig auf dem Rechner. Dabei kann der Entwickler auf langjährige wissenschaftliche Erkenntnisse und fertigungstechnische Erfahrungen zurückgreifen, die, mathematisch formuliert, die Grundlage der Entwicklungsprogramme sind. Diese Programme erlauben eine explizite Simulation der Entwurfsobjekte in Hinsicht auf ihr Anwendungsprofil. Die Optimierung von Baugruppen findet weitgehend auf dem Rechner statt, was zeit- und kostenintensive Prozeßdurchläufe spart.

1.2 Photolithographie

Die Konstruktionsdaten werden mit den Mitteln der Photolithographie vom Rechner auf das Werkstück übertragen. Dabei werden die im Laufe der Fertigung notwendigen Strukturierungsschritte auf einen Satz von Masken abgebildet. Bei der optischen Abbildung, bei der die gesamte Strukturinformation parallel auf das Substrat (den Silizium-Wafer) übertragen wird, ist es unwesentlich, ob eine Einzelstruktur oder gleichzeitig viele komplexe Strukturen projiziert werden. Begrenzt wird die übertragbare Strukturdichte im wesentlichen nur noch von den sehr kleinen Restfehlern des optischen Systems, von der Wellenlänge des verwendeten Lichtes und seinen Beugungserscheinungen sowie den Eigenschaften des verwendeten Resist-Entwickler-Systems. Bei photolithographischen Projektionssystemen ist eine einmal erstellte Maske praktisch beliebig oft einsetzbar. Jedes Substrat einer Charge erhält exakt die gleiche Strukturinformation mit einer Präzision, die bei konventionellen Serienfertigungen, etwa in der Feinwerktechnik, nicht erreichbar wäre. Mit der Weiterentwicklung der Lithographie ließen sich im Laufe der letzten Jahrzehnte immer feinere Strukturdetails übertragen.

1.3 Batch-Fertigung

Auch die weitere Verarbeitung der so vorbereiteten Substrate geht gegenüber einer konventionellen Fertigung neue Wege. Mehrere Wafer werden zu einem „Batch" zusammengefaßt und parallel bearbeitet. Die Verfahren zur Herstellung von Halbleiterschaltungen wirken jeweils auf den gesamten Wafer bzw. auf das gesamte Batch von Wafern. Im wesentlichen besteht die Prozeßabfolge aus vier Grundprozessen, die die Scheibe in zahlreichen Wiederholungen und Varianten durchläuft:

- Das Deponieren einer Schicht auf der Scheibenoberfläche,
- die Übertragung von Strukturinformationen,
- das Abtragen einer Schicht und
- die Modifikation (Dotierung) einer Schicht oder Oberfläche.

Aufgrund des gleichzeitigen Einwirkens der Prozesse auf alle Oberflächen sind die Fertigungsstreuungen von Element zu Element minimal. Durch die stete Wiederholung weniger, hochdedizierter Prozeßschritte wurde gelernt, sie immer besser zu verstehen und zu kontrollieren, und man war daher in der Lage, sie in wirklichkeitsgetreuen Simulationsprogrammen auf dem Rechner nachzuvollziehen.

Die Erfolge der Mikroelektronik sind also der Anlaß, diese Prinzipien grundsätzlich auch auf die Mechanik, Optik, Fluidik, schließlich auch auf den Maschinenbau anzuwenden. Erwartet werden ähnliche Erfolge bei der spezifischen Leistungssteigerung, der Miniaturisierung, der Packungsdichte, der Beherrschung der Fertigungsprozesse und nicht zuletzt bei der Senkung der Kosten für die Funktionseinheit.

2 Konzepte der Mikrosystemtechnik

Bei der Mikrosystemtechnik sind gegenüber der reinen Mikroelektronik auch mikromechanische Komponenten zu bearbeiten. Ein entscheidender Unterschied zur Mikroelektronik besteht bei der Mikromechanik darin, daß die erstere im wesentlichen zweidimensional ist – die Strukturierung erstreckt sich nur wenige Mikrometer in die Silizium-Scheibe hinein –, während sich die Mikromechanik auch in die dritte Dimension ausbreitet. Zur Herstellung werden Mikrostrukturierungsverfahren entwickelt, auf die in den folgenden Kapiteln näher eingegangen wird. Auch für die Aufbau- und Verbindungstechnik bringt diese Dreidimensionalität neue Probleme, für die es zum Teil noch keine Lösungen gibt.

Im folgenden wird die Struktur eines Mikrosystems diskutiert, die grundlegenden Komponenten sollen vorgestellt und die wichtigsten Vorteile gegenüber einem konventionellen System aufgezählt werden.

Ein vollständiges Mikrosystem besteht aus vier Komponenten oder Komponentengruppen: dem Sensor oder Sensor-Array, dem Aktor, der Datenverarbeitung vor Ort und schließlich der Schnittstelle nach außen (Bild 1).

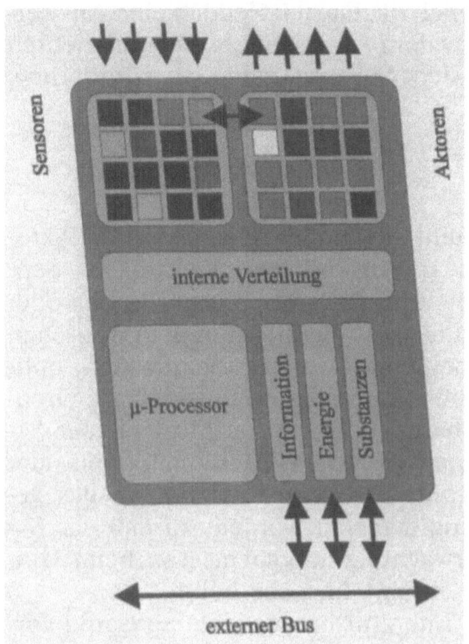

Bild 1. Prinzipskizze eines vollständigen Mikrosystems mit den Bereichen Sensorik, Aktorik, Datenverarbeitung und Schnittstelle

2.1 Sensoren

In den besonderen Möglichkeiten der Sensorik ist wohl der Hauptvorteil der Mikrosystemtechnik zu sehen. Da die Sensorelemente mit den Methoden der Mikroelektronik gefertigt werden, ist die Herstellung von mehreren Sensoren oder ganzen Sensor-Arrays auf einem Substrat mit ähnlicher Pakkungsdichte und später einmal auch zu ähnlichen Kosten zu bewerkstelligen wie etwa die Herstellung von Transistoren auf einem Mikrochip.

Sensor-Arrays eröffnen neue Prinzipien der Meßwerterfassung und -auswertung. Viele gleichartige Sensoren erhöhen die Zuverlässigkeit einer Meßschaltung. Es können Mittelwerte gebildet werden und redundante Elemente oder Subsysteme erhalten die Funktionsfähigkeit des Meßsystems auch bei Ausfall einzelner Elemente. Bei Sensoren, die sich im Betrieb schnell verbrauchen (z.B. bestimmte chemische oder biologische Sensoren), sind Ersatzsensoren als Vorrat in das System einbaubar. Sie werden erst dann aktiviert, wenn der Vorgänger defekt ist. Ebenso lassen sich aber auch Sensoren mit unterschiedlichen oder sich überlappenden Empfindlichkeitsbereichen einbauen. Damit sind immer einige Sensoren, unabhängig von der Amplitude der zu messenden Größe, im optimalen Empfindlichkeitsbereich. Ein wichtiges und zukunftweisendes Anwendungsgebiet für Sensorelemente mit unterschiedlicher Selektivität und Querempfindlichkeit, die zu Arrays angeordnet sind, ist die Mustererkennung komplexer

Meßgrößen, etwa in der chemischen Analytik. Dazu ist jedoch eine Auswertung der vielen parallelen Meßwerte aus dem Array mittels einer effizienten Informationsverarbeitung vor Ort auf dem Substrat zwingend erforderlich.

2.2 Aktoren

Der zweite Teil des Mikrosystem besteht aus einem oder mehreren Aktoren. Der Aktor kann im Prinzip als eine physikalische Umkehrung des Sensors gelten. Während der Sensor auf die Eingabe eines physikalischen oder chemischen Parameters mit der Ausgabe eines elektrischen oder optischen Signals „antwortet", gibt der Aktor bei Eingabe eines elektrischen, optischen oder thermischen Signals eine physikalische Größe wie Kraft, Drehmoment, Dimensionsänderung oder Phasenänderung aus. Mit Hilfe der Aktoren sind bestimmte von den Sensoren gesteuerte Manipulationen oder rückwirkungsfreie Messungen durchführbar. Nicht zuletzt kann das gesamte Mikrosystem fortbewegungsfähig gemacht werden, so daß das System lokal getrennte Meß- oder Überwachungsaufgaben, etwa beim Umweltschutz, selbständig nacheinander anfährt und abarbeitet.

Während in der wissenschaftlichen Literatur bereits viele Sensoren vorgestellt und einige wenige davon von der Industrie bereits in Mengen gefertigt werden, besteht in der Mikroaktorik noch ein erheblicher Rückstand. Vermutlich liegt das daran, daß zahlreiche Sensorprinzipien mit relativ geringen Modifikationen mikroelektronischer Komponenten umsetzbar sind, wie z.B. die ISFETs (Ionenselektive Feldeffekt-Transistoren), während bei den Aktorprinzipien bisher nur Silizium als Material eingesetzt wurde und damit lediglich Effekte wie thermische Ausdehnung, Lageänderung und Kraft mittels elektrostatischer Felder nutzbar sind. Für andere Prinzipien, die auf Ferromagnetismus, Ferroelektrizität, Strukturänderungen und dergleichen beruhen, sind andere Werkstoffe und Technologien zu verwenden. Auf die besonderen Möglichkeiten der LIGA-Technik zum Bau von Mikroaktoren wird in einem weiteren Kapitel näher eingegangen.

2.3 Datenverarbeitung

Bei der Datenverarbeitung sind die Aufgaben sehr vielfältig. Zunächst sind die zahlreichen Meßwerte aus dem Sensor-Array parallel zu verarbeiten und zur Steuerung der Aktoren aufzubereiten oder über die Schnittstelle nach außen zu geben. Bei der Datenverarbeitung im Mikrosystem öffnet sich ein weites Feld für Forschung und Entwicklung. Komplexe Probleme von Matrizenoperationen, Approximationen, Regressionen und Kennfeldanpassungen müssen mit höchster Rechnereffizienz und in Echtzeit mit den eingeschränkten Möglichkeiten des Mikroprozessors im System gelöst werden.

Für sicherheitsrelevante Aufgaben im Bereich der Kraftfahrzeugtechnik, der Luft- und Raumfahrt oder der Medizintechnik spielt die Zuverlässigkeit eines Systems eine entscheidende Rolle. Gerade dazu kann die Mikrosystemtechnik einen entscheidenden Beitrag leisten. Der Einbau von Selbsttest-Routinen, redundanten Komponenten oder Subsystemen kann die Zuverlässigkeit derart steigern, daß Anwendungen diskutabel sind, die heute gerade wegen dieses Aspektes noch nicht in Betracht gezogen werden.

Biologische und chemische Sensoren lassen allgemein in ihrer Langzeitstabilität zu wünschen übrig. Wird der Sensor aggressiven Medien, biologischer Materie oder thermischen Belastungen ausgesetzt, ändern sich die Parameter des Sensors und verkürzen die nutzbare Betriebszeit. Die integrierte „Intelligenz" des Mikrosystems ermöglicht ein Summieren der Belastungszeit oder das Mitschreiben der „thermischen Historie" für den Sensor. Gespeicherten Kennfeldern sind dann die der Betriebszeit entsprechenden Kompensationsfaktoren entnehmbar, mit denen sich Meßwerte korrigieren lassen. Damit wird die nutzbare Betriebszeit entsprechend verlängert.

2.4 Schnittstelle nach außen

Als letzte Komponente des Mikrosystems ist die Schnittstelle nach außen zu nennen. Die Anforderungen sind hier äußerst vielfältig. Die Schnittstelle kann zum Beispiel eine fehlertolerante Datenschnittstelle sein. Bei bestimmten Anwendungen sind die Forderungen an eine Datenübertragung äußerst anspruchsvoll, z.B. an Systeme für den Kraftfahrzeugbereich bei der elektromagnetisch „verschmutzten" Umgebung eines Verbrennungsmotors oder an die transkutane Übertragung von Daten bei intelligenten Implantaten im Medizinbereich.

Wird diese Schnittstelle aber noch weiter gefaßt, so ist hier allgemein der Übergang zur Makrowelt zu verstehen: Jedes Mikrosystem bewegt sich in einer Makrowelt. Es müssen dabei nicht nur Daten und Informationen ausgetauscht werden, sondern auch physikalische Parameter, etwa die Ankopplung an externe Energiequellen thermischer, optischer, mechanischer und fluidischer Art. In der Mikroelektronik sind diese Schnittstellen, über die nur elektrische Signale zu übertragen sind, noch vergleichsweise einfach herzustellen, in der Mikrosystemtechnik jedoch sind noch viele Probleme zu lösen. Besonders in der Medizintechnik spielen diese Schnittstellen eine übergeordnete Rolle, da hier das Mikrosystem mit dem hochkomplexen „Makrosystem" Mensch kommunizieren muß.

Jedes Mikrosystem besteht also aus der zweidimensionalen Mikroelektronik, der dreidimensionalen Mikrostruktur und der Schnittstelle, der Ankopplung an die Makrowelt. Im folgenden werden die verschiedenen Methoden der Mikrostrukturierung beschrieben, und es wird diskutiert, worin jeweils die spezifischen Stärken und Schwächen einer Technologie liegen. Es werden die drei Verfahren skizziert, die am weitesten verbreitet sind. Daneben sind eine Reihe von Alternativen bekannt, denen aber meist das breite Anwendungspotential fehlt und die auch nur für Spezialaufgaben entwickelt wurden.

3 Methoden der Mikrosystemtechnik

3.1 Silizium-Ätztechnik

Die älteste und am weitesten verbreitete Technologie zur Mikrostrukturierung, die sich auch am engsten an die Methoden der Mikroelektronik anlehnt, ist das Verfahren des anisotropen Ätzens von Silizium-Einkristallen (Wafern). Hierbei wird der Wafer zunächst mit einer ätzresistenten Schutzschicht überzogen, die mit photolithographischen Verfahren strukturiert wird, so daß eine fest auf der Oberfläche haftende Ätzmaske entsteht. Durch die Öffnungen dieser Ätzmaske greift das Ätzmittel den Silizium-Einkristall von der Oberfläche her an. Als anisotrope Ätzmittel werden solche Substanzen bezeichnet, die die Eigenschaft haben, den Kristall je nach seiner kristallmorphologischen Orientierung unterschiedlich schnell zu ätzen. Wird die Schnittfläche (Oberfläche) der Silizium-Scheibe derart orientiert, daß bestimmte, leicht zu ätzende Flächen exponiert werden, so läßt sich mit dem Ätzprozeß die dreidimensionale Formgebung des Kristalls in die Tiefe hinein präzise steuern. Damit sind wohldefinierte Strukturen mit Tiefen bis zur Dicke der Scheibe zu erreichen.

Der Vorteil dieser Technologie liegt in der genau vorherbestimmbaren Formgebung sowie darin, die hervorragenden physikalischen Eigenschaften des einkristallinen Siliziums optimal zu nutzen und die Verfahren der Mikroelektronik fast unverändert auch auf die Mikrostrukturtechnik übertragen zu können. Was sich zunächst als Vorteil des Verfahrens zeigte, nämlich die präzise Formgebung durch die kristallographisch vorbestimmten geätzten Flächen, ist gleichzeitig wegen der Einengung der möglichen Formenvielfalt auch ein Nachteil. Mit der Methode des anisotropen Ätzens sind eben nur Formen herstellbar, die sich von bestimmten kristallographischen Flächen des Silizium-Einkristalls umschließen lassen. Beliebig geformte Strukturen, wie sie etwa für fluidische Anwendungen wünschenswert wären, lassen sich in Silizium gar nicht oder nur unbefriedigend erreichen. In solchen Fällen sind isotrope chemische Ätzverfahren oder plasmaunterstützte physikalische Ätzverfahren anwendbar, und mit einer geeigneten Kombination unterschiedlicher Verfahren sind viele Formen herzustellen.

3.2 Dünnschicht-Mikrotechnik

Statt den Wafer von der Oberfläche her durch Ätzmasken in die Tiefe zu ätzen, lassen sich mit den Verfahren der Dünnschichttechnik auch Mikrostrukturen auf der Oberfläche aufbauen. Da hierbei im allgemeinen mit polykristallinem Material gearbeitet wird, sind die Methoden des anisotropen Kristallätzens nicht anwendbar; dafür lassen sich lateral beliebig geformte Strukturen herstellen. Dabei ergibt das Übereinanderstapeln strukturierter Schichten komplexe Gebilde. Ein nachträgliches selektives, naßchemisches

Ätzen von „vergrabenen“ Schichten läßt auch die Fertigung von Hohlräumen und damit auch von elastischen und von freibeweglichen Strukturen zu. Mit diesem Verfahren des „surface micro machining“ wurden die ersten beweglichen Strukturen wie Hebelarme, elastisch aufgehängte Linearantriebe und schließlich elektrostatisch betriebene rotierende Motoren hergestellt. Neben all diesen vorteilhaften Möglichkeiten gibt es allerdings auch hierbei einen gravierenden Nachteil der Technologie: Die Methoden der Dünnfilmtechnik lassen keine sehr dicken Strukturen zu. Die Dicke einer Schicht übersteigt selten 10 Mikrometer. Besonders problematisch ist die präzise Lagerung von rotierenden Komponenten, da die Tragfläche gegenüber konventionellen Lagerungen vergleichsweise sehr klein und relativ zu ihren Abmessungen sehr ungenau ist. Bei schnell rotierenden Teilen äußert sich das in einem hohem Verschleiß der Lager und einer entsprechend geringen Betriebsdauer.

3.3 LIGA-Verfahren

Das dritte zu nennende Verfahren zur Mikrostrukturierung ist das LIGA-Verfahren, übrigens das einzige, das seinen Ursprung in Deutschland hat [1]. Es wurde am Kernforschungszentrum Karlsruhe entwickelt, um sehr kleine Düsenstrukturen mit hohem Aspektverhältnis (das ist das Verhältnis der minimalen lateralen Dimension zur Strukturhöhe) für das sogenannte Trenndüsenverfahren zur Urananreicherung für Kernkraftwerke zu erhalten. Aus diesen Anfängen und diesem limitierten Anwendungsbereich ist die LIGA-Technik längst herausgewachsen, und sie ist heute ein wichtiges Verfahren mit einem hohen Applikationspotential.

Die Weiterentwicklung und die Demonstration der praktischen Anwendbarkeit der LIGA-Technik ist der Schwerpunkt der Arbeiten des Instituts für Mikrostrukturtechnik (IMT) im Kernforschungszentrum Karlsruhe (KfK). Die Firma microParts GmbH, Dortmund, als der Lizenznehmer des KfK fertigt und vertreibt LIGA-Mikrostukturen und Mikrosysteme mit LIGA-Komponenten national und international.

Das Wort LIGA ist zusammengesetzt aus den Abkürzungen für die Hauptprozesse Röntgentiefenlithographie mittels Synchrotronstrahlung, Galvanik zum Auffüllen der Resiststruktur mit Metall zur Herstellung einer komplementären Metall-Mikrostruktur und schließlich Abformung mit Hilfe von thermischem Spritzguß, Reaktionsguß oder Prägeverfahren. Damit ist die industrielle Massenfertigung von Mikrostrukturen möglich. Mit dem LIGA-Verfahren lassen sich lateral beliebig geformte Strukturen mit sehr großer Strukturhöhe herstellen. Die Werkstoffe reichen dabei von Kunststoffen wie PMMA, POM, PVDF über Metalle wie Nickel, Kupfer, Gold, Nickel-Kobalt- oder Nickel-Eisen-Legierungen bis hin zu Keramiken. Bild 2 zeigt schematisch die wichtigsten Schritte des LIGA-Verfahrens.

Die folgenden Abschnitte skizzieren kurz die Prozeßschritte des LIGA-Verfahrens.

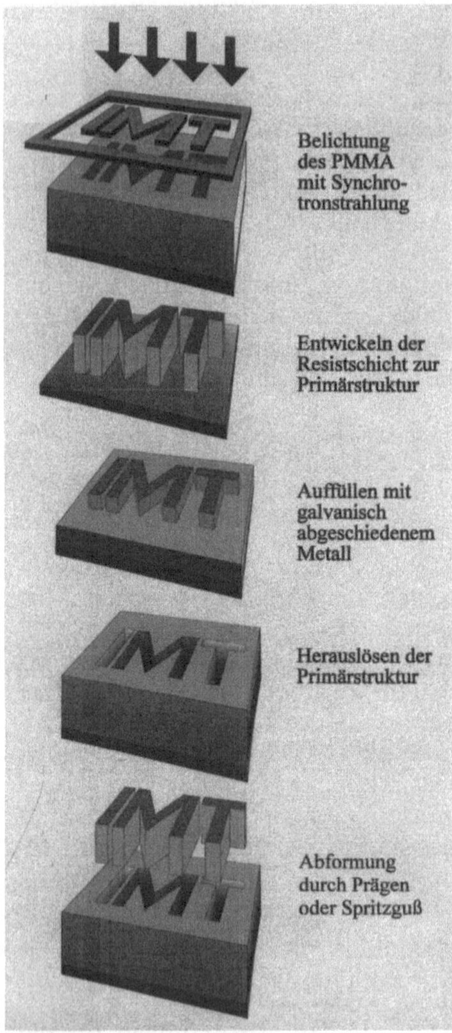

Bild 2. Prinzipieller Fertigungsablauf beim LIGA-Verfahren

3.3.1 Röntgentiefenlithographie

Die Röntgentiefenlithographie mit Synchrotronstrahlung ist der zentrale Prozeßschritt des LIGA-Verfahrens. Sie ermöglicht die Herstellung von Strukturen, die gleichzeitig Strukturhöhen von bis zu einem Millimeter und laterale Detailabmessungen im Mikrometer- oder sogar Submikrometerbereich und damit Aspektverhältnisse von bis zu mehreren hundert aufweisen.

Eine wichtige Voraussetzung, um solche Strukturen defektfrei herstellen zu können, ist die Verfügbarkeit einer kontrastreichen Maske. Eine Röntgenmaske für die Tiefenlithographie muß auf einer möglichst dünnen

Membran eines Materials niedriger Ordnungszahl aufgebaut werden, damit die Membran möglichst wenig Röntgenstrahlung absorbiert. Die Herstellung von Membranträgerfolien aus Titan wurde im KfK/IMT soweit entwikkelt und optimiert, daß die Masken heute routinemäßig auf Titanmembranen gefertigt werden [2, 3]. Die Strukturinformation der Maske ist in einem Absorber aus einem die Röntgenstrahlung gut abschirmendem Material mit hoher Ordnungszahl - z.B. Gold - enthalten, das auf die Membran mechanisch stabil aufgebracht werden muß. Dazu eignet sich die Galvanik besonders gut.

Die Herstellung der Masken ist der personal- und kostenintensivste Abschnitt in der Herstellung einer Mikrostruktur nach dem LIGA-Verfahren.

Durch Schattenprojektion der Absorberstruktur in eine Kunststoffschicht (Polymethylmethacrylat, PMMA) mit Synchrotronstrahlung wird der bestrahlte Teil des Kunststoffs so verändert, daß er mit einem geeigneten Lösungsmittel entfernt werden kann und nur die unbestrahlte „Primärstruktur“ zurückbleibt.

Auf dem Wege zu einer metallischen Mikrostruktur oder einem Abformwerkzeug für die Massenfertigung von hochwertigen Mikrostrukturen ist die Primärstruktur nur ein Zwischenprodukt. Andererseits lassen sich mit der Röntgentiefenlithographie wegen der guten optischen Eigenschaften des PMMA Mikrostrukturen herstellen, die in der optischen Kommunikationstechnik oder in der lichtoptischen Spektralanalyse einsetzbar sind. Beispiele für solche Anwendungen wurden kürzlich in [4] ausführlich dargestellt.

3.3.2 Galvanik

Gegenwärtig sind mit dem LIGA-Verfahren Mikrostrukturen aus Nickel, Kupfer und Gold sowie aus Nickel-Kobalt- und Nickel-Eisen-Legierungen herstellbar [3, 5, 6]. Von großer praktischer Bedeutung für die LIGA-Technik ist die Herstellung von Abformwerkzeugen für die Kunststoffabformung.

3.3.3 Kunststoffabformtechnik

Die Kunststoffabformtechnik ist für die LIGA-Technik der Schlüssel zur Massenproduktion und somit zu einem wirtschaftlichen industriellen Einsatz.

Die Kunststoffabformtechnik benutzt Abformwerkzeuge in LIGA-Technik, die mittels Galvanoformung hergestellt wurden. Die Entwicklung der Herstellungsverfahren für solche Abformwerkzeuge ist ein eigenes und sehr wichtiges Arbeitsgebiet des IMT. Mit Hilfe dieser Werkzeuge lassen sich Tausende von Kopien der Primärstruktur aus unterschiedlichen Kunststoffen fertigen [7, 8].

Die Materialpalette für industriell gefertigte Mikrostrukturen endet jedoch nicht bei den Kunststoffen. Mit Hilfe der Methode der „verlorenen Formen“ lassen sich auch keramische Mikrostrukturen herstellen.

3.3.4 Weiterentwicklung der Prozeßtechnik

Mit den bisher erwähnten Prozeßschritten konnten vielfältige Strukturen hergestellt werden. Die Entwicklung einer sogenannten Opferschichttechnik führte auch zu beweglichen Strukturen in LIGA-Technik [9]. Dabei wird das Substrat mit einer strukturierten Schicht aus Titan versehen, bevor der eigentliche LIGA-Prozeß gestartet wird. Nach Fertigstellung der LIGA-Struktur wird die Opferschicht unter der Mikrostruktur selektiv naßchemisch geätzt. Das löst die Mikrostruktur nur in einzelnen Bereichen vom Substrat. Teile der Struktur lassen sich somit aufhängen oder frei um eine feststehende Achse drehbar herstellen.

Um auch Strukturen herstellen zu können, die in der dritten Dimension einen veränderlichen Querschnitt aufweisen, wurde die Röntgentiefenlithographie mit anderen Strukturierungsmethoden, etwa der Abformtechnik, kombiniert. So lassen sich gestufte Strukturen herstellen [7, 10].

Die LIGA-Technik erweist sich als besonders geeignet zur Herstellung von Mikroaktoren. Die große Materialpalette erlaubt die Anwendung vielfältiger Aktorprinzipien. Die Galvanotechnik leistet hier Beiträge durch die Entwicklung von Abscheideverfahren für weichmagnetische Nickel-Eisen-Legierungen (PERMALLOY) in Mikrostruktur-Dimensionen [5, 6].

Bei Mikrosystemen ist mindestens eine mikrooptische oder mikromechanische mit einer mikroelektronischen Komponente zu verbinden, eigentlich zu integrieren. Das Ziel ist eine quasi-monolithische Integration der verschiedenen Techniken, bei der direkt vertikal über der mikroelektronischen Schaltung und mit funktionaler Kopplung an deren Kontakte die LIGA-Mikrostruktur mit mechanischen oder optischen Funktionen aufgebracht wird. Der heutige Stand erlaubt die Aussage, daß auf diese Weise einfache Mikrosysteme hergestellt werden können (Bild 3) [11].

Bild 3. Integration von Silizium-Mikroelektronik und -Mikromechanik mit LIGA-Strukturen durch Abformung auf einem Silizium-Wafer

3.3.5 Prototypen von Mikrostrukturen in LIGA-Technik

Jede Technologie ist so gut wie ihre Produkte. Jede noch so brillante wissenschaftlich-technische Idee muß sich irgendwann einmal als industrielles Produkt bewähren. Dazu sind Prototypen aufzubauen und unter möglichst realistischen Bedingungen hinsichtlich ihres späteren Verwendungszwecks zu untersuchen. Alle unsere im folgenden genannten „Produkte" wurden unter definierten Bedingungen geprüft.

a) Flexible Mikrostrukturen

Die erste bewegliche LIGA-Struktur, die mit Hilfe der Opferschichttechnik hergestellt wurde, ist ein Beschleunigungssensor [9, 12]. Zwischen zwei fest mit dem Substrat verbundenen Elektroden befindet sich eine an einer Blattfeder aufgehängte seismische Masse. Bei einer Beschleunigung verändern sich die Spaltbreiten zwischen Elektroden und seismischer Masse, und die damit verbundene Kapazitätsänderung kann mittels einer Brückenschaltung gemessen werden.

Über das Design ist eine Temperaturkompensation des Sensors erreichbar. Die geringen Abmessungen und die damit mögliche hohe Packungsdichte sind der Grund, daß Arrays von Beschleunigungssensoren gleichzeitig hergestellt werden können. Damit lassen sich einerseits verschiedene Beschleunigungsrichtungen, andererseits ein breiter Beschleunigungsbereich durch in der Empfindlichkeit gestufte Sensoren abdecken. Bild 4a zeigt das Detail eines Beschleunigungssensors in LIGA-Technik, Bild 4b zeigt den Prototypen eines Mikrosystems mit Sensor-Array, Verstärkern und Signalverarbeitung [13].

b) Rotierende Mikrostrukturen

Vollständig frei bewegliche Mikrostrukturen wurden in Form einer mit Gas angetriebenen Mikroturbine und eines elektrostatischen Mikromotors gebaut [14, 15]. Eine Rasterelektronenmikroskopaufnahme der Turbine zeigt Bild 5. Wegen der geringen Masse der Turbinenläufer kann sie in weniger als sechs Umdrehungen aus dem Stillstand auf 2500 Umdrehungen pro Sekunde beschleunigt werden. Bei Materialien wie Nickel konnte eine Laufzeit von etwa 100 Millionen Umdrehungen erreicht werden, was einer Lebensdauer von über 10 Stunden entspricht. Mögliche Anwendungen solcher Turbinen könnten in der Bearbeitung sehr feiner biologischer Strukturen im medizinischen Bereich gesehen werden.

c) Fluidische Elemente

Die Herstellung von fluidischen Elementen in LIGA-Technik erweitert die Anwendungsmöglichkeiten der Mikrosystemtechnik erheblich, da neben den elektrischen, optischen und mechanischen Komponenten auch pneumatische und hydraulische Prinzipien umgesetzt werden können.

a

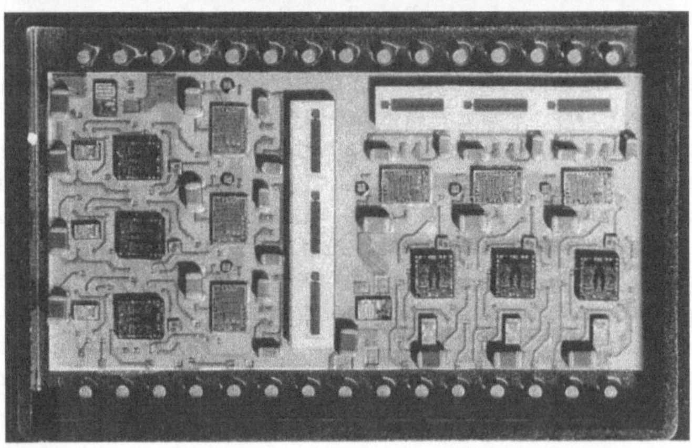

b

Bild 4 a, b. Beschleunigungssensor. **a** Detail: Die Biegezunge ist 10 μm breit, die gesamte Struktur hat eine Höhe von 100 μm. Der Spalt zwischen seismischer Masse und Gegenelektroden mißt ca. 4 μm; **b** Fotografie eines kompletten Mikrosystems zur Messung der Beschleunigung in zwei Dimensionen

Bild 6 zeigt den Prototyp eines fluidischen Wandstrahlelements in LIGA-Technik. Ein Fluidstrom, der sich stabil an eines der beiden Wandelemente oberhalb der Düse anlegt und stabil gegen kleine Störungen in dieser Position verharrt, kann durch Impulse aus einem Steuerkanal „umgeschaltet" werden. Der Fluidstrom nimmt dann die neue Position ein und verhält sich wiederum stabil gegen kleine Störungen. Mit der Aneinanderreihung unterschiedlicher fluidischer Elemente sind fluidische Verstärkungen bis zu einem Faktor 1000 erreichbar, bei geeigneter Rückkopplung auf die Steuerleitungen sind fluidische Oszillatoren herstellbar. Da sich das fluidische Grundelement wie ein Schalter verhält, lassen sich im Prinzip logische Schaltungen wie in der Mikroelektronik aufbauen.

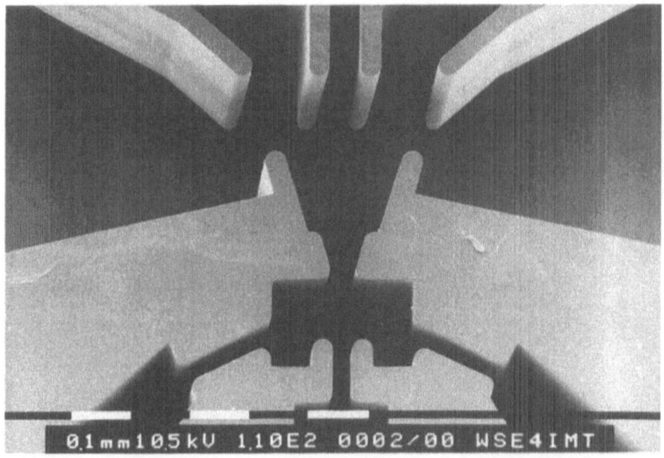

Bild 6. REM-Aufnahme eines fluidischen Wandstrahl-Elements in LIGA-Technik. Die Düse hat eine Breite von 30 μm, die Gesamtstruktur ist 500 μm hoch

Fluidische Elemente scheinen besonders als Aktoren für die Medizintechnik geeignet zu sein, da sie eine hohe Leistungsdichte haben, verschleißfrei arbeiten, mit medizinisch unbedenklichen Medien (z.B. physiologischer Kochsalzlösung) betrieben werden können und gegen Verschmutzung (partikelbeladene Medien) relativ unempfindlich sind [16-18].

Mit Hilfe der Kombination von LIGA-Verfahren und Prozessen zur Fertigung von Mikromembranen wurde z.B. eine Mikromembranpumpe aus Kunststoff zur Förderung von Gasen entwickelt (Bild 7). In der Mitte der 7 mm × 10 mm großen Pumpe befindet sich die 1 μm dünne Pumpmembran mit einem Durchmesser von 4 mm. Neben der Pumpkammer liegen die Mikroventile. Für den thermischen Antrieb der Mikropumpe ist auf der

◄

Bild 5. REM-Aufnahme einer Mikroturbine aus Nickel in LIGA-Technik. Der Rotor hat einen Durchmesser von 150 μm und eine Höhe von 125 μm

Pumpmembran eine 250 nm dünne Heizwendel aus Kupfer angebracht; kurze Stromimpulse mit einer Frequenz von 30 Hz erwärmen sie periodisch. Die Heizwendel ist so ausgelegt, daß die Pumpe mit Spannungen von weniger als 15 V betrieben werden kann. Die Pumpe besteht aus zwei Gehäusehälften aus Polysulfon (PSU), die im Spritzguß hergestellt werden; die dazwischenliegende Pumpmembrane ist aus Polyimid gefertigt. Neben Pumpengehäusen aus PSU wurden auch Gehäuse aus PVDF und PMMA hergestellt. Wird eine Pumpe mit einem Membrandurchmesser von 4 mm eingesetzt und mit 1,7 ms langen Stromimpulsen von 100 mA mit einer mittleren Leistung von 100 mW angetrieben, so erreicht sie bei einer Pumpfrequenz von 30 Hz eine Förderrate von über 220 μl/min und erzeugt einen Gegendruck von mehr als 130 hPa [19, 20].

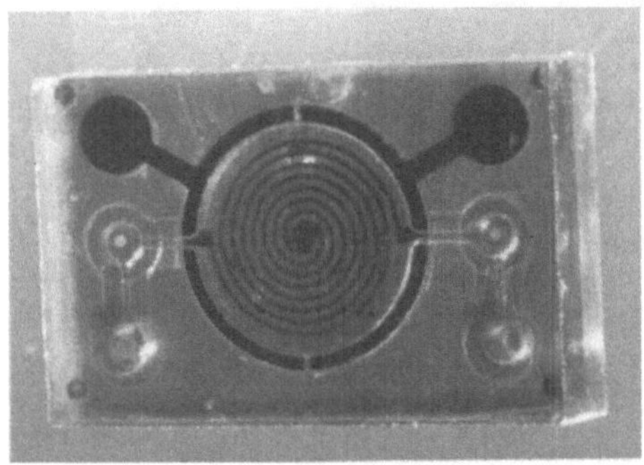

Bild 7. Fotografie einer Mikromembranpumpe mit Polysulfongehäuse und Polyimidmembran mit den dazugehörenden elektrischen und fluidischen Anschlüssen

4 Von der Mikrostruktur zum Mikrosystem

4.1 Entwurf von Mikrokomponenten

In diesem Abschnitt werden zunächst die Prinzipien diskutiert, nach denen Mikrostrukturen, insbesondere Mikroaktoren, zu konzipieren sind. Zunächst ist die triviale Tatsache festzuhalten, daß bei einer linearen Verkleinerung einer dreidimensionalen Struktur die Oberfläche mit dem Quadrat der linearen Abmessung schrumpft, das Volumen jedoch mit der dritten Potenz. Das Verhältnis von Oberfläche zu Volumen nimmt also bei Mikrostrukturen gegenüber makroskopischen Bauelementen überproportional zu. Das bedeutet, daß die Oberflächeneinflüsse auf eine Mikrostruktur eine große Bedeutung bekommen. Tribologische Probleme nehmen mit dem wachsenden Oberflächen-zu-Volumen-Verhältnis zu. Die Konsequenz aus dieser Tatsache für die Konstruktion von Mikroaktoren ist die Empfehlung, Reibung nach Möglichkeit zu vermeiden. Aktoren mit elastischer Aufhängung sind solchen mit Lagerreibung vorzuziehen, Membranauslenkungen sind weniger kritisch als Kolben-Zylinder-Anordnungen. Die Problematik der präzisen Lagerung rotierender Mikroteile wurde schon weiter vorn diskutiert. Diese Erkenntnisse müssen sich natürlich auch in der Konstruktion mechanischer Mikrokomponenten niederschlagen. Es wäre falsch, den konventionellen Maschinenbau auf die Mikrosystemtechnik übertragen zu wollen, indem die Strukturen konventioneller Bauelemente nur entsprechend linear verkleinert werden. Hier ist die Kreativität des Konstrukteurs gefordert; er kann und muß neue, unkonventionelle Wege beschreiten: Ein Vier-Gang-Getriebe in Mikrotechnik bauen zu wollen, wäre nicht sinnvoll und würde den neuen Möglichkeiten der Mikrosystemtechnik nicht gerecht werden.

Aus der Oberflächen- und Dünnschichttechnik ist bekannt, daß sich in dünnen Schichten Eigenschaften in Bezug auf Härte, Korrosionsfestigkeit, Elastizität und elektrischer Durchschlagsfestigkeit erreichen lassen, die im massiven Material nicht denkbar wären. Hier liegt ein weiteres großes Potential der Mikrosystemtechnik. Allerdings kompliziert der wachsende Einfluß der Oberfläche den Entwurf, die Simulation und die Fertigung von Mikrostrukturen. Bereits eine dünne Oxidschicht auf einer schwingenden Zunge kann die elastischen Eigenschaften dieser Struktur wesentlich verändern. Tabellenwerte massiver Werkstoffe, mit denen in der „Makrowelt" üblicherweise gearbeitet wird, würden hier zu falschen oder ungenauen Berechnungen führen. Die Konsequenz daraus ist eine neue Betrachtungsweise der Werkstoffwissenschaft für Mikrostrukturen. Diesem neuen Forschungszweig kommt in Zukunft noch große Bedeutung zu. Dabei ist besonderes Augenmerk auf die Oberflächen- und Grenzflächenphänomene der Mikrostrukturen zu richten.

Den Konstrukteur von Mikrostrukturen stellen diese Probleme vor völlig neue Aufgaben, die zu bearbeiten eine hohes Maß von Grundlagenwissen und Kreativität verlangt. Insbesondere in der Aktorik sind neue Wege zu beschreiten, wenn es darum geht, neuartige, aber auch in der Makrowelt bekannte Aktorprinzipien in reale Mikrostrukturen umzusetzen und diese in ihrem statischen und dynamischen Verhalten zu berechnen und zu simulieren. Die Struktur der oberflächennahen Schichten hängt häufig von der Prozeßvorgeschichte zur Herstellung dieser Struktur ab. Neuere und genauere Möglichkeiten der zerstörungsfreien chemischen und physikalischen Oberflächenanalyse an der Mikrostruktur sind hier noch zu entwickeln oder aus bekannten Verfahren zu optimieren.

4.2 Systemkonzept

Bisher war im wesentlichen nur von Mikrostrukturen die Rede. Aber ähnlich wie in der Mikroelektronik, bei der erst die Integration vieler Komponenten zu einer Gesamtheit, dem System, und damit zum durchgreifenden technischen und wirtschaftlichen Erfolg führten, ist es vonnöten, von der Mikrostruktur zum Mikrosystem zu gelangen. Der Ersatz konventioneller feinstwerktechnisch hergestellter Komponenten durch die noch kleineren Mikrostrukturen kann zwar das eine oder andere Detailproblem lösen helfen, bringt aber sicher nicht den technologischen Durchbruch für die Mikrosystemtechnik. Erst die konsequente Hinwendung zum Mikrosystem wird zu einem ähnlichen Erfolg in allen Bereichen der Technik und des täglichen Lebens führen, wie es seinerzeit auf dem Gebiet der Mikroelektronik geschah.

Wie sieht der Weg von der Mikrostruktur zum Mikrosystem aus? Wird von einer gegebenen Mikrostruktur ausgegangen und werden weitere Strukturen empirisch hinzugefügt, um zu einem komplexen System zu gelangen, das mehr zu leisten vermag als die Summe seiner Komponenten, so ergibt sich kein optimales System. Der richtige Weg beginnt mit der theoretischen Beschreibung des Gesamtkonzepts. Dabei werden anhand des Anforderungsprofils (Pflichtenheft) die notwendigen Mikrostrukturen und die Informationsverarbeitungskonzepte entwickelt. Iterativ sind die Entwurfsregeln der Mikrostrukturtechnik, die Fertigungsvorschriften, schließlich die Konzepte der Informationsverarbeitung und ihre Realisierung mit Komponenten der Mikroelektronik in Einklang zu bringen und zu optimieren. Ein Schema deutet dies an (Bild 8). Erst wenn alle Randbedingungen der beteiligten Disziplinen mit dem Systemkonzept kompatibel sind, kann mit der eigentlichen Fertigung des Mikrosystems begonnen werden. Ein „Trial-and-error-Verfahren“ zum Entwurf eines Mikrosystems oder auch ein „Bottom-

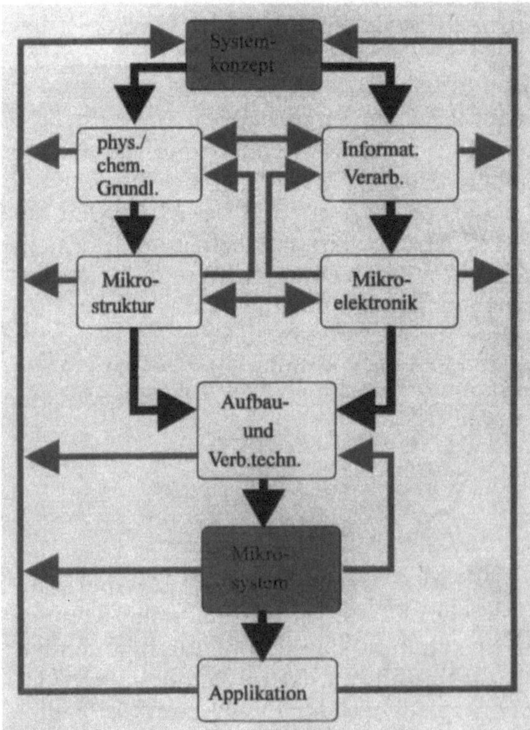

Bild 8. Konzept eines „Top-down-Entwurfs“ für Mikrosysteme

up-Konzept“, das von einer Mikrostruktur ausgeht und additiv weitere Funktionen hinzufügt, wäre technologisch und ökonomisch für eine Mengenfertigung nicht zu vertreten. „Top-down-Entwurfskonzepte“ sind bereits in der Entwicklung, erweisen sich jedoch als äußerst komplex, da wechselseitige mechanische, thermische und elektrische Einflüsse der Komponenten zu berücksichtigen sind. Man muß sich darüber im klaren sein, daß hier noch ein erheblicher Forschungs- und Entwicklungsaufwand zu leisten ist, auch wenn ein großer Vorrat an Entwicklungstools bereits aus der Mikroelektronik übernommen werden kann.

4.3 Aufbau- und Verbindungstechnik

Ein weiteres wichtiges Werkzeug einer effizienten Mikrosystemtechnik ist die Aufbau- und Verbindungstechnik. Zu Beginn der Silizium-Mikromechanik war eine Idee, möglichst alle Komponenten eines Mikrosystems monolithisch auf einem Chip zu integrieren. Diese anfängliche Euphorie wich inzwischen einer sachlicheren Betrachtungsweise. Die konsequente monolithische Integration würde dem Hersteller von Mikrosystemen erhebliche Probleme in bezug auf eine durchgehende Prozeßkompatibilität und als Folge davon kostspielige Ausbeuteprobleme bringen.

Das getrennte Fertigen von Komponenten in der jeweils optimalen Technologie und das nachträgliche Fügen auf einem gemeinsamen Substrat kann eine kostengünstige Lösung für kleine Serien sein. Diese Argumente zeigen schon die große und zunehmende Bedeutung der Aufbau- und Verbindungstechnik (AVT). In der Mikroelektronik wurden viele Verfahren der AVT, besonders die verschiedenen Bondverfahren zur elektrischen Kontaktierung, auf einen hohen Entwicklungsstand gebracht. Dennoch sind die zu lösenden Aufgaben in der Mikrosystemtechnik um einiges komplexer. Während in der Mikroelektronik die Hauptaufgabe der AVT darin besteht, die mechanische Fixierung des Chips auf dem Substrat, die thermische Ankopplung an eine Wärmesenke zur Abführung der Verlustleistung und schließlich die elektrische Kontaktierung nach außen zu bewerkstelligen, gestaltet sich in der Mikrosystemtechnik die Kombination dreidimensionaler Komponenten entsprechend schwieriger. Die Aufgabe des Fügens in der Mikrosystemtechnik geht weit über die Forderungen hinaus, die in der Mikroelektronik bestehen. Neben der thermischen und elektrischen Ankopplung von Komponenten zum gemeinsamen Substrat oder zu anderen Komponenten müssen unter bestimmten Voraussetzungen auch mechanische Kraftschlüsse, flüssigkeits- oder vakuumdichte Verbindungen oder optische Koppelstellen geschaffen werden.

Eine weitere anspruchsvolle Aufgabe ist die Verkapselung der Mikrosysteme in einem Gehäuse. Je nach Anwendungsfall sind hier noch zahlreiche offene Fragen zu klären. Als Beispiel sei die Medizintechnik genannt. Die vordringliche Aufgabe bei Implantaten ist es, eine Verpackung des Systems zu erreichen, die zum einen widerstandsfähig gegen das umgebende biologische Gewebe ist, zum anderen aber dieses nicht zu unerwünschten Reaktionen reizt. Beispiele sind Abstoßungsreaktionen, die Bildung von Bindegewebe oder die Entwicklung von passivierenden Plasmaschichten, die beispielsweise chemische oder biologische Sensoren eines Systems im Körper unwirksam machen.

4.4 Fertigungskonzepte

Wie schon in der Einleitung hervorgehoben wurde, liegt ein Vorteil der Mikroelektronik in den geringen Fertigungskosten pro Einzelfunktion aufgrund des Batch-Konzepts. Voraussetzung dafür sind allerdings ein Massenfertigungsprozeß und ein Markt für hohe Stückzahlen identischer Komponenten. Bei kleinen Serien steigen die Entwicklungs- und Fertigungskosten überproportional an. Typische Massenmärkte sind in der Rechnertechnik, der Konsumelektronik und der Kraftfahrzeugbranche, d.h., wo Stückzahlen in Millionenhöhe erreicht werden, zu finden. Anders sieht das bei speziellen Anwendungen, etwa in der Medizintechnik, aus.

In der Mikroelektronik wurden relativ frühzeitig Konzepte entwickelt, die es auch dem Kunden kleiner Abnahmemengen gestatteten, „seine" individuelle Schaltung zu fertigen. Dazu werden „Halbfabrikate" in großen Stückzahlen kostengünstig gefertigt und dann nach Kundenwunsch in den letzten Prozeßstufen „individualisiert". Notwendigerweise wird dabei nur ein Teil der vorhandenen Möglichkeiten auf dem Chip genutzt. Dennoch bleiben die Kosten erträglich, und das Leistungsspektrum für diese Anwendungen ist immer noch ausreichend. Höchstleistungen sind mit diesen Schaltungen allerdings nicht zu erwarten.

Es wäre also für die Entwickler der Mikrosystemtechnik angebracht, nicht nur über „Königsprodukte" im Massenmarkt, sondern auch über mikromechanische „Baukästen" nachzudenken. Gerade die Mikrosystemtechnik mit ihrem großen Applikationspotential für „exotische" Anwendungen braucht diese Möglichkeit dringend, um auch kleine Lose zu vernünftigen Kosten fertigen zu können.

Neben diesen Kombinationsmöglichkeiten beim Entwurf von Strukturen sind flexible Fertigungsmöglichkeiten zu schaffen, die es den zahlreichen kleinen und mittelständischen Unternehmen (KMU) erlauben, diese Technologie aufzugreifen und in Produkte der Mikrosystemtechnik umzusetzen. Dazu sind Designwerkzeuge herzustellen, die es den KMU ermöglichen, ihre speziellen Anwendungen darauf zu entwickeln und mit einem erträglichen Aufwand an Investititonen auch zu fertigen. Sicherlich sind dabei Konzepte der Arbeits- und Lastenteilung wichtig, etwa in Form von Dienstleistungsbetrieben, weil eine komplette Fertigungslinie für Mikrosysteme Investitionen in Höhe siebenstelliger DM-Beträge erfordert. Für die LIGA-Technik besteht bereits eine solche Lösung – das Unternehmen microParts, das sich auf die industrielle Vermarktung von LIGA-Komponenten spezialisiert hat.

Mikrosysteme arbeiten allgemein in einer technischen Umgebung, in der Daten von und zu anderen Systemen oder zentralen Rechnereinheiten übermittelt werden müssen. Es ist daher von größter Bedeutung, rechtzeitig und über nationale Grenzen hinaus Schnittstellen und Bussysteme für die Mikrosystemtechnik zu normen. Dies könnte eine geeignete Aufgabe für ein europaweites Forschungsprogramm sein.

5 Anwendungsmöglichkeiten der Mikrosystemtechnik

Unter diesem Thema sind einige zukünftige Anwendungsfelder zu diskutieren.

Der Einzug in die industrielle Anwendung wird sich sicher in kleinen Schritten vollziehen, wobei zunächst einzelne Mikrostrukturen, dann Subsysteme und schließlich ganze Mikrosysteme verfügbar sein werden. Kurzfristig kommen Mikrosysteme in ihrer reinen Form wahrscheinlich nicht zum Einsatz (unter reiner Form ist hier das System gemeint, das durchgängig nur in Mikrostrukturtechnik aufgebaut ist). In der überwiegenden Zahl aller Anwendungen wird es Hybride von Mikrotechnik, Feinstwerktechnik, Feinwerktechnik und Maschinenbau geben. Wird an Systeme zur Regelung komplexer technischer Vorgänge gedacht - etwa zur Produktion technischer Produkte -, so geht es nicht ohne makroskopische Aktoren, die sich ihrerseits allerdings von Mikroaktoren steuern lassen.

In der optischen Kommunikationstechnik sind die Signale über Fasern oder über Laserstrahlen von außen an die Mikrosysteme heranzubringen. Auch hier sind Lösungen zu schaffen, die sich in einer rauhen Industrieumgebung bewähren müssen. In der Medizintechnik, etwa bei intelligenten Endoskopen, ist das Betätigungsfeld das „Makrosystem“ Mensch. Der Chirurg wird nicht auf Klammern, Zangen oder Skalpelle verzichten können, aber die sensorgestützte Fernsteuerung dieser Instrumente in einem flexiblen Endoskop ist sinnvoll mit Hilfe der Mikrosystemtechnik durchführbar. Hieran ist schon zu erkennen, daß es nicht möglich ist, eine Prognose darüber abzugeben, wann „das“ erste Mikrosystem auf dem Markt erscheint.

Die Hauptanwendungsgebiete der Mikrosystemtechnik lassen sich, soweit das heute überblickbar ist, in vier Kategorien einteilen:

5.1 Allgemeine Meß- und Regelungstechnik

Prinzipiell ist unter diesem Sammelbegriff fast das gesamte Anwendungsspektrum der Mikrosystemtechnik zu verstehen, speziell sollen aber hierunter Probleme der Prozeßkontrolle bei komplexen technischen Fertigungsverfahren, etwa in der chemischen Industrie sowie im Anwendungsbereich der Kraftfahrzeugtechnik, verstanden werden. Die Aufgaben, die im Kraftfahrzeugbereich zu bearbeiten sind, reichen von der „Prozeßkontrolle“ einer möglichst wirtschaftlichen Verbrennung des Kraftstoffs über die Entwicklung sicherheitsrelevanter Systeme wie Airbag, Antiblockierschutz, Auffahrschutz, elektronische Lenkung bis hin zu den Konzepten einer zentralen Verkehrsleitung mit Navigationssystemen, rechnergestützten Fahrhilfen und dergleichen.

Diesen Anwendungsfeldern kommen besonders die Eigenschaften Zuverlässigkeit, Adaptionsfähigkeit, Funktionsvielfalt und Kleinheit eines Mikrosystems entgegen. Extreme Zuverlässigkeit bei diesen Anwendungen ist eine Forderung, die immer deutlicher in den Vordergrund des Pflichtenheftes rückt. Regelmäßige Funktionskontrolle oder besser noch ein kontinuierlicher Selbsttest bei Systemen sind die Konsequenzen aus diesen Anforderungen. Wird bei einer solchen Kontrolle ein Fehler bemerkt, muß das System die Fähigkeit haben, sich selbst zu korrigieren (etwa durch redundante Baugruppen im System) oder, falls das nicht mehr möglich ist, sich in definierter Weise vom zentralen Rechner abmelden. Andere Systeme, denen normalerweise andere Aufgaben zugeteilt sind, müßten dann in Notlaufeigenschaft die Funktion des fehlerhaften Systems übernehmen, jedenfalls solange, bis etwa das Fahrzeug zum Stehen kommt.

Bei einem modernen Kraftfahrzeug ist der Datenfluß zwischen Subsystemen oder zu einem zentralen Rechner bereits erheblich. Beispiele sind Verkehrsleitsysteme mit automatischer Kommunikation von und zum Verkehrsteilnehmer oder integrierte Navigationssysteme. Schließlich besteht bei einem Kraftfahrzeug heutzutage ein großer Zwang zur Gewichtsverminderung, so daß auch die kleinen Abmessungen und das geringe Gewicht eines Mikrosystems Argumente für seine Verwendung im Kraftfahrzeug sind. Es wäre wünschenswert, wenn gerade die Kraftfahrzeugindustrie mit ihrem Massenmarkt sich um die industrielle Einführung der Mikrosystemtechnik bemühen würde, denn das könnte entscheidende Impulse auch für andere potentielle Anwender geben.

5.2 Kommunikationstechnik und optische Analytik

In der Kommunikationstechnik geht der Trend zu immer höheren Frequenzen. Eine Höchstfrequenzschaltung im 100 GHz-Bereich ist schon für sich eine Mikrostruktur, die mit Hilfe der LIGA-Technik hergestellt werden kann. Hierbei spielen auch Materialfragen eine wichtige Rolle, etwa der Einsatz von mikrostrukturierten Hochtemperatur-Supraleitern oder von Verbundwerkstoffen mit hochleitenden Oberflächen.

Noch höhere Frequenzen führen schließlich in die optische Nachrichtentechnik, die sicherlich eine künftige Domäne der Mikrosystemtechnik ist. Bestimmte Komponenten werden heute schon, zumindest in Pilotprojekten, in Mikrotechnik gefertigt, etwa Multiplexer/Demultiplexer oder optische Schalter und Strahlteiler. Von großem Nutzen sind heute schon Montagehilfen in Mikrotechnik für den Aufbau optischer Teilsysteme, z.B. anisotrop geätzte V-Gräben in Silizium-Scheiben zur exakten Fixierung optischer Fasern auf dem Substrat. Aber auch andere Hilfsmittel wie Justieranschläge für die automatische Montage mikrooptischer Komponenten sind schon konzipiert und aufgebaut worden. Die Forschungs- und Entwicklungsarbeiten auf diesem Gebiet gehen fast automatisch in die Aufgaben der integrierten Optik über. Neben der Verarbeitung der optischen Signale auf dem Chip ist auch die Ein- und Auskoppelung des Lichtes mittels diffraktiver Optik ein interessantes Gebiet der optischen Datenverarbeitung. Parallel dazu entwickelt sich das Gebiet der optischen Analytik. Viele Konzepte der optischen Datenverarbeitung können auch für die optische Sensorik oder Analytik modifiziert werden. Der optische Multiplexer/Demultiplexer kann ebensogut auch als ein Mikrospektrometer verwendet werden [21]. Die Möglichkeit, Meßküvette, Lichtquelle und optische Auswertung auf dem gleichen Substrat unterzubringen, macht ihn zu einem echten Mikrosystem. Neben anderen Mikrosystemen werden solche Analysesysteme im Kernforschungszentrum Karlsruhe aufgebaut [22]; das Schema eines Mikroanalysesystems ist in Bild 9 dargestellt.

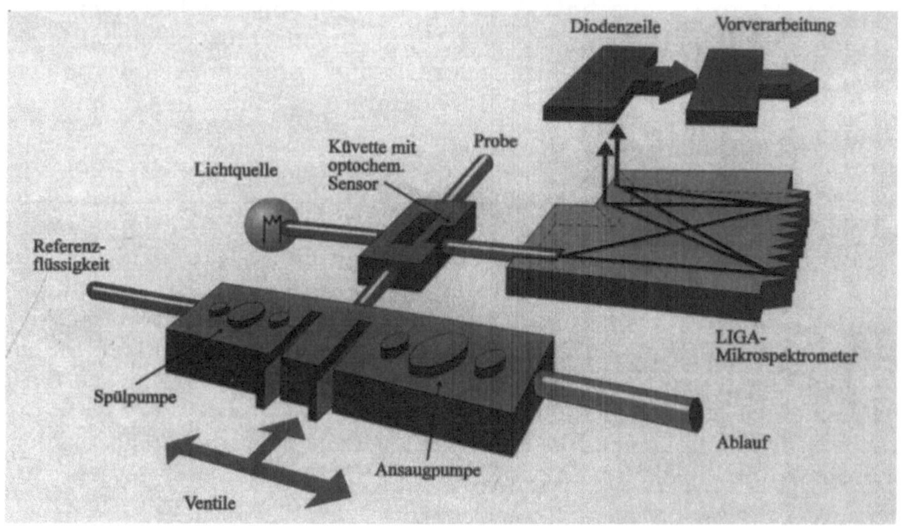

Bild 9. Schematischer Aufbau eines chemischen Mikroanalysesystems, das im KfK entwickelt wird. Bestandteil des Systems ist neben einer Fluidhandhabungseinheit mit Pumpen und Ventilen auch ein durch Röntgentiefenlithographie in LIGA-Technik hergestelltes Mikrospektrometer. Das über eine Lichtleitfaser eingekoppelte Licht wird am Stufengitter gebeugt und in eine Zeile fokussiert, die mit 10 Fasern (10 Kanäle) ausgelesen werden kann

5.3 Umwelttechnik

Die Umweltanalytik, oder genauer die chemische Analytik extrem geringer Konzentrationen von Verunreinigungen, ist ebenfalls ein Gebiet, auf dem die Mikrosystemtechnik wesentliche Beiträge liefern kann. Wie bereits im

Abschnitt Sensorik ausgeführt, läßt sich mit Hilfe von Sensor-Arrays die Selektivität chemischer Sensoren erheblich steigern. Mit geeigneten Auswerteprogrammen ist ein Sensorsystem auf die Analyse eines bestimmten Schadstoffs einzustellen. Das kommt der allgemeinen Tendenz in der Umweltechnik entgegen, nicht Proben zu entnehmen und diese mit großem Aufwand zu analysieren, sondern die Umgebung weitgehend ungestört zu lassen und die Schadstoffkonzentrationen mit adaptiven Systemen kontinuierlich zu messen. Eine Anzahl solcher Systeme, die etwa in das Grundwasser eintauchen, kann miteinander kommunizieren und somit nicht nur die Art und Konzentration einer Verschmutzung messen, sondern auch die Fließrichtung und Fließgeschwindigkeit bestimmen.

5.4 Medizintechnik

In der Medizintechnik sehen viele Forscher und Ingenieure die Hauptdomäne der Mikrosystemtechnik. Das kommt nicht von ungefähr, denn die hervorstechendsten Eigenschaften der Mikrosystemtechnik, nämlich Kleinheit, Zuverlässigkeit und Intelligenz vor Ort sind Forderungen, die von der Medizintechnik in der Labordiagnose, bei Implantaten und in der minimal invasiven Chirurgie gestellt werden.

In der Laboranalyse und -diagnostik sind bereits erste Produkte der Mikrosystemtechnik im Markt. Gegenüber den Forderungen bei Implantaten hat hier die Langzeitstabilität der Sensoren nicht die höchste Priorität. Wegen der nötigen Sterilität kommen überwiegend Einmal-Produkte zur Anwendung. Forderungen, die jedoch statt dessen gestellt werden, sind: minimale Belastung des Patienten (d.h. auch minimale Probenmenge), hohe Ansprechgeschwindigkeit und Darstellung der Ergebnisse in Echtzeit, hohe Empfindlichkeit und Kalibrierbarkeit und, wegen der Forderung nach Einmal-Gebrauch, geringe Kosten.

Ein Schwachpunkt der Biosensorik ist derzeit noch die Standzeit der Sensoren. Immobilisierte Enzyme, die als Katalysatoren für biologisch/chemische Reaktionen dienen sollen, werden von den Körperflüssigkeiten entweder ausgewaschen - und lösen unter Umständen an anderer Stelle ungewünschte Reaktionen aus -, oder werden vom Blutplasma mit einer passivierenden Schicht überzogen, die den Sensor funktionsunfähig macht. Bei einigen Implantaten sollte aber ein Sensor zehn Jahre oder länger im Körper des Patienten verbleiben können, ohne daß seine Kennlinie sich wesentlich ändert. Auch in anderer Hinsicht ist das Anforderungsprofil äußerst anspruchsvoll. Neben der Langzeitstabilität der Sensoren steht die Forderung nach extremer Zuverlässigkeit des Systems und höchster Energieökonomie, um die eingebauten Batterien nicht zu früh zu erschöpfen. Hierzu liegen allerdings langjährige Erfahrungen bei der Entwicklung von Herzschrittmachern vor. Ein häufig erwähntes Beispiel ist die künstliche Bauchspeicheldrüse, ein System, das aus einem Glukosesensor und einer Dosierpumpe für Insulin besteht. Das Insulinreservoir kann von außen regelmäßig über ein Septum nachgefüllt werden. Für ein solches System fehlen einerseits die langzeitbeständigen, implantierbaren Glukosesensoren, andererseits aber auch die intelligente Informationsverarbeitung, die häufig in ihrer Bedeutung unterschätzt wird. Die Reaktion des menschlichen Körpers auf eine Insulingabe kann ganz unterschiedlich ausfallen, abhängig vom körperlichen und seelischen Zustand des Patienten, von der Tageszeit, der körperlichen Betätigung und dergleichen mehr. Da die Reaktion auf den Glukosegehalt des Blutes nicht sofort erfolgt, muß das Mikrosystem den individuellen menschlichen Regelkreis adaptiv simulieren können. Das ist für eine Datenverarbeitung, die auf kleinstem Raum und mit geringster Energie auskommen muß, eine außerordentlich anspruchsvolle Aufgabe. Alle Möglichkeiten zu diskutieren, wie Mikrosysteme als Implantate eingesetzt werden könnten, würde sicherlich den Rahmen dieses Kapitels sprengen. Deshalb werden nur einige typische Anwendungen aufgezählt, wobei Einzelheiten der speziellen Literatur entnommen werden müssen:

- Muskelstromsensoren und Stimulatoren, um gestörte Reizweiterleitung zu überbrücken, etwa bei Querschnittslähmungen,
- Systeme zur Übertragung von akustischen Signalen zu den Gehörnerven, um völlig ertaubten Patienten in der Cochlea (der Gehörschnecke) Ersatzreize für akustische Impulse anbieten zu können (Cochlea-Implantat),
- implantierbare Systeme zur Dialyse bei Patienten mit fehlender Nierenfunktion und ähnliches.

Bis auf wenige Ausnahmen, etwa beim Herzschrittmacher und beim Cochlea-Implantat, sind diese Systeme noch in der Entwicklung oder gar erst in der Konzeptionsphase.

Neben der Laboranalyse mit reduzierten Forderungen an die Standzeit von Sensoren oder ganzen Systemen und den Implantaten mit extrem hohen Anforderungen steht ein weiteres wichtiges Anwendungsfeld, die Chirurgie, besonders die Mikro-Neuro-Chirurgie und die minimal invasive Chirurgie (MIC) [23]. Die Idee dabei ist, operative Eingriffe unter äußerster Schonung der Zugangswege zum Krankheitsherd vorzunehmen. Dafür bieten sich die natürlichen Körperöffnungen oder kleine Einschnitte an, durch die Systeme (intelligente Endoskope, intelligente Katheter und dergleichen) eingeführt werden können. Der eigentliche Eingriff wird dann ferngesteuert vom Chirurgen vorgenommen. Die endoskopische Operationstechnik ist durchaus keine neue Errungenschaft der Chirurgie; in der Urologie, in der Gynäkologie, in der Hals-Nasen-Ohren-Heilkunde ist sie ein etabliertes Verfahren. Neu daran ist der Einsatz der Möglichkeiten der Mikrosystemtechnik und die Konsequenzen, die sich daraus für die Chirurgie, die Mikrochirurgie und die Neurochirurgie ergeben.

Komplexe Eingriffe können bisher im wesentlichen nur mit sogenannten starren Endoskopen durchgeführt werden, bei denen die Instrumente mittels Gestängen oder Seilzügen von außen bedient werden. Die Mikrosystemtechnik bietet die Möglichkeit, ein Endoskop zu entwickeln, das nur über eine Datenleitung, eine Energie- und Medienversorgung (Spülflüssigkeiten, Medikamente usw.) mit der Außenwelt verbunden ist. Das Pflichtenheft für ein solches flexibles, „intelligentes" Endoskop ist im folgenden aufgelistet:

- äußere Abmessungen, je nach Einsatzort (Bauchhöhle, Darm, Arterie, Gehirn) wenige Zentimeter bis wenige Millimeter, in speziellen Fällen (Neurochirurgie) Durchmesser unter einem Millimeter,
- Integration eines hochauflösenden, dreidimensionalen, farbtreuen Videosystems mit Beleuchtung,
- Fernsteuerbares Instrumentarium zum Schneiden, Klemmen, Koagulieren, Nähen, Heizen und so weiter,
- Analysemöglichkeit (optische Spektralanalyse, pH-Wert, Durchflußmessung) vor Ort und in Echtzeit,
- Datenkommunikation in beiden Richtungen,
- Selbstbeweglichkeit des Systems zum Ausrichten, Festklemmen (zur Aufnahme von Reaktionskräften), zum Vor- und Rückwärtskriechen oder Umlenken,
- extreme Zuverlässigkeit, besonders bei der Führung von Operationsinstrumenten,
- Redundanz bei lebenswichtigen Funktionen und
- medizinisch unbedenkliche Energieversorgung.

Sicherlich wird ein System mit diesen Maximalanforderungen noch einige Jahre auf sich warten lassen. Außerdem wird, wie bereits oben erwähnt, ein solches intelligentes Endoskop immer ein Hybrid aus Mikrosystemtechnik (etwa bei der Steuerung mehrachsiger Manipulatoren) und Makrotechnik sein, wenn es darum geht, große Kräfte aufzubringen oder großvolumige Abtragungen vorzunehmen [24].

6 Ausblick

Die Mikrosystemtechnik ist ein Gebiet mit einem riesigen Potential an Möglichkeiten, die bei weitem noch nicht alle evaluiert oder auch nur angedacht wurden. Vieles existiert bisher nur als Idee oder Forschungsansatz. Eine intensive staatlich geförderte Forschungs- und Entwicklungsarbeit der Forschungsinstitute, aber auch der Großindustrie und der KMU ist vonnöten, um im internationalen Wettbewerb, bei dem die Bundesrepublik auf diesem Gebiet an vorderster Front mitkämpft, bestehen zu können. Gerade unter dem Aspekt, daß die Mikrosystemtechnik ein Arbeitsgebiet von internationalen Ausmaßen ist, erscheint es besonders wichtig, mit Hilfe einer großzügigen nationalen Förderpolitik ein kompetenter Kooperationspartner zu werden, der von der internationalen Forschung gesucht und willkommen geheißen wird.

Während in vielen Labors mit großer Intensität an den Aufgaben der Mikrosystemtechnik gearbeitet wird, zeigt sich am Forschungshorizont bereits eine neue Dimension, die Nanotechnologie, die in atomare Bereiche vordringt. Mit speziellen Instrumenten können einzelne Atome auf einer Oberfläche entdeckt, transportiert und wieder deponiert werden. Die technischen Möglichkeiten, die sich einmal daraus ergeben werden, sind heute noch nicht einmal zu ahnen.

Literatur

1. Becker, E.W. u.a.: Microelectronic Engineering 4 (1986), S. 35
2. Maner, A. u.a.: Galvanotechnik 79(4) (1988), S. 1101
3. Bacher, W. u.a.: KfK-Nachrichten 23 (2-3) (1991), S. 76
4. Menz, W. u.a.: Jb. f. Optik u. Feinmechanik 1994. Berlin: Schiele & Schön 1994
5. Thommes, A. u.a.: DECHEMA-Sympos. Mikro-Elektrochemie, 17.-19.6.1992, Friedrichroda
6. Thommes, A., Diss. Univ. Karlsruhe 1994
7. Bacher, W. u.a.: KfK-Nachrichten 23 (2-3) (1991), S. 84
8. Harmening, M. u.a.: Macromol. Chem., Macromol. Symp. 50 (1991), S. 277
9. Mohr, J. u.a.: Micro System Technologies '90; H. Reichl (Hrsg.). Berlin: Springer 1990
10. Harmening, M. u.a.: Micro Electro Mechanical Systems '92, Proc. IEEE, Cat. Nr. 0-7803-0497-7/92 (1992), S. 202
11. Ruprecht, R. u.a.: KfK-Ber. 5238 (1993), S. 122
12. Burbaum, C. u.a.: Sensors and Materials, 3(2) (1991), S. 75
13. Gemmeke, H. u.a.: KfK-Bericht 5238 (1993), S. 172
14. Himmelhaus, M. u.a.: Microeng. 2 (1992), S. 196
15. Wallrabe, U. u.a.: Micro Electro Mechanical Systems '92, Proc. IEEE, Cat. Nr. 92CH-3093-2 (1992), S. 139
16. Schwarz, A. u.a.: 10. Aachener Fluidtechnisches Kolloquium, Aachen, 17.-19.3.1992, Tag.bd., S. 153
17. Vollmer, J. u.a.: 7th Int. Conf. on Solid State Sensors and Actuators. Yokohama, Japan, 7.-10.6.1993, Digest of Technical Papers (1993), S. 116
18. Vollmer, J., Diss. Univ. Karlsruhe 1994
19. Rapp, R. u.a.: Micro Electro Mechanical Systems '93, Proc. IEEE, Cat. Nr. 0-7803-0957-2/93 (1993), S. 123
20. Büstgens, W. u.a.: Micro Electro Mechanical Systems '94, Proc. IEEE, Cat. Nr. 0-7803-1833-1/94 (1994), S. 18
21. Anderer, B. u.a.: SPIE Vol. 1014, Micro-0ptics (1988), S. 17
22. 1. Statuscolloquium des Projekts Mikrosystemtechnik, Kernforschungszentrum Karlsruhe, KfK-Bericht 5238 (1993)
23. Bueß, G., Menz, W.: MedTech '91, Berlin, 21.-25.5.1991
24. Menz, W., Buess, G.: Endoscopic Surgery and Allied Technologies 1 (1993), S. 171

Forschungsstandort Stuttgart

K. Siegert

Inhalt: Einleitung - Historie - Kooperationen - Zusammenfassung

1 Einleitung

„In einem Land, dessen Ressourcen bekanntlich die Phantasie und die Arbeitskraft der Forscherinnen und Forscher sind, wird der Wirtschaftsstandort nur dann florieren, wenn der Wissenschaftsstandort erhalten bleibt". Diese These stellte der DFG-Präsident Wolfgang Frühwald auf der Jahresversammlung 1993 der Deutschen Forschungsgemeinschaft in Münster auf [1]. Die Ausbildung des wissenschaftlichen Nachwuchses obliegt der Universität, und wenn es um das Fortbestehen des Wohlstands geht, der auf industrieller Fertigung beruht, so sind auch heute noch, trotz der konjunkturellen Lage, Ingenieure und Naturwissenschaftler gefragt. Sie sind das Innovationspotential der Zukunft.

Aufgrund stetig steigender Forderungen an die Entwicklung und Produktion qualitativ hochwertiger Produkte bei konkurrenzfähigen Kosten wird es in Zukunft noch mehr als in der Vergangenheit darauf ankommen, die Möglichkeiten einer intensiven Zusammenarbeit von Industrie und Hochschule zu nutzen. Eine praxisnahe, zukunftsorientierte Ausbildung der Studenten ist das Fundament für einen erfolgreichen Einsatz des Ingenieurnachwuchses [2].

Ausbildung bedeutet im Selbstverständnis einer Universität, auf höchstem Niveau das nötige naturwissenschaftliche Grundlagenwissen zu vermitteln, um darauf aufbauend über die Erkenntnisse aus aktiv betriebener Forschung das jeweilige Spezialwissen aufzusetzen. So ist das Niveau der Forschung auch ein dominant mitbestimmender Faktor für das Niveau einer universitären Ausbildung, die Forschung somit ein unverzichtbarer Bestandteil des Systems [3].

Generell sollte in Forschung und Entwicklung längerfristig investiert werden, wobei durchaus nebenher mittelfristige Ziele angesteuert werden können, weil Innovationen Zeit brauchen. Ein Wirtschaftsstandort ist ganz wesentlich auf seine Universitäten angewiesen, auf kreative Forschung und auf solide wissenschaftliche Ausbildung. Auch an den Hochschulen wird der Wettbewerb um die zur Forschung notwendigen Mittel härter. Die Universität Stuttgart stellt sich selbstbewußt dieser Herausforderung. Mit einer Drittmitteleinwerbung von immerhin etwa 180 Mio. DM 1993 steht diese im Hinblick auf eine Kooperation relativ gut da [1].

Stuttgart bietet aufgrund seiner dreizehn unabhängigen, jedoch eng kooperierenden Institute der Fertigungstechnik eine gute Basis für eine Zusammenarbeit zwischen den einzelnen Instituten und der Industrie auf dem Gebiet der anwendungsorientierten Forschung.

2 Historie

Die Universität Stuttgart ging aus der 1829 ins Leben gerufenen Gewerbeschule hervor. Aus ihr entstand 1876 ein Polytechnikum und 1890 die Technische Hochschule Stuttgart. Sie erhielt um die Jahrhundertwende das Promotionsrecht. Im zweiten Weltkrieg wurde die Hochschule zu dreiviertel zerstört. Die Studenten mußten 1945 erst die Trümmer beseitigen, bevor sie mit ihrem Studium beginnen konnten.

Die heutige Fakultät Konstruktions- und Fertigungstechnik ging aus der Fakultät Maschinenwesen hervor. Diese Fakultät gliederte sich 1950 in die beiden Abteilungen Maschinenbau und Elektrotechnik, zu denen 1955 die Abteilung Luftfahrttechnik hinzukam. Die Abteilungen waren für die Lehre zuständig, während die Fakultät in erster Linie für den wissenschaftlichen Stand der Hochschule zeichnete. Unmittelbar nach der grundlegenden Umstrukturierung der Hochschule im Jahr 1969 bestand die Abteilung Maschinenbau aus 25 Lehrstühlen und Instituten. Die Aufspaltung der großen Abteilung kündigte sich bereits im Vorlesungsverzeichnis dieses Jahres durch Zuordnung der einzelnen Institute zu Fächergruppen wie Fertigungstechnik, Energietechnik, Verfahrenstechnik, Transporttechnik und den Grundlagenfächern an.

Schon 1967 war die damalige Technische Hochschule Stuttgart wegen der zunehmenden Bedeutung ihrer geisteswissenschaftlichen Abteilung auf Antrag des Senats und aufgrund des neuerlassenen Hochschulgesetzes in „Universität Stuttgart“ umbenannt worden. In diesen Jahren hatte sich die Universität in langer aufwendiger Arbeit die vom Universitätsgesetz vorgeschriebene Grundordnung gegeben, die aus den bisher vorhandenen drei Fakultäten der Technischen Hochschule - der Fakultät für Natur- und Geisteswissenschaften, der Fakultät für Bauwesen und der Fakultät für Maschinenwesen - insgesamt 18 Fachbereiche werden ließ.

Aus der Abteilung Maschinenbau entstanden die Fachbereiche Energietechnik, Fertigungstechnik und Verfahrenstechnik. Mit der Luft-und Raumfahrttechnik, der Elektrischen Energietechnik und der Elektrischen Nachrichtentechnik wurden aus der früheren Fakultät für Maschinenwesen sechs eigenständige Fachbereiche gebildet, denen als beschlußfassendes Organ je eine Fakultät vorstand. 1970 gehörten dem Fachbereich 7 „Fertigungstechnik“ elf Institute an. Die weiteren Jahre waren durch den Umzug der Institute dieses Fachbereichs in das Ingenieurwissenschaftliche Zentrum (IWZ) im Hochschulbereich Vaihingen, Pfaffenwaldring 9, im Jahre 1977 gekennzeichnet [4]. Die Fertigungsinstitute, das Institut für Uhrentechnik und das

Institut für Fördertechnik verblieben in der bekannten Einrichtung. Inzwischen ist aus dem Fachbereich „Fertigungstechnik" die Fakultät 6 „Konstruktions- und Fertigungstechnik" geworden, der jetzt dreizehn Institute mit zweiundzwanzig aktiv tätigen Universitätsprofessoren angehören.

3 Kooperationen

3.1 Institutsverbund Fertigungstechnik

Die Universität Stuttgart vertritt mit ihren auf die Fertigung orientierten Institute ein breites Feld der Produktionstechnik. Mit über 600 Mitarbeitern, davon mehr als die Hälfte Wissenschaftler, die von etwa 900 studentischen Hilfskräften unterstützt werden, zählt sie zu einem der bedeutendsten Standorte in der fertigungstechnischen Forschung. Technologietransfer durch Projektpartnerschaft mit der Wirtschaft besitzt in Stuttgart Tradition und ist ein wichtiges Anliegen der Universität zur Sicherung der Wettbewerbsfähigkeit der Industrie. Über die Gründung des Institutsverbunds soll diese vertrauensvolle Zusammenarbeit zum gegenseitigen Vorteil gestärkt werden. Die Institute gehen fachübergreifende Aufgabenstellungen gemeinsam an und erhöhen damit ihre Fachkompetenz und Attraktivität als Partner der Wirtschaft [5] (Bild 1, 2).

Im folgenden werden die Institute der Fertigungstechnik in kurzer Form vorgestellt.

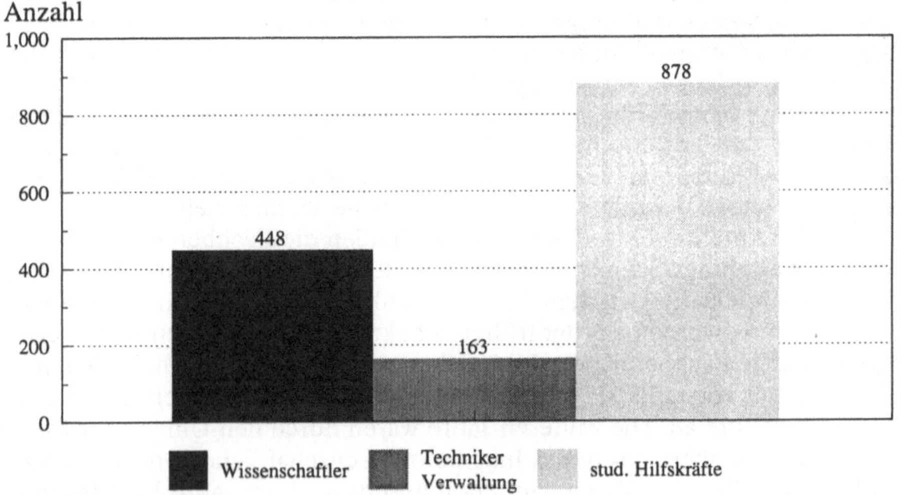

Bild 1. Personalstruktur

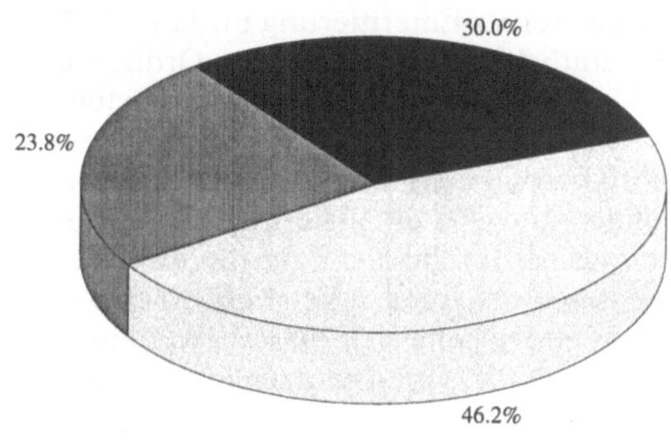

Bild 2. Mitarbeiterfinanzierung der fertigungstechnischen Institute

3.1.1 Institut für Industrielle Fertigung und Fabrikbetrieb (IFF)

Leitung: Prof. Dr. h.c. mult. Dr.-Ing. Hans-Jürgen Warnecke

Fraunhofer-Institut für Produktionstechnik und Automatisierung (IPA)
Leitung : Prof. Dr.-Ing. Rolf D. Schraft

Institut für Arbeitswissenschaft und Technologiemanagement (IAT)
Leitung: Univ.-Prof. Dr.-Ing. habil. Prof. e.h. Dr. h.c. Hans-Jörg Bullinger

Fraunhofer-Institut für Arbeitswissenschaft und Organisation (IAO)
Leitung: Univ.-Prof. Dr.-Ing. habil. Prof. e.h. Dr. h.c. Hans-Jörg Bullinger

3.1.1.1 Entstehungsgeschichte

Am Polytechnikum in Stuttgart wurden bereits seit 1858 die Fachgebiete Mechanische Technologie und Werkzeugmaschinen unterrichtet. Diese beiden Fächer wurden bis zum Jahre 1935 gemeinsam gelehrt. Erst mit der Neugründung des Lehrstuhls für Industrielle Fertigung und Fabrikbetrieb kam es zu einer Trennung der beiden Fachbereiche. Als Leiter des Lehrstuhls für Industrielle Fertigung und Fabrikbetrieb wurde Professor G. Meyer berufen.

Nach der Emeritierung von Professor Meyer übernahm 1955 Professor C. M. Dolezalek das Institut als Ordinarius. Er brachte umfangreiche Industrieerfahrungen in seine Lehrtätigkeit ein. Unter seiner Führung wurde das Institut ausgebaut. Nicht nur die Stundentenzahlen wuchsen, auch die Lehraufgaben stiegen. In der Lehre vertrat Professor Dolezalek die Meinung, daß die Ingenieurausbildung breit angelegt werden muß und vertiefte so neben fertigungstechnischen Erkenntnissen auch noch Inhalte aus den Bereichen Entwicklung, Konstruktion, Versuch und Vertrieb.

Nach seiner Emeritierung im Jahr 1968 zog sich Prof. Dolezalek 1970 von den amtlichen Pflichten eines Ordinarius zurück. Zu seinem Nachfolger wurde Professor H.-J. Warnecke bestellt.

Neben seiner Lehrtätigkeit am Institut für Industrielle Fertigung und Fabrikbetrieb hat Professor Dolezalek seit 1960 das Institut für Produktionstechnik und Automatisierung (IPA) aufgebaut. 1970 wurde dieses Forschungsinstitut in die Fraunhofer-Gesellschaft zur Förderung der angewandten Forschung e.V. (FhG), München, übernommen. Aus dem IPA heraus entwickelte sich 1981 ein weiteres Fraunhofer-Institut. Das Fraunhofer-Institut für Arbeitswirtschaft und Organisation (IAO) unter Leitung von Professor H.-J. Bullinger hat, wie das IPA, den Arbeitsschwerpunkt in der freien Forschung und in auftragsgebundener, industrienaher Abwicklung von Projekten. Professor Bullinger hat innerhalb des IFF den Lehrstuhl für Arbeitswissenschaft inne. Die Zusammenarbeit zwischen Fraunhofer-Gesellschaft und der Universität Stuttgart ist durch einen Kooperationsvertrag geregelt.

3.1.1.2 Forschungsgebiete am IFF

Die Forschungs- und Entwicklungsarbeiten am Institut für Industrielle Fertigung und Fabrikbetrieb konzentrieren sich auf organisatorische und technologische Aufgabenstellungen aus dem Produktionsbereich von Industrieunternehmen.

Die hauptsächlichen Arbeitsgebiete sind in der
- Unternehmensplanung und -steuerung,
- Automatisierung,
- Qualitätssicherung,
- Oberflächentechnik

zu sehen.

Auf dem Gebiet der Unternehmensplanung und -steuerung wurden sowohl der Weg zur automatisierten Fabrik konsequent weiterbeschritten sowie Informations- und Planungssysteme entwickelt und in der Praxis erprobt, als auch für niedrig automatisierte Fabriken auf dem Prinzip der Selbstoptimierung und Selbstorganisation aufbauende Lösungen vorgedacht und umgesetzt.

Auf dem klassischen Gebiet der Montageautomatisierung werden verstärkt rechnerunterstützte Planungs-, Simulations- und Animationsverfahren weiter entwickelt. Eine neu aufgenommene Aktivität ist die sogenannte „Virtual Reality“, die zur Verbesserung der Interaktion mit Grafikrechnern, der Simulation von Fertigungseinrichtungen sowie der Off-line-Programmierung von Industrierobotern entwickelt und eingesetzt werden soll.

Die Sensor- und Steuerungstechnik für mobile, autonome Robotersysteme wird vorangetrieben und teilweise verwirklicht. Auf dem Gebiet der automatisierten Halbleiterfertigung werden Fertigungsgeräte entwickelt, getestet und optimiert.

Die Arbeiten im Bereich Produktionsverfahren für die Oberflächentechnik befassen sich mit Simulationsverfahren beim Lackieren, mit der Entwicklung von kombinierten Beschichtungsverfahren aus PVD und Galvanik sowie mit elektrochemischen Entsorgungstechniken zum Abbau von CKW im Abwasser.

Der Bereich Qualitätssicherung widmet sich verstärkt den methodischen und instrumentellen Ansätzen der Qualitätssicherung und den Möglichkeiten zur Umsetzung in die Produktion. Bei den technischen Projekten stehen Musterverarbeitung mit akustischen und optischen Systemen im Vordergrund. CNC-Technik und die Anbindung an CAD-Systeme sind unter dem Gesichtspunkt der Einbeziehung von Prüfvorgängen in den gesamten Fertigungsablauf Gegenstand der laufenden Forschungsprojekte [6].

3.1.1.3 Institutsausstattung

Zu den technischen Einrichtungen des IFF gehören modern eingerichtete Meß- und Versuchslabors sowie ein Labor für Fertigungsmeßtechnik. Ein Versuchsfeld für Industrieroboter und eine Institutswerkstatt sind vorhanden. CAD- Systeme, vernetzte dezentrale Rechenanlagen und ein Anschluß an die Großrechenanlage der Universität Stuttgart gehören zur Institutsausrüstung (Bilder 3 bis 7).

3.1.1.4 Forschungsgebiete am IAT/IAO

Das Institut für Arbeitswissenschaft und Technologiemanagement (IAT) der Universität Stuttgart und das in Personalunion von Professor Bullinger geleitete Fraunhofer-Institut für Arbeitswirtschaft und Organisation (IAO) beteiligen sich gemeinsam an der Forschung, Entwicklung und Anwendung innovativer Lösungen auf dem Gebiet des Technologiemanagements.

Erfolg im internationalen Wettbewerb bedeutet heute immer mehr, neue technologische Potentiale nutzbringend einzusetzen. Der erfolgreiche Einsatz wird dabei von der Fähigkeit bestimmt, kundenorientiert schneller Technologien zu entwickeln, zu erschließen, anzuwenden, aber auch wieder zu verlassen. Ohne Zweifel werden dabei innovative Lösungen nur gefunden, wenn gleichzeitig neue anthropozentrische Konzepte für die Arbeitsorganisation erforscht und erprobt werden. Die planvolle Gestaltung dieses permanenten Wandels wird durch eine Integration von Managementkompetenz und Kompetenzen aus dem Technologiebereich ermöglicht. Aufgabengebiete wie Strategische Planung, Organisationsentwicklung, Arbeitssystemgestaltung, Aufbau- und Ablauforganisation, Produktgestaltung, Prozeßgestaltung, Mitarbeiterführung, Arbeitsplatzgestaltung und vieles mehr sind im Rahmen des Technologiemanagements ganzheitlich zu lösen.

Technologiemanagement ist die integrierte Planung, Gestaltung, Optimierung, Bewertung und der Einsatz von technischen Produkten und Prozessen aus der Perspektive von Mensch, Organisation und Umwelt.

Bild 3. Versuchsfeld des IPA (IFF, IPA)

Fraktale Fabrik heißt :

- ***Selbstähnlichkeit*** der Strukturen und Ziele
- ***Selbstorganisation*** zur Erschließung von Effektivität und Effizienz durch Eigenverantwortung und Funktionsintegration
- ***Selbstoptimierung*** durch kontinuierliche Unternehmensentwicklung
- ***Zielorientierung*** durch ein ganzheitliches, widerspruchsfreies, am Markt ausgerichtetes Unternehmenszielsystem
- ***Dynamik*** gemessen am Zielerreichungsgrad der einzelnen Unternehmensfraktale. Fraktale können gedeihen, aber auch schrumpfen.

Bild 4. Definitionen und Grundprinzipien der Fraktalen Fabrik (IFF, IPA)

Bild 5. Arbeiten im Reinraum (IFF, IPA)

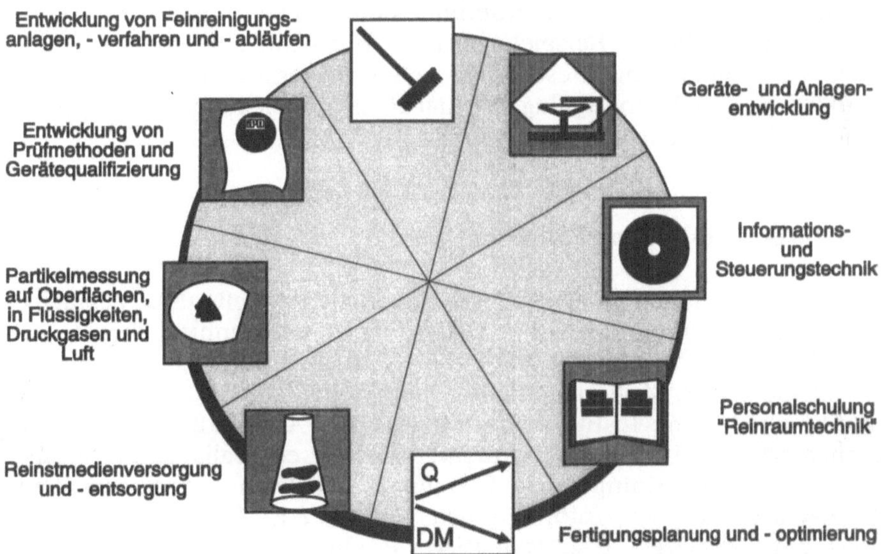

Bild 6. Produktionstechnologie für die Reinst- und Mikrotechnik

Bild 7. Flexible Montagezelle für Klein-Ölpumpen (IFF, IPA)

Der ganzheitliche Ansatz gewährleistet, daß wirtschaftlicher Erfolg, Mitarbeiterinteressen und gesellschaftliche Konsequenzen gemeinsam betrachtet werden. Die Institute unterstützen Unternehmen dabei, die für sie relevanten Technologien zu erkennen und eine auf die Wettbewerbsumwelt und den Markt ausgerichtete Technologiestrategie zu entwickeln. Sie planen und organisieren entsprechend den spezifischen Forderungen den Technologieeinsatz für die Gesamtunternehmung, für Geschäftsbereiche und Einzelprojekte. Im Mittelpunkt stehen hierbei sowohl Produktionsbereiche als auch administrative und technische Büros in Industrie- und Dienstleistungsunternehmen.

Dieser umfassende Anspruch wird in interdisziplinären Forschungsteams mit den Schwerpunkten Unternehmensführung, F&E-Management, Personal-Management, Produktionsplanung, Arbeitsplatz- und Produktgestaltung sowie Informations- und Kommunikationssysteme sowie Software-Management bearbeitet. Beispiele aktueller Forschungsthemen sind Führungskräftequalifizierung, Geschäftsprozeß-Management, Flexible Montagestrukturen, Rapid Prototyping, Virtual Reality, Telekooperation, Multimedia und Dokumentenmanagement.

3.1.1.5 Institutsausstattung

Die Institute verfügen über modern eingerichtete Meß- und Versuchslaboratorien wie Ergonomielabor, CAD-Videosomatographie-Labor, Computer-Aided-Business-Labor, CAD-Labor, Virtual-Reality-Labor, Software-Technologie-Labor, Multimedia-Labor. Die Modellfabrik für Montage und Logistik, eine eigene Institutswerkstatt und der Anschluß an die Großrechenanlage der Universität Stuttgart gehören ebenfalls zur Institutsausrüstung. In den Kompetenz-, Beratungs- und Demonstrationszentren BIT (Beratungszentrum Informationstechnik), F&E-Management, Lean-Management, WOP (Werkstattorientierte Produktionsunterstützung), Virtual Reality und Innovative Software-Technologien werden gemeinsam mit Unternehmen Problemlösungen erarbeitet (Bilder 8 bis 11).

Bild 8. Arbeitsplatzanalyse in der Flugzeugmontage (IAO, IAT)

Bild 9. Werkstattorientierte Produktionunterstützung: Informationssystem zu Fertigungsinseln (IAO, IAT)

Bild 10. Modellfabrik für Montage und Logistik (IAO, IAT)

Bild 11. Fabrik-Layoutplanung mit Virtual Reality (IAO, IAT)

3.1.2 Institut für Strahlwerkzeuge (IFSW)

Institutsleitung: Prof. Dr.-Ing. habil. H. Hügel

3.1.2.1 Historie

Schon bald nach der erstmaligen Realisation im Jahr 1960 hat der Laser in Bereichen wie Informations- und Meßtechnik, der Medizin und der Materialbearbeitung ein außerordentlich breites Anwendungsfeld gefunden. Die große und beachtlich zunehmende wirtschaftliche und technologische Bedeutung der Lasertechnik ist vor allem in der außerordentlich hohen Flexibilität hinsichtlich der durchführbaren Verfahren, der zu bearbeitenden Werkstoffe und der Werkstückkonfigurationen sowie in der guten Automatisierbarkeit ausgeprägt. Ferner bietet die Materialbearbeitung mit Laserstrahlen heute darüberhinaus die Möglichkeit, neue Verfahren und Produkte zu realisieren. Damit ist die Lasertechnik zu einer wichtigen Schlüssel- und Querschnittstechnologie geworden.

Dieser Entwicklungstendenz Rechnung tragend erfolgte der Beschluß zur Einrichtung eines neuen Instituts an der Fakultät für Konstruktions- und Fertigungstechnik, das sich in Forschung und Lehre mit der Erarbeitung und Vermittlung wissenschaftlich-technischer Kenntnisse zur Entwicklung von Hochleistungslasern und zu deren Einsatz als Strahlwerkzeuge in der industriellen Fertigung befassen sollte. Mit der Ernennung von Professor Hügel zum Institutsleiter im Mai 1986 konnte der Aufbau des Instituts beginnen.

Nach zweieinhalb Jahren der provisorischen Unterbringung befindet sich das Institut seit 1989 in einem Neubau im Pfaffenwaldring in Stuttgart-Vaihingen [4].

3.1.2.2 Forschungsgebiete

Der Widmung des Instituts und den daraus abzuleitenden Arbeitsbereichen entsprechend ist es in die Bereiche Lasermaterialbearbeitung, Laserentwicklung und -optik sowie Fluid- und Thermodynamik gegliedert.

Im Arbeitsgebiet der Lasermaterialbearbeitung werden Schweiß- und Oberflächenbehandlungsverfahren für die Blechbearbeitung und für Maschinenbaukomponenten erarbeitet. Der Werkstoff Aluminium steht dabei neben Stahl im Zentrum der Untersuchungen. Als neues Thema wurde die Mikrobearbeitung in Angriff genommen. Dabei wird vor allem das strukturierende Abtragen, daneben auch die Mikrofügetechnik untersucht.

Im Arbeitsgebiet Laserentwicklung und -optik wird die Untersuchung der Hochfrequenzanregung für schnell längsgeströmte CO_2-Laser vorangetrieben. Ferner werden Grundlagenuntersuchungen zu Excimer- und diodengepumpten Festkörperlasern, Resonatorauslegung und Untersuchungen der Strahlqualität durchgeführt.

Die Konzeption von Strahlführungs- und Strahlformungssystemen, die Entwicklung von Meßverfahren und die Qualifizierung optischer Elemente sowie aktive Optiken (adaptive Spiegel, Autofokussysteme) sind ebenfalls Inhalte der in diesem Arbeitsgebiet vorgenommenen Forschungen.

Im Arbeitsgebiet „Fluid- und Thermodynamik“ werden die Optimierung des Gaskreislaufs von Strömungslasern, die Entwicklung aerodynamischer Fenster und Düsen zur Prozeßgasführung beim Schneiden, Schweißen und Abtragen, durchgeführt. Ferner ist die Modellbildung und die Simulationsrechnung zu den einzelnen Verfahren Inhalt der Forschungen in diesem Arbeitsgebiet.

3.1.2.3 Institutsausstattung

Zur Einrichtung des Instituts gehören fünf Festkörperlaser mit bis zu 2500 W Leistung für feinwerk- und fertigungstechnische Problemstellungen, darunter ein frequenzvervielfachter YLF-Laser für Mikrobearbeitung, ein Excimerlaser für die Grundlagenuntersuchung, ein 1,5-kW-CO_2-Laser mit Hochfrequenzanregung, der für Schneid- und Schweißanwendungen eingesetzt werden kann. Des weiteren sind zwei hochfrequenzangeregte CO_2-Laser mit 5 kW und 12 kW, die für Schweiß- und Oberflächenbehandlungen verwendet werden können, Bestandteil der Institutsausrüstung.

Ein zentrales Strahlführungssystem (Bild 12) für den gleichzeitigen Betrieb von bis zu fünf Lasern, die darüber mit acht Bearbeitungsstationen verknüpft sind, ist ebenfalls vorhanden.

Umfangreiche meßtechnische Einrichtungen in allen drei Arbeitsgebieten, zahlreiche Workstations und PCs für die Datenerfassung und -verarbeitung sowie für theoretische Untersuchungen ergänzen die Ausstattung.

Die Bilder 12 bis 14 stellen Beispiele aus der Forschung in der Lasermaterialbearbeitung dar.

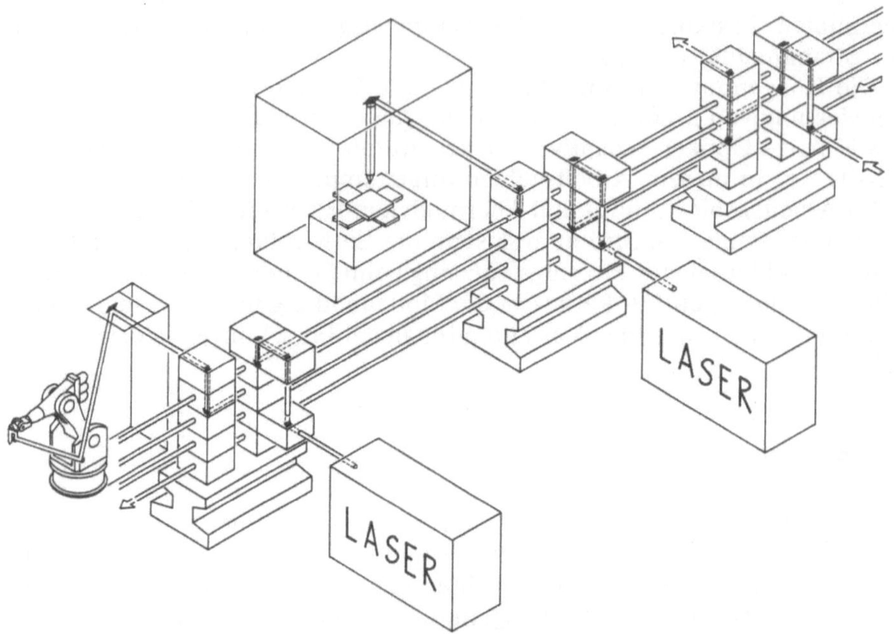

Bild 12. Prinzipieller Aufbau des Strahlführungssystems (IFSW)

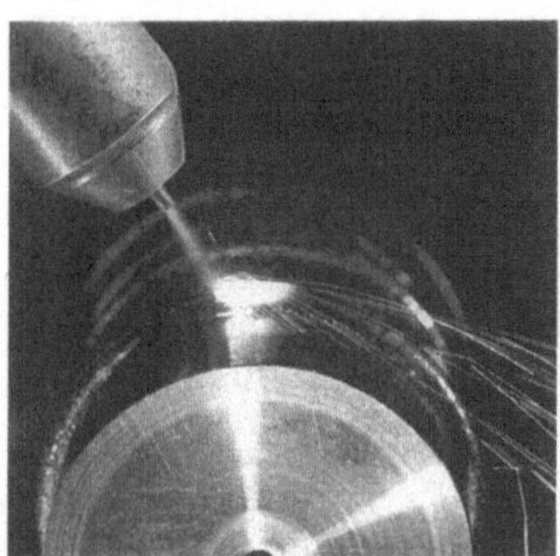

Bild 13. Pulverbeschichten mit Hartstoffen (Wolframcarbid) auf Drehteilen in Spiralform mit 5-kW-CO_2-Laser (IFSW)

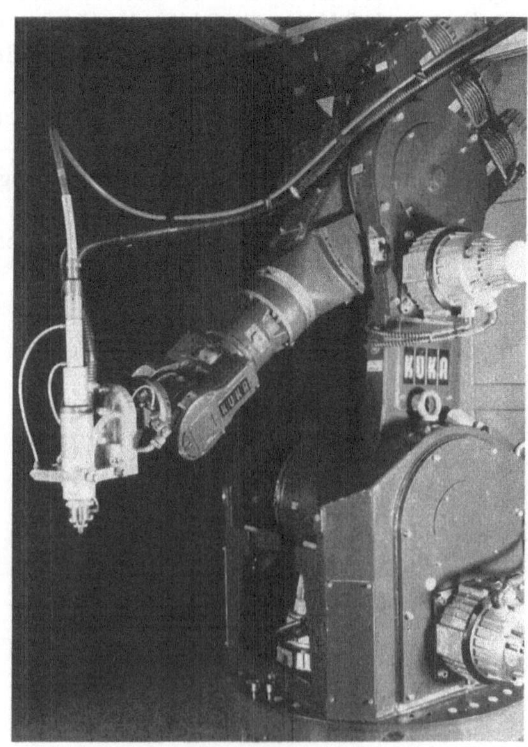

Bild 14. 3-D Robotergeführtes Schweißen mit 2-kW-Nd-YAG-Laser (IFSW)

3.1.3 Institut für Umformtechnik (IFU)

Leiter: Prof. Dr.- Ing. K. Siegert

3.1.3.1 Historie

Forschung und Lehre auf dem Gebiet der Umformtechnik an der Universität Stuttgart sind zurückzuführen auf Prof. Dr.-Ing. E.h. Erich Siebel. Als Ordinarius für Werkstoffprüfung, Werkstoffkunde und Fertigungslehre baute er 1953 in Stuttgart das „Versuchsfeld für bildsame Formgebung" auf. In seinen Vorlesungen „Formgebung im bildsamen Zustand" und „Werkstoffmechanik" wurden die Grundlagen der Umformtechnik unter besonderer Berücksichtigung werkstoffkundlicher Aspekte behandelt. Lehrstuhl und Institut für Umformtechnik an der damaligen Technischen Hochschule Stuttgart wurden am 1. November 1958 gegründet und zunächst von Prof. Dr.-Ing. Otto May und nach dessen Tod von Prof. Dr.-Ing. Dr.-Ing. h.c. Kurt Lange (März 1963 bis Juli 1988) geleitet. Nach der Emeritierung von Prof. Lange übernahm Prof. Dr.-Ing. Klaus Siegert die Leitung des Instituts für Umformtechnik (IFU), das sich in folgende Abteilungen gliedert:

- Blechumformung,
- Massivumformung und
- Lehre.

Sowohl die Blech- als auch die Massivumformung enthalten die Untergruppen Verfahrensentwicklung, Pressen- und Anlagenbau, Werkzeug- und Vorrichtungsbau sowie Mechanisierung und Automatisierung.

Als Querschnittsaufgaben werden angesehen:

- Prozeßbeschreibung auf der Basis der elementaren Theorie der Umformtechnik,
- Prozeßbeschreibung mit numerischen Methoden, z.B. Finite-Elemente-Prozeßsimulation,
- Ermittlung umformtechnischer Kennwerte,
- Tribologie und
- Meßtechnik.

3.1.3.2 Reproduzierbarer Umformprozeß

Ziel der Forschung auf dem Gebiet der Blechumformung ist es, den Umformprozeß reproduzierbar zu gestalten. Es muß damit möglich werden, daß nach Wiedereinbau eines Werkzeugsatzes in eine Pressenstraße Gutteile mit Soll-Hubzahl gefertigt werden können. Das verlangt die Einstellung der Prozeßparameter bei der Erfassung der Eingangsparameter ohne Anlaufoptimierung der Presseneinstellung.

Ein wesentlicher Beitrag hierzu ist die Weiterentwicklung der Pressentechnik. So beschäftigt sich das IFU mit der Kompensation von Kippung und Horizontalversatz des Pressenstößels bei außermittiger Belastung im geschlossenen Regelkreis. Ein weiteres Forschungsziel ist die Optimierung von steuer- bzw. regelbaren hydraulischen Zieheinrichtungen im Pressentisch in Verbindung mit einer hierfür angepaßten Werkzeuggestaltung.

3.1.3.3 Werkzeugentwicklung

Bei der Entwicklung der Werkzeuganlage wird am IFU parallel theoretisch und experimentell vorgegangen. Zum einen soll über FE-Prozeßsimulation, Expertensystem und Berechnungsmodule die optimale Werkzeuggestaltung, besonders die Rahmenanlage der Ziehwerkzeuge, am Rechner entwikkelt werden. Zum anderen wird diese rechnergestützte Entwicklung durch experimentelle Untersuchungen begleitet. Neben der Werkzeugentwicklung ist selbstverständlich die hierzu parallele Bauteilentwicklung zu sehen, wobei die schnelle und kostengünstige Herstellung von Prototypteilen mit gleichen Eigenschaften, wie sie die späteren Serienteile aufweisen, im Vordergrund steht. Bei der Entwicklung der Umformwerkzeuge wird mit dem CAD-System CATIA und IBM-RS 6000-Workstations gearbeitet. Die Herstellung der Werkzeuge erfolgt über NC-Programmierung und DNC-Fertigung mit modernen Bearbeitungsmaschinen. Die geometrische Prüfung läßt sich mit CNC-Meßmaschinen durchführen. Auch diese Anlagen sind DNC an die CAD-Anlage gekoppelt.

3.1.3.4 Pressen und Anlagen

Als Versuchspressen stehen moderne mechanische und hydraulische Pressen mit Preßkräften bis zu 12 500 kN zur Verfügung. Besonders hervorzuheben sind eine hydraulische 4000 kN-Presse mit regel- bzw. steuerbarer 10-Punkt-Zieheinrichtung und eine weitere hydraulische 4000 kN-Presse mit Einrichtung zur Kompensation der Kippung und des Horizontalversatzes des Stößels. Darüber hinaus wurde im Rahmen eines BMFT-Projekts in Kooperation mit Hochschulinstituten und Industriefirmen eine mechanisch-hydraulische 3150 kN-Presse entwickelt. Sie besitzt eine hydraulische Zieheinrichtung, eine x-y-verschiebbare Werkzeugaufspannplatte und eine Stößelverkippungskompensation sowie steuerbare Stößelgeschwindigkeit über dem Stößelweg. Diese Presse wurde 1994 am IFU in Betrieb genommen und enthält viele neue Entwicklungen. Sie steht im Mittelpunkt zukünftiger Forschungsvorhaben. Auf dem Gebiet der Verfahrens- und Maschinenentwicklung arbeitet das IFU an Techniken zur möglichst flexiblen, schnellen und kostengünstigen Herstellung von Bauteilen kleiner Stückzahlen. Hier ist z.B. eine segmentierte CNC-steuerbare Streckziehanlage zur Herstellung großflächiger Blechformteile zu nennen. Diese Anlage erlaubt auch Untersuchungen über das Umformverhalten von Blechwerkstoffen bei zweiachsiger Beanspruchung.

3.1.3.5 Tribologie

Mit Hilfe nachbildender Untersuchungen werden die verschiedenen Tribosysteme der jeweiligen Umformverfahren untersucht. Für die Blechumformung stehen am IFU spezielle Streifenziehanlagen mit und ohne Umlenkung zur Verfügung. Hiermit ist es möglich, für unterschiedliche Relativgeschwindigkeiten zwischen Umformgut und Werkzeug, Schmierstoffe, Blechwerkstoffe, Blechoberflächen und Blechbeschichtungen sowie Werkzeugoberflächen und -beschichtungen die Reibungskräfte bzw. Reibzahlen über der Flächenpressung darzustellen. Der Übergang zur Praxis vollzieht sich über ein segmentiertes Ziehwerkzeug, bei dem jedes Niederhaltersegment gesondert über steuer- bzw. regelbare Hydraulikzylinder abgestützt wird. Je Segment werden die Normalkräfte und die Reibungsgkräfte meßtechnisch erfaßt. Für die Massivumformung sind ebenfalls spezielle nachbildende Tests im Einsatz bzw. im Aufbau.

3.1.3.6 Einrichtungen des Instituts (Bilder 15 bis 17):

- eine hydraulische 4000 kN-Presse mit Zehnpunkt-Zieheinrichtung,
- eine hydraulische 4000 kN-Presse mit geregelter Kompensation von Stößelkippung und -horizontalversatz,
- eine mechanisch-hydraulische 3150 kN-Universalpresse mit umfangreichen Zusatzaggregaten (Platinenlader, Transfer, Befettungsanlage etc.),
- eine zweifach wirkende hydraulische 6000 kN-Presse zum Schmieden und Fließpressen mit Stößelgeschwindigkeiten bis 170 mm/s,
- diverse mechanische und hydraulische Pressen für die Blech- und Massivumformung,
- diverse Meßmaschinen, die den neuesten Entwicklungsstand darstellen (DEA Swift CNC (klimatisiert), SMC Meßmaschine von Zeiss),
- eine 5000 kN-Spezialpresse zum Schmieden im teigigen Zusand (Thixoforging) ist im Aufbau,
- Anlagen zur Ultraschallüberlagerung von Umformprozessen, z.B. des Drahtzuges, des Rohrzuges und des Verjüngens,
- Rohrziehbänke mit Einrichtungen zur Ultraschallüberlagerung auf den Umformprozeß,
- eine Institutswerkstatt mit umfangreicher Ausstattung,
- eine Cerrotrugießerei,
- eine Metallographie mit Licht- und Rasterelektronenmikroskop,

Bild 15. 4000-kN-Pressen mit Stößelkippungskompensation und hydraulischer 10-Punkt-Zieheinrichtung (IFU)

Bild 16. Mechanisch-hydraulische Universalpresse (IFU)

Bild 17. Flexible CNC-Streckziehanlage (IFU)

- ein Werkstoffprüflabor mit Universal-Werkstoffprüfmaschinen, Blechprüfmaschine, Torsionsprüfmaschine zur Ermittlung von Fließkurven, Dauerschwingprüfstand, Umlaufbiegemaschine, Viskosimeter,
- Streifenziehgeräte mit und ohne Streifenumlenkung für die Ermittlung tribologischer Kenngrößen,
- diverse CAD-Arbeitsplätze.

3.1.4 Institut für Werkzeugmaschinen (IFW)

Institutsleitung: Prof. Dr.-Ing. Dr. h.c. U. Heisel

3.1.4.1 Historie

Das Institut für Werkzeugmaschinen entstand aus den Laboratorien des ersten Lehrstuhls für Mechanische Technologie, dessen Gründung im Jahr 1879 auf das Lehrgebiet von Prof. C. H. Schmidt am damaligen Polytechnikum in Stuttgart zurückgeht. Die Nachfolger von Professor Schmidt, Professor J. Zehmann (1881-1900) und Professor A. Widmaier (1900-1935), bauten das Institut zu einer Forschungs- und Lehrstätte aus, bei der die Konstruktion spanender Werkzeugmaschinen im Mittelpunkt des Wirkens stand. 1935 wurde A. Ehrhardt Ordinarius, dessen Lebenswerk 1964 mit einem Institutsneubau in der Holzgartenstraße gekrönt wurde.

Sein Nachfolger, Professor K. Tuffentsammer, berufen 1965, führte das Institut mit Forschungsschwerpunkten über die Konstruktion und Technologie der spanenden und abtragenden Werkzeugmaschinen bis zu seinem frühen und plötzlichen Tod 1987. 1988 übernahm Professor U. Heisel die Leitung des Instituts für Werkzeugmaschinen. Die Zielsetzung von heute liegt in der Intensivierung der Forschung und Lehre auf dem Gebiet spanender Technologie und der Werkzeugmaschinenkonstruktion in Verbindung mit den neueren Erkenntnissen der Automatisierungs- und Systemtechnik [4].

3.1.4.2 Forschungsgebiete

Die hauptsächlichen Arbeitsgebiete am Institut für Werkzeugmaschinen sind:

- Die System- und Automatisierungstechnik,
- die Maschinenkonstruktion und Maschinenoptimierung,
- die Fertigungstechnologie und die
- Holzbearbeitung.

Im Arbeitsgebiet „System- und Automatisierungstechnik" liegt der Schwerpunkt auf der Anlagenplanung, Bearbeitungsplanung, Maschinenverkettung und der Montagetechnik. Weiterhin werden Fragen zur Spanntechnik und der Werkzeugversorgung erörtert.

Innerhalb des Arbeitsgebiets Maschinenkonstruktion und -optimierung wird das Verhalten von Werkzeugmaschinen untersucht. Modalanalyse, FEM-Berechnungen, Spindellagerungen und Führungen sind hierbei weitere Inhalte. Dies wird von Fragestellungen zur Leichtbaukonstruktion und zur Hydraulik ergänzt.

Tiefbohren, Kurzlochbohren, die Hochgeschwindigkeitsbearbeitung, das Honen, Feinstdrehen und das Verhalten von Kühlschmierstoffen sind Inhalt des Forschungsbereichs „Fertigungstechnologie“.

Ein weiteres Arbeitsgebiet des IFW ist die Holzbearbeitung. Hierbei werden Bereiche wie die Holzstaubforschung, Lärmminderung beim Betrieb von Holzbearbeitungsmaschinen, das Holzbiegen sowie die Zerspanungsoptimierung erforscht. Des weiteren werden Elektrowerkzeuge zur Holzbearbeitung untersucht und neue Bearbeitungsverfahren entwickelt.

3.1.4.3 Institutsausstattung (Bilder 18 bis 20)

Zu den Einrichtungen des Instituts gehören eine Klimakammer, ein Modalanalysesystem, ein Laserinferometer, ein Schallmeßraum sowie ein Meßlabor. Ein lokales Rechnernetz mit Anschluß an das Rechenzentrum, CAD- und FEM-Software, Hochgeschwindigkeitskamera, FFT- und Logik-Analysatoren sowie umfangreiche Meßgeräte zur Messung geometrischer, akustischer und thermischer Meßgrößen sind vorhanden.

Ein Holzlabor mit Staubmeßkabine und eine Fachbibliothek gehören ebenfalls zur Austattung des IFW.

Bild 18. Montagezelle und automatisiertes Rüsten der Wendeschneidplatten von Zerspanungswerkzeugen (IfW)

Bild 19. Thermisches Verhalten von Industrierobotern (IfW)

Bild 20. Hochdynamisches Maschinenkonzept (IfW)

3.1.5 Institut für Steuerungstechnik der Werkzeugmaschinen und Fertigungseinrichtungen (ISW)

Institutsleiter: Professor Dr.-Ing. Dr. h.c. G. Pritschow

3.1.5.1 Historie

Das Institut für Steuerungstechnik der Werkzeugmaschinen und Fertigungseinrichtungen wurde 1965 unter der Bezeichnung „Lehrstuhl für Werkzeugmaschinen B" an der damaligen Technischen Hochschule Stuttgart eingerichtet und entwickelte sich in der Folgezeit unter der Leitung von Prof. Dr.-Ing. G. Stute zu einem der anerkanntesten Forschungsinstitute auf diesem Gebiet. Nach dem unerwartet frühen Ableben seines Begründers im Jahr 1982 wurde Prof. Dr.-Ing. G. Pritschow zu seinem Nachfolger berufen. Er leitet das Institut seit 1984.

In der über 25jährigen Geschichte des Instituts konnten die Forschungsschwerpunkte sowie deren Anwendungsgebiete ständig erweitert werden.

Der Leitgedanke liegt in der Entwicklung und der Anwendung steuerungstechnischer und anderer rechnerunterstützter Mittel zur Lösung von Automatisierungsaufgaben.

Die fachbezogene Unterteilung in die Gruppen

- Steuerungstechnik
  a) Steuerungsstrukturen,
  b) Systemplattform und Kommunikationssysteme,
  c) Bedienernahe Steuerungsfunktion,
  d) Maschinennahe Steuerungsfunktion;

- Planungs- und Leittechnik
  a) Software Engineering und Diagnose,
  b) Produktionsleittechnik und Qualitätssicherung,
  c) Informationssysteme und Betriebsmittelorganisation,
  d) NC/RC-Programmiersysteme;
- Maschinensysteme
  a) Prozeß- und Maschinentechnik,
  b) Robotertechnik,
  c) Regelungstechnik,
  d) Antriebstechnik,
  e) Sensortechnik

gibt zugleich einen Überblick über die derzeitigen Arbeitsschwerpunkte. Wesentlich ist dabei eine enge Verzahnung und eine über die drei Abteilungen

- Steuerungstechnik,
- Planungs- und Leittechnik und
- Maschinensysteme

reichende Projektbearbeitung.

Dem Institut stehen leistungsfähige Rechner- und Entwicklungssysteme sowie ein Versuchslabor mit Dreh- und Fräsmaschinen, Meßmaschinen, Industrierobotern und Montagesystemen zur Verfügung.

Mechanische und elektrische Werkstatt sind ebenfalls vorhanden (Bilder 21, 22).

Bild 21. Grundgerät für einen mobilen Mauerroboter (ISW)

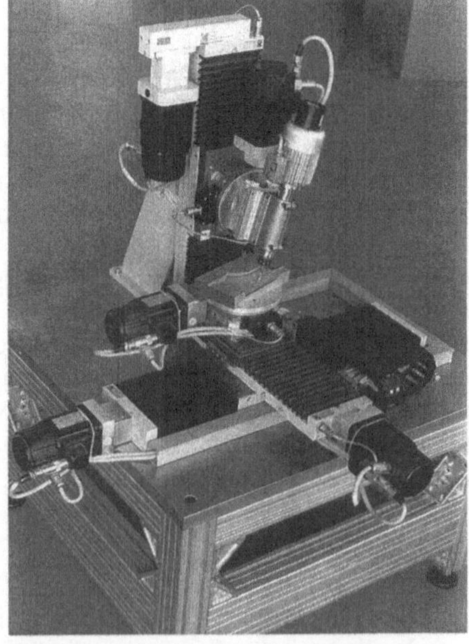

Bild 22. Flächenorientierte fünfachsige Freiformflächenbearbeitung (ISW)

3.2 Zentrum Fertigungstechnik

Das Zentrum Fertigungstechnik (ZFS) wurde im September 1989 mit der Rechtsform einer Stiftung des öffentlichen Rechts gegründet. Hierfür haben 28 Industrieunternehmen und das Land Baden-Württemberg das Stiftungskapital dem ZFS zur Verfügung gestellt. Ziel des ZFS ist es, als wirtschaftsnahe Forschungseinrichtung universitäre Forschung und industrielle Praxis zu verbinden. Dazu ist es nötig, die produktorientierte Forschung und Entwicklung auf dem Gebiet der Produktions- und Werkstofftechnik mit der universitären und außeruniversitären Forschung und dem Forschungsbedarf der Wirtschaft abzustimmen sowie für die Umsetzung der Arbeitsergebnisse in die Praxis zu sorgen. Im Vordergrund stehen fertigungstechnische Fragestellungen, die im Zusammenwirken verschiedener Ingenieurdisziplien bearbeitet werden. Thematisch lassen sich die Arbeiten des ZFS zu folgenden Schwerpunkten zusammenfassen:

- Fertigungstechnologien (Lasertechnologie, Umformtechnik, Zerspanungstechnologie),
- Maschinentechnik,
- Fertigungsplanung,
- Sensorik und Qualitätssicherung [7].

3.3 CIM-Kooperation

In Anbetracht der drastischen Verkürzung der durchschnittlichen Produktlebenszeiten bei komplizierter werdenden Produkten mit hohen Qualitätsanforderungen ist es wichtig geworden, kurze Produktentwicklungszeiten zu erreichen. Die Anwendung neuester CIM-Entwicklungen in der Produktionstechnik und die schnelle, sichere Verarbeitung von Informationen wird für Unternehmen, die im Markt weiterhin erfolgreich bleiben wollen, immer dringender.

Seit Mai 1992 besteht zwischen der Universität Stuttgart und der IBM ein Kooperationsvertrag mit dem Ziel, CIM-Lösungen für mittelständische Unternehmen des Maschinenbaus, der Elektrotechnik und Elektronik sowie von Zuliefererfirmen für die Automobilindustrie zu entwickeln.

Folgende Institute der Universität Stuttgart sind mit mehreren aktuellen Projekten in die CIM-Kooperation eingebunden:

- Institut für Arbeitswissenschaft und Technologiemanagement (IAT), Prof. Dr.-Ing. habil. Dr.h.c. Prof. E.h. H.-J. Bullinger
- Institut für Industrielle Fertigung und Fabrikbetrieb (IFF), Prof. Dr.-Ing. Dr. h.c. mult. H.-J. Warnecke
- Institut für Steuerungstechnik der Werkzeugmaschinen und Fertigungseinrichtungen (ISW), Prof. Dr.-Ing. Dr. h.c. G. Pritschow

- Institut für Strahlwerkzeuge (IFSW), Prof. Dr.-Ing. habil. H. Hügel
- Institut für Werkzeugmaschinen (IfW), Prof. Dr.-Ing. Heisel
- Institut für Umformtechnik (IfU), Prof. Dr.-Ing. K. Siegert.

Neben den fertigungstechnischen Instituten der Universität Stuttgart ist auch das Zentrum für Fertigungstechnik Stuttgart (ZFS) als ein von der Industrie und dem Land Baden-Württemberg gefördertes An-Institut der Universität in die Kooperation eingebunden. Die genannten Institute und das ZFS verfügen über modern ausgestattete Laboratorien für die Grundlagenforschung und für die anwenderorientierte Forschung auf den einzelnen Fachgebieten der Produktionstechnik.

Als Partner bringt IBM neben dem Branchenwissen aus Projekten in den unterschiedlichsten Fertigungsfirmen die folgenden Produkte mit ein:

- Hardware
  a) IBM RISC Systeme/6000 mit AIX,
  b) IBM Personal Systeme und Industriecomputer mit OS/2 und DOS,
- Software
  a) CATIA (CAD/Konstruktion),
  b) DAE und AAE (Steuerungssysteme),
  c) DCC/2 (Betriebsdatenerfassung),
  d) AML/2 (Robotersteuerung),
  e) FLS (Fertigungssystem).

Die Aktivitäten und Zielsetzungen im Rahmen der CIM-Kooperation Universität Stuttgart - IBM lassen sich den allgemeinen Oberbegriffen

- Computerunterstützte Konstruktion und Fertigung (CAD/CAE/CAM),
- Computerunterstützte Arbeits- und Produktionsplanung (CAP/PPS),
- Computerunterstützte Qualitätssicherung (CAQ)

zuordnen. Ein durchgängiger Informationsfluß und die fachübergreifende, interdisziplinäre Zusammenarbeit sollen eine schnelle Umsetzung und Produktentwicklung ergeben.

Für Partner aus der Industrie, die eingeladen sind, sich dieser Kooperation anzuschließen und die Chancen und Möglichkeiten einer innovativen Zusammenarbeit direkt zu nutzen, besteht Zugang zu modernster Technologie und neuesten Entwicklungsergebnissen [8].

3.4 Sonderforschungsbereiche (SFB)

In Sonderforschungsbereichen arbeiten Wissenschaftler einzelner oder benachbarter Hochschulen und Forschungseinrichtungen in einem abteilungsübergreifenden Programm bis zu 15 Jahre zusammen. Die Deutsche Forschungsgemeinschaft DFG fördert insgesamt 209 Sonderforschungsbereiche an 52 Hochschulen. Mit insgesamt elf SFB ist die Universität Stuttgart bei den Sonderforschungsbereichen nicht nur innerhalb von Baden-Württemberg, sondern bundesweit Spitzenreiter [9]. Im Bereich der Fertigungstechnik werden derzeit an der Universität Stuttgart drei Sonderforschungsbereiche bearbeitet.

3.4.1 SFB 158: „Montage im flexiblen Produktionsbetrieb"

Die Einflüsse neuer Produkte mit kurzen Lebenszyklen und die Personalsituation verlangen noch flexiblere Abläufe, um kurze Durchlaufzeiten, die Senkung der Bestände, langfristige Nutzung der vorhandenen Bertriebsmittelkapazitäten und die marktgerechte Auftragsabwicklung zu erreichen. Der Sonderforschungsbereich zielt mit seinen Forschungs- und Entwicklungsarbeiten auf diesen Problemkreis, indem er Erkenntnisse zur flexiblen Montage erarbeitet. Mit Hilfe der Grundlagen- und anwendungsnahen Forschung sollen Lösungen zu technischen und organisatorischen Problemen sowie für die Schnittstellen zu den vor- und nachgelagerten Produktionsbereichen erarbeitet werden.

Zum Erreichen des Gesamtziels konzentrieren sich die Arbeiten derzeit in aufeinander abgestimmten, fortzusetzenden und neuen Teilprojekten auf die folgenden Entwicklungsschwerpunkte.

Für die dritte Förderperiode seien folgende Hauptziele benannt:

- Komponentenentwicklung,
- Fügeprozeßabläufe,
- Mitarbeiterqualifikation,
- Betriebswirtschaft,
- Flexible Montagesteuerung,
- Integrierter Informations - und Materialfluß,
- Produktneutrale Montagezelle,
- Integrierte Prüfsyteme.

Für viele Montagebetriebe ist es ein wesentliches Ziel, zukünftig bessere Methoden zur organisatorischen Montagesteuerungen unter Einbeziehung von Mengen- und Terminplanung zu haben. Zur technischen Ausführung der Steuerungsfunktionen wird ein hierarchisch strukturiertes Steuerungssystem verlangt.

Bei den Untersuchungen der Fügeprozeßabläufe sollen die wissenschaftlichen Erkenntnisse aus der Fügetechnik weiter vertieft und mit diesen Ergebnissen Komponenten und Werkzeuge zur flexiblen Montage entwickelt werden. Diese Werkzeuge lassen sich beim Aufbau von flexiblen Montagezellen einsetzen. Für den Einsatz von Montagerobotern sollen modulare Roboterkomponenten und Antriebssysteme entwickelt werden. Die Verbesserung der montageangepaßten Qualitätssicherung verlangt Prüfungen mit optischen 3D-Sensoren. Die Einbeziehung des Menschen in flexible Montagesysteme wird mit Hilfe von Methoden zur Analyse der Auswirkungen der Personalqualifikation auf die Systemflexibilität sowie mit Hilfsmitteln zur Gestaltung von Arbeitsinhalten erreicht. Zur Ergänzung der bisherigen Arbeiten werden betriebswirtschaftliche Fragen betrachtet.

3.4.2 SFB 349: „Hochdynamische Strahlführungs- und Strahlformungseinrichtungen für die räumliche Bearbeitung mit Laserstrahlen"

Die räumliche Bearbeitung mit Laserstrahlen, überwiegend Schneiden und vermehrt auch Schweißen, findet zunehmend Eingang in die industrielle Produktion. Eine möglichst gute und umfassende Nutzung der Strahlquelle sowie eine optimale Energieumsetzung der Strahlung am Werkstück, die hohe Bearbeitungsgeschwindigkeiten erlaubt, reduzieren die hohen Laserbearbeitungskosten. Deshalb ist die Entwicklung sehr schneller, hochdynamischer und genauer Strahlführungseinrichtungen, vor allem von Robotern, die den Bearbeitungskopf tragen, von zukunftsweisender Wichtigkeit. Besondere Bedeutung hat hierbei die gezielte und systematische Entwicklung von optischen Elementen zur Strahlführung und Strahlformung. Im Hochleistungsbereich um 5 kW und darüber kommen dafür überwiegend solche Komponenten in Frage, die in Reflexion arbeiten. Vorwiegend werden Spiegel in Leichtbauweise, adaptive Spiegel und holographische Elemente untersucht und entwickelt. Mit Blick auf die angestrebte, höchste Bearbeitungsqualität bei hohem Automatisierungsgrad ist die Konzipierung hochdynamischer Meß- und Regelsysteme zur Strahlverfolgung hochdynamischer Spiegelpositioniersysteme sowie zugeordneter Steuerungs- und Regelstrukturen ein weiterer Schwerpunkt des SFB. Schließlich werden komplette Strahlführungs- und Strahlformungseinrichtungen konzipiert und hergestellt, die die Effektivität der entwickelten Komponenten demonstrieren. Zielgruppen sind Hersteller und Entwickler von Anlagen für die Lasermaterialbearbeitung sowie Industrieunternehmen mit Fertigungsaufgaben im Bereich der Lasertechnik [10].

3.4.3 SFB: „Entwicklung und Erprobung neuer Produkte – Rapid Prototyping"

Ziel dieses Sonderforschungsbereichs ist es, Methoden zu entwickeln, die mit der zunehmenden Innovationsdynamik Schritt halten. Da die Vermarktungsdauer bei einzelnen Produkten schon kürzer als die Entwicklungszeit ist, werden von den Unternehmen in größerem Maße Neuentwicklungen gefordert. Die Stuttgarter Ingenieure streben an, möglichst schon mit dem ersten Protoyp ein fehlerfreies Modell zu erhalten, das in wenigen Schritten zur Serienreife gebracht werden kann [9].

4 Zusammenfassung

In der Einleitung wurde die Notwendigkeit einer Ingenieurausbildung beschrieben, die einerseits Grundlagenwissen vermittelt und andererseits aus der aktiv betriebenen Forschung heraus das notwendige Spezialwissen vermittelt. Die Universität Stuttgart ermöglicht diese Ingenieurausbildung aufgrund ihres reichhaltigen Lehrangebots und ihrem Engagement in der Forschung und Entwicklung. Aus der Beschreibung der einzelnen Institute geht hervor, daß Stuttgart mit seinem Potential an Wissenschaftlern und Laboreinrichtungen in Lehre und Forschung eine hervorragende Basis für die Ausbildung von Ingenieuren, für die Grundlagenforschung und auch für die anwendungsorientierte Forschung ist.

Literatur

1. Ziegler, H.: Rechenschaftsbericht des Rektors. Univ. Stuttgart 1993
2. Siegert, K.: Neuere Entwicklungen in der Blechumformung 1992
3. Pritschow, G.: Universität Stuttgart - Zentrum fertigungstechnischer Forschung und Lehre. J.ber.1988, Vereinig. v. Freunden d. Univ. Stuttgart e.V
4. Storr, A.: Broschüre Fakultätsvorstellung, Uniball 1989
5. Broschüre. Institutsverbund Fertigungstechnik Stuttgart
6. Forsch.ber. d. Univ. Stuttgart 1991/92
7. Broschüre, Zentrum Fertigungstechnik Stuttgart
8. Kärcher, R; Kolev, D.: Unterlagen zum Semin. Rechneranwendung in der Produktionstechnik
9. Zitzler, U.: Drei neue Sonderforschungsbereiche. Stuttgarter Uni-Kurier Nr.63, Juli 1994
10. Universität Stuttgart; Forschung, Entwicklung, Beratung 1994

Vom Industrieroboter zum Serviceroboter - Einsatzbereiche und Potentiale

R.D. Schraft

1 Einleitung

Der Einsatz von Servicerobotern im Dienstleistungsbereich verbindet die Forderungen nach Realisierbarkeit technisierter Dienstleistungserbringung mit einem hohen zu erwartenden Marktpotential, den Nutzen für den Kunden und der Wirtschaftlichkeit für den Betreiber. Die hohen Marktpotentiale der Serviceroboter ergeben sich aus der extremen Bandbreite möglicher Einsatzfälle.

2 Robotertechnik - Quo vadis?

Etwa 30 Jahre nach seiner Ersteinführung hat der Industrieroboter weltweit als Produktionsmittel in der flexibel automatisierten Fertigung eine enorme Verbreitung gefunden. Die Verteilung der Robotereinsätze auf internationaler Ebene zeigt, daß in Japan mit Abstand die meisten Industrieroboter Verwendung finden, gefolgt von Europa und den Vereinigten Staaten. Ende 1993 waren allein in Deutschland 43 712 Industrieroboter [1] im Einsatz. Die dominierenden Anwendungsgebiete liegen vor allem in der Montage und Handhabung sowie bei Verfahren zum Bahn- und Punktschweißen sowie spanenden Werkzeugmaschinen. Charakterisierend für alle Bereiche ist der ständige Zuwachs innerhalb der letzten Jahre, so daß auch spezielle Roboterkonstruktionen Einzug in Randbereiche der Produktionstechnik fanden.

In den vergangenen Jahren hat sich der Industrieroboter weitestgehend als Betriebsmittel in der Produktion etabliert. Parallel dazu wurden Standard-Roboter immer kostengünstiger auf dem Markt angeboten, so daß sich die Entwicklungsschwerpunkte auf die Ausgestaltung flexibler Peripherien konzentrierten [2]. Neben der technischen Systementwicklung werden zukünftig enorme Anstrengungen unternommen werden, Roboter-Steuerungen hinsichtlich Multitasking-Funktionen, Vision-Systemen und Sensorik weiterzuentwickeln und dabei die Mensch-Maschine-Schnittstelle bedienerfreundlich zu gestalten. Hier sind Programmiersprachen in Hochsprachenform der 4. Generation, textuelle und grafische Off-line-Programmierung, Diagnosesysteme usw. bis hin zur Virtual Reality zur Programmierung der Systeme zu nennen.

Während der Entwicklungsstand des klassischen Industrieroboters bereits weit fortgeschritten ist, entwickeln sich darüber hinaus neue Aufgaben für Roboter. Als zukünftiges Anwendungsfeld mit enormen Wachstumspotentialen entpuppt sich der Dienstleistungsbereich.

3 Dienstleistungen auf dem Wachstumspfad

Das überproportionale Wachstum des Dienstleistungssektors gegenüber den anderen Wirtschaftssektoren schlug sich unter anderem in den Zuwächsen der Beschäftigungszahlen nieder. Etwa 57% aller Erwerbstätigen im ehemals westlichen Teil Deutschlands sind heute im Dienstleistungssektor tätig. Die Anforderungen für die Dienstleister bezüglich Wirtschaftlichkeits- sowie Qualitätssteigerung und -verbesserung dieses enorm heterogenen und dynamischen Veränderungen unterliegenden Marktes haben dabei ständig zugenommen.

Die Dienstleistungsproduktion beschränkt sich jedoch nicht nur auf den tertiären Wirtschaftssektor und den darin erfaßten Dienstleistern. Vielmehr werden Dienstleistungen immer mehr zum integralen Bestandteil aller wirtschaftlichen Aktivitäten. Beispielhaft sei die derzeitige Besinnung der Industrieunternehmen und Institutionen auf ihre Kernkompetenz und die damit verbundene „Outsourcingdebatte“ genannt.

Fast alle Dienstleistungsanbieter beziehen inzwischen Informations- und Kommunikationstechnologien zur wirtschaftlichen Ausführung sowohl von Daten- und Informationsflüssen als auch zur Steuerung und Koordination von Geschäftsprozessen in den Unternehmen ein. Zusätzlich zu Dienstleistungen mit schwerpunktmäßigem Anteil an Verwaltungs-, Kommunikations- und Beratungstätigkeiten existieren viele Dienstleistungen mit Haupttätigkeiten im Transport-, Handhabungs- und Bearbeitungsbereich. Bestrebungen nach einer menschengerechten Gestaltung der Arbeitsbedingungen, nach Wirtschaftlichkeitssteigerung, Ausgleich eines Arbeitskräftemangels und Ressourcenschonung zielen auf die Mechanisierung dieser tendenziell objektorientierten Dienstleistungen durch neue Technologien ab.

Innovationen auf den Gebieten der Antriebs-, Steuerungs- und Werkstofftechnik sowie der Informationsverarbeitung, Modellierung und Methoden des Softwaredesigns haben die Chancen zum Erschließen dieser neuen Anwendungsfelder verbessert.

Im Dienstleistungsbereich liegen nun erstmals die benötigten Voraussetzungen für einen Durchbruch zur teil- oder vollautomatisierten Ausführung von Handhabungs-, Transport- und Bearbeitungsaufgaben außerhalb der Industrie vor. Zahlreiche Beispiele bereits erfolgter Realisierungen belegen diese schon jetzt wirtschaftlichen Einsatzmöglichkeiten von Handhabungssystemen und mobilen Plattformen in neuen Anwendungsgebieten [4].

4 Automatisierung im Dienstleistungssektor

Die für die Erbringung von Dienstleistungen eingesetzten Servicesysteme verrichten vorgegebene Arbeiten bzw. Prozesse teil- oder vollautomatisiert. Dabei bedeutet teilautomatisiert, daß ein Teil der Einleitung, Abfolge und Beendigung von Einzelfunktionen automatisiert erfolgen kann.

Automatisierung heißt, einen Vorgang mit technischen Mitteln so einzurichten, daß der Mensch weder ständig, noch in einem erzwungenen Rhythmus für den Ablauf des Vorgangs tätig zu werden braucht. Unter einem Serviceroboter ist somit eine freiprogrammierbare Bewegungseinrichtung zu verstehen, die teil- oder vollautomatisch Dienstleistungen verrichtet. Dienstleistungen sind dabei Tätigkeiten, die nicht der direkten industriellen Erzeugung von Sachgütern, sondern der Verrichtung von Leistungen an Menschen und Einrichtungen dienen.

Die Planung der (teil-)automatisierten Aufgabenausführung und Gestaltung des Gesamtsystems und dessen Integration in ein bestehendes Umfeld ist spezifisch für jede Dienstleistungsaufgabe. Wesentliche Gestaltungsparameter sind Grade der Autonomie, Strukturierung des Umfelds, Art der Mensch-Maschine-Wechselwirkung, Adaptivität hinsichtlich Umfeldänderung, Zielkoordinaten, Objektabmessungen und Ablauffolge. Geeignete Planungs- und Gestaltungsmethoden für die Entwicklung und den Einsatz von Serviceroboter liegen bisher nur in eingeschränktem Maße vor.

Die Anzahl der derzeit weltweit eingesetzten Serviceroboter, Prototypen und Servicegeräte für die jeweils relevanten Dienstleistungsbereiche ist in Bild 1 dargestellt. Das Baugewerbe nimmt hier aufgrund der hohen Anzahl der in Japan eingesetzten Roboter (1991: ca. 436) bereits eine Vorreiterrolle ein. Aber auch die Bereiche Handel, Transport und Verkehr, Rehabilitation

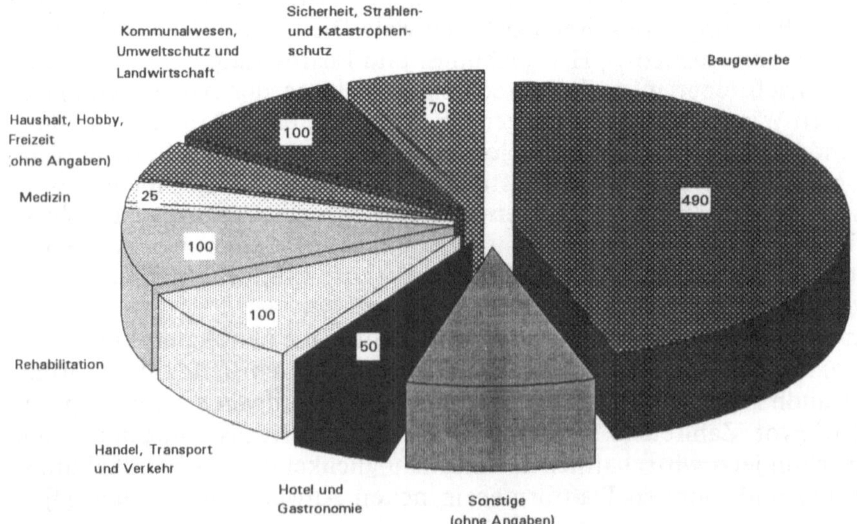

Bild 1. Anzahl der weltweit eingesetzten Serviceroboter (IPA)

sowie Kommunalwesen, Umweltschutz und Landwirtschaft und viele weitere bieten bereits Einsatzmöglichkeiten von Servicerobotern.

Für die genannten Bereiche zeichnen sich einige mögliche Serviceroboter aufgrund der Notwendigkeit des Einsatzes, technischer Machbarkeit, Wirtschaftlichkeit und Marktpotential besonders aus.

5 Serviceroboteranwendungen

In der Medizintechnik könnten feinmanipulierte Werkzeuge und Instrumente im Bereich schwer zugänglicher Körperpartien bei minimalem Operationstrauma Anwendung finden. Innerhalb des Gesundheitswesens könnte der Einsatz von mobilen Rollstühlen zu einer Entlastung des Pflegepersonals durch Wegfall von Transport- und Handhabungsaufgaben beitragen.

Auch im Baugewerbe wären mobile Fahrzeuge zur automatischen Erfüllung von Transport- und Handhabungsaufgaben vor allem in Großbauwerken einsetzbar. Automatische Müll- und Werkstoffsortiereinrichtungen könnten im Kommunalwesen bzw. Umweltschutz den Menschen von gesundheitsschädlichen und monotonen Arbeiten befreien.

Mobile Reinigungsroboter sowie Kurierdienstroboter in Großgebäuden werden schon in naher Zukunft Einzug in den Bereich Handel, Transport und Verkehr halten. Hier nehmen Faktoren wie Funktionalität, Bedienkomfort, Transparenz des Systems sowie Sicherheitstechnik entscheidend Einfluß auf die Akzeptanz derartiger Systeme beim Anwender.

In der Hotelerie und Gastronomie ist der Dienst am Kunden, der Service, oberste Philosophie. Tätigkeiten in diesem Bereich zu automatisieren, werden daher auf den für den Gast nicht sichtbaren Bereich beschränkt bleiben. Denkbar sind hier Sanitärreinigungsroboter oder mobile Transporteinrichtungen für Artikel unterschiedlichster Art (Getränke, Speisen usw.).

Mobile Inspektions- und Wartungsroboter könnten im Bereich Sicherheit, Strahlen- und Katastrophenschutz zu mehr Sicherheit und Verfügbarkeit technischer Einrichtungen führen.

Im Bereich Haushalt, Hobby und Freizeit werden sich nur im Teilbereich Haushalt für ungern zu erledigende Arbeiten (Reinigungstätigkeiten) sinnvolle Ansätze für Serviceroboter finden lassen. In den Bereichen Hobby und Freizeit fehlen die gefährlichen oder stupiden bzw. sich streng wiederholenden Tätigkeiten, für die ein Serviceroboter geeignet sein könnte.

6 Ausblick

Die Realisierung neuer Applikationen von Servicerobotern ist davon abhängig, ob die erforderlichen Systembausteine mit den entsprechend benötigten Leistungsmerkmalen verfügbar sind. Hierbei müssen sowohl schon vorhandene Technologien weiterentwickelt als auch gänzlich neue Lösungsansätze gefunden werden. Dies bezieht sich besonders auf

- notwendige Basistechnologien und
- applikationsübergreifende Teilsysteme und Schlüsselkomponenten sowie deren Vernetzung.

Die Informationsverarbeitung als Querschnittstechnologie wird der zentrale Aspekt für künftige Serviceroboterapplikationen sein [5]. Dies erstreckt sich von der Fragestellung über Modellierungsparadigmen, Sensorsignalinterprätation über geeignete Deutung hinsichtlich Notwendigkeit, Zweck und Sinn von Signalen bis hin zur Ableitung von Verhaltensstrategien. Hinzu kommen nutzerseitige Anforderungen bezüglich des Verständnisses von Gestik und Sprache.

Literatur

1. Schweizer, M. u.a.: Eingesetzte Industrieroboter in der Bundesrepublik Deutschland, Stand Dezember 1993, IPA/VDMA
2. Schraft, R.D.: Vom Industrieroboter zum Serviceroboter - Stand der Technik, Chancen und Grenzen. In: VDI-Berichte, Nr. 1094. Düsseldorf 1993
3. Statistisches Jahrbuch 1993. Statistisches Bundesamt, Wiesbaden 1994
4. Warnecke, H.-J., Schraft, R.D. (Hrsg.): Serviceroboter. In: Handbuch Handhabungs-, Montage- und Industrierobotertechnik. 21. Nachlieferung 10/1993
5. Schraft, R.D.: Serviceroboter - Von der Vision zur Realität. In: ROBOTIK TECHNICA 7/1993

Mikrostrukturen aus neuen Materialien: Entwicklung der Verfahrens- und Anlagentechnik

W. Keller

Die Mikrosystemtechnik ist zur Zeit eine der innovativsten Technologien mit großen Entwicklungs- und Anwendungspotentialen. Sie ist eine Fortentwicklung sowohl der klassischen Feinwerktechnik als auch der Mikroelektronik. Überall dort, wo Miniaturisierung technisch Sinn macht, werden in naher Zukunft Mikrostrukturprodukte eingesetzt. Von dem damit ausgelösten Technologieschub wird eine mit der Technologiewelle der Mikroelektronik vergleichbare Wirkung auf die Wettbewerbsfähigkeit ganzer Industriezweige erwartet.

In der Sensortechnik ist die Entwicklung miniaturisierter Sensorsysteme - der Mikrosensorsysteme - in vollem Gange. Sensorelemente zur Messung phyikalischer und chemischer Größen werden bereits heute in großen Stückzahlen mit mikrotechnischen Verfahren hergestellt. Mikrosystemtechnische Produkte und Komponenten werden in der Zukunft weite Bereiche sowohl der industriellen Produktion als auch des täglichen Lebens durchdringen.

Die Mikrogalvanik besitzt gute Aussichten, zu einem Standard-Fertigungsverfahren bei der Herstellung komplexer mikrotechnischer Komponenten aus unterschiedlichen Materialien zu werden. Als Bestandteil des von W. Ehrfeld und Mitarbeitern im Kernforschungszentrum Karlsruhe entwickelten LIGA-Verfahrens, einer Kombination aus Tiefenlithographie mit Galvanoformung und nachfolgender Abformung mit replikativen Verfahren, gewann die Mikrogalvanik zunehmend an Bedeutung. Sie wurde bis heute zu einem reproduzierbaren Laborverfahren entwickelt, ihre Anwendung zur Fertigung von Mikrostrukturprodukten ist jedoch nicht auf das LIGA-Verfahren beschränkt. Die Mikrogalvanoformung wird überall dort Anwendung finden, wo eine vorfabrizierte Matrix in eine vorzugsweise metallische Mikrostruktur umgewandelt werden soll. Diese kann selbst Funktionsteil eines Mikrosystems sein.

Verfahrensbedingt wurden hauptsächlich Nickel und Gold als Materialien zur Herstellung galvanogeformter Mikrobauteile eingesetzt. Für die Mikrotechnik sind eine Reihe weiterer Metalle wie Titan, Aluminium oder Tantal interessant, die sich jedoch nicht aus wäßrigen Lösungen ihrer Salze abscheiden lassen. Bauteile aus Titan z.B. haben ein großes Anwendungsfeld in der Medizintechnik. Um auch diese Metalle für die Mikrosystemtechnik zugänglich zu machen, werden am IPA spezielle Elektrolyte für die aprotische (wasserfreie) Metallabscheidung entwickelt. Sie bestehen aus einer organischen Lösemittelkomponente und speziell hergestellten metall-

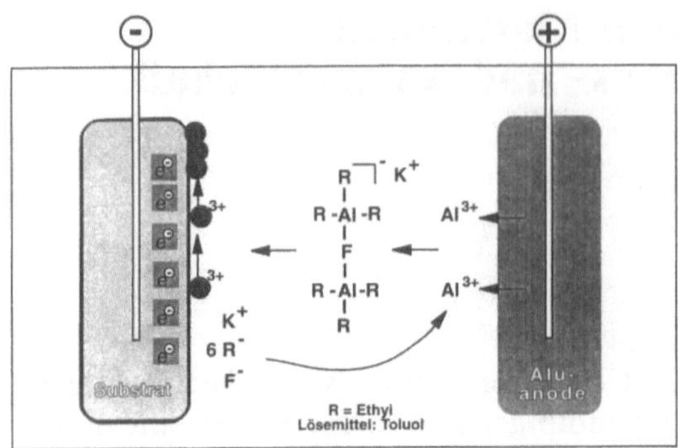

Bild 1. Aluminiumabscheidung in aprotischen Elektrolyten

organischen Komplexen, aus denen das Metall am Substrat - entsprechend der bereits technisch eingeführten Aluminiumabscheidung nach dem SIGAL-Verfahren - freigesetzt wird (Bild 1).

Voraussetzung einer Galvanik mit aprotischen Elektrolyten ist, daß der Prozeß unter Luftabschluß und bei möglichst vollständiger Abwesenheit von Wasser abläuft. Dazu wurde eine spezielle halbautomatische Anlagentechnik entwickelt, die mit zwei Prozeßkammern für Versuche im Labor- und Pilotmaßstab ausgestattet ist. Die in Bild 2 gezeigte Anlage enthält neben den Prozeßkammern separate Vorratsbehälter für Elektrolyt,

Bild 2. Geschlossene Galvanisieranlage für die Metallabscheidung aus aprotischen Elektrolyten

Spül- und Lösemittel sowie einen Versorgungsblock für Vakuum und Schutzgas.

Der nach dem jeweils vorgegebenen Prozeßablauf automatisch gesteuerte Transport der Elektrolyt- und Reinigungslösungen geschieht mittels selektivem Evakuieren bzw. Begasen mit Schutzgas. Die Steuerung erlaubt einen simultanen Betrieb beider Prozeßkammern auch mit unterschiedlichen Elektrolytsystemen. Die Prozeßkammern sind mit magnetischem Rührer, Heizung, Sichtfenstern, Berstscheibe und einem kathodischen sowie vier anodischen Stromkontakten ausgestattet. Zur besseren Durchmischung des Elektrolyten am Bauteil kann wahlweise unter mechanischer Rüttlung der Kathode abgeschieden werden. Sensoren überwachen den Druck und die Temperatur in den Prozeßkammern und Vorratsbehältern. Mit Filtern ausgestattete Umlaufsysteme sichern eine den jeweiligen Prozeßerfordernissen entsprechende Reinheit der Elektrolytlösungen.

Die modulare Aufteilung der Anlage in Prozeßkammer, Verteilersystem für Prozeßlösungen und -gase, Vorratsbehälter sowie Vakuum- und Schutzgasversorgung ergibt hohe Flexibilität und Adaptionsfähigkeit an unterschiedliche Prozeßbedingungen hinsichtlich der Verfahren und Bauteile.

Die beschriebene Anlagentechnik arbeitet aufgrund der Abgeschlossenheit des Prozesses und ihrer Medienaufbereitung weitgehend abfallfrei.

Optische Prüfsysteme und ihre Einbindung in CAD/CAM/CAQ-Systeme

M. Recknagel

1 Einleitung

In den letzten Jahren haben sich optische Prüfsysteme vermehrt in Bereichen der industriellen Fertigung durchsetzen können. Sie dienen in erster Linie dazu, Informationen über die Qualität der gefertigten Produkte zu liefern, sie mit Hilfe geeigneter Verfahren auszuwerten und in den Fertigungsprozeß zurückzuführen. Sie leisten so einen wichtigen Beitrag zur Sicherung der Produktqualität.

Aufgrund sich verändernder Forderungen der Abnehmer sowie der im Hinblick auf die Produkthaftung geltenden Rechtslage ist die Endprüfung des fertigen Produkts in vielen Fällen heute nicht mehr ausreichend. Vielmehr sind häufig auch an Zwischenprodukten Prüfungen durchzuführen und zu dokumentieren. Die dabei anfallende Menge an Prüfdaten ist wegen ihres Umfangs meist nur noch mit geeigneten DV-Systemen verarbeitbar.

In diesem Zusammenhang hat sich die Verarbeitung der Daten nicht nur auf ihre Speicherung bzw. Archivierung zu beschränken. Im folgenden wird vielmehr gezeigt, wie die von flexiblen optischen Prüfsystemen gelieferten Daten in den Konstruktions- und Fertigungsprozeß zurückgeführt werden können (Bild 1).

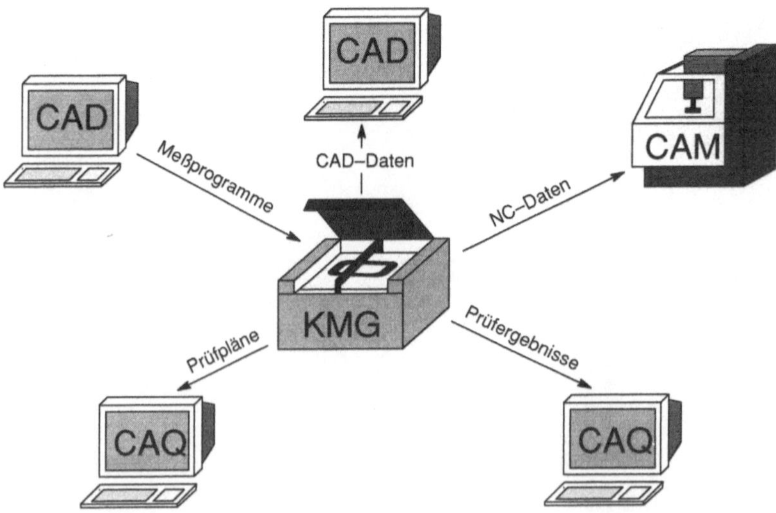

Bild 1. Einbindung optischer Prüfsysteme in CAD/CAM/CAQ-Systeme

2 Meß- und Prüfaufgaben und ihre Einbindung in CAQ-Systeme

Meß- und Prüfaufgaben aus dem Bereich der Fertigungsmeßtechnik gehören zu den klassischen Einsatzgebieten optischer Koordinatenmeßgeräte. War bis vor einigen Jahren noch der Ausdruck eines einfachen Prüfprotokolls ausreichend, werden heute in zunehmendem Maß Schnittstellen zu CAQ-Systemen gefordert, die eine sehr viel weiter reichende Auswertung der ermittelten Prüfdaten sowie die Rückführung der Ergebnisse der Auswertung zum Zweck der Prozeßregelung ermöglichen.

Moderne CAQ-Systeme stellen in vielen Fällen eine Schnittstelle zum Anschluß „einfacher“ Meßmittel (Meßschieber, Meßschraube u.ä.) zur Verfügung und ermöglichen so bei einer manuellen Prüfung gemäß einem auf dem CAQ-System hinterlegten Prüfplan die direkte Übernahme der ermittelten Meßwerte. Beim Durchführen von Prüfungen mit Hilfe eines optoelektronischen Koordinatenmeßgeräts besteht die Möglichkeit, die Prüfung automatisch ablaufen zu lassen und die ermittelten Prüfdaten an das CAQ-System zu übertragen.

Eine weitergehende Kopplung von Meßgerät und CAQ-System sieht neben der reinen Übertragung von Meßergebnissen auch die gemeinsame Nutzung der im Prüfplan bzw. im Meßprogramm vorhanden Informationen vor (Bild 2). In diesem Fall ist es beispielsweise möglich, die im Meßprogramm enthaltenen Informationen zur Erzeugung des Prüfplans auf dem CAQ-System zu verwenden.

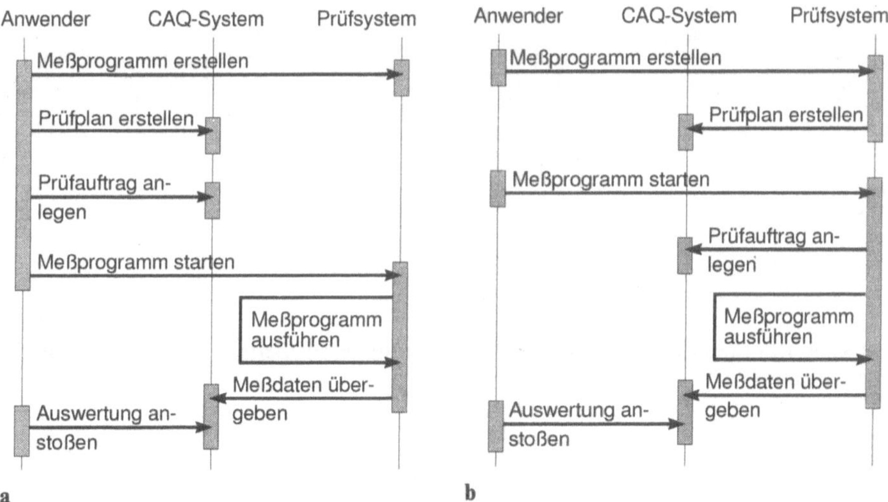

Bild 2a, b. CAQ-Kopplung. **a** Mit automatischer Datenübernahme; **b** mit zusätzlicher automatischer Prüfplangenerierung

3 Geometriedatenerfassung

Im Gegensatz zu den Meß- und Prüfaufgaben steht bei der Erfassung der Teilegeometrie mit Hilfe eines optischen Koordinatenmeßgeräts nicht die Überprüfung der Maßhaltigkeit des Werkstücks anhand einiger, vom Bediener ausgewählter Merkmale, sondern die möglichst vollständige Erfassung der Werkstückgeometrie im Vordergrund. Dabei ist zu beachten, daß die von der CCD-Kamera in Form von regelmäßig angeordneten Bildpunkten gelieferten Konturdaten für die weitere Verwendung in Verbindung mit CNC-Fertigungssystemen oder CAD-Systemen meist nicht geeignet sind. Abhilfe kann hier eine nachgeschaltete Aufbereitung der Konturdaten mit Hilfe von Verfahren zur Ausdünnung bzw. Vektorisierung der Kontur oder die Zerlegung der Kontur in regelgeometrische Elemente schaffen (Bild 3). In Verbindung mit CAD-Systemen ist vor allem der letztgenannte Fall von Interesse, da derart aufbereitete Konturdaten im Prinzip dieselbe Qualität wie am CAD-System erstellte Datensätze haben.

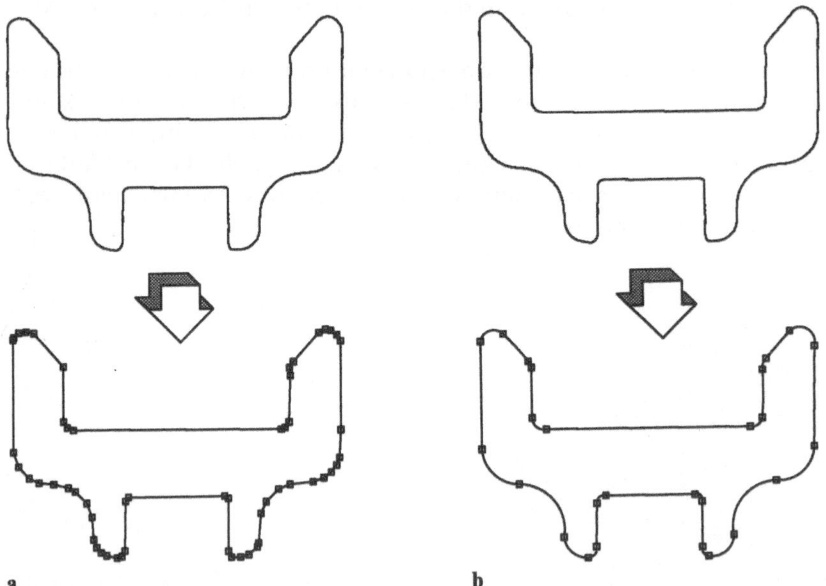

Bild 3a, b. Konturaufbereitung. **a** Mit Vektorisierung; **b** mit Zerlegung in regelgeometrische Elemente

4 Offline-Programmierung von Meß- und Prüfsystemen

Im Gegensatz zu den bereits betrachteten Anwendungsfällen werden im Fall der Offline-Programmierung zunächst keine Daten vom Prüfsystem an übergeordnete Systeme geliefert. Statt dessen werden hier auf einem mit der Prüfeinrichtung gekoppelten System Meßprogramme zur späteren Verarbeitung auf dem Prüfsystem generiert. Diese Vorgehensweise hat den Vorteil, daß das Prüfsystem im vollen Umfang für die Durchführung von Prüfaufgaben zur Verfügung steht und am Prüfsystem selbst keine Ausfallzeiten aufgrund der Erstellung neuer Meßprogramme entstehen.y

5 Anwendungsbeispiel

Das nachfolgende Beispiel zeigt, wie die hier beschriebenen Verfahren auf Aufgabenstellungen aus der Praxis angewandt werden können.

Bei der Produktion von Nullserien-Fahrzeugen neuer Pkw-Modelle werden für die Stoffverkleidungen häufig Pappschablonen hergestellt, die dem Prototyp der Karosserie angepaßt und in vielen Fällen manuell nachgearbeitet werden müssen. Nach Abschluß dieser Arbeiten sind entsprechend dieser Schablonen Stoffteile zuzuschneiden, was beispielsweise mit Hilfe einer NC-gesteuerten Wasserstrahl-Schneidanlage geschehen kann. Die Geometrie der Schablonen kann mit einem optoelektronischen Koordinatenmeßgerät erfaßt und durch die Zerlegung der Konturdaten in regelgeometrische Elemente NC-gerecht aufbereitet werden. Gleichzeitig entstehen bei dieser Vorgehensweise CAD-Datensätze der Schablonen, die zur weiteren Verwendung ins CAD-System übernommen werden.

Ist für das verwendete CAD-System eine Erweiterung zur Offline-Programmierung von Prüfsystemen verfügbar, so können die CAD-Daten beim Übergang in die Serienfertigung als Grundlage für die Erstellung des Meßprogramms dienen. Mit Hilfe einer geeigneten CAQ-Kopplung swind die dabei anfallenden Informationen auch beim Aufstellen des Prüfplans verwendbar, so daß einer weitgehend automatisierten Erfassung und Auswertung der Prüfdaten nichts im Weg steht.

Fraktale Instandhaltung: Das Konzept der dezentralen Anlagen- und Prozeßverantwortung (DAPV)

W. Sihn

1 Problematik

Der Industriestandort Deutschland sieht sich in zunehmendem Maß einem tiefgreifenden Wandel industrieller Traditionen ausgesetzt. Die ernste ökonomische Krise, die gegenwärtig diskutiert wird, hat nicht ausschließlich konjunkturelle Ursachen, sondern zeigt ganz deutlich, daß neue Konzepte benötigt werden, die sich an den Problemen von heute und morgen orientieren.

1.1 Der Wirtschaftsstandort Deutschland im internationalen Vergleich

Die rasante industrielle Entwicklung einstiger wirtschaftlicher Nobodỳs wie Osteuropa, die „Tigerstaaten" Südostasiens, aber auch die Dynamik der Industrieriesen Japan und USA zeigen klar die Strukturprobleme des Wirtschaftsstandortes Deutschland. Hier wird zu teuer und zu ineffizient gearbeitet. Aus großen Subventionstöpfen werden sterbende Industriezweige und verdeckte Arbeitslosigkeit finanziert, statt verstärkt Wachstumsbranchen und modernste Technologien zu fördern, um dort die dringend benötigten Arbeitsplätze für die Zukunft zu schaffen. Dem statischen Konsens wurde sich untergeordnet, statt sich um die kreative Dynamik der Konfrontation zu bemühen. Die Absicht „Best of Class" zu sein, ist nicht zu spüren und dagegen muß etwas getan werden.

1.2 Ansätze zur Verbesserung der betrieblichen Rahmenbedingungen

Neben der proaktiven Förderung industrieller Wachstumsbranchen und industrienaher Forschung, dem Abrücken vom reinen Anspruchs- hin zu einem Leistungsdenken, der Globalisierung der Märkte und der partnerschaftlichen Suche internationaler, strategischer Allianzen müssen gerade auch im Unternehmen selbst „Mauern" verschwinden. Überschauliche, flexible und schlagkräftige Einheiten mit kurzen Informations- und Entscheidungswegen sowie schlanken Führungsstrukturen müssen wieder den Mitarbeiter und seine Kreativität in den Mittelpunkt des betrieblichen Ablaufs stellen. Der direkte Kontakt zum Kunden und die rasche Umsetzung seiner Wünsche im Produktionsprozeß muß oberstes strategisches Unternehmensziel sein.

2 Hat Japan für Europa eine industrielle Vorbildfunktion?

Zunächst ist es wichtig, sich klarzumachen, daß nicht japanische Konzepte kopiert werden dürfen. Wer besser sein will, braucht den Quantensprung auf der Basis der bestehenden Ressourcen. Europäer haben eine andere Mentalität, Ausbildung und Sozialstruktur. Nicht das kollektive Bewußtsein verbindet mit den Japanern. Die Deutschen sind Individualisten und gerade die schöpferische Kreativität des Einzelnen gilt es, im Rahmen der betrieblichen Organisationsstruktur zu mobilisieren.

Die Nutzung „schlanker" Strukturen im Rahmen der intensiv diskutierten Lean-Konzepte, der Gedanke des KAIZEN, der permanenten, kontinuierlichen Verbesserung, sind wichtige Ansätze des Neuformungsprozesses. Darüber hinaus werden aber auch Konzepte benötigt, die für Rahmenbedingungen geeignet sind. Daß hierfür schlanke und effektive Organisationsstrukturen und -abläufe notwendig sind, ist selbstverständlich.

All dies braucht ein intensives Umdenken und einen Wertewandel in den Köpfen. Besitzstandsdenken, mangelnde Flexibilität der Führungskräfte und mangelnde Kommunikation zwischen undurchlässigen, starren Hierarchieebenen müssen verschwinden. Unternehmenseinheiten sind nötig, die sich horizontal selbst organisieren und nicht vertikal organisiert werden. Das Miteinander, nicht das Gegeneinander ist die zentrale Philosophie zukünftig erfolgreicher Unternehmen.

3 Die dezentrale Anlagen- und Prozeßverantwortung (DAPV) - Wegweiser für Instandhaltungsorganisationskonzepte von morgen

3.1 Charakteristische Merkmale einer DAPV

Während bestehende Unternehmensorganisationen von funktionszentralisierten Strukturen ausgehen, bei denen eine klare Trennung der Kompetenzen von direkten und indirekten, dem Wertschöpfungsprozeß zugeordneten Bereichen, besteht, stellen moderne Produktionskonzepte den Prozeß in den Mittelpunkt ihrer Betrachtung. Alle Funktionen, die die Steuerung und Sicherung des Prozesses unmittelbar beeinflussen, müssen an die Linie und damit in den Produktionsprozeß einbezogen werden. Eine anschließende Trennung nach Produktionsbereichen oder Produktgruppen läßt kleine Unternehmen im Unternehmen, sog. Fraktale, entstehen, die eigenverantwortlich agieren und kostenbewußt handeln können.

Die Umsetzung einer DAPV enthält nicht allein die Dezentralisierung indirekter Bereiche, wie die Qualitätssicherung, Instandhaltung und Arbeitsvorbereitung/Logistik. Vielmehr müssen vom Wertschöpfungsprozeß ausgehend neue Aufgaben- und Verantwortungsstrukturen erarbeitet werden, die die bisherigen Tätigkeiten der indirekten Produktionsbereiche weitgehend mit einschließen. Dabei wird versucht, eine optimale Kombination von Vorteilen dezentraler, selbständig agierender Produktionseinheiten und zentralen Brückenköpfen, den sogenannten „Service-Centern" herzustellen, die ihre Leistungen bzw. ihr Know-How diesen Fraktalen zur Verfügung stellen.

Die Vielfalt betrieblicher Organismen, abhängig von Produkt- und Fertigungsstruktur, Branche und Größe des Unternehmens, zwingt zu einer flexiblen und an das jeweilige Unternehmen angepaßten Umsetzung einer DAPV. Die optimale DAPV gibt es nicht!

3.2 DAPV in einer Instandhaltung

Während bei einer zentralen und dezentralen Instandhaltung die fachliche und disziplinarische Verantwortung bei der Instandhaltung bleibt, übernimmt bei einer Teileinbeziehung von Instandhaltungsmitarbeitern in den Produktionsbereich die Fertigung die disziplinarische, bei einer Volleinbeziehung auch die fachliche Verantwortung für den Prozeß. Ziel ist es, die Eigenverantwortung des Werkers für seine Anlage und den Prozeß zu vergrößern, um durch eine höhere Anlagenverfügbarkeit bessere Kennwerte hinsichtlich Menge, Terminen und Produktqualität zu erreichen.

Allerdings muß der Anlagenbediener auch in den Zustand versetzt werden, diese zusätzlichen Aufgaben qualifiziert ausführen zu können. Schließlich besteht ein erhebliches Risikopotential bei mangelhaft ausgeführten Instandhaltungsarbeiten, die nicht nur zu Unfällen und Gefahren für das Bedienpersonal, sondern auch zu erheblichen Maschinenschäden führen können. Daher ist es notwendig, den Bediener in die Funktionsweise seiner Anlage einzuführen und ihn hinsichtlich der Instandhaltungsaufgaben, die er nach und nach in wachsendem Umfang durchführen soll, kontinuierlich zu schulen.

Bei genauer Betrachtung der technischen Qualifikation und Ausbildung vieler Produktionsmitarbeiter lassen sich oft in erheblichem Umfang Potentiale entdecken, die es in diesem Sinn zu nutzen gilt. Neben der eigenverantwortlichen Durchführung von Instandhaltungsaufgaben sollte der Anlagenbediener im weiteren Verlauf Maßnahmen der zentralen Instandhaltung steuern und unterstützen. Gleichzeitig erhält er die Verantwortung für die Abwicklung und die Kosten der Ersatzteilhaltung.

Um den Werker für diesen wachsenden Aufgabenumfang ausreichend zu motivieren, müssen Entlohnungssysteme und Arbeitszeitmodelle mehr mit Dingen wie Anlagenverfügbarkeit, Prozeßsicherheit und Bereitschaft zur Eigenverantwortung verbunden werden.

Bedarfsgerechte Informationssysteme, z.B. Diagnosesysteme in der Instandhaltung, Systeme zur Materialbewirtschaftung/Ersatzteilhaltung und Auftragsplanungs- sowie Steuerungssysteme sind wichtige Werkzeuge, die dazu beitragen können, die Arbeit des instandhaltenden Werkers vor Ort effizienter zu gestalten.

Wichtig ist auch der regelmäßige Austausch von Erfahrungen und Problemen in Instandhaltungs-Zirkeln, bei denen nicht nur geplante Instandhaltungsmaßnahmen, sondern auch dispositive Fragestellungen, wie Ersatzteil- und Werkzeugbereitstellung, Personaleinsatzplanung oder das Fremdbeziehen von IH-Dienstleistungen diskutiert werden können.

Neben der Einfügung von Instandhaltungsaufgaben in den Produktionsprozeß ist auch eine personelle Einbeziehung von Instandhaltern in die Produktionsteams möglich. Diese übernehmen dann nicht nur Aufgaben der Schulung und Einweisung von Werkern in Instandhaltungstätigkeiten, sondern führen auch bereichsbezogen Instandhaltungsarbeiten vor Ort aus. Sinnvoll ist dabei auch, daß Instandhalter mittelfristig Produktionsaufgaben übernehmen und somit letztlich ein Verschmelzen von Instandhaltungs- und Produktionsaufgaben eintritt, was über kurz oder lang Ressourcen freisetzen kann.

Die Service-Centren sind als Dienstleister der Produktion Ressourcenpools, die u.a. Know-how, Personal, EDV-Systeme und Betriebsmittel zur Unterstützung der Produktionsfraktale bereitstellen. Gleichzeitig sind sie z.B. auch für die Umsetzung unternehmensweiter Strategien, die Einführung neuer Methoden und Technologien verantwortlich. Auf die Instandhaltung bezogen, können dies z.B. die Durchführung von Schwachstellenanalysen, die Versorgung und Kostenverantwortung für ein zentrales Ersatzteillager, die Durchführung von Spezialaufgaben mit erforderlichem Spezialwissen, die Betreuung von Lehrwerkstätten und Schulungen sowie Engineering und Beratungsleistungen für die dezentralen Einheiten sein. Diese Centren stehen in stetigem Wettbewerb mit den Anbietern solcher Dienstleistungen außerhalb des Unternehmens, und den dezentralen Fraktalen steht es frei, diese zu nutzen oder Leistungen fremd einzukaufen.

4 DAPV als lebendige Keimzelle der „Fraktalen Fabrik"

Die DAPV bildet eine lebendige Keimzelle des Organismus „Fraktale Fabrik" und hat als solche wesentliche Eigenschaften dieses übergeordneten Systems zum Inhalt. Wird die herkömmliche Sichtweise einer Unternehmensstruktur mit einer fraktalen Betrachtung verglichen, so fällt rasch auf, daß die Grenzen zwischen Firmenbereichen sowie zwischen Unternehmen und Umwelt unscharf und somit durchlässig für Informationen sind. Sie kennzeichnet ablauf-funktionale Verbindungen. Jedes Fraktalmitglied muß jederzeit Zugang zu allen seinen Arbeitsablauf betreffenden Informationen haben, was besondere Forderungen an die Leistungsfähigkeit und Struktur der Informationssysteme stellt. Dieses offene System selbständig agierender und in ihrer Zielausrichtung selbstähnlicher Einheiten bildet einen vitalen, dynamischen Organismus, der mit eigenständigem Festlegen seiner strategischen und taktischen Zielvorgaben seinen Mitarbeitern Freiräume schafft, eigenverantwortlich und kreativ ihre gesetzten Ziele zu erfüllen.

Innerhalb des Fraktals erfolgt eine kontinuierliche Verbesserung der Organisation, der Technologien und der betrieblichen Abläufe aus eigenem Antrieb.

Es ist offensichtlich, daß das hier angesprochene Konzept, Aufbau und Abläufe der bestehenden betrieblichen Organisationsstrukturen in z.T. umfassender Weise verändert. Die damit erzielten Projekterfolge in vielen Industrieunternehmen und öffentlichen Verwaltungen haben bereits gezeigt, daß es in die richtige Richtung geht.

Die anfangs diskutierten weltwirtschaftlichen Rahmenbedingungen lassen im verschärften Wettbewerb keine Chance. Heute muß gehandelt werden, denn morgen ist es zu spät!

Neue Strategien der Zuliefererintegration

K. Thaler

1 Veränderte Rahmenbedingungen und Entwicklungstrends

Der weltweit verschärfte Wettbewerb zwingt derzeit viele Betriebe zum raschen Handeln. Lean Management, Global Sourcing oder andere Entwicklungen beziehen vor allem die Lieferanten der Unternehmen vollständig mit ein.

Der Trend zur Reduzierung der Fertigungstiefe beim Abnehmer und Endhersteller sowie der Trend zur Verminderung der Zahl der Direktzulieferer ist im Zusammenhang damit zu sehen, daß immer mehr höherwertigere Komponenten an System- oder Modullieferanten vergeben werden („Single/Modular Sourcing"). Studien belegen, daß der Anteil an Zulieferung aus einer Hand in den letzten Jahren deutlich anstieg. Zulieferer werden eigene Produkte und Leistungen anbieten und dabei längerfristige Lieferverträge auf der Basis von Entwicklungspartnerschaften schließen können (Bild 1). Der Trend geht also hin zu Single/Modular Sourcing in enger Partnerschaft. Die Vorteile – Reduzierung organisatorischer Schnittstellen, verbesserte engere Zusammenarbeit sowie Kosteneinsparung – liegen auf

Bild 1. Entwicklungstrends im Spannungsfeld zwischen Hersteller und Lieferant

der Hand. Qualität, Preis und Termintreue bleiben weiterhin die drei bedeutsamsten Leistungskriterien. Auf der Seite der Lieferanten gilt es daher, mit gezielter Produkt- und Prozeßinnovation in die Rolle des Problemlösers und Modulanbieters zu gelangen. Darüber hinaus sollte er Allianzen und Kooperationen schließen, um die Wettbewerbssituation zu verbessern. Außerdem hat sein aktives Produktionsmanagement gezielt die Kosten zu senken und die Qualität der produzierten Komponenten kontinuierlich zu verbessern (Bild 2).

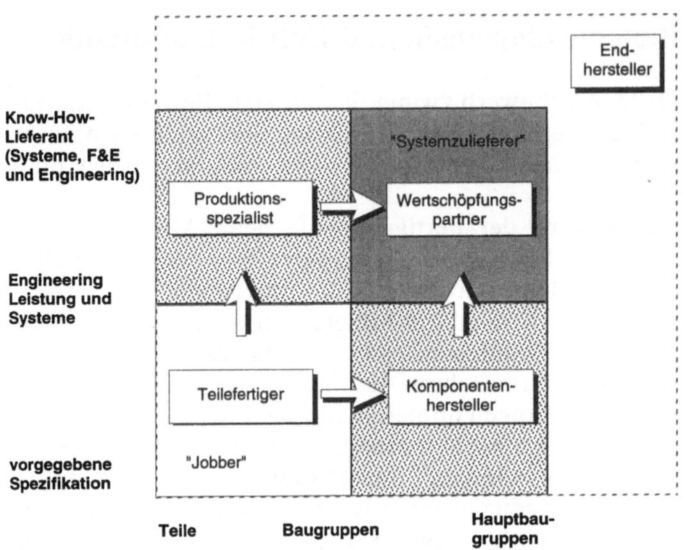

Bild 2. Szenario zu Entwicklungsrichtungen von Zulieferbetrieben

Der Weg vom Teilefertiger zum Wertschöpfungspartner läßt dabei zwei Handlungsalternativen offen, die sich entweder mehr am Aufbau produktionsbezogener, technologischer Entwicklungsleistungen (d.h. vom Teilefertiger zum „Produktionsspezialisten") oder mehr an der Erweiterung des produktbezogenen Lieferumfangs (d.h. vom Teilefertiger zum Komponentenentwickler) orientieren.

Vom „Produktionsspezialisten" und vom Komponentenentwickler wird im Rahmen einer veränderten Aufgabenteilung vor allem die Übernahme von mehr Qualitätsverantwortung sowie die Gestaltung von effizienten Produktionsstrukturen und von ganzheitlichen Wertschöpfungsketten erwartet.

2 Kooperationsansätze als Folge der Lieferantenintegration

Bei den beschriebenen Entwicklungen greifen traditionelle Konzepte zu kurz. Machtverhalten und Preisdiktate rauben den Zulieferern die Luft, um eigene Produktivitätspotentiale auszuschöpfen. Als Alternative hierzu sind

Wertschöpfungspartnerschaften anzustreben, bei der die Lieferanten mehr sind als die bekannte „verlängerte Werkbank“. Hierzu können sich Kooperationsbeziehungen zwischen Unternehmen auf unterschiedlichen Ebenen der Zulieferpyramide bilden. Grundformen sind Horizontale strategische Allianzen und vertikale Kooperationen.

2.1 Horizontale strategische Allianzen

Bei den horizontalen strategischen Allianzen kommen Kooperationen von Unternehmen der gleichen (oder einer vergleichbaren) Ebene in der Zulieferpyramide zustande, z.B. in folgenden Bereichen:

- Einkauf (z.B. gemeinsame Beschaffung),
- Transport (z.B. gemeinsam genutzte Transportmittel),
- Vertrieb (z.B. gemeinsame Werbung),
- Entwicklung (z.B. Zusammenarbeit bei Neuprodukten),
- Produktion (z.B. gemeinsame Abstimmung der Logistik),
- Mitarbeiter (z.B. gemeinsame Nutzung spezialisierter Mitarbeiter),
- Bildung (z.B. Aus- und Fortbildungskooperation) und
- Erfahrungsaustausch (z.B. über Vorgehensweisen bei der Zertifizierung).

Kooperationen können Synergieeffekte nutzen, um „schlanker“ und effizienter zu produzieren. Die Effekte können sich sowohl monetär als auch zeitlich mit verkürzten Produktentwicklungs-, Produktionsanlauf-, Produktionsdurchlauf- und Reaktionszeiten bemerkbar machen. Gegenüber den Abnehmern bedeutet die Kooperationen von Unternehmen darüber hinaus eine generelle Stärkung der Lieferantenposition. Nicht nur die vertikale Zuliefer-Abnehmer-Integration, sondern auch unternehmensübergreifende Kooperationen auf gleicher Ebene haben Auswirkungen auf die innerbetrieblichen Verhältnisse. Hierzu müssen Organisationsstrukturen den neu geschaffenen Schnittstellen und Aufgaben angepaßt werden.

2.2 Vertikale Kooperation zwischen Lieferanten und Abnehmern

Die bisherigen Kunden-Lieferanten-Beziehungen zwischen Herstellern und Zulieferern müssen in vielen Punkten neu überdacht werden, wenn unnötige Reibungsverluste in der gesamten Wertschöpfungskette vermieden werden sollen. Hierzu können vertikale Kooperationsbeziehungen zwischen Herstellern und Zulieferern in den verschiedensten Anwendungsfeldern geschaffen werden (Bild 3). Beispiele für die praxisorientierte Umsetzung von Hersteller-Lieferanten-Kooperationen finden sich in mehreren laufenden Projekten am Institut für Arbeitswirtschaft und Organisation, Stuttgart.

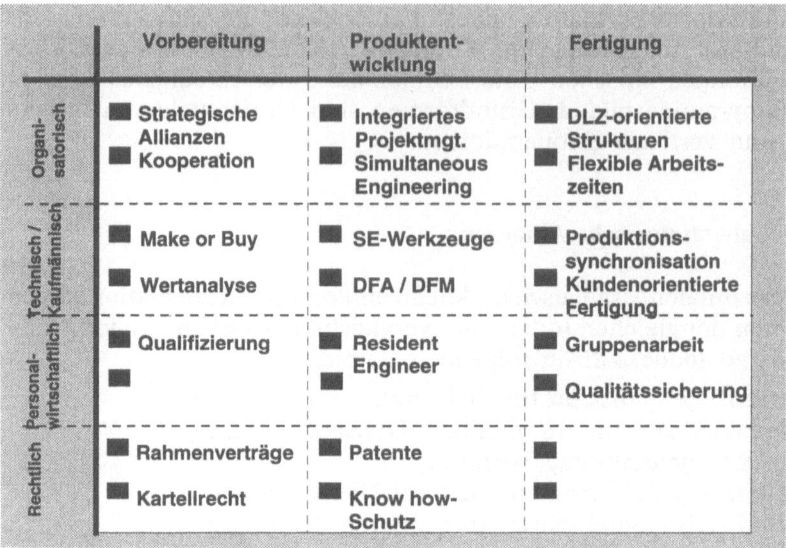

Bild 3. Gestaltungsraster für Hersteller-Zulieferer-Kooperationen

Literatur

1. Bullinger, H.-J.; Thaler, K.: Vom Teilefertiger zum Wertschöpfungpartner - Strukturwandel in der Zulieferindustrie macht übergreifende Konzepte erforderlich. FB/IE 42 (1993) 1, S. 24-27
2. Bullinger, H.-J.; Thaler, K.: Zwischenbetriebliche Zusammenarbeit im Virtual Enterprise. Management und Computer, 2 (1994) H. 1
3. Herzog, H.-H.: Zulieferer proben die Kooperation. TR, TRANSFER (1993) H. 50, S. 24-27
4. Leiber, H.: Kooperation als Erfolgsstrategie von Zulieferern. In: Ganz (Hrsg.): Neue Herausforderungen für das Zulieferhandwerk. Ber. a. d. FhG-IAO, Dez. 1993
5. Mendius, H.G., Wendeling-Schröder, U. (Hrsg.): Zulieferer im Netz. Köln 1991

Facharbeitergerechter Einsatz von Multimedia-Komponenten in der Werkstatt

Th. Bassler

1 Informationsbedarf des Facharbeiters in der Werkstatt

Die Umsetzung der heute diskutierten Konzepte von „schlanker Produktion“ bedeutet für die Produktion häufig die Einführung von Fertigungsinseln und Gruppenarbeit in Teilefertigung und Montage. Ausgangspunkt für die Gestaltung dezentraler Organisationsstrukturen ist dabei die Rückverlagerung und Integration von Tätigkeiten nach dem Prinzip der „ganzheitlichen Arbeit“. Dies bedeutet, daß in der Gruppe oder am Einzelarbeitsplatz Anteile von planenden und prüfenden Tätigkeiten zur Arbeitsaufgabe hinzukommen. Zu diesen Teiltätigkeiten, die auch zu erhöhtem Informationsbedarf des Facharbeiters führen, gehören (nach [1])

- Auftragsvorbereitung (Disposition, Verfügbarkeitsprüfung),
- NC-Programmieren (freie Eingabelogik, CAD-Datenübernahme),
- Prüfen (Prüfplan, Dokumentation),
- Fehler/Diagnose (Fehlerbehebungshilfe, Diagnosehilfe),
- Wartung (Wartungsplan, Wartungsvorgang).

Daneben bleibt für den Facharbeiter aber auch sein Kern-Informationsbedürfnis über den aktuell ablaufenden Fertigungsprozeß („Produzieren“). Diese erweiterte Auffassung der Tätigkeiten wird vom WOP-Zentrum Stuttgart bereits seit mehreren Jahren vertreten [2]. Dennoch beschränken sich die heute in der Werkstatt verfügbaren Informationssysteme immer noch weitgehend auf die Bereiche Produzieren (CNC-Bediensysteme) und Auftragsvorbereitung (Fertigungsleitstände). Eine informationstechnische Integration dieser Bereiche und eine Unterstützung der übrigen Tätigkeiten fehlt fast völlig.

In allen vorgenannten Tätigkeitsfeldern ist es außerdem wichtig, die Erfahrungen der Mitarbeiter in der Werkstatt für eine effiziente Produktion nutzbar zu machen. Erfahrungsgeleitete Arbeit ermöglicht die Ermittlung optimaler Technologiedaten für die CNC-Bearbeitung oder die frühzeitige Erkennung von Prozeßunregelmäßigkeiten. Erfahrungsgeleitete Arbeit muß jedoch auf eine von der herkömmlichen sehr verschiedene Weise informationstechnisch unterstützt werden, denn sie führt nicht zu planmäßig-analytischem, sondern zu stärker explorativem Vorgehen [3, S. 13f].

2 Neue Dimensionen der Informationsvermittlung durch Multimedia

Zu einem ganzheitlichen Zuschnitt von Arbeitsaufgaben gehört auch die Informationswahrnehmung „mit allen Sinnen“. Während sich klassische Informationssysteme auf die Darstellung von Texten und Zahlen und gelegentlichen Grafiken beschränken, erlauben multimediale Benutzungsoberflächen die Einbindung von Bildern (Standbilder oder Bewegtbilder), akustischen Elementen (Töne, Geräusche, Musik), mechanischer Rückkopplung (Kräfte, Erschütterungen, Lageveränderungen) oder - wenn auch zur Zeit nicht realisiert - Geruchswahrnehmungen (z.B. Warnung vor Brandgefahr). Die Wahrnehmung einer Arbeitssituation „mit allen Sinnen“ führt zu einer schnelleren Erfassung der Situation und gegebenenfalls zu einer intuitiv ausgelösten, schnellen und dennoch richtigen Reaktion, etwa in Gefahrsituationen.

Diese Mehrdimensionalität der Situationswahrnehmung erfordert jedoch auch eine gedankliche Mehrdimensionalität bei der Planung der Informationsvermittlung. Didaktische Konzepte sind hier ebenso gefragt wie leistungsfähige, den Entwickler unterstützende Werkzeuge.

3 Einsatzfelder von Multimedia und herkömmlicher Informationsvermittlung in Werkstattinformationssystemen

Für manche Bereiche der betrieblichen Informationsverarbeitung sind die herkömmlichen Mittel der Informationsvermittlung (Text, Zahlen, gelegentliche grafische Darstellungen) völlig ausreichend. Dies gilt bei Werkstattinformationssystemen z.B. für den Bereich der Auftragsplanung - die textlichen und grafischen Gestaltungsmittel, wie sie in heute verfügbaren Fertigungsleitständen eingesetzt werden, sind hier weitgehend ausreichend. Zusätzlich wäre jedoch für manche Arten von Aufträgen die Übermittlung von Werkstückzeichnungen oder eine Fotografie des fertigen Werkstücks (bzw. des erwarteten Zustands am Ende des jeweils betrachteten Arbeitsvorgangs) nützlich. Für das Rüsten haben sich bereits Einrichteblatt-Systeme, die die Aufspannsituation des Rohteils bildlich darstellen, ergänzt um Informationen z.B. zur Lage des Werkstück-Nullpunkts, als nützlich erwiesen [1; siehe Kap. 4.3].

Während der eigentlichen Produktionsphase sollte der Produktionsprozeß beobachtet werden. Heutige Werkzeugmaschinen verhindern jedoch durch ihre Kapselung die Wahrnehmung des Prozeßgeräuschs oder die Beobachtung des Spanprozesses durch eine mit Kühlmittel verspritzte Sichtscheibe. Hier führen konstruktive Änderungen weiter [4]; die Informationen lassen sich jedoch auch auf elektronischem Wege durch Kamerabeobachtung des Prozesses, Echtzeitsimulation im Bedienfeldrechner,

Körperschallsensoren mit Wiedergabe über Lautsprecher/Kopfhörer u.ä. weitergeben [5].

Neben dem automatisierten kann aber auch der manuelle Betrieb an der (CNC-)Werkzeugmaschine durch Multimedia-Komponenten unterstützt werden. Über die für den Automatikbetrieb möglichen Komponenten hinaus sind hier kraftrückgekoppelte Handräder oder Joysticks einsetzbar [5].

Für die anschließende Werkstücksprüfung im Rahmen der Werkerselbstkontrolle können Prüfpläne und ebenfalls wieder Zeichnungen oder Bilder des Werkstücks mit Markierung der Prüfpunkte eingesetzt werden. Bei Anschluß entsprechender elektronischer Meßmittel lassen sich die Meßergebnisse protokollieren und für eine statistische Prozeßkontrolle aufbereiten [1].

Das umfangreichste und kurzfristig ergiebigste Anwendungsfeld für Multimedia-Komponenten liegt jedoch im Bereich der On-line-Bedienungsanleitungen mit intergrierten Diagnose- und Wartungsfunktionen. Die Integration von Stand- und Bewegtbildern in Handlungsanweisungen macht die erforderlichen Handgriffe auch für den ungeübten Werker möglich und versetzt ihn so in die Lage, (häufig durch kleine Ursachen ausgelöste) Fehler selbst zu beheben und so Maschinenstillstandszeiten wesentlich zu verkürzen.

4 Anwendungsbeispiele

Im Rahmen des FTK '94 werden im WOP-Zentrum Stuttgart verschiedene Ansätze, Multimedia-Komponenten am Facharbeitsplatz einzusetzen, demonstriert und erläutert.

4.1 Vision einer Steuerungsoberfläche („WOP-Steuerung 2000“)

Mit der WOP-Steuerung 2000 wurde ein Prototyp eines CNC-Bedienfeldrechners entwickelt, an dem die für erfahrungsgeleitete CNC-Facharbeit erforderlichen Funktionen in benutzergerechter Gestaltung gezeigt werden können. Die WOP-Steuerung 2000 deckt mit ihren sechs Modulen (Auftragsvorbereitung, Produzieren, Programmieren, Prüfen, Wartung und Fehler/Diagnose) den ganzen Bereich der beschriebenen Tätigkeitsfelder ab.

4.2 Lernsystem für eine CNC-Steuerung

Das Lernsystem umfaßt konzeptionell alle zur Benutzung einer bestimmten CNC-Fräsmaschine notwendigen Handlungsabläufe. Mit Hypertext-Funktionalität können die Teilgebiete „Einschalten“, „Referenzpunkt anfahren“, „Werkstücknullpunkt setzen“, „Programmauswahl“, „Programmtest“ und „Fertigen“ bearbeitet werden.

4.3 Dokumentation der Maschineneinrichtung

Zur Unterstützung des Facharbeiters an Werkzeugmaschinen bei der Planung der Bearbeitung, beim Rüsten und Produzieren wurde das Modul „Einrichteblattverwaltung" entwickelt. Mit diesem Modul soll im Sinne des erfahrungsgeleiteten Arbeitens den Mitarbeitern die Möglichkeit gegeben werden, ihr Know-how zum Werkzeugeinsatz, zu Bearbeitungsstrategien oder geeigneten Werkstückaufspannungen zu hinterlegen (vgl. Bild 1). Dieses Wissen kann so für sie selbst wiederholt nutzbar gemacht werden, wird aber auch gleichzeitig für den Betrieb gesichert.

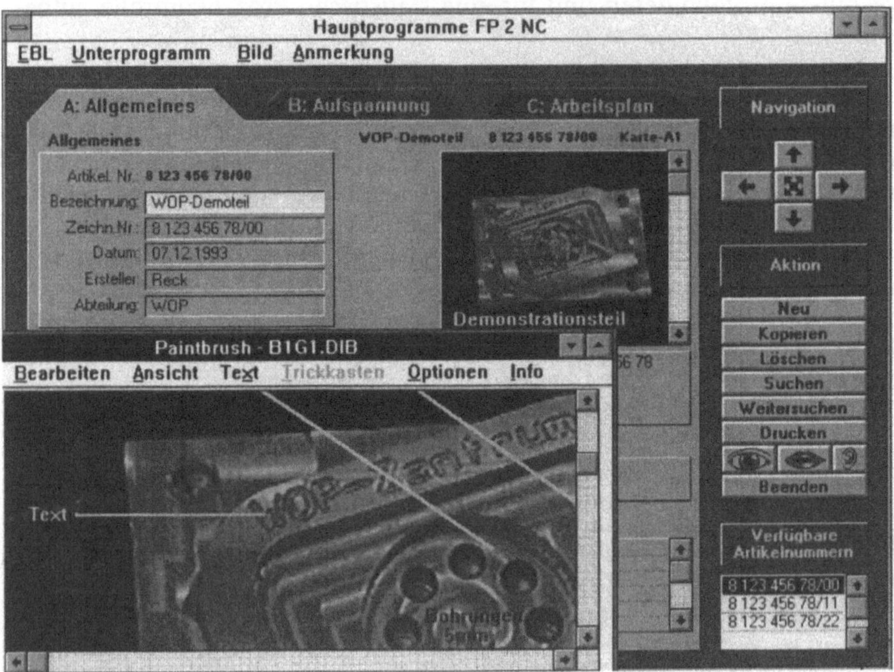

Bild 1. Bildbearbeitung in der Einrichteblattverwaltung

Literatur

1. Rundel, P.; Thines, M.: WOP-Steuerung 2000 – Technikkonzept für die schlanke Produktion. In: Technische Rundschau 22 (1993) S. 24-28
2. Thines, M.: Demonstrationszentrum für werkstattorientierte Produktionsunterstützung. In: FTK'91 – Fertigungstechnisches Kolloquium. Berlin: Springer 1991, S. 104-105
3. Böhle F.: CeA: Ein Steuerungs- und Maschinenkonzept für die Zukunft. In: [6], S. 5-28
4. Carbon, M; Heisig P.: Verbesserung der Prozeßtransparenz durch konstruktive Veränderungen. In: [6], S. 71-77
5. Mertens, R.: Alternative Ein-/Ausgabetechniken an CNC-Werkzeugmaschinen. In: [6], S. 52-61
6. Bolte, A.; Martin, H. (Hrsg.): Flexibilität durch Erfahrung – Computergestützte erfahrungsgeleitete Arbeit in der Produktion. Institut für Arbeitswissenschaft, Kassel 1993

Produkt- und Produktionsgestaltung mit Virtual Reality (VR)

W. Bauer

1 Einleitung

Zwei Dinge bestimmen die Qualität der Produkte und die Effektivität der Arbeitssysteme: Zu einem erheblichen Teil bestimmen das die Menschen, die die Produkte und Prozesse gestalten und planen. Zum Teil hängt es von der Wirksamkeit ihres Umgangs mit leistungsfähigen Methoden und Verfahren ab. Die fachübergreifende Kooperation bei allen Planungs- und Entwicklungsprojekten sowie die zunehmende Komplexität der Ursache-Wirkungs-Ketten braucht geeignete Mensch-Maschine-Schnittstellen. Diese müssen ein hohes Maß an Anschaulichkeit und eine menschlichem Verhalten entsprechende Interaktion mittels rechnergestützter Werkzeuge bieten.

2 Virtual Reality als Methodengrundlage

Mit der Virtuellen Realität soll mittel- bis langsfristig eine virtuelle Arbeitsumgebung geschaffen werden, in der alle für den Entwicklungsprozeß notwendigen Arbeitsschritte durchführbar sind. Dies bedeutet, daß sich die Entwickler mittels Head-Mounted-Displays (HMD) oder Shutterbrillen in Kombination mit den notwendigen Projektionsflächen sowie entsprechenden Eingabegeräten (Dataglove, Spacemouse, Free Flying Joystick und anderes) in die virtuelle Arbeitsumgebung begeben. Dort können die zu entwickelnden Objekte gestaltet, verändert und evaluiert werden. Außerdem können die am Entwicklungsprozeß beteiligten Personen untereinander kommunizieren. Langfristiges Ziel ist die Kommunikation in dezentralen, weltweit verteilten Strukturen. Diese dienen zum Planen, Gestalten und Evaluieren von Produkten in einer virtuellen Arbeitsumgebung. In letzterer sind auch die beteiligten Personen repräsentiert.

Vorteile der virtuellen Arbeitsumgebung sind (Bild 1):

- Die dreidimensionale und aus der individuellen Blickrichtung resultierende Visualisierung und
- es gibt vielfältige Interaktionsmöglichkeiten über Gesten, Spracheingabe sowie neue, noch zu entwickelnde Ein-/Ausgabemedien.

Aufgrund der freien Positionierung und Skalierung des Benutzers innerhalb und außerhalb des zu planenden Objekts kann eine große Zahl von Personen gleichzeitig an einem räumlich begrenzten Objekt arbeiten. Dabei muß dieses nicht in seine Elemente zerteilt werden.

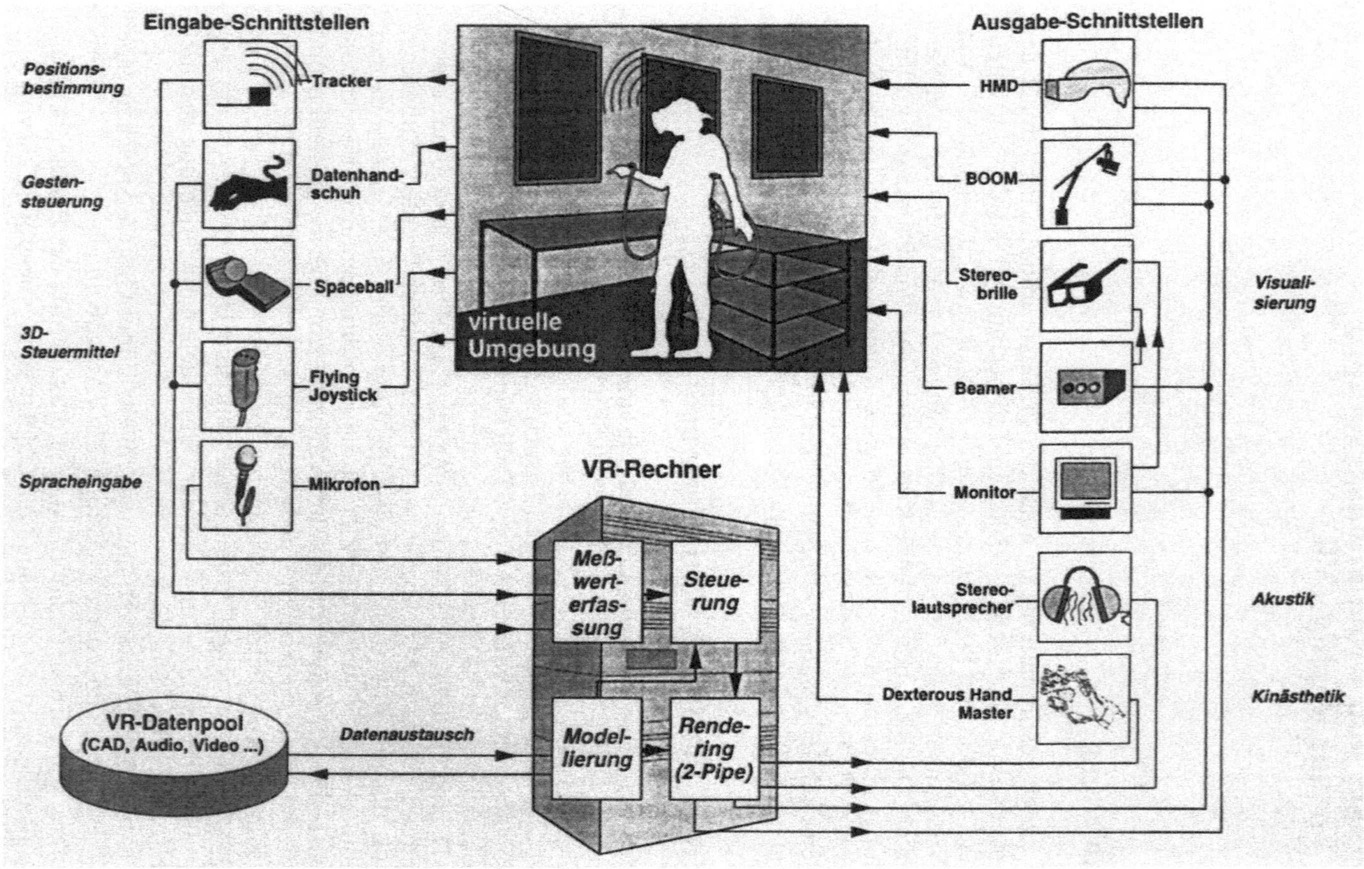

Bild 1. Funktionsprinzip eines Virtual Reality Systems

3 Virtual Reality in der Produktgestaltung

Die derzeit bekannten Methoden zur direkten Manipulation mittels Data-Glove oder ähnlichen Eingabeinstrumenten interessierten Produktgestalter und Designer sehr. Es ist heute mehr als vorstellbar, daß sich mit Hilfe virtueller Gestaltungswerkzeuge (z.B. virtuelle Säge, virtuelle Feile, virtuelles Schleifpapier, virtuelle Airbrushpistole usw.) an einem virtuellen Produkt entsprechende formale Gestaltveränderungen vornehmen lassen (Bild 2). Künstler und Gestalter erkannten, daß sie ihre Fähig- und Fertigkeiten bei der Benutzung klassischer Grafikcomputer nicht voll entfalten können. Sie suchen deshalb hier nach neuen Formen zur Interaktion mit dem „Computerprodukt". Die Chancen stehen gut, mittels entsprechender VR-Methoden den natürlichen Umgang mit dem Material wieder zu beleben und somit eine gewisse Ursprünglichkeit in das Gestalten zurückzubringen. Natürlich bestehen auch Ansätze zur Erweiterung bekannter CAD-Systeme in die vorn genannten Entwicklungsrichtungen.

In Erweiterung der beiden Komponenten Visualisierung und Interaktion kann zusätzlich eine akustische, taktile und haptische Simulation der Objekte eingesetzt werden, um den Erfahrungsbereich des zu entwickelnden Objekts in einem frühen Entwicklungsstadium zu verbessern. Der Anwender kann somit die mittels rechnergestützter Verfahren erzeugten virtuellen Welten und die darin enthaltenen Objekte im dreidimensionalen Raum begehen, erfahren und mit ihnen interagieren.

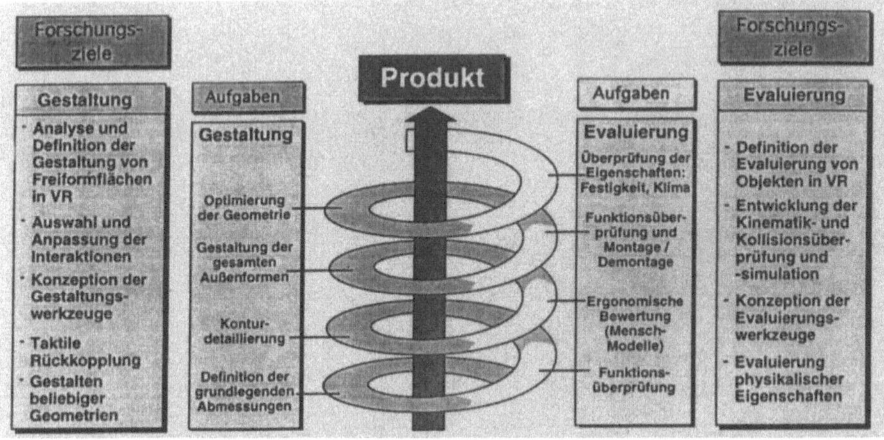

Bild 2. Forschungsziele für das Virtual Ergonomic Product Design

4 Virtuelle Realität in der Montageplanung

Virtual Reality ist die ideale Grundlage zur räumlichen Montageplanung von Produkten, d.h., die verschiedenen Möglichkeiten der Montage können vorab virtuell durchgeführt und evaluiert werden. Grundvoraussetzung für

Virtuelle Montageplanung ist zunächst, daß die Geometrien aller Montageteile im VR-System vorliegen. Im einfachsten Fall handelt es sich dabei um Körper, die eine starre Form haben. Schwieriger sind Körper, die ihre Form in bestimmten Freiheitsgraden verändern können. Hier sind die Freiheitsgrade zusätzlich zur Geometrie anzugeben.

Wesentlich für die Montageplanung ist die Erkennung einer Kollision, d.h. der Fall, in dem mehrere Bauteile bei einer Bewegung aneinanderstoßen. Das ist für reale Prototypen trivial, bedeutet aber in der Simulation einen erheblichen Rechenaufwand. Wenn diese Voraussetzung erfüllt ist, lassen sich bereits einfache Montageplanungen durchführen. Zum Beispiel ist mit diesem System die Montage großvolumiger Produkte oder Anlagen in der Projektionsphase grob zu erproben. Das System gibt Auskunft über den kleinsten notwendigen Platzbedarf oder die optimale Montagereihenfolge der Bauteile. Verschiedene Varianten können damit durchgespielt, gespeichert und wiederholt werden. Sehr einfach lassen sich auch Bewegungspfade von Bauteilen aufzeichnen, die bei der realen Montage als Anleitung verwendbar sind (Bild 3).

Für genauere Betrachtungen der Montagevorgänge ist eine Simulation des natürlichen Objektverhaltens unumgänglich. Dazu gehören beispielsweise Schwerkraft, Biegung, Reibung oder Kippverhalten der Objekte. Diese einfachen physikalischen Naturgesetze spielen bei Montagevorgängen eine Rolle. Sie sind deshalb auch bei der Simulation der Montagevorgänge zu berücksichtigen. Je nach Anwendungsfall kann die Simulation anderer physikalischer Vorgänge wichtig sein.

Bild 3. Leistungsmerkmale für das Virtual Ergonomic Product Design

Business Reengineering unter Einsatz neuer Informations- und Kommunikationstechnologien

J. Niemeier

1 Business Reengineering: Nur ein weiterer Management-Trend?

Ein neuer Managementansatz wird populär: Business Reengineering [1]. Was steckt dahinter? Wie kann dieser Ansatz umgesetzt werden? Befürchtungen und Erwartungen verbinden sich mit diesem neuen Ansatz. In Deutschland reicht das Stimmungsbild von euphorischem Aufbruch bis hin zur kategorischen Ablehnung. Das Meinungsbild des deutschen Managements ist diffus, wie die folgenden Aussagen belegen. Demnach ist Business Reengineering

- die nächste Rationalisierungswelle („Jeder fünfte muß gehen!"),
- spezifisch amerikanisch,
- inhuman, weil es streng „von oben nach unten" wirkt,
- das Gegenteil von Kaizen,
- ein anderer Begriff für ein Downsizing-Projekt,
- das neue „Konzept des Monats" (nach TQM, Lean Management u.a.),
- nur für Unternehmen notwendig, die kurz vor der Pleite stehen,
- nicht umsetzbar, weil pragmatische Methoden und Werkzeuge dazu fehlen und
- immer nur auf das gesamte Unternehmen anwendbar.

Das Interesse ist zweifelsohne groß, die Bedeutung von Business Reengineering wird erkannt. Dies bestätigt auch eine Umfrage bei Teilnehmern eines Seminars „Business Reengineering", das im Rahmen der IAO-Arbeitstagung 1994 [2] durchgeführt wurde. 75% der Teilnehmer schätzten die Bedeutung von Business Reengineering für ihr Unternehmen als sehr hoch bis hoch ein. Business Reengineering Projekte führen jedoch nur etwa 5% durch, bei mehr als 50% der Unternehmen wird derzeit über mögliche Projekte diskutiert, 45% planen Business Reengineering-Vorhaben. Es besteht nach wie vor eine große Lücke zwischen Denken und Handeln. Dies bestätigt auch eine Studie, die zeigt, daß 74% der befragten 800 europäischen Unternehmen für flexible, teamorientierte Strukturen votieren, aber nur 4% diese eingeführt haben. 76% erkennen die Vorteile durchgängiger Geschäftsprozesse an, aber nur 4% wollen weg von Ressortdenken und für 46% ist Kundennähe kein zentrales Organisationsziel [3].

Der Schwerpunkt des Business Reengineering liegt auf einer fundamentalen Neugestaltung der Unternehmen. Mit der Fokussierung auf Kerngeschäftsprozesse wirkt das immer auf mehrere Unternehmensbereiche. Die Leistungsverbesserung zielt auf die ganze Unternehmensperformance ab. Die Sicht des Kunden ist entscheidend: „Alles, was der Kunde nicht honoriert, ist Verschwendung". Innovative Informations- und Kommunikationstechnologien spielen eine zentrale Rolle, denn erst sie lassen es in vielen Fällen zu, die neuen Strukturen auch umzusetzen. Neue Technologien wie Workgroup Computing, Mobile Computing, Desktop-Conferencing, Multimedia werden neue Formen der Zusammenarbeit wie Telekooperation, Mobile Business und zukunftsweisende Unternehmensstrukturen in Form virtueller Unternehmen erst ermöglichen.

In einem Business Reengineering-Projekt lassen sich drei Phasen unterscheiden: die Prozeß-Erkennung, das Prozeß-Redesign sowie die Einführung und Umsetzung.

2 Prozeß-Erkennung

Die Prozeß-Erkennung oder Prozeß-Identifikation ist der erste Schritt beim Einführen einer Geschäftsprozeßorganisation. Zentrale Fragen, die im Mittelpunkt stehen, sind: Welches sind die zentralen Geschäftsprozesse des Unternehmens? Nach welchen Regeln lassen sie sich identifizieren? Wo beginne ich mit der Neugestaltung von Geschäftsprozessen?

- Identifikation der zentralen Geschäftsprozesse im Unternehmen und Erstellung eines Prozeß-Diagramms
- Ermittlung der Bedeutung dieser Geschäftsprozesse für das Unternehmen
- Aufdecken von Abhängigkeiten der zentralen Geschäftsprozesse im Unternehmen
- Identifikation und Zuordnung der Unterprozesse
- Selektion der relevanten Prozesse für den Beginn eines Prozeß-Reengineering (Prozeßindikatoren wie hohen Koordinationsaufwand messen; strategische Erfolgsfaktoren für die einzelnen Geschäftsprozesse sowie die Risikofaktoren im Unternehmen ermitteln)
- Definition von Zielen für das Prozeß-Reengineering

Bild 1. Aktivitäten in der Phase der Prozeß-Erkennung

Wichtig für das Projektteam ist es in dieser Phase, ein Verständnis für das Geschäft aus der Sicht der Prozesse zu entwickeln und die heutigen informellen Prozesse transparent zu machen. Dabei ergeben sich für die Beteiligten die ersten „Aha"-Effekte. Es zeigt sich, daß nur in seltenen Fällen die Prozeßzusammenhänge innerhalb eines Unternehmens, die Abläufe im einzelnen - mit all ihren Umständlichkeiten, Nacharbeiten und Zeitverzögerungen transparent sind.

3 Prozeß-Redesign

Das Ziel dieser Phase sind die technisch-organisatorische Gestaltung der Geschäftsprozesse sowie Empfehlungen zur Anpassung der aufbauorganisatorischen Strukturen zu erarbeiten.

- Modellierung des Prozesses unter Orientierung am idealen Soll-Prozeß auf hohem Aggregationsniveau und bei Einbeziehung der betroffenen Führungskräfte der Fachabteilungen, der Organisatoren und der IT-Experten, die einen Überblick über wesentliche Bestandteile des bestehenden Prozesses haben
- Eine weitere Verfeinerung der Modellierung hängt vom Prozeßtyp und den geplanten nachfolgenden Schritten ab, z.B. den Zertifizierungsvorhaben
- Durchsprache mit den Anwendern, um notwendige Veränderungen aus deren Sicht zu übernehmen
- Teilprozesse und Arbeitsschritte müssen auf ihre Notwendigkeit hin überprüft werden
- Spezifikation der informationstechnischen Unterstützung. Sie fokussiert auf der Verknüpfung von Standard-Softwarepaketen im kaufmännischen und technischen Bereich unter Einsatz verfügbarer (PPS, CAD, BK, DMS) und innovativer Informationstechnik (Mobile Computing, CSCW, Telekooperation)
- Neugestaltung der Aufbauorganisation

Bild 2. Aktivitäten in der Phase des Prozeß-Redesigns

Für diese Phase ist es zunächst wichtig, die Gestaltungsfreiräume bewußt offen zu halten und Visionen zu entwickeln. Unabhängig von bestehenden Organisationsprinzipien und ihren gültigen Regeln gilt es zunächst, alternative Zukunftsszenarien zu entwickeln. Schon in dieser Phase sollte das Potential von Informations- und Kommunikationstechnologien kreativ ausgeschöpft werden.

4 Einführung und Umsetzung

Die Einführung neuer Prozeßstrukturen ist eine komplexe Aufgabe, die nur mit systematischem Vorgehen und laufenden Fortschrittskontrollen beherrschbar wird. Faktoren für eine erfolgreiche Umsetzung sind z.B. die sichtbare Unterstützung durch das Top-Management, ein für alle Beteiligten verständliches Vorgehen, schnelle und direkt sichtbare Erfolge für die Mitarbeiter. Die kritischste Frage dieser Phase ist jedoch, wie der Wandel in den Köpfen zu schaffen ist. Eine wesentliche Rolle werden Maßnahmen zur Organisations- und Personalentwicklung spielen. Hierzu gehören neue Rollenkonzepte für das Management, neue Karriere- und Entlohnungssysteme, neue Qualifikationskonzepte für die Mitarbeiter.

- Auswahl und Implementierung geeigneter Informations- und Kommunikationstechnik zur Prozeßunterstützung
- Organisatorische und technische Erprobung des neuen Prozesses im Rahmen von Test- und Pilotinstallationen im Unternehmen unter Nutzung des Rapid Prototyping Ansatzes
- Kontinuierliche Verbesserung der Abläufe
- Erarbeiten von organisatorischen Regelungen für die Prozeßbeteiligten zur Umsetzung der neuen Ablauf- und Aufbaustrukturen
- Erarbeiten und Umsetzen von Einführungskonzepten von der Testumgebung bis zum Wirkbetrieb im Gesamtunternehmen sowie Schulungskonzepten für die Anwender
- Einführung prozessorientierter Kostenrechnungssysteme

Bild 3. Aktivitäten in der Phase der Einführung und Umsetzung

5 Erwartungen an Business Reengineering

„Wir brauchen Business Reengineering, weil wir den Quantensprung brauchen!" Diese Aussage eines Managers aus der Führungsspitze eines deutschen Unternehmens kennzeichnet die hohen Erwartungen an das neue Management-Leitbild. Business Reengineering ist kein Allheilmittel, aber eine Chance für das Unternehmen, mit einer am Markt ausgerichteten prozeßorientierten Organisation näher am Kunden zu agieren und auf die wechselnden Forderungen des Marktes flexibler reagieren zu können.

6 Literatur

1. Hammer, M., Champy, J.: Business Reengineering. Frankfurt: Campus 1994
2. Bullinger, H.-J. (Hrsg.): Neue Impulse für eine erfolgreiche Unternehmensführung. 13. IAO Arbeitstagung. Berlin u.a.: 1994
3. Groothuis, U.: Wie eine Zitrone. Wirtschaftswoche v. 17.12.93, S. 52-60

Fasergeführtes 3D-Schneiden und -Schweißen mit Hochleistungsfestkörperlaser

R. Hack

1 Einleitung

Seitdem Nd:YAG-Laser mit bis zu 2000 W Ausgangsleistung zu industrietauglichen Strahlquellen herangereift sind, gewinnt auch dieser Lasertyp für den Markt der Metallverarbeitung mehr und mehr an Bedeutung und ist als direkte Konkurrenz zum CO_2-Laser zu betrachten. Seine spezifischen Eigenschaften, wie die Möglichkeit der Leistungsübertragung durch Fasern und eine erhöhte Prozeßeffizienz aufgrund der im Vergleich zu 10,6 μm meist besseren Absorption der 1,06-μm-Laserstrahlung in metallischen Werkstoffen, lassen ihn deshalb auch für Einsatzgebiete interessant werden, die bisher dem CO_2-Laser vorbehalten waren.

2 Systemtechnik beim fasergeführten Festkörperlaser

Bei Nd:YAG-Lasern werden Quarzglasfasern von 200 μm bis 1 mm Kerndurchmesser zur Strahlführung eingesetzt. Die Übertragungslängen können mehr als 100 m betragen. Die Übertragungsverluste liegen im Bereich von 7% bis 10%. Es können über 2 kW Laserleistung mit 600-μm-Fasern und etwa 1,5 kW mit 400-μm-Fasern übertragen werden.

Als externe Strahlführung kann die Glasfaser leicht mit allen Standard-Bewegungseinrichtungen kombiniert werden, ohne daß Modifikationen nötig sind. Die Möglichkeit, den Strahl einer Strahlquelle in mehrere Fasern einzukoppeln, läßt es zu, einen Multistationenbetrieb leicht und ohne aufwendiges Strahlführungssystem zu realisieren. Ein weiterer wichtiger Vorteil der Faserführung, der vor allem für die industrielle Anwendung eine entscheidende Rolle spielt, ist im geringen Justage- und Wartungsaufwand zu sehen, da die Faser lediglich am Strahleintritt justiert werden muß und ansonsten nahezu wartungsfrei arbeitet. Durch die Faserübertragung erfährt das Strahlprofil eine Homogenisierung, was für viele Anwendungen von Vorteil ist [1,2].

3 Materialbearbeitung mit Nd:YAG-Laser im Vergleich zum CO_2-Laser

3.1 Prozeßeffizienz

Die realisierte hohe Strahlqualität und damit gute Fokussierbarkeit macht im Leistungbereich bis 2 kW und bei zu bearbeitenden Wandstärken im Millimeterbereich einen direkten Vergleich mit Ergebnissen von CO_2-Lasern möglich. Fokusdurchmesser d_f von bis zu 0,2 mm sind heute mit Standard-Bearbeitungsoptiken erreichbar. Bei ähnlichem Fokusdurchmesser schneidet der Nd:YAG-Laser bei gleicher Laserleistung schneller (Bild 1).

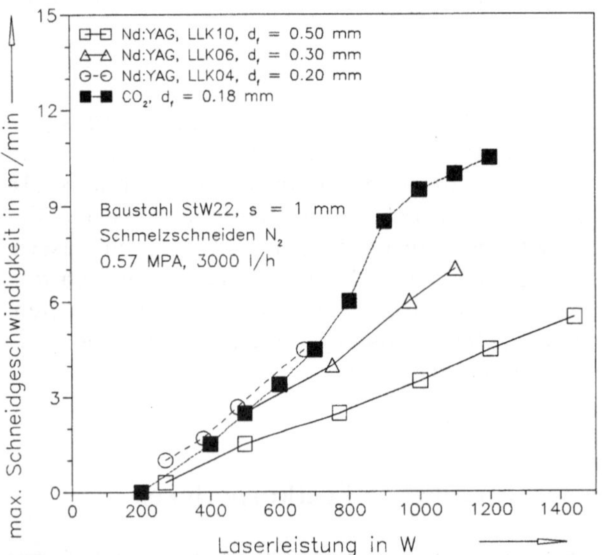

Bild 1. Maximale Schneidgeschwindigkeiten bei verschiedenen Nd:YAG-Fokusdurchmessern im Vergleich zu CO_2-Laserdaten

Der Wellenlängenvorteil im Hinblick auf Prozeßeffizienz kann auch beim Schweißen von Stahl beobachtet werden [1]. Die höhere Absorption der Nd:YAG-Laserstrahlung in Aluminium führt zur Ausbildung des stark effizienzsteigernden Tiefschweißeffektes bei niedrigeren Intensitäten. Die experimentellen Daten in Bild 2 bestätigen damit weitgehend Aussagen eines theoretischen Modells [3].

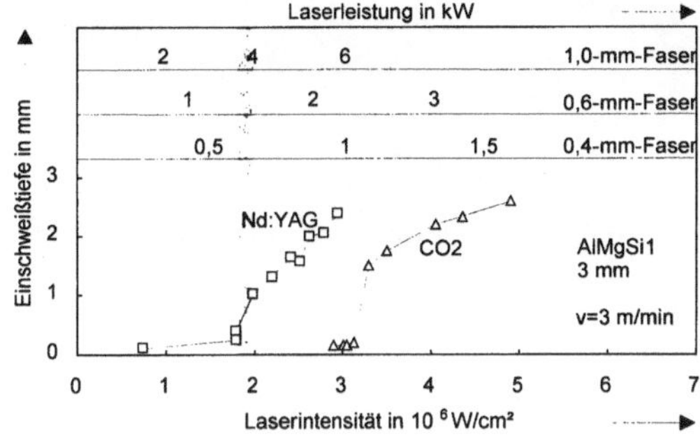

Bild 2. Schwellintensitäten für das Lasertiefschweißen von AlMgSi1 für CO_2- und Nd:YAG-Laser

3.2 Prozeßqualität

3.2.1 Schneiden

Neben der Steigerung des Prozeßwirkungsgrades aufgrund der kürzeren Wellenlänge erlaubt die Materialbearbeitung mit Festkörperlaser im Dünnblechbereich zusätzlich Qualitätssteigerungen der Bearbeitungsergebnisse. Im allgemeinen wurden bisher beim Schneiden mit dem Festkörperlaser im Vergleich zu CO_2-Lasern geringere Schnittqualitäten beobachtet. Beim Laserbrennschneiden ermöglicht der cw-betriebene Nd:YAG-Laser bei Blechdicken bis zu 3 mm mittlere Rauhtiefen für Stahl von 2 μm gegenüber 10 μm bei CO_2-Lasern zu erzielen (Bilder 3 und 4). Auch beim bartfreien Schmelzschneiden von 1,2 mm AlMg5 mit v_{max} sind R_z-Werte von lediglich 12 μm möglich. Das homogene Intensitätsprofil nach der Faserübertragung

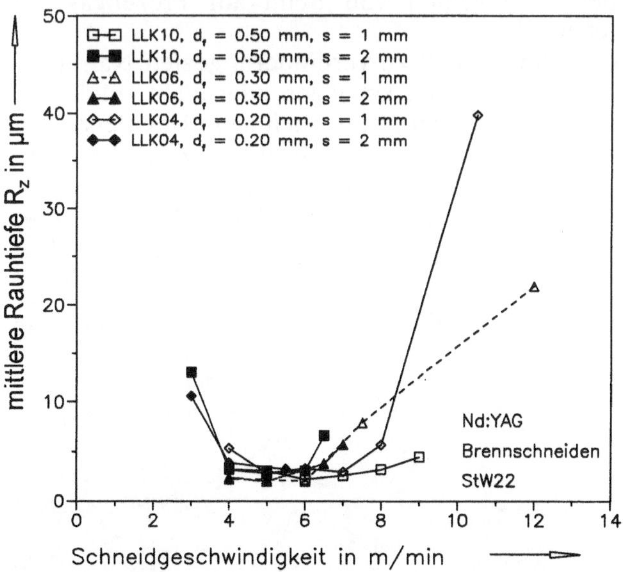

Bild 3. Rauhtiefe in Abhängigkeit von der Schneidgeschwindigkeit, dem Fokusdurchmesser und der Blechdicke

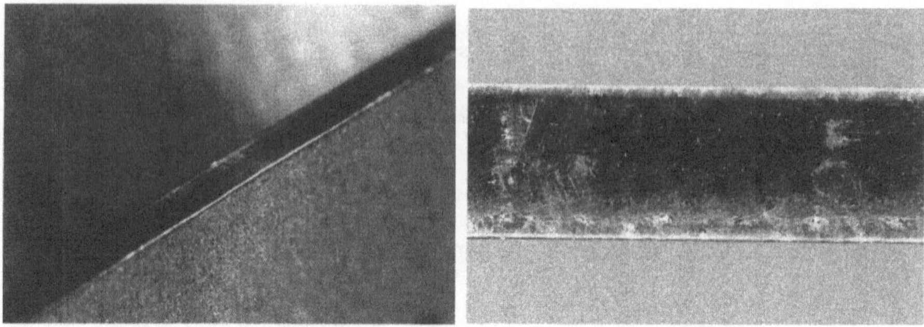

Bild 4. Schnittkante eines „Qualitätsschnittes" mit $R_z = 2\ \mu m$; Material StW22; Dicke 2 mm; $P_{Laser} = 1450$ W; $v = 5$m/min

[1], mit einem sehr hohen Gradienten am Strahlrand, ist für die geringen Rauhigkeitswerte verantwortlich. Bild 3 zeigt, daß unabhängig von Blechdicke und Fokusdurchmesser die höchste Schnittqualität für das Brennschneiden von Stahl bei einem Vorschub von 5-6 m/min erreicht wird. Interessanterweise liefert der Schneidprozeß somit bei Parametern höchsten Prozeßwirkungsgrades [4] auch die beste Schnittqualität.

3.2.2 Schweißen

Qualitätssteigerungen sind auch beim Schweißen zu beobachten. AlMgSi1 läßt sich ohne Nahtaussetzer in einem kontinuierlichen stabilen Prozeß tiefschweißen [1]. Aufgrund der 100fach geringeren Plasmaabsorption des Nd:YAG-Lasers kann beim Schweißen von Stahl auf Prozeßgas zur Plasmakontrolle verzichtet werden.

Um Einbrandkerben oder Nahteinfall zu verhindern, gezielt Nahtüberhöhung oder Spaltüberbrückung zu bewerkstelligen oder nicht zuletzt die Schweißnaht metallurgisch zu optimieren, kann auch beim Hochleistungs-Nd:YAG-Laser mit Zusatzdraht gearbeitet werden. Bild 5 zeigt die Ober-

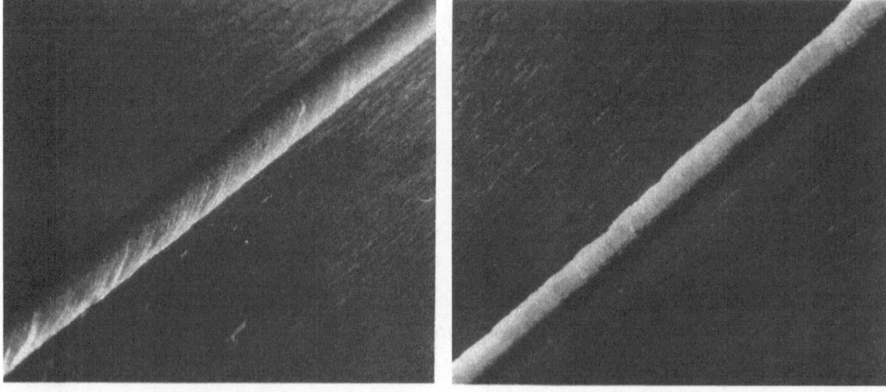

Bild 5. Aluminiumschweißen mit Zusatzdraht: Ober- und Unterraupe mit $v = 2{,}5$ m/min; Material: AlMgSi1; Dicke 2 mm; $P_{Laser} = 1850$ W; ohne Wurzelformung

raupe einer Blindschweißung in AlMgSi1, die erkennen läßt, daß sehr regelmäßige homogene Schweißnähte zu erzielen sind. Auf Nahtwurzelformung kann verzichtet werden, da keine (vom CO_2-Laserschweißen her bekannten) Durchtropfungen des Schmelzbades zu beobachten sind (Bild 5).

4 Einfluß der Strahlqualität

Je höher die Strahlqualität des Lasers, desto kleiner kann der Faserdurchmesser gewählt werden. Dies wiederum führt, bei konstanter Fokussierung, über geringere Fokusdurchmesser zu höheren Intensitäten im Bearbeitungspunkt. Mit kleinerem Fokus kann bei gleicher Laserleistung schneller geschnitten werden (Bild 1). Zusätzlich ist der Anstieg des maximalen Vorschubs mit der Laserleistung steiler. Auch beim Schweißen ermöglicht die höhere Strahlqualität eine Reduzierung der Streckenenergie bei gleicher Einschweißtiefe. Somit sind nun auch beim Nd:YAG-Laser Tiefen- zu Breitenverhältnisse >2 bei hohen Vorschüben möglich (Bild 6).

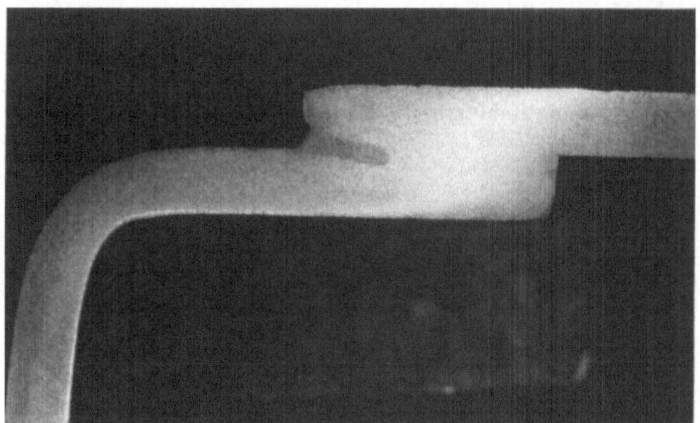

Bild 6. Tiefschweißen ohne Prozeßgas. Kehlnaht am Überlappstoß von 2mm Baustahl mit $v = 3$ m/min; $P_{Laser} = 2100$ W; Einschweißtiefe 2,5 mm

Beim Schweißen von Aluminium mußten bisher Lasersysteme gepulst werden, um trotz niedriger mittlerer Intensität während der Pulsspitzen die erforderliche Schwellintensität zu erreichen. Je kleiner jedoch der Faserdurchmesser, desto niedriger die Schwelleistung für den kontinuierlichen Tiefschweißeffekt (Bild 2). Zusätzlich ermöglicht die Entwicklung derartiger cw betriebener Nd:YAG-Hochleistungslaser die Substitution der kurzlebigen und damit teuren Blitzlampen als Pumpquelle im Laserresonator durch weitaus langlebigere Bogenentladungslampen. Der Kostenanteil der Pumplampen pro Betriebsstunde des Lasers kann somit von DM 8,- auf DM 2,- gesenkt werden [5, 6].

5 Ausblick

Derzeit aktuelle Forschungsarbeiten lassen erkennen, daß die Möglichkeit der gezielten optischen Anregung mittels Dioden eine beträchtliche Steigerung des Gesamtwirkungsgrades und der Lebensdauer erbringen wird. Man kann erwarten, daß in wenigen Jahren äußerst kompakte diodengepumpte Festkörperlaser mit hoher Strahlqualität zur Verfügung stehen werden. Dadurch werden, insbesondere bei der 3D-Bearbeitung von Blechen, der Nd:YAG-Laser und damit auch die Lasertechnik insgesamt weitere Verbreitung finden.

6 Literatur

1. Hügel, H.: Laser - Neue Strahlquellen und Einsatzfelder. FTK 94, Stuttgart 1994
2. Hack, R; Faisst, F. u.a.: Schneiden mit fasergeführtem Nd:YAG-Hochleistungslaser - Festkörperlaser dringt in Bereiche des CO_2-Lasers vor. Laser und Optoelektronik 25 (1993) H. 2, S. 62-68
3. Beck, M.; Berger, P.; Hügel, H.: Modelling of Keyhole/Melt Interaction in Laser Deep Penetration Welding. In: Mordike, B.L. (Ed.): Laser Treatment of Materials, ECLAT 92. Oberursel: DGM Informationsgesellschaft Verlag, 1992, S. 693-698
4. Dausinger, F.: Einkopplung beim Schneiden mit Lasern unterschiedlicher Wellenlänge, Laser und Optoelektronik 25 (1993) H. 2, S. 47-55.
5. Garnich, F.: Laserbearbeitung mit Robotern. In: Milberg, J. (Hrsg.): iwb-Forschungsberichte, Band 50, Berlin: Springer 1992
6. HAAS LASER: persönliche Mitteilung

Abtragen und Spanen mit Laserstrahl

M. Wiedmaier, E. Meiners, G. Callies, A. Raiber

1 Einführung

Das Abtragen von Material durch Laser ist eine eingeführte Technologie bei einfachen Anforderungen in einem gesteuerten Prozeß. Anwendungen in Produktionsprozessen: Beschriftung von Bauteilen aus Metall und Kunststoffen, Strukturierung von Druckwalzen, Zwischenschritt in der Halbleiterfertigung oder in der Medizintechnik (Abtrag der Hornhaut). Forschung und industrielle Entwicklung befassen sich mit der $2^1/_2$- bis dreidimensionalen Formgebung und Strukturierung an Metallen, Keramiken und Kunststoffen mit den Zielsetzungen

- Ermittlung geeigneter Werkstoffe,
- Prozeßführung bei einer viellagigen Bearbeitung,
- Verbesserung der Auflösung (Mikrobearbeitung), Formtoleranzen und Oberflächenqualität.

Konventionelle Abtragverfahren wie Fräsen, Erodieren (funkenerosiv, elektrochemisch, Ultraschall) und Schleifen sind bei der Bearbeitung harter und/oder nichtleitender Werkstoffe oft nicht anwendbar, bieten nur eingeschränkte Formgebungsmöglichkeiten oder sind sehr kostenintensiv. Da für das Abtragen mit dem Laser andere Materialeigenschaften (Schmelz- und Verdampfungstemperatur, Wärmeleitfähigkeit) bestimmend sind, eröffnen sich gerade bei solchen Werkstoffen neue Möglichkeiten zur Formgebung und Oberflächenstrukturierung.

2 Bearbeitungsstrategien und Beispiele

Zwei verschiedene Abtragmechanismen werden mit dem Laser angewandt (Bild 1): das Abtragen durch Schmelzen und Verdampfen bei fast allen Werkstoffgruppen sowie das „Laserspanen“ für einige Stahlsorten.

Beim Abtragen durch Schmelzen und Verdampfen wird punktweise mit einzelnen fokussierten Laserpulsen Spur um Spur in vielen Schichten abgetragen. Bild 2 zeigt als Beispiel aus dem Maschinenbau eine Schraube aus der Hochleistungskeramik Siliziumnitrid, die in einem laserintegrierten Drehzentrum hergestellt wurde. Dabei werden Festkörperlaser in gepulstem oder Q-switch-Betrieb eingesetzt, die sich auch über Glasfasern flexibel an die Bearbeitungsstelle führen lassen. Dann steht als

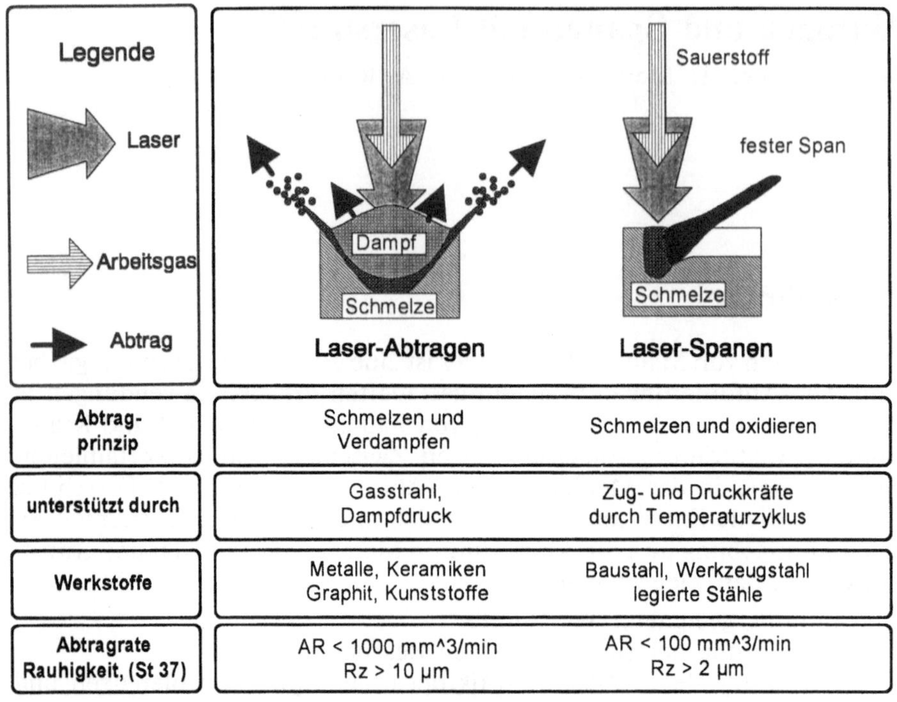

Bild 1. Schematische Darstellung der Möglichkeiten des Materialabtrags

Bild 2. Fertigung einer Schraube aus Keramik (Si_3N_4) und Beschriftung mit gepulstem, fokussiertem Laserstrahl

„Werkzeug" ein Laserstrahl mit Fokusdurchmessern von 50 bis 300 μm zur Verfügung.

In der Mikrobearbeitung und Halbleiterfertigung wird der Excimerlaser verwendet. Aufgrund der besonderen Strahleigenschaften wird nicht auf das Werkstück fokussiert, sondern eine Maske beleuchtet, die verkleinert auf die Bearbeitungsstelle abgebildet wird. Mit kurzen Wellenlängen im UV-Bereich können dann aber Auflösungen unter 1 μm erzielt werden bei einigen 100 nm Abtragtiefen je Puls, die durch sehr kurze Pulsdauern um 50 ns erreicht werden.

Als Bearbeitungsbeispiel zeigt Bild 3 schematisch die Fläche einer Gleitringdichtung aus Siliziumkarbid (SiC) mit eingearbeiteten hydrodynamischen Rückförderstrukturen. Dabei wurde eine rechteckige Maske entsprechend der gewünschten Kontur positioniert, und die unterschiedlichen Tiefen wurden über die Pulsanzahl eingestellt. Mit diesen Rückförderstrukturen werden die sonst konträren Parameter Leckrate und Reibmoment gleichzeitig minimiert [2].

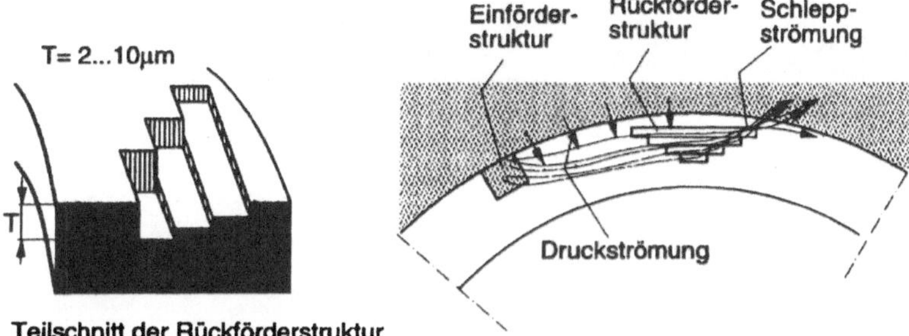

Bild 3. Größe und Wirkungsweise von Förderstrukturen in einer Gleitringdichtung

Die Notwendigkeit einer anwendungsspezifischen Maske stellt ein gravierendes Flexibilitätshindernis in der Mikrobearbeitung dar. Mit neuen, verbesserten Strahlquellen wird deshalb versucht, die Idee des „Direct Write" auch für Strukturen unter 1 μm umzusetzen und einige systembedingte Nachteile der Excimerlaser (niedrige Repetitionsraten, schlechter Wirkungsgrad) zu umgehen. Hierzu wird am IFSW ein diodengepumpter Nd:YLF-Grundmodelaser mit 10 ns Pulsdauer und Frequenzen bis 10 kHz auf einer Mikrobearbeitungsanlage mit einer dynamischen Genauigkeit von 90 nm eingesetzt. Eine Frequenzverdopplung (523 nm) und -vervierfachung (266 nm) ermöglicht sowohl sehr kleine Foki als auch eine dem Absorptionsverhalten der Werkstoffe angepaßte Strahlauswahl.

Das zweite Verfahren, Laserspanen (Bild 1), ist ein kontinuierlicher Prozeß, der mit cw-Lasern bei Baustählen und einigen Warmarbeitsstählen anwendbar ist. Das mit dem Laserstrahl in einer Verfahrbewegung kontinuierlich aufgeschmolzene Material wird mit einem Sauerstoffgasstrahl oxidiert. Unterschiedliche Schmelztemperaturen von Stahl und Oxid und Zug-/Druckspannungen beim Abkühlen führen zum Ablösen eines festen Oxidspans (Bild 3). Bei etwas kleineren Abtragraten als beim Schmelzabtragen werden mit $R_z < 2\ \mu$m sehr hohe Oberflächenqualitäten erzielt. Die im festen Zustand abgetragenen Späne können sich nicht an umgebenden Oberflächen ablagern (Bild 4). Der Prozeß läßt sich auch noch mit Laserleistungen unter 10 W durchführen – dabei werden Spurtiefe und -breite minimiert (Bild 5).

Mit einer Erweiterung des Schmelzabtragens und des Laserspanens um eine automatische Tiefenregelung wird bei einer dreidimensionalen Formgebung (z.B. Kunststoff-Spritzgußformen mit lederähnlicher Oberfläche oder Schmiedegesenke) eine absolute Genauigkeit von 10 mm erreicht [2,3].

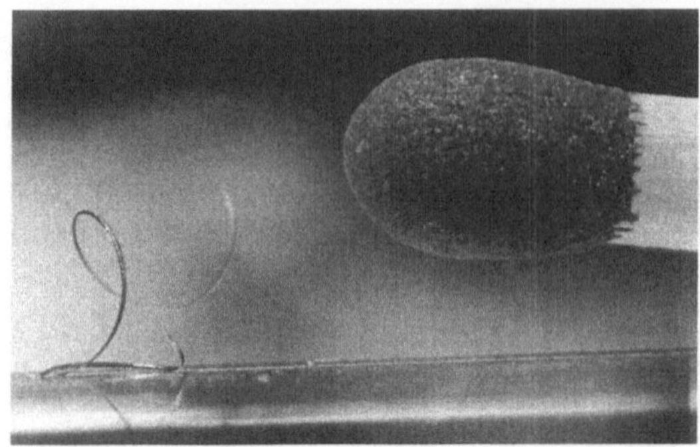

Bild 4. Laserspanen an einer po lierten Stahloberfläche mit einer Spur 50 μm breit, 10 μm tief mit 8 W Laserleistung

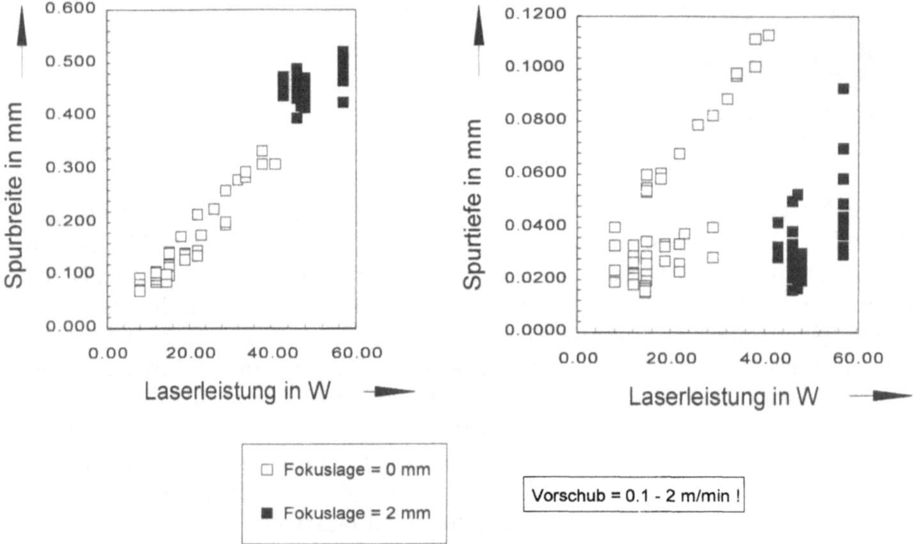

Bild 5. Mögliche Einzelspurgeometrien beim Laserspanen

3 Zukünftige Anwendungsgebiete

Mit einer „Werkzeuggröße" von 1 bis 100 μm und der Möglichkeit der präzisen und flexiblen Plazierung von Struktur- und Spurmustern ergeben sich für den Laser neue Anwendungen bei der Bearbeitung von Oberflächen zur Beeinflussung von hydrodynamischen und tribologischen Eigenschaften, wie sie mit den konventionellen Verfahren Schleifen, Honen oder Ätzen nicht wirtschaftlich produziert werden können (Beispiel: Gleitringdichtung).

Mit den entwickelten On-line-Tiefenregelungen steht bei der Tiefbeschriftung an harten Werkstoffen ein qualitätssicherndes, zertifizierbares Verfahren zur Verfügung.

Die punktweise Bearbeitung mit dem Laser läßt jedoch die Bearbeitungszeit mit wachsenden Volumina kubisch ansteigen. Im Vergleich mit den konventionellen Verfahren ist daher gerade bei kleinen Bearbeitungsvolumen der Vorteil zu suchen.

Literatur

1. Arnold, J.; Müller, G. u.a.: Herstellung von Mikrostrukturen in SiC-Gleitringen mit dem Excimerlaser. Laser u. Optoelektronik 25 (1993) H. 6, S. 66-70
2. Eberl, G.; Hildebrand, P. u.a.: Laserspanen-eine neue Technologie zum Abtragen. Laser u. Optoelektronik 25 (1993) H. 3
3. Wiedmaier, M.; Meiners, E. u.a.: Materials Processing with YAG-Lasers Integrated in a Turning Center. ICALEO 92, Orlando, Fla. (USA), 1992 ; LIA, Orlando, Fla. (USA), 1993

Laserhärten an schwer zugänglichen Stellen

W. Bloehs

1 Einführung

Das Laserhärten bietet Konstrukteuren die Möglichkeit, hochbeanspruchte Bauteile an besonders exponierten Stellen sehr gezielt und lokal verfestigen zu lassen. Speziell an schwer zugänglichen Stellen kommt der Vorzug der freien Lenkbarkeit der Laserstrahlung voll zum Tragen. Die gewünschte Verschleißfestigkeit kann in der Regel ohne Nacharbeit und ohne merklichen Verzug realisiert werden.

Ebenfalls charakteristisch für das Laserhärten ist, daß auf ein externes Kühlmedium verzichtet werden kann; die notwendige Abkühlgeschwindigkeit wird durch die sogenannte Selbstabschreckung, d.h. den schnellen Wärmeabfluß ins Bauteilinnere, gewährleistet. Dies funktioniert allerdings nur, wenn die umzuwandelnden Werkstückvolumina schnell genug aufgeheizt werden können. Aus diesem Grund sind für das Laserhärten Strahlquellen im Kilowattbereich notwendig. Bis vor kurzem war der Bereich der Laseroberflächenbehandlung deshalb ausschließlich dem CO_2-Laser vorbehalten.

Nachdem nun jedoch auch Nd:YAG-Laser im entsprechenden Leistungsbereich verfügbar sind, ergeben sich weitere vorteilhafte Perspektiven für das Laserhärten. Aufgrund der kürzeren Wellenlänge wird die Nd:YAG-Strahlung von Metallen besser absorbiert als die des CO_2-Lasers. Es kann deshalb auf absorptionserhöhende Beschichtungen verzichtet werden, wodurch die Arbeitsgänge zum Auftragen und Entfernen der Beschichtung entfallen und ebenso deren anschließende Entsorgung. Die kurze Wellenlänge des Nd:YAG-Lasers gestattet es darüber hinaus, die Laserstrahlung durch flexible Glasfasern bis zur Bearbeitungsstelle zu führen, was die Handhabung vereinfacht und Vorteile bei der Raumplanung verspricht.

2 Strahlformung

Das Bearbeitungsergebnis einer Laserhärtung wird von vielen Faktoren beeinflußt. Neben den Werkstoffeigenschaften spielen die Werkstückgeometrie sowie die Laser- und Prozeßparameter eine wesentliche Rolle. Für eine befriedigende Martensitbildung ist eine vollständige Austenithomogenisierung notwendig. Bei einem vorgegebenen Werkstoff kann dieses Ziel nur durch einen Temperaturzyklus erreicht werden, der die Kohlenstoffdiffusion entsprechend vorantreibt. Die zugehörige Oberflächentemperatur wird dabei in erster Linie vom Strahlungsfeld, d. h. dem Intensitätsprofil des Laserstrahls, und dessen Wechselwirkungszeit festgelegt. Komplexe Werkstückgeometrien können dabei die Wärmeleitung unter Umständen erheblich beeinflussen.

Das Strahlprofil und die Werkstückgeometrie legen also durch ihren Einfluß auf die Wärmeleitung die Geometrie der Härtezone fest. Die Art der Strahlformungseinrichtung, sprich die Bearbeitungsoptik, wird im allgemeinen bereits im Vorfeld einer Bearbeitung festgelegt, ebenso die Vorschubgeschwindigkeit bzw. die Wechselwirkungszeit als Maß für die Taktzeit der Härtebearbeitung. Das entstehende Temperaturfeld wird von diesem Zeitpunkt an praktisch nur noch durch die Laserleistung bestimmt.

3 Prozeßkontrolle

Dies bedeutet, daß auf Temperaturänderungen während des Prozesses, die eine Änderung des Bearbeitungsergebnisses zur Folge hätten, durch Leistungsanpassungen sehr schnell reagiert werden kann. Mit Hilfe eines Temperaturregelsystems ist es auf diese Weise möglich, eine gleichmäßige Temperatur und damit Bearbeitungsqualität über das gesamte Bauteil zu gewährleisten. Auch Kanten und Spitzen können auf diese Weise ohne Anschmelzungen gehärtet werden.

Sollen lokale Bereiche einer Innenkontur gehärtet werden, so sind für die berührungslose Temperaturmessung besondere Maßnahmen notwendig. Aufgrund der schlechten Zugänglichkeit ist die Aufstellung eines Pyrometers seitlich - wie häufig praktiziert - nicht möglich. Allerdings besteht die Möglichkeit, den Laserleistungsstrahl und die Temperatursignale zunächst gleichzeitig durch dieselben optischen Elemente zu leiten und später zu trennen (Bild 1).

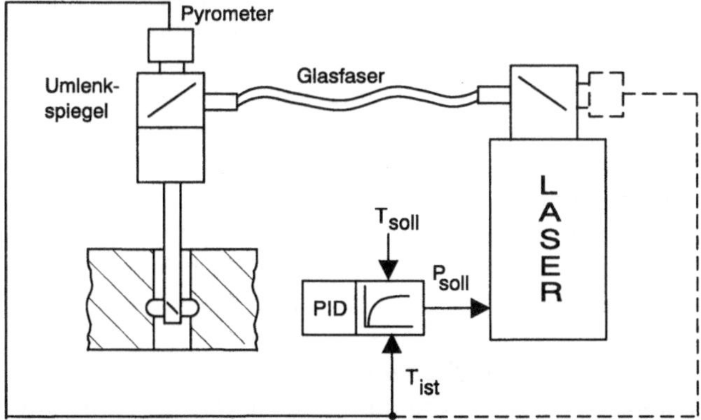

Bild 1. Schema eines geschlossenen Regelkreises für die temperaturgeregelte Härtung von Innenkonturen mit Nd:YAG-Laser

Zur Trennung der Temperatursignale von der Laserstrahlung wird ein teilreflektierender Spiegel benutzt, der ausschließlich die Laserstrahlung umlenkt und die Wärmestrahlung ungehindert durchläßt. Die daraus von einem Pyrometer ermittelte Oberflächentemperatur wird als Ist-Wert in einen PID-Regler eingespeist, der durch schnelle Anpassung der Laserleistung Ist- und Soll-Wert abgleicht.

4 Modellierung

Das Laserhärten eignet sich besonders gut für eine numerische Modellierung. Mit Hilfe von Simulationen lassen sich die Auswahl eines geeigneten Intensitätsprofils und die Optimierung der Bearbeitungsparameter off-line am Bildschirm durchführen, ohne daß Maschinenkapazität dafür „verbraucht" wird [1]. Die Zeit für die experimentelle Optimierung der Bearbeitung unter realen Prozeßbedingungen kann somit drastisch reduziert und Kosten können gespart werden.

Desweiteren läßt sich auf diese Weise prüfen, ob die vorgesehenen Bauteile mit dem Laser überhaupt härtbar sind. In vielen Fällen kann lediglich durch eine Umstellung der Fertigungsfolge auch bei zunächst nicht härtbaren Teilen eine erfolgreiche Härtung angebracht werden. Findet dabei die Fertigung auf einer laserintegrierten Werkzeugmaschine statt, so bedeutet diese Änderung der Fertigungsfolge keinen zusätzlichen Materialfluß, sondern lediglich einen geringen Eingriff in die Organisation der Fertigung [2].

5 Bearbeitungsbeispiele

Als Beispiel für eine temperaturgeregelte Bearbeitung kann die Härtung einer Hülse aus dem Aggregatebau dienen. Aus Gründen der Gestaltfestigkeit wurde eine begrenzte Innenfläche dieser Hülse gehärtet. Die Härtezone sowie der gemessene Härteverlauf und die eingesetzten Prozeßparameter sind in Bild 2 zusammengefaßt.

Für diese Anwendung wurde ein Strahlprofil eingesetzt, das rund und homogen war. Erzeugt wurde dieses Profil durch die Vielfachreflexionen während der Faserübertragung. Allerdings existiert diese Intensitätsverteilung nur in der Ebene der Faserendfläche. Da eine Härtebearbeitung bei den hohen geforderten Leistungen nicht mit aufgesetzter Faser durchgeführt werden kann, muß diese gewünschte Intensitätsverteilung - nach Möglichkeit vergrößert - auf das Werkstück abgebildet werden, was in diesem Fall auch getan wurde.

Sollen allerdings Ventilsitze o. ä. laserbehandelt werden, so bietet sich eine ringförmige Intensitätsverteilung an, die die zu behandelnde Zone auf einmal beleuchtet [3]. Zu diesem Zweck wurde am IFSW das spezielle Optiksystem aus Bild 3 aufgebaut und erfolgreich getestet.

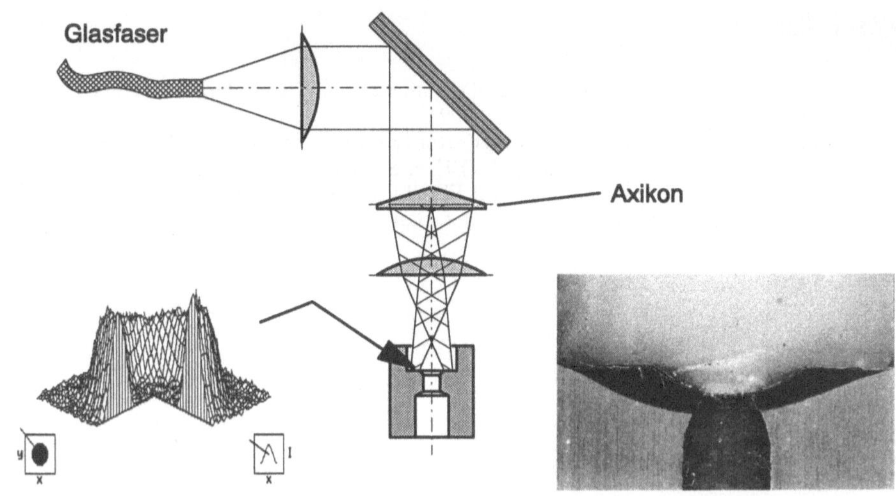

Bild 2. Strahlformung mit einem Axikon zum Laserhärten von Kugel- bzw. Ventilsitzen nach einer Faserübertragung

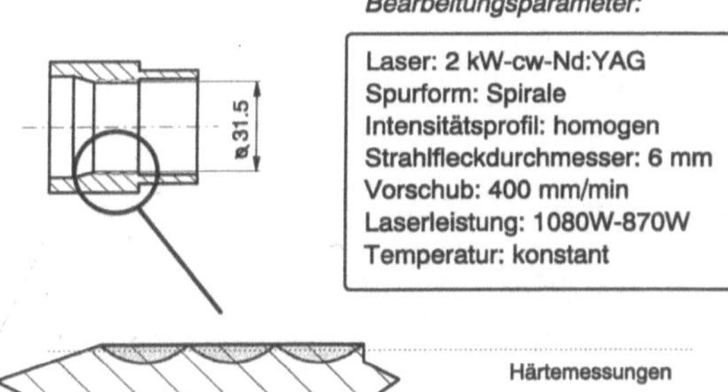

Bild 3. Prozeßparameter und Ergebnisse einer Härtung an der Innenseite einer Hülse bei konstanter Oberflächentemperatur

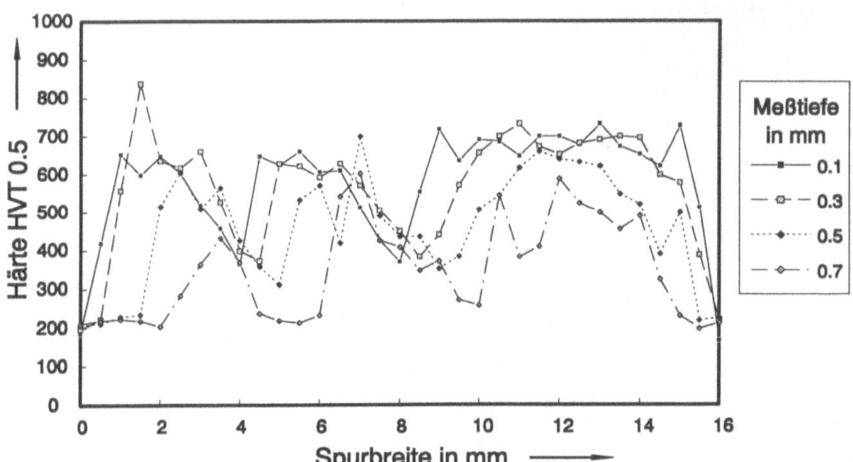

Literatur

1. Beck, M.; Bloehs, W.: Computer-Aided Opimization of Laser Hardening in a Turning Machine. Proc. of LANE 94, Erlangen 1994
2. Wiedmaier, M.; Meiners, E. u.a.: Integrierter Lasereinsatz erweitert Komplettbearbeitung in Drehzentrum. VDI-Z 136 (1994) H. 4, S. 78–81
3. Bloehs, W.; Rudlaff, T.; Dausinger, F.: Flexible Anpassung der Intensitätsverteilung beim Laserstrahlhärten unterschiedlicher Bauteilgeometrien. HTM 48 (1993) H. 1, S. 13–19

Neue Fertigungspotentiale durch Laserstrahlschweißen

C. Glumann, J. Rapp

1 Einleitung

Die Entwicklung neuer Produkte zeichnet sich durch die Umsetzung aktueller Forderungen nach Gewichtseinsparung, Wirtschaftlichkeit und Recyclebarkeit aus, die sich in der Realisierung von Leichtbaugrundsätzen unter Einbindung innovativer Fertigungsverfahren widerspiegelt. Die Verwendung maßgeschneiderter Blechplatinen [1] oder anforderungsgerecht hergestellter Al-Strangpreßprofile eröffnet neue Möglichkeiten für die konstruktive Produktgestaltung, stellt jedoch auch hohe Anforderungen an die Fertigungsverfahren, speziell an die Fügetechnologien. Das Rationalisierungspotential der Fügetechnik wird durch Einsatz neuer Verfahren oder Verfahrensvarianten wird zunehmend die konstruktiven Möglichkeiten hinsichtlich Gestaltung oder Werkstoffwahl bestimmen.

2 Laserschweißen - ein innovatives Fügeverfahren für moderne Leichtbaukonstruktionen

Als Leichtbauwerkstoffe finden sowohl höherfeste Feinkornbaustähle als auch Al-Legierungen Anwendung, wobei die Schweißeignung dieser Werkstoffe bestimmte Anforderungen an die Prozeßführung stellt. Geräteauswahl und Verfahrensvarianten des Laserschweißens gewinnen dabei unter dem Aspekt des Stoff- und Strukturleichtbaues zunehmend an Bedeutung.

3 Geräteauswahl und Verfahrensvarianten

Der Einfluß wichtiger Laserstrahlparameter - Leistung, Strahlqualität, Polarisation - auf das Bearbeitungsergebnis und die Prozeßeffizienz ist in [2] dargestellt. Darüber hinaus eröffnen Verfahrensvarianten wie die Kombination von zwei Laserstrahlen Möglichkeiten zur Optimierung des Prozesses und die Adaption an die zu schweißende Konstruktion.

3.1 Beeinflussung des Schweißprozesses und der Schweißnahtgeometrie

Die Gebrauchseigenschaften höherfester Feinkornbaustähle werden durch die Gefügeausbildung und, infolge der erhöhten Kerbempfindlichkeit, durch die Schweißnahtgeometrie bestimmt. Die gezielte Beeinflussung des thermischen Zyklusses ($t_{8/5}$-Zeit) beim Tandem-Schweißen mit zwei Laserstrahlen (Bild 1) ermöglicht die Ausbildung günstigerer Gefügebestandteile.

Bei dynamischer Beanspruchung erweisen sich solche Stähle als besonders kritisch, so daß dem Übergang vom Schweißgut zum Grundwerkstoff besondere Bedeutung zukommt. Die Kombination eines fokussierten mit einem defokussierten Laserstrahl zum Umschmelzen der Nahtübergänge eröffnet die Möglichkeit, parallel zum Schweißprozeß eine Verbesserung der Nahtqualität zu erzielen (Bild 2). Neben der Kombination von zwei CO_2-Lasern bietet die Verwendung eines fasergeführten Nd:YAG-Lasers zum Umschmelzen den Vorteil der leichteren Handhabung und der besseren Prozeßeffizienz infolge der erhöhten Einkopplung.

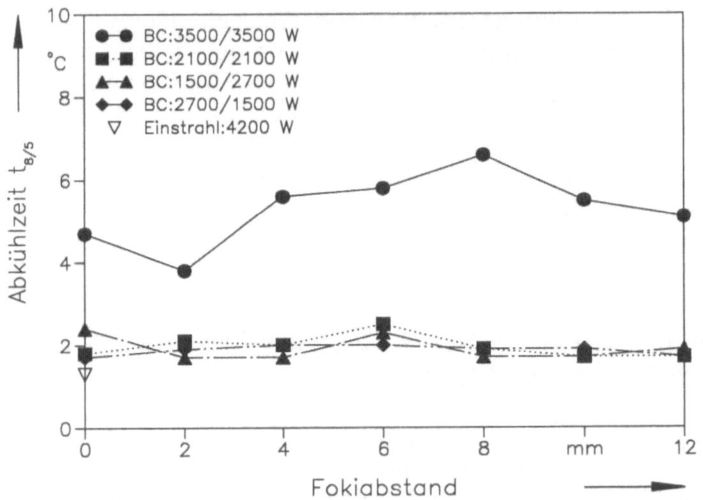

Bild 1. Einfluß der Zweistrahltechnik auf die Abkühlzeit

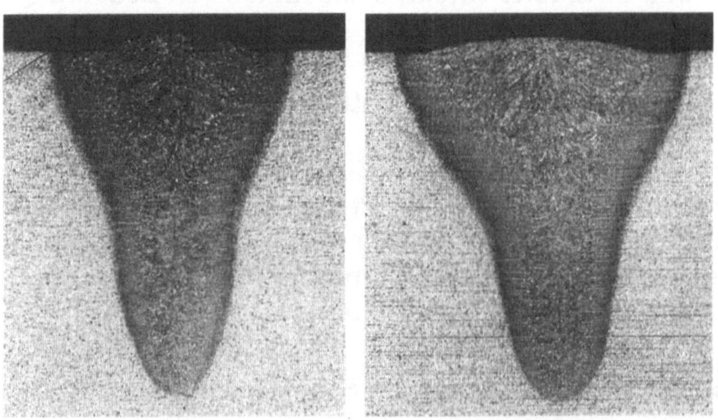

Bild 2. CO_2-Laserschweißnaht ohne/mit nachfolgendem Umschmelzen durch Nd:YAG-Laser

3.2 Aluminium - der Werkstoff für den Stoff- und Strukturleichtbau

Die Eigenschaften des Aluminiums und werkstoffspezifische Technologien ermöglichen neuartige Konstruktionskonzepte, z.B. „Space-frame" [3], die ihrerseits eine ausgereifte Fügetechnologie erfordern.

Laser hoher Strahlqualität verbinden Fügeteile unterschiedlicher Werkstoffe oder Blechdicken (Bild 3), wobei die Eigenschaften der verwendeten Legierungen sowohl auf die Laserschweißeignung als auch auf die Festigkeitseigenschaften dieser Verbindungen großen Einfluß haben (Bild 4). Eine nachfolgende Wärmebehandlung bewirkt eine legierungsabhängige Beeinflussung der Kennwerte [4], die jedoch im Fall der dargestellten Werkstoffkombination werkstoffbedingt keine Steigerung der Festigkeitswerte hervorruft.

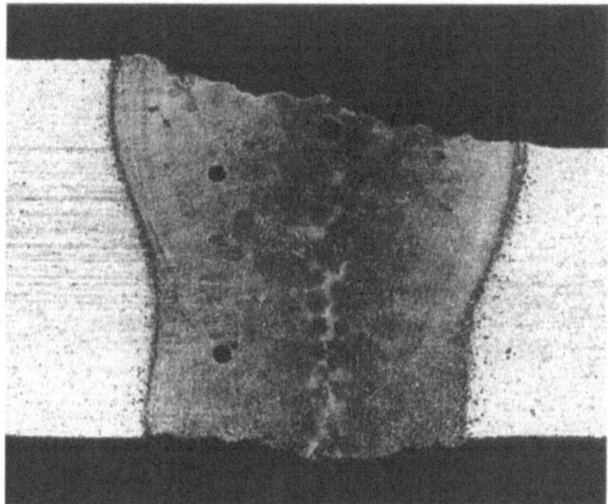

Bild 3. Nahtquerschnitte von „Tailored-Blanks" aus Aluminiumlegierungen

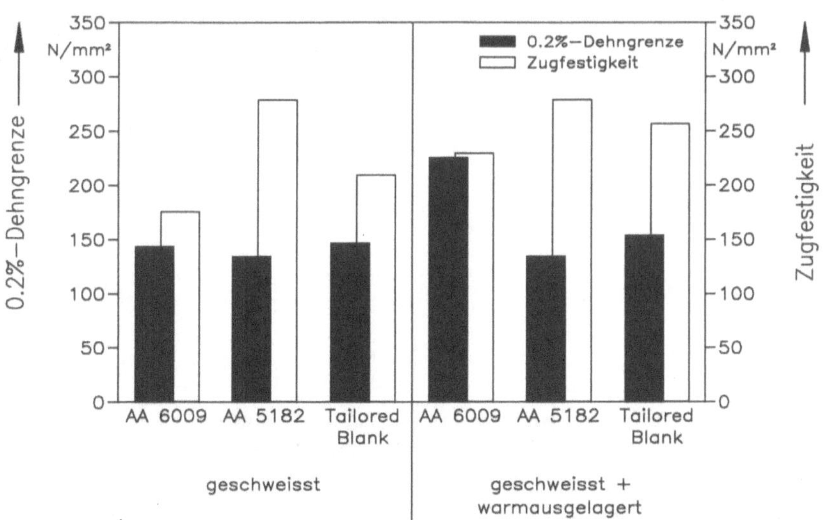

Bild 4. Festigkeitseigenschaften von Schweißnähten unterschiedlicher Legierungen und „Tailored-Blanks" in unterschiedlichen Wärmebehandlungszuständen

Literatur

1. Nagel, M. u.a.: „Tailored Blanks" für neue Formen der Konstruktion. Ingenieur-Werkstoffe, 5 (1993) H. 4, S.58
2. Hügel, H.: Laser - Neue Strahlquellen und Einsatzfelder. FTK 94, Stuttgart 1994
3. Eusemann, B.: Aluminium bringt den Leichtbau weiter. VDI-Nachrichten 35 (1993) Nr. 47, S. 21
4. Rapp, J. u.a.: Laserschweißen von Aluminiumwerkstoffen - neues fertigungstechnisches Potential im Leichtbau. VDI-Werkstofftag 94, Duisburg 1994

Aktor-/Sensorbusse für numerische Steuerungssysteme

W. Sperling, U. Häberle

1 Einführung

Aktor-/Sensorbusse sind Feldbussysteme, die auf der untersten Ebene der Fertigungssteuerung eingesetzt werden (Bild 1). Sie erfordern aufgrund ihrer unmittelbaren Nähe zum Bearbeitungsprozeß die Einhaltung enger zeitlicher Bedingungen, während die zu übertragenden Daten einfacher strukturiert und weniger umfangreich als bei Zellenbussen sind. Innerhalb der Aktor-/Sensorebene ist je nach Einsatzgebiet zwischen verschiedenen Arten von Bussystemen zu unterscheiden, wobei die Übergänge fließend sind. Schalterbusse dienen der Vernetzung bitorientierter Sensoren und Aktoren, z.B. Schalter oder Ventile. Sie sind, wegen der Einsparmöglichkeiten bei Kabeln, Klemmleisten u.ä. eine kostengünstige Alternative zu herkömmlichen Kabelbäumen [1]. Ein typischer Vertreter ist ASI (Aktuator Sensor Interface). Zur Vernetzung komplexerer Sensoren und Aktoren dienen E/A Busse, bei denen neben dem Kostenaspekt auch die Möglichkeit im Vordergrund steht, „intelligente" Aktoren und Sensoren wie komplette E/A-Baugruppen oder Positioniereinheiten, zu unterstützen. Beispiele sind Interbus-S, Profibus-DP oder CAN. Bei der Vernetzung von Antrieben im Bahn-

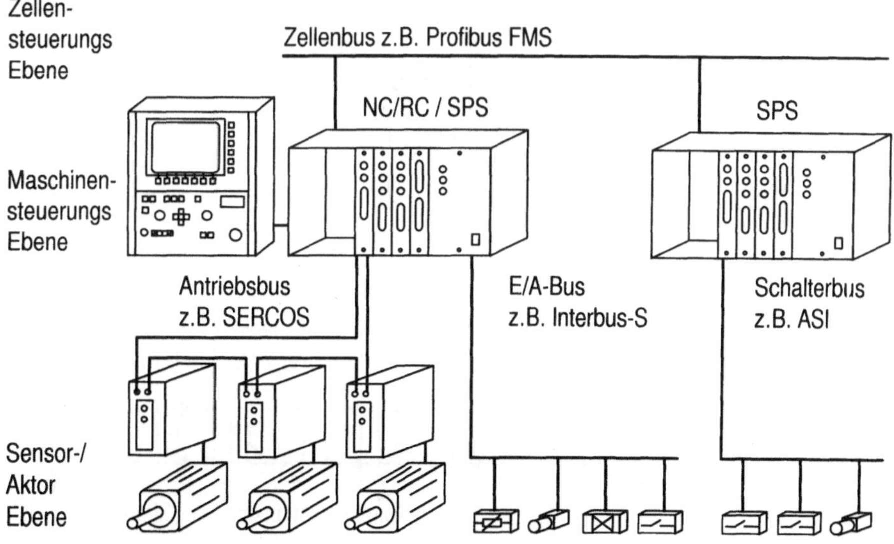

Bild 1. Einordnung von Feldbussystemen

verbund für numerisch gesteuerte Maschinen und Roboter, kommt die Forderung nach einer zeitlichen Synchronisierung der Antriebe hinzu. Sie wird mit Antriebsbussen, z.B. SERCOS interface oder Interbus-S Drivecom, erfüllt.

2 Unterstützung dezentraler Steuerungsstrukturen

Der Einsatz von Aktor-/Sensorbussen ermöglicht es, Steuerungssysteme aufzubauen, bei denen die benötigte Gerätetechnik modularisiert und dezentralisiert sowie die geforderte Steuerungsfunktionalität direkt vor Ort erbracht wird. Damit reduziert sich die bisher übliche, aufwendige Verkabelung zwischen den räumlich getrennten, weil zentralorientierten, Komponenten Steuerung, Antriebsverstärker, Motoren und Meßsysteme, auf einen Antriebsbus und eine Leistungszuführung (Bild 2).

Der Gedanke der Modularisierung kann auch auf die mechanische Konstruktion ausgedehnt werden. Ein Roboterarm ist z.B. in einzelne Antriebsmodule (Modul 1 bis 3) und dazugehörende Verbindungselemente zwischen diesen zerlegbar. Sie bilden einen Baukasten von standardisierten Elementen, der zu wirtschaftlichen Lösungen führt. Die Wiederverwendung standardisierter Elemente ist günstiger als Neu- und Sonderkonstruktionen [2]. Der mechanischen Modularisierung entsprechend erhält jedes Antriebsmodul zur Steuerung und Regelung ein dezentrales Gelenkreglermodul.

Die dezentralen Gelenkreglermodule sind über einen Antriebsbus mit der Robotersteuerung verbunden. Sie übernimmt die Berechnung der Be-

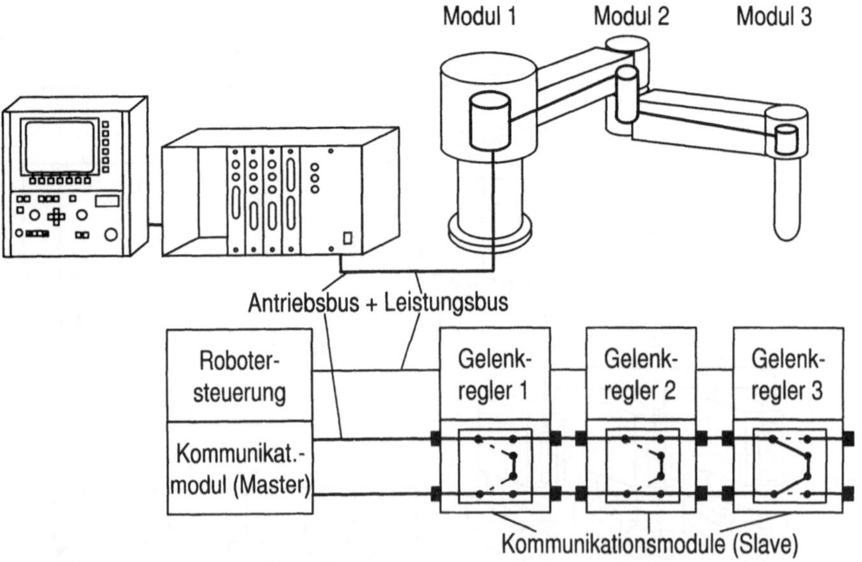

Bild 2. Verteiltes Steuerungskonzept für modulare Robotersysteme

wegungsvorgaben und die Auswertung von Steuer- und Statusinformationen des Gesamtsystems. Der Antriebsbus wird auf Basis der SERCOS Interface Spezifikationen [3] ausgeführt und unterstützt die zyklische Übertragung von Lage-Soll- und -Istwerten, Steuer- und Statusinformationen sowie bedarfsgesteuerter Diagnosedaten und Parameterwerte.

3 Dynamische Konfigurierbarkeit

Das modulare Robotersystem ermöglicht eine Umkonfiguration des Systems auch im laufenden Betrieb, z.B. beim Wechsel eines Greifers mit Handachse. Dem entspricht aus kommunikationstechnischer Sicht ein Wechsel der Kommunikationsteilnehmer. Da SERCOS Interface auf einer Ringtopologie basiert, tritt bei der Entfernung eines Teilnehmers eine Unterbrechung des Rings und damit der Kommunikation auf. Diese Situation und die damit verbundene Notabschaltung aller Antriebe verhindert eine Hardware-Erweiterung der Kommunikationsmodule in den Gelenkreglern. Jedes Kommunikationsmodul ist zweimal im Ring enthalten, sowohl auf dem Hin- als auch Rückweg. Ein spezielles Kommando schließt den Ring kurz und koppelt so die hinter ihm liegenden Module vom Ring ab. Nach dem Ankoppeln einer neuen Handachse erweitert ein anderes Kommando den Ring wieder.

4 Einheitliche Softwareschnittstellen

Neben einem vereinfachten Anschluß von Aktoren und Sensoren an Steuerungssysteme über Feldbussysteme ist auch eine einfache Handhabung der Feldbussysteme innerhalb der Software des Steuerungssystems zu gewährleisten. Die große Vielfalt an Feldbussystemen macht die Anpassung der Software des Steuerungssystems an die Treiber und Schnittstellen des spezifische Feldbussystems nötig. Somit entsteht beim Wechsel von einem Feldbussystem zum anderen ein erhöhter Anpassungsaufwand in den Steuerungssystemen, der der angestrebten Kostenreduzierung mit dem Einsatz von Feldbussystemen entgegensteht.

Den Anpassungsaufwand in der Software reduziert die Definition einer einheitlichen Software-Schnittstelle zum Zugriff auf Feldbussysteme (Standard API). Sie bietet eine Obermenge der von den Feldbussystemen angebotenen Dienste und paßt sich über eine Feldbus Funktionsbibliothek an das jeweilige Feldbussystem an (Bild 3). Der Zugriff auf die einmalig erstellten Anpassungsmodule für jedes Feldbussystem erfolgt über die Feldbus-Funktionsbibliothek. Die so entstandenen Applikationen für Steuerungssysteme sind damit unabhängig vom eingesetzten Feldbussystem und können zwischen verschiedenen Systemen portiert werden.

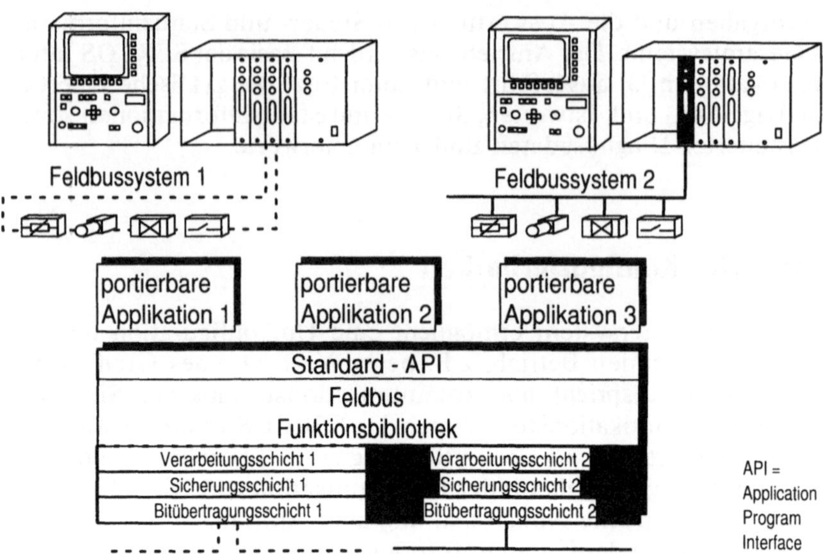

Bild 3. Feldbusfunktionsbibliothek mit einheitlicher Anwenderschnittstelle

Für einen ersten Realisierungsschritt fanden, aufgrund ihrer Marktbedeutung, die Feldbussysteme Profibus FMS und Interbus-S und FIP Anwendung.

5 Fazit

Mit dem Einsatz von Feldbussystemen lassen sich Kostenreduzierungen beim Anschluß von Sensoren und Aktoren an Steuerungssysteme erreichen. Darüber hinaus unterstützen Feldbussysteme die Dezentralisierung von Steuerungsstrukturen, die bei einer Modularisierung von mechanischen Komponenten genutzt werden kann. Die vielen unterschiedlichen Feldbussysteme benötigen die Definition einer einheitlichen Software-Schnittstelle mit dazugehörenden Anpassungsmodulen, um portierbare Software-Applikationen für Steuerungssysteme zu ermöglichen.

Literatur

1. Marx, G. u.a.: Wirtschaftlichkeit des Feldbuseinsatzes. Automatisierungstech. Praxis 34 (1992) 9, S. 507-512
2. Pritschow, G. u.a.: Echtzeitfähig - Dezentrale Steuerungsstrukturen für modular aufgebaute Robotersysteme. MM 99 (1993) 41
3. N.N.: Sercos Interface - Digitale Schnittstelle zur Kommunikation zwischen Steuerungen und Antrieben in numerisch gesteuerten Maschinen. Fördergemeinschaft SERCOS interface e.V., Alfter: 1992

Softwarewerkzeuge für die Steuerungstechnik

U. Siewert, J. Reichenbächer, J. Uhl

1 Einleitung

Software zur Steuerung von Maschinen und Anlagen wird breitgefächert eingesetzt, beispielsweise SPS-Programme zur direkten Steuerung einer Einzelmaschine oder Leitsysteme zur Steuerung verketteter Produktionsanlagen. Dabei nimmt sie einen großen Anteil der Aufwendungen und der Wertschöpfung bei der Herstellung von Produkten ein.

Die bisherige Situation bei der Erstellung von Software kennzeichnet, daß ein gegenüber Planungen höherer Kosten- und Zeitaufwand vorherrscht. Qualität und Funktionsumfang entsprechen vielfach nicht den Anforderungen. Wiederverwendbarkeit und Variantenbildung werden nicht ausreichend berücksichtigt. Ziel muß es sein, diesen Problemen mit systematischer, ingenieurgemäßer Erstellung von Software zu begegnen. Wege und Hilfsmittel, mit denen dieses Ziel erreichbar ist, werden nachfolgend erläutert.

2 Ingenieurgemäße Software-Erstellung

Die ingenieurgemäße Software-Erstellung, auch Software Engineering genannt, ist die Anwendung wissenschaftlicher Prinzipien zur Umsetzung einer Aufgabe in eine korrekt arbeitende Softwarelösung [1]. Im wesentlichen können drei wichtige Elemente des Software Engineerings unterschieden werden [2]:

- Vorgehensweisen,
- Beschreibungsmethoden und
- Entwicklungswerkzeuge.

Die Aufgaben des Software Engineerings sind gegen die Aufgaben des Projektmanagements abzugrenzen (Bild 1). Das Projektmanagement mit seinen organisatorischen Aufgabenstellungen wird nicht weiter betrachtet.

2.1 Vorgehensweisen

Eine Vorgehensweise spezifiziert die systematische Gliederung des Entwicklungsprozesses in sequentiell oder parallel zu bearbeitende Teilaufgaben, z.B. im vorliegenden Fall die Software Engineeringsphasen, kurz Phasen genannt. Eine erfolgreich angewendete Vorgehensweise, das V-Modell ist in [2] erläutert.

2.2 Beschreibungsmethoden

Eine Methode ist eine Handlungsvorschrift. Sie ist meist mit einer mehr oder weniger formalen Darstellung, der Beschreibungsform, verknüpft. Beim Softwareerstellen lassen sich diese Formen grob unterscheiden in funktionsorientierte (z.B. Structured Analysis, SA) [3, 4], datenorientierte (z.B. Entity Relationship, ER) [5] und objektorientierte (z.B. Rumbaugh, Booch) [6, 7] Beschreibungsmethoden. Eine Tendenz hin zu objektorientierten Beschreibungsmethoden ist zu erkennen.

Wichtige Forderungen an Beschreibungsmethoden [8] sind die Unterstützung einer systematischen Strukturierung. Dazu gehören:

- Die Modularisierung und Hierarchisierung unter dem Aspekt der Wiederverwendbarkeit,
- eine grafische Darstellung,
- eine durchgängige, d.h. phasenübergreifende Anwendbarkeit,
- eine der Aufgabenstellung angepaßte Beschreibungsform und
- eine interdisziplinäre Verständigungsbasis in einem Unternehmen.

Derzeitige Schwachstellen sind vor allem die mangelnde Durchgängigkeit zwischen den in Bild 1 genannten Phasen (beispielsweise bis hin zur Codegenerierung) sowie das teilweise Fehlen adäquater Beschreibungsmethoden für bestimmte Aufgaben der Steuerungstechnik. Entwicklungsergebnisse des Instituts für Steuerungstechnik der Werkzeugmaschinen und Fertigungseinrichtungen (ISW) werden nachfolgend genannt.

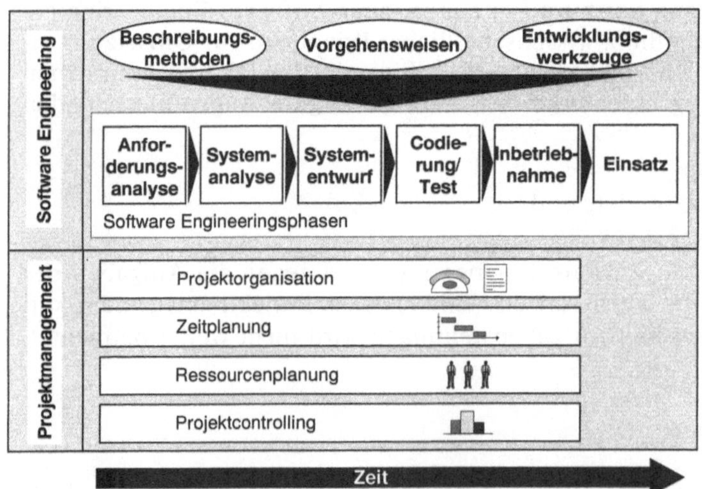

Bild 1. Kennzeichen des Software Engineerings

2.3 Entwicklungswerkzeuge

Entwicklungswerkzeuge, insbesondere CASE-Tools, dienen der Bearbeitung der Software während der einzelnen Phasen gemäß der vereinbarten Vorgehensweise und den eingesetzten Beschreibungsmethoden. Dies bedeutet, daß, je nach Anwendungsgebiet und den benötigten Beschreibungsmethoden, CASE-Tools unterschiedlich ausgeprägt sein können.

Einige Forderungen an CASE-Tools aus Sicht der Steuerungstechnik sind beispielsweise [9]:

- Unterstützung bei Konfigurierung und Neuerstellung von Steuerungsfunktionen mit Hilfe geeigneter Beschreibungsformen,
- Erzeugung von Dokumentationen,
- automatische Codegenerierung und Unterstützung der Inbetriebnahme sowie
- Unterstützung bei der Prüfung und Validierung der Entwürfe.

3 Entwicklungsergebnisse und Anwendungsfälle

Nachfolgend werden der Aufbau und der Einsatz von CASE-Tools für die Bereiche SPS- und Leittechnik kurz betrachtet.

3.1 ASPECT - ein CASE-Tool für den Einsatz zur SPS-Programmerstellung

ASPECT (Abteilungsübergreifende Steuerungs-Programmerstellung mit CASE-Tool) wurde im Rahmen eines öffentlich geförderten Verbundvorhabens entwickelt [10]. Die beteiligten Partner aus der Industrie vertraten sehr unterschiedliche Bereiche des Serien- und Sondermaschinenbaus, beispielsweise Transferstraßen, Verpackungstechnik oder Fördertechnik. Bild 2 zeigt Einsatzbereiche und die verwendbaren Beschreibungsmethoden in ASPECT.

Wichtiges Kennzeichen ist der abteilungsübergreifende Einsatz des Werkzeugs, um damit den Informationsfluß im Unternehmen, insbesondere zwischen der Elektro- und der mechanischen Konstruktion, besser zu unterstützen. ASPECT kann bereits mit Beginn der Projektierung eingesetzt werden, und es ist geplant, das Werkzeug auch für die Inbetriebnahme nutzbar zu machen. Damit wird gleichzeitig die Forderung der phasenübergreifenden Durchgängigkeit erfüllt.

Zur Beschreibung einer Aufgabe stehen verschiedene Beschreibungsmethoden zur Verfügung:

- Übersichtsdarstellung mit Hilfe von Blockdiagrammen und Technologieschemata,

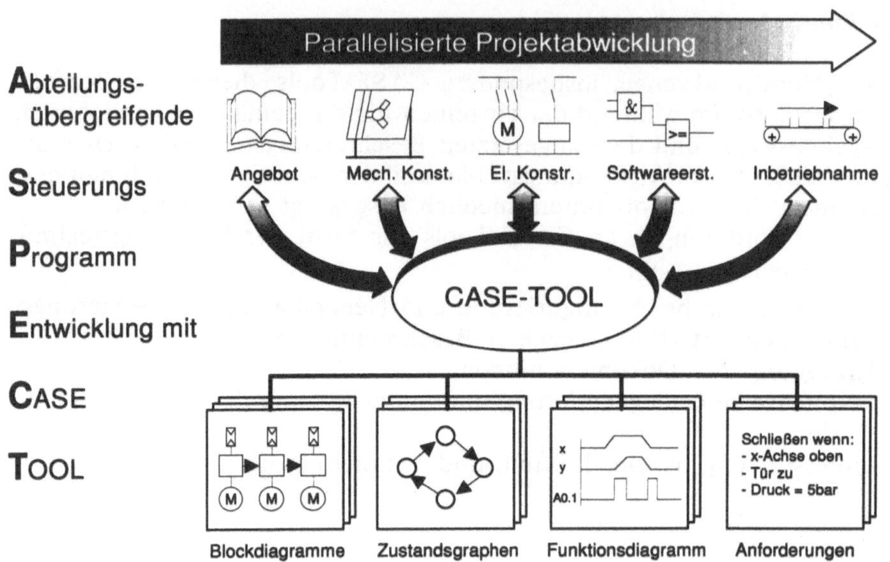

Bild 2. Struktur von ASPECT

- funktionale Beschreibungen auf der Grundlage von Zustandsgraphen [11], Anforderungsbeschreibungen und Funktionsdiagrammen [12] sowie die
- Beschreibung von Schnittstellen mittels Auftragsdiagrammen [9, 13].

Ergänzt werden diese Dokumente von automatisch erzeugten Zuordnungslisten und Programmcodes, z.B. in C oder entsprechend der IEC 1131-3.

Die konsequente Umsetzung des objektorientierten Gedankens ermöglicht es auf einfache Art und Weise,

- wiederverwendbare Bausteine und Bibliotheken zu erstellen,
- vorhandene Informationen aus anderen Darstellungen (z.B. Bezeichnungen oder Namen) konsistent in mehreren Diagrammen weiterzubenutzen sowie
- eigene Symbole und Diagramme zu erzeugen.

Dem Punkt der Anpaßbarkeit und Konfigurierbarkeit von ASPECT wurde besondere Aufmerksamkeit geschenkt, um den unterschiedlichen Forderungen der Anwender gerecht zu werden. In Bild 3 ist beispielhaft eine Arbeitssitzung mit ASPECT dargestellt.

3.2 Software Engineering bei der Entwicklung von Leitsteuerungssoftware

Leitsteuerungssoftware, z.B. für die Koordination und Überwachung der Abläufe von Bearbeitungszentren, flexiblen Zellen, flexiblen Produktionssystemen und teilweise auch für Transferstraßen wird heute bei den Ma-

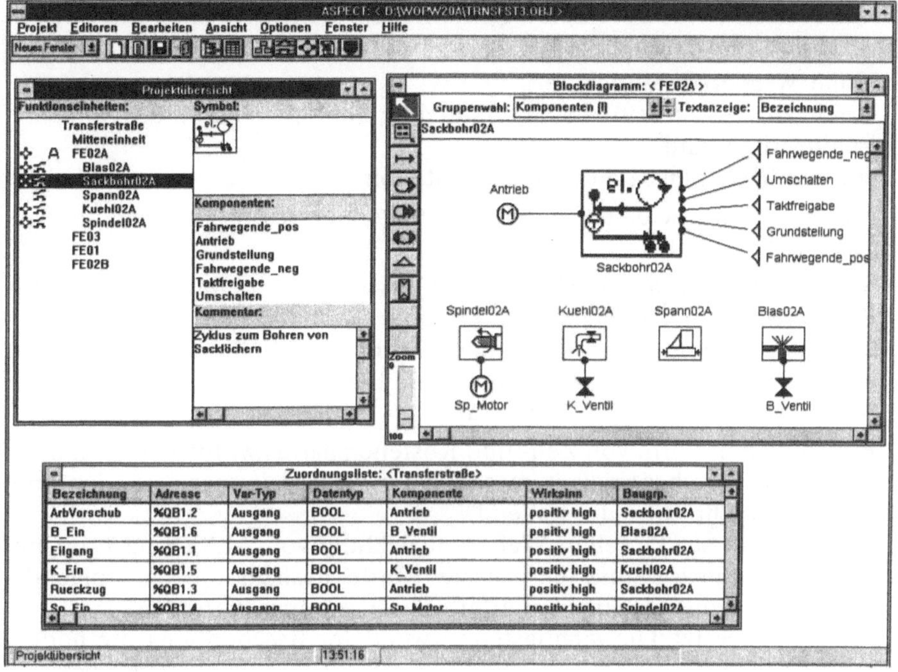

Bild 3. Darstellung einer Arbeitssitzung mit dem CASE-Tool ASPECT

schinen- und Anlagenherstellern oder Software-/Systemhäusern meist in der Hochsprache C erstellt, wobei Beschreibungsmethoden des Software Engineerings kaum angewendet werden. Typische Leitsteuerungsfunktionen sind:

- Verwaltende Funktionen (Auftragsverwaltung, NC-Datenverwaltung usw.),
- dispositive Funktionen (Kapazitäts- und Terminplanung, Fertigungshilfsmittel-Disposition usw.) und
- operative Funktionen (Auftragsdurchsetzung, Materialflußsteuerung, DNC, etc.).

Am ISW wurden sowohl funktions- und datenorientierte sowie objektorientierte Beschreibungsmethoden auf ihre Eignung für die Leittechnik untersucht und bewertet. Ein Schwerpunkt wurde auf die operativen Funktionen gelegt. Zur Steuerung der Abläufe in Maschinen und Anlagen sind diese im Hinblick auf die systematische Software-Erstellung am anspruchvollsten. Die Untersuchung geschah an zwei Anwendungsfällen, dem adaptierbaren Leitsystems ALSYS [14-16] und an einer strukturellen Weiterentwicklung des Leitsystems mit einem dezentralem, objektorientiertem Ansatz [17]. Zur Software-Erstellung wurden, soweit möglich, am Markt verfügbare Entwicklungswerkzeuge (Innovator, Teamwork, Rational Rose) verwendet.

Die Auswahl von Beschreibungsmethoden orientierte sich unter anderem an den Kriterien:

- Hohe Wiederverwendbarkeit,
- durchgängige, einheitliche Unterstützung über alle Phasen des Software Engineerings und
- vollständige, transparente Dokumentation.

Für ALSYS wurde eine Kombination folgender Beschreibungsmethoden angewendet:

- Structured Analysis, hierarchische Funktionsbeschreibung und Entity Relationship für die Systemanalyse und
- Structured Design, Nassi-Shneiderman, Entity-Relationship sowie eine eigenentwickelte, auf Regeln basierende Beschreibungsmethode für den Softwareentwurf und die Codierung.

Ein Nutzen in Form von Zeit- und Kostenersparnis wurde deutlich, dennoch war die Durchgängigkeit zwischen den Beschreibungsmethoden und den Phasen nicht zufriedenstellend.

Im Zuge der strukturellen Weiterentwicklung von ALSYS nach einem dezentralen objektorientierten Ansatz wurde deshalb die nachfolgende Kombination von objektorientierten Beschreibungsmethoden nach G. Booch [6] eingesetzt. Die wichtigsten verwendeten Beschreibungsmethoden waren:

- Klassendiagramme,
- Objektdiagramme und
- Zustandsübergangsdiagramme.

Die Vorgehensweise, die zukünftig für Maschinen- und Anlagenhersteller sowie Software-/Systemhäuser hilfreich sein kann, ist dem Bild 4 zu entnehmen. Ein Vorteil der objektorientierten Beschreibungsmethoden ist die Möglichkeit einer iterativen Erweiterung des entwickelten Modells mit Hilfe der genannten Beschreibungsmethoden, und zwar durchgängig von den Phasen Systemanalyse und Systementwurf bis zu einer Codegenerierung (z.B. C++).

4 Zusammenfassung und Ausblick

Die behandelten Lösungen leisten einen wichtigen Beitrag zur kosten- und zeitgünstigen Software-Erstellung bei gleichzeitiger Erhöhung der Softwarequalität. Die Anwendung von Entwicklungswerkzeugen wird künftig bei der Entwicklung von Software unabdingbar sein, entsprechend der systematischen Konstruktion und Produktion von Maschinenelementen. CASE-Tool-Anbieter sind gefordert, adäquate, auf Standards basierende Werkzeuge anzubieten. Softwareproduzierende Einheiten müssen „Handwerkzeuge" des Software Engineerings anwenden, wobei die Wiederverwendung vorhandener Softwarebausteine in den Unternehmen eine we-

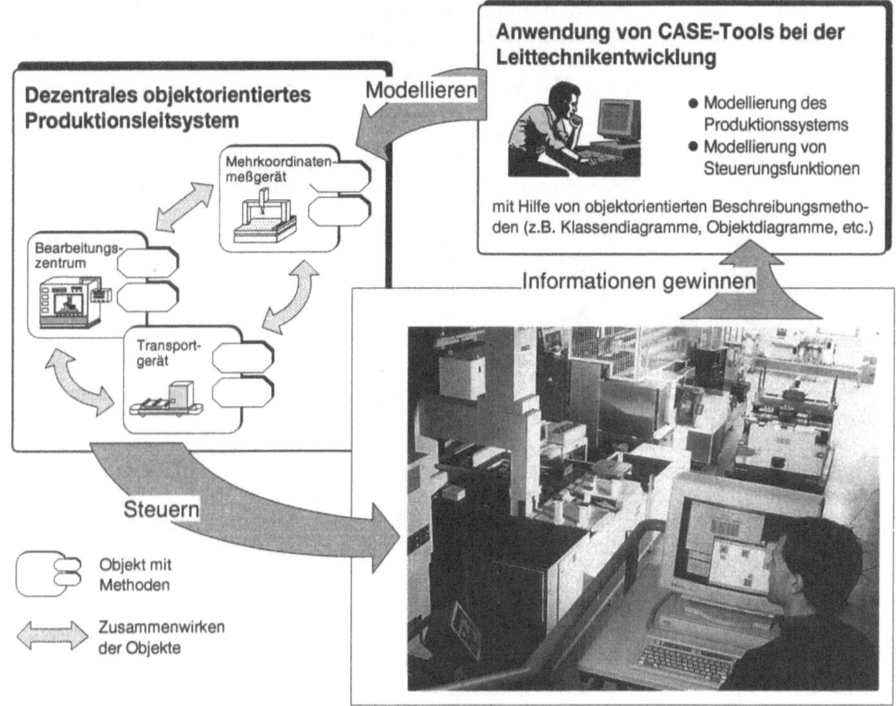

Bild 4. Software Engineering bei der Leittechnik-Entwicklung

sentliche Rolle spielen wird. Weiterhin wird zu untersuchen sein, inwieweit bestimmte Beschreibungsmethoden generell für Steuerungsfunktionen anwendbar sind und damit die Forderungen z.B. sowohl der SPS-Programmerstellung als auch der Leittechnik-Entwicklung erfüllen.

Literatur

1. Davis, A. M.: Software Requirements. New Jersey: Prentice Hall 1990
2. N.N.: Softwareentwicklungsstandard der Bundeswehr -Vorgehensmodell. Druckschr. d. BWB. Koblenz 1991
3. DeMarco, T.: Structured Analysis and System Specification. New York: Yourdon Press 1978
4. Ward, P. T.; Mellor, S. J.: Structured Development for Real-Time Systems. New York: Yourdon Press 1985
5. Chen, P. P.: The Entitiy-Relationship Method - Towards a Unified View of Data. ACM Transactions on Database Systems, Vol. 1, No. 1 (March 1976), S. 9-36
6. Booch, G.: Booch Method of Object Analysis and Design. Santa Clara (CA): Rational 1992
7. Rumbaugh, J.: Object-Oriented Modeling and Design. Englewood Cliffs, New Jersey: Prentice Hall 1991
8. Pritschow, G. u.a.: Studie über die Auswirkung von einheitlichen Entwurfs- und Entwicklungswerkzeugen zur Softwareentwicklung und durchgängigen Softwaredokumentation für eine Fertigungszelle. Frankfurt: VDW-Forsch.ber. 1012, 1991

9. Pritschow, G. u.a.: Pflichtenheft und Bewertung von CASE-Tools zur durchgängigen Software-Erstellung und Software-Dokumentation. Frankfurt: VDW-Forsch.ber. 1013, 1993
10. Storr, A. u.a.: Simultan zur SPS-Software - Neue Ansätze zur effizienten SPS-Programmierung. Erscheint in: ELEKTRONIK 21 (1994)
11. Fleckenstein, J.: Zustandsgraphen für SPS - Grafikunterstützte Programmierung und steuerungsunabhängige Darstellung. ISW 63. Berlin: Springer 1987
12. N.N.: VDI-Richtlinie 3260: Funktionsdiagramme von Arbeitsmaschinen und Fertigungsanlagen. Berlin: Beuth 1977
13. Reichenbächer, J.: Lastenheft für ein SPS-CASE-Tool auf Basis der Zustandsgraphenmethodik. Druckschr. d. FISW GmbH, 1993
14. Brantner, K.: Adaptierbares Leitsteuerungssystem für flexible Produktionssysteme. ISW 96. Berlin: Springer 1993
15. Siewert, U.: Systematische Erstellung adaptierbarer Leitsteuerungssoftware am Beispiel der Durchsetzungsplanung. ISW 100. Berlin: Springer 1994
16. Pritschow, G.; Siewert, U.: Offene Systeme für die Automatisierung in der Produktion. GMA(VDI/VDE-Gesellschaft Meß- und Automatisierungstechnik) - Kongreß '93 Automatisierungstechnik. Dresden, 20.9.1993
17. Storr, A.; Uhl, J.: Objektorientierte Leittechnik: neue Perspektiven und Lösungen. Erscheint in: CIM-Management, 1995
18. Siewert, U.: Software Engineering. In: Leittechnik und Betriebsmittelorganisation in der flexiblen Fertigung, Semin. TU Breslau, 14./15.04.94. Breslau: Eigenverlag 1994

Neuartige NC-Schnittstellendefinition(NC++) für offene Steuerungskonzepte

Th. Reibetanz

1 Einleitung

Die bisher im allgemeinen angewandten Verfahrensketten zur Definition der Bearbeitung eines Werkstücks mittels einer numerisch gesteuerten Werkzeugmaschine sind in Bild 1 dargestellt. Wesentliche Kennzeichen sind die unidirektionale Ausprägung der Verfahrensketten sowie die mit den aufgeführten Schnittstellen einhergehenden hohen Informationsverluste. Vor allem die DIN 66025 als die am längsten existente Festlegung für den Datenaustausch zwischen NC-Programmierung und den in der Fertigung eingesetzten NC-Steuerungen bedarf dringend der Verbesserung,

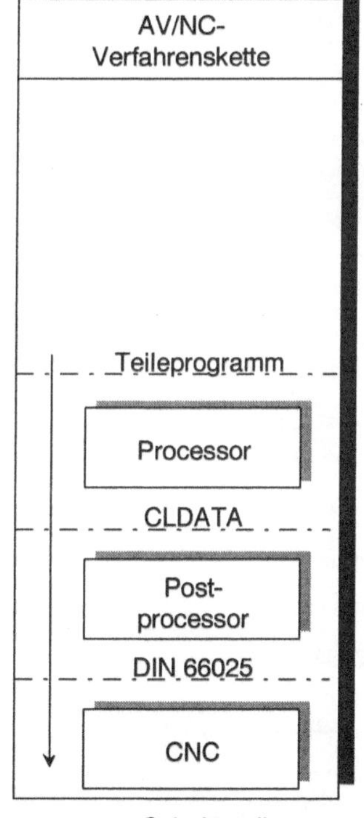

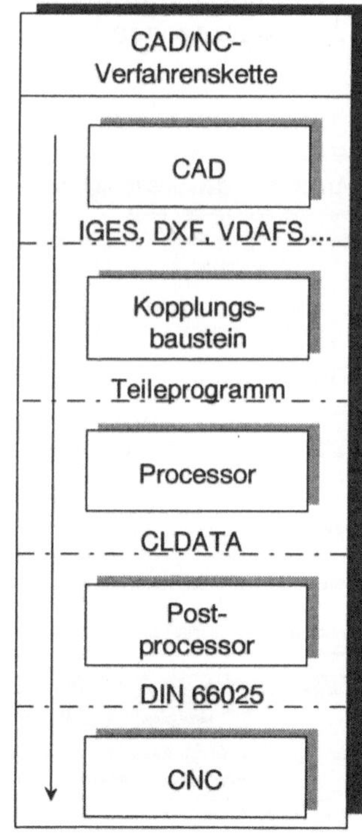

Bild 1. Heutige Verfahrensketten

wenn die modernen, von Offenheit geprägten Steuerungskonzepte zum vollen Erfolg führen sollen. Der nachfolgende Beitrag beschreibt die in unterschiedlichen Industrieunternehmen ermittelten Defizite [1] der bestehenden DIN 66025. Hieran anschließend werden Forderungen an und Lösungsansätze für eine innovative Schnittstellendefinition im Rahmen einer als NC++-Verfahrenskette bezeichneten, auf objektorientierten Strukturen basierenden Verknüpfung von CAP und CAM genannt.

2 NC++-Verfahrenskette

Die bestehenden Defizite der DIN 66 025 sind:

- Sehr zeit- und kostenintensive Einfahrprozesse aufgrund unzureichender Informationen und mangelnder Transparenz der NC-Programme.
- Mangelhafte Eingriffsmöglichkeiten für den Facharbeiter, um Modifikationen (z.B. Berücksichtigung geänderter Werkzeuge, geänderte Aufspannung, ...) sicher durchzuführen.
- Keine Rückdokumentation von Bearbeitungsoptimierungen.
- Unzureichende Übertragbarkeit von NC-Programmen auf unterschiedliche Maschinen/Steuerungen.

Aus den beschriebenen und über die Erhebung evaluierten Defiziten leiten sich die in Bild 2 wiedergegeben wesentlichen Forderungen an die neu

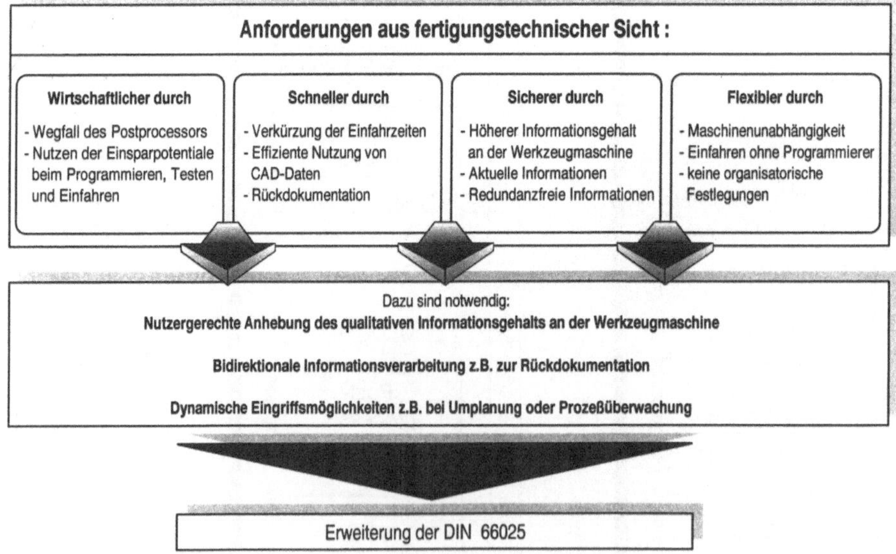

Bild 2. Anforderungen an eine innovative Schnittstellendefinition aus fertigungstechnischer Sicht

zu definierende Schnittstelle zu offenen Maschinensteuerungen ab. Hervorzuheben sind vor allem:

- Nutzergerechte Bereitstellung der zum Einfahren und Optimieren notwendigen Information an der Werkzeugmaschine.
- Sicherung des Erfahrungswissens der Facharbeiter mit Hilfe bidirektionaler Informationsverarbeitung.
- Nutzen des Facharbeiter-Know-how sowie Steigerung seiner Motivation aufgrund sicherer Eingriffsmöglichkeiten.

Entsprechend den in Bild 2 zusammengefaßten Anforderungen geschah die Entwicklung der NC++-Verfahrenskette. Hierzu wurden verschiedene Objeke definiert (Bild 3); unterschiedliche Beziehungen verknüpfen sie. Mit einem Objekt lassen sich jeweils Informationen bezüglich eines partiellen Werkstückbereichs mit einer semantischen Komponente zu einer logischen Einheit zusammenfassen [2].

So setzt sich beispielsweise das vom Konstrukteur erzeugte Werkstückmodell aus Funktionsobjekten zusammen, beispielsweise Lagersitzen, Rippen zur Versteifung des Werkstücks oder Kühlmittelbohrungen. Diese bestimmen und gewährleisten in ihrer Gesamtheit die Funktion des Teils. Zur Sicherstellung dieser Funktionalität werden den Funktionsobjekten qualitätsbeschreibende Attribute zugeordnet. Die während des Konstruktionsprozesses generierten Funktionsobjekte enthalten keine Methoden zur Definition der Bearbeitung. Daher werden sie, wie in Bild 3 angedeutet, bei der Funktionsobjektanalyse und -ergänzung in Bearbeitungsobjekte überführt.

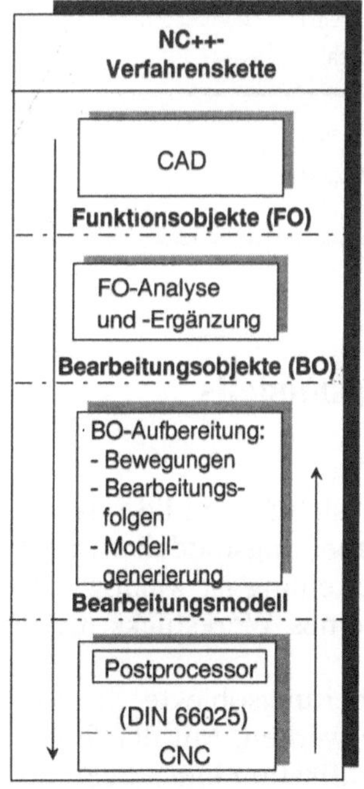

Bild 3. NC++-Verfahrenskette

Bearbeitungsobjekte werden aus Funktionsobjekten entweder als 1:1-Relation oder m:1-Relation abgeleitet. Im ersten Fall ist beispielsweise aus einer Kühlmittel- direkt eine Stufenbohrung gebildet worden. Eine m:1-Relation besteht dann, wenn z.B. mehrere Versteifungsrippen als Funktionsobjekte vorliegen und eine Tasche als Bearbeitungsobjekt generiert wird.

Die aus den Funktionsobjekten abgeleiteten Bearbeitungsobjekte sind die Basis des Bearbeitungsmodells, auf dessen Aufbau und Verarbeitung in der CNC in Kap. 3 näher eingegangen wird. Da sich die Bearbeitung eines Werkstücks meist in Vorbearbeitung und Fertigbearbeitung unterteilt, werden als neuartiger Lösungsansatz sogenannte Makro- und Elementar-Bearbeitungsobjekte definiert [3].

Die Makro-Bearbeitungsobjekte (MBO) sind gegenüber den Elementar-Bearbeitungsobjekten die übergeordnete Organisationsform. Aus einem MBO werden im Rahmen der BO-Aufbereitung in der Regel mehrere Elementar-Bearbeitungsobjekte (EBO) gebildet. In Bild 4 sind an drei Beispielen Funktionsobjekte und die daraus resultierenden unterschiedlichen Bearbeitungsobjekte einander gegenübergestellt.

Funktionsobjekte	Makro-Bearbeitungsobjekte	Elementar-Bearbeitungsobjekte
Versteifungsrippe	Tasche	Bohren Schruppen-konturparallel Schlichten
Kühlmittelbohrung	Stufenbohrung mit Gewinde	Anfräsen Senken Zentrieren Gewindebohren Bohren
Verschraubung eines Flansches	Bohrmuster, zirkular	Zentrieren Vorbohren Bohren

Bild 4. Gegenüberstellung unterschiedlicher Objekttypen

3 Aufbau und Einbindung des Bearbeitungsmodells in die NC++-Verfahrenskette

Unter Beachtung der genannten Forderungen ergibt sich der in Bild 5 dargestellte Aufbau des Bearbeitungsmodells. Das Bearbeitungsmodell wird in Bearbeitungsteilmodelle untergliedert. Diese Unterteilung ist wichtig, um berücksichtigen zu können, daß zur Herstellung eines Werkstücks meist mehrere Aufspannungen notwendig sind.

Die Bearbeitungsteilmodelle enthalten die Bearbeitungsobjekte, die von der Bearbeitungsobjekt-Verwaltung aufgenommen werden. Mit den Bearbeitungsobjekten sind die zur Definition bzw. Modifikation eines Bearbei-

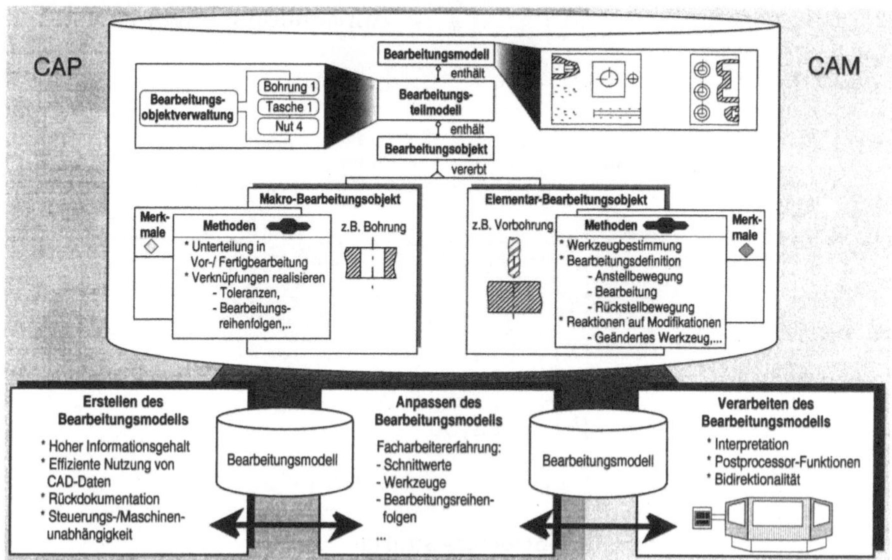

Bild 5. Aufbau und Einbindung des Bearbeitungsmodells

tungsteilvorgangs notwendigen Attribute und Methoden (z.B. zur Werkzeugbestimmung) verbunden (Bild 5).

Aus diesen mit den Bearbeitungsobjekten verknüpften Methoden resultieren die Bearbeitungsanweisungen für die Werkzeugmaschine und zwar in einer objektorientierten, rechnerinternen Form. Diese Bearbeitungsanweisungen werden durch die in die jeweilige „offene" CNC integrierten Postprocessor-Funktionalitäten entweder direkt in Vorgabewerte für die einzelnen Bewegungsachsen und Schaltfunktionen gewandelt oder als Migrationskonzept in die konventionell verarbeitbaren NC-Sätze gemäß DIN 66025 eingegliedert.

Die genannte Unterteilung in verschiedene miteinander verknüpfte Bearbeitungsobjekt-Klassen sowie deren fenster- und piktogrammorientierte Repräsentationsform gewährleistet die facharbeitergerechte Unterstützung. Gleichzeitig ist bei jedem Objekt hinterlegt, wie es abgeleitet wurde und in welchem Umfang Änderungen sicher durchführbar sind. Das stellt die gewünschte Bidirektionalität sicher. Es schafft außerdem die Voraussetzung für situationsorientierte, also kurz vor Fertigungsbeginn erfolgende, Modifikationen des Bearbeitungsmodells.

Bild 6 zeigt abschließend die Einbindung in eine offene, den OSACA-Konventionen entsprechende Steuerungsstruktur. Es wird deutlich, daß zur Definition der Bearbeitung direkt an der Steuerung, je nach Anwendungsfall, Bearbeitungsobjekte für unterschiedliche Bearbeitungsverfahren generiert werden können. Hierzu werden am Institut momentan die dafür notwendigen Bibliotheken definiert.

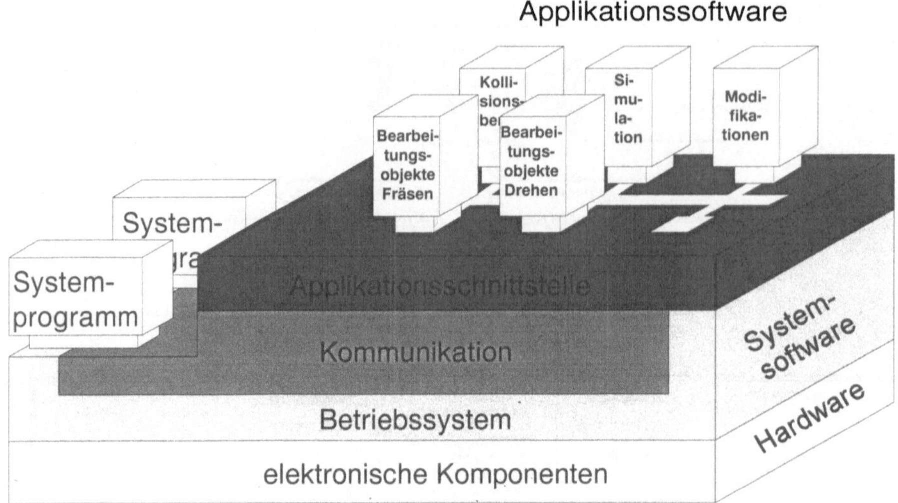

Bild 6. Einbindung in eine offene Steuerungsstruktur

4 Zusammenfassung

Ziel war es, die Bereiche CAP und CAM über ein auf objektorientierten Strukturen basierendes Bearbeitungsmodell bidirektional miteinander zu verknüpfen. Die beschriebene Lösung überwindet die derzeit bestehende Trennung zwischen Arbeitsvorbereitung und Werkstatt. Mit dem bereichsübergreifenden Einsatz der im Bearbeitungsmodell enthaltenen Bearbeitungsobjekte werden dem Bediener der Werkzeugmaschine Steuerdaten in einer nutzergerechten Repräsentationsform mit hohem Informationsgehalt zur Verfügung gestellt, so daß das Einfahren, Modifizieren und Optimieren von Bearbeitungsaufgaben schneller und sicherer wird. Ferner wird das im Werkstattbereich vorhandene Erfahrungswissen vorteilhaft dem planenden Bereich verfügbar gemacht. Die mit den Bearbeitungsobjekten verbundene Parametrisierung verbessert zudem wesentlich die Variantenbildung und Wiederverwendbarkeit von Lösungen für einzelne Bearbeitungsaufgaben.

Als Migrationskonzept ist vorgesehen, für die Bearbeitungsobjekte in einer Übergangszeit weiterhin konventionell verarbeitbare NC-Sätze gemäß DIN 66 025 zu erzeugen. Damit lassen sich die z.Z. im Einsatz befindlichen NC-Steuerungen ohne gerätetechnische Modifikationen nutzen. Jedoch gehen auf diese Weise entscheidende Vorteile der vorgestellten Lösung (z.B. nutzergerecht aufbereitete Steuerinformationen an der Werkzeugmaschine) verloren.

Literatur

1. Fechter, Th.; Reibetanz, Th.; Walter, W.: Schnell und sicher zum ersten Werkstück. Maschinen Anlagen Verfahren 3 (1994) S. 46-47
2. Storr, A.; Reibetanz, Th.: Qualitätsgerechte Bearbeitungsmodellierung. wt Werkstattstechnik 83 (1993) H. 9, S. 120-125
3. Reibetanz, Th.: Situationsorientierte Bearbeitungsmodellierung zur NC-Programmierung. Berlin: Springer (In Vorbereit.)

Schnelle Sensorführung von Industrierobotern

J. Heller, A. Horn

1 Einleitung

Eine Analyse des derzeitigen Robotereinsatzes in der Bundesrepublik Deutschland zeigt, daß die dominierenden Einsatzgebiete das Lichtbogenschweißen sowie die Montage und Werkstückhandhabung sind [1]. Bahnorientierte Bearbeitungen in der Ebene und im Raum wie das Entgraten, Kleberauftragen oder Sealen werden trotz hoher Stückzahlen vorwiegend manuell durchgeführt.

Hier sind als wesentliche Hemmnisse für einen Robotereinsatz die aus wirtschaftlichen und technologischen Gründen geforderten hohen Bearbeitungsgeschwindigkeiten von teilweise mehr als 300 mm/s bei Bahngenauigkeiten im Bereich weniger Zehntelsmillimeter zu nennen. Außerdem ist die Programmierung räumlicher Bewegungsbahnen meist äußerst aufwendig und schwierig. Diese Bahnen, in der Praxis durch Teachen an einem Musterwerkstück bzw. off line gewonnen, müssen häufig aufgrund von Lage- und Formtoleranzen der zu bearbeitenden Teile werkstückindividuell adaptiert werden, um eine ausreichende Fertigungsqualität sicherzustellen.

Ausgehend von einfachen Sensoren zur Unterstützung der Programmierung oder der On-line-Bahnadaption werden in der Roboterhand mitgeführte Bahnführungssensoren, die eine räumliche On-line-Bahnführung eines Bearbeitungswerkzeugs erlauben, künftig eine Schlüsselrolle einnehmen. Bearbeitet wird an den in Bild 1 gezeigten typischen Werkstückkonturen. Derzeit bekannte Bahnführungssensoren, die besonders für das Lichtbogenschweißen entwickelt wurden, sind aufgrund ihrer geringen Meßrate für eine Bahnführung mit den hier geforderten hohen Bahngeschwindigkeiten und -genauigkeiten nicht geeignet [2, 3]. Die aus den hohen Meß- und Auswertezeiten abzuleitende geringe Dynamik des Roboter-Sensor-Systems sowie fehlende Kenntnisse über das Zusammenwirken der Sensorik mit der Steuerungs- und Regelungstechnik des Industrieroboters bei hohen Bahngeschwindigkeiten sind z.Z. weitere zentrale Probleme. Deren Lösungen dienen der Ausschöpfung des Automatisierungspotentials im Umfeld der genannten Bearbeitungsaufgaben.

Diese Defizite waren Ausgangspunkt für die hier vorgestellten Entwicklungen auf dem Gebiet der schnellen Konturverfolgung mit vorauseilendem Sensor.

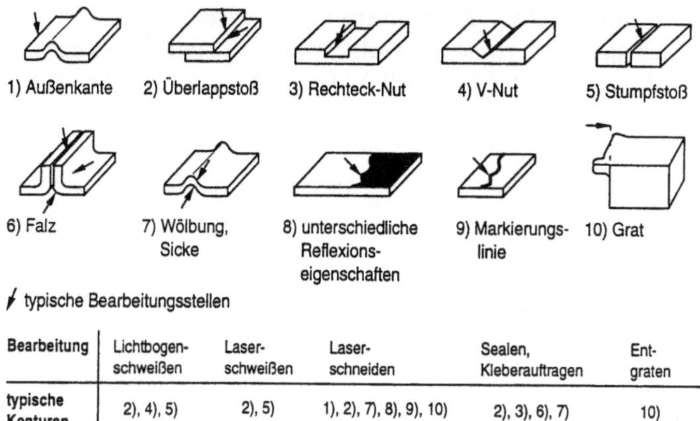

Bearbeitung	Lichtbogen-schweißen	Laser-schweißen	Laser-schneiden	Sealen, Kleberauftragen	Ent-graten
typische Konturen	2), 4), 5)	2), 5)	1), 2), 7), 8), 9), 10)	2), 3), 6), 7)	10)

Bild 1. Typische Werkstückkonturen bei Roboterbearbeitungen

2 Bahnplanung mit vorlaufendem Sensor

Aus dem Bereich des automatisierten Lichtbogenschweißens ist eine gegenüber dem Werkzeugeingriffspunkt (Tool-Center-Point, TCP) vorlaufende Sensoranordnung bekannt (Bild 2). Die Gründe für den Sensorvorlauf sind dort die begrenzte Meßzugänglichkeit der eingesetzten Sensorik am Bearbeitungsort, prozeßspezifische Randbedingungen sowie die derzeit erheblichen sensor- und steuerungsinternen Totzeiten $T_{t,\mathrm{Sen}}$ und $T_{t,\mathrm{RC}}$, welche beim Messen im TCP zu erheblichen Reaktionsverzögerungen des Industrieroboters führen. Der Sensorvorlauf s_v ermöglicht eine Prädiktion des Bahnverlaufs der Werkstückkontur. Dieser ergibt sich aus den Sensordaten, der Sensoranordnung in der Roboterhand und der Roboterposition.

Derzeit ist dieses Prinzip das beste zur Konturverfolgung bei hohen Bahngeschwindigkeiten [4].

Die Bahnführung basiert auf einer Lage-Soll-Wert-Erzeugung durch Interpolation zwischen den sensorgestützt erfaßten, zukünftigen, kartesischen

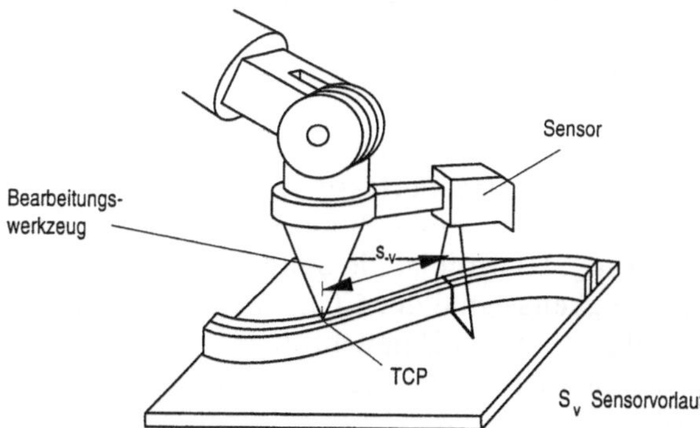

Bild 2. Vorlaufende Sensoranordnung am Effektor

Soll-Bahn-Stützstellen (Bild 3). Der Bahninterpolator wird von einem als FIFO ausgeführten Bahnspeicher versorgt, welcher die Vorlaufstrecke zwischen Sensormeß- und aktuellem Lage-Soll-Wertpunkt überbrückt. Aufgrund der Interpolation nimmt die Bahngeschwindigkeit einen definierten Wert ein. Wichtig ist besonders eine Lage-Soll-Wert-Erzeugung, die gewährleistet, daß die Robotermechanik nicht zu Schwingungen angeregt wird.

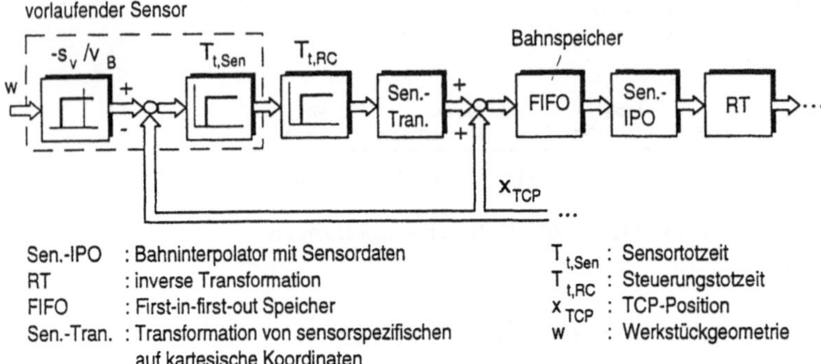

Bild 3. Struktur einer Sensorführung mit vorlaufendem Sensor und lokaler Bahnplanung

Vom Systemaufbau betrachtet ist diese Bahnführung eine Steuerung, da die tatsächliche TCP-Position nicht rückgekoppelt wird. Verglichen mit einem konventionellen Sensorregelkreis (z.B. nach [5]) entfällt der dort notwendige, bandbegrenzende I-Regler bzw. I-Anteil des Sensorreglers, so daß die volle Regelbandbreite der Lageregelkreise zur Verfügung steht.

Da die Regelbandbreite von Roboterachsen wegen der relativ großen zu bewegenden Massen gering ist, werden oft hochdynamische Zusatzachsen auf der Basis elektrischer oder hydraulischer Antriebe als Alternative zur Überwindung der begrenzten Dynamik konventioneller Sensor- bzw. Lageregelkreise eingesetzt.

3 Entwickelte Sensorsysteme zur schnellen Konturverfolgung

3.1 Spaltsensorik mit Zeilenkamerasystem

Am ISW wurden mehrere, nach unterschiedlichen Meßprinzipien arbeitende Sensorsysteme zur schnellen Konturlagenerfassung entwickelt. Bild 4 zeigt ein System zur Spalterfassung mittels einer Zeilenkamera und einer unstrukturierten Auflichtbeleuchtung. Hiermit ist die Seitenlage einer Naht erfaßbar, wenn die Kontur im Helligkeitssignal der CCD-Zeile ein markantes Signal hervorruft. Bei geeigneter Wahl der Beleuchtungseinrichtung gelingt dies häufig auch für einen Stumpfstoß. Mit diesem System ist außerdem die Detektion eines Anrißes möglich.

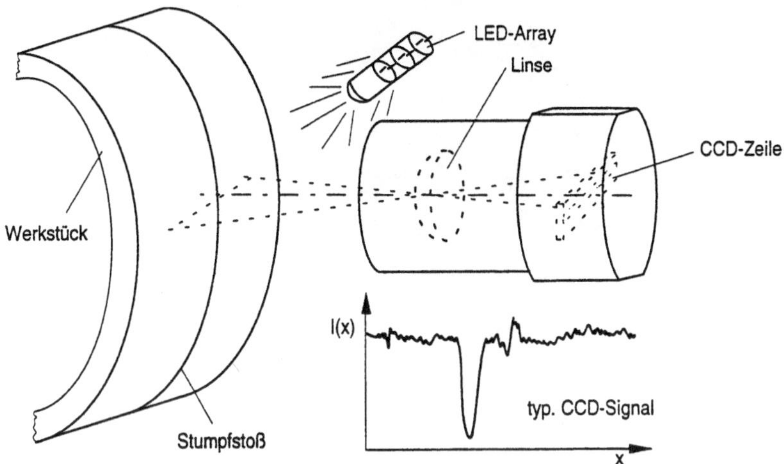

Bild 4. Spaltsensorik mit Zeilenkamerasystem

3.2 Adaptive Lichtschnittsensorik

Ein weiteres Sensorsystem gründet auf dem Lichtschnittverfahren (Bild 5). Hiermit läßt sich der Profilschnitt einer Kontur erfassen. Es wurden Signalverarbeitungsstrategien entwickelt, die eine adaptive Belichtungsregelung sowie eine schnelle Verarbeitung der anfallenden Bilddaten ermöglichen [6].

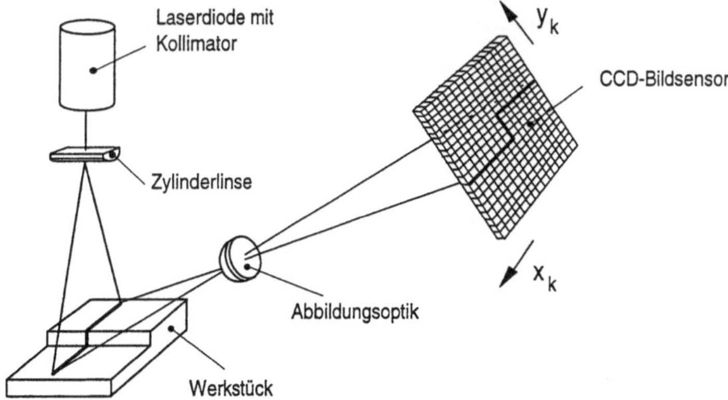

Bild 5. Prinzip des Lichtschnittverfahrens

Beim Einsatz einer High-speed-CCD Kamera mit einer Bildrate von bis zu 400 Hz und einer mit Hardware ausgeführten Datenreduktion können hiermit Werkstückkonturen im 10 ms-Takt in drei Freiheitsgraden (Abstand, Seitenlage und Verkippung) ermittelt werden. Bild 6 zeigt zwei Ausführungen des Sensorsystems.

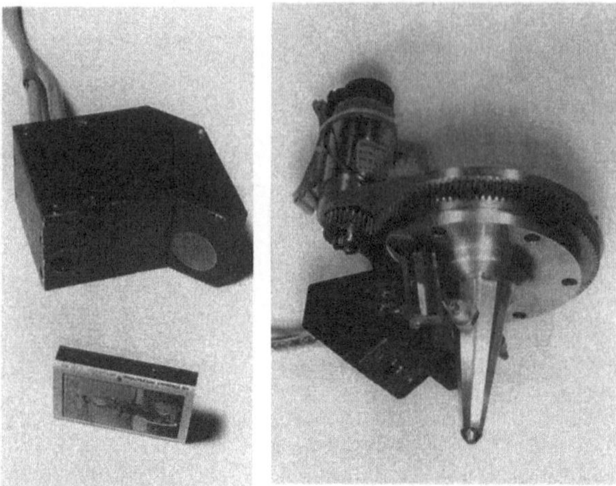

Bild 6. Ausgeführte Varianten des Lichtschnittsensors

Literaturverzeichnis

1. Schweizer, M.: Verstärkter Robotereinsatz in allen Bereichen. Produktion (1991) 14, S. 3
2. Reinhart, G.: Im Stadium der Reife. Roboter-Markt (1991), S. 56-60
3. Herziger, G. u.a.: Anlagentechnik für die dreidimensionale Laserstrahlbearbeitung. In: Sievers, E.-R. (Hrsg.): 3-D-Bearbeiten mit CO_2-Hochleistungslasern. Düsseldorf: VDI-TZ 1992
4. Horn, A.: Schnelle Sensorregelkreise für Industrieroboter. Semin. Moderne Regelungs- und Antriebstechnik d. FISW GmbH, Stuttgart, Okt. 1992
5. Gruhler, G.: Sensorgeführte Programmierung bahngesteuerter Industrieroboter. Berlin: Springer 1987
6. Pritschow, G.; Horn, A.: Schnelle adaptive Signalverarbeitung für Lichtschnittsensoren. Robotersysteme 7 (1991) H. 4, S. 194-200

Leichtbauweisen dynamisch bewegter Maschinenbaugruppen in Blech

M. Gringel

1 Einleitung

Der wirtschaftliche Einsatz innovativer Hochgeschwindigkeits-Bearbeitungsverfahren (Lasermaterialbearbeitung, Hochgeschwindigkeitszerspanung) erfordert geeignete Maschinenkonzepte, mit denen weit höhere Bahngeschwindigkeiten bei hoher Konturgenauigkeit erreicht werden können als dies derzeit mit konventionellen Bearbeitungsmaschinen möglich ist. Neue Impulse gehen von der Direktantriebstechnik aus, die hinsichtlich Beschleunigungsvermögen, Achsgeschwindigkeit, Positioniergenauigkeit und Regeldynamik herkömmlichen Antriebssystemen überlegen ist [1]. Bei hochdynamischen Achsbewegungen bewirken die Massenträgheitskräfte der bewegten Baugruppen Deformationen und Schwingungserregungen, die ihrerseits die Arbeitsgenauigkeit begrenzen. Für eine hohe Dynamik sind deshalb die bewegten Massen der Bearbeitungsmaschine zu minimieren und abzustimmen [2].

Neuer Anwendungen bieten hierbei Blech-Leichtbaukonstruktionen, da die erfoderliche hohe dynamische Steifigkeit der Baugruppen (d.h. hohe Eigenfrequenzen in den untersten Moden) nur durch eine Bauweise und Fertigungstechnologie erreicht werden kann, bei der hohe Formsteifigkeit mit möglichst kleinen bewegten Massen realisiert wird. Wesentliche Potentiale im Blechleichtbau eröffnen Fertigungsverfahren wie Laserschweißen und -schneiden, welche Vorteile hinsichtlich geringem Verzug, hoher Einschweißtiefen bzw. Formenvielfalt bei der Schneidbearbeitung aufweisen. Die Strukturberechnungen bzw. -auslegungen können effizient mit Hilfe der FEM machbar.

2 Werkstoffe für den Blechleichtbau

Einen wesentlichen Einfluß im Leichtbau übt der eingesetzte Werkstoff aus. Sie werden unter anderem anhand von Werkstoffkennwerten gewählt. Als Kennzahl wird die spezifische Steifigkeit des Werkstoffs herangezogen, die das Verhältnis des E-Moduls zum spezifischen Gewicht γ beschreibt. Bild 1 zeigt die Werkstoffkennwerte verschiedener Blechwerkstoffe.

Für den Blechleichtbau sind Werkstoffe mit hoher spezifischer Steifigkeit und speziell bei Blechformteilen Werkstoffe mit guten Füge- und Umform-

Werkstoff	Dichte ϱ (kg/dm³)	Elastizitätsmodul E (N/mm²)	Spezifische Steifigkeit E/γ (10^{-6} mm)
Stahl	7,85	210 000	2726,97
Al-Legierung	2,7	70 000	2642,81
Mg-Legierung	1,8	44 000	2491,79
Ti-Legierung	4,5	105 000	2378,53

Bild 1. Werkstoffkennwerte verschiedener Blechwerkstoffe

eigenschaften erforderlich. Stahlwerkstoffe erfüllen diese Forderungen optimal und sind kostengünstig.

3 Leichtbauprinzipien für Werkzeugmaschinen-Baugruppen

Bestehende Leichtbauprinzipien, deren Ursprünge im Flugzeugbau liegen, sind nur ansatzweise auf den Leichtbau bei Werkzeugmaschinen übertragbar, da signifikant unterschiedliche Forderungen hinsichtlich Steifigkeit, Festigkeit und Fertigungskosten bestehen. Wegen der hohen Forderungen an die Bahngenauigkeit von Werkzeugmaschinen ist im Gegensatz zum Flugzeugbau ein steifigkeitsoptimierter Leichtbau anzuwenden. Alle im Kraftfluß der Maschine liegenden Bauteile müssen ohne größere Nachgiebigkeiten die wirkenden Belastungskräfte (Massenträgheitskräfte, Prozeßkräfte) aufnehmen. Die Blech-Leichtbauweise mechanischer Maschinenkomponenten wird im wesentlichen von der dominierenden Belastungsart (Biegung, Torsion), den Integrationsanforderungen anderer Maschinenelemente wie Spindeln oder Linearführungen und dem verfügbaren Bauraum bestimmt. In Bild 2 ist am Beispiel eines auf Biegung belasteten Auslegers einer Laserbearbeitungsmaschine die Vorgehensweise bei der Leichtbau-Strukturfindung und -gestaltung dargestellt.

Biegebelastete Träger weisen demnach optimierte statische Steifigkeitswerte bei minimierten Bauteilmassen auf, wenn große Außenquerschnitte bei kleinen Wandstärken gewählt werden. Dies trifft auch für die dynamische Steifigkeit der Bauteile zu, welche sich unter anderem in einer Erhöhung der ersten Eigenfrequenz (unterste Mode) zeigt. Der Nachweis wurde hierbei mit Hilfe der FEM-Berechnung geführt. Fertigungstechnisch lassen sich derartige Auslegerbauteile mit dem Laserschweißen zweier, in Form von Halbschalen gekanteter Blechprofile kostengünstig herstellen. Je nach Auslegung können innere Verrippungen zur Verstärkung des Querschnitts vorgesehen werden.

Bei plattenförmigen Baugruppen (z.B. Achsschlitten, Maschinentische) sind Sandwich-Bauweisen geeignet, die ebenfalls aus Blechprofilen aufgebaut werden können [3]. Bild 3 zeigt einen direktangetriebenen Maschinentisch einer Laserbearbeitungsmaschine, dessen Sandwich-Kern aus Rohren besteht. Hier wurde der schubsteife Kern mit den beiden dünnen Deck-

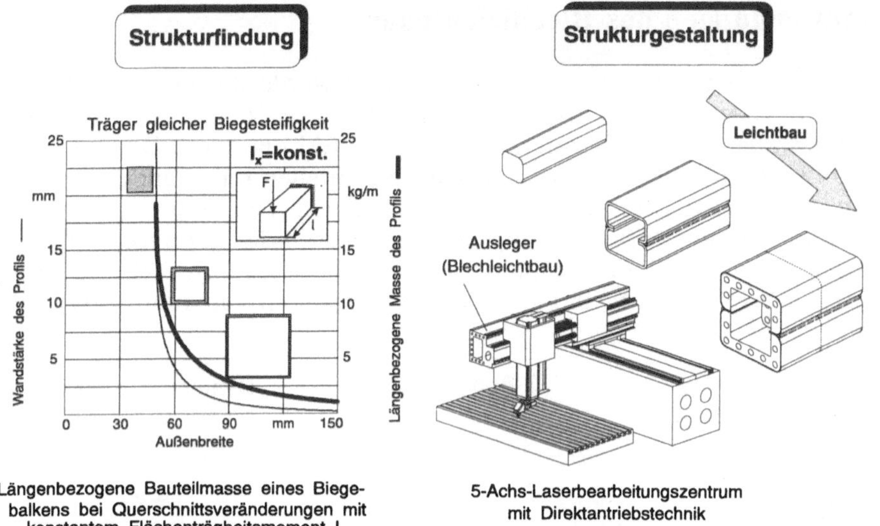

Bild 2. Leichtbauweise eines biegebelasteten Auslegers einer Laserbearbeitungsmaschine

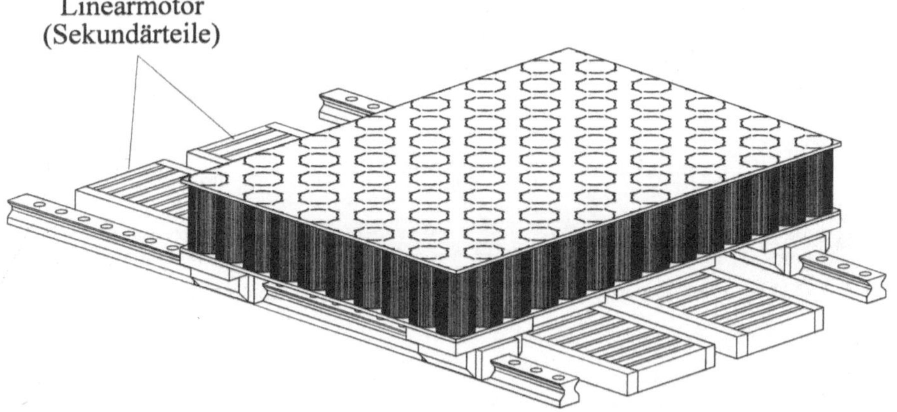

Bild 3. Direktangetriebener Maschinentisch in Sandwich-Bauweise

schichtblechen mittels Laserschweißen verbunden. Der Sandwich-Aufbau wurde mit Hilfe der FEM-Berechnung optimiert.

Ein weiterer Entwicklungsschwerpunkt im Blechleichtbau liegt in der Gestaltung von Krafteinleitungsstellen. Sie waren bisher nur mit aufwendigen FEM-Berechnungen für die jeweilige Konstruktion zu dimensionieren. Ansätze liefern standardisierte Konstruktionslösungen, deren mechanische Eigenschaften wie Steifigkeit und Dämpfung theoretisch und experimentell in weiterführenden Forschungsarbeiten zu ermitteln bzw. zu verifizieren sind.

4 Anwendungen des Blechleichtbaus

Im Rahmen eines Sonderforschungsbereichs wurde die in Bild 4 dargestellte Z-Achse eines hochdynamischen Laserbearbeitungszentrums in Blechleichtbauweise konstruiert und mittels FEM optimiert. Der Strukturaufbau besteht im wesentlichen aus Blechformteilen mit Wanddicken von 1 mm, die mittels Laserschweißen gefügt werden. Die direktangetriebene Linearachse trägt den Bearbeitungskopf mit zwei zusätzlichen rotatorischen Achsen (Handachse) zur Strahlorientierung. Sie wurde für Achsbeschleunigungen bis 40 m/sec^2 und Achsgeschwindigkeiten von 100 m/min ausgelegt.

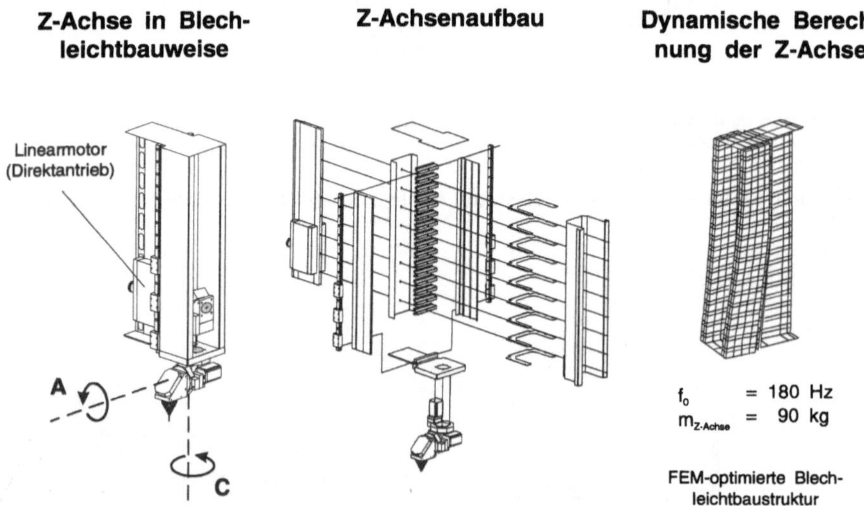

Bild 4. Z-Achse eines Laserbearbeitungszentrums in Blech-Leichtbauweise

Literatur

1. Philipp, W.: Regelung mechanisch steifer Direktantriebe für Werkzeugmaschinen. Diss. TU Stuttgart 1992
2. Heisel, U.; Gringel, M.: Maschinenauslegung für Laserbearbeitungszentren. In: Ergebnisberichte des Sonderforschungsbereichs 349, 1993, S. 371-392
3. Lingaiah, K.: Strength and stiffness of sandwich beams in bending. In: Experimental Mechanics 31 (1991) H. 1

Erfahrungen bei der Reduzierung des Kühlschmierstoffeinsatzes in der Zerspanung

M. Lutz

1 Einleitung

Kühlschmierstoffe werden heute wegen der mit ihnen verbundenen Nachteile wie Entsorgungsschwierigkeiten, Gesundheits- und Umweltgefährdung sowie Reinigungs- und Pflegeaufwand zunehmend kritischer betrachtet. Trotz vieler Bestrebungen, auf Kühlschmierstoffe ganz zu verzichten, ist zum Erzielen wirtschaftlicher Werkzeugstandzeiten und der geforderten Oberflächengüten eine Kühlschmierung in vielen Fällen weiterhin unerläßlich. Dies gilt besonders dann, wenn enge Toleranzen, hohe Form- und Maßhaltigkeit verlangt werden oder kritische, schwer zerspanbare Werkstoffe zu bearbeiten sind. Minimalmengen-Kühlschmiersysteme (Bild 1) sind daher eine interessante Alternative, die die Funktionalität der Kühlschmierung mit einem extrem geringen Verbrauch an Kühlschmierstoff verbinden. Typischerweise liegt der Verbrauch zwischen 50 und 150 ml/h. Sie sind somit ein Bindeglied zwischen der Trockenbearbeitung auf der einen und der Überflutungs-Kühlschmierung auf der anderen Seite. Ihr geringer Kühlschmierstoff-Verbrauch und die nicht vorhandenen Kühlschmierstoff-Umlaufsysteme ergeben zahlreiche Vorzüge gegenüber der herkömmlichen Kühlschmierung.

Diese bereits seit einigen Jahren erfolgreich in verschiedenen Bereichen der spanenden, hier vor allem beim Sägen, und umformenden Fertigungsverfahren eingesetzte Technik findet zunehmend breitere Verwendung.

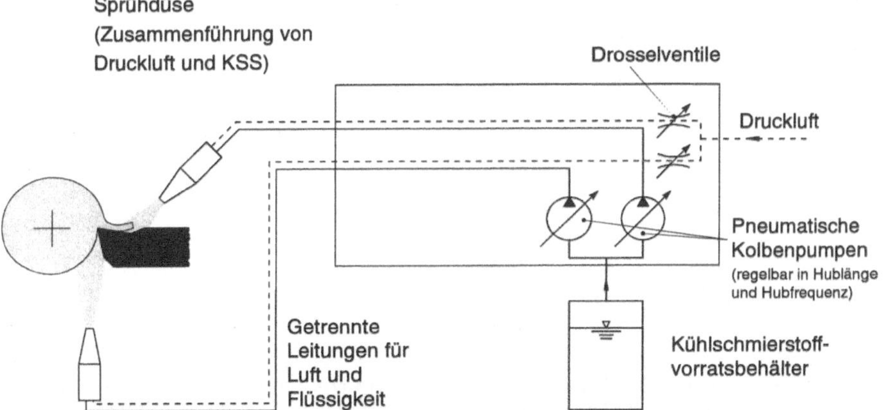

Bild 1. Prinzipskizze eines Minimalmengen-Kühlschmiersystems

2 Methoden zur technologischen Untersuchung verschiedener Kühlschmiertechniken

Zur Beurteilung der prozeßtechnischen Wirkungen bestimmter Kühlschmiertechniken können auf der einen Seite die Prozeßergebnisgrößen „Verschleißentwicklung“ sowie „Oberflächengüte und Randschichtbeeinflussung“ oder andererseits die In-Prozeß-Größen „Zerspankräfte“ und „Temperaturen“ herangezogen werden. Die Beurteilung mit Hilfe von Zerspankraftmessungen ist eine Möglichkeit, mit relativ geringem Aufwand signifikante Effekte darzustellen. Damit lassen sich viele verschiedene Bedingungen untersuchen.

Auch die Werkzeugstandzeit erlaubt Aussagen zur Effektivität einer Kühlschmiertechnologie. So zeigt z.B. der Vergleich Minimalmengen-Kühlschmierung - Überflutungs-Kühlschmierung - Trockenbearbeitung sehr gute Ergebnisse für die reduzierte Kühlschmierstoffmenge (Bild 2). Vergleichsmarke war dabei die Werkzeugstandzeit beim Erreichen einer Verschleißmarkenbreite VB = 0,3 mm beim Drehen des gleichen Werkstoffs. Im konkreten Fall liegen die Verschleißkurven eng beieinander und divergieren erst mit zunehmender Einsatzdauer. Insgesamt weist das mit einem Öl-Luft-Gemisch geschmierte und gekühlte Werkzeug eine gegenüber der Überflutungs-Schmierung um zehn Prozent höhere Standzeit auf. Dabei wird die schmierende Funktion vom Öl, die kühlende hauptsächlich von der Druckluft übernommen. Im Vergleich zur Trockenbearbeitung liegt die Standzeit bei der Minimalmengen-Kühlschmierung sogar um 14 Prozent höher.

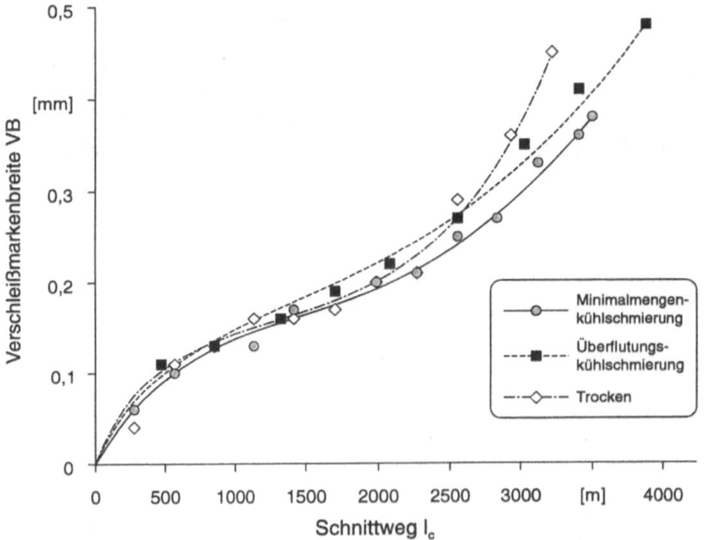

Bild 2. Entwicklung des Freiflächenverschleisses beim Drehen in Abhängigkeit vom eingesetzten Kühlschmierstoff (Drehen von 100 Cr 6 mit HW P25; Kühlschmierstoff: Ester; v_c = 200 m/min; f = 0,25 mm; a = 1 mm)

3 Funktionalitäten „Kühlen“, „Schmieren“ und „Spänetransport“

Jeder Anwender benötigt für seine spezifische Bearbeitungsaufgabe (Maß, Oberfläche, Automatisierung, Standzeit) einen bestimmten Ausschnitt aus den gesamten Funktionen. Aus diesem Grund ist die Frage nach der Praxistauglichkeit einer Kühlschmiertechnik immer nur vor dem Hintergrund einer vorgegebenen Bearbeitung zu beantworten.

Im Bereich des Spänetransports haben Minimalmengen-Kühlschmierungen keine Wirkung, so daß diese Funktion der Kühlschmierung mit anderen Konzepten oder einer Beschränkung der konventionellen Kühlung auf reine Spülvorgänge substituiert werden muß.

Bezüglich der schmierenden Eigenschaften werden an Minimalmengensysteme dieselben Forderungen wie an die Überflutungsmethode gestellt. Allerdings sind diese bei sehr kleinen Volumenströmen eventuell nur unzureichend zu erfüllen. Bei Minimalmengen-Kühlschmiersystemen können jedoch die Konvektion strömender Gase oder die Verdampfungsenthalpie die kühlende Wirkung begünstigen.

Die bei Drehversuchen mit Thermoelementen unter den Schneidplatten aufgenommen Temperaturen liegen zwischen denen der Trockenbearbeitung und denen der konventionellen Überflutungskühlung (Bild 3).

Die mit der Minimalmengen-Kühlschmierung erzielbaren Ergebnisse lassen sich auf die an der Wirkstelle verbleibende und zu einer Erwärmung des Werkstückwerkstoffs führende Wärmemenge zurückführen. Die genauen Vorgänge dazu sind Gegenstand künftiger Untersuchungen.

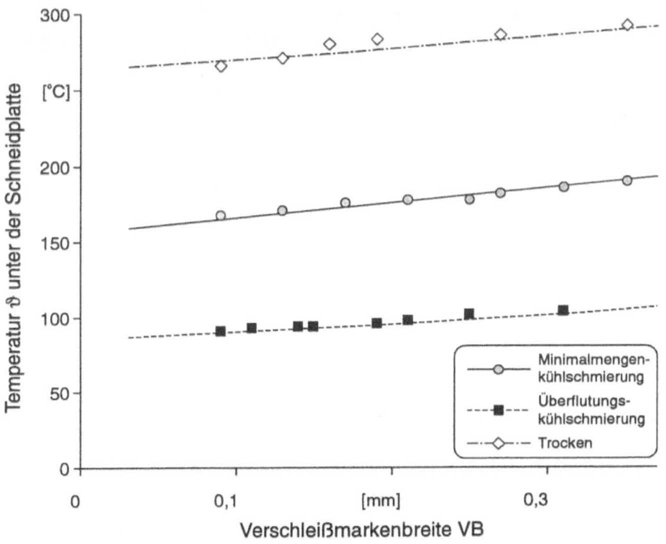

Bild 3. Abhängigkeit der Temperatur unter der Wendeschneidplatte von Verschleiß und Kühlschmierungsart (Drehen von 100 Cr 6 mit HW P25; Kühlschmierstoff: Ester; $v_c = 200$ m/min; $f = 0{,}25$ mm; $a = 1$ mm)

4 Zusammenfassung und Ausblick

Die Auswertung der Versuchsergebnisse und die Erfahrungen zahlreicher metallverarbeitender Betriebe erlauben den Schluß, daß in der spanenden Metallbearbeitung auch weiterhin auf den Einsatz von Kühlschmierstoffen nicht generell verzichtet werden kann. In vielen Fällen sind sie auch künftig technologisch notwendig und wirtschaftlich sinnvoll. Alternativen Formen der Kühlschmierung mit geringeren Verbrauchsmengen ist aber, parallel zu den bekannten Techniken, mehr Aufmerksamkeit zu widmen. Minimalmengen-Kühlschmiersysteme sind dabei eine Möglichkeit, die Funktion „Schmierung" z.B. aus Gründen der Standzeit oder der geforderten Oberflächengüte mit einem Minimum an Kühlschmierstoff zu übernehmen. Es hängt vom Bearbeitungsfall und von der eingesetzten Technologie ab, ob diese Technik anwendbar ist. Hier ist auch speziell die Bedeutung des Kühlschmierstoffs für den Spänetransport zu berücksichtigen. Die durchgeführten Versuche zeigen, daß in vielen der in der Praxis auftretenden Bearbeitungsfälle die Minimalmengen-Kühlschmierung anwendbar ist: Hier erhöht der Wegfall der Entsorgungsprobleme für den verbrauchten Kühlschmierstoff und die verölten Späne sowie der eventuell mögliche Verzicht auf Werkstück-Waschvorgänge die Wirtschaftlichkeit.

Literatur

1. Rometsch, E.: Konzeption und Erprobung einer Temperaturmeßeinrichtung für die Zerspanung auf CNC-Drehmaschinen. Dipl.-Arb. Univ. Stuttgart 1993
2. Heisel, U.; Lutz, M.: Probleme der umwelt- und humanverträglichen Fertigung am Beispiel der Kühlschmierstoffe, T. 1. dima 47 (1993) H. 8/9, S. 81-83
3. Heisel, U.; Lutz, M.: Probleme der umwelt- und humanverträglichen Fertigung am Beispiel der Kühlschmierstoffe, T. 2. dima 47 (1993) H. 10, S. 35-40
4. Heisel, U.; Lutz, M.: Investigation of cooling and lubricating liquids. Product. Engng. Vol I/1 (1993), S. 23-26
5. Schmidt, J. u.a.: Aufheiz- und Abkühlverhalten von Wendeschneidplatten beim Stirnplanfräsen. wt Produktion und Mangagement. (1992) 1
6. Ludwig, H.-R.; Wassmer, R.: Spanflächen mit Infrarotfotographie beobachtet. Techn. Rdsch. 48 (1991), S. 30-35
7. Schmidt, J. u.a.: Heiße Schneide. MM 98 (1992) 18, S. 46-53

Weiterentwickelte Verfahren zur Beurteilung bewegter Maschinenstrukturen

J.Walz

1 Einleitung

Die Entwicklung spanender Werkzeugmaschinen ist im großen Wandel. Früher wurden bei Serienmaschinen noch Prototypen entwickelt, die vor Beginn der Serienproduktion ausgiebig experimentell geprüft und vermessen werden konnten. Heute werden diese Untersuchungen - wenn überhaupt - an bereits disponierten Maschinen der Vorserie durchgeführt. Für die entsprechenden meßtechnischen Untersuchungen der Werkzeugmaschinen sind flexiblere und vor allem schneller einsetzbare Systeme und Vorgehensweisen notwendig.

2 Maschinenoptimierung

Die Bearbeitungsqualität spanender Werkzeugmaschinen wird zunehmend vom dynamischen Verhalten des Gesamtsystems bestimmt. Zum Erhöhen der Gesamtdynamik werden hochdynamische Antrieb eingesetzt und die Strukturen in Leichtbauweise ausgeführt. Dies führt jedoch in vielen Fällen zu Problemen. Ursachen sind unterschiedliche Erregungsmechanismen sowie räumliche Massen- und Steifigkeitsverteilungen der Struktur. Sie tragen dazu bei, daß mit herkömmlichen Verfahren neben einer meist aufwendigen Vorgehensweise nur ungenügende Aussagen über Schwachstellen für den konkreten Betriebsfall gemacht werden können.

Neben der Modalanalyse und der FEM ist zunehmend die Betriebsschwingungsanalyse eine weitere Vorgehensweise, um Schwachstellen während des Betriebs zu identifizieren.

3 Modalanalyse

Zum Beschreiben des dynamischen Verhaltens mit Hilfe der Modalanalyse werden Nachgiebigkeits-Frequenzgänge für oder zwischen Werkzeug und Werkstück als Kriterium zur Beurteilung von Krafteinwirkungen angegeben [1]. Die Nachgiebigkeit ist ein komplexer Verstärkungsfaktor aus den auf die Kraft bezogenen Verlagerungen mit gleichzeitiger Frequenz- und Phasenabhängigkeit. Dabei lassen sich für lineare Systeme bei bekannter Kraftanregung (Verursacher: Schnittkräfte oder Unwuchten) auftretende Schwingungsamplituden berechnen.

Weiter ist es unmittelbar aus der Modalanalyse möglich, das Schwingungsverhalten aufgrund der bei der jeweiligen Eigenfrequenz vorliegenden Schwingungsform zu beurteilen. Das wiederum dient der Beschreibung des dynamischen Verhaltens. Debei können die im Betrieb auftretenden Schwingungsformen als ungestörte Überlagerungen von elementaren Schwingungsformen verstanden werden.

Nachteilig bei der vollständigen Beschreibung des dynamischen Maschinenverhaltens mit Hilfe der Modalanalyse oder der FEM ist die sehr kosten- und zeitintensive Vorgehensweise: Sie trägt meist nicht zu einer schnellen Problemlösung bei.

4 Vorgehensweise der Betriebsschwingungsanalyse

Unterschiedliche Spindel-Werkzeug-Werkstück-Kombinationen und vorgegebene Prozeßparameter führen oft schnell an die Grenzen des stabilen Bearbeitungsfalls. Sie liegen meist weit unterhalb der gewünschten Maschinenleistungen. Zum optimieren Leistung ist für jeden einzelnen Betriebsfall die Kenntnis der jeweils auftretenden Schwingungsformen notwendig. Letztere lassen sich mittels der Betriebsschwingungsanalyse zuverlässig ermitteln. Dabei wird am Institut für Werkzeugmaschinen der in Bild 1 dargestellte Meßaufbau eingesetzt.

Die Strukturbeschleunigungen werden im Betrieb an den Meßpunkten mittels piezoelektrischer Sensoren erfaßt. Neben triaxialen Beschleunigungsaufnehmern wird ein einkanaliger Referenzaufnehmer verwendet. Er

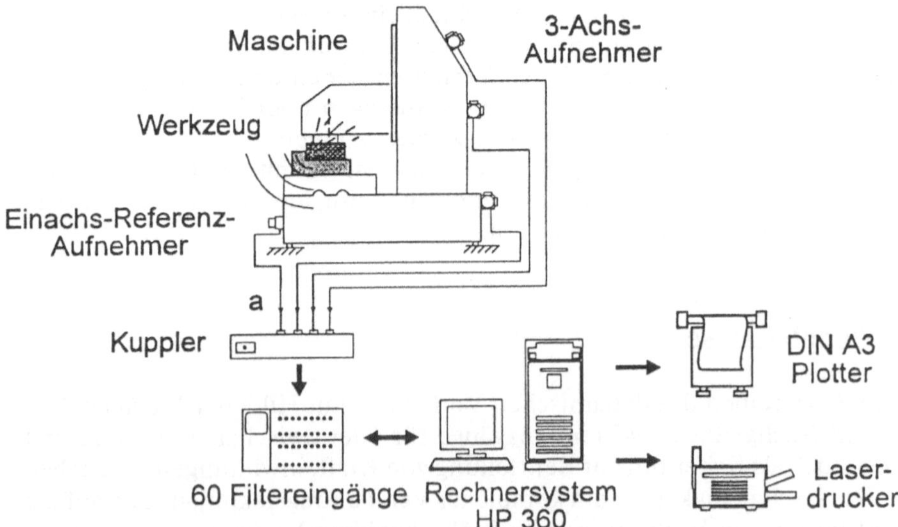

Bild 1. Arbeitsumgebung zur Durchführung der Betriebsschwingungsanalyse am IfW

dient neben der Ermittlung der relativen Vergrößerung auch zur Erfassung der Phasenlage der Meßkanäle.

Die Aufnahme der Vergrößerung und der Phasenlage zum Referenzkanal erlaubt nach entsprechender digitaler Filterung und zweifacher Integration die gleichzeitige Darstellung von Verlagerungen und Deformationen der Maschinenstruktur.

Die Einbindung der Strukturverlagerungen in ein dreidimensionales Modell der Maschinengeometrie trägt wie bei der Modalanalyse zur anschaulichen Darstellung von Absolut- und Relativverlagerungen bei.

Die Verlagerungen der Maschine lassen sich sowohl zeitabhängig als auch spektral darstellen. Der Anwender hat damit die Möglichkeit, sämtliche im Betrieb auftretenden Bewegungsformen zu analysieren und die dominierenden Schwingungsformen zu bewerten.

Das Verfahren bietet für die Praxis mehrere Vorteile:

- Kurzfristige Aussagen über die im Betrieb relevanten Betriebsverlagerungen sind möglich.
- Größe und Richtung der Prozeßkräfte sind nicht entscheidend bei der Ermittlung der Verlagerungen: Sie entsprechen dem speziellen Bearbeitungsfall und werden nicht, wie in der Modalanalyse, synthetisiert und berechnet.
- Sämtliche Randparameter wie beispielsweise Antriebe, Werkzeug und Werkstück, Prozeß und Fremderreger fließen in das Ergebnis ein.
- Die Analyse der Maschinenverlagerungen bei Selbsterregung, zum Beispiel während des regenerativen Ratterns, ist mittels der Betriebsschwingungsanalyse möglich.
- Der Einfluß von Fremderregungen auf die Maschine ist darstellbar.

5 Einsatzbeispiele für die Betriebsschwingungsanalyse

5.1 Bearbeitungszentrum bei ratterndem Schnittprozeß

Beim Bearbeiten eines Ventilsitzes aus hochlegiertem Stahl mit einem kegeligen Werkzeug wurden die Betriebsschwingungsformen während des Ratterns bestimmt. Eine Untersuchung des Betriebsverhaltens des Bearbeitungszentrums mit vertikaler Spindel zeigte die in Bild 2 dargestellte Verlagerung des Spindelkopfes und die dazugehörende Schwingungsform bei 976 Hz. Die Betriebsschwingungsanalyse zeigte nach kurzer Zeit den Einfluß des Futters, der Spindellagerstellung und der Gestaltung des Bearbeitungskopfes. Die Phasenlage der Hauptspindelbewegung zum Gehäuse war erkennbar. Damit ließ sich das Verhalten der Maschine während des Bearbeitungsprozesses überprüfen.

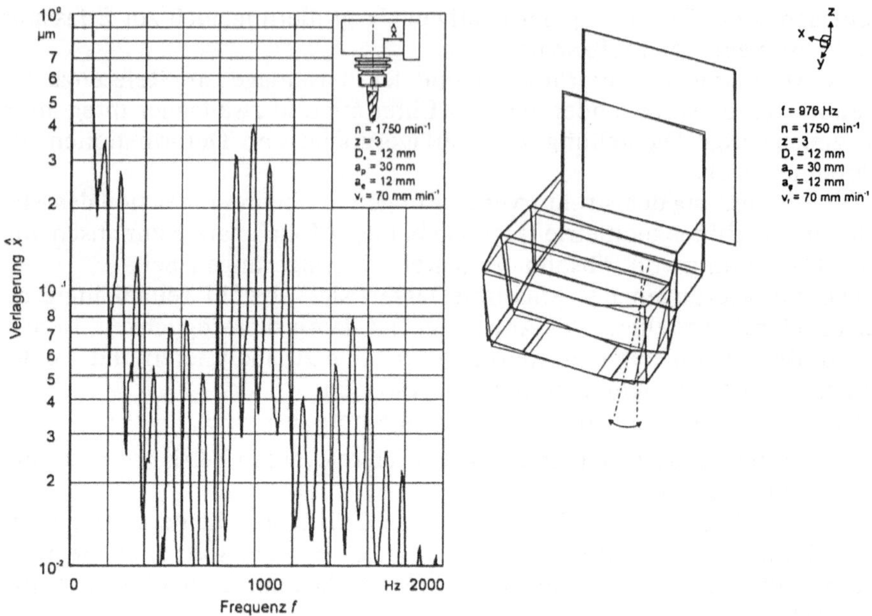

Bild 2. Verlagerung des Spindelkopfes während des Ratterns und ermittelte Betriebsschwingungsform für 976 Hz

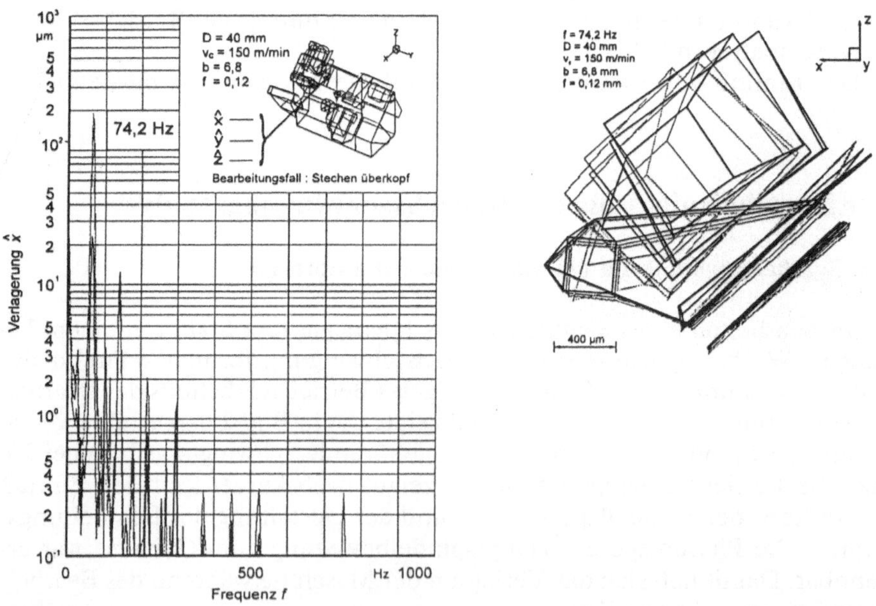

Bild 3. Verlagerung eines Drehmeißels während des Ratterns einer Drehmaschine und dazugehörende Betriebsschwingungsform bei 74,2 Hz

5.2 Drehmaschine

An einer 2-Spindel-Drehmaschine ergab die Betriebsschwingungsanalyse die Schwingungsform und wies auf die Schwachstelle bei einer Überkopf-Einstech-Drehoperation. Beim Drehen verformte sich bei 74 Hz der Kreuzschlitten. Bild 3 zeigt das ermittelte Verlagerungsspektrum des Meißelhalters mit den Ratterfrequenzen und der ermittelten Schwingungsform des Kreuzschlittens sowie die auftretende Schwachstelle.

5 Ausblick

Wie die Einsatzbeispiele zeigen, ist die Betriebsschwingungsanalyse ein weiteres leistungsfähiges Hilfmittel zur Beurteilung des dynamischen Maschinenverhaltens im Betrieb. Es kann die weitverbreiteten Methoden zur vollständigen Beschreibung des dynamischen Verhaltens (z.B. Modalanalyse, FEM) zwar nicht ersetzen. Sie liefert jedoch für den praxisnahen Einsatzfall schnelle und zuverlässige Ergebnisse, die zum Auffinden der Schwachstellen einer Maschine führen. Die Betriebsschwingungsanalyse bewährte sich schon bei vielen praktischen Problemen als das geeignetste Meßverfahren, um dynamischen Strukturverlagerungen im Betrieb zu bestimmen. Von Vorteil ist, daß sowohl unter stationären als auch unter instationären Bedingungen eine Schwachstellenanalyse durchführbar ist.

Literatur

1. Weck, M.: Werkzeugmaschinen, Bd. 4, Meßtechnische Düsseldorf Untersuchung und Beurteilung. Düsseldorf: VDI 1985
2. Heisel, U.; Fischer, A.: Bessere Oberflächenqualität durch Optimierung des dynamischen Maschinenverhaltens. HOB 4 (1992)
3. Walz, J.: Betriebsschwingungsanalyse - Vorgehensweise und Ergebnisse mit Beispielen aus der Hydraulik. Umdruck z. Semin. Neue Wege zur Geräuschminderung von hydrostatischen Pumpen und Aggregaten; IfW, 16.6.94

Konstruktive Lösungen zu komplexen, flexiblen Montageaufgaben

F. Richter, Th. Frankenfeld

1 Einleitung

In Anbetracht des steigenden Kostendrucks in der Montage, steht bei Rationalisierungsvorhaben die Frage, ob die Automatisierung der entsprechenden Montage- oder Demontageaufgaben wirtschaftlich möglich ist, an erster Stelle. Besonders für komplexe technische Produkte sind flexible Montageanlagen zu entwickeln, die durch niedrige Investitionskosten, kurze Nebenzeiten und zuverlässige, ausfallsichere Komponenten eine hohe Produktivität sicherstellen.

Montagewerkzeuge und Greifer sind trotz ihres geringen Anteils an den Investitionskosten einer Montageanlage entscheidende Komponenten für die wirtschaftliche Ausführung automatisierter Montageprozesse [1]. Die Forderungen an Montagewerkzeuge und Greifer werden dabei weitgehend von der Gestaltung und den Eigenschaften der Bauteile eines Produkts sowie den notwendigen Fügeprozessen bestimmt. Da komplexe Produkte meist aus unterschiedlichen Bauteilen bestehen, müssen bei der Montage oft verschiedene Fügeverfahren angewandt werden. Zusätzlich erweitern Variantenvielfalt und Baureihen unterschiedlich großer Produkte das in einer Anlage zu montierende Bauteilespektrum erheblich und führen zu sehr hohen Flexibilitätsforderungen an die Komponenten der Montageanlage, vor allem aber an die Montagewerkzeuge und Greifer [2]. Kombinierte oder aufeinanderfolgende Zerlege- und Fügeprozesse, wie sie zum Beispiel beim Auswechseln von Wendeschneidplatten an Zerspanungswerkzeugen vorkommen [3], stellen weitere Forderungen an die Flexibilität automatisierter Anlagen, sie sind deshalb nur noch schwer wirtschaftlich zu automatisieren. Meist kann bei den Zerlegeprozessen der Fügeprozeß nicht einfach umgekehrt werden, weil das eingebaute Teil aufgrund eingeschränkter Zugänglichkeit anders zu greifen oder die Lösekraft bzw. das Lösemoment unterschiedlich einzuleiten ist. Hierfür werden im allgemeinen andere Werkzeuge benötigt.

2 Flexibilität und Wirtschaftlichkeit

Flexible Komponenten sind einzusetzen, um eine große Vielfalt an Bauteilen mit unterschiedlichen Fügeverfahren montieren zu können. Handhabungsfunktionen wie Positionieren und Orientieren sowie Fügeprozesse mit einfachen Prozeßanforderungen, z.B. Einlegen oder Ineinanderschieben, führen heute Industrieroboter aus. Diese können umprogrammiert und geänderten Bewegungsanforderungen angepaßt werden. Für komplexere Fügeprozesse wie Einschrauben oder Nieten sind spezielle Montagewerkzeuge notwendig. Sie lassen sich ebenfalls meist programmieren und den Forderungen des Fügeprozesses anpassen. Zum Greifen und Halten der zu montierenden Bauteile werden Greifsysteme mit an die Gestalt und Eigenschaft der Bauteile angepaßten Wirkelementen eingesetzt. Dabei führen Roboter oder Montagewerkzeuge direkt die Greifsysteme.

Grundsätzlich läßt sich Flexibilität hinsichtlich eines großen Bauteilspektrums mit manuellem oder automatischem Austauschen oder Anpassen einzelner Komponenten wie Greifer oder Wirkelementen erreichen (Bild 1). Unabhängig davon, welche konstruktive Maßnahme zur Flexibilitätssteigerung gewählt wird, bleibt die Flexibilität der Montageanlage hinsichtlich des Bauteilspektrums gleich. Jedoch können andere Ziele wie Wirtschaftlichkeit, Zuverlässigkeit und Umrüstbarkeit sehr unterschiedlich beeinflußt werden.

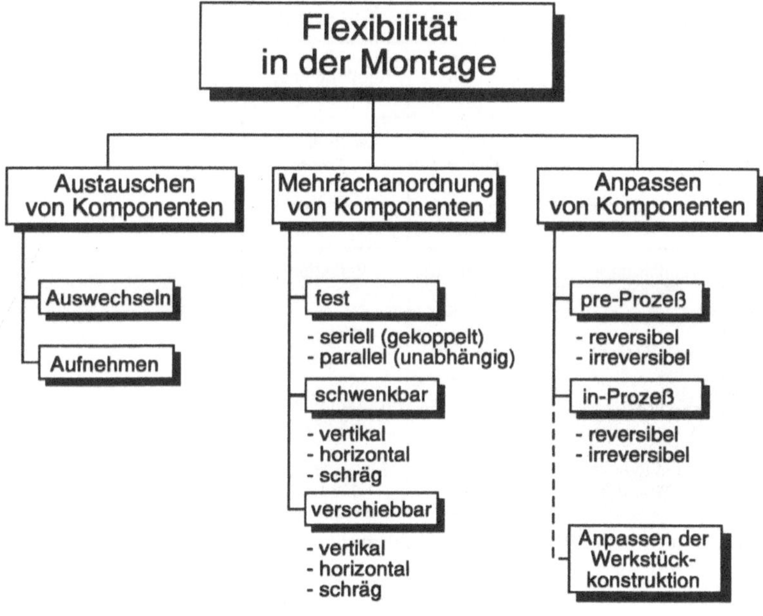

Taktzeit, Wechselzeit, Aufwand für Schnittstellen

Funktionsdichte, Komplexität, Umrüstaufwand

Bild 1. Möglichkeiten zum Erhöhen der Flexibilität von Montagewerkzeugen und Greifern

In zunehmenden Maß werden Industrieroboter mit Greiferwechselsystemen ausgestattet, um hohe Flexibilität zu erreichen [4, 5]. Nachteilig wirkt sich dabei der hohe Wechselzeitanteil und damit die höhere Taktzeit gegenüber Systemen mit Mehrfachanordnung oder Anpassung von Komponenten aus. Der technische Aufwand für Schnittstellen bei automatisierten Wechselsystemen ist sehr hoch. Schnellere Umrüstmöglichkeiten bei Produktänderungen rechtfertigen dies jedoch. Bild 2 gibt einen Überblick über weitere Möglichkeiten (neben Greifer- oder Fingerwechselsystemen), mit denen Flexibilität bei Montagewerkzeugen und Greifern erreichbar ist. Im einzelnen Anwendungsfall ist zu entscheiden, hinsichtlich welcher Ziele die Greiferkonstruktion bei komplexen Montageaufgaben zu optimieren ist. Dies werden in erster Linie eine hohe Produktivität und Wirtschaftlichkeit aufgrund kurzer Taktzeiten und geringer Wechselzeitanteile sein. Andere Ziele sind geringer Umrüstaufwand bei Produktänderungen, geringer Platzverbrauch durch weniger Greifer bei hoher Funktionsdichte oder geringer Entwicklungsaufwand, weil bestehende Systeme und Komponenten Verwendung finden.

Flexibilität durch	Wirkstellen	Greifsystem	Fügesystem
Mehrfach-anordnung	Mehrstellen-greifer	Mehrfach-greifer	Kooperierende Roboter
Auswechseln	Fingerwechsel-system	Greifer-wechselsystem	Modularer Roboter
Schwenken	Schwenkbacken-greifer	Greifer-revolver	Verkettete Roboter
Verschieben	Ausfahrbare Backen	Verschiebbare Greifer	Verkettete Roboter
Aufnehmen	Zusatzbacken	Zusatzgreifer	Zusatz-werkzeug
Anpassen	Abformbacken	Verstellbarer Greifer	Programmierbares Werkzeug
Werkstück-konstruktion	Greifgerecht Konstruieren	Greifgerecht Konstruieren	Montagegerecht Konstruieren

Bild 2. Beispiele ausgeführter Flexibilitätsmaßnahmen

3 Beispiele von Konstruktionen für komplexe Montageaufgaben

3.1 Greifer mit schwenkbaren Wirkelementen

Bei der Komplettmontage von Schneckengetrieben müssen Bauteile unterschiedlicher Größe, Form und Empfindlichkeit gehandhabt und montiert werden [2]. Um die Zahl der Greiferwechselvorgänge bei der Montage zu minimieren, wurde am Institut für Werkzeugmaschinen (IfW) der Universität Stuttgart ein multifunktionaler Greifer mit in 90-Grad-Schritten schwenkbaren Wirkelementen entwickelt (Bild 3). Je nachdem, welches Bauteil (Lagerring, Deckel, Paßscheibe, Wellenbaugruppe) zu montieren ist, werden die der Bauteilgestalt angepaßten Wirkflächen in Greifposition geschwenkt. Den Schwenkvorgang überwacht und steuert eine am Greifer angebrachte, dezentrale Greifersteuerung. Das Einschwenken der benötigten Wirkflächen ist deshalb durchführbar, während der Roboter den Greifer in Position bringt, um das nachfolgende Bauteil vom Bereitstellungsort abzuholen. Damit werden Nebenzeiten wie sie bei Greifer- oder Fingerwechselsystemen auftreten vermieden, und die Taktzeit für die Komplettmontage des Schneckengetriebes wird reduziert.

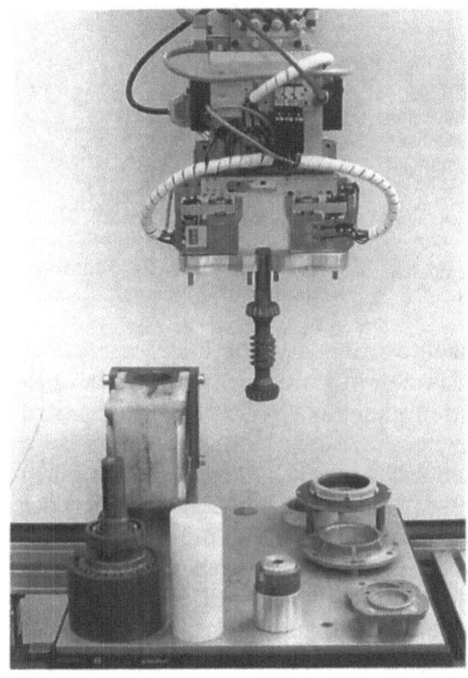

Bild 3. Flexibler Greifer mit schwenkbaren Wirkstellen

3.2 Werkzeug zum Wechseln von Wendeschneidplatten

Beim Wechseln von Wendeschneidplatten (WSP) an Zerspanungswerkzeugen mit ISO-S Spannsystem müssen Befestigungsschrauben und WSP unterschiedlicher Größen demontiert, gehandhabt und wieder montiert werden [3]. Dazu wurde am IfW ein robotergeführtes Werkzeug konzipiert und entwickelt (Bild 4). Da die Montage- und Demontageaufgaben sowie die Neuorientierung der WSP prinzipiell immer gleich ablaufen, wurde ein Werkzeugkonzept gewählt, bei dem an einem Grundmodul mit Schrauberantrieb und Dreheinheit WSP-Greifer und Schraubengreifer für die ent-

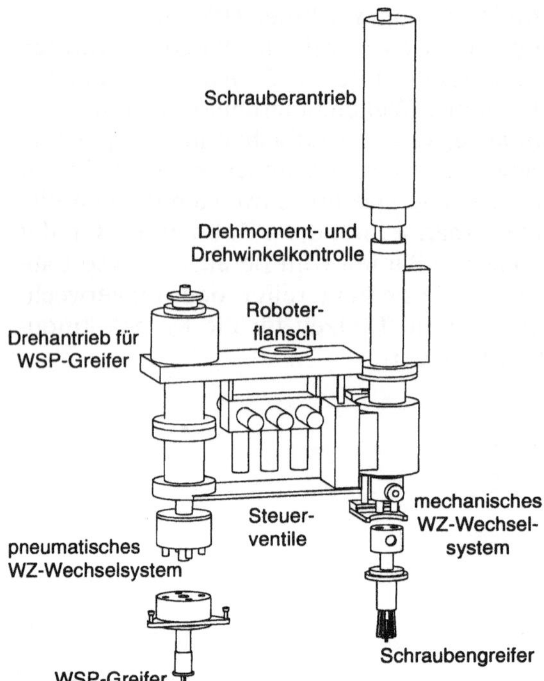

Bild 4. Robotergeführtes Werkzeug zum Wechseln von Wendeschneidplatten an Zerspanungswerkzeugen

sprechenden Plattengrößen eingewechselt werden können. Die Wechselzeiten für die Greifer erhöhen dabei die Taktzeit nur unwesentlich, da bei größeren Werkzeugen meist mehrere Platten gleicher Größe nacheinander zu wechseln sind. Wichtiger ist es dagegen, die Befestigungsschraube beim Wechselvorgang möglichst im Wechselwerkzeug zu halten. Das minimiert die Zahl der Handhabungsvorgänge. Beim Auswechseln der WSP löst der Schrauberantrieb zunächst die Befestigungsschraube und hält sie im Schraubengreifer. Danach greift der WSP-Greifer die Platte in der Befestigungsbohrung und entnimmt sie dem Plattensitz. Mit Hilfe des Drehantriebs wird die Platte um einen definierten Winkel gedreht und u.U. in einer externen Wendestation gewendet. Wenn die WSP sicher in den Plattensitz eingesetzt ist, wird sie mit der Befestigungsschraube wieder fixiert.

4 Schlußbemerkung

Komplexe Montageaufgaben erfordern die Konstruktion flexibler und multifunktionaler Montagewerkzeug und Greifer. Wichtigstes Bewertungskriterium ist dabei jedoch nicht die Flexibilität, sondern die Wirtschaftlichkeit. Produktivität und Wirtschaftlichkeit von flexiblen Montageanlagen sind optimierbar, indem Nebenzeiten wie die von Wechselvorgängen verursachten minimiert werden. Dies ist mit entsprechenden konstruktiven Maßnahmen möglich. In Zukunft gelangen daher zunehmend multifunktionale sowie flexible Montagewerkzeuge und Greifer zur automatisierten Montage komplexer Produkte zum Einsatz.

Literatur

1. Willmer, R.: Multifunktionale Greifwerkzeuge für die flexible Montage. In: Tag.bd. Fertigungstechnisches Kolloquium 1991, Stuttgart. Berlin: Springer 1991
2. Heisel, U. u.a.: Montagezelle zur Getriebemontage. Die Maschine - dima (1993) H. 3, S. 44-47
3. Heisel, U. u.a.: Automatisiertes Wechseln von Wendeschneidplatten an Zerspanungswerkzeugen. VDI-Z Special, Sept. 1994
4. Dreher, H.; Krüll, G.: Alles im Griff. Robotertechnik (1993), S. 36-39
5. Seegräber, L.: Flexible Greiftechnik für Industrieroboter und Handhabungsgeräte. Werkst. u. Betr. 121 (1988) H. 9, S. 772-778

Superplastische Aluminiumblechumformung

M. Meidert, A. Ruf, T. Werle

1 Einleitung

Superplastisches Umformen von Aluminiumlegierungen bei Temperaturen oberhalb der halben Schmelztemperatur ist ein Fertigungsverfahren, das die Herstellung sehr kompliziert geformter Blechteile in einem Arbeitsgang ermöglicht. Superplastische Aluminiumlegierungen mit einem feinkörnigen Gefüge weisen bei erhöhten Umformtemperaturen (400°C bis 500°C) viskoses Werkstoffverhalten mit einer geringen, von der logarithmischen Formänderungsgeschwindigkeit abhängigen Fließspannung auf. Aufgrund dieses Werkstoffverhaltens lassen sich Zugproben bis zu 1000% dehnen, ohne daß es zu Einschnürungen mit anschließendem Versagen durch Bruch kommt [1].

2 Verfahren der superplastischen Blechumformung

Die Herstellung von Blechformteilen aus superplastischen Aluminiumlegierungen ist ein an das Umformen von plattenförmigem Kunststoffhalbzeug angelehnter Fertigungsprozeß. Die zwischen zwei Werkzeughälften eingespannte Aluminiumblechplatine läßt sich durch ein gasförmiges Medium in eine Negativform einformen (Matrizenverfahren) oder über ein formgebendes Positivwerkzeug (Patrizenverfahren) ausformen. Zur Unterdrückung der Kavitation (Porenbildung) im Werkstoff wirkt während des Prozesses zusätzlich zum Umformdruck ein Gegendruck.

Die Beherrschung der logischen Formänderungsgeschwindigkeit $\dot{\varphi}$ über dem Umformweg, die zur Gewährleistung optimaler superplastischer Formgebungseigenschaften innerhalb enger Grenzen liegen muß, stellt diese Verfahrenstechniken jedoch vor große Probleme. Am Institut für Umformtechnik der Universität Stuttgart wurde daher in Anlehnung an das Patrizenverfahren ein neues Verfahren (IFU-SPF-Verfahren) entwickelt, mit dem es möglich ist, die log. Formänderungsgeschwindigkeit während des Streckziehvorgangs über die Stempelvorschubgeschwindigkeit für rotationssymmetrische Teile zu kontrollieren. Der Stempel wird bei diesem formgebundenen Umformverfahren direkt in die Blechebene eingefahren. Die Reibung zwischen der Werkzeug- und Werkstückoberfläche wird über ein Luftpolster unterdrückt. Zur Erzeugung des Luftpolsters wird auf Umformtemperatur vorgewärmte Luft durch den Stempelkörper hindurch in die Trennzone eingeblasen (Bild 1).

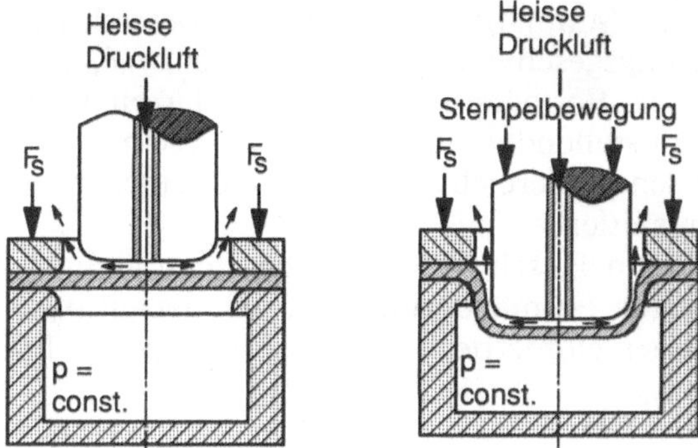

Bild 1. Schematische Darstellung der formgebundenen, quasi reibungsfreien superplastischen Umformung mit Gegendruck

Der Einsatz numerisch gesteuerter Maschinen macht es möglich, definierte Geschwindigkeits-Weg-Verläufe über die Regelung der Stempelvorschubgeschwindigkeit zu erreichen. Die Ermittlung der hierzu erforderlichen Geschwindigkeitsprofile, bei dem sich die log. Formänderungsgeschwindigkeiten im Bauteil während des Ziehprozesses innerhalb der erlaubten Grenzen bewegen, ist jedoch mittels der klassischen Abschätzverfahren kaum möglich.

3 Prozeßsimulation

Am Institut für Umformtechnik wurde daher die erforderliche Stempelgeschwindigkeit über dem Stempelweg beim IFU-SPF-Verfahren bzw. des Druckverlaufs bei den konventionellen Verfahren mit Hilfe der Prozeßsimulation ermittelt [2]. Die Simulationsrechnungen werden mit dem kommerziellen FE-Programm LARSTRAN [3] durchgeführt. Zusätzlich implementierte Benutzerfunktionen erlauben mit diesem Programm die Ermittlung der benötigten Geschwindigkeits-Weg-Diagramme für das IFU-SPF-Verfahren, bei denen im betrachteten Prozeß die maximale Formänderungsgeschwindigkeit in einem angegebenen Bereich bleibt.

Im folgenden werden die Ergebnisse einer Simulation des superplastischen Umformens eines rotationsymmetrischen Napfes aus dem Werkstoff AlZnMgCu (AA7475) bei einer Umformtemperatur von $T_U = 350°C$ vorgestellt. Bei der Simulation wurde die Axialsymmetrie des Problems genutzt.

Zunächst wurde die Simulation mit konstant vorgegebenen Stempelgeschwindigkeiten durchgeführt. Als Vergleichsparameter der Ergebnisse der verschiedenen Simulationsrechnungen mit experimentellen Daten wurde die Blechdickenverteilung gewählt. Es zeigte sich in Experimenten, daß die Blechdickenverteilung im Napf abhängig von der Stempelgeschwindigkeit ist. Sowohl mit zu hoher als auch mit zu niedriger Stempelgeschwindigkeit beginnt das Blech im Übergangsbereich vom Stempelradius zur Zarge einzuschnüren. Es wird daher die optimale Stempelgeschwindigkeit für den

Prozeß mit Hilfe der numerischen Simulation ermittelt. Als Bereich der erlaubten maximalen Formänderungsgeschwindigkeit wurde 0,002 $< \dot{\varphi}_{max} <$ 0,003 1/sec zugelassen. Bei diesen Formänderungsgeschwindigkeiten ist sichergestellt, daß die sich dabei einstellenden Formänderungsgeschwindigkeiten weiterhin im superplastischen Bereich liegen woraus eine große Sicherheit gegen Einschnüren resultiert.

Bild 2 zeigt den Verlauf der Stempelgeschwindigkeit über dem Stempelweg, der dabei maximal auftretende Formänderungsgeschwindigkeit $\dot{\varphi}_{max}$ und der über die gesamte Platinengeometrie (ohne Flansch) gemittelte Formänderungsgeschwindigkeit $\dot{\varphi}_{mid}$.

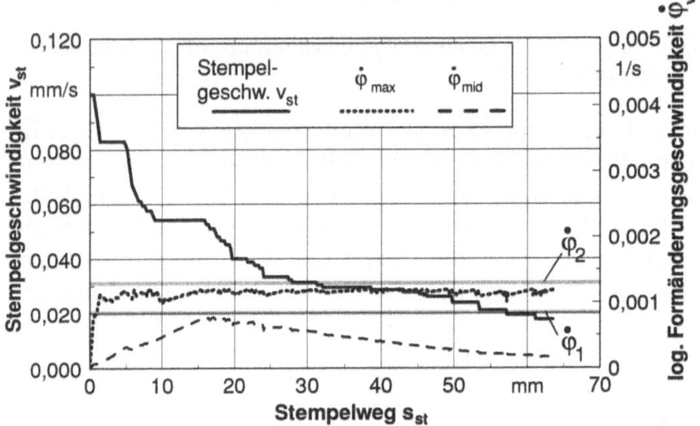

Bild 2. Verlauf der rechnerisch ermittelten optimierten Stempelgeschwindigkeit für das IFU-SPF-Verfahren

Bild 3 zeigt die numerisch ermittelte Blechdickenverteilung bei optimierter Stempelgeschwindigkeit sowie bei konstanter Stempelgeschwindigkeit.

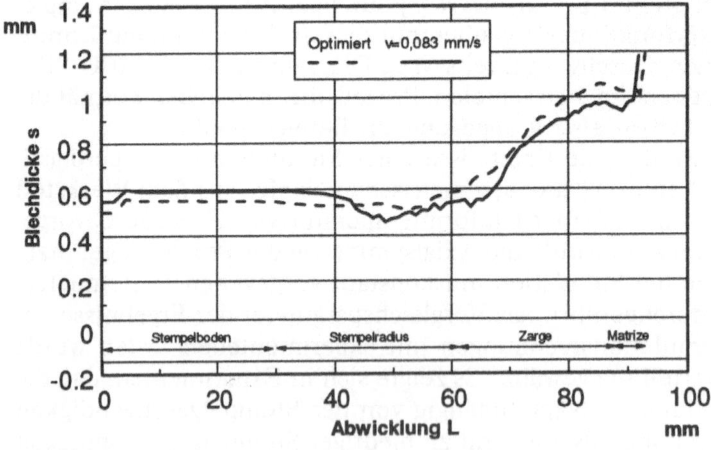

Bild 3. Numerisch ermittelte Blechdickenverteilung eines nach dem IFU-SPF-Verfahren hergestellten Napfes

4 Zusammenfassung

Es wird gezeigt, daß die mit Hilfe der Prozeßsimulation erreichte Optimierung der Stempelgeschwindigkeit das Einschnüren des Bleches hinauszögern kann. Das ergibt eine wesentlich homogenere Blechdickenverteilung. Es zeigt sich, daß die Simulation bei der Optimierung der superplastischen Umformung sinnvoll eingesetzt werden kann. Hiermit werden folgende Vorteile beim superplastischen Fertigungsprozeß erreicht:

- Homogene Blechdickenverteilung,
- maximale Formänderungen wegen des homogenen Werkstoffflusses über der Werkzeugoberfläche,
- bessere Oberflächengüte, weil sich Welligkeiten und Einschnürungen an den freien Oberflächen vermeiden lassen,
- Optimierung der Prozeßzeit durch Nutzen der optimalen Formänderungsgeschwindigkeiten und
- Erhöhung der Fertigungssicherheit.

Literatur

1. Hojas, M. u.a.: Superplastische Aluminiumbleche - Metallkundliche Voraussetzungen, Herstellung und Eigenschaften. METALL 45 (1991), S. 130-134
2. Ruf, A.: Abschlußbericht zum DFG-Vorhaben „Formänderungsgeschwindigkeit“, Si 403/9-1
3. Diez, R. u.a.: LARSTRAN 80 Documentation, LASSO Ingenieurgesellschaft, Leinfelden-Echterdingen 1992

Ultraschall-Beeinflussung des Rohrzuges

A. Möck, R. Malek

1 Einleitung

Die Unterstützung von Umformvorgängen mit Hilfe überlagerter Schwingungen findet in vielen Gebieten der Umformtechnik Anwendung, wobei die Schwingungsenergie meist über das Werkzeug eingeleitet wird [1, 2]. Beim Ziehen von Rohren besteht die Möglichkeit, die Matrize in Eigenfrequenz im Ultraschallbereich radial bei etwa 22 kHz zu erregen. Der Innendurchmesser der Matrize schwingt zwischen einem Maximaldurchmesser D_{max} und einem Minimaldurchmesser D_{min}. Die Umformung mit der radial schwingenden Matrize reduziert die Ziehkraft. Eine andere Möglichkeit ist die longitudinale Erregung des Dorns in Eigenfrequenz beim Rohrziehen über stehendem Dorn. Damit reduzieren sich die Reibung (zwischen Dorn und Umformgut) und die Ziehkraft. Die Rohrinnen-Oberflächengüte verbessert sich ebenfalls.

2 Rohrzug mit ultraschallerregter Matrize

2.1 Versuchsaufbau

Bild 1 zeigt den prinzipiellen Aufbau der Versuchsziehbank mit ultraschallerregter Matrize nach [3]. Das angespitzte Rohr wird mit einer Greifzange

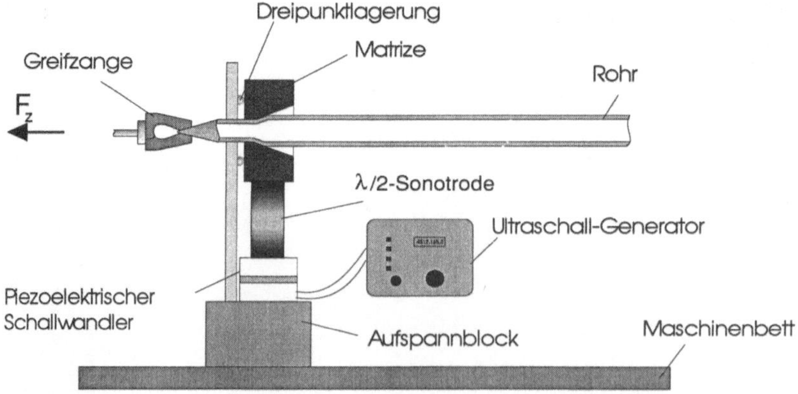

Bild 1. Prinzipieller Aufbau für Versuche zum Rohrziehen mit ultraschallerregter Matrize [3]

durch die Matrize gezogen. Das zu erregende Werkzeug ist als Resonator so abgestimmt, daß die entstehende stehende Welle ihren Schwingungsbauch in der Umformzone hat. Für die Minimierung des Kontaktes der schwingenden Matrize mit nichtschwingenden Teilen der Anlage fand als Matrizenaufnahme eine Dreipunktlagerung Anwendung.

2.2 Versuchsergebnisse

Bild 2 zeigt den Einfluß der Intensität auf die relative Ziehkraftverringerung. Die Intensität ist die auf die Kontaktfläche bezogene Leistung. Die Ziekraftverringerung verhält sich proportional zur Intensität.

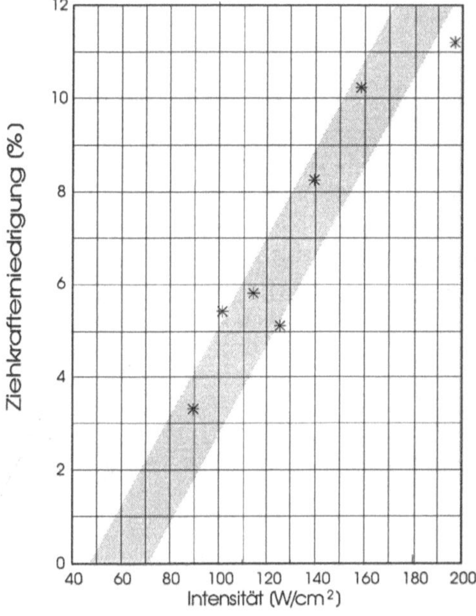

Bild 2. Relative Ziehkraftverringerung in Abhängigkeit der Ultraschallintensität beim Rohrzug mit ultraschallerregter Matrize (Ziehgeschwindigkeit = 192 mm/min; Schmierstoff: Graphit)

3 Rohrzug mit ultraschallerregtem Dorn

3.1 Versuchsaufbau

Bild 3 zeigt den prinzipiellen Aufbau der Versuchsziehbank mit ultraschallerregtem Dorn nach [4]. Zur Aufnahme der über die Dornstange eingeleiteten Zugkräfte wurde mit Hilfe der Finite-Element-Methode (FEM) eine Spezialsonotrode entwickelt.

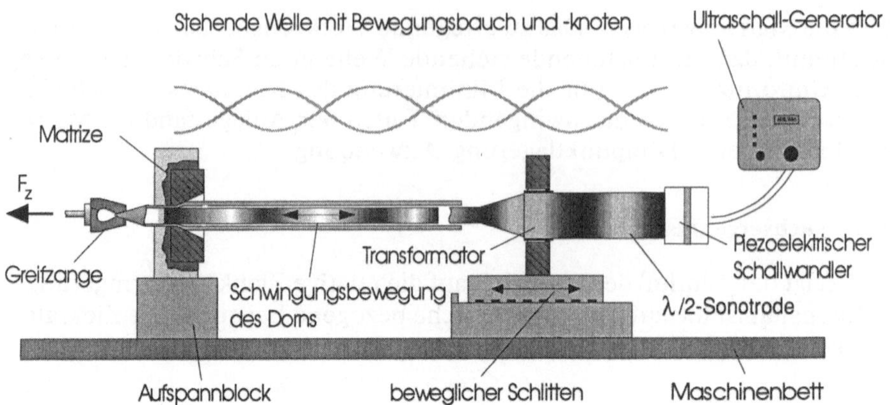

Bild 3. Prinzipieller Aufbau für Versuche zum Rohrziehen mit ultraschallerregtem Dorn [4]

3.2 Versuchsergebnisse

Die Variation der Ultraschallamplitude hat einen starken Einfluß auf die sich einstellende Ziehkraftverringerung und Oberflächenverbesserung. Bild 4 stellt den Einfluß der Ultraschallamplitude auf die Ziehkraft dar. Mit steigender Ultraschallamplitude reduziert sich die Ziehkraft wesentlich. Eine größere Ultraschallamplitude erzielt ein deutlich besseres Oberflächenergebnis.

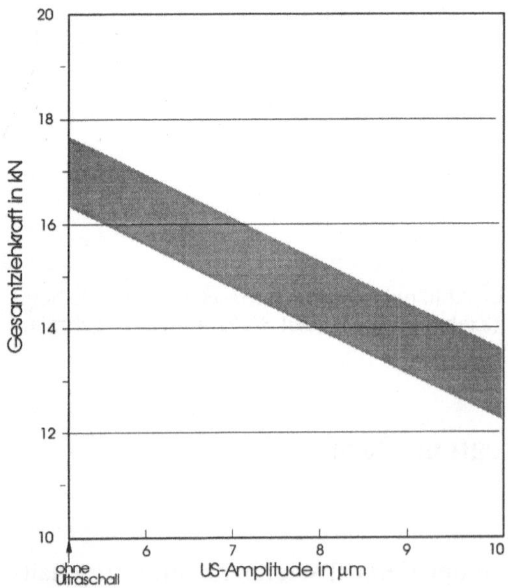

Bild 4. Ziehkraft in Abhängigkeit der Ultraschallamplitude beim Rohrzug mit ultraschallerregtem Dorn (Ziehgeschwindigkeit 240 mm/min; log. Formänderung 0,2; Schmierstoff: unlegiertes Mineralöl 100 cStokes)

4 Zusammenfassung

Die radiale Erregung der Matrize erzeugt zur axial mittelbar eingeleiteten Ziehkraft eine Überlagerung mit radial unmittelbarer Druckkraft. Aus dieser Spannungsüberlagerung ergibt sich eine Ziehkraftverringerung, die das Ziehen spröder Werkstoffe gewährleistet.

Bei der Dornerregung verringert sich aufgrund der Reibungsbeeinflussung die Dornkraft und damit die Ziehkraft. Es ist sowohl die Möglichkeit größerer Stichabnahmen als auch das Ziehen mit komplizierteren Dorngeometrien gegeben. Die Reibungsbeeinflussung verbessert die Rohrinnenoberfläche. Nachfolgende Bearbeitungsverfahren wie das Hohnen lassen sich damit einsparen.

Literatur

1. Panknin, W. u. a.: Der Einfluß longitudinaler Ultraschallschwingungen auf Umformprozesse unter besonderer Berücksichtigung des Wirkungsgrades. Z. f. Metallkunde 64 (1973) 5
2. Lehfeld, E: Ultraschall kurz und bündig. Würzburg: Vogel 1973
3. Sansome, D. H.: Ultrasonic Tube-drawing. Tube International, Dec. 1985
4. Buckley, J.T.; Freemann, M. K.: Ultrasonic Tube Drawing. Ultrasonics July 1970

Schmieden von PM-Aluminium-Werkstoffen

D. Ringhand

1 Einleitung

Die steigenden Forderungen an hochbeanspruchte Bauteile hinsichtlich Gewichtsersparnis, statischer und dynamischer Festigkeit sowie Temperaturbeständigkeit sind mit schmelzmetallurgisch hergestellten Aluminium-Werkstoffen oft nicht mehr zu erfüllen.

Der Einsatz pulvermetallurgischer (PM) Aluminium-Werkstoffe [1] verbessert zahlreiche Eigenschaften, z.B. Warmfestigkeit und Verschleißbeständigkeit. Die Grenzen der Legierungssysteme schmelzmetallurgisch hergestellter Werkstoffe können dabei überschritten werden. Somit lassen sich neuartige, hochlegierte Werkstoffe den jeweiligen Anforderungen entsprechend erzeugen [2–4].

Zur Herstellung von PM-Aluminium-Werkstoffen gibt es mehrere Verfahren, bei denen jeweils Halbzeuge oder Profile hergestellt werden [3]. Aufgrund der relativ hohen Werkstoffkosten eignen sich besonders Umformverfahren für die Weiterverarbeitung zu geometrisch komplexen Bauteilen mit günstigen mechanischen Eigenschaften, die nur noch einer geringen spanenden Nachbearbeitung (near-net-shape-Umformung) bedürfen.

2 Untersuchte Werkstoffe

Für den Einsatz bei erhöhten Temperaturen kommen besonders nicht aushärtbare Legierungen zur Anwendung, da die mechanischen Eigenschaften dieser Werkstoffe von der im Betrieb auftretenden thermischen Wechselbelastung, weniger von Alterungsprozessen beeinträchtigt werden. In Verbindung mit der geringeren Wärmeausdehnung von hochsiliziumhaltigen Legierungen ergeben sich z.B. neue Möglichkeiten hinsichtlich der Gestaltung von Kolben.

Im Gegensatz zu aushärtbaren werden nicht aushärtbare Legierungen nur im Zustand „naturhart“ umgeformt. Die Wahl des Temperaturbereichs richtet sich dabei in Abhängigkeit von Spannungszustand und Umformgeschwindigkeit nach dem zu erreichenden Formänderungsvermögen.

Die untersuchten Werkstoffe (Tabellen 1 und 2) werden mit den Verfahren Verdüsen („Dispal A...“), Sprühkompaktieren („Dispal S...“) bzw. Reaktionsmahlen („Dispal M...“) hergestellt. Die Weiterverarbeitung erfolgt mittels Strangpressen zu stangenförmigen Halbzeugen (Bilder 1 und 2).

Tabelle 1. Legierungszusammensetzung

Element	Gewichts%							Herstellungs-verfahren
	Si	Fe	Ni	Cu	Mg	C	O	
Dispal A250	20	5	2					Verdüsen
Dispal S250	20	5	2			-	-	Sprühkompaktieren
Dispal S230	17	5	-	3,5	1,1		-	Sprühkompaktieren
Dispal M201	12	-	-	-	-	1	1	Reaktionsmahlen

Tabelle 2. Mechanisch-technologische Kennwerte aus Zugversuchen bei Raumtemperatur

	Dispal A250	Dispal S250	Dispal S230	Dispal S230 T6	Dispal M201	
Rm	362	366	345	446	315	MPa
Rp0.2	255	244	216	376	232	MPa
E	96	87	89	92	73	GPa
A5t	1,8	2.4	1.8	1.2	5.8	%

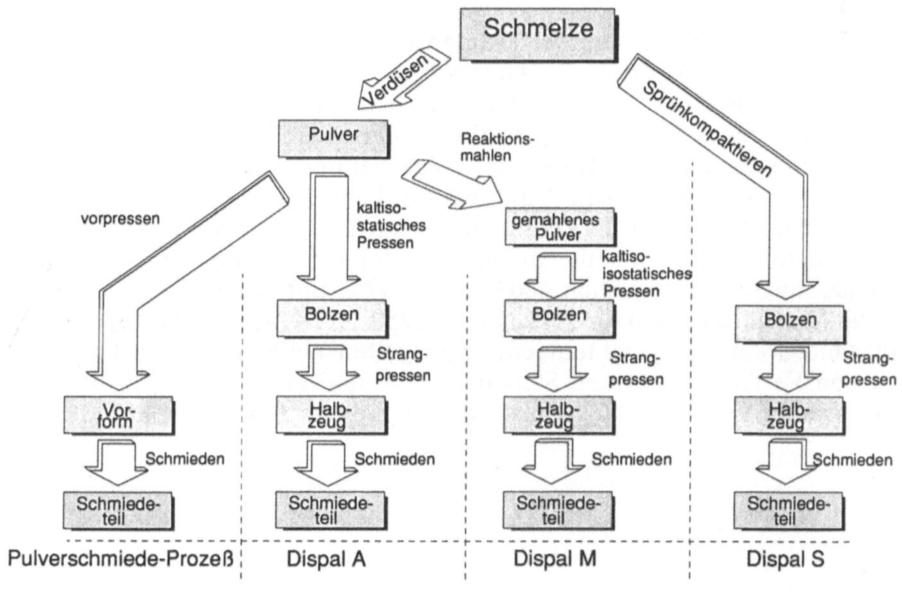

Bild 1. Herstellungsverfahren pulvermetallurgischer Aluminiumwerkstoffe nach [5]

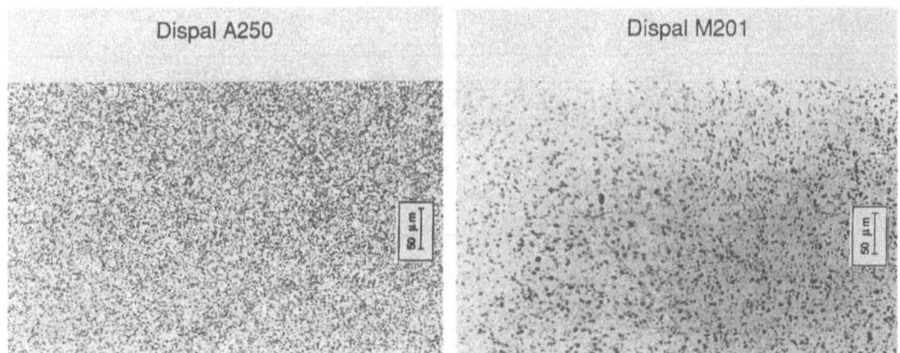

Bild 2. Werkstoffgefüge von Dispal A250 und Dispal M201 nach dem Strangpressen

3 Schmieden von Kolben

Der Einsatz von dispersionsverfestigten nicht aushärtbaren PM-Aluminium-Werkstoffen benötigt die Untersuchung der Umformeigenschaften beim Schmieden von Kolben. Mit Zug-, Torsions- und Stauchversuchen wird in Abhängigkeit von Temperatur und Geschwindigkeit das Formänderungsvermögen ermittelt. Dabei stellt sich bei den Torsionsversuchen die Temperatur als maßgebliche Einflußgröße heraus. Die ermittelten Werte steigen dabei besonders im Temperaturbereich oberhalb 400°C an. Für das Schmieden von Kolben mit Außendurchmesser 107 mm wird daher der Temperaturbereich zwischen 400°C und 500°C untersucht.

Die Werkstoffe Dispal A250, Dispal S250 und Dispal M201 werden in vollständig beheizten und temperaturgeregelten Werkzeugen geschmiedet. Mit den Verfahrensschritten Stauchen, Vor- und Fertigpressen erfolgt die Umformung der Werkstücke aus stranggepreßten Stangen (Bild 3).

Bild 3. Stadien bei der Herstellung von Kolben aus PM-Aluminium-Werkstoffen

Das Vorpressen der Kolben zeigt, daß sich die Werkstücke aus dem Werkstoff Dispal A250 im Temperaturbereich zwischen 350°C und 500°C nicht ohne Risse pressen lassen. Mit Werkstücken aus den Werkstoffen

Dispal S250 und Dispal M201 dagegen sind die Kolben rißfrei vor- und fertiggepreßt. Das extrem feinkörnige Werkstoffgefüge bleibt gegenüber dem Anlieferungzustand unverändert.

4 Schmieden von Pleueln

Für das Schmieden von Pleueln aus dem aushärtbaren Werkstoff Dispal S230 kommt ein Werkzeugsatz mit elektrisch beheizbaren Gesenkhaltern und auswechselbaren Gesenkeinsätzen zur Anwendung. In einem zweistufigen Genauschmiedeprozeß werden die Pleuel aus einem spanend hergestellten Rohteil durch Formpressen mit und ohne Grat vor- und fertiggepreßt (Bild 4). Die Werkzeugtemperaturen betragen dabei 300°C bzw. 450°C. Die fertiggepreßten Pleuel weisen geringe Maßabweichungen und bis auf einen Stirngrat im Bereich der Pleuelstange eine weitgehend glatte Oberfläche auf.

Bild 4. Stadien bei der Herstellung von Pleueln aus PM-Aluminium-Werkstoffen

Abschrecken der fertiggepreßten Pleuel und anschließendes Warm- bzw. Kaltauslagern erzielen gegenüber dem Ausgangswerkstoff für den Zustand T6 beträchtliche Festigkeits- und Härtesteigerungen. Dieser Effekt ist jedoch neben der Temperatur von der Gesamtglühdauer abhängig.

Die Wahl des Auslagerungsverfahrens (kalt oder warm) beeinflußt dabei zusätzlich die zu erreichenden dynamischen Festigkeitseigenschaften und die Korrosionsbeständigkeit. Für den Praxiseinsatz der Pleuel aus PM-Aluminium-Werkstoffen sind die finalen Bauteileigenschaften daher je nach Anforderung durch ein geeignetes Wärmebehandlungsverfahren zu optimieren.

Literatur

1. Irrmann, R.: „SAP“, ein neuer Werkstoff der Pulvermetallurgie aus Aluminium. Tech. Rdsch. 36 (1949)
2. Hummert, K. u. a.: Pulvermetallurgische-Aluminium-Hochleistungswerkstoffe. Mitteil. d. Krebsöge Gruppe, Radevormwald, u. d. PEAK Werkstoff GmbH, Velbert-Neviges

3. Arnhold, V.; Baumgarten,.J.: Dispersion strengthened aluminum extrusions. Powder Metallurgy international, Vol. 17 (1985) No. 4, p. 168-172
4. Arnhold, V.; Müller-Schwelling, D.: Applications of high performance PM aluminum in internal combustion engines. SAE Tech. Paper Series 91056
5. Arnhold, V; Hummert, K.: Herstellung von Aluminium-Basis-Werkstoffen durch Sprühkompaktieren. DGM-Tag. Pulvermetallurgie, Dresden: 1992
6. Jangg, G.u. a.: Herstellung und Eigenschaften von dispersionsgehärtetem Aluminium. Aluminium 51 (1975), S. 641-645
7. Scharf, G.; Mathy, I.: Entwicklung von Aluminium-Knetwerkstoffen aus schnell erstarrten Legierungspulvern. Metall 41 (1987) 6

CNC-Streckziehmaschine

K.-J. Fann

1 Einleitung

Das Streckziehen von Blechformteilen wird vor allem zur Herstellung relativ ebener großflächiger Teile in der Einzel-, Prototypen- oder Kleinserienfertigung eingesetzt. Als Beispiele hierfür sind Karosserieaußenhaut-Teile, Aufbauten von Omnibussen und Lastkraftwagen sowie Beplankungsteile für die Luft- und Raumfahrt zu nennen.

Die verschiedenen Varianten des Streckziehens weisen im Vergleich zu den konventionellen Blechumformverfahren, z.B. Tiefziehen, einen deutlichen Kostenvorteil auf. Der hauptsächliche Grund hierfür ist der aufwendige Aufbau von mehrfachwirkenden Ziehwerkzeugen in hydraulischen oder mechanischen Pressen für die konventionellen Verfahren. Des weiteren ist ein schnelles und einfaches Umrüsten auf eine andere Teilegeometrie möglich. Der Einsatz verschiedener Streckziehverfahren erzielt eine Verbesserung der Ausformung der flachen Mittenbereiche, die aufgrund der Reibung im Bereich der Stempeloberfläche und den -radien ungenügend ausgeformt sind [1].

Zur Vermeidung der Nachteile, die sich aus der nur zweiseitigen Einspannung in der Streckziehmaschine ergeben, entwickelte das Institut für Umformtechnik der Universität Stuttgart ein flexibles System zur allseitigen Einspannung der Blechplatinen. Der modulare Aufbau der einzelnen Spannsegmente erlaubt den flexiblen Einsatz des Systems bei gleichzeitig allseitiger Einspannung bei den unterschiedlichsten Ziehteilgeometrien. Eine speicherprogrammierbare Steuerung lenkt sowohl die Spannfunktion als auch die Vertikal- und Horizontalbewegung der einzelnen Spannzangen. Somit können die Vordehnungen eines Blechformteils entsprechend den verschiedenen Formstempelkonturen ohne Formstempelkontakt aufgebracht und der Verfahrweg der allseitig vorpositionierten Spannzangen vorgegeben werden. Bild 1 zeigt ein Anordnungsbeispiel der Segmente für das mehrseitige flexible Streckziehen mit einem Halbkugelstempel.

2 Streckziehen mit der CNC-Streckziehmaschine

Vor dem eigentlichen Streckziehvorgang werden die Positionen und die notwendige Zahl der Spannzangen sowie ihre Verfahrkurven mit der Methode der Finiten Elemente in Abhängigkeit von der Teile- und Platinen-

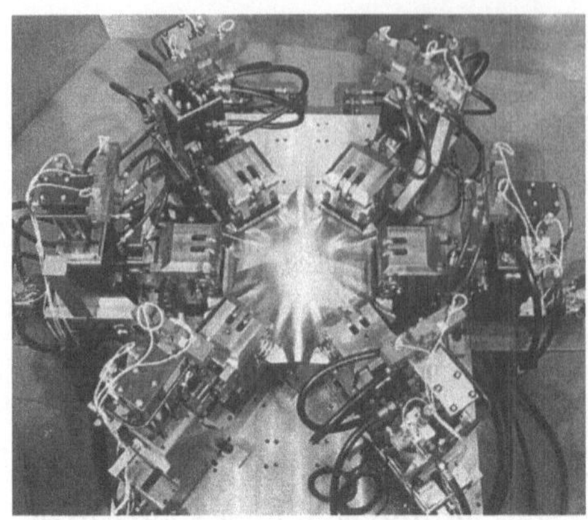

Bild 1. Mehrseitiges flexibles Streckziehen mit einem Halbkugelstempel

geometrie ermittelt. Ziel ist ein hoher Umformgrad und eine homogene Formänderungsverteilung im Mittenbereich der Blechformteile, ohne daß Werkstoffversagen im Bereich der Spannzangen auftritt. Mit Hilfe der Kennlinien des Genauigkeitsverhaltens der Maschine und der Finite-Elemente-Simulation läßt sich der Endzustand eines Blechformteils nach dem Umformprozeß vorbestimmen. Ausgangspunkt dabei ist ein optimaler Verfahrweg der einzelnen Spannzangen.

Zur Herstellung von konvex-konkaven Blechformteilen wird der Gesamtaufbau des flexiblen segmentierten Systems in eine entsprechende numerisch gesteuerte Ziehpresse eingebaut. Vorrecken der Platinen nach dem Einspannen und anschließendes Ziehen über einen Formstempel erzeugen eine konvexe Fläche. Der Anbau einer Gegendruckmatrize am Pressenstößel bietet die Möglichkeit des Ausformens konkaver Gegenformen (Bild 2).

Unterschiedliche Bewegungen der Spannzangen bewirken das plastische Ausformen der eingespannten Blechplatinen ohne weitere Werkzeuge. Mit diesem freien Streckziehen läßt sich z.B. ein sattelförmiges Blechformteil erzeugen.

Bild 2. Gesamtaufbau zur Herstellung eines konvex-konkaven Geometrie-Blechformteils mit Gegendruck in einer Ziehpresse

3 Weitere Anwendungen

Die CNC-Streckziehmaschine dient auch der Ermittlung von Werkstoffkennwerten unter zweiachsigen Spannungszuständen. Ein entsprechend konstruierter Adapter, in dem eine durch FE-Simulation optimierte Kreuzzugprobe eingespannt ist, erfaßt die eingeleiteten Ziehkräfte. Daraus lassen sich Anfangs- oder Folgefließortkurven eines Blechwerkstoffs ermitteln.

Das Prüfverfahren des Flachzugversuchs mit behinderter Querkontraktion wird eingesetzt, um einen Punkt in der Grenzformänderungskurve nahe „plane strain" reproduzierbar zu bestimmen [2]. Das Institut für Umformtechnik nimmt die Werkstoffkennwerte mit einer ebenfalls am Institut entwickelten gekerbten Flachzugprobe an der Streckziehmaschine auf.

4 Zusammenfassung

Das entwickelte Streckziehverfahren erlaubt mittels einer mehrseitig um den Formstempel angeordneten speicherprogrammierbaren segmentierten Zieheinrichtung die Herstellung eines großen Teilespektrums. Ziel ist es, die Ausformung und somit die aufgrund der Kaltverfestigung erzielbaren Festigkeitskennwerte der Blechformteile zu optimieren.

Literatur

1. Siegert, K.: Ziehen von flachen Karosserieteilen - Verfahren, Maschinen, Werkzeuge -. Semin. Neuere Entwicklungen in der Blechbearbeitung. Forsch.gesell. Umformtechnik, Stuttgart 1988
2. Knabe, E.: Ziehen von Blechformteilen aus zusammengeschweißten Platinen unterschiedlicher Blechdicke und Güte („Tailored Blanks"). In: Siegert, K. (Hrsg.): Neuere Entwicklungen in der Blechumformung. DGM Inform.gesell., Oberursel 1994

Direktangetriebene Portalmaschine für die hochgenaue fünfachsige Laserbearbeitung mit großer Geschwindigkeit

H. Rudloff, M. Knorr

1 Einleitung

Eine wichtige Voraussetzung für die Steigerung der Wirtschaftlichkeit von Laserbearbeitungsmaschinen ist die Reduzierung der Bearbeitungszeit bei zumindest gleichbleibender Fertigungsgenauigkeit. Daraus resultiert die Forderung nach einer Erhöhung von Vorschubgeschwindigkeiten und Antriebsbeschleunigungen sowie oftmals nach einer Verbesserung des schwingungstechnischen Verhaltens der mechanischen Maschinenkomponenten.

Aufgrund ihrer extrem guten dynamischen Eigenschaften bietet es sich an, Vorschubachsen auf Direktantriebsbasis zur Erfüllung der oben genannten Forderungen einzusetzen.

2 Forderungen an die Maschinendynamik

Nach dem derzeitigen Stand der Technik sind bei universell einsetzbaren Maschinen für die Schneidbearbeitung von Stahlblechen maximale Schnittgeschwindigkeiten von 30 m/min möglich. Bei auf spezielle Schneidprozesse zugeschnittenen Anlagen sind sogar deutlich höhere Schnittgeschwindigkeiten zu erzielen. So können z.B. mit einer an der RWTH Aachen entwickelten und aufgebauten Anlage zum Spalten von Metallfolien Schnittgeschwindigkeiten von mehr als 75 m/min erreicht werden.

Aufgrund des quadratischen Zusammenhangs zwischen der Bahngeschwindigkeit und der maximalen Antriebsbeschleunigung beim Bearbeiten kreisförmiger Konturen haben solche Schnittgeschwindigkeiten extrem hohe Beschleunigungen zur Folge.

Ist es z.B. nötig, daß Kreise mit einem Durchmesser von 10 mm bei maximaler Schnittgeschwindigkeit von $V_{\text{schnitt, max}} \geqq 30$ m/min bearbeitet werden, so ergibt sich für die geforderte Antriebsbeschleunigung $a_{\max} \geqq 25$ m/s^2. Trotz dieser großen Beschleunigungen sind jedoch die in der Laserbearbeitung üblichen Genauigkeiten einzuhalten.

3 Maschinenkonzept

Der Aufbau der Maschine erfolgt aufgrund der bestmöglichen Verteilung der Massen in Linienportalbauweise (Bild 1).

Für den Maschinenkörper besteht die Forderung, daß die niedrigste relevante mechanische Resonanzfrequenz nicht wesentlich unter 100 Hz liegt, um eine nennenswerte Anregung mechanischer Resonanzfrequenzen durch die hochdynamischen Vorschubbewegungen zu vermeiden. Die Maschine wurde daher konstruktionsbegleitend mit Hilfe von Finite-Element-Berechnungen optimiert. Eine weitere Maßnahme zur Vermeidung der Schwingungsanregung ist ein Verfahren für die ruckbegrenzte Erzeugung der Lageführungsgrößen (stetiger Beschleunigungsverlauf) in der Steuerung. Es ermöglicht sowohl eine Trajektorienplanung als auch eine konturabhängige Bahngeschwindigkeit. Hierbei wählt der Benutzer die Überschleiftrajektorie unabhängig von der zu fahrenden Bahngeschwindigkeit hinsichtlich maximalem Eckenabstand und dem Ort des Verlassens der vorgegebenen Bahn. Des weiteren kann die Bahngeschwindigkeit im Bereich kritischer Konturabschnitte verringert werden (automatische, partielle Geschwindigkeitsreduktion), um die vorgegebenen Ruckgrenzen einzuhalten. Der Anwender bestimmt somit auf einfache Weise selbst, in welchem Maß die Begrenzung des Ruckes mittels einer gezielten Soll-Konturverzerrung (Überschleifen) erfolgt und welchen Anteil die partielle Bahngeschwindigkeitsreduktion besitzt. Mit diesen konstruktiven und steuerungstechnischen Maßnahmen erreicht die Maschine folgende Kenndaten:

Maximalgeschwindigkeit:	30 m/min (=500 mm/s)
Beschleunigung:	2 g
K_V-Wert:	18 m/min × mm (=300 s^{-1})
Arbeitsraum:	2000 mm × 1300 mm × 500 mm
Max. Werkstückgewicht:	50 kg

Bild 1. Direktangetriebene Portalmaschine für die Laserbearbeitung

4 Bearbeitungsergebnisse

Die Fertigungsgenauigkeit bestimmt sich bei Kreisbahnfahrten mit dem Markieren einer Kontur mit dem Laserstrahl und Auswertung der markierten Konturen. Zum Vergleich werden die Konturen sowohl mit $K_V = 300\ s^{-1}$ als auch mit $K_V = 75\ s^{-1}$ bearbeitet und mit dem zuletzt genannten K_V-Wert die Verhältnisse bei konventionell angetriebenen Maschinen nachgebildet. Dabei ergeben sich die in Tabelle 1 dargestellten Konturabweichungen. Es zeigt sich, daß die bei dieser Maschine zu erreichende extrem große Geschwindigkeitsverstärkung ($K_V = 300\ s^{-1}$) eine Genauigkeitserhöhung um den Faktor 13 bis 17 gegenüber der bei niedrigerem K_V-Wert bewirkt.

Tabelle 1. Maximale Konturabweichungen D*K* bei Kreis- und Eckenfahrt

Bahnbeschleunigung: 2g Kreisradius: 12 mm Bahngeschwindigkeit	Geschwindigkeitsverstärkung K_V = 300 1/s	 K_V = 75 1/s
50 mm/s	D*K*I 130 mm	D*K*I 130 mm
	D*r* I 20 mm	D*r* I 300 mm
300 mm/s	D*K*I 130 mm	D*K*I 170 mm
	D*r* I 50 mm	D*r* I 650 mm
500 mm/s	D*K*I 200 mm	D*K*I 380 mm
	D*r* I 80 mm	D*r* I 1400 mm

D*K* maximale Abweichung von einer Kreiskontur
D*r* mittlere Abweichung vom Sollkreisradius

5 Zusammenfassung und Ausblick

Aufgrund des Einsatzes von Direktantrieben bei der hier betrachteten Laserportalmaschine konnten sehr hohe Werte für Beschleunigung und Genauigkeit erreicht werden. Weiterführende Arbeiten verbessern derzeit das schwingungstechnische Verhalten der mechanischen Maschinenkomponenten, um die Leistungsfähigkeit weiter zu steigern.

Integration von Laserwerkzeugen in zerspanende Werkzeugmaschinen

Th. Rudlaff

1 Einleitung

In den letzten Jahren eroberte der Laser als Werkzeug für die Oberflächenbehandlung, zum Schweißen, Schneiden und Beschriften neue Anwendungsgebiete in der Fertigungstechnik. Dabei wurden die Laserprozesse meist in spezialisierten Laserbearbeitungsstationen („Laser-only“) durchgeführt oder aber direkt in Fertigungslinien einbezogen. Aufgrund der hohen Flexibilität und guten Automatisierbarkeit bietet sich das Werkzeug Laserstrahl für einen Einsatz in Werkzeugmaschinen, zusammen mit anderen Bearbeitungstechnologien, an.

Ziel der Komplettbearbeitung mit Lasern ist es, die aufgrund der Kombination von konventionell spanenden Technologien wie Dreh-Fräs- und Bohrarbeiten mit den durch den Laser gegebenen Bearbeitungstechnologien in einer Maschine neue Möglichkeiten der Fertigungstechnologie zu erzielen (Tabelle 1).

Tabelle 1. Übersicht über die Einsatzmöglichkeiten von Laserverfahren in spanenden Bearbeitungsmaschinen

Laserverfahren	technisch sinnvolle Einsatzmöglichkeit in		Erweiterung des Spektrums an			Einsatzmöglichkeit
	Drehmaschinen	*Fräsmaschinen*	*Fertigungsverfahren*	*Werkstoff*	*Geometrie*	*hauptzeitparallel* (3)
gleichberechtigter Einsatz zum Spanen						
Bohren	●	●		●	●	●
Schneiden	●	○		○	●	
Schweißen (1)	●	●	●		●	○
Abtragen Beschriften	●	●	○	●	●	●
Löten (2)			●		●	
Härten	●	●	●		○	○
Umschmelzen	○	○	●			
Legieren (2) Beschichten (2) Dispergieren (2)			●	○		
Unterstützung des Spanens						
Spanbruch (3)	●		●	●		●
Entgraten	●	○			○	○
Warmdrehen (3) Warmfräsen (3)	●	●	●	●	○	●

● hoch (1) zusätzliche Handhabungseinrichtung bzw 2.Spindel erforderlich
○ mittel (2) Zusatzwerkstoffzufuhr erforderlich
leer gering/keine (3) zusätzliche Werkzeugaufnahme erforderlich

Die Vorteile einer Laser-Komplettbearbeitung sind:

- Neue zusätzliche Bearbeitungstechnologien in spanenden Maschinen (gleichberechtigter Einsatz des Lasers),
- Laserunterstützung von konventionellen spanenden Technologien, z.B. Warmdrehen, -fräsen, Spanbrechen (spanunterstützender Einsatz),
- Reduzierung des Materialflusses zwischen den Bearbeitungsmaschinen,
- Verkürzung der Bearbeitungszeit,
- Verringerung des Logistikaufwands,
- Erhöhung der Bearbeitungsqualität aufgrund der Fertigung in einer Aufspannung,
- Erhöhung der Flexibilität.

2 Integration in spanende Bearbeitungsmaschinen

Am IFSW wurde ein Laser in ein Drehbearbeitungszentrum GS 30 der Firma Index eingebaut. Die speziell konstruierte Laserbearbeitungsoptik ist in einem Werkzeugrevolver drehbar befestigt und kann so gegen spanende Werkzeuge ausgetauscht werden. Der über eine Glasfaser gekoppelte Festkörperlaser wird im Timesharing-Betrieb von der NC-Steuerung angefordert und zugeschaltet [1].

Das ZFS vollzog eine Laserintegration in ein Fräs-/ Bohrzentrum MH 600C der Firma MAHO. Der Laserstrahl und das Prozeßgas werden über

Bild 1. Arbeitsraum eines Fräs-/ Bohrzentrums bei der Laserhärtung eines Bauteils

einen Koppelbaustein an ein speziell entwickeltes Laserwerkzeug radial eingekoppelt. Die vom Laser kommende Glasfaser ist fest mit dem für die Strahlkollimation notwendigen optischen System in der Werkzeugmaschine verbunden. Der parallele Laserstrahl wird in das Werkzeug geleitet und in die Werkzeugachse umgelenkt. Für die Laserbearbeitung steht ein 1,3 kW-cw Nd:YAG-Laser zur Verfügung, als Strahlführung wird eine Stufenindexfaser mit 1 mm Durchmesser verwendet. Die Laserwerkzeuge lagern zusammen mit den Standard-Fräswerkzeugen im Werkzeugspeicher und gelangen über den Werkzeugwechsel automatisch sowohl in die horizontale als auch vertikale Berabeitungsspindel [2].

Zusammen mit dem Institut für Strahlwerkzeuge (IFSW) wurden die Bearbeitungsverfahren Abtragen, Härten, Schweißen, Bohren, Beschriften und Warmfräsen mit Lasern an verschiedenen Anwenderteilen untersucht.

3 Wirtschaftlichkeitsbetrachtungen

Eine Kostenbetrachtung kann nur ganzheitlich unter den folgenden zwei Kriterien zu einem objektiven Ergebnis führen:

- die eigentliche Kostenrechnung und
- die Nutzwertanalyse.

Dabei kommt der Nutzwertanalyse ein hoher Stellenwert zu, da in ihrer Bewertung vor allem die nichtmonetären Vorteile einer laserbezogenen Komplettbearbeitung kalkuliert werden können. In welchem Maß die Vorteile des Lasers in der Komplettbearbeitung zum Tragen kommen, hängt wesentlich von der Losgröße bzw. Stückzahl ab (Tabelle 2).

Bei einem betrachteten Großseriendrehteil wurden die Verfahren Induktionshärten und Feinlochbohren durch Laserhärten bzw. Laserbohren ersetzt. Es ergab sich eine direkte Kostensenkung von 15%. Dies ist auf eine Verkürzung der sich anschließenden Schleifbearbeitung sowie geringere Werkzeugkosten (kein Bohrerbruch mehr) und die veränderte Härtetechnologie zurückzuführen.

Bei einem Frästeil, das aus einer flexiblen Kleinserienproduktion stammt, ist die Kosteneinsparung sehr gering. Hier zeigte sich allerdings der große Vorteil bei der Nutzwertanalyse. Aus der Untersuchung ging hervor, daß bei der Nutzwertanalyse das komplett nach neuer Methode gefertigte Teil im Vergleich zum herkömmlich gefertigten mehr als das doppelte an Wertigkeit - d.h. in diesem Fall an Pluspunkten - bekam. Dies lag vor allem an der enorm verkürzten Durchlaufzeit.

Bei Umformwerkzeugen schafft der Lasereinsatz ein zusätzliches, effizienteres Bearbeitungsverfahren: das Laserhärten. Damit sind Konturen härt- bzw. das manuelle Flammhärten ersetzbar.

Tabelle 2. Einfluß von Bewertungskriterien bei Einzelteil- und Massenfertigung und dem Vergleich verschiedener Fertigungsverfahren

Fertigung / *Kriterium*	**Einfluß der Losgröße** ET ◁ MT	**Beibehaltung konventioneller Fertigung** ohne Lasertechnik	mit Laserstation	**laserintegrierte Komplett-bearbeitung**
neue Bearbeitungsverfahren			●	●
Verfahrenskombination				●
Qualitätsverbesserung		○	●	●
Logistikaufwandreduktion	▷			●
Durchlaufzeitverkürzung				●
Rüstzeitreduzierung	▷			●
Vorrichtungskostenreduktion	▷			●
Werkzeugverschleißreduktion	◁		●	●
Lohnstückkostensenkung		○	○	●
niedrige Investitionskosten	▷	●		○*
Nutzung vorhand. Wissens		●	○	○
höhere Prozeßsicherheit	◁	○	●	●
geringere Umweltbelastung			●	●

Bewertung

● möglich
○ bedingt möglich
leer nicht möglich

Bemerkung

* durch Time-sharing
ET Einzelteil
MT Massenteil

4 Literatur

1. Wiedmaier, M. u.a.: Integrierter Lasereinsatz erweitert Komplettbearbeitung in Drehzentren. VDI-Z, 136 (1994) H. 4, S. 78-81
2. Rudlaff, T. u.a.: Integration von Lasern in Werkzeugmaschinen. Laser und Optoelektronik, 31 (1994) H. 1, S. 56-62

Neue Lösungskonzepte für die Simulation des schwingungstechnischen Maschinenverhaltens

M. Grab

1 Finite-Element-Methode zur Bestimmung des Maschinenverhaltens

Aufgrund ihrer vielfältigen Möglichkeiten hat sich die Finite-Element-Methode (FEM) im Maschinen- und Anlagenbau stark verbreitet. Besonders großen Nutzen aus der Anwendung der FEM kann immer dann gezogen werden, wenn sie schon während der Konzeptphase eines Projekts Anwendung findet. Wird sie erst zur Nachberechnung einer fertigen Konstruktion herangezogen, ist die Beseitigung von deutlich gewordenen Schwachstellen nur mit erheblichem Aufwand möglich.

Zur Bestimmung des dynamischen Verhaltens einer Maschine werden im ersten Schritt die Eigenfrequenzen und die Eigenformen ermittelt. Hierzu wird ein Berechnungsmodell erstellt, das die Massen- und Steifigkeitsverteilung in der Maschine wiedergibt. Komplexe Bauteile wie Maschinengestell und Schlitten werden durch ihre Geometrie und die Materialeigenschaften beschrieben. Angeflanschte Baugruppen wie Motoren, Kabelschlepp, Vorrats- und Druckausgleichsbehälter werden gegebenenfalls durch Massenelemente modelliert; sie sind somit als Trägheiten im Modell berücksichtigt. Linearführungen, Verschraubungen und Aufstellelemente sind Maschinenelemente, die einzelne Baugruppen verbinden; sie werden durch Federelemente im FE-Modell abgebildet.

Die Wirkung der Antriebe einschließlich Regelung wird im allgemeinen als ideal angenommen, indem sie als Feder-Dämpfer-System modelliert werden. Mit Kenntnis der Eigenformen und Eigenfrequenzen können qualitative Aussagen über die Reaktion der Maschine auf vorgegebene Stellgrößen oder wirkende Bearbeitungskräfte gemacht werden.

Für die quantitative Berechnung einer Bahnkontur muß das FE-Modell um die in den Fügestellen und Führungsflächen wirkende Reibung und Dämpfung erweitert werden. Die Berechnung von reibungsbehafteten Vorgängen mit der FEM bereitet jedoch erhebliche Schwierigkeiten.

Maschinenschwingungen, die beispielsweise über das Meßsystem auf den Lageregler rückwirken, haben aufgrund der idealisierten Modellierung der Regler keinen Einfluß auf das Berechnungsergebnis. Für die exakte Vorausberechnung von Bahnfehlern einer Maschine ist eine verbesserte Beschreibung des Regler- und Reibverhaltens unbedingt erforderlich.

2 Simulation der Regelung

Zur Simulation der Regelstrecke wird das Verhalten von Drehzahlregelkreis, Stromregelkreis, Motor und bewegten mechanischen Komponenten mit Hilfe analytisch aufgestellter Differentialgleichungen (DGL) beschrieben. Es stehen Softwaresysteme zur Verfügung, die in der Lage sind, die Gleichungen aus Blockschaltbildern zu generieren. Nach der Lösung der Differentialgleichungen sind Informationen über das Führungsübertragungsverhalten, den Störfrequenzgang und das Zeitverhalten von Lage, Geschwindigkeit und Beschleunigungen sowie des Stroms und der Stellkräfte verfügbar. Die Berechnung kann sowohl für zeitdiskrete als auch für kontinuierliche Regler erfolgen. Auch die Beschreibung von nichtlinearen Effekten wie Reibungshysteresen, Totpunktverhalten und Begrenzungen ist möglich. Die Wirkung von Maschinenschwingungen auf die Regelstrecke läßt sich nur ungenügend berücksichtigten, wenn die Mechanik im Gleichungssystem lediglich als Ein- bzw. Zweimassenschwinger abgebildet wird. Bei konventionellen Antrieben ist die Art der Modellierung noch zulässig, da die Eckfrequenz der Lageregelung im allgemeinen unterhalb der ersten Eigenfrequenz des mechanischen Sysmtems liegt.

Beim Direktantrieben sind Eckfrequenzen weit oberhalb der ersten mechanischen Eigenfrequenzen möglich, wodurch die Mechanik in einem wesentlich breiteren Frequenzband angeregt wird. Nur die gekoppelte Betrachtung von Finite-Element-Berechnung und Simulation der Regelstecke lassen verläßliche Aussagen über die Maschinendynamik schon während der Entwicklung von Maschinen zu.

3 Kopplung von Regelstreckensimulation mit FE-Berechnung

Um die Wechselwirkung von Regelung und Mechanik berechnen zu können, wird derzeit am Zentrum Fertigungstechnik Stuttgart (ZFS) ein FE-Berechnungspaket um die notwendigen Funktionalitäten erweitert. Das oft mehrere tausend Unbekannte umfassende Gleichungssystem des FE-Modells wird durch eine gemischt statisch-dynamische Kondensation auf wenige hundert Freiheitsgrade reduziert. Die Reduktion muß vorgenommen werden, damit Bahnfahrten von der Dauer mehrerer tausend Lagereglertakte mit vertretbarem Aufwand an Rechenzeit simuliert werden können.

Funktionalitäten zur Berechnung großer Rotationen und großer Verschiebungen unter Berücksichtigung von Reibung und Spiel sind zu integrieren. Die Rückführung von Lage, Beschleunigung und Geschwindigkeit von beliebigen Punkten des FE-Modells in die Regleralgorithmen muß gewährleistet sein. Umgekehrt müssen Stellkräfte aus den Reglergleichungen dem reduzierten FE-Modell aufgeprägt werden können. Bild 1 zeigt die Koppelung von Lageregelung und FE-Berechnung für zwei Achsen am

Beispiel der am ZFS entwickelten direkt angetriebenen Laserbearbeitungsmaschine.

Die Vorteile einer gekoppelten Berechnung liegen darin, daß Schwachstellen in einer Konstruktion, die das Bearbeitungsergebnis beeinflussen, noch vor dem Bau des ersten Prototypen erkannt und beseitigt werden können. Außerdem läßt sich die Wirksamkeit unterschiedlicher Reglerkonzepte schon während der Entwicklung bestimmen.

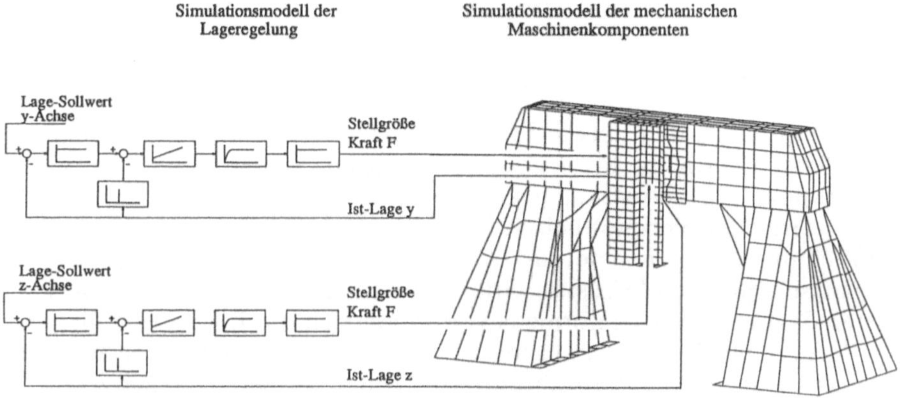

Bild 1. Regelstreckensimulation gekoppelt mit FE-Berechnung

Automatisierte Formänderungsanalyse in der Blechumformung

J. Mnif

1 Einleitung

Bei der Erprobung und Entwicklung neuer Werkzeuge sowie zur Kontrolle der laufenden Fertigung ist die Formänderungsanalyse ein häufig eingesetztes Instrument. Mit ihrer Hilfe sind Informationen über den Werkstofffluß und den Grad der Werkstoffbelastung zu erhalten. Zum Erfassen von Größe und Richtung der Formänderung an Ziehteilen wird auf der Oberfläche der Ausgangsplatine ein Meßraster (Grids) angebracht. Meist ist das ein Kreismuster. Während des Umformens verformen sich die Kreise zu Ellipsen. Zur Berechnung der einzelnen logarithmischen Formänderungen werden zunächst die beiden Ellipsenachsen vermessen. Über deren Längen l_1 und l_2 (wobei $l_1 > l_2$) lassen sich dann die dazugehörenden Formänderungen φ_1 und φ_2 berechnen sowie mit Hilfe der Kontinuitätsgleichung die Dickenformänderung φ_3 bestimmen. Die dem Betrag nach größte der drei logarithmischen Formänderungen entspricht der logarithmischen Hauptformänderung, so daß mit Hilfe der zum Werkstoff gehörenden Fließkurve die jeweils örtlich am Bauteil vorliegende Fließspannung k_f bekannt ist.

Die im folgenden vorgestellten Arbeiten werden im Rahmen eines vom Wirtschaftsministerium Baden-Württemberg geförderten Verbundprojekts am Zentrum Fertigungstechnik Stuttgart (ZFS) in Zusammenarbeit mit dem Institut für Umformtechnik der Universität Stuttgart (IFU) und sieben weiteren Industriepartnern durchgeführt.

Im Rahmen dieses Projekts ist ein System zu entwickeln, bei dem sowohl das Auftragen als auch das anschließende Auswerten des Meßrasters flexibel und rechnergestützt möglich ist. Mit dem Abschluß dieser Arbeiten ist bis Ende 1995 zu rechnen.

2 Stand der Technik

2.1 Auftragen des Meßrasters

An aufgetragene Meßraster werden hohe Forderungen gestellt: Zur genauen Formänderungsermittlung muß das Raster die Umformung des Bleches ohne Schaden überstehen. Dies setzt einerseits eine gute Haftfähigkeit der Grids voraus, andererseits darf das Raster das Umformverhalten des

Bleches nicht beeinflussen. Ferner muß das Raster so genau sein, daß sich ein Ausmessen vor dem Umformen erübrigt [1].

Das derzeit am weitetsten verbreitete Verfahren ist das elektrochemische Ätzen. Dabei wird das Blech mit einer Schablone bedeckt und unter Anlegen einer elektrischen Spannung angeätzt. Neben der ökologischen Unverträglichkeit dieses Auftragverfahrens wirken sich, wie auch bei den übrigen mechanischen, photochemischen und chemischen Auftragverfahren, dessen Nachteile bei der Flexibilität, der Auftraggeschwindigkeit, der Reproduzierbarkeit sowie der Genauigkeit der Markierungen auf das Auswerteergebnis aus.

2.2 Auswerten der Rasterelemente

Die Formänderungsanalyse wird heute noch überwiegend mit konventionellen Meßverfahren - manuell mittels Meßlupe, Meßmikroskop oder biegsamen Linealen - durchgeführt. Waren diese Verfahren früher für einzelne Stichprobenkontrollen ausreichend, so sind sie heutzutage mit zunehmender Komplexität und Größe der Bauteile in der industriellen Fertigung nicht mehr wirtschaftlich und auch nicht mehr hinreichend. Fehler und Irrtümer, die dem Bedienungspersonal bei der visuellen Kontrolle aufgrund von Ermüdung und Konzentrationsmangel unterlaufen, treten besonders bei größeren Blechteilen auf, da deren manuelle Vermessung und Auswertung mehrere Stunden oder Tage dauern kann.

3 Laser-Markieren des Meßrasters

Das Markieren der Meßraster mittels Laser ist eine Alternative zu den bereits angesprochenen derzeit bekannten Auftragungsverfahren. Zum Laserbeschriften bieten sich neben den Nd:YAG-Lasern auch CO_2-Laser an. Beim Beschriften von reinen Metallen hat sich der Nd:YAG-Laser durchgesetzt. Grund ist, daß Metalle bei der Wellenlänge des Nd:YAG-Laserlichtes (1,06 μm) einen größeren Absorptionskoeffizienten besitzen. Das ergibt einen größeren Energieeinkoppelgrad.

Entscheidend beim Lasermarkieren ist jedoch das Erzielen eines ausreichenden Farbkontrastes hinsichtlich einer anschließenden optoelektronischen Erfassung des Rasters. Den Kontrast können ein Farbumschlag (Anlaßeffekt), das Freilegen der Grundschicht oder die Gratbildung am Markierungsrand ergeben [2]. Letzteres ist unerwünscht, da sich meist eine nicht zu vernachlässigende Kerbwirkung und den Umformprozeß beeinflußende tribologische Effekte bemerkbar machen.

Am ZFS wurden in Zusammenarbeit mit der Fa. Haas, Schramberg, Beschriftungsversuche an verschiedenen, im Karosseriebau häufig eingesetzten Blechwerkstoffen (St 14, ZstE260z, AlMg0, 4Si12-ka, AlMg5Mn-w) durchgeführt. Es kamen sowohl Leistungs- als auch Beschriftungslaser zum

Einsatz. Bei Stahlblechen ergab sich die Markierung aus dem Farbumschlag, bei beschichteten Blechen aus dem Freilegen des Grundwerkstoffs. Bei Aluminium führte die Umstrukturierung der Oberflächenschicht zum Farbkontrast bei definiertem Lichteinfall. Hinsichtlich der Markierungsgenauigkeit (Positioniergenauigkeit, Strichstärkenverlauf und Rundheit) waren gegenüber dem elektrochemischen Ätzen die Ergebnisse mit der Lasermarkierung um den Faktor 10 genauer. Der Einfluß der Markierung auf das Umformverhalten erwies sich bei der Werkstoffprüfung (Zug- und Biegeversuch, Härteuntersuchungen) als vernachlässigbar gering.

Zum Auftragen des Meßrasters wird wie folgt vorgegangen: Die zu markierenden Stellen werden an der ebenen Ausgangsplatine im CAD-System ausgesucht und mit dem gewählten Raster versehen. Dabei ist der Durchmesser der Rasterelemente der Geometrie des Blechformteils und der zu erwartenden Werkstoffbeanspruchung individuell anpaßbar, so daß eine homogene Verformung des Rasters bei der Umformung stattfinden kann. Auf der Ausgangsplatine läßt sich somit ein Raster aus ineinander übergehenden Bereichen unterschiedlicher Meßrastergeometrien markieren.

4 Erfassung und Auswertung der verzerrten Rasterelemente

Eine an einer CNC-Koordinatenmeßmaschine (mit 5-Achs-Steuerung) der Fa. Zeiss angebrachte CCD-Kamera erfaßt das verzerrte Kreisraster. Die Meßmaschine erlaubt es, Oberflächenpunkte auf großflächigen und beliebig gekrümmten Blechteilen normal und rechnergesteuert anzufahren. Am CAD-System werden die Verfahrwege für die Meßmaschine bzw. für die Kamera generiert. Hierzu wählt der Anwender die zu messenden Bereiche aus. Automatisch werden auf der Oberfläche der gewählten Bereiche äquidistante Schnittkurven generiert, auf denen sich wiederum äquidistante Punkte mit den entsprechenden Normalenvektoren auf der Oberfläche erzeugen lassen. Diese Punkte mit den dazugehörenden Normalenvektoren werden mit den zur Vermeidung von Kollisionen notwendigen Zwischenpunkten in einer Meßdatei abgelegt. Ein Steuerrechner mit integrierter Bildverarbeitungskarte koordiniert über ein Steuerprogramm die Bildverarbeitungsaufgaben und die Fahrbewegungen der Meßmaschine. Die Zielpositionen bzw. die Meßpunkte mit den Normalenvektoren werden aus einer sequentiellen Meßdatei eingelesen und der Meßmaschine übergeben. Ist die Zielpostion erreicht, wird die Bildverarbeitung aktiviert. Findet sich in dem jeweiligen Bildausschnitt ein Rasterelement bzw. eine Ellipse, so werden die entsprechenden Daten dieser Ellipse (Ellipsenmittelpunkt, Länge der Haupt- und Nebenachse und Orientierung) aufgenommen und gespeichert.

Dem Meßvorgang folgt die Rückführung der Meßdaten in das CAD-System. Wegen der Abbildung gekrümmter Flächen auf die 2-D-Kamera-Ebene sind Längenkorrekturen notwendig. Dazu dienen entsprechende

Algorithmen. Die errechneten logarithmischen Formänderungen bzw. die Fließspannungen sind über der CAD-Darstellung des Blechformteils graphisch visualisierbar, so daß jedem Ellipsenmittelpunkt ein φ_1-, φ_2-, φ_3-, φ_g- sowie ein K_f-Wert zugeordnet werden kann. In Bild 1 ist die Funktionalität des Gesamtsystems dargestellt.

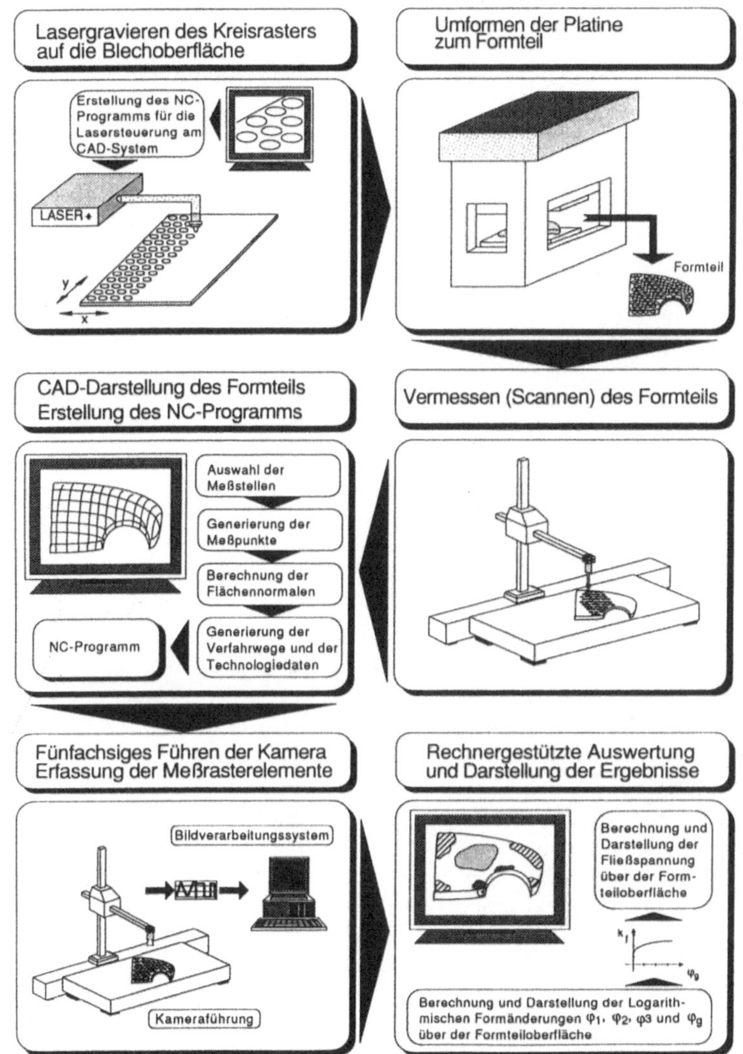

Bild 1. Funktionalität des Gesamtsystems

Literatur

1. König, W.: Fertigungsverfahren, Bd. 5, 1. Aufl. Düsseldorf: VDI 1986
2. Pfeufer, V.: Beschriften mit Laser. Blech Rohre Profile 9 (1992), S. 629-633